高等职业教育建设工程管理类"新形态一体化"系列教材

建筑与装饰工程施工工艺

第 2 版

主　编　刘　鑫　周　全
副主编　李盛楠　王昊楠　佟　舟
参　编　王　月　周祥旭　米雅妹
　　　　赵　凯　汪婷婷　刘　欣
主　审　赵　研

机械工业出版社

本书依据最新的施工规范和岗位标准编写,全书共分19个单元,主要内容有:土石方与基坑工程、地基处理与基础工程、脚手架工程和垂直运输设施、砌体工程、钢筋混凝土工程、预应力混凝土工程、钢结构工程、结构吊装工程、防水工程、保温工程、季节性施工、楼地面工程、抹灰工程、饰面板(砖)工程、吊顶与轻质隔墙工程、门窗工程、幕墙工程、涂饰工程、裱糊与软包工程。

本书可作为高等职业教育建设工程管理、工程造价专业教材,也可作为相关人员岗位培训用书和参考用书。

图书在版编目(CIP)数据

建筑与装饰工程施工工艺/刘鑫,周全主编. —2版. —北京:机械工业出版社,2023.12

高等职业教育建设工程管理类"新形态一体化"系列教材

ISBN 978-7-111-75134-2

Ⅰ.①建… Ⅱ.①刘… ②周… Ⅲ.①建筑工程-工程施工-高等职业教育-教材②建筑装饰-工程施工-高等职业教育-教材 Ⅳ.①TU74②TU767

中国国家版本馆CIP数据核字(2024)第030952号

机械工业出版社(北京市百万庄大街22号 邮政编码100037)
策划编辑:王靖辉　　　　　责任编辑:王靖辉　陈将浪
责任校对:张勤思　李　婷　　封面设计:王　旭
责任印制:郜　敏
北京富资园科技发展有限公司印刷
2024年4月第2版第1次印刷
184mm×260mm·22.75印张·558千字
标准书号:ISBN 978-7-111-75134-2
定价:65.00元

电话服务　　　　　　　　　网络服务
客服电话:010-88361066　　机 工 官 网:www.cmpbook.com
　　　　　010-88379833　　机 工 官 博:weibo.com/cmp1952
　　　　　010-68326294　　金 书 网:www.golden-book.com
封底无防伪标均为盗版　机工教育服务网:www.cmpedu.com

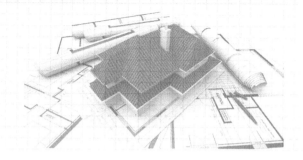

前　言

党的二十大报告指出："教育、科技、人才是全面建设社会主义现代化国家的基础性、战略性支撑。"随着职业教育的蓬勃发展和教学改革的逐渐深入，社会对职业教育的教学模式和教学方法提出了新的要求。项目驱动、任务引领、基于工作过程的项目教学改革势在必行，对知识体系进行重组，以及精心设置任务与教学情境就显得更加重要，这也是职业教育教学的大势所趋。

党的二十大报告提出："教育是国之大计、党之大计。培养什么人、怎样培养人、为谁培养人是教育的根本问题。育人的根本在于立德。"本书全面贯彻党的教育方针，落实立德树人根本任务，培养德智体美劳全面发展的社会主义建设者和接班人；本书强化学生素养教育，明确素养目标，增设"素养提升"育人元素，将工匠精神、劳动精神、家国情怀、职业道德等融入内容组成中，成为集技能、知识、综合职业素养于一体的职业教育新形态教材，充分发挥立德树人、职教育人的功能。

本次修订的主要特点如下：

1. 教材内容编排科学、详略得当、顺序合理，符合职业教育学生的认知规律。建筑工程施工工艺是按照分部分项工程的实际施工顺序编写的，从地基基础开始到主体结构施工，最后是建筑屋面施工；装饰工程施工工艺是按照实际岗位技能培养的需要编写的，包括详细的施工流程介绍。

2. 本书配套 69 个数字化教学资源，融合的数字化媒体种类丰富多样，包括微课视频、动画、虚拟仿真等多元化内容，用于讲解重点难点理论知识和实操方法。其中的实操视频均采用实地取景、真人出镜操作的体现方式，让学生的学习过程如同亲临现场一般。

3. 在产教融合的大背景下，本书为及时体现行业发展的最新动态，通过校企双方的深度合作，实现了教材内容的动态调整。本书在编写前期准备及撰写全过程中均有企业参与，通过共同协作，完成了全周期改进和优化。本书充分体现了互通互融、无界配合，形成取长补短、资源共享、责任共担、协同高效的协作机制。

4. 注重职业技能和综合职业素养的培养。本书内容本着"以服务为宗旨、以就业为导向"的指导方针，反映建筑工程技术专业教学标准要求，充分体现建筑工程施工与装饰工程施工在实际建筑企业生产任务中的应用。本书内容符合实际职业岗位的技能要求，对标"1+X"建筑工程施工工艺实施与管理职业技能等级证书标准，满足证书考核的要求。

本书由刘鑫、周全任主编；李盛楠、王昊楠、佟舟任副主编；参编人员包括王月、周祥旭、米雅妹、赵凯、汪婷婷、刘欣；本书由赵研主审。本书具体编写分工为：辽宁城市建设职业技术学院王月编写单元 1、单元 15；辽宁建筑职业学院王昊楠编写单元 2、单元 17；辽宁城市建设职业技术学院周全编写单元 3、单元 12、单元 13；辽宁城市建设职业技术学院周祥旭编写单元 4、单元 19；辽宁城市建设职业技术学院米雅妹编写单元 5；沈阳城市建设学院汪婷婷编写单元 6；沈阳城市建设学院佟舟编写单元 7；辽宁城市建设职业技术学院赵凯编写单元 8、单元 18；辽宁城市建设职业技术学院李盛楠编写单元 9、单元 10、单元 11；赤峰宏基建筑（集团）有限公司刘欣编写单元 14；辽宁城市建设职业技术学院刘鑫编写单元 16。

由于编者水平有限，书中如有不足之处，敬请广大读者批评指正。

编　者

本书二维码清单

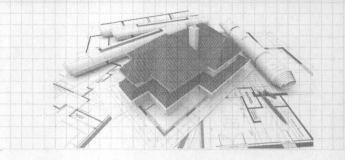

（续）

微课清单					
页码	名　　称	二维码	页码	名　　称	二维码
213	防水工程		273	抹灰工程	
235	外墙保温				

动画清单					
页码	名　　称	二维码	页码	名　　称	二维码
51	筏板基础		117	楼板	
117	钢结构屋面安全吊装		117	楼梯	
117	剪力墙		117	填充墙	
117	框架梁		168	板在端支座的锚固构造	
117	框架柱		168	单层钢结构厂房施工工艺展示	
117	框架柱变截面		168	多层钢结构安装施工工艺	

（续）

	视频清单				
页码	名 称	二维码	页码	名 称	二维码
168	单层钢结构厂房实地安装（上）		267	马赛克	
168	单层钢结构厂房实地安装（中）		268	室外彩色地砖	
168	单层钢结构厂房实地安装（下）		268	室外地面石材	
259	彩色水磨石		268	碎石地面	
259	楼梯石材		280	干粘石	
259	室内石材地面		280	水刷石	
266	地热玻化地砖		286	玻璃马赛克	
267	玻化地砖		286	蘑菇石	
267	复合地板		286	外墙假面砖	
267	活动地板		291	干挂玻化砖	

（续）

视频清单					
页码	名　称	二维码	页码	名　称	二维码
291	内干挂石材		309	塑钢窗加工	
292	吸声板		310	塑钢窗	
297	矿棉板吊顶		315	玻璃幕墙	
297	石膏板吊顶		325	石材幕墙	
300	玻璃隔断		330	铝板幕墙	
300	石膏板隔墙		338	刮白	
305	木门		338	机喷真石漆	
306	门窗样品		341	裱糊	
306	防火门		341	金属壁纸	

目 录

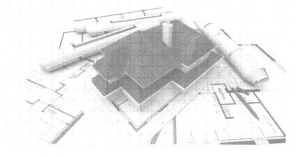

单元1

土石方与基坑工程

【素养提升】

上海佘山世茂洲际酒店，又名世茂深坑酒店，海拔为-88m，是于采石坑内建成的自然生态建筑，位于上海松江国家风景区佘山脚下的天马山深坑内。酒店总建筑面积为 $61087m^2$，酒店建筑格局为地上2层、地下15层（其中水面以下两层），共拥有336间客房和套房，酒店利用所在深坑的环境特点，所有客房均设有观景露台，游客可欣赏峭壁瀑布。建筑师充分利用了深坑的自然环境，极富想象力地建造了一座五星级酒店，整个酒店与深坑融为一体，相得益彰。这既是一个工程佳作，也是自然、人文、历史的集大成者。

项目施工过程中，我国工程技术人员研发采用了"一桩一探""崖壁加固""混凝土向下超深泵送""主体异性钢结构"和"玻璃瀑布幕墙"等创新技术，解决了"坑顶地质复杂""坑内高支模施工受限""爆破工作量大"等重大工程难题，攻坚克难，完成了艰巨的建设任务。

世茂深坑酒店创造了全球人工海拔最低五星级酒店的世界纪录，与迪拜帆船酒店同时入选世界十大建筑奇迹中的两大酒店类奇迹，并被美国国家地理频道《世界伟大工程巡礼》、美国 Discovery 探索频道《奇迹工程》等连续跟踪报道，被誉为"世界建筑奇迹"。

知识目标：

- 了解土石方工程的性质、特点，以及常用的施工机械。
- 理解土石方施工工艺，土方填筑与压实方法；理解基坑支护与围护方法和降水方法。
- 掌握典型基坑支护与围护方法的施工工艺要求，如土钉墙、土层锚杆等施工工艺。

能力目标：

- 能够计算简单的基坑土方工程量。
- 能够进行土石方工程和基坑工程的施工质量检查。
- 能够指导工人进行土石方技术交底工作。

素养目标：

- 培养学生艰苦奋斗、勤劳刻苦的精神意识。

- 培养学生居安思危、未雨绸缪的意识。
- 培养学生牢固树立和践行"绿水青山就是金山银山"的理念。

任务1 土石方施工

1.1.1 土石方工程内容与特点

1. 土石方工程内容

土石方工程是建设工程施工的主要分部工程之一，包括土石方的开挖、运输、填筑、平整与压实等主要施工过程，以及场地清理、测量放线、排水、降水、土壁支护等准备工作和辅助工作。按照施工内容和方法的不同，土石方工程常分为以下几种。

（1）场地平整 场地平整是将天然地面改造成所要求的设计平面时所进行的土石方施工全过程。场地平整前必须确定场地设计标高（一般在设计文件中规定），计算挖方和填方的工程量，确定挖方、填方的平衡调配，选择土方施工机械，拟定施工方案。

（2）基坑（槽）开挖 一般开挖深度在 3m 以内的基槽或者开挖底面积在 20m² 以内的土石方工程称为浅基坑（槽），通常是浅基础、桩承台或管沟等施工的土石方工程，要求开挖的标高、断面、轴线准确；挖深超过 5m 的称为深基坑（槽），应根据建筑物、构筑物的基础形式，坑（槽）底标高及边坡坡度要求开挖基坑（槽）。

（3）地下工程大型土石方开挖 对人防工程、大型建筑物的地下室、深基础施工等进行的地下大型土石方开挖，涉及降水、排水、边坡稳定与支护、地面沉降与位移等问题。

（4）土石方回填 基础完成后需要对低洼处回填，为了确保填方的强度和稳定性，必须正确选择填方土料与填筑方法。填方应分层进行，并尽量采用同类土填筑，要求填土必须具有一定的密实度，以避免建筑物产生不均匀沉陷。

2. 土石方施工特点

（1）工程量大工期长 建筑越高，基础埋置深度也就越深，相应的土石方工程也就越大，有的基础体积甚至能够达到建筑高度的1/4。

（2）投资大 工程量大和工期长这两个特点，势必导致投资的巨大。如上海植物园从建园到开放共进行了 77 项工程一共投资 1085 万元，其中土石方工程占了 447 万。

（3）施工条件复杂 土石方工程施工条件复杂，又多为露天作业，受气候、水文、地质等影响较大，难以确定的因素较多。常见的有土层厚度不均匀、冻土冻融、地下水位改变、管涌、滑坡等影响。

1.1.2 土的工程分类和性质

1. 土石的工程分类

土石的分类方法很多，从不同的技术角度出发，分类方法各异。作为建筑物地基的土石可以分成岩石、碎石土、砂土、粉土、黏性土以及特殊土（如淤泥质土、人工杂填土）。在建筑工程中，按照土石方的坚硬和开挖难易程度分为八类，前四类是土，后四类是岩石，具体见表 1-1。

表 1-1 土石的工程分类

土的分类	土的密度（t/m³）	土的名称	开挖方法和工具
一类土（松软土）	0.6~1.5	砂土、粉土、腐殖土及疏松的种植土，泥炭（淤泥）	用锹、少许用脚蹬或用板锄挖掘
二类土（普通土）	1.1~1.6	粉质黏土、潮湿的黏性土和黄土，夹有碎石、卵石的砂，含有建筑材料碎屑、碎石、卵石的堆积土和种植土	用锹、条锄挖掘、需用脚蹬，少许用镐
三类土（坚土）	1.75~1.9	软及中等密实的黏性土或黄土，含有碎石、卵石或建筑材料碎屑的潮湿的黏性土或黄土，压实的填土，重粉质黏土	主要用镐、条锄，少许用锹，少许用撬棍挖掘
四类土（砂砾坚土）	1.9	坚硬密实的黏性土或黄土，含有碎石、砾石的中等密实黏性土或黄土，粗卵石，天然级配砂石，软泥灰岩	全部用镐、条锄挖掘，少许用撬棍挖掘
五类土（软石）	1.1~2.7	硬质黏土，胶结不紧的砾岩，软的、节理多的石灰岩及贝壳石灰岩，坚实的白垩土，中等坚实的页岩、泥灰岩	用镐或撬棍、大锤挖掘，部分使用爆破方法
六类土（次坚石）	2.2~2.9	坚硬的泥质页岩，坚实的泥灰岩，角砾状花岗岩，泥质质石灰岩，黏土质砂岩，云母页岩及砂质页岩，风化的花岗岩、片麻岩及正长岩，滑石质的蛇纹岩，密实的石灰岩，硅质胶结的砾岩，砂岩，砂质石灰质页岩	用爆破方法开挖，部分用风镐
七类土（坚石）	2.5~3.1	白云岩，大理石，坚实的石灰岩、石灰质及石英质的砂岩，坚硬的砂质页岩，蛇纹岩，粗粒正长岩，有风化痕迹的安山岩及玄武岩，片麻岩，粗面岩，中粗花岗岩，坚实的片麻岩，辉绿岩，玢岩，中粗正长岩	用爆破方法开挖
八类土（特坚石）	2.7~3.3	坚实的细粒花岗岩，花岗片麻岩，闪长岩，坚实的玢岩、角闪岩、辉长岩、石英岩、安山岩、玄武岩，最坚实的辉绿岩、石灰岩及闪长岩，橄榄石质玄武岩，特别坚实的辉长岩、石英岩及玢岩	用爆破方法开挖

2. 土的工程性质

不同类别的工程，对土的物理和力学性质的要求都各自不同。下面介绍一些较常用的指标。

（1）土的可松性 自然状态下的土经开挖后，体积因松散而增加，以后虽经回填压实，仍不能恢复。土的可松性由可松性系数表示，不同类型的土可松性系数不同。由于土方工程量是以自然状态的体积来计算的，所以在土方调配、计算土方机械生产率及运输工具数量等的时候，必须考虑土的可松性。土的可松性系数按下式计算

$$K_s = V_2/V_1 \tag{1-1}$$

$$K_s' = V_3/V_1 \tag{1-2}$$

式中 V_1——土在自然状态下的体积（m³）；

V_2——土经开挖后松散状态下的体积（m³）；

V_3——土经回填压实后的体积（m³）；

K_s——最初可松性系数，取值 1.08~1.5，可估算装运车辆和挖土机械；

K_s'——最后可松性系数，取值 1.01~1.3，可估算填方所需挖土的数量。

土的可松性系数见表 1-2。

表1-2 土的可松性系数

土 的 类 别	体积增加百分比（%）		可松性系数	
	最初	最终	K_s	K_s'
一类（种植土除外）	8~17	1~2.5	1.08~1.17	1.01~1.03
一类（植物性土、泥炭）	20~30	3~4	1.20~1.30	1.03~1.04
二类	14~28	1.5~5	1.14~1.28	1.02~1.05
三类	24~30	4~7	1.24~1.30	1.04~1.07
四类（泥灰岩、蛋白石除外）	26~32	6~9	1.26~1.32	1.06~1.09
四类（泥灰岩、蛋白石）	33~37	11~15	1.33~1.37	1.11~1.15
五~七类	30~45	10~20	1.30~1.45	1.10~1.20
八类	45~50	20~30	1.45~1.50	1.20~1.30

（2）土的渗透性 渗透性表示单位时间内水穿透土层距离的能力，用渗透系数 k 表示，单位是 m/d。它和土的颗粒级配、密实程度等有关，是人工降低地下水位和选择降水井点的主要参数。土的渗透系数见表1-3。

表1-3 土的渗透系数参考表

土类	$k/(m/d)$	土类	$k/(m/d)$	土类	$k/(m/d)$
黏土	<0.005	粉砂	0.5~1.0	粗砂	20~50
粉质黏土	0.005~0.1	细砂	1.0~5	匀质粗砂	60~75
粉土	0.1~0.5	中砂	5~20	砾石	50~100
匀质中砂	25~50	含黏土中砂	20~25	卵石	100~500

（3）土的天然密度和干密度 土的天然密度是指在天然状态下，单位体积土的质量。它与土的密实程度和含水量有关，土的天然密度按下式计算

$$\rho = m/V \tag{1-3}$$

式中　ρ——土的天然密度（t/m^3）；

　　　m——土的天然质量（t）；

　　　V——土的体积（m^3）。

土的干密度就是土单位体积中固体颗粒部分的质量，不包括土中水的质量，用下式表示

$$\rho_d = m_s/V \tag{1-4}$$

式中　ρ_d——土的干密度（t/m^3）；

　　　m_s——土的总质量（t）；

　　　V——土的体积（m^3）。

土的天然密度取决于土粒的密度，孔隙体积的大小和孔隙中水的质量多少，它综合反映了土的物质组成和结构特征。选择汽车运土时，可以用天然密度将质量折算成体积。

土的干密度在一定程度上反映了土的颗粒排列紧密程度，土的干密度越大，表示土越密实。土的密实程度主要通过检验填方土的干密度和含水量来控制，干密度可以作为填土压实的控制指标。

（4）土的含水量 土的干湿程度一般用含水量表示。土的含水量指土中水的质量与固

体颗粒质量之比的百分率，计算公式如下

$$w = (m_w / m_s) \times 100\%$$ (1-5)

式中 m_w——土中水的质量（kg）；

m_s——固体颗粒在温度为105℃的条件下烘干后的质量（kg）。

土的含水量随气候条件、雨雪和地下水的影响而变化，对土方边坡的稳定性及填方密实程度有直接的影响。含水量在5%以下的为干土，在5%~30%之间的是潮湿土，大于30%的为湿土。含水量越大，土就越湿，对施工越不利。含水量的多少对土方开挖的难易程度、开挖机械的选择、地基处理的方法、夯实填土的质量均有影响。

在一定含水量的条件下，用同样的夯实工具，可以使回填土达到最大密实度，此含水量叫做最优含水量，对应的干密度称为最大干密度。几种土的最优含水量如下：砂土8%~12%；粉土9%~15%；粉质黏土12%~15%；黏土19%~23%。

（5）土的密实度 通常用密实度表示土的紧密程度。同类土在不同含水率，不同压实程度下，紧密程度也不一样，所以工程上用土的密实度反映相对紧密程度。土的密实度计算如下。

$$\lambda_c = \rho_d / \rho_{d,max}$$ (1-6)

式中 λ_c——土的密实度（压实系数）；

ρ_d——土的实际干密度；

$\rho_{d,max}$——土的最大干密度。

1.1.3　土方施工机械

土方施工包括土方开挖、运输、回填和压实等，由于工程量很大，劳动繁重，所以施工时应尽量采用机械化和半机械化的施工方法，以此提高效率，提高施工速度。

开挖土方

土方施工机械种类很多，有推土机、平土机、铲运机、松土机、单斗挖掘机、多斗挖掘机和各种夯实、碾压机械。在房屋建筑中，以推土机、铲运机、单斗挖掘机（包括正铲、反铲、拉铲、抓铲等）和夯实机械应用最广。

1. 推土机施工

推土机是一种工程车辆，前方装有大型的金属推土刀，使用时放下推土刀，向前铲削并推送泥、砂及石块等，推土刀位置和角度可以调整。推土机能单独完成挖土、运土和卸土工作，具有操作灵活、转动方便、所需工作面小、行驶速度快等特点。其主要适用于一至三类土的浅挖短运，如场地清理或平整，开挖深度不大的基坑以及回填，推筑高度不大的路基等。推土机的经济运输距离在100m以内，最佳为40~60m。

按行走方式分，推土机可分为履带式和轮胎式两种。履带式推土机附着牵引力大，接地比压小（0.04~0.13MPa），爬坡能力强，但行驶速度低。轮胎式推土机行驶速度高，机动灵活，作业循环时间短，运输转移方便，但牵引力小，适用于需经常变换工地和野外工作的情况。

按用途推土机可分为通用型及专用型两种。通用型是按标准进行生产的机型，广泛用于土石方工程中。专用型用于特定的工况下，如采用三角形宽履带板以降低接地比压的湿地推土机和沼泽地推土机、水陆两用推土机等。我国目前生产的履带式推土机有东方T2-100

（图 1-1）、T-120、黄河 220、T-240 和 T-320 等，轮胎式推土机有 TL160 等。

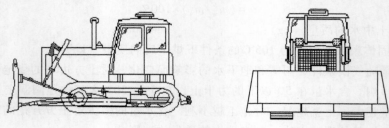

图 1-1　T2-100 型推土机

推土机开挖的基本作业是铲土、运土和卸土三个工作行程和空载回驶行程。铲土时应根据土质情况，尽量采用最大切土深度在最短距离（6～10m）内完成，以便缩短低速运行时间，然后直接推运到预定地点。回填土和填沟渠时，铲刀不得超出土坡边沿。上下坡坡度不得超过 35°，横坡不得超过 10°。几台推土机同时作业，前后距离应大于 8m。

为了提高生产率，常用以下几种施工方法。

（1）下坡推土法　借助于机械本身的重力作用以增加推土能力和缩短推土时间。一般可以提高效率 30%～40%，但是坡度应在 15° 以内，如图 1-2a 所示。

（2）槽形挖土法　推土机多次在一条线上切土和推土，利用前次已经推过的原槽再次推土。可以大大减小土的失散，增加推土量 10%～30%，如图 1-2b 所示。

（3）并列推土法　平整大面积场地时，可以采用 2～3 台推土机并列推土，减小土的损失，提高效率。铲刀相距 15～30cm，两机并列推土可以增大推土量 15%～30%，但是平均运输距离不超过 50～70m，如图 1-2c 所示。

（4）分批集中一次推送　土质较硬时，推土机的切土深度较小，应该多次铲土，分批集中，一次推送，以提高效率，如图 1-2d 所示。

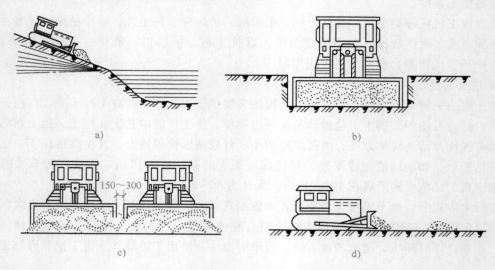

a)　　　　　　　　　　　　　　　　　b)

c)　　　　　　　　　　　　　　　　　d)

图 1-2　推土机推土方法

2. 挖掘机施工

单斗挖掘机是一种以铲斗为工作装置进行间歇循环作业的挖掘、装载施工机械。其特点是挖掘能力强、结构通用性好、可适应多种作业要求。其主要用途是开挖路堑、沟渠，挖装矿石、剥土，装载松散物料等。

单斗挖掘机分类方法很多：按行走方式分为履带式和轮胎式两类；按传动方式有机械传动和液压传动两种；按铲斗容积分为轻型（斗容量为 $0.25 \sim 0.35m^3$）、中型（斗容量为 $0.35 \sim 1.5m^3$）和重型（斗容量在 $1.5m^3$ 以上）；按工作装置分为正铲、反铲、拉铲、抓铲（图 1-3）。

（1）正铲挖掘机　正铲挖掘机的铲土动作特点是"前进向上，强制切土"。正铲的挖斗比同当量的反铲挖掘机的挖斗要大一些，可开挖停机面以上含水量不大于 27% 的一至三类土，且能与自卸汽车配合完成整个挖掘运输作业，还可以挖掘大型干燥基坑和土丘等。

正铲挖土机的开挖方式根据开挖路线与运输车辆的相对位置的不同分为两种：一是正向挖土、侧向卸土（图 1-4a），挖土机沿着前进方向挖土，运输工具停在侧面装土；二是正向挖土、后方卸土（图 1-4b），挖土机沿着前进方向挖土，运输工具停在后面装土。

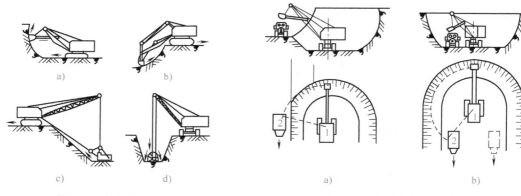

图 1-3　单斗挖掘机
a）正铲　b）反铲　c）拉铲　d）抓铲

图 1-4　正铲挖掘机开挖方式
1—正铲挖掘机　2—自卸汽车

（2）反铲挖掘机　反铲挖掘机是最常见的，铲土动作特点是"后退向下，强制切土"。可以用于停机作业面以下的一至三类土挖掘，如开挖基坑、基槽、管沟等，也可以用于地下水位较高的土方开挖。基本作业方式有：沟端挖掘、沟侧挖掘、直线挖掘、曲线挖掘、保持一定角度挖掘、超深沟挖掘和沟坡挖掘等。

沟端挖掘是指挖土机停在沟端，向后倒退着挖土，汽车停在两旁装土（图 1-5a）。此法的优点是挖土方便，开挖的深度可以达到最大挖土深度。当基坑宽度超过 1.7 倍的最大挖土半径时，要分次开挖或者按照之字形路线开挖。

沟侧挖掘是指挖土机沿着沟槽一侧直线走动，边走边挖（图 1-5b）。此法的宽度和深度较小，边坡不易控制。由于机身停在沟边工作，边坡稳定性差，因此多用于无法采用沟端开挖或者挖出的土不需要运走的场所。

（3）拉铲挖掘机　拉铲挖掘机可以用于停机作业面以下的一至三类土挖掘，其挖土半径和挖土深度较大，故用于开挖较深较大的基坑，如挖取水中泥土以及填筑堤坝等。拉铲挖土机的挖土特点是"后退向下，自重切土"。工作时，利用惯性力将铲斗甩出去，挖掘距离长，但不如反铲挖掘机灵活准确。

（4）抓铲挖掘机　抓铲挖掘机是在挖土机臂端用钢丝绳吊装一个抓斗，其挖土特点是

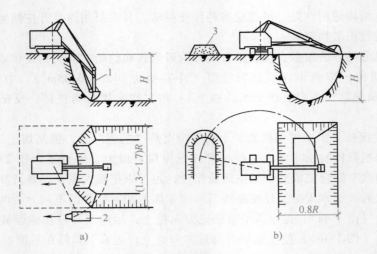

图 1-5 反铲挖掘机开挖方式
1—反铲挖掘机 2—自卸汽车 3—弃土堆

"直上直下，自重切土"。由于挖掘力较小，因此只能开挖停机作业面以下的一、二类土，如挖掘窄而深的基坑、疏通原有渠道以及挖出水中淤泥等，或者用于装卸碎石、矿渣等松散材料。在软土地基的地区，抓铲挖掘机常用于开挖基坑沉井等。

场地平整-成片　场地平整计算

1.1.4 土方施工

1. 场地平整

场地平整是将天然地面通过人工或者机械挖填平整使之成为工程上所要求的设计平面的工作，是在 ±0.3m 以内的挖填找平工作，是重要的准备工作，是三通一平中的一平工作。最简单的平整目的是为了放线需要。平整场地前要确定场地设计标高，计算挖方填方工程量，确定挖填方的平衡调配，选择合理方案施工。

场地平整土方量的计算，一般采用方格网法，计算步骤为：①在场地上划分方格网，每一方格边长为 10~40m；②测量方格角点的自然地面标高 H；③确定场地设计标高 H_0，根据泄水坡度计算方格角点设计标高 H_n；④确定各方格角点的挖填高度 h_n，即地面标高 H 与设计标高 H_n 的差值；⑤确定零线，即挖填方的分界线；⑥计算各个方格内挖填土方量、场地边坡土方量，最后求得整个场地土方填挖总量。

（1）确定场地设计标高 H_0　合理确定场地设计标高，对于减少填挖方数量，节约土方运输费用，加快施工进度有重要的意义。

如图 1-6 所示，当场地设计标高是 H_0 时，挖填方基本平衡；当设计标高为 H_1 时，填方大大超过挖方，

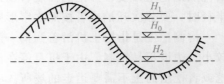

图 1-6 场地设计标高的确定

需要从场外拉土回填；当设计标高为 H_2 时，挖方大大超过填方，需要向场外弃土。选择场地设计标高 H_0 时应考虑挖填平衡，以减少土方运输，并应有一定的排水坡度（≥0.2%）以满足排水要求。

（2）场地平整土方量计算　土方量的计算通常采用方格网法，步骤如下：

1）计算各方格网角点的施工高度。施工高度是自然地面标高 H 和设计标高之差，也就是挖填方高度 h_n

$$h_n = H_n - H \qquad (1\text{-}7)$$

将相应设计标高 H_n 和自然地面标高 H 分别标注在方格点的右上角和右下角。计算结果：挖方为（+），填方为（-）。

2）计算零点位置。在某些方格中有一部分角点的施工高度为填方，另一部分为挖方，这时该方格边线上就存在不用填和挖的零点，将方格网中各相邻边线上的零点连接起来，即为零线，它是确定方格中填方和挖方的分界线。

3）计算各方格土方填挖工程量。标出零线后，填挖方区也就标出，按方格网底面图形和体积计算公式，计算每个方格内的挖方或填方量。

4）场地边坡土方量的计算。场地平整中，四周需要做成边坡，以保持土体稳定，防止塌方。边坡土方的计算，可以将边坡划分成三棱柱体和三棱锥体，根据体积计算求出边坡挖填土方量。

5）计算土方总量。分别将挖方区和填方区所有方格计算土方量汇总，即得该建筑场地挖方区和填方区的总土方量。

（3）土方调配　通过计算，对挖方量、填方量和运输距离三者综合权衡，制定出合理的调配方案。为了充分发挥施工机械的效率，便于组织施工，避免不必要的往返运输，还要绘制土方调配图，明确各地块的工程量、填挖施工的先后顺序、土石方的来源和去向，以及机械、车辆的运行路线等。

2. 基坑（槽）土方量计算

（1）边坡坡度　土方边坡（图 1-7）是挖土深度 h 和边坡底宽 b 之比，用边坡坡度（1∶m）和边坡系数（m）表示

$$边坡坡度 = h/b = 1/(b/h) = 1 : m \qquad (1\text{-}8)$$

（2）基槽土方量计算　如图 1-8 所示的基槽，若考虑工作面，其土方体积计算方法如下：

采取不放坡时：
$$V = h(a + 2c)l \qquad (1\text{-}9)$$

采取放坡时：
$$V = h(a + 2c + mh)l \qquad (1\text{-}10)$$

式中　V——基槽土方量（m^3）；

h——基槽开挖深度（m）；

a——基础底宽（m）；

c——工作面宽（m）；

m——坡度系数；

l——基槽长度（m），外墙按照中心线计算，内墙按照净长计算。

如果基槽沿着长度方向断面变化较大，可以分段计算，然后相加得土方总量。

$$V = V_1 + V_2 + V_3 + \cdots + V_n \qquad (1\text{-}11)$$

式中　V_1，V_2，V_3，V_n——各段土方量（m^3）。

（3）基坑、路堤土方量计算　基坑的外形有时很复杂，而且不规则。一般情况下，都将其假设或划分成为一定的几何形状，并采用有一定精度而又和实际情况近似的方法进行计算。

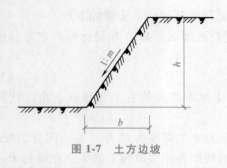

图 1-7 土方边坡

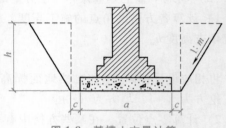

图 1-8 基槽土方量计算

基坑土方量可按立体几何中的拟柱体（图 1-9a），按下式进行体积计算：

$$V = H(A_1 + 4A_0 + A_2)/6 \qquad (1-12)$$

路堤土方量可以沿着长度方向分段后（图 1-9b），按照同样方法计算：

$$V_1 = L_1(A_1 + 4A_0 + A_2)/6 \qquad (1-13)$$

式中　H——基坑深度（m）；

　　　L_1——第一段路堤基长度（m），其余类推，最后汇总；

　A_1、A_2——基坑上下的底面积（m²）；

　　　A_0——基坑中截面的面积（m²）；

　　　V——土方总量（m³）。

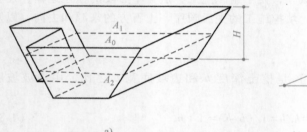

a)

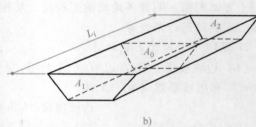

b)

图 1-9 基坑土方量计算

3. 土方开挖

基坑基槽开挖可以采用人工开挖和机械开挖两种方式。人工挖土有利于保证土壁和土方边坡要求。但当基坑较深、土方量较大时，有条件的尽量用机械挖土。一般先用机械挖土至高于基底标高 150～300mm 处，然后用人工清底，以免机械挖土扰动基底。土方开挖应遵循"开槽支撑、先撑后挖、分层开挖、严禁超挖"的原则。

（1）基坑（槽）开挖深度　地面先放灰线，然后进行土方开挖。挖到距离坑底 0.5m 左右时，根据龙门板标高，及时用水平仪抄平，在土壁上打水平桩，控制开挖深度。

（2）基坑（槽）开挖注意事项

1）开挖前，检查龙门板和轴线桩是否移位，基础线位置以及龙门板标高等是否符合要求。

2）开挖应连续进行，尽快完成，以免地面水流入基槽，导致边坡塌方或者土体遭到破坏。

3）严禁扰动基底土层，防止超挖。如果超挖，宜用砂、砾石填补，并且夯实到要求的密实度。

4）挖土如除回填还有剩余，应选好弃土地点。弃土点距离坑槽边缘大于 2m，堆土高度不宜超过 1.5m，以免引起塌方。

5）挖土时和雨后挖土，应及时检查土壁稳定和支撑情况。

6）为防止地基土受雨水侵蚀，应尽量减少基地暴露时间，及时进行下一道工序（基础垫层）施工。

（3）验槽　验槽就是在基础开挖至设计标高后、基础施工以前，施工单位会同设计、监理和建设单位共同检验基础下部土质是否符合设计要求，有无地下障碍物及不良土层，经处理、检查合格后方可进行基础施工。验槽主要内容和方法如下。

1）检查基槽（坑）的平面位置，尺寸标高和边坡是否符合要求。

2）检验槽（坑）底持力层土质与勘察报告是否相同。

3）检查基槽（坑）土质是否均匀，当发现基槽（坑）平面土质显著不均匀，会同设计、勘察等有关部门进行处理。

4）验槽的重点应选择在柱基础、承重墙或其他受力较大部位。

1.1.5　石方施工

1. 石方开挖方式

石方开挖的方式有直接机械开挖、静态破碎法开挖和钻爆开挖。

当开挖软弱土层或风化岩层时，可以采用推土机、挖掘机配合自卸汽车施工；当挖方地块有岩层时，应选用空气压缩机配合手风钻或车钻钻孔，进行石方爆破作业。钻爆开挖方式有薄层开挖、分层开挖（梯段开挖）、全断面一次开挖和特高梯段开挖。包括钻孔→爆破→撬移→解小→翻渣→清面→通风→散烟→修整断面→安全处理等主要施工过程

2. 石方爆破在计价时应注意问题

1）综合基价中已综合了不同开挖阶段高度、坡石开挖、改炮、找平因素。如设计规定爆破有粒径要求时，需增加的人工、材料和机械费用，应按实际发生计算。

2）石方爆破根据现场情况，必须采用集中供风时，增加的风量损失不得另行计算，增加临时管路的材料、安拆费应另行计算。

3）施工现场如不允许放明炮而必须采用无声静力爆破、控制爆破时，其费用另行计算。

4）综合基价中的爆破材料是按炮孔中无地下渗水、积水编制的。炮孔中若出现地下渗水、积水时，处理渗水或积水发生的费用另行计算。

1.1.6　土石方运输

1. 运输特点

土石方运输临时线路多，随时变化情况多，大都是重车运料、空车回转的过程，同时伴随运输距离短、强度高等特点。

2. 运输类型

土石方工程中常见的运输类型有无轨运输、有轨运输、带式运输和架空索道运输。明挖施工中主要为无轨运输，也就是以自卸汽车为主的运输方式。常见的运输设备为 10t、15t 的

自卸汽车，随着工程规模的逐渐扩大，60t 的自卸汽车的使用也越来越多。

3. 运输线路

运输线路要考虑装料面布置、料场布置、运输干线布置和作业面线路布置。汽车运输道路应按照工程需要来选定，一般采用泥结碎石路面，强度、运输量较大的采用混凝土路面。运输线路通常有双线式和环形式两种，一般根据现场实际地形情况来定，但应满足运输量要求。

4. 运输距离

1) 推土机推土运距，按挖方区重心至回填区重心之间的直线距离计算。

2) 自卸汽车运土运距，按挖方区重心至填土区（或堆放地点）重心最短距离计算。

3) 运土方，应按土的天然密实度体积计算。

4) 当场地狭小而无堆土点时，或当开挖量较大，挖出的土方在槽坑边堆放不下时，应根据施工组织设计所规定的数量、运距及运输工具，来确定挖出的土方是否全部运出（待回填时再运回）或部分运出。

5) 当采用人力及人力车运土石方时，或机械运输坡度较大时，其运距按坡度区段斜长乘以一个大于 1 的系数（1.75~2.5）计算。采用人力垂直运输土石方，垂直深度每米折合水平运距 7m。

5. 工程量

余土或取土工程量可按下式计算

$$余土外运体积 = 挖土总体积 - 回填土总体积 \qquad (1\text{-}14)$$

式中，计算结果为正值时为余土外运体积，负值时为取土体积。

对于汽车、重车上坡降效因素，已综合在相应的运输定额项目中，不再另行计算。如果是人工装土、汽车运土，汽车运土定额乘系数 1.1。如是自卸汽车运土，反铲挖掘机装土，则自卸汽车运土台班数量乘以系数 1.1；拉铲挖掘机装土，则自卸汽车运土台班数量乘以系数 1.2。自卸汽车运淤泥、流沙，按自卸汽车运土台班数量乘以系数 1.2。

深基坑支护

任务2　基坑支护与围护

1.2.1　基坑支护与围护概述

对于高层建筑，施工中为了防止基坑开挖对邻近建筑物造成沉降、偏斜、开裂以及管道变形、漏水等现象，常常需要在基坑周围喷射混凝土或者设置挡土的板、桩、墙等临时支护，称为基坑支护。基坑支护是为保证地下结构施工及基坑周边环境的安全，对基坑侧壁及周边环境采用的支撑、加固与保护措施。

1. 基坑支护要求

1) 确保基坑围护结构体系满足稳定和变形的要求，基坑周边保持稳定，不能出现结构破坏、倾倒、滑动或出现较大范围的失稳。

2) 确保基坑四周建筑物、道路、管线等的安全，不会因为土体开挖或者基础施工受到危害。

3) 有地下水的地区，通过排水降水等措施，确保基坑在地下水位以上，以利于施工。

2. 基坑支护设置原则

1）要求技术先进，结构简单，因地制宜，经济合理。

2）材料能够回收重复使用，或者与工程永久性挡土结构相结合，作为结构的一部分。

3）受力可靠，确保稳定，不影响临近的建筑和管线。

4）保护环境，保证施工期间安全。

3. 基坑支护形式

基坑支护体系的形式较多，目前常见的结构形式有土钉墙支护、土层锚杆支护、排桩墙支护、钢和混凝土支撑支护、地下连续墙支护等。选择支护方案，应根据"技术可靠，经济合理"的原则，选择一种支护，或者几种支护形式结合使用。

1.2.2 土钉墙支护

土钉墙是由随基坑开挖分层设置的纵横向密布的土钉群、喷射钢筋混凝土面层及原位土体所组成的支护结构（图 1-10）。土钉是通过钻孔、插筋、注浆来设置的，也可以直接打入角钢、粗钢筋形成土钉。土钉墙支护充分利用土层介质的承载力，形成自稳定结构。其中土钉主要受拉力，钢筋混凝土面层能够使表面受力更均匀。如土钉排列较密，可以通过高压注浆扩散进一步提高土体承载力。

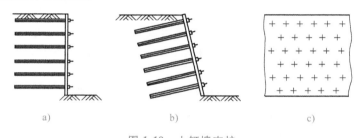

图 1-10 土钉墙支护

a）平钉墙剖面 b）斜钉墙剖面 c）土钉墙立面

1. 适用条件

1）基坑侧壁安全等级为二、三级的非软土场地。

2）地下水位较低的粉土、砂土、黏土地基，且基坑深度不宜大于 12m。

3）地下水位以上的基坑。若地下水位高于基坑底面，应采取降水或截水措施。

2. 土钉墙特点

1）土钉墙边挖边支护，设备简单，施工快捷。

2）材料用量少、工程量小，经济效果显著。

3）土钉墙受力时有延迟塑性变形发展阶段，故不会发生突发性塌滑；而且土钉墙受力时具有明显的渐进性变形和开裂破坏，故不会发生整体性塌滑。

3. 土钉墙施工

（1）土钉墙施工工艺流程 施工放样→开挖第一层土→修边坡→钻孔→放置土钉→第一次注浆→绑扎钢筋网→喷第一层混凝土→第二次注浆→喷第二层混凝土→开挖下一层土（按此循环做法，一直到基底标高）→设置坡顶和坡底排水装置。

土钉墙支护施工从上而下、分层分段进行。主要过程是先挖至一定深度，在开挖面设置一排土钉，然后喷射混凝土面层，之后继续向下开挖和支护。

（2）施工机具　主要有钻孔设备，混凝土喷射机和注浆设备。

（3）施工要点

1）挖土修坡。土方开挖用机械挖到离预定边坡线 0.4m 以上，尽量少扰动边坡的原位土，然后用人工修边坡，边坡坡度不应该大于 1∶0.1。一次开挖深度按照要求确定，一般是 1~2m，土质较差时深度应小于 0.75m。

2）初喷混凝土。人工修边坡后，立即喷射第一层混凝土，厚度为 50~80mm。

3）土钉施工。可分以下几个步骤。

① 成孔。成孔方法有机械成孔和洛阳铲成孔，孔径一般为 70~120mm。按照设计要求的倾角和距离施工，然后将土钉和注浆管送到孔中，沿着土钉长度每隔 2m 设置一对中支架。

② 放置土钉。土钉放置方式分为钻孔置入、打入和射入三种。钻孔方式是先钻孔，放入钢筋或钢管，之后沿着全长注浆填孔。打入方式是用振动冲击钻、液压锤等将土钉打入，没有孔洞不灌浆，打入深度受限制，所以布置较密，施工较快。射入方式是利用高压气体作动力，但是射入土钉的长度和直径受限制，施工速度更快。注浆打入方式是先将一端封闭、周围带孔的钢管打入土体，从管内注浆，使其通过小孔渗透到周围土体，然后放入土钉锚固。

③ 注浆。先高速低压从孔底注浆，当水泥浆从孔口溢出后，再低速高压从孔口注浆，以保证注浆平稳，水泥浆能较多得渗透到土壤中。注浆管应插入距离孔底 250~500mm 处，孔口设置止浆塞和排气管。

4）钢筋网设置。层与层之间的竖筋用对钩连接，竖筋与横筋之间用扎丝固定，土钉和加强钢筋或者垫板焊接成一整体。

5）喷第二层混凝土。按照设计要求厚度喷射混凝土。

6）等到注浆材料的强度达到设计强度的 70% 以上时，才可以进行下一层土方开挖，循环施工一直到基底标高。坡顶和坡脚应设排水措施，坡面上可根据具体情况设置泄水孔。

4. 土钉墙构造

（1）土钉间距　土钉的数量和间距影响土钉的承载力和整体效果，但是目前没有足够的理论依据能够给出具体的定量指标。土钉的水平间距和垂直间距一般为 1~2m，排列时采取上下交错插筋，如果遇到土层软弱，可以缩小土钉间距。

（2）土钉直径　土钉采用的材料可以是变形钢筋、角钢、圆钢、钢管等。采用钢筋时一般为直径 16~32mm 的 HRB400、HRB500 钢筋，采用钢管时一般为直径 50mm 钢管，采用角钢时一般为 50mm×50mm×5mm 角钢。

（3）土钉长度　一般对于非饱和土，土钉长度 L 与开挖深度 H 之比为 0.6~1.2，密实砂土和干硬性黏土取较小值；为减小变形，土钉长度可以适当增加；非饱和土底部土钉长度可以适当减少，但不宜小于 0.5H。对于饱和软土，由于土体抗剪能力很低，土钉内力因为水压作用而增加，设计宜取 L/H 值大于 1。

（4）土钉倾角　土钉倾角与土层特点以及钻孔灌浆工艺相关，一般取土钉垂直方向向下倾角 5°~20°。倾角越小支护的变形越小，对于注浆工艺来说越困难；倾角越大，有利于土钉深入到下面较坚硬土层中。

（5）注浆材料　采用水泥砂浆或素水泥浆。水泥采用普通硅酸盐水泥，水泥浆的水胶比宜取 0.5～0.55，水泥砂浆的水胶比宜为 0.4～0.45。拌和用砂宜选用中粗砂，胶砂比宜取 0.5～1.0，按重量计的含泥量不得大于 3%。

（6）支护面层　临时性土钉支护钢筋网常采用直径 6～8mm 的 HPB300 钢筋焊接成 150～300mm 的方格网，喷射 50～150mm 厚的混凝土，强度不低于 C20。永久性土钉支护钢筋网两层，喷射 150～250mm 厚的混凝土。支护面层不是主要的挡土构件，主要是稳定开挖面的局部土体，防止土崩落和侵蚀。

1.2.3　土层锚杆支护

土层锚杆简称土锚杆，它一端与工程构筑物相连，另一端锚固在土层中，通常对其施加预应力，以承受由土压力、水压力或风荷载等所产生的拉力，从而维护构筑物的稳定。土层锚杆施工是在深基础土壁的土层内钻孔，达到一定深度后，在孔内放入钢筋、钢管、钢丝束、钢绞线等材料，灌入水泥浆或化学浆液，使其与土层结合成为抗拉（拔）力强的锚杆。锚杆端部与挡土桩墙联结，能够防止土壁坍塌或滑坡。由于坑内不设支撑，所以施工条件较开阔。土层锚杆广泛应用在深基坑支挡、边坡加固、滑坡整治、水池抗浮等工程中。

1. 适用条件

1）基坑侧壁安全等级为一、二、三级的场地。

2）难以采用支撑的大面积深基坑。

3）一般砂土、黏土地基都适用，软土、淤泥质土地基要进行试验确认后采用，地下水大含有化学腐蚀物的土层和松散软弱土层不宜采用。

2. 锚杆特点

1）施工时噪声和振动较小。

2）锚杆锚固到土层中，代替内支撑，所以基坑空间较大，有利于挖土施工。

3）锚杆施工机械和设备的作业空间不大，适合各种地形场地。

4）锚杆可采用预加拉力，以控制结构的变形量。

3. 锚杆施工

（1）锚杆施工工艺流程　开挖第一层土→设备就位→校正孔位和角度→钻孔→接螺旋钻杆继续钻到设计深度→置入钢筋或钢绞线→灌浆→养护→安装锚头→预应力张拉→拧紧螺栓或顶紧楔片→挖第二层土（按此循环，直到坑底标高）→设置坑底标高及坡底排水装置。

（2）施工机具　主要是钻孔机械和预应力张拉设备。

（3）施工要点

1）钻孔。可以用专用锚杆钻机钻孔，也可以将工程钻机改进之后钻孔。

2）锚杆安放。土层锚杆有钢丝束、钢绞线、粗钢筋，当承受荷载较大时，选用钢丝束和钢绞线，当承受荷载较小时，选用粗钢筋。

3）灌浆。灌浆材料一般为水泥浆或水泥砂浆。灌浆分两次进行，第一次灌注水泥砂浆；初凝后第二次压力灌注纯水泥浆，注浆压力不大于上覆压力的 2 倍，也不大于 8.0MPa。

4）张拉锚固。待锚固体强度达到设计强度的 75% 以上并且大于 15MPa 后才可以进行张拉。张拉前取设计拉力的 10%～20% 对锚杆进行预张拉。正式张拉采用分级加载，采用跳拉法以保证受力均匀。

4. 锚杆构造

锚杆支护体系由挡土结构物和土层锚杆系统两部分组成。挡土结构物包括灌注桩、钢管桩、地下连续墙以及各种类型的板桩。土层锚杆由锚杆（索）、自由段、锚固段和锚头等组成（图 1-11）。

锚杆材料可由钢筋、钢管、钢丝束等构成，钢筋和钢管使用较多。自由段四周无摩擦阻力，起到传递拉力的作用。锚固段由压力灌注的水泥浆形成。锚头由台座、承压垫板和紧固器组成。锚杆的尺寸、埋置深度应保证锚杆不会引起地面隆起和地基的剪切破坏。锚杆的倾斜角不宜

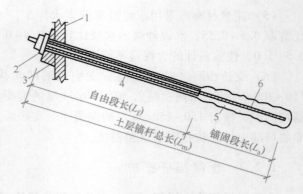

图 1-11 土层锚杆构造
1—挡土结构 2—锚头 3—垫块 4—自由段
5—锚固段 6—锚杆（索）

小于 10°，一般宜与水平成 15°~25°，且不大于 45°；最上层锚杆一般需要土厚度不小于 3m；锚杆的层数应通过计算确定，一般上下层间距为 2.0~5.0m，水平间距为 1.5~4.5m，或控制在锚固直径的 10 倍内；锚杆的长度应使锚固体置于滑动土体外的好土层内，通常长度为 15~25mm，其中锚杆自由段长度不宜小于 5m；在饱和软黏土中锚杆固定段长度以 20m 左右为宜。锚杆钻孔直径一般为 90~130mm，用地质钻时也可达 146mm。

1.2.4 喷射混凝土支护

喷射混凝土是使用混凝土喷射机，利用压缩空气或其他动力，将掺有外加剂的混凝土拌合料与高压水混合，通过喷嘴喷射到受喷面上，并迅速凝结硬化而成型的混凝土补强加固材料，具有及时、密贴、早强、封闭的特点。喷射混凝土在物理成分与结构上与普通混凝土基本一致，但由于其施工方便、快速、整体造价低廉等优点，目前已广泛应用于建筑物修补、衬砌和补强，边坡和表面临时支护等工程中。在断面较薄、面积很大的地方，使用喷射混凝土可以有效地节省施工时间。

1. 支护原理

（1）支撑作用 喷射混凝土具有良好的物理力学性能，其抗压强度较高，又因掺有速凝剂，故凝结快、早期强度高，可紧跟掘进工作面起到及时支撑围岩的作用，从而能有效地控制围岩的变形和破坏。

（2）充填作用 由于喷射速度很高，混凝土能及时地充填围岩的裂隙、节理和凹穴的岩石，大大提高了围岩的强度。

（3）隔绝作用 喷射混凝土层封闭了围岩表面，完全隔绝了空气、水与围岩的接触，有效地防止了风化、潮解而引起的围岩破坏与剥落；同时，由于围岩裂缝中充填了混凝土，使裂隙深处原有的充填物不会因风化作用而降低强度，也不会因水的作用而使得原有的充填物流失，使围岩保持原有的稳定和强度。

（4）转化作用 前三种作用的结果不仅提高了围岩的自身支撑能力，而且使混凝土层与围岩形成了一个共同工作的力学统一体，具有把岩石荷载转化为岩石承载结构的作用，因此从根本上改变了支架消极承压的弱点。

2. 施工工艺

根据使用机具或施工方法的不同，喷射混凝土大致可分为干式喷射法和湿式喷射法。

（1）干式喷射法　简称干喷法，是用强制式搅拌机将一定比例的骨料和水泥混合干拌后，投入喷射机料头，同时加入速凝剂，用压缩空气使干混合料在软管内呈悬浮状态，并压送到喷头，在喷头处加水混合后，以较高速度喷射到受喷面上。

干喷法施工工艺流程：水泥和粗细骨料→搅拌→加入速凝剂和压缩空气→送到喷头→加水混合→喷射到岩石表面。

配合比及施工技术参数的选择如下所述。

1）水胶比一般为 0.4~0.5，砂率为 45%~55%，现场可通过试验进行调整，砂率若超出此范围，不但回弹增多、混凝土收缩增大，而且容易堵塞输料管。

2）拌合料中胶骨比（水泥与骨料质量比）一般为 1∶4~1∶5，水泥用量一般为 350~400kg/m³。

3）水压应大于风压 0.1~0.15MPa，以便水流能穿透干混合料，使其能拌和均匀和充分湿润；同时水压不应大于 0.4MPa。

4）风压一般控制在 0.1~0.2MPa。风压与喷射质量有密切的关系，风压过大会加大回弹量，损失水泥，并且使粉尘浓度增高，恶化施工环境；风压过小则会使喷射力减弱，造成混凝土的密实性差。

5）喷射输送能力，水平距离为 100~300m，垂直距离为 30~100m。

（2）湿式喷射法　简称湿喷法，是将水泥、骨料和水按设计比例拌和均匀，用湿式喷射机压送至喷枪，在喷头处加入添加剂后从喷嘴喷出。

湿喷法施工工艺流程：水泥、粗细骨料和外加剂→搅拌→压缩空气→送到喷头→加入速凝剂→喷射到岩石表面。

湿喷法的材料配合比与干喷法基本相同，在外加剂方面有以下要求。

1）速凝剂。湿喷混凝土对速凝剂的要求是初凝在 5min 以内，终凝在 10min 以内，8h 以后强度不小于 3MPa，掺量应控制在 3%~8%。

2）微硅粉。微硅粉的粒度控制在 400μm 左右，掺量应控制在 2%~4%。

3）减水剂。一般减水剂掺量应控制在 0.5%~1%。

任务 3　基 坑 降 水

排水降水

在基坑开挖时，土壤的含水层常被切断，地下水将会不断地渗入坑内，尤其是雨期施工，地面水会流入基坑内。为了保证施工顺利进行，防止塌方，必须做好基坑降水工作。降低地下水位的主要方法有集水坑降水法和井点降水法。常见的井点降水方法有轻型井点降水、喷射井点降水、电渗井点降水、管井井点降水、深井井点降水等。

1.3.1　集水坑降水法

集水坑降水法，又称明排水法，是在基坑开挖过程中，在坑底设置集水坑，并沿坑底周围或中央开挖排水沟，使基坑渗出的水通过明沟汇集到集水井，然后用水泵抽走，从而保持基坑的干燥。该方法宜用于粗粒土层，也用于渗水量小的黏土层。

基坑四周的排水沟及集水坑设置在基础轮廓 0.3m 以外，根据地下水量、基坑平面形状及水泵能力，排水沟断面尺寸一般为（0.3~0.5）m×（0.3~0.5）m，坡度 0.1%~0.5%，深度随着挖土的加深而加深，要经常低于挖土面 0.7~1.0m。集水坑宜设于转角处，并每隔 20~40m 设置一个。集水坑直径（宽度）一般为 0.7~1.0m，其深度宜比排水沟低 0.5~1m，坑壁可用竹、木等简易加固。当基础挖至设计标高后，坑底应低于基础底面标高 1~2m，并铺设碎石滤水层，以免在抽水时间较长时将泥沙抽出，并防止坑底的土被搅动。集水坑降水如图 1-12 所示。

采用集水坑降水时，应根据现场土质条件，保持开挖边坡的稳定。当边坡坡面上有局部渗出地下水时，应在渗水处设置过滤层，防止土粒流失，并设置排水沟，将水引出坡面。

集水井降水的优点是施工方便，设备

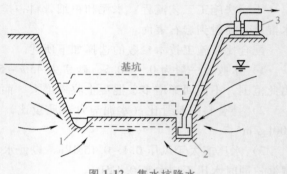

图 1-12 集水坑降水
1—排水沟 2—集水坑 3—离心泵

简单，应用较广。可用于各种施工场所和除细砂土以外的各种土质。在细砂或粉砂土质中，地下水渗出时会产生流砂现象，使边坡塌方，坑底冒砂，工作条件恶化，严重时可引起附近建筑物下沉，此时常采用井点降水的方法进行施工。

1.3.2 井点降水法

井点降水就是在基坑开挖前，预先在基坑四周埋设一定数量的滤水井，在基坑开挖前和开挖过程中，利用真空原理不断抽出地下水，使地下水位降低到基坑以下。井点降水的作用主要有：防止地下水涌入基坑内；防止边坡由于渗流引起塌方；使坑底的土层消除了地下水位差引起的压力；使土壤固结，增加地基承载力。各种井点降水方法的适用范围见表 1-4。

表 1-4 各种井点降水方法的适用范围

降水类型	适 用 条 件	
	渗透系数/（m/d）	可降低水位/m
轻型井点	0.1~80	3~6
多级轻型井点	0.1~80	6~12
喷射井点	0.1~50	8~20
电渗井点	<0.1	宜配合其他降水使用
管井井点	20~200	3~5
深井井点	10~80	>10

1. 轻型井点

（1）轻型井点构造　轻型井点是沿基坑四周以一定间距埋入直径较细的井点管至地下蓄水层内，井点管的上端通过弯联管与总管相连接，利用抽水设备将地下水从井点管内不断抽出，使原有地下水位降至坑底以下，如图 1-13 所示。轻型井点降水在施工过程中要不断地抽水，直至基础施工完毕并回填土为止。

井点管是用直径 38mm 或 51mm、长 5~7m 的钢管做成，管下端配有滤管。集水总管常用直径 100 ～ 127mm 的钢管，每节长 4m，一般每隔 0.8m 或 1.2m 设有一个连接井点管的接头。抽水设备由真空泵、离心泵和水气分离器等组成。一套抽水设备能带动的总管长度，一般为 100～120m。

（2）轻型井点布置　根据基坑平面的大小和深度、土层土质、地下水位高低和流向、降水深度等要求，轻型井点可采用单排布置（图 1-14a）、双排布置（图 1-14b）、环形布置（图 1-14c）；当土方施工机械需进出基坑时，也可采用 U 形布置（图 1-14d）所示。

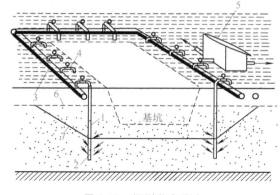

图 1-13　轻型井点降水

1—井点管　2—滤管　3—总管　4—弯联管

5—水泵房　6—原地下水位线　7—降水后地下水位线

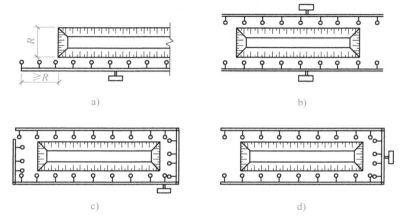

a)　　　　　　　　　　　　b)

c)　　　　　　　　　　　　d)

图 1-14　轻型井点平面布置

单排布置适用于基坑、槽宽度小于 6m，且降水深度不超过 5m 的情况。井点管应布置在地下水的上游一侧，两端延伸长度不宜小于坑、槽的宽度。双排布置适用于基坑宽度大于 6m 或土质不良的情况。环形布置适用于大面积基坑。如采用 U 形布置，则井点管不封闭的一段应设在地下水的下游方向。

（3）轻型井点施工　轻型井点系统的施工，主要包括施工准备、井点系统安装与使用。

井点施工前，应认真检查井点设备、施工用具、砂滤料的规格和数量，水源、电源等的准备情况；同时还要挖好排水沟，以便泥浆水的排放。为检查降水效果，必须选择有代表性的地点设置水位观测孔。

井点系统的安装顺序是：挖井点沟槽、铺设集水总管→冲孔→沉设井点管→灌填砂滤料→用弯联管将井点管与集水总管连接→安装抽水设备→试抽。

井点系统施工时，各工序间应紧密衔接，以保证施工质量。各部件连接头均应安装严密，以防止接头漏气，影响降水效果。弯联管宜采用软管，以便于井点安装，减少可能漏气的部位，避免因井点管沉陷而造成管件损坏。南方地区可用透明的塑料软管，便于直接观察井点抽水状况，北方寒冷地区宜采用橡胶软管。

井点管沉设一般可按现场条件及土层情况选用下列方法：①用冲水管冲孔后，沉设井点管；②直接利用井点管水冲下沉；③套管式冲枪水冲孔或振动水冲法成孔后沉设井点管。

在粉质黏土、黏质粉土等土层中用冲水管冲孔时，也可同时装设压缩空气冲气管辅助冲孔，以提高效率，减少用水量。在淤泥质黏土中冲孔时，也可使用加重钻杆，提高成孔速度。用套管式冲枪水冲法成孔质量好，但速度较慢。

井点管沉设，当采用冲水管冲孔方法时，可分为冲孔（图1-15a）与沉管（图1-15b）两个过程。冲孔时，先用起重设备将冲管吊起并插在井点位置上，然后开动高压水泵，将土冲松，冲管则边冲边沉。冲管采用直径为 50～70mm 的钢管，长度比井点管长 1.5m 左右。冲管下端装有圆锥形冲嘴，在冲嘴的圆锥面上钻有 3 个喷水小孔，各孔间焊有三角形立翼，以辅助冲水时扰动土层，便于冲管下沉。冲孔所需的水压，根据土质不同，一般为 0.6～1.2MPa。冲孔时应注意冲管垂直插入土中，并做上下、左右摆动，以加剧土层松动。冲孔孔径不应小于 300mm，并保持垂直，上下一致，使滤管有一定厚度的砂滤层。冲孔深度应比滤管管底深 0.5m 以上，以保证滤管埋设深度，并防止被井孔中的沉淀泥沙所淤塞。

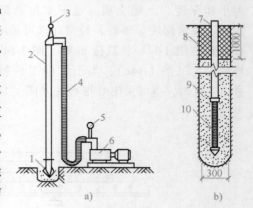

图 1-15　井点管沉设

1—冲嘴　2—冲管　3—起重机吊钩
4—软皮管　5—压力泵　6—高压水泵
7—井点管　8—黏土封口　9—填砂　10—滤管

井孔冲成后，应立即拔出冲管，插入井点管，紧接着就灌填砂滤料，以防止坍孔。砂滤料的灌填质量是保证井点管施工质量的一项关键性工作。井点要位于冲孔中央，使砂滤层厚度均匀一致，砂滤层厚度达 100mm。要用干净粗砂灌填，并填至滤管顶以上 1.0～1.5m，以保证水流畅通。

2. 喷射井点

当基坑较深而地下水位又较高时，需要采用多级轻型井点，这会增加基坑的挖土量，延长工期并增加设备数量，是不经济的。因此当降水深度超过 8m 时，宜采用喷射井点，降水深度可达 8～20m。

喷射井点的平面布置：当基坑宽度小于或等于 10m 时，井点可作单排布置；当大于 10m 时，可作双排布置；当基坑面积较大时，宜采用环形布置。井点间距一般采用 2～3m，每套喷射井点宜控制在 20～30 根井管。

3. 管井井点

管井井点就是沿基坑每隔一定距离设置一个管井，每个管井单独用一台水泵不断抽水来降低地下水位。在土的渗透系数大、地下水量大的土层中，宜采用管井井点。

管井的直径为 150～250mm，间距一般为 20～50m，深度为 8～15m。井内水位降低可达 6～10m，两井中间水位降低则为 3～5m。

4. 深井井点

当降水深度超过 15m 时，如在管井井点内采用一般的潜水泵和离心泵满足不了降水要求，可加大管井深度，改用深井泵即深井井点来解决。深井井点一般可降低水位 30～40m，有的甚至可达百米以上。常用的深井泵有两种类型：电动机在地面上的深井泵和深井潜水泵（沉没式深井泵）。

任务4　填筑与压实

1.4.1　土方填筑与压实

1. 土方填筑

为了保证填筑土体满足强度变形和稳定性的要求,应当正确选择土料和填筑方法。

(1)填方土料　碎石类土、爆破石渣和砂土,可用作表层以下的填料;含水量符合压实要求的黏性土,可用作各层填料;在使用碎石类土和爆破石碴作填料时,其最大粒径不得超过每层铺填厚度的2/3;碎块草皮和有机质含量大于8%的土,以及硫酸盐含量大于5%的土均不能作填料用;淤泥和淤泥质土一般不能作填料。

(2)土方填筑方法　填土应分层进行,并尽量采用同类土填筑,每层厚度根据所采用的压实机具及土的种类而定。

填土施工应该接近水平状态,分层填土、压实和测定压实后的干密度,检查合格后才可以填筑上层。如果采用不同的土体,上层宜选用透水性小的土体,下层采用透水性较大的填料,不能将各种土料任意混合,以免因不均匀而形成水囊。填筑倾斜地面时,先将斜坡挖出阶梯形状,阶梯宽度大于1m,分层填筑,防止滑移。回填管沟时,从四周或者两侧均匀地分层进行,以防止基础和管道在压力的作用下产生偏移。

2. 土方压实

填土的压实方法通常有碾压法、夯实法和振动夯实法,此外还可以利用运土工具压实。对于大面积的填土工程,多采用碾压和利用运土工具压实;对于面积较小的填土,适宜采用夯实机械压实。

(1)碾压法　利用沿着路面滚动的鼓筒或轮子产生的压力压实土壤,压实机械有平滚碾(压路机)、羊足碾、气胎碾和振动碾。碾压法适合场地平整和大型基坑回填等工程。

平滚碾轮子重5~15t,适合碾压黏性和非黏性土。羊足碾没有动力,靠拖拉机牵引,压力大,压实效果好,只能用来压实黏性土,不适合压实砂土。振动碾是振动和压实同时作用的机械,比平滚碾效率高,可节省动力1/3,适用于压实爆破石碴、碎石类的土以及杂填土的大型填方工程。气胎碾在工作时是弹性体,其压力均匀,填方质量好。

(2)夯实法　利用夯锤自由下落的冲击力夯实土壤,适用于小面积的回填。夯实机械主要有蛙式夯实机、夯锤和内燃夯土机等。

蛙式夯实机轻巧灵活,构造简单,多用于夯打灰土和回填土。夯锤是起重机悬挂重锤进行夯土的夯实机械,质量大于1.5t,落距一般为2.5~4.5m,夯土的影响深度大于1m。

(3)振动夯实法　将重锤放在土层的表面或内部,借助振动设备使重锤振动土壤颗粒进而使土粒发生相对位移达到紧密。振动夯实法对非黏性土效果较好。

1.4.2　填土压实影响因素

填土压实质量和许多影响因素有关,主要的影响因素有压实功、土的含水量、每层的铺土厚度及压实遍数。

1. 压实功影响

若土的含水量一定,在开始压实时,土的密度急剧增加,待到接近土的最大密度时,压实功虽然增加许多，但土的密度则变化很小。

2. 土的含水量影响

在同一压实功条件下，填土的含水量对压实质量有直接影响。较为干燥的土，由于土颗粒之间的摩阻力较大而不易压实。当土具有适当含水量时，水起了润滑作用，土颗粒之间的摩阻力减小，从而易压实。每种土壤都有其最优含水量。土在最优含水量的条件下，使用同样的压实功进行压实，所得到的密度最大。

3. 铺土厚度及压实遍数影响

铺土厚度应小于压实机械压土时的压实影响深度。铺土厚度有一个最优厚度范围，在此范围内，土粒获得设计所要求的干密度时，压实机械所需的压实遍数最少。施工每层的最优铺土厚度和压实遍数可以根据填料性质、压实密实度要求和压实机械的性能确定。

同 步 测 试

一、填空题

1. 工程中按照土的 ＿＿＿＿＿＿＿＿ 分类，可将土划分为分 ＿＿＿＿＿ 类。

2. 土的含水量对填土压实质量有较大影响，能够使填土获得最大密实度的含水量称为 ＿＿＿＿＿＿＿＿＿＿。

3. 填土压实的影响因素有 ＿＿＿＿＿＿、＿＿＿＿＿＿ 和 ＿＿＿＿＿＿ 等几种。

4. 基坑边坡的坡度是以 1：m 来表示，其中 ＿＿＿＿＿＿＿ 称为坡度系数。

5. 土方开挖应遵循：开槽支撑，＿＿＿＿＿＿，＿＿＿＿＿＿，＿＿＿＿＿＿ 的原则。

二、单项选择题

1. 作为检验填土压实质量控制指标的是（　　　）。

A. 土的干密度　　　B. 土的压实度　　　C. 土的压缩比　　　D. 土的可松性

2. 土的含水量是指土中的（　　　）。

A. 水与湿土的质量之比的百分数　　　B. 水与干土的质量之比的百分数

C. 水与孔隙体积之比的百分数　　　D. 水与干土的体积之比的百分数

3. 某土方工程挖方量为 1000m^3，已知该土的 $K_s = 1.25$，$K_s' = 1.05$，实际需运走的土方量是（　　　）。

A. 800m^3　　　B. 962m^3　　　C. 1250m^3　　　D. 1050m^3

4. 土的天然含水量，反映了土的干湿程度，按下式（　　　）计算。

A. $w = m/V$　　　B. $w = m_w/m_s \times 100\%$　　　C. $n = V_v/V \times 100\%$　　　D. $K = V_3/V_1$

5. 当降水深度超过（　　　）时，宜采用喷射井点。

A. 6m　　　B. 7m　　　C. 8m　　　D. 9m

三、简答题

1. 简述土钉墙施工工艺流程。

2. 填土压实的基本方法有哪些？

四、思考题

党的二十大报告提出"深入推进环境污染防治。加强污染物协同控制，基本消除重污染天气。"请结合本单元学习内容，谈谈土石方施工阶段会存在哪些污染？该如何防治？

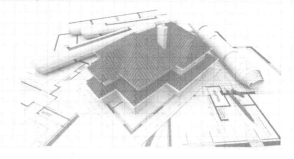

单元2

地基处理与基础工程

在展望未来发展的美好蓝图时，习近平主席曾在 2018 年的新年贺词中说"九层之台，起于累土"，这句话出自《老子》："合抱之木，生于毫末；九层之台，起于累土；千里之行，始于足下。"这是说，九层高台，是从一筐筐土开始堆积起来的；远行千里，是从脚下一步步走出来的。做事总是要从基本开始，积跬步、积小流，方有所成。

在建筑工程中，地基即为"累土"，再高的大楼都要从地基建起，所以要把基础打牢。如果没有牢固的基础，高楼是起不来的，这既说明了地基研究的重要性，又引出了质与量互变的哲理。通过知识点学习，我们要热爱专业，做人做事要从最基本的知识、道理开始，经过逐步积累，才能有所成就，从而树立远大的理想。要用辩证唯物思维看待和解决地基与基础的相关问题，要想把理想变成现实，必须一步一个脚印，踏踏实实学习、工作，实现知识学习和能力的提升。

知识目标：

- 了解常用地基处理方法的概念及适用情况。
- 了解预制桩和灌注桩的特点。
- 掌握常用地基处理方法的施工要点及质量检验要求。
- 掌握常见基础工程的施工要点及施工方法。

能力目标：

- 能够编制地基处理方案。
- 能够根据现场的具体情况选用适当的地基处理施工方法。
- 能正确指导桩基础和其他基础工程的施工。

素养目标：

- 培养学生积跬步、积小流，方有所成的意识。
- 培养学生牢记"国家安全是民族复兴的根基，社会稳定是国家强盛的前提"的理念。
- 培养学生坚决维护国家安全的信念。

地基加固处理

任务1 建筑地基处理

2.1.1 换填垫层法

换填垫层法是指挖去地表浅层软弱土层或不均匀土层，回填坚硬、较粗粒径的材料，并夯压密实，形成垫层的地基处理方法。换填垫层法适用于浅层软弱地基及不均匀地基的处理。开挖基坑后，利用分层回填夯压，也可处理较深的软弱土层。但换填基坑开挖过深，常使处理工程费用增高、工期拖长、对环境的影响增大等，因此，换填垫层法的处理深度在3m以内较为经济合理。

1. 垫层材料

（1）砂石　应级配良好，不含杂质，最大粒径不宜大于50mm，对具有排水要求的砂垫层宜控制含泥量不大于3%。当使用粉细砂时，应掺入不少于总重30%的碎石或卵石，使其颗粒不均匀系数不小于5，拌和均匀后方可用于铺填垫层。对湿陷性黄土地基，不得选用砂石等透水材料。

（2）石屑　石屑是采石场筛选碎石后的细粒废弃物，其性质接近于砂，在各地使用作为换填材料时，均取得了很好的成效。但应控制好含泥量及含粉量，才能保证垫层的质量。

（3）素土　素土地基土料可采用黏土式粉质黏土，但两者均难以夯压密实，故换填时均应避免采用作为换填材料，在不得已选用时，应掺入不少于30%的砂石，拌和均匀后方可使用。此外，土料中有机质含量不得超过5%，也不得含有冻土或膨胀土。

（4）灰土　石灰与土料的体积配合比宜为2∶8或3∶7。土料宜用粉质黏土，不宜使用块状黏土和塑性指数小于4的粉土；土料不得含有松软杂质，粒径不得大于15mm。石灰宜用新鲜的消石灰，且应符合Ⅲ级以上标准，贮存期不超过3个月，粒径不得大于5mm。通常灰土的最佳含灰率为$CaO+MgO$约占总量的8%。石灰应消解3~4d并筛除生石灰块后使用。

（5）粉煤灰　可用于道路、堆场和小型建（构）筑物等的换填垫层。粉煤灰垫层上宜覆土0.3~0.5m，以防干灰飞扬。采用掺加剂时，应通过试验确定其性能及适用条件。作为建筑物垫层的粉煤灰应考虑放射性影响。粉煤灰垫层中的金属构件、管网宜采取适当的防腐措施。大量填筑粉煤灰时应考虑对地下水和土壤的环境影响。

（6）矿渣　垫层使用的矿渣是指高炉重矿渣。矿渣垫层主要用于堆场、道路和地坪及小型建（构）筑物地基。选用矿渣的松散重度不小于$11kN/m^3$，有机质及含泥总量不超过5%。作为建筑物垫层的矿渣与粉煤灰相同，要考虑放射性影响，对地下水和环境的影响及对金属管网、构件的影响。

（7）其他工业废渣　在有可靠试验结果或成功工程经验时，质地坚硬、性能稳定、无腐蚀性和放射性危害的工业废渣均可用于填筑换填垫层。被选用工业废渣的粒径、级配和施工工艺等应通过试验确定。

（8）土工合成材料　用于换填垫层的土工合成材料，如各种土工格栅、土工格室等，在垫层中主要起加筋作用，以提高地基土的抗拉和抗剪强度、防止垫层被拉断和剪切破坏。所用土工合成材料的品种与性能及填料的土类应根据工程特性和地基土条件，按照现行国家标准的要求，通过设计并进行现场试验后确定。

2. 施工要点

1）垫层施工应根据不同的换填材料选择施工机械。素土、灰土宜采用平碾、振动碾或羊足碾，中小型工程也可采用蛙式夯、柴油夯。砂石等宜用振动碾。粉煤灰宜采用平碾、振动碾、平板振动器、蛙式夯。矿渣宜采用平板振动器或平碾，也可采用振动碾。

2）垫层的分层铺填厚度、每层压实遍数等宜通过试验确定。在不具备试验条件的场合，可参照表 2-1 选用。对于存在软弱下卧层的垫层，应针对不同施工机械设备的重量、碾压强度、振动力等因素，确定垫层底层的铺填厚度，使既能满足该层的压密条件，又能防止破坏及扰动下卧软弱土的结构。同时，为保证分层压实质量，应控制机械碾压速度。

表 2-1 垫层的分层铺填厚度及每层压实遍数

施工设备	分层铺填厚度/m	每层压实遍数
平碾（8~12t）	0.2~0.3	6~8（矿渣 10~12）
羊足碾（5~16t）	0.2~0.35	8~16
蛙式夯（200kg）	0.2~0.25	3~4
振动碾（8~15t）	0.6~1.3	6~8
插入式振动器	0.2~0.5	—
平板式振动器	0.15~0.25	—

3）为获得最佳夯压效果，宜采用垫层材料的最优含水量 w_{op} 作为施工控制含水量。素土和灰土垫层土料的施工含水量宜控制在最优含水量 w_{op}±2% 的范围内，当使用振动碾压时，可将下限放宽至 w_{op}-6%。粉煤灰垫层的施工含水量宜控制在 w_{op}±4% 的范围内。若土料湿度过大或过小，应分别采用晾晒、翻松、掺加吸水材料或洒水湿润等措施，以调整土料的含水量。

4）当垫层底部存在古井、古墓、洞穴、旧基础、暗塘等软硬不均的部位时，要根据其对垫层稳定及建筑物安全的影响程度确定处理方法。

5）基坑开挖时应避免坑底土层受扰动，可保留约 200mm 厚的土层暂不挖去，待铺填垫层前再挖至设计标高。严禁扰动垫层下的软弱土层，防止其被践踏、受冻或受水浸泡。在碎石或卵石垫层底部宜设置 150~300mm 厚的砂垫层或铺一层土工织物，以防止软弱土层表面的局部破坏，同时必须防止基坑边坡塌土混入垫层。

6）换填垫层施工应注意基坑排水，除采用水撼法施工砂垫层外，不得在浸水条件下施工，必要时应采用降低地下水位的措施。

7）垫层底面宜设在同一标高上，如深度不同，坑底土层应挖成阶梯或斜坡搭接，并按先深后浅的顺序进行垫层施工，搭接处应夯压密实。

8）铺设土工合成材料时应注意均匀平整，且保持一定的松紧度，以使其在工作状态下受力均匀，并避免被块石、树根等刺穿、顶破，引起局部的应力集中。此外，铺设土工合成材料时，应避免长时间暴晒或暴露。一般施工宜连续进行，暴露时间不宜超过 8h，并注意掩盖，以免材质老化，强度及耐久性降低。

3. 质量检验

1）垫层的施工质量的检验均应通过现场试验，并以设计压实系数所对应的贯入度为标准。对素土、灰土、粉煤灰和砂石垫层，可采用环刀取样、静力触探、轻型动力触探或标准贯入试验等；对砂石、矿渣垫层，可采用重型动力触探试验等。

2）垫层的施工质量检验必须分层进行。应在每层的压实系数符合设计要求后铺填上层土。

3）采用环刀法检验垫层的施工质量时，取样点应位于每层厚度的 2/3 深度处。检验点数量，对大基坑每 50~100m² 不应少于 1 个检验点；对基槽每 10~20m 不应少于 1 个点；每个独立柱基不应少于 1 个点。采用贯入仪或动力触探检验垫层的施工质量时，每分层平面上检验点的间距不应大于 4m。

4）竣工验收采用载荷试验检验垫层承载力时，每个单体工程不宜少于 3 点；对于大型工程则应按单体工程的数量或工程划分的面积确定检验点数。为保证载荷试验的有效影响深度不小于换填垫层处理的厚度，载荷试验压板的边长或直径不应小于垫层厚度的 1/3。

2.1.2 强夯法和强夯置换法

强夯法是反复将夯锤（质量一般为 10~60t）提到一定高度使其自由落下（落距一般为 10~40m），给地基以冲击和振动能量，从而提高地基的承载力并降低其压缩性，改善地基性能的地基处理方法。大量工程实例证明，强夯法用于处理碎石土、砂土、低饱和度的粉土与黏性土、湿陷性黄土、素填土和杂填土等地基，一般均能取得较好的效果。对于软土地基，一般来说处理效果不显著。

强夯置换法是采用在夯坑内回填块石、碎石等粗颗粒材料，用夯锤夯击形成连续的强夯置换墩的地基处理方法。强夯置换法适用于高饱和度的粉土与软塑-流塑的黏性土等对变形控制要求不严的工程。该法具有加固效果显著、施工期短、施工费用低等优点，目前已用于堆场、公路、机场、房屋建筑、油罐等工程。

1. 施工要点

1）夯锤分为钢锤和混凝土锤。混凝土夯锤常采用钢板作外壳，内部焊接钢骨架后浇筑 C30 混凝土，常用质量为 10~60t，底面形式宜采用圆形或多边形。锤底面积宜按土的性质确定，锤的底面宜对称设置若干个孔径为 300~400mm 的上下贯通的排气孔，以利空气排出和减小坑底吸力。

2）施工机械宜采用带有自动脱钩装置的履带式起重机或其他专用设备。采用履带式起重机时，可在臂杆端部设置辅助龙门架（图 2-1），或采取其他安全措施，防止落锤时机架倾覆。

3）当地表土软弱或地下水位较高，夯坑底积水影响施工时，宜人工降低地下水位或铺填一定厚度的松散性材料，使地下水位低于坑底面以下 2m。

4）施工前应查明场地范围内的地下构筑物和各种地下管线的位置及标高等，并采取必要的措施，以免因施工而造成损坏。

5）当强夯施工所产生的振动对邻近建筑物或精密仪器设备会产生有害影响时，应设置监测点，并采取挖隔振沟等防振措施。

6）强夯施工可按下列步骤进行。

① 清理并平整施工场地。

② 标出第一遍夯点位置，并测量场地高程。

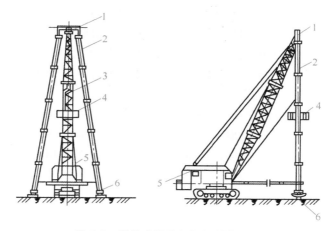

图 2-1 履带式起重机加钢制龙门架

1—龙门架横梁 2—龙门架支杆 3—自动脱钩器 4—夯锤 5—履带式起重机 6—底座

③ 起重机就位，夯锤置于夯点位置。

④ 测量夯前锤顶高程。

⑤ 将夯锤起吊到预定高度，开启脱钩装置，夯锤脱钩自由下落，放下吊钩，测量锤顶高程。若发现因坑底倾斜而造成夯锤歪斜时，应及时将坑底整平。

⑥ 重复步骤⑤，按设计规定的夯击次数及控制标准，完成一个夯点的夯击。

⑦ 换夯点，重复步骤③~⑥，完成第一遍全部夯点的夯击。

⑧ 用推土机将夯坑填平，并测量场地高程。

⑨ 在规定的间隔时间后，按上述步骤逐次完成全部夯击遍数。最后用低能量满夯，将场地表层松土夯实，并测量夯后场地高程。

7）强夯置换施工可按下列步骤进行。

① 清理并平整施工场地当表土松软时，可铺设一层厚度为 1.0~2.0m 的砂石施工垫层。

② 标出夯点位置，并测量场地高程。

③ 起重机就位，夯锤置于夯点位置。

④ 测量夯前锤顶高程。

⑤ 夯击并逐击记录夯坑深度。当夯坑过深而发生起锤困难时停夯，向坑内填料直至与坑顶平，记录填料数量。工序重复，直至满足规定的夯击次数及质量控制标准，完成一个墩体的夯击。当夯点周围软土挤出影响施工时，应随时清理并在夯点周围铺垫碎石，继续施工。

⑥ 按"由内而外，隔行跳打"原则完成全部夯点的施工。

⑦ 推平场地，用低能量满夯，将场地表层松土夯实，并测量夯后场地高程。

⑧ 铺设垫层，并分层碾压密实。

2. 质量检验

1）检查施工过程中的各项测试数据和施工记录，不符合设计要求时应补夯或采取其他有效措施。强夯置换施工中可采用超重型或重型圆锥动力触探检查置换墩着底情况。

2）经强夯处理的地基，其强度是随着时间增长而逐步恢复和提高的，因此，竣工验收质量检验应在施工结束后间隔一定时间进行。对于碎石土和砂土地基，其间隔时间宜为 7~

14d；粉土和黏性土地基宜为 14~28d。强夯置换地基间隔时间宜为 28d。

3）强夯处理后的地基竣工验收时，承载力检验应采用原位测试和室内土工试验。强夯置换后的地基竣工验收时，承载力检验除应采用单墩静载荷试验外，还应采用动力触探等有效手段查明置换墩着底情况及承载力与密度随深度的变化情况，对饱和粉土地基允许采用单墩复合地基静载荷试验代替单墩静载荷试验。

4）强夯地基承载力检验的数量，应根据场地复杂程度和建筑物的重要性确定，对于简单场地上的一般建筑物，每个建筑地基的载荷试验检验点不应少于 3 点；对于复杂场地或重要建筑地基应增加检验点数。强夯置换地基载荷试验检验和置换墩着底情况检验数量均不应少于墩点数的 1%，且不应少于 3 点。

2.1.3 振冲法

振冲法是指在振冲器水平振动和高压水的共同作用下，使松砂土层振密，或在软弱土层中成孔，然后回填碎石等粗粒料形成桩柱，并和原地基土组成复合地基的地基处理方法。适用于处理砂土、粉土、粉质黏土、素填土和杂填土等地基。振冲法对不同性质的土层分别具有置换、挤密和振动密实等作用，如对黏性土主要起到置换作用，对中细砂和粉土除置换作用外还有振实挤密作用。

1. 施工要点

1）振冲施工可根据设计荷载的大小、原土强度的高低、设计桩长等条件选用不同功率的振冲器（图 2-2）。

2）升降振冲器的机械一般为 8~25t 轮式起重机，其可振冲 5~20m 长桩。

3）振冲施工（图 2-3）可按下列步骤进行。

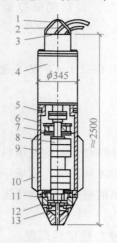

图 2-2　振冲器构造

1—吊具　2、13—水管　3—电缆　4—电动机
5—联轴器　6—轴　7、11—轴承　8—偏心块
9—壳体　10—翅片　12—头部

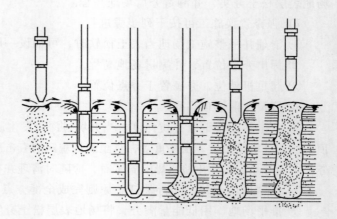

图 2-3　振冲施工

① 清理平整施工场地，布置桩位。

② 施工机具就位，使振冲器对准桩位。

③ 启动供水泵和振冲器，水压宜为 200～600kPa，水量宜为 200～400L/min，将振冲器徐徐沉入土中，造孔速度宜为 0.5～2.0m/min，直至达到设计深度。记录振冲器经各深度的水压、电流和留振时间。

④ 造孔后边提升振冲器边冲水直至孔口，再放至孔底，重复 2～3 次扩大孔径并使孔内泥浆变稀，开始填料制桩。

⑤ 大功率振冲器投料可不提出孔口，小功率振冲器下料困难时，可将振冲器提出孔口填料，每次填料厚度不宜大于 500mm。将振冲器沉入填料中进行振密制桩，当电流达到规定的密实电流值和规定的留振时间后，将振冲器提升 300～500mm。

⑥ 重复以上步骤，自下而上逐段制作桩体直至孔口，记录各段深度的填料量、最终电流值和留振时间。

⑦ 关闭振冲器和水泵。

4）施工现场应事先开设泥水排放系统，或组织好运浆车辆将泥浆运至预先安排的存放地点。应尽可能设置沉淀池，重复使用上部清水。

5）桩体施工完毕后应将顶部预留的松散桩体挖除，如无预留应将松散桩头压实，随后铺设垫层并压实。

6）不加填料振冲加密宜采用大功率振冲器。为了避免造孔中塌砂将振冲器抱住，下沉速度宜快，造孔速度宜为 8～10m/min，到达深度后将射水量减至最小；留振至密实电流达到规定时，上提 0.5m，逐段振密直至孔口，一般振密时间约 1min/m。在粗砂中施工如遇下沉困难，可在振冲器两侧增焊辅助水管，加大造孔水量，但造孔水压宜小。

7）振密孔施工顺序，宜沿直线逐点逐行进行。

2. 质量检验

1）检查振冲施工各项施工记录，如有遗漏或不符合规定要求的桩或振冲点，应补桩或采取有效的补救措施。

2）振冲施工结束后，除砂土地基外，应间隔一定时间后进行质量检验。对黏性土地基间隔时间不宜少于 21d，对粉土地基不宜少于 14d，对于砂土和杂填土地基不宜少于 7d。

3）振冲施工质量的检验，对桩体可采用重型动力触探试验；对桩间土可采用标准贯入、静力触探、动力触探或其他原位测试等方法；对消除液化的地基应采用标准贯入试验。桩间土质量的检测位置应在等边三角形或正方形的中心。检验深度不应小于处理地基深度，检测数量不应少于桩孔总数的 2%。

2.1.4 砂石桩法

砂石桩法是指采用振动、冲击或水冲等方式在地基中成孔后，再将碎石、砂或砂石挤压入已成的孔中，形成砂石所构成的密实桩体，并和原桩周土组成复合地基的地基处理方法。该法适用于挤密处理松散砂土、粉土、黏性土、素填土、杂填土等地基，也可用于处理可液化地基。饱和黏土地基上对变形控制要求不严的工程也可采用砂石桩置换处理。

1. 施工要点

1）砂石桩的施工，应选用与处理深度相适应的机械，可采用振动沉管、锤击沉管或冲击成孔等成桩法。当用于消除粉细砂及粉土液化时，宜用振动沉管成桩法。

2）施工前应进行成桩工艺和成桩挤密试验。为了满足试验及检测要求，试验桩的数量应不少于 7~9 个。

3）振动沉管成桩法施工如图 2-4 所示振动沉桩机将带有活瓣桩尖的与砂石桩同直径的钢管沉下，往桩管内灌砂后，边振动边缓慢拔出桩管（或在振动拔管的过程中，每拔 0.5m 高停拔振动 0~20s；或将桩管压下后再拔），以便将落入桩孔内的砂压实，并可使桩径扩大。振动力以 30~70kN 为宜，拔管速度应控制在 1~1.5m/min。打直径 500~700mm 砂石桩通常采用大吨位 KM2-1200 型振动沉桩机施工。

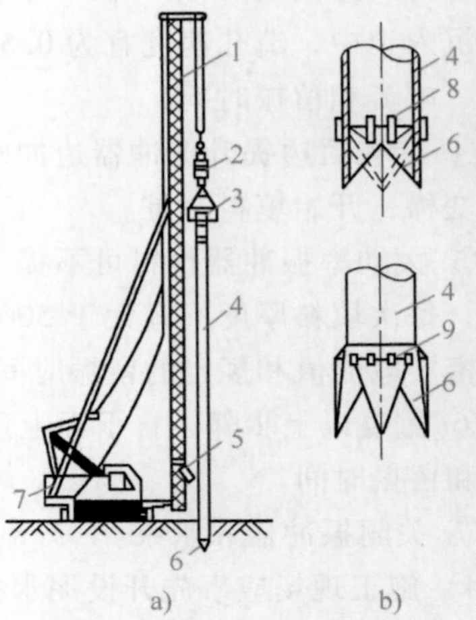

4）施工中应选用能顺利出料和有效挤压桩孔内砂石料的桩尖结构。当采用活瓣桩靴时，对砂土和粉土地基宜选用尖锥形；对黏性土地基宜选用平底形；一次性桩尖可采用混凝土锥形桩尖。

5）锤击沉管成桩法施工可采用单管法或双管法。锤击法挤密应根据锤击的能量，控制分段的填砂石量和成桩的长度。

图 2-4　振动沉桩机打砂石桩

a）振动沉桩机沉桩　b）活瓣桩靴

1—桩机导架　2—减振器　3—振动锤　4—桩管
5—装砂石下料斗　6—活瓣桩尖　7—机座
8—活门开启限位装置　9—锁轴

6）砂石桩的施工顺序：对砂土地基宜从外围或两侧向中间进行，对黏性土地基宜从中间向外围或隔排施工；在既有建（构）筑物邻近施工时，应背离建（构）筑物方向进行。

7）施工时桩位水平偏差不应大于套管外径的 30%，套管垂直度偏差不应大于 1%。

8）砂石桩施工后，应将基底标高下的松散层挖除或夯压密实，随后铺设并压实砂石垫层。

2. 质量检验

1）应在施工期间及施工结束后，检查砂石桩的施工记录。对沉管法，尚应检查套管往复挤压振动次数与时间、套管升降幅度和速度、每次填砂石料量等项施工记录。

2）施工后应间隔一定时间方可进行质量检验。对饱和黏性土地基应待孔隙水压力消散后进行，间隔时间不宜少于 28d；对饱和粉土、砂土和杂填土地基，不宜少于 14d。

3）砂石桩的施工质量检验可采用单桩载荷试验，对桩体可采用动力触探试验检测，对桩间土可采用标准贯入、静力触探、动力触探或其他原位测试等方法进行检测。桩间土质量的检测位置应在等边三角形或正方形的中心。检测数量不应少于桩孔总数的 2%。

4）竣工验收时砂石桩地基，承载力检验应采用复合地基静载荷试验。

5）复合地基静载荷试验数量不应少于总桩数的 1%，且每个单体建筑不应少于 3 点。

2.1.5　水泥粉煤灰碎石桩法

水泥粉煤灰碎石桩是指由水泥、粉煤灰、碎石、石屑或砂等混合料加水拌和形成高粘结强度桩，并由桩、桩间土和褥垫层一起组成复合地基的地基处理方法。适用于处理黏性土、粉土、砂土和自重固结已完成的素填土等地基。对淤泥质土应按地区经验或通过现场试验确定其适用性。水泥粉煤灰碎石桩应选择承载力相对较高的土层作为桩端持力层，这样可以很好地发挥桩端阻力，也可避免场地岩性变化大而造成的建筑物不均匀沉降。

1. 施工要点

（1）施工工艺流程（图 2-5）　桩机就位→沉管至设计深度→停振下料→振动捣实后拔管→留振 10s→振动拔管、复打。应考虑隔排隔桩跳打，新打桩与已打桩间隔时间不少于 7d。

（2）水泥粉煤灰碎石桩施工　应根据现场条件选用下列施工工艺。

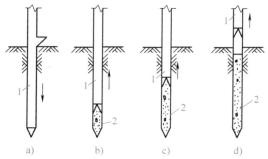

图 2-5　水泥粉煤灰碎石桩施工工艺流程

a）打入桩管　b）、c）灌水泥粉煤灰碎石振动拔管　d）成桩
1—桩管　2—水泥粉煤灰碎石桩

1）长螺旋钻孔灌注成桩。适用于地下水位以上的黏性土、粉土、素填土、中等密实以上的砂土地基，属非挤土成桩工艺。该工艺具有穿透能力强、无振动、低噪声、无泥浆污染等特点，但要求桩长范围内无地下水，以保证成孔时不塌孔。

2）长螺旋钻孔、管内泵压混合料成桩。是国内近几年来使用比较广泛的一种新工艺，属非挤土成桩工艺，具有穿透能力强、低噪声、无振动、无泥浆污染、施工效率高及质量容易控制等特点。

3）振动沉管灌注成桩。适用于粉土、黏性土及素填土地基，属挤土成桩工艺，对桩间土具有挤（振）密效应。但振动沉管灌注成桩工艺难以穿透厚的硬土层、砂层和卵石层等。在饱和黏性土中成桩，会造成地表隆起，挤断已打桩，且振动和噪声污染严重，在城市居民区施工受到限制。在夹有硬的黏性土时，可采用长螺旋钻机引孔，再用振动沉管打桩机制桩。

（3）施工注意　长螺旋钻孔、管内泵压混合料灌注成桩施工和振动沉管灌注成桩施工除应执行国家现行有关规定外，还应符合下列要求。

1）施工前应按设计要求由试验室进行配合比试验，施工时按配合比配制混合料。长螺旋钻孔、管内泵压混合料成桩施工的坍落度宜为 160~200mm，振动沉管灌注成桩施工的坍落度宜为 30~50mm。振动沉管灌注成桩后桩顶浮浆厚度不宜超过 200mm。

2）长螺旋钻孔、管内泵压混合料成桩施工在钻至设计深度后，应准确掌握提拔钻杆时间，混合料泵送量应与拔管速度相配合；遇到饱和砂土或饱和粉土层，不得停泵待料。沉管灌注成桩施工拔管速度应按匀速控制，拔管速度应控制在 1.2~1.5m/min，如遇淤泥或淤泥质土，拔管速度应适当放慢。

3）施工桩顶标高宜高出设计桩顶标高不少于 0.5m；

4）成桩过程中，应抽样做混合料试块，每台机械每台班不应少于做一组（3 块）试块（边长为 150mm 的立方体），标准养护，测定其立方体抗压强度。

（4）冬期施工　应采取措施避免混合料在初凝前遭到冻结，保证混合料入孔温度大于 5℃。根据材料加热难易程度，一般优先加热拌和水，其次是砂和石。混合料温度不宜过高，以免造成混合料假凝无法正常泵送施工。泵头管线也应采取保温措施。施工完清除保护土层和桩头后，应立即对桩间土和桩头采用草帘等保温材料进行覆盖，防止桩间土冻胀而使桩体拉断。

（5）弃土清运　长螺旋钻成孔、管内泵压混合料成桩施工中存在钻孔弃土。弃土和保护土层清运时如采用机械、人工联合清运，应避免机械设备超挖，并应预留至少50cm用人工清除，避免造成桩头断裂和扰动桩间土层。

（6）褥垫层 褥垫层材料多为粗砂、中砂或碎石，碎石粒径宜为8~20mm，不宜选用卵石。褥垫层铺设宜采用静力压实法，当基础底面下桩间土的含水量较小时，也可采用动力夯实法。夯填度（夯实后的褥垫层厚度与虚铺厚度的比值）不得大于0.9。

（7）施工偏差 施工垂直度偏差不应大于1%；对满堂布桩基础，桩位偏差不应大于0.4倍桩径；对条形基础，桩位偏差不应大于0.25倍桩径；对单排布桩，桩位偏差不应大于60mm。

2. 质量检验

1）施工质量检验主要应检查施工记录、混合料坍落度、桩数、桩位偏差、褥垫层厚度、夯填度和桩体试块抗压强度等。

2）竣工验收时，承载力检验应采用复合地基静载荷试验。

3）地基检验应在桩身强度满足试验荷载条件时，并宜在施工结束28d后进行。试验数量不少于总桩数的1%，且每个单体工程的试验数量不应少于3点。

4）应抽取不少于总桩数的10%的桩进行低应变动力试验，检测桩身完整性。

2.1.6 夯实水泥土桩法

夯实水泥土桩法是指将水泥和土按设计的比例拌和均匀，在孔内夯实至设计要求的密实度而形成的加固体，并与桩间土组成复合地基的地基处理方法。该法适用于处理地下水位以上的粉土、素填土、杂填土、黏性土等地基，处理深度不宜超过15m。

1. 施工要点

1）施工时，应按设计要求选用成孔方法。如土质较松软时，可选用沉管、冲击等挤土成孔方法；如旧城危改工程中，由于场地环境条件的限制时，可选用洛阳铲、螺旋钻等非挤土成孔方法。

2）夯填桩孔时，宜选用机械夯实。分段夯填时，夯锤的落距和填料厚度应根据现场试验确定，混合料的压实系数不应小于0.93。

3）土料中有机质含量不得超过5%，不得含有冻土或膨胀土，使用时应过10~20mm筛。混合料含水量应满足土料最优含水量的要求，其允许偏差不得大于±2%。土料与水泥应拌和均匀，水泥用量不得少于按配比试验确定的重量。

4）垫层材料应级配良好，不含植物残体、垃圾等杂质。垫层铺设时应压（夯）密实，夯填度不得大于0.9。采用的施工方法应严禁使基底土层扰动。

5）成孔施工时，桩孔中心偏差不应超过桩径设计值的1/4，对条形基础不应超过桩径设计值的1/6。桩孔垂直度偏差不应大于1.5%。

6）向孔内填料前孔底必须夯实。桩顶夯填高度应大于设计桩顶标高200~300mm，垫层施工时应将多余桩体凿除，桩顶面应水平。

7）施工过程中，应有专人监测成孔及回填夯实的质量，并作好施工记录。如发现地基土质与勘察资料不符，应立即停止施工，待查明情况及采取有效处理措施后，方可继续施工。

8）雨期或冬期施工时，应采取防雨、防冻措施，防止土料和水泥受雨水淋湿或冻结。

2. 质量检验

1）施工过程中，对成桩质量应及时进行抽样检验。抽样检验的数量不应少于总桩数的 1%。对一般工程，可检查桩的干密度和施工记录。干密度的检验方法可在 24h 内采用取土样测定或采用轻型动力触探击数 N_{10} 与现场试验确定的干密度进行对比，以判断桩身质量。

2）地基竣工验收时，承载力检验应采用单桩（复合）地基静载荷试验。对重要或大型工程，还应进行多桩复合地基静载荷试验。

3）地基检验数量不少于总桩数的 0.5%，且每个单体工程不应少于 3 点。

2.1.7 水泥土搅拌桩法

水泥土搅拌桩法是指以水泥作为固化剂的主剂，通过特制的深层搅拌机械，将固化剂和地基土强制搅拌，使软土硬结成具有整体性、水稳定性和一定强度的桩体的地基处理方法。其施工工艺分为浆液搅拌法（湿法）和粉体喷搅法（干法）。水泥土搅拌桩法适用于处理正常固结的淤泥与淤泥质土、粉土、饱和黄土、素填土、黏性土以及无流动地下水的饱和松散砂土等地基。当地基土的天然含水量小于 30%（黄土含水量小于 25%）、大于 70% 或地下水的 pH 值小于 4 时不宜采用干法。冬期施工时，应注意负温对处理效果的影响。

1. 施工要点

1）平整施工场地，清除地上和地下的障碍物。遇有明浜、池塘及洼地时应抽水和清淤，回填黏性土料并予以压实，不得回填杂填土或生活垃圾。

2）施工前应根据设计进行工艺性试桩，数量不得少于 3 根。当桩周为成层土时，应对相对软弱土层增加搅拌次数或增加水泥掺量。

3）搅拌头翼片的枚数、宽度、与搅拌轴的垂直夹角、搅拌头的回转数、提升速度应相互匹配，以确保加固深度范围内土体的任何一点均能经过 20 次以上的搅拌。

4）竖向承载搅拌桩施工时，停浆（灰）面应高于桩顶设计标高 500mm。在开挖基坑时，应将搅拌桩顶端施工质量较差的桩段用人工挖除。

5）施工中应保持搅拌桩机底盘的水平和导向架的竖直。搅拌桩的垂直偏差，对条形基础的边桩，沿轴线方向应为桩径的 ±1/4，沿垂直轴线方向应为桩径的 ±1/6，其他情况桩位的施工允许偏差应为桩径的 ±40%。桩身的垂直度允许偏差应为 ±1%。成桩直径和桩长不得小于设计值。

6）泥土搅拌法施工步骤由于湿法和干法的施工设备不同而略有差异，但其主要步骤如下。

① 搅拌机械就位、调平。

② 预搅下沉至设计加固深度。

③ 边喷浆（粉）、边搅拌提升直至预定的停浆（灰）面。

④ 重复搅拌下沉至设计加固深度。

⑤ 根据设计要求，喷浆（粉）或仅搅拌提升直至预定的停浆（灰）面。

⑥ 关闭搅拌机械、清洗。

⑦ 移至下一根桩，重复以上工序。

7）湿法中，当水泥浆液到达出浆口后，应喷浆搅拌 30s，在水泥浆与桩端土充分搅拌后，再开始提升搅拌头。搅拌机预搅下沉时不宜冲水，当遇到硬土层下沉太慢时，方可适量冲水，但应考虑冲水对桩身强度的影响。施工时如因故停浆，应将搅拌头下沉至停浆点以下0.5m处，待恢复供浆时再喷浆搅拌提升。若停机超过3h，宜先拆卸输浆管路，并妥加清洗。壁状加固时，相邻桩的施工时间间隔不宜超过12h。如间隔时间太长，与相邻桩无法搭接时，应采取局部补桩或注浆等补强措施。

8）干法中，搅拌头每旋转一周，其提升高度不得超过15mm。搅拌头的直径应定期复核检查，其磨耗量不得大于10mm。当搅拌头到达设计桩底以上1.5m时，应开启喷粉机提前进行喷粉作业。当搅拌头提升至地面下0.5m时，喷粉机应停止喷粉。成桩过程中因故停止喷粉，应将搅拌头下沉至停灰面以下1m处，待恢复喷粉时再喷粉搅拌提升。需在地基土天然含水量小于30%土层中喷粉成桩时，应采用地面注水搅拌工艺。

2. 质量检验

1）施工过程中必须随时检查施工记录和计量记录，并对照规定的施工工艺对每根桩进行质量评定。检查重点是：水泥用量、桩长、搅拌头转数和提升速度、复搅次数和复搅深度、停浆处理方法等。对不合格的桩应根据其位置和数量等具体情况，分别采取补桩或加强附近工程桩等措施。

2）施工质量检验可采用以下方法：

① 成桩7d后，采用浅部开挖桩头进行检查。开挖深度宜超过停浆（灰）面下0.5m，目测检查搅拌的均匀性，量测成桩直径。检查量为总桩数的5%。

② 成桩后3d内，可用轻型动力触探（N_{10}）检查每米桩身的均匀性。检验数量为施工总桩数的1%，且不少于3根。

③ 桩身强度应在成桩28d后，用双管单动取样器钻取芯样作抗压强度检验，检验数量为施工总桩数的0.5%，且不少于6点。

3）竖向承载水泥土搅拌桩地基竣工验收时，承载力检验应采用复合地基静载荷试验和单桩静载荷试验。

4）静载荷试验必须在桩身强度满足试验荷载条件时，并宜在成桩28d后进行。检验数量不少于桩总数的1%，且复合地基静载荷试验数量不少于3台（多轴搅拌为3组）。

2.1.8 高压喷射注浆法

高压喷射注浆法是指用高压水泥浆通过钻杆由水平方向的喷嘴喷出，形成喷射流，以此切割土体并与土拌和形成水泥土加固体的地基处理方法。适用于处理淤泥、淤泥质土、黏性土（流塑、软塑或可塑）、粉土、砂土、黄土、素填土和碎石土等地基。当土中含有较多的大粒径块石、大量植物根茎或有较高的有机质时，以及地下水流速过大和已涌水的工程，应根据现场试验结果确定其适用性。

1. 施工要点

1）施工前，应对照设计图纸核实设计孔位处有无妨碍施工和影响安全的障碍物。

2）施工参数应根据土质条件、加固要求通过试验或根据工程经验确定，并在施工中严格加以控制。

3）高压喷射注浆的主要材料为水泥，对于无特殊要求的工程，宜采用强度等级为42.5级及以上的普通硅酸盐水泥。根据需要可加入适量的外加剂及掺合料，如早强剂、悬浮剂等。外加剂和掺合料的用量，应通过试验确定。当有足够实践经验时，也可按经验确定。

4）水泥浆液的水胶比越小，高压喷射注浆处理地基的强度越高。在生产中因注浆设备的原因，水胶比太小时，喷射有困难，故水胶比通常取 0.8~1.2，生产实践中常用 1.0。

5）高压喷射注浆的施工工艺流程（图 2-6）：钻机就位→钻孔→置入注浆管→高压喷射注浆→拔出注浆管。

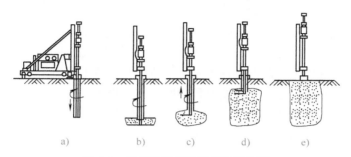

图 2-6 高压喷射注浆施工工艺流程

6）喷射孔与高压注浆泵的距离不宜大于 50m。钻孔的位置与设计位置的偏差不得大于 50mm。实际孔位、孔深和每个钻孔内的地下障碍物、洞穴、涌水、漏水及与岩土工程勘察报告不符等情况均应详细记录。

7）当喷射注浆管贯入土中，喷嘴达到设计标高时，即可喷射注浆。在喷射注浆参数达到规定值后，随即分别按旋喷、定喷或摆喷的工艺要求，提升喷射管，由下而上喷射注浆。当注浆管不能一次提升完成而需分数次卸管时，卸管后喷射的搭接长度不得小于 100mm，以保证固结体的整体性。

8）对需要局部扩大加固范围或提高强度的部位，可采用复喷措施。

9）当高压喷射注浆过程中出现压力骤然下降、上升或冒浆等异常情况时，应查明原因并及时采取措施。

10）高压喷射注浆完毕，或在喷射注浆过程中因故中断，短时间（小于或等于浆液初凝时间）内不能继续喷浆时，应立即拔出注浆管清洗备用，以防浆液凝固后拔不出来。为防止浆液凝固收缩影响桩顶高程，必要时可在原孔位采用冒浆回灌或第二次注浆等措施。

11）当处理既有建筑地基时，应采用速凝浆液或跳孔喷射和冒浆回灌等措施，以防喷射过程中地基产生附加变形和地基与基础间出现脱空现象。同时，应对建筑物进行变形监测。

12）施工中应做好泥浆处理，及时将泥浆运出或在现场短期堆放后作土方运出。

13）施工中应严格按照施工参数和材料用量施工，并如实做好各项记录。

2. 质量检验

1）高压喷射注浆可根据工程要求和当地经验采用开挖检查、取芯（常规取芯或软取芯）、标准贯入试验、静载荷试验或围井注水试验等方法进行检验，并结合工程测试、观测资料及实际效果综合评价加固效果。

2）检验点应布置在有代表性的桩位，施工中出现异常情况的部位以及地基情况复杂，可能对高压喷射注浆质量产生影响的部位。

3）检验点的数量为施工孔数的 2%，并不应少于 6 点。

4）质量检验宜在高压喷射注浆结束 28d 后进行。

5）地基竣工验收时，承载力检验应采用复合地基静载荷试验和单桩静载荷试验。

6）载荷试验必须在桩身强度满足试验条件时，并宜在成桩28d后进行。检验数量不少于桩总数的1%，且每项单体工程复合地基静载荷试验数量不少于3台。

2.1.9　灰土挤密桩法和土挤密桩法

灰土（土）挤密桩法是指利用横向挤压成孔设备成孔，使桩间土得以挤密。用灰土（素土）填入桩孔内分层夯实形成灰土（土）桩，并与桩间土组成复合地基的地基处理方法。适用于处理地下水位以上的湿陷性黄土、素填土和杂填土等地基，可处理地基的深度为3~15m。当以消除地基土的湿陷性为主要目的时，宜选用土挤密桩法。当以提高地基土的承载力或增强其水稳性为主要目的时，宜选用灰土挤密桩法。当地基土的含水量大于24%、饱和度大于65%时，应通过试验确定该法的适用性。

1. 施工要点

1）应综合考虑设计要求、成孔设备或成孔方法、现场土质和对周围环境的影响等因素，选用沉管（锤击、振动）和冲击等成孔方法。

2）桩顶设计标高以上的预留覆盖土层厚度，当采用沉管成孔时，宜为0.5~0.7m；当采用冲击成孔时，宜为1.2~1.5m。

3）成孔时，地基土宜接近最优（或塑限）含水量，当土的含水量低于12%时，宜对拟处理范围内的土层进行增湿。

4）成孔和孔内回填夯实应符合下列要求：

① 成孔和孔内回填夯实的施工顺序，当整片处理时，宜从里（或中间）向外间隔1~2孔进行，对大型工程，可采取分段施工；当局部处理时，宜从外向里间隔1~2孔进行。

② 向孔内填料前，孔底应夯实，并应抽样检查桩孔的直径、深度和垂直度，夯实机具常采用卷扬机提升式夯实机，如图2-7所示。

③ 桩孔的垂直度偏差不宜大于1%。

④ 桩孔中心距的偏差不宜超过桩距设计值的5%。

⑤ 经检验合格后，应按设计要求，向孔内分层填入筛好的素土、灰土或其他填料，并应分层夯实至设计标高。

⑥ 铺设灰土垫层前，应按设计要求将桩顶标高以上的预留松动土层挖除或夯（压）密实。

⑥ 施工过程中，应有专人监理成孔及回填夯实的质量，并应做好施工记录。如发现地基土质与勘察资料不符，应立即停止施工，待查明情况或采取有效措施处理后，方可继续施工。

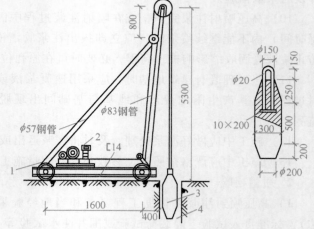

图2-7　卷扬机提升式夯实机及夯锤（桩径350mm）
1—机架　2—1t卷扬机　3—铸钢夯锤　4—桩孔

7）雨期或冬期施工，应采取防雨或防冻措施，防止灰土和土料受雨水淋湿或冻结。

2. 质量检验

1）成桩后，应及时抽样检验灰土挤密桩或土挤密桩处理地基的质量。对一般工程，主要应检查施工记录、检测全部处理深度内桩体和桩间土的干密度，并将其分别换算为平均压实系数和平均挤密系数。对重要工程，除检测上述内容外，还应测定全部处理深度内桩间土的压缩性和湿陷性。

2）桩孔夯填质量应随机抽样检测。平均压实系数抽样检验的数量不应少于桩总数的1%，且总计不得少于9根；平均挤密系数抽样检验的数量不应少于桩总数的0.3%，且总计不得少于3根。

3）土桩、灰土桩的承载力检验应在成桩14～28d后进行，检测数量不应少于总桩数的1%，且每项单位工程复合地基静载荷试验不应少于3点。

4）竣工验收时，灰土挤密桩、土挤密桩复合地基的承载力检验应采用复合地基静载荷试验。

任务 2　桩基础工程施工

桩基础是由沉入土中的桩和连接桩顶的承台组成。桩基础的作用是将上部结构的荷载，通过桩传至深部较坚硬的、压缩性小的土层或岩层。

按荷载传递方式可将桩分为摩擦型桩和端承型桩。摩擦型桩是指桩顶荷载全部或主要由桩侧阻力承担的桩；端承型桩是指桩顶荷载全部或主要由桩端阻力承担的桩。

按桩身材料可将桩分为混凝土桩、钢桩和组合材料桩。

按施工方法可将桩分为预制桩和灌注桩。预制桩是指到达设计位置和标高前已预先制作成形的桩，它又可分为钢筋混凝土预制桩、预应力混凝土管桩和钢桩。灌注桩是指直接在施工现场桩位上成孔，然后在孔内安放钢筋笼，浇筑混凝土形成的桩。灌注桩按成孔的方法又可分为泥浆护壁成孔灌注桩、干作业成孔灌注桩、沉管灌注桩和内夯灌注桩。

2.2.1　预制桩施工

钢筋混凝土预制桩是我国广泛应用的桩型之一，它具有承载能力大、坚固耐久、施工速度快、制作容易、施工简单等优点，但施工时噪声较大，对周围环境影响较严重，在城市施工受到很大限制。

预制桩基础

1. 桩的制作、起吊、运输和堆放

（1）桩的制作　钢筋混凝土预制桩有方形实心断面桩和圆柱形空心断面桩（管桩）两种。最常用的是方形实心断面桩，其断面边长一般为200～600mm。混凝土管桩一般在预制厂用离心法成型，管桩外径通常为400mm、500mm，壁厚80～110mm，每节长度8～10m。

制作时，通常较短的桩多在预制厂生产，较长的桩一般在打桩现场附近或打桩现场就地预制，预制场地必须平整、坚实。单节桩的最大长度，根据打桩架的有效高度、制作场地条件、运输与装卸能力而定，一般在30m以内。当桩长超过30m时，可以将桩预制成几段，在打桩过程中逐段接长。如在工厂制作，每段长度不宜超过12m。

制桩模板宜采用钢模板，模板应具有足够刚度，并应平整、尺寸准确。钢筋骨架的主筋连接宜采用对焊或电弧焊，当钢筋直径不小于 20mm 时，宜采用机械接头连接。

为节省场地，现场预制桩多用叠浇法施工，桩与邻桩及底模之间的接触面不得粘连，上层桩或邻桩的浇筑，必须在下层桩或邻桩的混凝土强度达到设计强度的 30% 以上时，方可进行。桩的重叠层数不应超过 4 层。

（2）桩的起吊、运输和堆放　混凝土强度达到设计强度的 70% 及以上时方可起吊，达到 100% 方可运输。桩起吊时应采取相应措施，保证安全平稳，保证桩身质量。水平运输时，应做到桩身平稳放置，严禁在场地上直接拖拉桩体。

桩在起吊和搬运时，吊点应符合设计规定，如无吊环，设计又未规定时，按图 2-8 所示吊点所示位置起吊。捆绑时吊索之间应加衬垫，以免损坏棱角。起吊时应平稳提升，吊点同时离地，采取措施保护桩身质量，防止撞击和受振动。

桩的堆放场地要平整、坚实、排水通畅。垫木间距应与吊点位置相同，各层垫木应位于同一垂直线上，最下层垫木应适当加宽。堆放层数不宜超过 4 层，不同规格的桩应分别堆放。

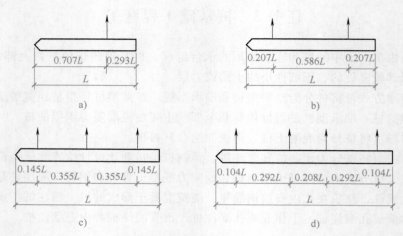

图 2-8　吊点的合理位置

a）1 个吊点　b）2 个吊点　c）3 个吊点　d）4 个吊点

2. 打桩前的准备

（1）处理障碍物　打桩前，必须处理空中和地下障碍物及高压线路等。

（2）平整场地　打桩场地必须平整、坚实，并且还要保证场地排水畅通。

（3）定位放线　在打桩现场或附近区域设水准点，位置应不受打桩影响，数量不少于 2 个，施工中用以抄平场地及控制桩顶的水平标高。

3. 沉桩方法

沉桩的方法主要包括锤击沉桩法和静力压桩法。

（1）锤击沉桩法　锤击沉桩法是利用桩锤下落的冲击力克服土体对桩的阻力，使桩沉到预定深度或达到持力层的一种沉桩方法。锤击沉桩法施工速度快，机械化程度高，适应范围广。但施工时极易产生挤土、噪声和振动现象，应加以限制。

1）打桩时，由于桩对土体的挤密作用，先打入的桩会因水平推挤而造成偏移和变位，或被垂直挤拔造成浮桩；后打入的桩难以到达设计标高或入土深度，造成土体隆起和挤压。

所以，施打群桩时，应根据密集程度、桩的规格、桩的长短等正确选择打桩顺序，以保证施工质量和进度。当一侧毗邻建筑物时，由毗邻建筑物处向另一方向施打，如图 2-9a 所示；对于密集桩群（桩中心距不大于 4 倍桩边长或桩径），应自中间向两个方向或四周对称施打，如图 2-9b、c 所示；根据基础的设计标高，宜先深后浅；根据桩的规格，宜先大后小，先长后短。

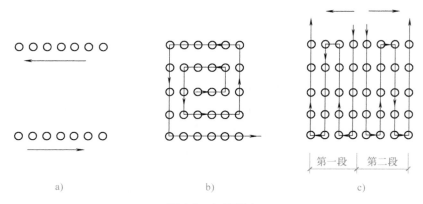

图 2-9　打桩顺序

a）逐排打设　b）自中间向四周打设　c）由中间向两侧打设

2）锤击沉桩法下沉预制桩的施工工艺流程为：打桩机就位→对中调直→锤击沉桩→接桩→再锤击→再接桩→至持力层（送桩）→收锤。

3）桩架就位后即可吊桩。利用桩架的滑轮组提升吊起至直立状态时，把桩送入桩架的龙门导杆内，使桩尖垂直对准桩位中心，缓缓放下插入土中。桩插入时垂直度偏差不得超过 0.5%。桩就位后，将桩帽套入桩顶，将桩锤压在桩帽上，使桩锤、桩帽及桩身中心线在同一垂直线上。锤与桩帽、桩帽与桩之间应加设硬木、麻袋、草垫等弹性衬垫，桩帽和桩周围应有 5~10mm 的间隙。在桩的自重和锤重作用下，桩沉入土中一定深度，然后再一次校正桩的垂直度，检查无误后，即可打桩。

4）打桩时，为取得良好效果，可采用重锤低击法。开始打入时，锤的落距为 0.6~0.8m，不宜太高；待沉入土中一定深度（1~2m），不易发生偏移时，再增大落距及锤击次数，连续锤击。

5）混凝土预制长桩受运输条件等限制，一般将长桩分成数节制作，分节打入，在现场接桩。常用的接桩方式有焊接、法兰连接及硫黄胶泥锚接等。前两者适用于各类土层，后者适用于软土层。

（2）静力压桩法　静力压桩法是在软土地基上，利用压桩机的静压力将预制桩压入土中的一种沉桩工艺。采用静压沉桩时，场地地基承载力不应小于压桩机接地压强的 1.2 倍，且场地应平整。静力压桩法具有无噪声、无振动、节约材料、降低成本、有利于施工质量、对周围环境的干扰和影响小等特点。

1）静压预制钢筋混凝土桩的施工工艺流程为：压桩机就位→桩身对中调直→压桩→接桩→再压桩→送桩→终止压桩→切割桩头。

2）压桩机进场行至桩位处，按额定的总重量配置压重，调整机架垂直度，并使桩基夹持钳口中心与地面上的"样桩"基本对准，调平压桩机，再次校核无误后将桩运到压桩机附近，采用单点吊法使桩身竖直插入夹桩的钳口中。之后将桩徐徐下降到桩尖离地面10cm左右处，夹紧桩身使桩尖对准桩位，将桩压入土中1m左右，暂停下压，校正，使桩身垂直度偏差小于0.5%，再正式开压。每一次下压，桩的入土深度为1.5～2.0m，然后松夹、上升、再夹、再压，如此反复，直至将一节桩压入土中。当一节桩压至离地面80～100cm时，进行接桩或放入送桩器。常用的接桩方法有焊接、法兰连接和硫黄胶泥锚接。当预制桩被压入土层中一定深度或桩尖进入持力层一定深度达设计要求后，即可终止压桩。

2.2.2 混凝土灌注桩施工

混凝土和钢筋混凝土灌注桩是直接在施工现场的桩位上成孔，然后在孔内浇筑混凝土（钢筋混凝土灌注桩还需在桩孔内安放钢筋笼）所成的桩。与预制桩相比较，灌注桩可节约钢材、木材和水泥，且施工工艺简单，成本较低；能根据持力层的起伏变化制成不同长度的桩，也能按工程需要制作成大口径桩；施工时无需分节制作和接桩，减少大量的运输和起吊工作量；施工时无振动、噪声小，对环境干扰较小。但其操作要求较严格，施工后需一定的养护期，不能立即承受荷载。

灌注桩按成孔方法不同，可分为干作业成孔灌注桩、泥浆护壁成孔灌注桩、沉管灌注桩等。

1. 干作业成孔灌注桩施工

干作业成孔灌注桩是指在不用泥浆或套筒护壁的情况下用人工或钻机成孔，下放钢筋笼，浇筑混凝土的基桩。适用于地下水位以上的黏性土、粉土、填土、中等密实以上的砂土、风化岩层。

（1）人工挖孔灌注桩 人工挖孔灌注桩（图2-10）是采用人工挖土成孔，然后放置钢筋笼，浇筑混凝土而成的一种基桩。它具有成孔机具简单、挖孔作业时无振动、无噪声的优点，且由于是人工挖掘，便于清孔和检查孔壁及孔底，施工质量可靠。

1）人工挖孔桩的孔径（不含护壁）不得小于0.8m，且不宜大于2.5m；孔深不宜大于30m。当桩净距小于2.5m时，应采用间隔开挖。相邻排桩跳挖的最小施工净距不得小于4.5m。人工挖孔桩混凝土护壁的厚度不应小于100mm，混凝土强度等级不应低于桩身混凝土强度等级，并应振捣密实；护壁应配置直径不小于8mm的构造钢筋，竖向筋应上下搭接或拉接。

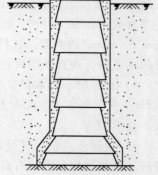

图2-10 人工挖孔灌注桩

2）人工挖孔桩的施工工艺流程为：放线定位→开挖第一节桩孔土方→构筑第一节混凝土护壁→安装作业机械→开挖第二节桩孔土方→构筑第二节混凝土护壁→安放钢筋笼→浇筑混凝土。

3）人工挖孔桩施工应采取下列安全措施。

① 孔内必须设置应急软爬梯供人员上下；使用的电葫芦、吊笼等应安全可靠，并配有自动卡紧保险装置，不得使用麻绳和尼龙绳吊挂或脚踏井壁凸缘上下。电葫芦宜用按钮式开关，使用前必须检验其安全起吊能力。

② 每日开工前必须检测井下的有毒、有害气体，并应有足够的安全防范措施。当桩孔开挖深度超过10m时，应有专门向井下送风的设备，风量不宜少于25L/s。

③ 孔口四周必须设置护栏，护栏高度宜为 0.8m。

④ 挖出的土石方应及时运离孔口，不得堆放在孔口周边 1m 范围内，机动车辆的通行不得对井壁的安全造成影响。

⑤ 施工现场的一切电源、电路的安装和拆除必须遵守现行行业标准《施工现场临时用电安全技术规范》（JGJ 46—2005）的规定。

（2）螺旋钻成孔灌注桩　螺旋钻成孔灌注桩可分为长螺旋钻成孔施工法和短螺旋钻成孔施工法。

长螺旋钻成孔施工法是用长螺旋钻孔机的螺旋钻头，在桩位处就地切削土层，被切土块钻屑随钻头旋转，沿着带有长螺旋叶片的钻杆上升，输送到出土器后自动排出孔外，然后装卸到小型机动翻斗车（或手推车）中运走，其成孔工艺可实现全部机械化。

短螺旋钻成孔施工法是用短螺旋钻孔机的螺旋钻头，在桩位处就地切削土层，被切土块钻屑随钻头旋转，沿着带有数量不多的螺旋叶片的钻杆上升，积聚在短螺旋叶片上，形成"土柱"，此后靠提钻、反转、甩土，将钻屑散落在孔周。一般每钻进 0.5～1.0m 就要提钻甩土一次。

用以上两种螺旋钻孔机成孔后，在桩孔中放置钢筋笼或插筋，然后灌注混凝土成桩。

1）长螺旋钻孔灌注桩施工工艺流程。

① 钻孔机就位。钻孔机就位后，调直桩架导杆，再用对位圈对桩位，读钻深标尺的零点。

② 钻进。用电动机带动钻杆转动，使钻头螺旋叶片旋转削土，土块随螺旋叶片上升，经排土器排出孔外。

③ 停止钻进及读钻孔深度。钻进时要用钻孔机上的测深标尺或在钻孔机头下安装测绳，掌握钻孔深度。

④ 提起钻杆。

⑤ 测孔径、孔深和桩孔水平和垂直偏差。达到预定钻孔深度后，提起钻杆，用测绳在手提灯照明下测量孔深及虚土厚度，虚土厚度等于钻深与孔深的差值。

⑥ 成孔质量检查。把手提灯吊入孔内，观察孔壁有无塌陷、胀缩等情况。

⑦ 盖好孔口盖板。

⑧ 钻孔机移位。

⑨ 复测孔深和虚土厚度。

⑩ 放混凝土溜筒。

⑪ 放钢筋笼。

⑫ 灌注混凝土。

⑬ 测量桩身混凝土的顶面标高。

⑭ 拔出混凝土溜筒。

2）短螺旋钻孔灌注桩施工工艺流程基本上与长螺旋钻孔灌注桩一样，只是第二项施工程序有所差别。被短螺旋钻孔机钻头切削下来的土块钻屑落在螺旋叶片上，靠提钻反转甩落在地上。这样钻成一个孔需要多次钻进、提钻和甩土。

螺旋钻成孔灌注桩施工过程如图 2-11 所示。

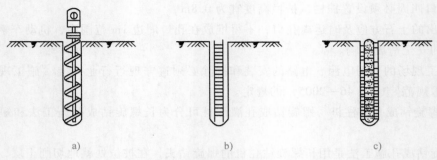

图 2-11　螺旋钻成孔灌注桩施工过程

a）钻机进行钻孔　b）放入钢筋骨架　c）浇筑混凝土

2. 泥浆护壁成孔灌注桩

泥浆护壁成孔灌注桩是利用原土自然造浆或人工造浆浆液进行护壁，通过循环泥浆将被钻头切下的土块携带出孔外成孔，然后安放绑扎好的钢筋骨架，水下灌注混凝土而成的桩。宜用于地下水位以下的黏性土、粉土、砂土、填土、碎石土及风化岩层。

（1）泥浆的制备和处理　除能自行造浆的黏性土层外，均应制备泥浆。泥浆制备应选用高塑性黏土和膨润土。泥浆应根据施工机械、工艺及穿越土层情况进行配合比设计。

施工期间护筒内的泥浆面应高出地下水位 1m 以上，在受水位涨落影响时，泥浆面应高出最高水位 1.5m 以上。在清孔过程中，应不断置换泥浆，直至灌注水下混凝土。灌注混凝土前，孔底 500mm 以内的泥浆相对密度应小于 1.25，含砂率不得大于 8%，黏度不得大于 28s。在容易产生泥浆渗漏的土层中应采取维持孔壁稳定的措施。废弃的浆、渣应进行处理，不得污染环境。

（2）正、反循环钻孔灌注桩施工　对孔深较大的端承型桩和粗粒土层中的摩擦型桩，宜采用反循环工艺成孔或清孔，也可根据土层情况采用正循环钻进，反循环清孔。

泥浆护壁成孔时，宜采用孔口护筒。护筒埋设应准确、稳定，护筒中心与桩位中心的偏差不得大于 50mm。护筒可用 4~8mm 厚钢板制作，其内径应大于钻头直径 100mm，上部宜开设 1~2 个溢浆孔。护筒的埋设深度在黏性土中不宜小于 1m，砂土中不宜小于 1.5m。护筒下端外侧应采用黏土填实，其高度还应满足孔内泥浆面高度的要求。

当在软土层中钻进时，应根据泥浆补给情况控制钻进速度；在硬层或岩层中的钻进速度应以钻机不发生跳动为准。如在钻进过程中发生斜孔、塌孔和护筒周围冒浆、失稳等现象时，应停钻，待采取相应措施后再进行钻进。

钻孔达到设计深度，灌注混凝土之前，孔底沉渣厚度对端承型桩不应大于 50mm，对摩擦型桩不应大于 100mm，对抗拔、抗水平力桩不应大于 200mm。

（3）冲击成孔灌注桩施工　开孔时，应低锤密击；当表土为淤泥、细砂等软弱土层时，可加黏土块夹小片石反复冲击造壁；孔内泥浆面应保持稳定。进入基岩后，应采用大冲程、低频率冲击；当发现成孔偏移时，应回填片石至偏孔上方 300~500mm 处，然后重新冲孔。当遇到孤石时，可预爆或采用高低冲程交替冲击，将大孤石击碎或挤入孔壁。应采取有效的技术措施防止扰动孔壁、塌孔、扩孔、卡钻和掉钻及泥浆流失事故。

每钻进 4~5m 应验孔一次，在更换钻头前或容易缩孔处，均应验孔。进入基岩后，非桩端持力层每钻进 300~500mm 和桩端持力层每钻进 100~300mm 时，应清孔取样一次，并做记录。

排渣可采用泥浆循环或抽渣筒等方法，当采用抽渣筒排渣时，应及时补给泥浆。冲孔中遇有斜孔、弯孔、梅花孔、塌孔及护筒周围冒浆、失稳等情况时，应停止施工，待采取措施后方可继续施工。

3. 沉管灌注桩

沉管灌注桩也是目前建筑工程中常用的一种灌注桩，宜用于黏性土、粉土和砂土。按其施工方法不同可分为锤击沉管灌注桩、振动和振动冲击沉管灌注桩、夯压成型灌注桩。

（1）锤击沉管灌注桩　利用桩锤将桩管和桩尖（或桩靴）打入土中，边拔管、边振动、边灌注混凝土、边成桩。在拔管过程中，由于保持对桩管进行连续低锤密击，使钢管不断得到冲击振动，从而密实混凝土，其设备如图 2-12 所示。

锤击沉管灌注桩的施工工艺流程为：桩机就位→锤击沉管→第一次灌入混凝土→边拔管、边锤击、边继续灌注混凝土→安放钢筋笼，继续灌注混凝土，成桩。

锤击沉管灌注桩施工应根据土质情况和荷载要求，分别选用单打法、复打法或反插法。群桩基础的基桩施工，应根据土质、布桩情况，采取消减负面挤土效应的技术措施，确保成桩质量。桩管、混凝土预制桩尖或钢桩尖的加工质量和埋设位置应与设计相符，桩管与桩尖的接触应有良好的密封性。

沉管至设计标高后，应立即检查和处理桩管内的进泥、进水和吞桩尖等情况，并立即灌注混凝土。当桩身配置局部长度钢筋笼时，第一次灌注混凝土应先灌注至笼底标高，然后放置钢筋笼，再灌至桩顶标高。第一次拔管高度应以能容纳第二次灌入的混凝土量为限。在拔管过程中应采用测锤或浮标检测混凝土面的下降情况。拔管速度应保持均匀，对一般土层拔管速度宜为 1m/min，在软弱土层和软硬土层交界处拔管速度宜控制在 0.3～0.8m/min。

（2）振动和振动冲击沉管灌注桩　在振动锤竖直方向往复振动作用下，桩管以一定的频率和振幅产生竖向往复振动，桩管与周围土体间的摩阻力减小；当强迫振动频率与土体的自振频率相同时，土体结构因共振而破坏；与此同时，桩管受着加压作用而沉入土中，在达到设计要求深度后，边拔管、边振动、边灌注混凝土、边成桩，其设备如图 2-13 所示。

振动、振动冲击沉管灌注桩的适用范围与锤击沉管灌注桩基本相同，由于其贯穿砂土层的能力较强，还适用于稍密碎石土层。振动冲击沉管灌注桩也可用于中密碎石土层和强风化岩层。在饱和淤泥等软弱土层中使用时，必须采取保证质量措施，并进行工艺试验，成功后才可使用。当地基中存在承压水层时，应谨慎使用。

振动、振动冲击沉管施工法一般有单打法、复打法及反插法等。施工方法应根据土质情况和荷载要求分别选用。

1）单打法。桩管内灌满混凝土后，应先振动 5～10s，再开始拔管，应边振边拔，每拔出 0.5～1.0m，停拔，振动 5～10s，这样反复进行，直至全部拔出。在一般土层内，拔管速度宜为 1.2～1.5m/min，用活瓣桩尖时宜慢，用预制桩尖时可适当加快，在软弱土层中宜控制在 0.6～0.8m/min。该法适用于含水量较小的土层。

2）复打法。在同一桩孔内连续进行两次单打，或根据要求进行局部复打。第一次灌注混凝土应达到自然地面，拔管过程中应及时清除粘在管壁上和散落在地面上的混凝土。初打和复打的桩轴线应重合，复打施工必须在第一次灌注的混凝土初凝之前完成。该法适用于饱和土层。

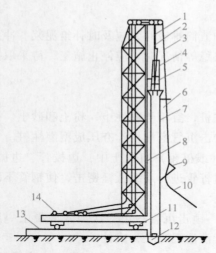

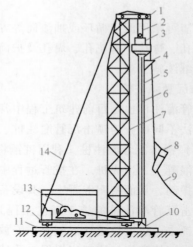

图 2-12　锤击沉管灌注桩设备示意图

1—桩锤钢丝绳　2—桩管滑轮组　3—吊斗钢丝绳

4—桩锤　5—桩帽　6—混凝土漏斗　7—桩管

8—桩架　9—混凝土吊斗　10—回绳

11—行驶用钢管　12—预制桩尖

13—枕木　14—卷扬机

图 2-13　振动沉管灌注桩设备示意图

1—导向滑轮　2—滑轮组　3—激振器

4—混凝土漏斗　5—桩管　6—加压钢丝绳

7—桩架　8—混凝土吊斗　9—回绳

10—活瓣桩尖　11—枕木　12—行驶用

钢管　13—卷扬机　14—缆风绳

3）反插法。桩管灌满混凝土后，先振动再拔管，每次拔管高度 0.5～1.0m，反插深度 0.3～0.5m；在拔管过程中，应分段添加混凝土，保持管内混凝土面始终不低于地表面或高于地下水位 1.0～1.5m 以上，拔管速度应小于 0.5m/min。在距桩尖处 1.5m 范围内，宜多次反插以扩大桩端部断面。穿过淤泥夹层时，应减慢拔管速度，并减少拔管高度和反插深度，在流动性淤泥中不宜使用反插法。该法适用于饱和土层。

任务3　其他基础工程施工

2.3.1　钢筋混凝土独立基础施工

1. 独立基础构造

钢筋混凝土独立基础按其构造形式，可分为现浇柱锥形基础、阶梯形基础和预制柱杯形基础，如图 2-14 所示。杯形基础又可分为单肢柱和双肢柱杯形基础，低杯口和高杯口基础。

独立基础

（1）现浇柱锥形基础　基础混凝土强度等级不低于 C20。受力钢筋直径不宜小于 8mm，间距不宜大于 200mm。基础底面通常设强度等级为 C15 的素混凝土垫层，垫层厚度为 100mm。当有垫层时，钢筋保护层厚度不宜小于 35mm；无垫层时，不宜小于 70mm。基础边缘的高度不宜小于 200mm，基础顶面每边从柱子边缘放出不小于 50mm，以便柱子支模。

现浇基础如与柱不同时浇筑，应伸出插筋与柱内钢筋相接，插筋的直径、根数和间距与柱子底部纵向钢筋相同。插筋一般均伸至基础底部的钢筋网，并在端部做成直钩。当基础高度较大时，可仅将四角插筋伸到基础底部，其余钢筋锚固在基础顶面下一

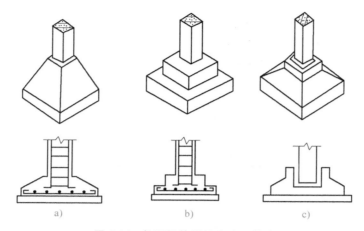

图 2-14 柱下钢筋混凝土独立基础

a）锥形 b）阶梯形 c）杯形

定长度 l_d 处即可。插筋长度范围内均应设置箍筋。

当基础顶面离室内地面小于 1.5m 时，钢筋接头应设在基础顶面处；当基础顶面离室内地面为 1.5~3.0m 时，接头设在室内地面以下 1500mm 处；当基础顶面离室内地面大于 3.0m 时，接头设在基础顶面和室内地面以下 1500mm 处两个平面上；当有现浇基础梁时，接头应高出基础顶面。

（2）现浇柱阶梯形基础 阶梯形基础每个台阶高度宜为 300~500mm。当基础高度 $h \leqslant$ 350mm 时，采用一级台阶；当基础高度 h 在 350~900mm 之间时，采用二级台阶；当基础高度 $h>900mm$ 时，采用三级台阶。阶梯尺寸宜用整数，一般在水平及垂直方向均用 50mm 的倍数。

其他构造要求与锥形基础相同。

（3）预制柱杯形基础 预制钢筋混凝土柱杯形基础的构造如图 2-15 所示。

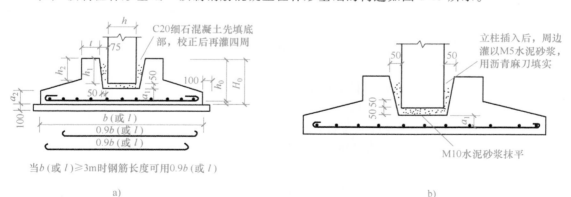

当 b（或 l）≥3m 时钢筋长度可用0.9b（或 l）

a)

b)

图 2-15 预制钢筋混凝土柱杯形基础的构造

a）刚接杯形基础 b）铰接杯形基础

1）柱的插入深度 h_1 可按表 2-2 选用，且应满足锚固长度的要求（$h_1 \geqslant 20d$，d 为柱子纵向受力钢筋直径）和吊装时柱的稳定（h_1 不小于吊装时桩长的 0.05 倍）。

2）基础的杯底厚度 a_1 和杯壁厚度 t，可按表 2-3 选用。

表 2-2 柱的插入深度 h_1 （单位：mm）

矩形或工字形柱				双肢柱
$h<500$	$500 \leqslant h<800$	$800 \leqslant h<1000$	$h \geqslant 1000$	
$h \sim 1.2h$	h	$0.9h$ 且 $\geqslant 800$	$0.8h$ 且 $\geqslant 1000$	$(1/3 \sim 2/3)h_a$ $(1.5 \sim 1.8)h_b$

注：1. h 为柱截面长边尺寸；h_a 为双肢柱全截面长边尺寸；h_b 为双肢柱全截面短边尺寸。
　　2. 柱轴心受压或小偏心受压时，h_1 可适当减小，偏心距大于 $2h$ 时，h_1 应适当加大。

表 2-3 基础的杯底厚度和杯壁厚度 （单位：mm）

柱截面长边尺寸 h	杯底厚度 a_1	杯壁厚度 t
$h<500$	$\geqslant 150$	$150 \sim 200$
$500 \leqslant h<800$	$\geqslant 200$	>200
$800 \leqslant h<1000$	$\geqslant 200$	$\geqslant 300$
$1000 \leqslant h<1500$	$\geqslant 250$	$\geqslant 350$
$1500 \leqslant h<2000$	$\geqslant 300$	$\geqslant 400$

注：1. 双肢柱的杯底厚度值，可适当取大。
　　2. 当有基础梁，基础梁下的杯壁厚度，应满足其支承宽度的要求。
　　3. 柱子插入杯口部分的表面应凿毛，柱子与杯口之间的空隙，应用比基础混凝土等级高一级的细石混凝土充填密实。当达到材料设计强度的 70% 以上时，方能进行上部吊装。

当柱为轴心受压或小偏心受压且 $t/h_2 \geqslant 0.65$ 时，或大偏心受压且 $t/h_2 \geqslant 0.75$ 时，杯壁内一般不配筋。当柱为轴心或小偏心受压且 $0.5 \leqslant t/h_2 < 0.65$ 时，杯壁可按表 2-4 配筋。其他情况下，应按计算配筋。

表 2-4 杯壁构造配筋 （单位：mm）

柱截面长边尺寸/mm	$h<1000$	$1000 \leqslant h<1500$	$1500 \leqslant h<2000$
钢筋直径/mm	$8 \sim 10$	$10 \sim 12$	$12 \sim 16$

注：表中钢筋置于杯口顶部，每边两根。

3）高杯口基础是带有短柱的杯形基础，其构造形式如图 2-16 所示。一般用于上层地基较软弱（或有坑、穴、井等）而不宜作为持力层，必须将基础深埋到下面较好土层的情况。高杯口基础是由杯口、短柱、基础组成。

高杯口基础，柱的插入深度应符合杯形基础的要求。当满足下列要求时，其杯壁配筋可按图 2-17 所示构造要求进行。

a. 起重机起重量在 75t 以下，轨顶标高 14m 以下，基本风压小于 0.5kPa 的工业厂房。

b. 基础短柱的高度不大于 5m。

c. 杯壁厚度符合表 2-5 的规定。

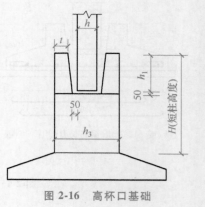

图 2-16 高杯口基础

2. 独立基础施工要点

钢筋混凝土独立基础的施工工艺过程包括现浇混凝土垫层、铺设基础钢筋、支设模板、浇混凝土、拆模等。

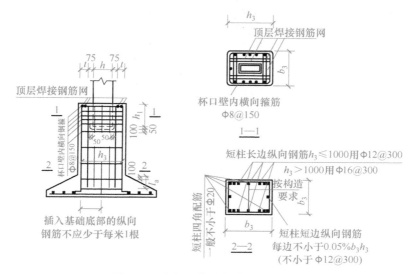

图 2-17　高杯口基础构造配筋

表 2-5　高杯口基础的杯壁厚度 t　　　　　　　　（单位：mm）

h	t	h	t
$600<h\leqslant800$	$\geqslant250$	$1000<h\leqslant1400$	$\geqslant350$
$800<h\leqslant1000$	$\geqslant300$	$1400<h\leqslant1600$	$\geqslant400$

（1）现浇柱基础施工要点

1）在现浇柱基础施工前应先进行基槽检验，检查基坑尺寸、基础轴线是否正确以及土质是否达到设计要求。清除坑内浮土、积水、淤泥及杂物。若存在局部软弱土层，应挖去，并用灰土或砂砾回填、夯实。

2）基坑验槽后应立即浇筑混凝土垫层，以保护地基，要求垫层表面平整。当垫层混凝土达到一定强度后，在其上弹线、支模、铺放钢筋网片。钢筋网片底部用与混凝土保护层同厚度的水泥砂浆块垫塞，以保证钢筋位置正确。

3）在基础混凝土浇筑前，应清除干净模板和钢筋上的垃圾、泥土和油污等杂物。对模板的缝隙和孔洞应予以堵严。木模板表面要浇水湿润，但不得积水。钢模板面要涂隔离剂。

4）对于现浇柱锥形基础浇捣时，应注意锥体斜坡部位的混凝土浇捣的质量及坡度大小的正确。斜面部分的模板应随混凝土浇捣分段支设并顶压牢固，防止模板移动变形，以符合设计要求。严禁斜面部分不支模，或用铁锹拍实。

5）对于现浇柱阶梯形基础，基础混凝土宜分层连续浇筑完成。台阶分层一次浇捣完毕，不允许留设施工缝。每层混凝土要一次卸足，顺序是先角边、后中间，务必使砂浆充满模板。每浇完一台阶应停 0.5~1.0h，以便使混凝土获得初步沉实，然后再浇筑上层。每一台阶浇完，表面应抹平。

6）基础上有插筋时，要将插筋加以固定以保证其位置的正确，防浇捣混凝土时产生位移和倾斜，发生偏差时应及时纠正。

7）基础混凝土浇筑完，应用草帘等覆盖并浇水加以养护。

8）现浇混凝土柱基础拆模后，需进行隐蔽工程的检验，检验通过后及时在基础和坑壁之间进行回填。通常用原挖出的土（除去杂物）分层回填夯实，回填时宜在基础相对的两侧或四周同时进行。

（2）预制柱杯形基础施工要点

1）预制柱杯形基础施工前的准备工作，同"（1）现浇柱基础施工要点"的1）~3）项。

2）杯口模板可采用木模板或钢定型模板，一般采用无底杯芯模为宜，可做成整体的，也可做成两半形式，中间各加楔形板一块。

3）浇筑杯形基础混凝土时，按台阶分层浇筑混凝土。在第一级台阶混凝土浇筑时，先将杯口底部混凝土捣实，再振捣杯芯模周边以外的混凝土，振捣时间尽可能缩短。在第二级台阶混凝土灌注时，用插入式振动器深入下一级台阶混凝土少量深度，使杯口混凝土尽量少往上翻冒。在浇筑过程中，应在两侧对称浇筑，注意杯芯模板的位置，以免将杯芯模挤向一侧或由于混凝土泛起而使杯芯模抬高造成杯芯模产生位移。

4）浇筑高杯口基础混凝土时，对于高台阶部分，按整段分层浇筑混凝土。由于这一台阶较高且设置钢筋较多，施工不方便，可采用后安装杯口模板的方法施工，即当混凝土浇筑至接近杯口底部时，再安装杯口模板，然后浇筑杯口混凝土。

5）杯形基础混凝土拆模时，先取出楔形板，然后分别将两半杯口模板取出。为拆模方便，杯口模板外可包一层薄铁皮。

6）杯形基础一般在杯底留有50mm厚的细石混凝土找平层，在浇筑基础混凝土时要仔细留出。基础浇捣完，在混凝土初凝后终凝前用倒链将杯口模板取出，并将杯口内侧表面混凝土凿毛。

7）基础混凝土浇捣完后的工作，同"（1）现浇柱基础施工要点"的7）~8）项。

2.3.2 钢筋混凝土条形基础施工

1. 条形基础构造

钢筋混凝土条形基础可分为墙下钢筋混凝土条形基础和柱下钢筋混凝土条形基础。

（1）墙下钢筋混凝土条形基础（图2-18）

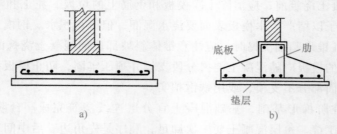

图2-18 墙下钢筋混凝土条形基础
a）无肋 b）有肋

1）当基础高度大于250mm时，采用锥形截面，其边缘高度不小于200mm；当基础高度小于250mm时，可采用平板式；当地基较软弱时，可采用有肋板增加基础刚度。

2）墙下钢筋混凝土条形基础底板受力钢筋一般采用HPB300级钢筋，直径$d \geqslant 10\text{mm}$；

间距不宜大于 200mm，也不宜小于 100mm，受力筋沿基础宽度方向布置。

3）分布钢筋的直径 $d \geqslant 8mm$，间距不宜大于 300mm，每米分布钢筋的面积应不小于受力钢筋面积的 10%。当有垫层时，钢筋保护层不小于 40mm；无垫层时不小于 70mm。垫层混凝土的强度等级应为 C15。

4）混凝土强度等级不应低于 C20。

5）当基础宽度大于或等于 2.5m 时，底板受力钢筋的长度可取宽度的 0.9 倍，并宜交错布置（图 2-19a）。

6）钢筋混凝土条形基础底板在 T 形和十字形交接处，底板横向受力钢筋仅沿一个主要受力方向通长布置，另一方向的横向受力钢筋可布置到主要受力方向底板宽度的 1/4 处（图 2-19b）。在拐角处底板横向受力钢筋应沿两个方向布置（图 2-19c）。

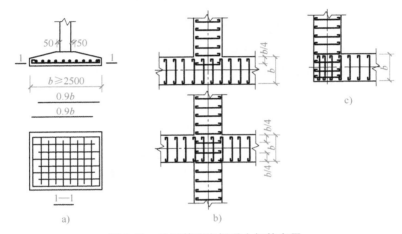

图 2-19　扩展基础底板受力钢筋布置

（2）柱下钢筋混凝土条形基础和交叉条形基础（图 2-21）两种。

柱下钢筋混凝土条形基础有单向条形基础（图 2-20）

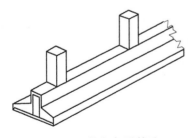

图 2-20　单向条形基础

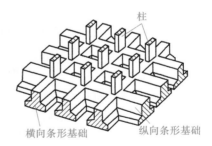

图 2-21　交叉条形基础

柱下条形基础的截面一般为倒 T 形，底板伸出部分称为翼板，中间部分称为肋梁。翼板厚度不宜小于 200mm。当厚度为 200～250mm 时，翼板可做成等厚度；当厚度大于 250mm 时，可做成顶面坡度小于或等于 1：3 的变厚度。肋梁的高度按计算确定，一般可取柱距的 1/8～1/4，如图 2-22 所示。

梁上、下纵向受力筋配筋率各不少于 0.2%。当梁高大于 700mm 时，应在梁两侧沿高度每隔 300～400mm 加设构造腰筋，直径不应小于 10mm。梁中箍筋直径不应小于 8mm。弯起

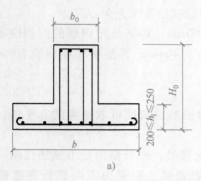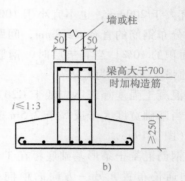

图 2-22 钢筋混凝土柱下条形基础剖面

a) 等厚度翼板 b) 变厚度翼板

筋与箍筋肢数按弯矩及剪力图配置，当梁宽 $b \leqslant 350mm$ 时用双肢箍，当 $350 < b \leqslant 800mm$ 时用四肢箍，$b > 800mm$ 时用六肢箍，箍筋间距的限制与普通梁相同。

柱下条形基础的混凝土强度等级，不应低于 C20。现浇柱和基础梁交接处的平面构造如图 2-23 所示。

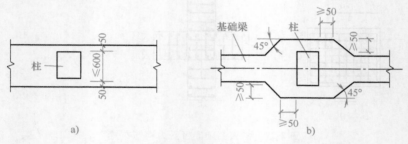

图 2-23 现浇柱和基础梁交接处的平面

a) 柱尺寸小于基础梁尺寸 b) 柱尺寸大于基础梁尺寸

2. 条形基础施工要点

1）在现浇条形基础施工前应先进行基槽检验，检查基坑尺寸、基础轴线是否正确以及土质是否达到设计要求。清除坑内浮土、积水、淤泥及杂物。若存在局部软弱土层，应挖去，并用灰土或砂砾回填、夯实。验槽后，将检验结果填入相应的表格，并做好记录。对验槽时发现的问题及时处理。

2）垫层混凝土在基坑验槽后应立即浇筑，以免地基土被扰动。

3）垫层达到一定强度后，在其上画线、支模、铺放钢筋网片。上下部垂直钢筋应绑扎牢，并注意将钢筋弯钩朝上。连接柱插筋的下端要用直钩与基础钢筋绑扎牢固，按轴线位置校核后用方木架成井字形，将插筋固定在基础外模板上。底部钢筋网片用与混凝土保护层同厚度的水泥砂浆垫塞。

4）在浇筑混凝土前，应清除干净模板和钢筋上的垃圾、泥土和油污等杂物。对模板的缝隙和孔洞应予以堵严。木模板表面要浇水湿润，但不得积水。钢模板面要涂隔离剂。

5）钢筋混凝土条形基础，在 T 字形与十字形交接处的钢筋应沿一个主要受力方向通长放置。

6）浇筑现浇柱下基础时，注意柱子插筋位置的正确，发生偏差时应及时纠正。

7）基础混凝土宜分层连续浇灌完成，对于带肋条形基础，每浇灌完底板应稍停 0.5~1.0h，待其初步获得沉实后，再浇灌上部肋梁，以防止肋梁混凝土溢出。每一肋梁浇完，表面应随即原浆抹平。对于锥形基础，斜面部分的模板应随混凝土浇捣分段支设并顶压紧，边角处的混凝土必须注意捣实。若基础上部柱子后施工，可在上部水平面留设施工缝。

8）根据高度分段分层连续浇筑混凝土，每层厚度应符合表 2-6 的规定。各段各层间相互衔接，每段长 2~3m 左右，浇筑时先使混凝土充满模板内边角，然后浇筑中间部分。连续的条形基础宜一次浇筑完，一般不留施工缝。

表 2-6　混凝土浇筑层的厚度　（单位：mm）

捣实混凝土的方法		浇筑层的厚度
插入式振捣		振动器作用部分长度的 1.25 倍
表面振捣		200
人工振捣	在基础、无筋混凝土或配筋稀疏的结构中	250
	在配筋密列的结构中	150
插入式振捣	轻骨料混凝土	300
表面振捣（振动时需加荷载）		200

9）混凝土浇捣完，外露表面覆盖并浇水加以养护。

10）基础拆模后，需进行隐蔽工程的检验，检验通过后及时在基础和坑壁之间进行回填。通常用原挖出的土（除去杂物）分层回填夯实。

2.3.3　筏板基础施工

筏板基础

筏板基础是地基上整体连续的钢筋混凝土板式基础，由底板、梁等组成。它在构造上可视为一个倒置的钢筋混凝土楼盖，分为平板式和梁板式两种，梁板式又可分为上梁式和下梁式，如图 2-24 所示。当上部结构荷载较大、地基承载力较低时，可以采用筏板基础。筏板基础不仅能减少地基土的单位面积压力，提高地基承载力，而且还能增强基础的整体刚度和稳定性，调整不均匀沉降；其抗震效果明显，在多层和高层建筑中被广泛采用。

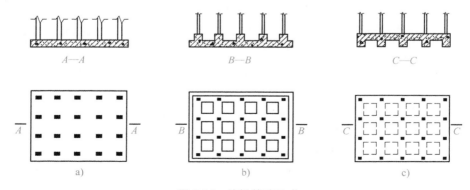

图 2-24　筏板基础形式

a）平板式　b）上梁式　c）下梁式

1. 筏板基础构造

1）筏板基础平面应大致对称，尽量使上部垂直荷载与筏板基底形心相重合，以减少基础所受的偏心力矩；并采取措施减少地基的不均匀沉降。

2）梁板式筏基底板的板格应满足受冲切承载力的要求。梁板式筏基的板厚不应小于400mm，且板厚与板格的最小跨度之比不宜小于1/20。

3）梁板式筏基的基础梁除满足正截面受弯及斜截面受剪承载力外，还应验算底层柱下基础梁顶面的局部受压承载力。

4）平板式筏基的板厚应能满足受冲切承载力的要求。板的最小厚度不宜小于500mm。

5）平板式筏板除满足受冲切承载力外，还应验算柱边缘处筏板的受剪承载力。

6）筏形基础地下室的外墙厚度不应小于250mm，内墙厚度不应小于200mm。墙体内应设置双面钢筋，钢筋配置量除满足承载力要求外，竖向钢筋的直径不应小于10mm，水平钢筋的直径不应小于12mm，间距不应大于200mm。

7）筏形基础的混凝土强度等级不应低于C30，当有地下室时应采用防水混凝土。

2. 筏板基础施工要点

1）施工前，若地下水位较高，应人工降低地下水位至基坑底面以下不少于500mm处，以保证基坑在无水情况下进行开挖和基础施工。

2）基坑土方开挖，应保持基坑底土的原状结构，如采用机械开挖时，基坑底面以上200～300mm厚的土层，应采用人工清除，避免超挖或破坏基土。如局部有软弱土层或超挖，应进行换填，采用与地基土压缩性相近的材料进行分层回填并夯实。基坑开挖应连续进行，如基坑挖好后不能立即进行下一道工序，应在基底以上留置约150mm厚的土不挖，待下道工序施工时，再挖至设计基坑底标高，以免基土被扰动。

3）基坑不得长期暴露，更不得积水。经验收后，应立即进行基础施工。冬期施工时应采取有效措施，防止基坑底土的冻胀。

4）筏板基础施工前，应将坑内浮土、积水、淤泥、杂物清除干净。支设基础模板及铺设钢筋。木模板要浇水湿润，钢模板要涂隔离剂。

5）筏板基础施工，有以下两种方法。

① 在垫层上，先绑扎底板梁的钢筋和上部柱插筋，浇筑底板混凝土，待强度达到25%以上后，再在底板上支梁侧模板，浇筑梁部分的混凝土。

② 底板和梁钢筋、模板一次同时支好，梁侧模板用混凝土支墩或钢支脚支承并固定牢固，混凝土一次连续浇筑完成。在施工中要保证梁位置和柱插筋的位置正确，如有偏差立即调整。

6）当筏板基础长度达40m以上时，宜设施工缝，缝宽不宜小于80cm。在施工缝处，钢筋必须贯通。

7）基础混凝土应采用同一品种水泥、掺合料、外加剂和同一配合比。

8）混凝土浇筑完毕，在基础表面应覆盖草帘和洒水养护，并不少于21d。必要时要采取保温养护措施，并防止浸泡地基。

9）基础施工完毕后，基坑应及时回填。回填前应清除基坑中的杂物，回填应在相对的两侧或四周同时均匀进行，并分层夯实。

10）在基础底板上埋设好沉降观测点，定期进行观测、分析，做好记录。

2.3.4　箱形基础施工

1. 箱形基础构造

箱形基础是由钢筋混凝土底板、顶板和纵横交错的内外墙组成的空间结构，如图 2-25 所示。箱形基础整体性好，结构刚度大，抗震能力较强，能够调整和减少地基的不均匀沉降，可消除因地基变形使建筑物开裂的可能性，多用于高层建筑。

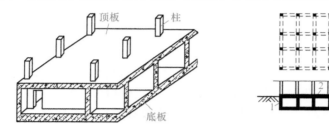

图 2-25　箱形基础
1—外墙　2—顶板　3—内墙　4—上部结构

1）箱形基础的高度应满足结构承载力和刚度的要求，其值不宜小于箱形基础长度的 1/20，且不宜小于 3m。

2）箱形基础的外墙宜沿建筑物四周布置，内墙宜沿上部结构柱网或剪力墙位置纵横均匀布置。墙体的厚度应根据实际受力情况及防水要求确定，外墙厚度不应小于 250mm，内墙不宜小于 200mm。

3）箱形基础的底板厚度应根据实际受力情况、整体刚度及防水要求确定，不应小于 300mm，同时应满足正截面抗弯强度、斜截面抗剪强度和受冲切验算要求。

4）箱形基础的底板、顶板及墙体均应设置双层双向钢筋。墙体的竖向和水平钢筋的直径不应小于 10mm，间距不应大于 200mm。除上部为剪力墙外，内、外墙的墙顶宜配置两根直径不小于 20mm 的通长构造钢筋。

5）门洞宜设在柱间居中部位，洞边至上层柱中心的水平距离不宜小于 1.2m，洞口上过梁的高度不宜小于层高的 1/5，洞口面积不宜大于柱距与箱形基础全高乘积的 1/6，墙体洞口周围应设置加强钢筋。

6）底层柱纵向钢筋伸入箱形基础的长度：柱下三面或四面有箱形基础墙的内柱，除四角钢筋应直通基底外，其余钢筋可终止在顶板底面以下 40 倍钢筋直径处；外柱、与剪力墙相连的柱及其他内柱的纵向钢筋应直通到基底。

7）箱形基础混凝土强度等级不应低于 C20。当地下水位高于箱形基础底面时，应采用密实混凝土防水。

2. 箱形基础施工要点

1）箱形基础施工前的准备工作，同"筏板基础施工要点"中的 1）~3）项。

2）地下水对箱形基础的浮力，不考虑折减，抗浮安全系数宜取 1.2。停止降水阶段抗浮力包括已建成的箱形基础自重、当时的上层结构静荷载以及箱基上的施工材料的荷载。水浮力应考虑相应施工阶段的最高地下水位，当不能满足时，必须采取有效措施。

3）箱形基础的底板、顶板及内外墙的支模和浇筑，可采用内外墙和顶板分块支模浇筑的方法。外墙接缝应设榫接或设止水带。箱基的底板、顶板及内外墙宜连续浇筑，并按设计要求做好后浇带。后浇带应设置在柱距三等分的中间范围内，宜四周兜底贯通顶板、底板及墙板。后浇带须待顶板浇捣后两周以上方可施工，应使用比原设计强度等级高一级的微膨胀细石混凝土填灌密实。

4）钢筋绑扎形状和位置要准确，接头部位用闪光接触对焊和套管压接，严格控制接头位置和数量，验收合格后方能浇筑混凝土。箱形基础顶板要适当预留施工洞口。

5）墙体浇筑在墙全部钢筋绑扎完（包括顶板插筋、预留铁件埋设完毕），经检查模板尺寸正确、支撑牢固安全后进行。先浇外墙、后浇内墙，或内外墙同时浇筑，分支流向轴线前进，各组兼顾横墙左右宽度各半范围。

6）箱形基础施工完毕后，不得长期暴露，要及时完成基坑的回填工作。回填基坑时，必须先清除回填土及基坑中的杂物，在相对的两侧或四周同时均匀进行，分层夯实。

7）高层建筑进行沉降观测，水准点及观测点应根据设计要求及时埋设，并注意保护。

2.3.5 沉井和沉箱施工

沉井是在地面上制作开口钢筋混凝土筒身，待达到一定强度后，在筒身内挖土使土面逐渐降低，筒身借助自重克服与土壁之间的摩阻力，不断下沉、就位的一种深基础。

沉箱，又称气压沉箱。沉箱的外形和构造与沉井相同，下沉工艺也与沉井基本类似，只是在下部设有工作室和顶板，在上部有气闸室，施工时利用压缩空气的压力阻止外部河水（或地下水）和泥土进入箱内；在箱底有一个能用水力机械或人工挖土的工作间，以使其下沉到设计要求的深度和位置。

（1）沉井组成　沉井一般由井壁（侧壁）、刃脚、内墙、横梁、框架、封底和顶盖板等组成。

1）井（箱）壁是沉井（箱）的外壁，是沉井的主要部分，承受在下沉过程中水土压力所产生的内力，应有足够的厚度和强度；同时要有足够的重量，使沉井能在自重作用下顺利下沉到设计标高。

2）井（箱）壁及最下端一般做成刀刃状的"刃脚"，其主要功能是减少下沉阻力。

3）内墙主要是增加沉井在下沉过程中的刚度，减小井壁受力计算跨度，同时又把整个沉井分隔成多个施工井孔（取土井），使挖土和下沉可以较均衡地进行，也便于沉井偏斜时的纠偏。

4）当在沉井内设置过多隔墙时，对沉井的使用和下沉都会带来较大的影响，因此可用上、下横梁与井壁组成的框架来代替隔墙。框架可以增加沉井的整体刚度，减小井壁变形；并通过调整各井孔的挖土量来纠正井身的倾斜，有效地控制和减少沉井的突沉现象；还有利于分格进行封底。

5）当沉井下沉到设计标高，经过技术检验并对井底清理整平后，即可封底，以防止地下水进入井内。

（2）适用场所　沉井和沉箱适用于作建（构）筑物的深基坑、地下室、水泵房、设备深基础、墩台等工程的施工围护结构或建（构）筑物地下挡水、防渗和承重结构。当土层比较均匀平整、无影响下沉的大块石、漂石及障碍物，且土层的透水性较小，采用一般的排水措施可进行开挖时，采用沉井（沉箱）施工。

（3）沉井施工的程序　平整场地→测量放线→开挖基坑→铺砂垫层和垫木或砌刃脚砖座→沉井制作→布设降水井点或挖排水沟、集水井→抽出垫木、挖土下沉→封底、浇筑底板混凝土→施工内隔墙、梁、板、楼板、顶板及辅助设施。

2.3.6　地下连续墙施工

1. 概述

地下连续墙是通过专用的挖槽设备，沿着地下建（构）筑物的周边，在泥浆护壁的情况下，开挖出或冲钻出具有一定宽度和深度的沟槽，在槽内放置具有一定刚度的钢筋笼，用导管在水下浇灌混凝土，筑成一段钢筋混凝土墙段，然后各墙段以特殊的接头方法相互连接，形成一条连续的钢筋混凝土墙体。

地下连续墙结构刚度大，施工时噪声低、振动小，具有防渗、止水、承重、挡土、抗滑等各种功能，适用于深基坑开挖和地下建筑的临时性和永久性的挡土围护结构，也用于地下水位以下的截水和防渗，还可承受上部建筑的永久性荷载兼有挡土墙和承重基础的作用。由于对邻近建筑物的影响小，所以适合在城市建筑密集、人流多和管线多的地方施工。

2. 施工要点

地下连续墙施工一般分为准备工作和墙体施工两个阶段。准备工作阶段要求准确定出墙体位置，现场核对单元槽段的划分尺寸，建立泥浆制备和废泥浆处理系统，场地平整、清除地下旧管线和各类基础，挖导沟、准确地设置导墙，铺设轨道和组装成槽设备、吊车、拔管线等设备，准备好钢筋笼及接头设备，并检查全部检测设备。

墙体施工阶段，采用逐段施工方法，且周而复始地进行。每段施工过程，大致可分为五步，如图 2-26 所示。首先在始终充满泥浆的沟槽中，利用专用挖槽机械进行挖槽；在沟槽两端放入接头管；将已制备的钢筋笼下沉到设计高度，若钢筋笼太长，则可分段焊接，逐节下沉；插入水下灌注混凝土导管，进行混凝土灌注；待混凝土初凝后，及时拔去接头管。

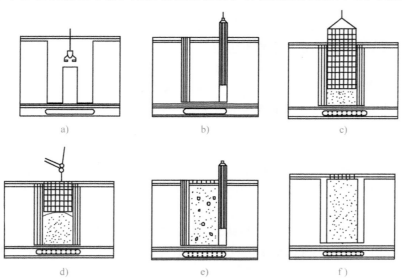

图 2-26　地下连续墙施工程序

a) 开挖沟槽　b) 安装接头管　c) 安放钢筋笼　d) 灌注混凝土　e) 拔除接头管　f) 已完工的槽段

地下连续墙的施工过程复杂，工序多。其中，修筑导墙，泥浆的制备和处理，钢筋笼的制作和吊装以及水下浇筑混凝土是主要的工序。

同 步 测 试

一、填空题

1. 桩应按规格、桩号分层叠置，堆放层数不宜超过_____层。

2. 在锤击沉管灌注桩施工中，为了提高桩的质量和承载力，可采用_____法扩大灌注桩。

3. 振动沉管灌注桩的拔管可分别采用_____、_____、_____。

4. 如人工挖孔灌注桩的直径为800mm，采用现浇混凝土护壁，则其护壁厚度为_____。

5. 在桩的中心间距小于_____倍桩径或边长时，应在打桩前拟定合理的打桩顺序。

二、单项选择题

1. 关于条形基础混凝土浇筑方法，下列说法中正确的是（　　　）。
   A. 一次浇筑完成，不允许留设施工缝
   B. 分段浇筑，允许留设施工缝
   C. 分层分段连续浇筑，一般不留施工缝
   D. 对于锥形基础，斜面部分可不支模，用铁锹拍实

2. 筏形基础混凝土（使用矿渣水泥）浇筑完毕后，表面应覆盖和洒水养护最低不少于（　　）d。
   A. 7　　　　　　　　B. 12　　　　　　　　C. 14　　　　　　　　D. 21

3. 采用静力压桩法施工时，先将桩压入土中（　　）左右停止，校正桩的垂直度后，再继续压桩。
   A. 0.5m　　　　　B. 1.0m　　　　　C. 1.5m　　　　　D. 2.0m

4. 钢筋混凝土预制桩的接桩方式不包括（　　　）。
   A. 焊接法　　　　　　　　　　B. 法兰螺栓连接法
   C. 硫黄胶泥锚接法　　　　　　D. 高一级别混凝土锚接

5. 人工挖孔桩的孔径（不含护壁）最小是多少（　　　）。
   A. 0.6m　　　　　B. 0.8m　　　　　C. 1.0m　　　　　D. 1.2m

三、简答题

1. 简述锤击沉管灌注桩复打法施工方法。

2. 人工挖孔桩的特点是什么？

四、思考题

党的二十大报告提出"改革开放和社会主义现代化建设取得巨大成就，党的建设新的伟大工程取得显著成效，为我们继续前进奠定了坚实基础、创造了良好条件、提供了重要保障。"请结合本单元学习内容，谈谈建筑物的基础有什么作用？如何保证基础工程的施工质量？

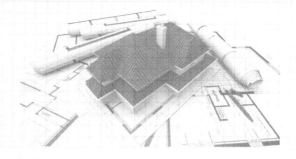

单元3

脚手架工程和垂直运输设施

知识目标：

- 了解建筑脚手架的基本知识。
- 理解常用脚手架和垂直运输设施的基本构造。
- 掌握常用脚手架的施工工艺和垂直运输设施的基本操作要求。

能力目标：

- 能够编写简单的脚手架施工方案。
- 能够进行脚手架工程施工质量检查。
- 能够指导工人进行技术交底工作。

素养目标：

- 培养学生防范安全风险的意识和能力。
- 培养学生坚持以人民安全为宗旨的意识。
- 培养学生坚决维护国家安全的信念。

任务1　脚手架施工

3.1.1　里脚手架

1. 满堂里脚手架

满堂里脚手架常用于大厅室内装饰、设备安装工程。单层厂房、大型筒仓等生产性建筑的室内装饰和设备安装等作业项目也常采用满堂里脚手架。所谓"满堂"是指脚手架搭满整个室内平面。搭设满堂里脚手架常用扣件式钢管、碗口式钢管、门式定型钢管等组合式脚手架。本任务中只介绍扣件式钢管满堂里脚手架，其他形式的钢管脚手架在外脚手架中介绍。

（1）扣件式钢管满堂里脚手架构造　用扣件式钢管脚手架搭设满堂脚手架的做法很普遍，采用直径48mm或51mm钢管及相应的扣件组合搭设，基本杆件有立杆、纵向水平杆、横向水平杆、剪刀撑、斜撑等，具体详见3.1.2。装修用满堂脚手架和一般设备安装用满堂里脚手架构造参数见表3-1。

表 3-1 扣件式钢管满堂里脚手架构造参数 　　　　　　　　（单位：m）

用途	立杆纵横间距	横杆竖向布距	纵向水平拉杆设置	用作支承杆间距	靠墙杆离开墙面距离	脚手板铺设	
						架高 4m 以内	架高大于 4m
一般装修用	≤2.0	≤1.7	两侧每步一道，中间每两步一道	≤1.0	0.5~0.6	板间空隙≤200mm	满铺
承重较大时	≤1.5	≤1.4	两侧每步一道，中间每两步一道	≤0.75	根据需要而定	满铺	满铺

（2）扣件式钢管满堂里脚手架搭设工艺　基底处理→垫板→立杆、水平杆→脚手板→安全网、安全栏杆。

扣件式钢管满堂里脚手架搭设工艺要视具体情况适当调整，原则是满足室内结构和装修施工需要，并保证工人施工安全。

2. 折叠式里脚手架

折叠式里脚手架按所用材料不同，分为角钢、钢管和钢筋折叠式，主要用于内墙的砌筑、抹灰及粉刷。

1）角钢折叠式里脚手架搭设间距：砌筑时不超过 2m，抹灰或粉刷墙时不超过 2.5m。可搭设两步架，第一步为 1m，第二步为 1.65m，如图 3-1 所示。

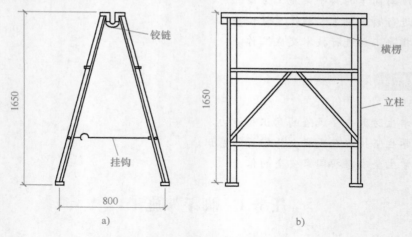

图 3-1 折叠式里脚手架
a）侧立面　b）正立面

2）钢管折叠式和钢筋折叠式里脚手架搭设间距：砌筑时不超过 1.8m，抹灰或粉刷墙时不超过 2.2m。

3. 支柱式里脚手架

支柱式里脚手架由若干个支柱和横杆组成，上铺脚手板。主要用于内墙的砌筑和抹灰及粉刷。支柱间距，砌墙时不超过 2.0m，抹灰或粉刷墙时不超过 2.2m。

支柱式里脚手架的支柱有套管式支柱和承插式支柱。

1）套管式支柱，如图 3-2 所示，由立管、插管组成，插管插入立管中，以销孔间距调节脚手架的高度，是一种可伸缩式的里脚手架。在插管顶端的凹形托架内搁置方木横杆，在横杆上铺设脚手板，其架设高度为 1.5~2.1m。

2) 承插式支柱，如图 3-3 所示，在支柱立管上焊承插管，横杆的销头插入承插管中，横杆上面铺脚手板，其架设高度为 1.5~2.1m。

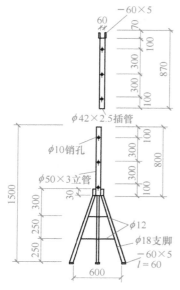

图 3-2 套管式支柱里脚手架

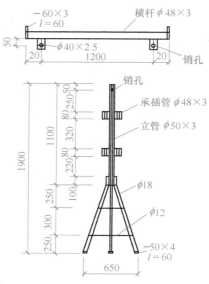

图 3-3 承插式支柱里脚手架

4. 门架式里脚手架

门架式里脚手架由两片 A 型支架与门架组成，如图 3-4 所示。A 型支架有立管和支脚两部分组成，立管常用直径 50mm，壁厚 3mm，长度为 500mm 钢管；支脚大多用钢管、钢筋

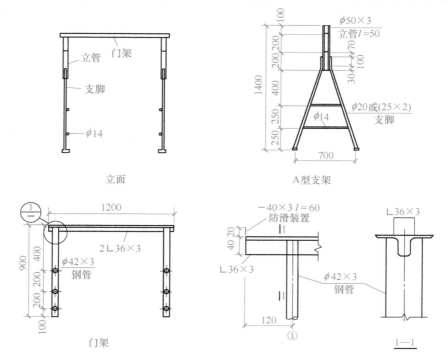

图 3-4 门架式里脚手架

焊成，高度在 900mm，两支脚相距为 700mm。门架用钢管或角钢与钢管焊成，承插在套管中，承插式门架在架设第二步架时，销孔要插上销钉，防止 A 型支脚在受到外力作用时发生转动。

脚手架　　　脚手架安全

3.1.2　落地扣件式钢管外脚手架

1. 外脚手架作用

顾名思义，凡搭设在建筑物外围的脚手架统称为外脚手架。外脚手架处于露天工作环境，因此施工期间自然环境对脚手架有种种影响，如暴风、骤雨、雷电、冰霜等，这就要求脚手架应具有抵抗恶劣气候的能力，也就是说，脚手架应有很好的适应性。

外脚手架的主要作用：①可以使施工作业人员在不同部位进行操作；②能堆放及运输一定数量的建筑材料；③确保施工作业人员在高空操作时的安全。

2. 外脚手架基本要求

1）有适当的宽度（不得小于 1.5m，一般 2m 左右），一步架高度、离墙距离能满足工人操作、材料堆放及运输的需要。

2）构造简单，便于搭拆、搬运，能多次周转使用；因地制宜，就地取材。

3）应有足够的强度、刚度及稳定性，保证在施工期间在可能的使用荷载（规定限值）的作用下不变形、不倾斜、不摇晃。

3. 落地扣件式钢管外脚手架特点与构造

（1）特点　扣件式钢管脚手架由扣件连接钢管杆而成，属于多立杆式脚手架，是目前多层建筑广泛使用的脚手架，它有以下特点。

1）承载力大。当其构搭要求符合规定要求时，一般情况下，脚手架的单管立杆可承载竖向力 15～30kN。

2）装拆方便，搭设灵活。

3）使用周期长。与竹、木脚手架相比，它可用于工期较长的工程。

4）相对经济。一是与其他钢管脚手架比，加工简单，一次投资费相对低些；二是与竹、木架子比，虽一次投资相对高，但其周转使用次数多，每次所摊成本低。

（2）构造　落地扣件式钢管脚手架主要杆件有：立杆、纵向水平杆（大横杆）、横向水平杆（小横杆）、扫地杆、剪刀撑、横向斜撑、抛撑等，如图 3-5 所示。

1）立杆：垂直于地面的竖向杆件，是承受自重和施工荷载的主要杆件。

2）纵向水平杆（大横杆）：沿脚手架纵向（顺着墙面方向）连接各立杆的水平杆件，其作用是承受并传递施工荷载给立杆。

3）横向水平杆（小横杆）：沿脚手架横向（垂直墙面方向）连接内、外排立杆的水平杆件，其作用是承受并传递施工荷载给立杆。

4）扫地杆：连接立杆下端、贴近地面的水平杆，其作用是约束立杆下端部的移动。

5）剪刀撑：在脚手架外侧面设置的呈十字交叉的斜杆，可增强脚手架的稳定和整体刚度。

6）横向斜撑：在脚手架的内、外立杆之间设置并与横向水平杆相交成之字形的斜杆，可增强脚手架的稳定性和刚度。

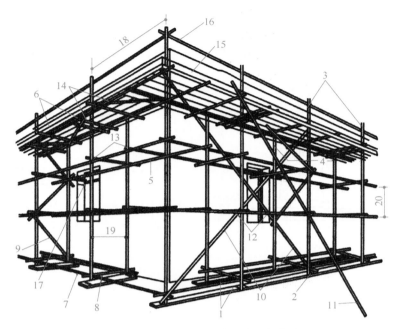

图 3-5　落地扣件式钢管外脚手架构造

1—垫板　2—底座　3—外立杆　4—内立杆　5—大横杆　6—小横杆　7—纵向扫地杆
8—横向扫地杆　9—横向斜撑　10—剪刀撑　11—抛撑　12—旋转扣件　13—直角扣件
14—水平斜撑　15—挡脚板　16—防护栏杆　17—连墙固定杆　18—柱距
19—排距　20—步距

7）抛撑：在整个排架与地面之间引设的斜撑，与地面倾斜角为 45°~60°，可增加脚手架的整体稳定性。

4. 落地扣件式钢管外脚手架主要构配件

落地扣件式钢管脚手架的主要构配件有：钢管、扣件、底座、垫板、脚手板、安全网、连墙件等。

（1）钢管　应采用直径 48mm、壁厚 3.5mm 或直径 51mm、壁厚 3.0mm 的 3 号焊接钢管。

（2）扣件　主要有三种形式，分别是直角扣件、回转扣件、对接扣件，如图 3-6 所示。直角扣件可用来连接两根垂直相交的杆件，如立杆与纵向水平杆；回转扣件可用来连接两根

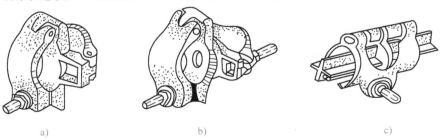

a)　　　　　　　　　　　b)　　　　　　　　　　　c)

图 3-6　扣件形式

a）直角扣件　b）回转扣件　c）对接扣件

成任意角度相交的杆件，如立杆与剪刀撑；对接扣件用于两根杆件的对接，如立杆、纵向水平杆的接长。

（3）底座 可采用铸铁制造底座或采用 Q235A 钢焊接而成的底座，如图 3-7 所示。

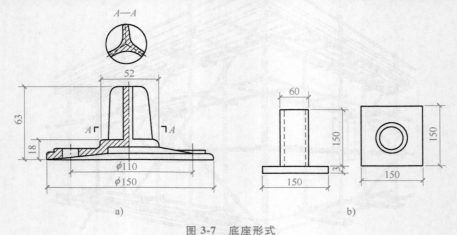

图 3-7 底座形式

a）铸铁底座 b）焊接底座

（4）垫板 保证立杆荷载均匀传递给基底。可采用木质或钢质垫板。

（5）脚手板 铺设在脚手架的施工作业面上，以便施工人员工作及堆放材料。脚手板按其所用材料不同，分为木脚手板、竹脚手板、钢脚手板、钢木脚手板等，施工时可根据各地区的材料来源就地取材选用。

1）木脚手板。一般用厚度不小于 50mm 的杉木或松木，宽 200~250mm，长 3~6m。为防止腐蚀及端头开裂，应用沥青对其端头进行防腐处理，并在距板端 80mm 处用 10~12 号镀锌钢丝扎绕 2~3 圈，并用爬钉钉牢。

2）竹脚手板。竹脚手板有竹笆板和竹串片板两种。

① 竹笆板。用宽度不小于 30mm、厚度不小于 8mm 平放竹片纵横编织而成，长为 2m、宽为 1m，横筋一正一反，边缘处纵横竹片相交点用铁丝扎牢，如图 3-8 所示。

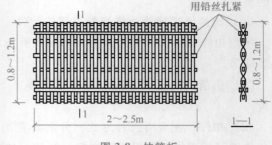

图 3-8 竹笆板

② 竹串片板。将宽度为 50mm 的竹片侧叠，用直径 8~10mm 的螺栓挤紧，螺栓间距 500~600mm，端部螺栓距板端 200~250mm，如图 3-9 所示。

3）钢脚手板。用 1.5~2mm 钢板冲压而成，长为 1.5~3.6m，宽为 230~250mm，板上有梅花形防滑圆孔，如图 3-10 所示。连接方式有挂钩式、插孔式和 U 形卡式，如图 3-11 所示。

4）钢木脚手板。用角钢做边框，在框背面每隔 500mm 焊以一40×4 加劲板，框内塞进短木条，上钉 20mm 木板作面板，并加封头，如图 3-12 所示。

（6）安全网 用麻绳、棕绳或尼龙绳编制，一般宽 3m，长 6m，网眼 5cm 左右，每块支好的安全网应能承受不小于 1600kN 的冲击荷载。

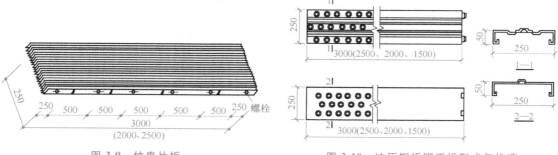

图 3-9　竹串片板　　　　　　　　　图 3-10　冲压钢板脚手板形式与构造

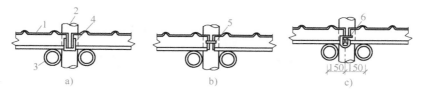

图 3-11　钢脚手板的连接方式

a）挂钩式　b）插孔式　c）U 形卡

1—钢脚手板　2—立杆　3—小横杆　4—挂钩　5—插销　6—U 形卡

（7）连墙件　用钢管、钢筋或木方等将脚手架与建筑连接起来，是保证脚手架稳定、防止脚手架倾斜的一项重要措施。

5. 落地扣件式钢管外脚手架施工准备工作

（1）施工技术交底　工程技术负责人应按工程的施工组织设计和脚手架施工方案的有关要求，向施工人员和使用人员进行技术交底，通过技术交底，应了解以下主要内容。

1）工程概况，待建工程的面积、层数、建筑物总高度、建筑结构类型等。

2）选用的脚手架类型、形式，脚手架的搭设高度、宽度、步距、跨距及连墙件的布置等。

3）施工现场的地基处理情况。

4）根据工程综合进度计划，了解脚手架施工的方法和安排、工序的搭接、工种的配合等情况。

5）明确脚手架的质量标准、要求及安全技术措施。

（2）脚手架的地基处理　室外脚手架都搭设在建筑物外围，落地脚手架须有稳定

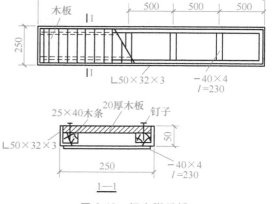

图 3-12　钢木脚手板

的基础支承，以免发生过量沉降，特别是不均匀的沉降，引起脚手架倒塌。对脚手架的地基有以下要求。

1）地基应平整夯实。

2）有可靠的排水措施，防止积水浸泡地基。

（3）脚手架的放线定位、垫块的放置　根据脚手架立柱的位置，进行放线。脚手架的立柱不能直接立在地面上，立柱下应加设底座或垫块，具体做法如下。

1）普通脚手架：垫块宜采用长 2.0～2.5m，宽不小于200mm，厚50～60mm 的木板，垂直或平行于墙放置，在外侧挖一浅排水沟，如图 3-13 所示。

2）高层建筑脚手架：在地基上加铺道渣、混凝土预制块，其上沿纵向铺放槽钢，将脚手架立杆底座置于槽钢上，采用道木来支承立柱底座，如图 3-14 所示。

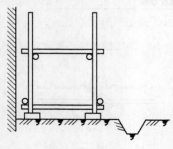

图 3-13　普通脚手架基底

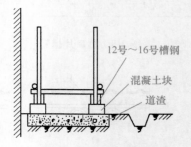

12号～16号槽钢
混凝土块
道渣

图 3-14　高层建筑脚手架基底

（4）材料的准备　扣件式钢管脚手架的杆、配件在使用前应组织相关人员对其进行进场验收，通过试验结果判定合格品。"检验"是指用一定的检验手段（包括检查、测试、试验）按规定的程序对样品进行检测，并比照一定的标准要求判定样品的质量等级。

6. 落地扣件式钢管外脚手架搭设

脚手架搭设必须严格执行有关的脚手架安全技术规范，采取切实可靠的安全措施，以保证施工安全可靠。脚手架必须配合工程的施工进度进行搭设。脚手架一次搭设的高度不应超过相邻连墙件以上两步。对脚手架每一次搭设高度进行限制，是为了保证脚手架搭设中的稳定性。脚手架按形成基本构架单元的要求，逐排、逐跨、逐步地进行搭设。矩形周边脚手架可在其中的一个角的两侧各搭设一个 1～2 根杆长和 1 根杆高的架子，并按规定要求设置剪刀撑或横向斜撑，以形成一个稳定的起始架子，然后向两边延伸，至全周边都搭设好后，再分步满周边向上搭设。

（1）搭设工艺　摆放纵向扫地杆→逐根树立杆（随即与纵向扫地杆扣紧）→安放横向扫地杆（与立杆或纵向扫地杆扣紧）→安装第一步纵向水平杆和横向水平杆→安装第二步纵向水平杆和横向水平杆→加设临时抛撑（上端与第二步纵向水平杆扣紧，在设置二道连墙件后可拆除）→安装第三、四步纵向和横向水平杆，设置连墙件→安装横向斜撑→接立杆→加设剪刀撑，铺脚手板→安装护身栏杆和扫脚板→架安全网。

（2）搭设操作

1）立杆、架杆。立杆与架杆是搭架的基本工作，以小组为单位，每组 3～4 人配合架设。双排架先立里立杆（里立杆距墙 500mm），后立外立杆，里外立杆横距按搭架方案确定。使用钢套管底座的，要将钢管插到底座套管底部。立杆宜先立两头及中间的一根，待"三点拉成一线后"再立中间其余立杆。立杆要求垂直，允许偏差应小于高度的1/200。双排架的里外排立杆的连线应与墙面垂直。

架立杆的同时，即安装大横杆。大横杆安装好一部分后，紧接着安装小横杆。小横杆要与大横杆相垂直，两端要伸出大横杆外150mm，防止小横杆受力后发生弯曲而从扣件中滑脱。大横杆要保持水平（一根杆的两端高低差最多不超过 20mm、同跨内两根杆的高低差不大于 10mm），若地面有高差，应先从最低处立杆架设。

2）紧固扣件。架杆的同时就要装扣件并紧固。架杆时可在立杆上预定位置留置扣件，横杆依该扣件就位。先上好螺栓，再调平、校正，然后紧固。调整扣件位置时，要松开扣件螺栓移动扣件，不能猛力敲打。扣件螺栓的紧固，必须松紧适度，因为拧紧的程度对架子承载能力、稳定性及施工安全影响极大，尤其是立杆与大横杆连接部位的扣件，应确保大横杆受力后不致向下滑移。紧固扣件时，要注意以下几点要求。

① 紧固力矩。试验表明，当扣件螺栓拧紧到扭矩为 40~65N·m 时，扣件本身才具有抗滑、抗转动和抗拔出的能力，并具有一定的安全储备。当扭矩达 65N·m 以上时，扣件螺栓将出现"滑丝"甚至断裂。

② 紧固扣件螺栓的工具。可以用定扭（力）扳手和固定扳手（活动扳手）。以定扭（力）扳手为最佳，这种扳手不仅能连续拧紧操作，并可事先确定扭矩，拧紧螺栓时，达到预定扭矩，扳手会发出"咋呼"声响，这时便达到拧紧要求。使用普通固定（活动）扳手时，操作人应根据其扳手的长度用测力计量自己的手劲，以便在紧固扣件时掌握力度。

③ 扣件的朝向。扣件在杆上的朝向应注意两个问题：一是要有利于扣件受力，二是要避免雨水进入钢管。所以，用于连接大横杆的对接扣件，扣件开口不得朝下，而以开口朝内螺栓朝上为宜，直角扣件开口亦不得朝下，以确保安全。

3）接杆。立杆和大横杆用对接扣件对接，相邻杆的接头位置要错开 500mm 以上。在立杆、架杆时选用不同长度的钢管，立杆的接长应先接外排立杆，后接里排杆。大横杆也可用旋转扣件搭接连接，搭头长度为 1000mm，用不少于 3 个扣件连接。

4）连墙件设置。连墙件的作用主要是防止架子向外倾倒，也防止向内倾斜，同时也增加架子的纵向刚度和整体性。当架高为两步以上时即开始设连墙件。普通脚手架连墙件设置方法有以下几种：

① 将小横杆伸入墙内，用两只扣件在墙内外侧夹紧小横杆。

② 在墙内预埋钢筋环，用镀锌钢丝穿过钢筋环拉住立杆，同时将小横杆顶住墙体，或加绑木格作顶撑顶住墙体。

③ 在墙体洞口处内外加短钢管（长度大于洞口宽度 500mm），再用扣件与小横杆扣紧。

④ 在混凝土柱、梁内设预埋件，用钢筋挂钩勾挂脚手架立杆，同时加顶撑撑住墙体。

5）架剪刀撑。用两根钢管交叉分别跨过 4~7 根立杆，设于临空侧立杆外侧。剪刀撑主要是增强架子纵向稳定及整体刚度。一般从房屋两端开始设置，中间间距不超过 12~15m。

6）架安全栏杆和挡脚板。每一操作层均要在架子外侧（临空侧）设安全栏杆和挡脚板。安全栏杆为上下两道，上道栏杆上皮高度为 1200mm，下道栏杆居中（500~600mm），用通长的钢管平行于大横杆设在外立杆内侧。挡脚板高度不应小于 180mm，也设在外立杆内侧，用镀锌钢丝绑扎在立杆和纵向水平杆上。

7）铺脚手板。每一作业层均要满铺脚手板。脚手板的支承杆的间距要按规定设置，为了节约用料，该支承杆可随着铺板层的移动而拆卸移动。铺板时要注意以下几点。

① 脚手板必须满铺不得有空隙。采用冲压钢脚手板、木脚手板、竹串片脚手板等以横向水平杆为支承杆的脚手板，应在中部加一道横向水平杆，使脚手板搁置在三根横向水平杆上。若脚手板长度小于 2m，其支承杆可为两根横向水平杆，但应将脚手板两端固牢，防倾

翻。板长大于 3.5m 时，其支承杆不能少于 4 根。

② 脚手板可采用对接平铺与搭接平铺两种方式，如图 3-15 所示。对接平铺时，接头必须设两根横向水平杆，脚手板外伸长度为 130~150mm；脚手板搭接铺设时，接头必须支在横向水平杆上，搭接长度应大于 200mm，其伸出横向水平杆的长度不应小于 100mm。

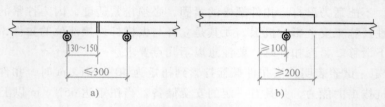

图 3-15　脚手板的对接、搭接
a）对接平铺　b）搭接平铺

③ 在脚手架转角处，脚手板应交叉（重叠）搭设，作业层端部脚手板伸出横向水平杆探头长度不应大于 150mm，并应与支承杆绑扎连接。

④ 脚手板要铺平、铺稳，当支承杆高度有变化时，可在支承杆上加绑木枋、钢管使其高度一致，不能用砖块、木块垫塞。

⑤ 当采用竹笆脚手板时，要在横向水平杆上平行于纵向水平杆方向加支承杆，支承杆间距 400~500mm，竹笆主竹筋垂直于纵向水平杆，并采用对接平铺法，四角均用铅丝绑扎固定在纵向水平杆上。

⑥ 脚手板不要抵住墙体，要留出一定空隙，以便抹灰操作，但该空隙也不能留置过大，以免发生坠落事故，应控制在 200mm 以内，一般留出 120~150mm。

8）架安全网。砌筑用脚手架，其高度是随着砌体升高而逐渐上升的，当高度超过 3.2m 后，就应架安全网。安全网的铺设应严格执行国家标准《建筑施工高处作业安全技术规范》（JGJ 80—2016）。安全网设于脚手架外侧，宽度不小于 3m，其外口高于里口 50~60mm。安全网按其搭设方向可分为以下两种：

① 立网。沿脚手架的外侧面应全部设置立网，立网应与脚手架的立杆、横杆绑扎牢固。立网的平面应与水平面垂直；立网平面与搭设人员的作业面边缘的最大间隙不得超过100mm。在操作层上，网的下口与建筑物挂搭封严，形成兜网，或在操作层脚手板下另设一道固定安全网。

② 平网。脚手架在距离地面 3~5m 处设置首层安全网，上面每隔 3~4 层设置一道层间网。当作业层在首层以上超过 3m 时，随作业层设置的安全网称为随层网，它的构造如图 3-16 所示。平网伸出脚手架作业层外边缘部分的宽度，首层网为 3~4m（脚手架高度 $H \leqslant$ 24m 时）或 5~6m（脚手架高度 $H >$ 24m 时），随层网、层间网为 2.5~3m。

为防止物料下坠，脚手架第一步操作层下口要设安全网或安全棚（用竹编板、脚手板等满铺）。在城区施工时，通常要"封闭施工"，即在脚手架外侧满挂安全棚，其材料可用密目安全网、竹笆板、塑料布、竹编板、竹编席、钢丝网等，具体做法按单位工程施工方案。

7. 落地扣件式钢管外脚手架拆除

脚手架使用完毕，确信所有施工操作均不再用脚手架时，便可开始拆除。拆除前，要由

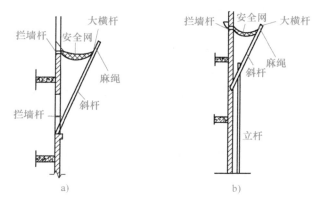

图 3-16 平网设置

a) 墙面有窗口　b) 墙面无窗口

单位工程负责人确认不再使用脚手架，并下达拆除通知，方可开始拆除。对复杂的架子，还需制定拆除方案，由专人指挥，各工种配合操作。

拆除脚手架要按照"先搭的后拆，后搭的先拆；先拆上部，后拆下部；先拆外面，后拆里面；次要杆件先拆，主要杆件后拆"的原则，按层次自上而下拆除。

（1）拆除顺序　首先清除架子上堆放的物料，然后拆除脚手板（每档留一块，供拆除操作时使用），再依次拆除各杆件。各杆件拆除顺序为：安全栏杆→剪刀撑→小横杆→大横杆→立杆，自上而下逐步拆除。

（2）操作要点

1）拆除大横杆、立杆及剪刀撑等较长杆件，要由三人配合操作。两端人员拆卸扣件，中间一个负责接送（向下传送）。若用吊车吊运，要两点绑扎，平放吊运。小横杆、扣件包等，可通过建筑室内楼梯人工运送。

2）杆件拆除时要一步一清，不得采用踏步式拆法。对剪刀撑、连墙件，不能一次拆除，只能随架子整体的下拆而逐层拆除。

3）拆除的扣件与零配件，用工具包或专用容器收集，用吊车或吊绳吊下，不得向下抛掷，也可将扣件留置在钢管上，待钢管吊下后，再拆卸。

4）拆除下的杆件、扣件要及时按规格、品种分类堆放，并及时清理入库。

5）拆除操作人员要佩戴安全带，安全带挂钩要挂在可靠的且高于操作面的地方。

6）拆除时要设置警戒线，专人负责安全警戒，禁止无关人员进入。

8. 质量控制

1）脚手架搭设完毕或分段搭设完毕后，应对搭设质量进行检查验收，经检查合格后方可使用。

2）脚手架工程的验收应检查相关文件，并现场抽查下列内容：安全措施的杆件是否齐全，扣件是否坚固、合格；安全网的张挂及扶手的设置是否齐全；基础是否平整坚实；连墙件的设置是否正确、齐全。

3）脚手架搭设尺寸允许偏差：

① 垂直度——脚手架沿墙面纵向的垂直偏差应不大于 $H/400$（H 为脚手架高度），且不大于 50mm；脚手架的横向垂直偏差不大于 $H/600$，且不大于 50mm。

② 水平度——底部脚手架沿墙的纵向水平偏差不大于 $L/400$（L 为脚手架长度）。

3.1.3 落地碗扣式钢管外脚手架

1. 落地碗扣式钢管外脚手架概述

（1）落地扣件式钢管外脚手架缺点　落地扣件式钢管外脚手架在长期应用过程中，逐步暴露出一些缺陷。例如，脚手架节点强度受扣件抗滑能力的制约，限制了扣件式钢管脚手架的承载能力；立杆节点处偏心距大，降低了立杆的稳定性和轴向抗压能力；扣件螺栓全部是由人工操作，其拧紧力矩不易掌握，连接强度不易保证；扣件管理困难，现场丢失严重，增加了工程成本等。WDJ 型碗扣式钢管脚手架基本解决了以上缺陷。

（2）碗扣式钢管脚手架特点　WDJ 型碗扣式钢管脚手架的最大特点是独创了带齿的碗扣式接头，这种接头结构合理，解决了偏心距问题，力学性能明显优于扣件式和其他类型接头。同时，它还具有构造简单、荷载传递路线明确、装拆方便、工作安全可靠、零部件损耗率低、劳动效率高，功能多等优点，因而受到施工单位的欢迎。

（3）碗扣式钢管脚手架的组合类型与适用范围　双排碗扣式钢管脚手架按施工作业要求与施工荷载的不同，可组合成轻型架、普通型架和重型架三种形式，它们的组框构造尺寸及适用范围见表 3-2。

表 3-2　双排碗扣式钢管脚手架组框构造及适用范围　　　　　（单位：m）

脚手架形式	廊道宽×框宽×框高	适用范围
轻型架	1.2×2.4×2.4	装修、维护等
普通型架	1.2×1.8×1.8	结构施工等
重型架	1.2×1.2×1.8 或 1.2×0.9×1.8	重载施工、高层脚手架

单排碗扣式钢管脚手架按作业顶层荷载要求，可组合成Ⅰ型、Ⅱ型、Ⅲ型三种形式，它们的组框构造尺寸及适用范围见表 3-3。

表 3-3　单排碗扣式钢管脚手架组框构造及适用范围　　　　　（单位：m）

脚手架形式	框宽×框高	适用范围
Ⅰ型架	1.8×0.8	一般外装修、维护等
Ⅱ型架	1.2×1.2	一般施工
Ⅲ型架	0.9×1.2	重载施工

2. 碗扣式钢管脚手架的杆件、配件

（1）主要杆件

1）立杆。WDJ 型碗扣式钢管脚手架立杆采用 Φ48×3.5，Q235A 级焊接钢管制作，长度有 1.0m、2.0m、3.0m 等多种。立杆上端有接杆插座，下端有加长（150mm）插杆，从上端向下每隔 500mm 设置有优质钢压制的环杯（下碗扣），并附有可上下滑动的锻造扣环（上碗扣），另外，下碗扣上部 100mm 处焊有限位销。碗扣接头的构造如图 3-17 所示。

2）横杆。横杆是在钢管的两端各焊接一个横杆接头叶片而成。钢管规格与立杆相同，长度有 1.3m、1.8m、2.5m 等多种。

3）斜杆。在钢管的两端铆接斜杆接头叶片即成斜杆。斜杆接头叶片可旋转，用于与立杆的碗扣相连，形成斜杆节点，如图 3-18 所示。斜杆接头可以转动，因此斜杆可绕杆接头转动。

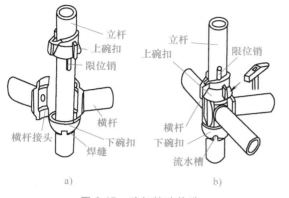

图 3-17　碗扣接头构造

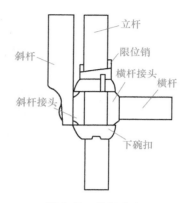

图 3-18　斜杆节点

4）顶杆。搭设支撑架时，用于顶部的立杆。

5）托座。与顶杆配合，插接在顶杆上。托座上部为钢制 U 形承托，下部为螺栓杆，可以调节支撑架上部标高。

6）底座。有可调式和固定式两种，可调式采用螺杆调节高度。

（2）配件　碗扣式钢管脚手架为系列构件，其配件较多，根据用途，可分为以下几类。

1）用于作业面的有：搭边横杆、间横杆、搭边间横杆、挑梁和搭边挑梁五种。

2）用于整体连接的有：立杆连接销、连墙件和直角撑三种。

3）用于脚手板的有：脚手板、斜脚手板、踏步板（踏步梯）三种。

4）其他配件包括：爬升挑梁、安全网支架和提升滑轮。

3. 碗扣式钢管脚手架的构造特点

1）杆件连接简单可靠。碗扣式脚手架的节点使用"碗扣"式连接，操作十分简单，不需要专用工具，其连接质量与操作因素的关系不大，可靠性高。此外，因为横杆的接头叶片插入碗扣中，其荷载传递明确（不依赖摩擦力），所以若横杆对称布置，立杆基本为轴心受压。

2）适应异型脚手架。立杆上的同一节点处，可以连接四根横杆或斜杆。横杆之间可以相互垂直，或相互倾斜，因此，在搭设弧形、扇形、圆形脚手架时用碗扣式系列杆件十分方便。

3）零部件损耗率低。

4. 落地碗扣式钢管脚手架搭设

落地碗扣式钢管脚手架应从中间向两边，或两层同一方向进行搭设，不得采用两边向中间合拢的方法搭设，否则中间的杆件会难以安装。

脚手架的搭设顺序为：安放立杆底座或立杆可调底座→树立杆、安放扫地杆→安装底层（第一步）横杆→安装斜杆→接头销紧→铺放脚手板→安装上层立杆→紧立杆连接销→安装横杆→设置连墙件→设置人行梯→设置剪刀撑→挂设安全网。

（1）树立杆、安放扫地杆　根据脚手架立杆的设计位置放线后，即可安放立杆底座或可调底座，并树立杆。

在地势不平的地基上，或者是高层的重载脚手架应采用立杆可调底座，以便调整立杆的高度，使立杆的碗扣接头都分别处于同一水平面上。在平整地基上的脚手架底层应选用3m和1.8m两种不同长度的立杆相互交错参差布置，使立杆的上端不在同一平面内。这样，搭上面架子时，在同一层中采用相同长度的同一规格的立杆接长时，其接头就会互相错开。到架子顶部时再分别采用1.8m和3m两种长度的立杆接长，以保证架子顶部的平齐。

（2）安装底层（第一步）横杆 碗扣式钢管脚手架的步高取600mm的倍数，一般采用1800mm，只有在荷载较大或较小的情况下，才采用1200mm或2400mm。

1）横杆与主杆的连接安装。将横杆接头插入立杆的下碗扣内，然后将上碗扣沿限位销扣下，并顺时针旋转，靠上碗扣螺栓旋面使之与限位销顶紧，将横杆与立杆牢固地连在一起，形成框架结构。

2）检查。碗扣式钢管脚手架底层的第一步搭设十分关键，因此要严格控制搭设质量，当组装完第一步横杆后，应进行检查。

① 检查并调整水平框架（同一水平面上的四根横杆）的直角度和纵向直线度，并检查横杆的水平度。

② 逐个检查立杆底脚，不能有松动现象。

③ 检查所有的碗扣接头，并予以锁紧。

（3）安装斜杆和剪刀撑 斜杆可采用碗扣式钢管脚手架的配套斜杆，也可以用钢管和扣件代替。利用钢管和扣件安装斜杆时，斜杆的设置可更加灵活，可不受碗扣接头内允许装设杆件数量的限制（特别是安装竖向剪刀撑、纵向水平剪刀撑时），此外，这种用钢管和扣件安装斜杆还能改善脚手架的受力性能。

1）横向斜杆（廊道斜杆）。在脚手架横向框架内设置的斜杆称为廊道斜杆。高度30m以内的脚手架可不设廊道斜杆，高度30m以上的脚手架，每隔5~6跨设一道沿全高的廊道斜杆，高层建筑脚手架和重载脚手架，应搭设廊道斜杆。

2）纵向斜杆。在脚手架的拐角边缘及端部，必须设置纵向斜杆，中间部分则可均匀地间隔分布。纵向斜杆必须两侧对称布置。

3）竖向剪刀撑。竖向剪刀撑的设置应与纵向斜杆的设置相配合。

① 高度在30m以下的脚手架，可每隔4~6跨设一道（全高连续）剪刀撑，每道剪刀撑跨越5~7根立杆，在剪刀撑的跨内可不再设碗扣式斜杆。

② 30m以上的高层建筑脚手架，应沿脚手架外侧全高方向连续布置剪刀撑，在两道剪刀撑之间设碗扣式纵向斜杆，如图3-19所示。

3）纵向水平剪刀撑。30m以上高层建筑脚手架应每隔3~5步架设置一层连续、闭合的纵向水平剪刀撑。

（4）设置连墙件

1）连墙件构造。连墙件的构造有以下三种。

① 砖墙缝固定法。在砌筑砖墙时，预先在砖墙缝

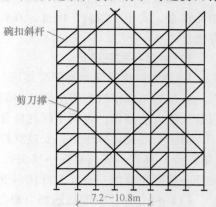

图3-19 纵向斜杆、竖向剪刀撑布置

内埋入螺栓，然后将脚手架框架用连结杆与螺栓相连，如图 3-20a 所示。

② 混凝土墙体固定法。按脚手架施工方案的要求，预先埋入钢件，外带接头螺栓，脚手架搭到此高度时，将脚手架框架与接头螺栓固定，如图 3-20b 所示。

③膨胀螺栓固定法。这种方法是在结构物上，按设计位置用射枪射入膨胀螺栓，然后将框架与膨胀螺栓固定，如图 3-20c 所示。

2）连墙件设置要求。

① 连墙件必须随脚手架的升高，在规定的位置上及时安装，不得在脚手架搭设完后补安装，也不得任意拆除。

② 在一般风力地区连墙件可按四跨三步（约 $30 \sim 40 m^2$）设置一个，当脚手架超过 30m 时，底部连墙件应适当加密。

③ 单排脚手架要求在二跨三步范围内设置一个。

④ 在建筑物的每一楼层都必须设置连墙件。

⑤ 连墙件的布置尽量采用梅花状布置，相邻两点的垂直间距不大于 4.0m，水平距离不大于 4.5m。

⑥ 凡设置宽挑梁、提升滑轮、高层卸荷拉结杆及物料提升架的地方均应设连墙件。

⑦ 凡是脚手架设置安全网支架的框架层，必须在该层的上、下节点各设置一个连墙件，水平方向上每隔两跨设置一个连墙件。

⑧ 连墙件安装时要注意调整脚手架与墙体间的距离，使脚手架保持垂直，严禁向外倾斜，如图 3-21 所示。

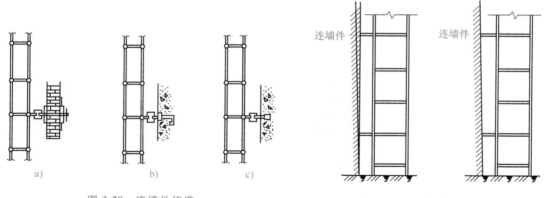

图 3-20　连墙件构造　　　　　　图 3-21　连墙件设置要求

⑨ 连墙件应尽量与脚手架、墙体保持垂直，偏角范围不得超过 15°。

（5）脚手板安放　脚手板除在作业层设置外，还必须沿高度每 10m 设置一层，以防高空坠落物伤人和砸碰脚手架框架。当使用普通的钢、木、竹脚手板时，横杆应采用搭边横杆，脚手板的两端必须嵌入边角内，以减少前后窜动。当采用碗扣式脚手架配套设计的钢脚手板时，脚手板的挂扣（图 3-22）必须完全落入横杆上，不允许浮动。

（6）接立杆　立杆的接长是通过焊于立杆顶部的连接管承插进行的。立杆插入后，使上部立杆底端连接孔同下部立杆顶部连接孔对齐，插入立杆连接销锁定即可。安装横杆、斜杆和剪刀撑，重复以上操作，并随时检查、调整脚手架的垂直度。脚手架的垂直度一般通过调整底部的可调底座、垫薄钢片和调整连墙件的长度等来达到。

（7）斜道和人行架梯安装

1）斜道安装。作为行人或小车推行的斜道，一般规定在1800mm跨距的脚手架上使用。其布置如图3-23所示，斜道坡度为1：3，在斜脚手板的挂扣点（图3-23中A、B、C处）必须增设横杆，而在斜道板框架两侧设置横杆和斜杆作为扶手和护栏。

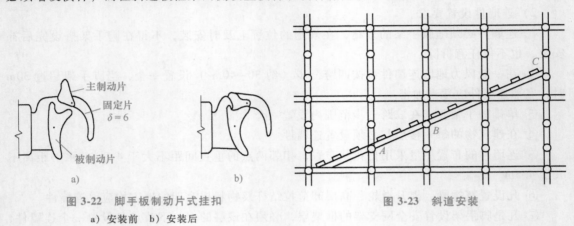

图3-22　脚手板制动片式挂扣
a）安装前　b）安装后

图3-23　斜道安装

2）人行架梯安装。人行架梯设在1.8m×1.8m的框架内，架梯上有挂钩，可以直接挂在横杆上，如图3-24所示。架梯宽为540mm，一般在1.2m宽的脚手架内布置成折线形，在转角处铺脚手板作为平台，在脚手架靠梯子一侧安装斜杆和横杆作为扶手。

3）简易爬梯。当脚手架设置人行架梯的条件受限制时，可设置简易挑梁爬梯，如图3-25所示，但此时应在爬梯两侧增设防护栏杆和安全网等防护措施。

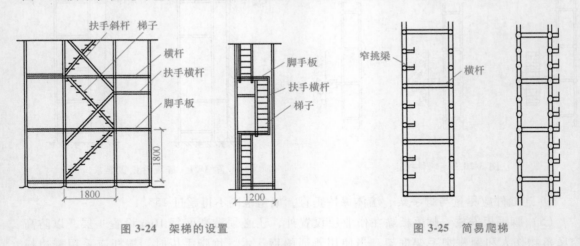

图3-24　架梯的设置

图3-25　简易爬梯

（8）安全网、扶手安装　安全网与扶手设置参考扣件式脚手架，碗扣式脚手架配备有安全网支架件，其可直接用碗扣接头固定在脚手架上，安装极方便。

5. 脚手架的检查、验收和使用安全管理

落地碗扣式钢管脚手架搭设质量的检查、验收及使用的安全管理，可参照落地扣件式钢管脚手架相关规定。

3.1.4　落地门式钢管外脚手架

1. 门式脚手架构造

门式脚手架是由钢管制成的定型脚手架，由门架、配件、加固件等部件组成。门式脚手架可用于建筑内外搭设操作平台、模板支撑等，最高可搭设 60m。

（1）门架　门式钢管脚手架的主要构件，由立杆、横杆及加强杆焊接组成，如图 3-26 所示。

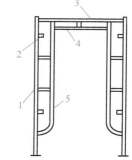

图 3-26　门架示意图

1—立杆　2—锁销　3—横杆
4—横杆加强杆　5—立杆加强杆

（2）配件　有连接棒、锁臂、交叉支撑、水平架、挂扣式脚手板、底座与托座等。连接棒是用于门架立杆竖向组装的连接件；锁臂是门架立杆组装接头处的拉接件；交叉支撑是用于两榀门架纵向连接的交叉拉杆；水平架是挂扣在门架上的水平构件；底座和托座分为可调高度的和不可调高度的两种，门架立杆下端插入底座，托座则插放在门架立杆上端承接上部荷载。

（3）加固件　有剪刀撑、水平加固杆、封口杆、扫地杆、连墙件等。剪刀撑位于脚手架外侧，与墙面平行；水平加固杆是与墙面平行的纵向水平杆件；封口杆是连接底步门架立杆下端的横向水平杆件；扫地杆是连接底步门架立杆下端的纵向水平杆件；连墙件（杆）是将脚手架连接于建筑物主体结构的杆件。

2. 门式脚手架特点

（1）主要构配件采用插接、锁接

1）上下榀门架之间采用连接棒、锁臂插接。

2）交叉支撑与门架立杆上的锁销锁接。

（2）用水平架、水平加固杆增强脚手架整体性

1）在脚手架顶层的上部、各连墙件设置层等位置增设水平架。

2）当脚手架每步铺设挂扣式脚手板时，至少每 4 步应设置一道，并宜在有连墙件的水平层设置。

3）当门架搭设小于或等于 40m 时，至少每两步门架应设置一道；当门架搭设高度超过 40m 时，每步门架应设置一道。

（3）用可调底座调节门架的水平　为保证门架步架高度水平，门架脚手架配有可调高度的底座，特别是用于模板支撑和满堂支撑时，采用可调底座更能突出其优点。

3. 门式脚手架搭设及拆除

（1）准备工作

1）技术及材料准备。脚手架搭设前，工程技术负责人应根据施工组织设计要求以及搭设门式脚手架的技术规范向搭架人员进行技术交底，搭架人员要认真学习有关技术要求及安全操作要求。对搭架的各构件、配件、加固件等进行检查，不允许使用不合格的搭架材料。

2）场地准备。门式脚手架的地基必须牢固平整，回填土要分层回填、逐层夯实并做好排水处理。场地清理、平整后，按搭架方案在地面上弹出门架立杆位置线。地基基础要求及处理见表 3-4。

表 3-4　门式脚手架地基基础要求及处理

搭设高度/m	地 基 土 质		
	中低压缩性且压缩均匀	回填土	高压缩性或压缩不均匀
≤24	夯实原土,干重力密度要求 15.5kN/m³。立杆底座置于面积不小于 0.075m² 的垫木上	土夹石或素土回填夯实,立杆底座置于面积不小于 0.10m² 的垫木上	夯实原土,铺设通长垫木
>24 且 ≤40	垫木面积不小于 0.10m²,其余同上	砂夹石回填夯实,其余同上	夯实原土,在搭设地面满铺 C15 混凝土,厚度不小于 150mm
>40 且 ≤55	垫木面积不小于 0.15m² 或铺通长垫木,其余同上	砂夹石回填夯实,垫木面积不小于 0.15m² 或铺通长垫木	夯实原土,在搭设地面满铺 C15 混凝土,厚度不小于 200mm

注:垫木厚度不小于 50mm,宽度不小于 200mm,通长垫木的长度不小于 1500mm。

（2）搭设步骤及基本要求

1）设置垫板、底座。按弹好的门架基础线设置垫板、底座。在楼面的平台、挑台上搭架时，也要铺垫板，同时要验算楼面的承载能力。

2）搭设架子。其基本程序为：底座→门架→交叉支撑→水平架、水平加固杆、扫地杆、封口杆→连墙件→剪刀撑→连墙件→脚手架→安全网、安全栏杆。

门架安装应自一端向另一端延伸，逐层改变搭设方向，不得相对进行。搭完一步架后，按表 3-5 要求检查其垂直度与水平度，合格后，再搭下一步架（反向进行）。

表 3-5　门架搭设垂直度与水平度允许偏差

项　　目		允许偏差/mm
垂直度	每步架	$h/1000$ 及 ± 2.0
	脚手架整体	$H/600$ 及 ± 50
水平度	一跨内水平架两端高度	$\pm l/600$ 及 ± 3.0
	脚手架整体	$\pm L/600$ 及 ± 50

注:h 为步距,H 为脚手架高度,l 为跨距,L 为脚手架长度。

3）搭设基本要求。

① 门架搭设。门架应与墙面垂直，内侧立杆距墙面不大于 150mm，大于 150mm 时要采取内挑板或其他安全防范措施。

② 水平架搭设。搭设方法：插接在两榀门架立杆上部。搭设位置：当脚手架高度小于 45m 时，每两步架设一道，大于 45m 时则每步架设置；在脚手架的顶层、连墙件设置层以及防护棚层必须设置；在脚手架的转角处、端部、中间间断处也必须设置。

③ 水平加固杆搭设。搭设方法：用扣件将水平加固杆（钢管）扣接在门架立杆上，沿脚手架外侧连续设置，形成水平闭合圈（底层门架内外侧均要设置，即为扫地杆）。搭设位置：当脚手架高度超过 20m 时，每隔 4 步架一道，并与连墙件设在同一层。

④ 剪刀撑搭设。搭设方法：用扣件将剪刀撑钢管与门架立杆扣接，钢管若需接长，用两个回转扣件搭接，搭接长度不小于 1000mm。搭设位置：脚手架两端从底到顶连续设置；中间各道剪刀撑之间的距离不大于 15m；当脚手架高度超过 24m 时，应沿脚手架外侧连续设置。剪刀撑斜杆与地面倾角为 45°~60°；剪刀撑宽度 4~8m（2~4 跨门架）。

⑤ 连墙件搭设。搭设方法：与普通钢管脚手架相同，用钢管、扣件或其他刚性连墙件

将门架立杆与建筑可靠连接。搭设位置：从脚手架端部第二榀门架开始设置，间距按表 3-6 要求；在脚手架转角处、断开处两端以及脚手架外侧因设有防护棚或安全网而受偏心荷载部位，应增设连墙件，增设连墙件的竖向间距不大于 4m。连墙件必须能受拉力和压力，其承载力标准值不于小 10kN。

表 3-6　连墙件最大间距或最大覆盖面积

序号	脚手架搭设方式	脚手架搭设高度/m	连墙件间距/m		每根连墙件覆盖面积/m²
			竖向	水平向	
1	落地、密目式安全网全封闭	≤40	3h	3l	≤40
2		>40	2h	3l	≤27
3	悬挑、密目式安全网全封闭	<40	3h	3l	≤40
4		40~60	2h	3l	≤27
5		>60	2h	2l	≤20

注：1. 序号 3~5 为架体位于地面高度。

　　2. 按每根连墙件覆盖面积选择连墙件设置时，连墙件的竖向间距不应大于 6m。

　　3. 表中 h 为步距，l 为跨距。

⑥ 转角处门架连接。在建筑物转角处，于每步架内外侧增设水平连接杆将两侧的门架连接起来，如图 3-27 所示。水平连接杆用扣件与门架立杆扣接。

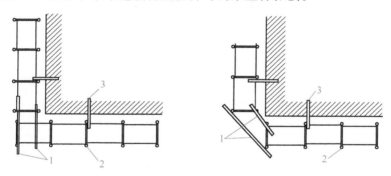

图 3-27　转角处门架连接

1—连接杆　2—门架　3—连墙件

⑦ 交叉支撑搭设。搭设方法：将交叉支撑与门架立杆上的锁销锁牢。搭设位置：在两根门架之间，内外侧连续设置。

（3）验收　脚手架搭设完后，通过检查验收才能交付使用。检查验收的基本要求如下。

1）高度小于 24m 的脚手架，由单位工程负责人组织检查验收；高度超过 24m 的脚手架，由上一级技术负责人组织检查验收。

2）验收依据。根据《建筑施工门式钢管脚手架安全技术标准》（JGJ/T 128—2019）和单位工程施工组织设计文件以及脚手架各构配件质量标准等。

3）检查验收内容。脚手架构配件出厂合格证；脚手架施工记录及问题处理记录；有关技术文件、资料；现场检查。现场检查是脚手架检查验收的重点，各项检查要做好记录，并评定质量。检查的主要项目有以下几方面。

① 构配件和加固件是否齐全，质量是否合格，连接和挂扣是否紧固可靠。

② 安全网的张挂及扶手（栏杆）的设置是否齐全。

③ 基础是否平整坚实，垫块、垫板是否符合规定。

④ 连墙件的数量、位置和设置是否符合要求。

⑤ 脚手架垂直度、水平度是否符合要求。

（4）拆除　拆除脚手架应经单位工程负责人检查验证，确认不再需用时，才可拆除。拆除门式脚手架除按普通脚手架要求外，还要遵守以下规定。

1）从一端拆向另一端，不得从两端拆向中间，也不得从中间开始拆向两端。

2）同一层的构配件和加固件应按先上后下、先外后里的顺序进行，最后拆连墙件。

3）在拆除过程中，脚手架的临时自由悬臂高度不得超过两步，当必须超过两步时，要采取加固措施。

4）连墙件、水平杆、剪刀撑等，要等到脚手架拆至有关门架时，才能拆除。

5）拆卸连接部件时，应先将锁座上的锁板与卡钩上的锁片旋转至开启位置，然后开始拆除，不得硬拉、敲击。

6）拆除工作中，严禁使用榔头等硬物击打、撬挖。

3.1.5　吊脚手架

1. 吊脚手架的组成及构造

吊脚手架是通过在建筑物上特设的支承点，利用吊索悬吊吊架或吊篮的一种脚手架。其主要组成部分有吊架（吊篮）、支承设施、吊索及升降装置，如图 3-28 所示。

吊架（吊篮）是吊脚手架的工作平台，有桥架式、框式、封闭式（吊篮），另外，用于低层建筑物时，还可用平板工作平台。

1）桥架式工作平台。其构造与桥式脚手架的桥架类似，用型钢制作，主要用于工业厂房或框架结构建筑的墙体砌筑。

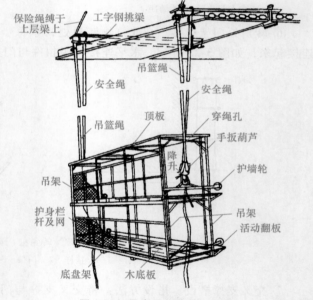

图 3-28　吊脚手架构造示意图

2）框式工作平台。如图 3-29 所示，用直径 50mm 钢管焊制成矩形框架。搭架时以 2～3 个框架为一组，用钢管扣件拼接，另设大横杆、小横杆、护墙轮、安全栏杆等构件，铺上脚手板，即形成工作平台。根据框架设计的不同，可以搭成单层、双层工作台。这种吊架适用于外装修工程。

3）封闭式吊篮。用角钢制作，常用于局部外装修工程。其形式可为单侧开口（靠墙侧）或顶、侧两面开口的半封闭箱形构架。箱体长 2～4m、高 2m、宽 0.8～1.0m。架体用∟40×3 角钢焊接，底盘用两根⊏8 槽钢作大梁，大梁上设⊏30×3 角钢或 30mm×40mm 木搁栅，再铺以木板或其他脚手板作为操作平台。

4）平板工作平台（吊平板）。用角钢焊成平面框架，预留安全栏杆承插管，在框架上铺脚手板，插上安全栏杆，即形成操作平台。

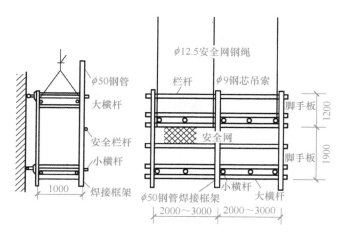

图 3-29　框式工作平台示意图

2. 悬吊方法与支承设施

吊脚手架的悬吊方法有多种，实际应用时应根据结构情况及吊架的用途选用。常见的悬吊方法及支承设施如下。

（1）在屋顶设挑架、挑梁　图 3-30 所示为屋顶挑架的三种方案。用型钢及钢筋制作成倒三角形挑架，挑架伸出墙外可达 2~3m。方案 a 及方案 b 适用于排架结构厂房或框架结构房屋的外墙砌筑工程，方案 c 适用于平屋顶建筑的外装修工程。

（2）在柱顶上设挑架　此种方法适用于钢筋混凝土排架结构。图 3-31 所示为柱顶设挑架的两种方案。方案 a 为角钢三脚架作挑架，用螺栓、抱箍将三脚架紧固在柱顶上。方案 b 为槽钢横梁、钢筋或钢丝绳拉索作挑架。

（3）在屋顶设电动升降车　用于外墙局部装修时，采用在屋顶上（平屋顶）设移动式电动升降车的方案十分方便。升降车用型钢制作，车上配有升降电动机及平衡压重，车架安装伸缩支脚和地轮。升降吊篮（吊架时）撑好支脚，启动电机进行升降操作，水平移动时，收起支脚，人力推动升降车在屋面行走。

（4）用大跨度钢架悬吊电动提升平台　当升降设施不能依赖建筑物时，可用此方法。此方法是用大跨度型钢钢架作支撑架，钢丝绳悬吊升降操作平台。它类似于型钢桥式组合脚手架，但与型钢桥式组合脚手架的不同点在于：操作平台不支承在钢架上，而是通过型钢横梁下弦设置的吊

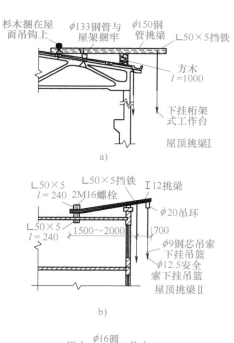

图 3-30　屋顶挑架示意图

索悬吊并进行升降。该操作平台采用桁架式，为了保持升降时稳定，在桁架两端设有钢筋导杆。钢架的立柱（钢塔）还可作垂直提升设施，上部钢横梁也可用来作顶部操作平台。此方案也适用于高层建筑，相较于扣件式钢管脚手架，此法还可节约搭架钢材。

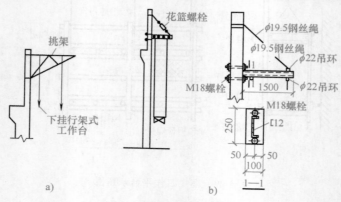

图 3-31　柱顶挑架示意图

3. 注意事项

（1）使用手扳葫芦升降吊脚手架的方法和基本要求　手扳葫芦是吊篮、吊架常用的升降设施，其工作原理为往复扳动机构使葫芦在钢绳上爬升（下降），挂在葫芦上的吊架（吊篮）也随之上升（下降）。使用手扳葫芦，要用两根钢绳，一根为升降钢索，另一根为保险钢索，直径不小于 12.5mm。有的现场未设保险钢索，将升降钢丝绳头弯起，与手扳葫芦导绳孔上部的钢丝绳子合在一起用绳卡夹紧，但此方法只能解决手扳葫芦打滑问题，不能解决钢丝绳断绳问题。扳动扳手时（无论上升与下降），都要用力均匀，节奏一致；吊架（吊篮）上的全部扳手同步升降。此外，还要注意以下几点。

1）严禁超载使用，当荷载较大时，可用加长杆加长扳手长度，但不允许超过 800mm。

2）支承葫芦的固定点必须坚固可靠，若在建筑物上固定，应校核其承载力。

3）使用前，应先收紧绳索，经检查无误后方可进行起吊操作。不允许同时扳动上升和下降扳手。

4）当扳动机构发生阻塞时，不得强行扳动扳手，应检查阻塞原因，排除故障后再进行升降操作。

5）5级以上大风或浓雾、暴雨天气，不得进行升降操作，其他操作人员也不得上吊篮架上操作。

（2）使用电动机械升降吊脚手架的基本要求　屋顶设电动升降车升降吊架、吊篮以及大跨度钢架悬吊桥架升降的方法，均属于电动机械升降范围。使用电动机械升降时，要注意操作平台或吊架、吊篮内的操作人员与升降操作人员的配合问题，可用指挥旗、口哨、对讲机等方法。电动机械要专人操作，专人守护。此外，也可在地面设卷扬机，采用一机多吊的方法来代替升降车；楼层不高时，也可用人力铰磨代替卷扬机。

3.1.6　挑脚手架

1. 挑脚手架概述

挑脚手架是从建筑物内部挑伸出的一种脚手架。按构造做法可分为两大类，一类是用于局部装修工程的直接从建筑物内部挑伸出支架和操作平台的脚手架,这类挑脚手架也称插口式脚手架;另一类是高层建筑采用分段挑伸、分段卸荷的外装修脚手架,这类脚手架的架体与普通钢管脚手架基本相同,只是架体不落地,其荷载由建筑物上悬挑的支架承受,这类挑脚手架也称为不落地脚手架。

2. 搭设插口式挑脚手架

(1) 插口式挑脚手架的构造　插口式脚手架是一种轻型脚手架。所谓"插口",指脚手架的支撑架插入建筑物外墙上的洞口中与建筑物连接,并承受和传递荷载。也可理解为,利用建筑物外墙上的洞口挑出支撑或支架,脚手架及工作平台则以这些支撑或支架为支承点搭设。插口式脚手架的构造重点,在"插口"即支承部分,其根据建筑结构形式不同可分为砖墙插口与混凝土插口两种构造形式。

1) 砖墙插口架的构造。这类插口式挑脚手架适用于多层混合结构房屋的外部装修,如图 3-32 所示,有两种插口方式:一种为双立杆外伸式挑脚手架,其做法为在墙内搭设双立杆脚手架,并将小横杆悬挑出窗洞口,在下层窗台设斜杆与挑出小横杆端头连接,再在挑出部分设大横杆、安全栏杆、铺脚手板即成为悬挑工作平台,如图 3-32a 所示;另一种为单立杆外伸式挑脚手架,小横杆及斜杆均从同一个窗口挑出,墙内立杆与小横杆、斜杆构成三脚架,工作平台即设于三脚架的上弦(小横杆)上,如图 3-32b 所示。单立杆外伸式挑脚手架适于窗口高度较大,悬挑宽度小于 1000mm 的场合。这两方式的斜杆与墙面的夹角,都不得大于 30°。

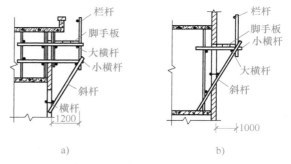

图 3-32　砖墙插口架示意图

2) 混凝土插口架的构造。这类插口架主要作为结构施工层的外防护架,也可作为工作平台、人行通道。宽度为 0.8 ~ 1.0m,高度可达 4m(一般建筑层高),长度可达 8m(两个开间)。适用于钢筋混凝土框架、外挂内浇、大模板现浇等结构。混凝土插口架主要有以下几种形式。

① 甲型插口架(图 3-33),是一种典型的插口架。其插口件插入钢筋混凝土洞口,在洞口内加背杠(别杠)、内立杆作为插口件的紧固件,在墙外侧的插口件上设立杆、大横杆(纵向水平杆)、小横杆(横向水平杆)、安全栏杆、安全网,再铺上脚手板。插口件可用钢管扣件组装,也可用角钢(或钢管)焊制。用扣件组装的插口件,间距不大于 2m;焊制插口件,间距可为 2.5m。

② 乙型插口架(图 3-34),适用于框架结构。插口架的下部横向水平杆伸入墙内与楼板上预埋钢筋环连接,用斜杆和拉索作为上部横向水平杆及立杆的锚固件。

③ 丙型插口架(图 3-35),适用于外墙上无洞口的墙面。它类似挂架,在钢筋混凝土外墙板上设穿墙挂钩螺栓作为插口架的锚固件。

(2) 插口式脚手架搭设的基本要求和要点

1) 插口架的搭架材料。混合结构砖墙洞口的插口架,可用钢管、毛竹、杉槁等常用搭架材料;钢筋混凝土插口架,其插口件必须采用钢管或角钢,背杠、立杆等可采用钢管或毛竹、杉槁(背杠用方木较好)。脚手板采用木板、竹串板、金属板均可。

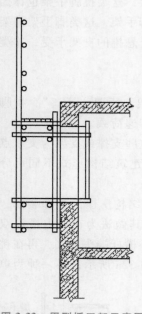

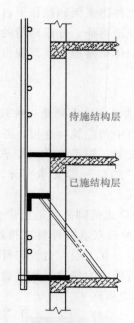

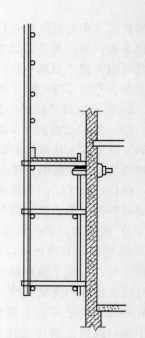

图 3-33　甲型插口架示意图　　　图 3-34　乙型插口架示意图　　　图 3-35　丙型插口架示意图

2）搭设插口架的基本方法及要求。

① 搭设插口架的步骤。

第一步，制定搭设方案。根据使用要求和建筑物的结构形式，选择插口架形式，并做出搭设方案。

第二步，搭架准备工作。包括搭架材料的准备；预制件的准备；固定插口件的预留孔、预埋件的留置准备等。

第三步，搭架。砖墙装修插口架的搭设原则为"先墙内后墙外"，即先搭好墙内的架子，并将小横杆伸出，再搭墙外的斜杆、大横杆、安全栏杆等杆件，最后铺脚手板、挡脚板、挂安全网；用于钢筋混凝土结构施工层的防护插口架则可在地面组装，然后提升至楼层，插入建筑物插口，再安装背杠、拉杆等杆件将插口架固定于建筑物上。

② 插口架的外伸长度及使用荷载。各类插口架的构造尺寸有所不同，外伸长度一般不应大于 1m；双立杆外伸式挑脚手架可为 1.2m；特殊情况下，经专门设计，外伸长度也可达 1.5m。外伸长度越大，其插口的锚固要求则越高，架上的使用荷载也应越小。一般插口式挑脚手架，使用荷载应控制在 $1200N/m^2$ 以内，防护用的插口架工作平台上不得堆放材料和施工设备。

③ 插口架的安全防护措施。用于装修的插口架，在工作面临空侧要设安全栏杆和挡脚板，高度超过 3.2m 时，还要加设安全网，做法同普通脚手架。

3）防护插口架的组装、升降。防护插口架的插口件为角钢或钢管，可为焊接、螺栓连接、扣件连接。凡焊接件，均应由焊工焊制。所有配件、料具、焊件，应经技术部门及有关人员检验鉴定，合格后方可使用。

（3）注意事项

1）搭设方案。插口架的搭设方案应包括以下主要内容：搭架材料、插口架的形式及构造做法、安全防护措施、插口件的锚固方法、升降方法及升降设备、使用及维护要求等。

2）插口件与建筑物的锚固。与吊架一样，保证插口架正常工作的重点在于其支承与锚固是否牢固可靠。对于防护插口架，要注意以下问题。

① 承受插口件荷载的墙体、楼板、柱子等结构构件，本身应具有足够的强度，框架填充墙、砖墙、砌块墙等不得用作承力结构。

② 用背杠作为承力杆的，背杠设于洞口上下口，长度不宜大于 2000mm，且大于洞口宽度 400mm 以上（每边各 200mm），若洞口宽度较大，可于中部加设竖向背杠以减小承力跨度。

③ 采用穿墙挂钩螺栓锚固插口架时，螺栓应用直径 16mm 以上的 Q235 圆钢（不能用高碳钢）制作，螺栓间距不大于 2000mm，安装时戴双螺帽。

④ 各种锚固措施的力学性能都要进行验算。

3）使用插口架的注意事项。插口架在使用过程中，不得拆改或挪动架上的任何构件，也不得将缆风绳、爬梯、电缆等其他设施与插口架连接。若因施工需要，要对插口架进行改动时，应由施工项目负责人批准，架子工实施。使用期间，要随时检查，发现问题及时维修。严格控制插口架上的使用荷载，在工作面上操作或通行要分散，勿使架上产生集中荷载；防护架的外立杆较高，要注意防雷、防电、防碰撞。

3. 其他要求

（1）安全问题　外挑式脚手架的搭拆不仅是高处作业，有时可能还是悬空作业，其安全问题尤为重要。施工时，除严格遵守《建筑施工高处作业安全技术规范》（JGJ 80—2016）外，尚应注意以下几点。

1）搭架前，或进行支承设施安装时，若无其他安全防护设施，要先搭设安全网；拆架时包括拆除支承设施时，应待上部拆除完毕后，最后拆除安全网。

2）严格掌握搭、拆架子的顺序。

3）悬空作业时，必须系安全带，且安全带的挂扣点必须牢固可靠。

（2）搭架材料问题　用于搭设挑架的材料，要严格选择，扣件钢管架的材料按《建筑施工扣件式钢管脚手架安全技术规范》（JGJ 130—2011）规定选用；竹木架料（可用于装修挑架）要选用无破损、无腐朽等缺陷的合格材料，直径不小于 80mm。

（3）关于预埋件　分段搭设的脚手架支承设施所需的预埋件，在编制搭架方案中要做好布置，预埋件所用材料、规格要专门设计。预埋件的埋设要派专人在结构施工时进行。承受拉力的预埋件，要待混凝土强度达到设计强度的 70% 以上才能受力。

任务 2　垂直运输设施

3.2.1　塔式起重机

塔式起重机具有竖直的塔身。其起重臂安装在塔身顶部与塔身组成"Γ"形，使塔式起重机具有较大的工作空间。它的安装位置能靠近施工的建筑物，有效工作半径较其他类型起重机大。塔式起重机种类繁多，广泛应用于多层及高层建筑工程施工中。

塔式起重机按其行走机构、旋转方式、变幅方式、起重量大小分为多种类型，各类型起重机的特点参见表3-7。常用的塔式起重机的类型有：轨道式塔式起重机，爬升式塔式起重机，附着式塔式起重机。

表 3-7　塔式起重机的分类和特点

分类方法	类　型	特　点
按行走机构分类	行走式塔式起重机	能靠近工作地点，转移方便、机动性强。常用的有轨道行走式、轮胎行走式、履带行走式三种
	自升式塔式起重机	没有行走机构，安装在靠近修建物的基础上，可随施工的建筑物升高而升高
按起重臂变幅方式分类	起重臂变幅塔式起重机	起重臂与塔身铰接，变幅时调整起重臂的仰角。变幅机构有电动和手动两种
	起重小车变幅塔式起重机	起重臂是不变（或可变）的横梁，下弦装有起重小车。变幅简单，操作方便，并能带载变幅
按回转方式分类	塔顶回转式起重机	结构简单，安装方便；但起重机重心高，塔身下部要加配重，操作室位置低，不利于高层建筑施工
	塔身回转式起重机	塔身与起重臂同时旋转，回转机构在塔身下部，便于维修；操作室位置较高，便于施工观察；但回转机构较复杂
按起重能力分类	轻型塔式起重机	起重能力 5～30kN
	中型塔式起重机	起重能力 30～50kN
	重型塔式起重机	起重能力 150～400kN

1. 轨道式塔式起重机

轨道式塔式起重机是一种能在轨道上行驶的起重机，又称自行式塔式起重机。这种起重机可负荷行驶，有的只能在直线轨道上行驶，有的可沿"L"形或"U"形轨道上行驶。常用的轨道式塔式起重机有：QT1-2型塔式起重机、QT1-6型塔式起重机、QT1-60/80型塔式起重机。

（1）QT1-2型塔式起重机　这是一种塔身回转式轻型塔式起重机，主要由塔身，起重臂和底盘组成。起重机塔身可以折叠，能整体运输（图3-36）。起重力矩 16t·m（160kN·m），

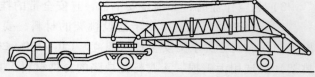

图 3-36　QT1-2 型塔式起重机运输示意图

起重量 1～2t（10～20kN），轨距 2.8m。适用于五层以下民用建筑结构安装和预制构件厂装卸作业。

（2）QT1-6型塔式起重机　这是一种中型塔顶旋转式塔式起重机，由底座、塔身，起重臂，塔顶及平衡重等组成，如图3-37所示。塔顶有齿式回转机构，塔顶能通过它围绕塔身回转360°。起重机底座有两种，一种有4个行走轮，只能直线行驶；另一种有8个行走轮能转弯行驶，内轨半径不小于5m。QT1-6型塔式起重机的最大起重力矩为40t·m（400kN·m），起重量 2～6t（20～60kN）。适用于一般工业与民用建筑的安装和材料仓库的装卸作业。

（3）QT-60/80型塔式起重机　这是一种塔顶旋转式塔式起重机，起重力矩 60～80t·m（600～800kN·m），最大起重量 10t（100kN）。这种起重机适用于多层装配式工业与民用建筑结构安装，尤其适合装配式大板房屋施工。

（4）轨道式塔式起重机使用中的注意事项

1）塔式起重机的轨道位置，其边线与建筑物应有适当距离，以防止行走时，行走台与建筑物相碰而发生事故，并避免起重机轮压传至基础，使基础产生沉陷。钢轨两端必须设置车挡。

图 3-37　QT1-6 型塔式起重机

2）起重机工作时必须严格按照额定起重量起吊，不得超载，也不准吊运人员、斜拉重物、拔除地下埋设物。

3）司机必须得到指挥信号后，方得进行操作。操作前司机必须按电铃、发信号。吊物上升时，吊钩距起重臂端不得小于 1m。工作休息和下班时，不得将重物悬挂在空中。

4）运转完毕，起重机应开到轨道中部位置停放，并用夹轨钳夹紧在钢轨上。吊钩上升到距重臂端 2~3m 处，起重臂应转至平行于轨道的方向。

5）所有控制器工作完毕后，必须扳到停止点（零位），拉开电源总开关。

6）六级风以上及雷雨天，禁止操作。起重机如失火，绝对禁止用水救火，应该用四氯化碳灭火器或其他不导电的东西扑灭之。

2. 爬升式塔式起重机

高层装配式结构施工，若采用一般轨道式塔式起重机，其起重高度已不能满足构件的吊装要求，需采用自升式塔式起重机。爬升式塔式起重机是自升式塔式起重机的一种，它安装在高层装配式结构的框架梁上，每吊装 1~2 层楼的构件后，向上爬升一次。这类起重机主要用于高层（10 层以上）框架结构安装。其特点是机身体积小、重量轻、安装简单，适于现场狭窄的高层建筑结构安装。

爬升式塔式起重机由底座、套架、塔身、塔顶、行车式起重臂，平衡臂等部分组成。120H 塔式起重机，如图 3-38 所示，底座及套架上均设有可伸出和收回的活动支腿，在吊装构件过程中及爬升过程中分别将支腿支承在框架梁上。每层楼的框架梁上均需埋设地脚螺栓，用以固定活动支腿。120H 塔式起重机的爬升过程如图 3-38 所示。

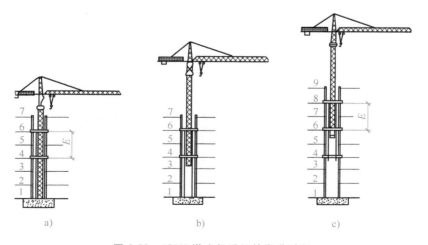

图 3-38　120H 塔式起重机的爬升过程

a）准备状态　b）提升状态　c）提升起重机

首先将起重小车回至最小幅度，下降吊钩，使起重钢丝绳绕过回转支承上支座的导向滑轮，穿过走台的方洞，用吊钩吊住套架的提环，如图 3-38a 所示。

放松固定套架的地脚螺栓，将活动支腿收进套架梁内，提升套架至两层楼高度，摇出套架活动支腿，用地脚螺栓固定，松开吊钩，如图 3-38b 所示。

松开底座地脚螺栓，收回活动支腿，开动爬升机构将起重机提升两层楼高度，摇出底座活动支腿，并用地脚螺栓固定，如图 3-38c 所示。

3. 附着式塔式起重机

附着式塔式起重机是固定在建筑物近旁混凝土基础上的起重机械，它可借助顶升系统随着建筑施工进度而自行向上接高。为了减小塔身的计算长度，规定每隔 20m 左右将塔身与建筑物用锚固装置联结起来，如图 3-39 所示。这种塔式起重机宜用于高层建筑施工。

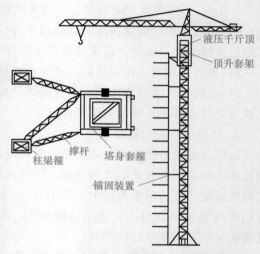

附着式塔式起重机的型号有：QT4-10 型、QT1-4 型、ZT-1200 型、ZT-100 型等。QT4-10 型起重机，每顶升一次升高 2.5m，常用的起重臂长为 30m，此时最大起重力矩为 160t·m（1600kN·m），起重量 5～10t（50～100kN），起重半径为 3～30m，起重高度 160m。

QT4-10 型附着式塔式起重机的液压顶升系统主要包括：顶升套架，长行程液压千斤顶，支承座，顶升横梁及定位销等。液压千斤顶的缸体装在塔吊上部结构的底端承座上，活塞杆通过顶升横梁（扁担梁）支承在塔身顶部。其顶升过程可分以下五个步骤，如图 3-40 所示。

图 3-39 QT4-10 型附着式塔式起重机

1）将标准节吊到摆渡小车上，并将过渡节与塔身标准节相连的螺栓松开，准备顶升，如图 3-40a 所示。

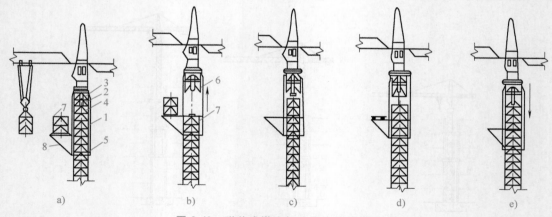

图 3-40 附着式塔式起重机的顶升过程

a）准备状态 b）顶升塔顶 c）推入标准节 d）安装标准节 e）塔顶和塔身联成整体

1—顶升套架 2—液压千斤顶 3—承座 4—顶升横梁 5—定位销
6—过渡节 7—标准节 8—摆渡小车

2）开动液压千斤顶，将塔吊上部结构包括顶升套架向上顶升到超过一个标准节的高度，然后用定位销将套架固定。于是塔吊上部结构的重量就通过定位销传递到塔身，如图 3-40b 所示。

3）液压千斤顶回缩，形成引进空间，此时将装有标准节的摆渡小车开到引进空间内，如图 3-40c 所示。

4）利用液压千斤顶稍微提起标准节，退出摆渡小车，然后将标准节平稳地落在下面的塔身上，并用螺栓加以连接，如图 3-40d 所示。

5）拔出定位销，下降过渡节，使之与已接高的塔身联成整体，如图 3-40e 所示。

如一次要接高若干节塔身标准节，则可重复以上工序。

3.2.2　井架

井架是砌筑工程垂直运输的常用设备之一，是一种带起重臂和内盘的井架（图 3-41），其起重臂的起重能力为 5～20kN。井架的特点是：稳定性好，运输量大，可以搭设较大高度（可超过 50m）。近几年来各地对井架的搭设和使用有许多新发展，除了常用的木井架、钢管井架、型钢井架外，所有多立杆式脚手架的杆件和框式脚手架的框架，都可用以搭设不同形式和不同井孔尺寸的单孔或多孔井架。

3.2.3　龙门架

龙门架是以地面卷扬机为动力，由两根立杆与天轮梁（横梁）构成门式架体的提升机，吊篮（吊笼）在两立柱中间沿轨道作垂直运动。立杆是用角钢或直径 200～250mm 的钢管制作。如图 3-42 所示，龙门架设有滑轮、导轨、吊篮、安全装置以及起重索、缆风绳等。

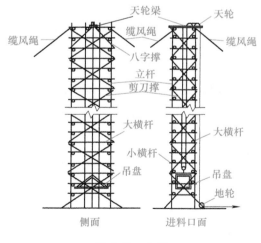

图 3-41　井架

图 3-42　龙门架

卷扬机是井字架和龙门架上升下降吊篮的动力装置，一般安装在司机视线好、地势高处；距起吊处 15m 以外（安全距离）。钢丝绳卷筒上存绳量不少于 4 圈。

同 步 测 试

一、填空题

1. 折叠式里脚手架按所用材料不同，分为_____、_____和_____折叠式，主要用于内墙的砌筑和抹灰及粉刷。

2. 钢管折叠式和钢筋折叠式里脚手架搭设间距，砌筑时不超过_____，抹灰或粉刷墙时不超过_____。

3. 落地扣件式钢管外脚手架由扣件连接钢管杆而成，属于_____，是目前多层建筑广泛使用的脚手架。

4. 在整个排架与地面之间引设的斜撑，与地面倾斜角为_____，可增加脚手架的整体稳定性。

5. 附着式塔式起重机为了减小塔身的计算长度，规定每隔_____左右将塔身与建筑物用锚固装置联结起来。

二、单项选择题

1. 当落地扣件式钢管外脚手架其构搭要求符合规定要求时，一般情况下，脚手架的单管立杆可承载竖向力（　　　）。

A. 15～30kN　　　　B. 20～30kN　　　C. 5～10kN　　　D. 10～30kN

2. 在一般风力地区连墙件可按四跨三步（约 30～40m²）内设置一个，当脚手架超过（　　　）m² 时，底部连墙件应适当加密。

A. 20　　　　　　　B. 30　　　　　　　C. 35　　　　　　D. 40

3. 门式脚手架是由钢管制成的定型脚手架，由门架、配件、加固件等部件组成。门式脚手架可用于建筑内外搭设操作平台、模板支撑等，最高可搭设（　　　）m。

A. 30　　　　　　　B. 40　　　　　　　C. 50　　　　　　D. 60

4. 井架是砌筑工程垂直运输的常用设备之一，是一种带起重臂和内盘的井架，起重臂的起重能力为（　　　）。

A. 15～20kN　　　　B. 5～20kN　　　C. 10～20kN　　　D. 12～20kN

5. 落地式安全网全封闭脚手架搭设高度大于 40m 时，连墙件竖向最大间距为（　　　）倍步距。

A. 2　　　　　　　B. 3　　　　　　　C. 4　　　　　　D. 5

三、简答题

1. 外脚手架的主要作用是什么？

2. 门式脚手架拆除要求有哪些？

四、思考题

党的二十大报告提出"社会保障体系是人民生活的安全网和社会运行的稳定器。"请结合本单元学习内容，谈谈主体施工过程中如何保证施工人员高处作业的安全？

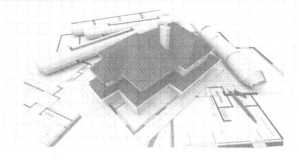

单元4

砌体工程

长城，又称万里长城，是中国古代的军事防御工事，是一道高大、坚固而且连绵不断的长垣，在古代用以限隔敌骑的行动。长城不是一道单纯孤立的城墙，而是以城墙为主体，同大量的城、障、亭、标相结合的防御体系。长城修筑的历史可上溯到西周时期，在建筑材料和建筑结构上以"就地取材、因材施用"为原则，创造了许多种结构体系，有夯土、块石、片石、砖石混合等结构；在沙漠中还采用了以红柳枝条、芦苇与砂粒层层铺筑的结构，在今甘肃玉门关、阳关和新疆等地还保存了两千多年前西汉时期这种长城的遗迹。随着社会生产力的进步，制砖技术不断发展，明代砖制品产量大增，已不再是珍贵的建筑材料，所以有不少明长城是以巨砖砌筑。在当时全靠人工施工、靠人工搬运建筑材料的情况下，采用重量不大、尺寸大小一样的砖砌筑城墙，不仅施工方便，而且提高了施工效率，提高了建筑水平。

知识目标：

- 了解砌体结构各种构造的基本知识。
- 理解砖、石砌体结构和构筑物的基本构造。
- 掌握常见砌体结构的施工工艺和操作要点。

能力目标：

- 能够正确编写常见砌体工程的技术交底资料。
- 能够对常见砌体工程的施工质量进行检查。
- 能够指导工人进行砌筑工作。

素养目标：

- 培养学生的动手实操能力。
- 培养学生对污染防治和绿色环保的意识。

任务 1 砖砌体施工

砌体材料　　砌筑施工

4.1.1 砖基础施工

1. 砌体材料

（1）块材　块材的类型有烧结类砖、非烧结类砖、砌块、石材四类。

1）烧结类砖。分为烧结普通砖和烧结多孔砖，由黏土、页岩、煤矸石或粉煤灰经过焙烧成实心或带孔的砖。强度等级分为 MU10、MU15、MU20、MU25、MU30 五级。

2）非烧结类砖。包括蒸压灰砂砖、蒸压粉煤灰砖。蒸压灰砂砖以石灰和砂为主要原料，经过坯料制备压制成型，蒸压养护而成的实心砖。蒸压粉煤灰砖以石灰和煤灰为主要原料，添加适量的石膏和骨料经过坯料制备压制成型，蒸压养护而成的实心砖。蒸压灰砂砖、蒸压粉煤灰砖的强度等级为 MU10、MU15、MU20、MU25 四级。

3）砌块。常见的有混凝土小型空心砌块、轻骨料混凝土小型空心砌块、蒸压加气混凝土砌块和粉煤灰砌块，强度等级从 MU1.5～MU20。

4）石材。包括料石和毛石，石材质地坚实，无风化剥落和裂纹，强度等级从 MU20～MU100 七个等级。

（2）砂浆　砂浆是由胶凝材料（水泥、石灰、黏土等）和细骨料（砂）加水拌和而成。起到粘结砌块、传递应力的作用。砌筑所用砂浆分为 M5、M7.5、M10、M15、M20、M30 六种，常用的有水泥砂浆、混合砂浆和石灰砂浆。砂浆种类选择和强度应按照设计要求确定。

2. 砖基础构造

砖基础可以分为条形基础和独立基础。砖基础的形状一般砌成阶梯形状，称为大放脚。大放脚的形式按照收进方式不同分为等高式和间隔式（不等高式）两种（图 4-1）。

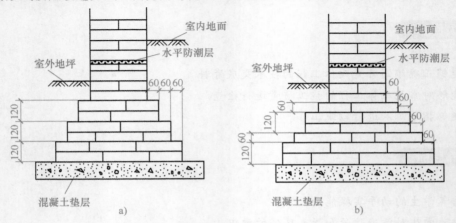

图 4-1　砖基础

a）等高式　b）不等高式

等高式大放脚是两皮一收，每边收进尺寸是 1/4 砖（约 60mm）；间隔式大放脚是两皮一收与一皮一收相间隔，每边收进宽度为 1/4 砖（60mm）。大放脚的下面一般设置灰土或者三合土垫层，垫层的厚度和标高按照设计图要求确定。大放脚的底层宽度应按照设计要求确定。

为了防止地下水沿着砖块的毛细孔上升，侵蚀墙身，一般在室内首层地面以下 60mm 处设置水平防潮层。水平防潮层用 1∶2 水泥防水砂浆抹 20mm 厚，如图 4-2 所示。

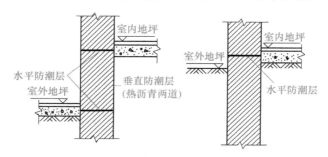

图 4-2　基础防潮层

3. 施工工艺

砖基础的施工工艺流程是：在基坑验槽合格后，砖基础抄平放线→摆砖撂底，墙体盘角→立杆挂线，砌筑基础→基础验收养护→办理隐蔽工程施工记录。

每一项工序操作结束后，应及时办理检查手续，检验合格后才能进行下一道工序。具体如下。

1）基础垫层表面清理灰渣杂物，洒水湿润。

2）基础垫层上弹出墨线，根据尺寸摆砖撂底，检查无误后才可以正式砌筑。摆砖撂底方法如图 4-3 所示。

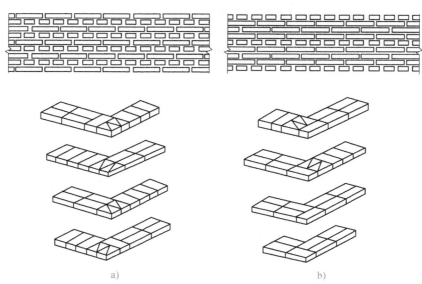

a)　　　　　　　　　　　　　　　b)

图 4-3　摆砖撂底

a）墙基础满丁满条撂底　b）墙基础三顺一丁撂底

3）盘角。在垫层转角、交接和高低踏步处先立好皮数杆，控制基础砌筑高度。砌筑基础时应先在墙角处盘角，每次盘砌不得超过5层砖，边盘边靠平吊直。

4）挂线。240mm厚墙在反手挂线，370mm厚墙两面挂线。

5）组砌形式一般采用满丁满条砌筑（一皮顺一皮丁），里外咬槎，上下错缝，错缝宽度不小于60mm，砌筑方法采用三一砌筑法（一铲灰，一块砖，一挤揉），禁止用水冲浆灌缝。

6）为了保证砖砌体的整体性，内外墙基础应同时砌筑，或者留斜槎，斜槎长度大于高度的2/3。

7）基础标高不一或者有局部加深，应该从最低处向上砌筑，并经常拉线检查，确保墙身位置的准确和每皮砖及灰缝水平。若有偏差，通过灰缝调节。保持砖基础通顺平直，防止出现螺丝墙。

8）各种预留孔洞、拉结筋、预埋件按照设计要求留置。预留孔跨度超过500mm时，应在上方砌筑平拱或者设置过梁。暖气沟挑檐砖用丁砖砌筑，保证灰缝密实，标高正确。

9）变形缝两边的砖基础应根据设计要求砌筑。先砌筑的一边要刮掉舌头灰，后砌筑的一边要采用缩口灰的砌法。

10）防潮层应按照设计要求施工。若砖基础顶面做钢筋混凝土地圈梁，可不必另做防潮层。

11）基础施工完毕，清理现场，组织验收。

12）基础回填，分层夯实。

4.1.2　实心砖墙施工

一块砖有3对两两相等的面，最大的面称为大面，长的一面称为条面，短的一面称为丁面，砖砌入墙内后，条面朝向操作者的称为顺砖，丁面朝向操作者的称为丁砖。组砌要求是：上下错缝，内外搭接，保证整体性，少砍砖，节约材料，提高效率。

1. 组砌形式

普通砖墙的厚度有半砖、一砖、一砖半和二砖等。普通砖墙的组砌形式有一顺一丁、三顺一丁、梅花丁等（图4-4）。

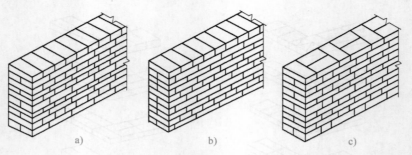

图4-4　常见砖墙组砌形式

a）一顺一丁　b）三顺一丁　c）梅花丁

（1）一顺一丁砌法　最常见的一种组砌方法，有的地方称为满丁满条组砌法，是由一皮顺砖，一皮丁砖间隔组砌组成。上下皮之间的竖向灰缝都相互错开1/4砖长，砌筑时通常第一皮采用丁砖。这种砌法效率较高，操作较易掌握。

（2）三顺一丁砌法　采用三皮顺砖一皮丁砖的组砌方法，上下皮顺砖搭接 1/2 砖长，丁砖与顺砖搭接 1/4 砖长，以利于错缝和搭接。这种砌法丁砖少，砖的两个条面中挑选一面朝外，故墙面美观。同时在墙的转角处，丁字和十字接头处砍凿砖少，利于加快砌筑速度。缺点是顺砖层多，特别是砖比较潮湿时，容易向外挤出，出现游墙，而且花槽三层同缝，砌体整体性较差。

（3）梅花丁砌法　又称沙包式，在同一皮砖上采用一块顺砖夹一块丁砖的砌法，上下两皮砖的竖向缝错开 1/4 砖长。梅花丁砌法的内外竖向灰缝每皮都能错开，竖向灰缝容易对齐，墙面容易控制平整。当砖的规格不一致时（一般砖的长度方向容易出现超长，而宽度方向容易出现缩短），更显出其能控制竖向灰缝的优越性。这种砌法灰缝整齐、美观，尤其适宜清水外墙。但由于顺砖与丁砖交替砌筑，影响操作速度，工效较低。

（4）其他砌法（图 4-5）　两平一侧，二皮顺砖和旁砌一块侧砖相隔砌成，上下皮砖竖向错缝 1/2 砖。全顺砌法，全部采用顺砖砌筑，每皮搭接 1/2 砖长，适合半砖墙的砌筑。全丁砌法，全部采用丁砖砌筑，每皮砖上下搭接 1/4 砖长，适合圆形烟囱和窨井的砌筑。

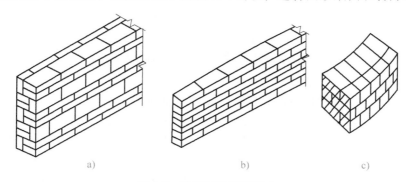

图 4-5　砖墙其他组砌形式

a）两平一侧　b）全顺　c）全丁

2. 施工工艺

砌筑砖墙通常有抄平、放线、摆砖样、立皮数杆、盘角挂线砌筑和勾缝等工序。

（1）抄平　砌砖前在基础防潮层或楼面上定出各层标高，并用水泥砂浆或 C10 细石混凝土抄平。

（2）放线　在抄平的墙基上，按龙门板上轴线定位钉为准拉墨线，弹出墙身中心轴线和宽度线，并定出门窗洞口位置。

（3）摆砖样　在弹好线的基面上，由经验丰富的瓦工，根据墙身长度（按门、窗洞口分段）和组砌方式进行摆砖样，使每层砖的砖块排列和灰缝宽度均匀，保留灰缝 10mm 左右。

（4）立皮数杆　皮数杆（图 4-6）是控制每皮

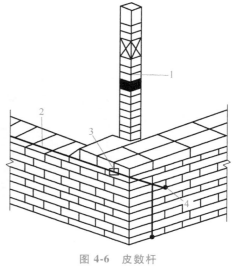

图 4-6　皮数杆

1—皮数杆　2—准线　3—竹片　4—圆铁钉

砖砌筑的竖向尺寸、使铺灰砌砖的厚度均匀、保证砖皮水平的一根长约 2m 左右的木板条，上面标有砖的皮数、门窗洞、过梁、楼板的位置，用来控制墙体各部分构件的标高。皮数杆一般立于墙的转角处，用水准仪校正标高，如墙很长，可每隔 10～12m 立一根。

（5）砌筑　砌筑时先盘角，每次不得超过 5 皮；随盘随吊线，使砖的层数、灰缝厚度与皮数杆相符；然后在墙身上挂线。一砖或一砖半，单面挂线；二砖以上双面挂线。采用三一砌筑法砌筑，即用大铲一铲灰、一块砖、一挤揉的砌筑方法。

（6）勾缝　宜用 1∶1.5 的水泥砂浆，也可用原浆勾缝。勾缝使清水墙面美观牢固。

3. 质量要求

砖墙应有足够的强度和稳定性，做到"横平竖直、砂浆饱满、组砌得当、接槎可靠"。

（1）横平竖直　砖砌体抗压性能好，抗剪性能差，为了使砌体受压均匀，不产生剪切水平推力，要求灰缝保持横平竖直，否则容易在砂浆和砖块结合面产生剪应力，从而产生裂缝。竖向灰缝应垂直对齐，对不齐而错位，称为"游丁走缝"。

（2）砂浆饱满　砂浆层的厚度和饱满度对砖砌体的抗压强度影响很大，故要求水平灰缝和垂直灰缝的厚度控制在 8～12m 之间，且水平灰缝的砂浆饱满度不得小于 80%（可用百格网检查），以可保证砖均匀受压，避免受弯、受剪和局部受压状态的出现。砌体受压时，砖与砂浆产生横向变形，砖的变形能力小于砂浆，所以砖块受拉力作用，过厚的水平灰缝会使此拉力加大，所以不应随意加厚砂浆厚度。竖向灰缝砂浆应饱满，可以避免透风漏水，增强保温能力。

（3）组砌得当　为提高砌体的整体性、稳定性和承载力，砖块排列应遵守上下错缝的原则，避免出现垂直通缝，错缝或搭砌长度一般不小于 60mm。为满足错缝要求，实心墙体组砌时，一般采用一顺一丁、三顺一丁和梅花丁的砌筑形式。砌筑方法一般采用三一砌法。各层承重墙的最上一皮砖应用丁砖砌筑，梁垫下面、挑檐腰线也用丁砖处理。

（4）接槎可靠　接槎是指墙体临时间断处的接合方式，一般有斜槎和直槎两种方式（图 4-7）。砖砌体的转角处和交接处应同时砌筑，对不能同时砌筑而又必须留置的临时间断处，应砌成斜槎，且实心砖砌体的斜槎长度不应小于高度的 2/3。如临时间断处留斜槎有困难，除转角处也可留直槎，但必须做成阳槎，并加设拉结钢筋。拉结钢筋的设置：沿墙高每

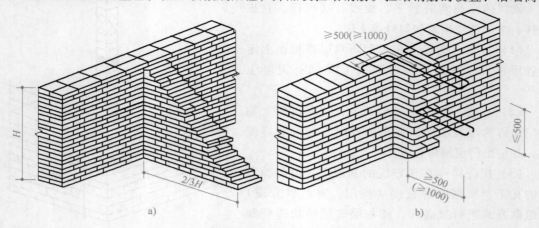

图 4-7　接槎形式

a）斜槎　b）直槎

隔500mm，每120mm墙厚预埋1Φ6拉结钢筋（240mm厚墙放置2Φ6拉结钢筋），埋入长度从墙的留槎处算起，每边不应小于500mm（有抗震要求不小于1000mm），伸出槎外不小于500mm（有抗震要求不小于1000mm），末端应有180°弯钩。墙砌体接槎时，必须将接槎处的表面清理干净，浇水湿润，并应填实砂浆，保持灰缝平直。

4. 特殊部位质量要求

（1）预留孔洞　预留的洞口必须在砌筑时留出，严禁砌完后再砍凿。墙中留洞、预埋件、管道等处应用实心砖砌筑。木砖预埋时应小头在外，大头在内，数量按洞口高度决定。洞口高在1.2m以内，每边放2块；高1.2~2m，每边放3块；高2~3m，每边放4块。预埋木砖的部位一般在洞口上边或下边4皮砖，中间均匀分布。木砖要提前做好防腐处理。钢门窗安装的预留孔、硬架支模、暖卫管道，均应按设计要求预留，不得事后剔凿。墙体拉结筋的位置、规格、数量、间距均应按设计要求留置，不应错放、漏放。

（2）安装过梁、梁垫　门窗过梁支承处应用实心砖砌筑；安装过梁、梁垫时，其标高、位置及型号必须准确，坐浆饱满。如坐浆厚度超过20mm，要用细石混凝土铺垫。过梁安装时，两端支承点的长度应一致。

（3）设置构造柱　凡设有构造柱的工程，在砌砖前，先根据设计图纸将构造柱位置进行弹线，并把构造柱插筋处理顺直。砌砖墙时，与构造柱连接处砌成阴阳槎，阴阳槎处砌实心砖。每一个阴阳槎沿高度方向的尺寸不宜超过300mm。马牙槎应先退后进。拉结钢筋按设计要求放置，设计无要求时，一般沿墙高500mm设置2Φ6水平拉结钢筋，每边深入墙内不应小于1m。

4.1.3　砖柱施工

1. 组砌形式

砖柱的断面形式有圆形、方形、正多边形和异形等，矩形砖柱分为独立柱和附墙柱两类。砖的强度等级不小于MU10，砂浆强度等级不低于M5。各种形状砖柱的组砌形式如图4-8~图4-11所示。

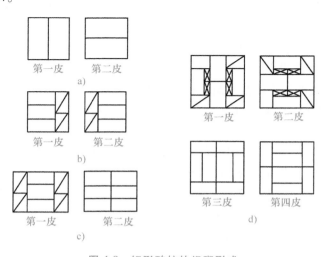

图4-8　矩形砖柱的组砌形式

a）240mm×240mm　　b）365mm×365mm　　c）365mm×490mm　　d）490mm×490mm

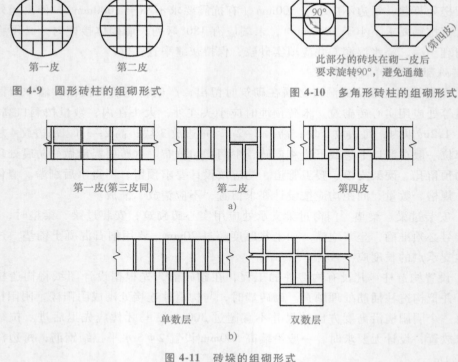

图 4-9　圆形砖柱的组砌形式　　　图 4-10　多角形砖柱的组砌形式

第一皮　第二皮

此部分的砖块在砌一皮后
要求旋转90°，避免通缝

第一皮(第三皮同)　　第二皮　　第四皮
a)

单数层　　双数层
b)

图 4-11　砖垛的组砌形式

a) 240mm 墙附 120mm×365mm 砖垛　b) 240mm 墙附 240mm×365mm 砖垛

2. 砌筑方法

砖柱一般采取满丁满条组砌，里外咬槎，上下层错缝，严禁用水冲砂浆灌缝。

3. 施工要点

1) 单独的砖柱砌筑时，可立固定皮数杆，也可以经常用流动皮数杆检查高低情况。

2) 当几个砖柱在一条线上时，应先砌两头的砖柱，然后拉通线，依线砌中间的柱，以便控制砖皮数正确、进出及高低一致。

3) 砖柱水平灰缝厚度和竖向灰缝宽度一般为 10mm，水平灰缝的砂浆饱满度不低于 80%，竖缝也要求砂浆饱满。

4) 砖柱基底面找平。砖柱基底面如有高低不平应先找平，高差小于 30mm 的用 1∶3 水泥砂浆找平，大于 30mm 的要用细石混凝土找平，使各柱第一皮砖位于同一标高。

5) 严禁包心砌。所谓"包心砌"，就是砖柱外全部是整砖，内部填半砖或 1/4 砖。这种砌法虽然外表美观，但整个砖柱出现一个自下而上的通天缝，在受荷载（压力）后，整体承载力和稳定性极差，故不应采用包心砌法。无论采用哪种砌法，应使柱面上下皮的竖缝相互错开 1/2 砖长或 1/4 砖长，在柱心无通天缝，少打砖，并尽量利用二分头砖。

6) 隔墙与柱如不同时砌筑，可于柱中引出阳槎，或于柱的灰缝中预埋拉结钢筋，其构造与砖墙中相同，但每道不少于 2 根。

7) 有网状加筋的柱，其砌法和要求与不加筋的相同；加筋数量与要求应满足设计规定；砌在柱内的钢筋网应在一侧外露 1~2mm，以便于检查。

8）砖柱每天砌筑高度应不大于1.8m。

9）砖柱上不得留置脚手眼。

4.1.4 砖构筑物施工

1. 砖地沟施工

地沟主要用于安放管道和各种线缆，有砌体地沟、混凝土地沟、钢结构地沟。图4-12所示为砖地沟，沟槽清底夯实后，做混凝土垫层，根据设计尺寸，在垫层混凝土上砌筑砖墙，然后在顶部加盖板，最后覆盖一定厚度的土层。

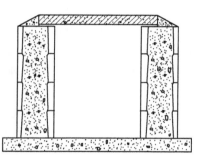

图 4-12　砖地沟

砖地沟施工工艺流程：定位放线测量→沟槽开挖找坡→基底处理和砌筑→防水→闭水试验→回填土。操作要点如下。

（1）定位放线测量　根据地下原有构筑物的管线和设计图实际情况，充分研究分析，合理布局。须充分考虑各种管线的间距要求，现有建筑物、构筑物进出口管线的坐标、标高，并确定堆土、堆料、运料的区间和位置。沿沟槽方向定出沟槽中心线和检查井的中心点，并与固定的建筑物相连。新建排水沟及构筑物与地下原有管道和构筑物交叉处要设置明显标志，核对新旧排水沟的沟底标高是否合适。根据设计坡度计算挖槽深度，放出上开口挖槽线，测定检查井等附属构筑物的位置。

（2）沟槽开挖找坡　按照设计要求坡度挖槽。槽底开挖宽度等于排水沟结构基础宽度加两侧工作面宽度，每侧工作面宽度应不小于300mm。用机械开槽或开挖沟槽后，当天不能进行下一道工序作业时，沟底应留出200mm左右的一层土不挖，待下道工序前用人工清底。沟槽土方应堆在沟槽的一侧，便于下道工序作业。堆土底边与沟槽边应保持一定的距离，不得小于1.0m，堆土高度应小于1.5m。堆土时严禁掩埋消火栓、地面井盖及雨水口，不得掩埋测量标志。

（3）基底处理和砌筑

1）地基处理应按设计规定进行。施工中遇到与设计不符的松软地基及杂土层等情况，应换土或夯实。槽底局部超挖可以用石灰土处理，或采用天然级配砂石回填夯实。排水不良造成地基上土壤扰动，可用天然级配砂石或砂砾石处理。要求采用换土方案时，应按要求清槽，换土回填。

2）垫层混凝土抗压强度满足要求后，方可开始砌砖。垫层或槽基顶面应先清扫，并用水冲刷干净。砖使用前应浸水，不得有干心现象。砌砖体应上下错缝，内外搭接，宜采用三顺一丁砌法，但最下一层和最上一层砖，应用丁砖砌筑。

（4）防水　对于污水沟槽及井室的内外防水在设计图无要求时，一般采用不少于两层水泥砂浆。砌体表面粘结的残余砂浆应清除干净，砖墙表面应洒水湿润。抹灰厚度应为20~30mm。水泥砂浆抹面应分两道抹成。第一道砂浆抹成后，用杠尺刮平，并将表面划出纹道，完成后间隔48h进行第二道抹面。第二道砂浆应分两遍压实赶光完成。水泥砂浆抹面完成后，应进行养护，即抹面砂浆终凝后，保持表面湿润，每隔4h洒水一次，养护14d。

（5）闭水试验　对于有防渗要求的排水地沟，需要进行闭水试验，发现渗水要及时修补。试验段起点及终点检查井的两端应用堵板堵好，不得渗水。将进水管接至堵板下侧，下游井内的堵板下侧应设泄水管，并挖好排水沟。向排水沟内充水，充满水后，浸泡不得少于24h。排水沟应通畅无堵塞，试验完毕应及时将水排出。

（6）回填土　试验合格后，方可进行回填土。槽底至沟顶以上500mm范围内不得含有有机物及大于50mm的砖石等硬块，接口周围应采用细粒土回填。不得在水、淤泥上回填，当日回填当日夯实。回填土在分层夯实时，如虚铺厚度设计无要求，按机械夯实不大于300mm，人工夯实不大于200mm施工。

2. 砖烟囱施工

烟囱是工业生产中排除烟气的构筑物，烟囱还能增强拔风能力。烟囱高度通常45～60m，80m以上的烟囱多采用混凝土浇筑。

烟囱的外形分为方和圆两种。圆烟囱的构造如图4-13所示，分为基础、筒身、内衬、隔热层及其附属设施（如爬梯、护身环、紧箍圈、休息平台、避雷针和信号灯）。烟囱底部有出灰洞和烟道口，用来和烟道连接。砖砌烟囱的基础通常是现浇的钢筋混凝土，筒身采用不低于MU10的砖砌筑，砂浆不低于M5。

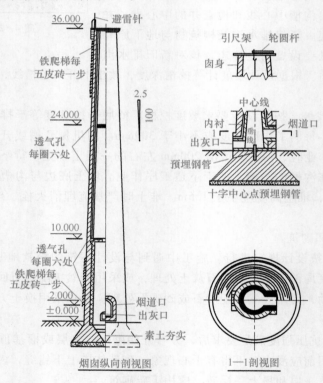

图4-13　烟囱构造

检查烟囱的方法和工具如图4-14所示。在中心点位置的基础内埋入预埋件用来控制定位；线垂控制中心轴线，轮圆杆检查圆周；每砌筑5m或者筒身厚度变更处用红漆标志，来控制标高；用坡度靠尺控制垂直度。

烟囱施工工艺流程：底板浇筑→基础砌筑→外壁砌筑→内衬砌筑→隔热层设置→附属设备安装。操作要点如下。

（1）基础砌筑 底板浇筑完成以后，以基础为圆心弹出基础外壁的圆周线，浇水湿润进行基础砌筑。砌筑时先排砖摆底，一般采用丁字形，当外径较大（7m以上）采用一顺一丁砌法。上下两层放射状砖缝错开 1/4 砖，环状砖缝错开 1/2 砖。水平灰缝 8～10mm；垂直灰缝内圈大于 5mm，外圈小于 12mm。基础有大放脚同墙砌筑一样。内衬和外壁同时砌筑，需要填充隔热材料时每砌 4～5 皮砖填塞一次。

（2）外壁砌筑 壁厚是一砖半的砌法是：第一皮半砖在外，整砖在里；第二皮，整砖在外，半砖在里。壁厚是两砖的砌法是：第一皮用整砖，第二皮内外用半砖，整砖在中间。筒壁砌筑每 1.25m 高检查一次垂直度和筒壁半径。每日砌筑高度不宜超过 1.8～2.4m，砌筑高度过大会

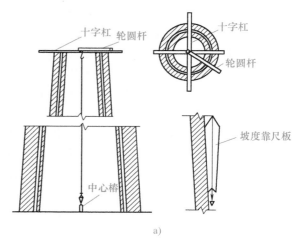

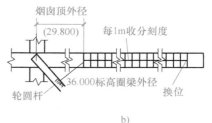

图 4-14 检查烟囱的方法和工具
a）检查烟囱的工具 b）十字框大样图

因为砂浆受压变形引起筒身偏斜。有抗震要求的烟囱配有竖向和环向钢筋。

（3）内衬砌筑 内衬不是受力结构，主要是耐火耐热。内衬一般与筒壁同时施工。内衬厚度为半砖的，采用全顺砌筑；内衬是一砖时，采用全丁砌筑。内衬材料按照设计采用，无规定时，按照下述采用：烟气温度低于 400℃，采用 MU10 烧结普通砖和 M5 水泥混合砂浆；烟气温度低于 400～500℃，采用 MU10 烧结普通砖和耐热砂浆；烟气温度高于 500℃，采用黏土质耐火砖和耐火混凝土。内衬砌筑好，在表面刷耐火泥浆或黏土浆一遍。

（4）隔热层设置 隔热层材料常用高炉水渣、矿渣棉等，放置在内衬和筒壁之间，一般厚度 80～200mm。也可以用空气做隔热层，厚度一般 50mm。为了防止隔热材料长期使用后体积压缩使内衬和筒壁产生空隙，导致筒壁局部受热产生裂纹，应沿着高度每隔 1.5～2.5m，从内衬挑出一圈砌体做防沉带，防沉带与筒壁之间留出 10mm 的温度缝。

（5）附属设备安装 附属设备包括铁爬梯、护身环、紧箍圈、休息平台、避雷针和信号灯等。爬梯采用直径 19～25mm 的圆钢，每隔 5 层砖左右埋置一节。爬梯每隔 10m 设休息板。为防止飞机撞击，需要设置信号灯平台。避雷针一般高出烟囱 1.8m，沿着爬梯埋入土中 0.5m，与接地板连接。

3. 砖窨井施工

窨井是用在排水管道的转弯、分支和跌落等处，便于检查疏通用的井（图 4-15）。有方形和圆形两种，施工工艺较简单。

砖窨井施工工艺流程：井底基础浇筑→井壁砌筑→井室砌筑→收口→安装井圈井盖→回填土。

窨井一般深度在 2m 以内，井壁为一砖厚。方井采用一顺一丁砌筑，方法砌砖墙相同。圆井采用全顶砌筑法，随时用水平尺找平，用轮圆杆找圆，收分要均匀。井底基础应与管道基同时浇筑，井底混凝土基础下应先处理垫层。砌筑前应将砖用水浸透，砌筑应满铺满挤、上下搭砌。水平缝厚度与竖向缝厚度宜为 10mm，并不得有竖向通缝；曲线段的竖向缝，其内侧宽度不应小于 5mm，外侧灰缝不应大于 13mm。有的井需要在外壁抹水泥砂浆，防止渗水。砌筑的内壁应用原浆勾缝，有抹面要求时，内壁应分层压实，外壁应用砂浆接缝严实。井内壁应设置爬梯，每 5 皮砖放一节。

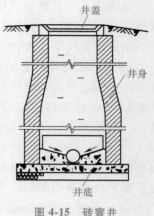

图 4-15　砖窨井

任务 2　砌块砌体施工

4.2.1　砌块墙体施工

砌块和黏土砖建筑有类似的构造，但是也有自己的特点。砌块的错缝搭接、内外墙交错搭接、钢筋网片的铺设、圈梁设置、芯柱设置等对建筑的整体刚度有较大影响。

1. 砌块材料

砌块按尺寸和质量的大小不同分为小型砌块、中型砌块和大型砌块。砌块系列中主规格的高度大于 115mm 而小于 380mm 的为小型砌块，高度 380～980mm 为中型砌块，高度大于 980mm 的为大型砌块。

砌块按孔洞设置可以分为实心砌块（空心率小于 25%）和空心砌块（空心率大于或等于 25%）。空心砌块有单排方孔、单排圆孔和多排扁孔三种形式，其中多排扁孔对保温较有利。

根据材料不同，常用的砌块有普通混凝土与装饰混凝土小型空心砌块、轻集料混凝土小型空心砌块、粉煤灰小型空心砌块、蒸压加气混凝土砌块、免蒸加气混凝土砌块（又称为环保轻质混凝土砌块）和石膏砌块。吸水率较大的砌块不能用于长期浸水、经常受干湿交替或冻融循环的建筑部位。

砌块按主要用途分承重砌块非承重砌块。

2. 组砌形式

小型砌块尺寸常见的有 190mm×190mm×390mm，辅助块为 90mm×190mm×190mm、290mm×190mm×190mm。墙厚度等于砌块的宽度。立面砌筑只有全顺砌筑一种，上下皮错缝 1/2 砖长，上下皮孔位对正。采用铺灰反砌法砌筑，组砌方式如图 4-16 所示。

3. 施工工艺

砌块墙体的施工工艺流程为：施工准备→排砖撂底→铺灰→砌筑砌块→勾缝清理。工艺要点如下。

1）普通混凝土小砌块不宜浇水；当天气炎热干燥时，可以在砌块上稍加水湿润；轻集料混凝土小砌块施工前可洒水，但不宜过多。龄期不足 28d 及潮湿的小砌块不得进行砌筑。应尽量采用主规格小砌块，小砌块的强度等级应符合设计要求，并应清除小砌块表面的污物和芯柱用小砌块孔洞底部的毛边。

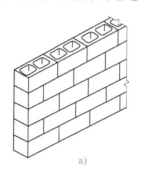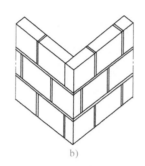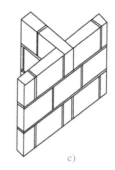

图 4-16　空心砌块墙组砌

a）墙立面组砌方式　b）转角组砌方式　c）T 形交接组砌方式

2）在房屋四角或楼梯间转角处设立皮数杆，皮数杆间距不得超过 15m。皮数杆上应画出各皮小砌块的高度及灰缝厚度。在皮数杆上相对小砌块上边线之间拉准线，小砌块依准线砌筑。

3）小砌块砌筑应从转角或定位处开始，内外墙同时砌筑，纵横墙交错搭接。外墙转角处应使小砌块隔皮露端面；T 形交接处应使横墙小砌块隔皮露端面，纵墙在交接处改砌两块辅助规格小砌块（尺寸为 290mm×190mm×190mm，一头开口，如图 4-17 所示），所有露端面用水泥砂浆抹平。

图 4-17　T 形交接处
辅助规格砌块

4）小砌块应对孔错缝搭砌。上下皮小砌块竖向灰缝相互错开 190mm，个别情况当无法对孔砌筑时，普通混凝土小砌块错缝长度不应小于 90mm，轻骨料混凝土小砌块错缝长度不应小于 120mm。当不能保证此规定时，应在水平灰缝中设置钢筋网片，钢筋网片每端均应超过该垂直灰缝，其长度不得小于 300mm。

5）小砌块砌体的灰缝应横平竖直，全部灰缝均应铺填砂浆。水平灰缝的砂浆饱满度不得低于 90%，竖向灰缝的砂浆饱满度不得低于 80%，砌筑中不得出现瞎缝、透明缝。水平灰缝厚度和竖向灰缝宽度应控制在 8～12mm。当缺少辅助规格小砌块时，砌体通缝不应超过 2 皮砌块。

6）小砌块砌体临时间断处应砌成斜槎（图 4-18a），斜槎长度不应小于斜槎高度的 2/3（一般按一步脚手架控制）。如留斜槎有困难，除外墙转角处及抗震设防地区，砌体临时间断处不应留直槎外，可从砌体面伸出 200mm 砌成阴阳槎（图 4-18b），

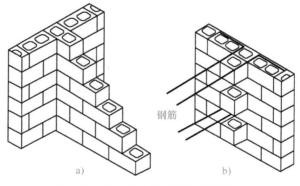

图 4-18　小砌块砌体斜槎和阴阳槎

a）斜槎　b）阴阳槎

并沿砌体高每 3 皮砌块（600mm）设拉结钢筋或钢筋网片，接槎部位宜延至门窗洞口。

7）承重砌体严禁使用断裂小砌块或壁肋中有竖向凹形裂缝的小砌块砌筑，也不得采用小砌块与烧结普通砖等其他块体材料混合砌筑。

8）小砌块砌体内不宜设置脚手眼，如必须设置时，可用辅助规格 190mm×190mm×190mm 小砌块侧砌，利用孔洞作脚手眼，砌体完工后用 C15 混凝土填实，但在砌体下列部位不得设置脚手眼：①过梁上部，与过梁成 60°角的三角形及过梁跨度 1/2 范围内；②宽度不大于 800mm 的窗间墙；③梁和梁垫下及左右各 500mm 的范围内；④门窗洞口两侧 200mm 内和砌体交接处 400mm 的范围内；⑤设计规定不允许设脚手眼的部位。

9）小砌块砌体相邻工作段的高度差不得大于一个楼层高度或 4m。常温条件下，普通混凝土小砌块的日砌筑高度应控制在 1.8m 内；轻骨料混凝土小砌块的日砌筑高度应控制在 2.4m 内。对砌体表面的平整度和垂直度，灰缝的厚度和砂浆饱满度应随时检查，校正偏差。在砌完每一楼层后，应校核砌体的轴线和高度；允许范围内的轴线及标高的偏差，可在楼板面上予以校正。

4.2.2　芯柱施工

混凝土芯柱是设置在小砌块墙体转角处和交接处，孔洞中浇筑混凝土形成上下贯通的小柱（图 4-19）。在孔洞中不配置钢筋仅仅灌注混凝土的，称为素混凝土芯柱；在孔洞中插入钢筋后浇筑混凝土的，称为钢筋混凝土芯柱。芯柱能增强房屋的整体性和延性，提高抗震性能和防倒塌能力。

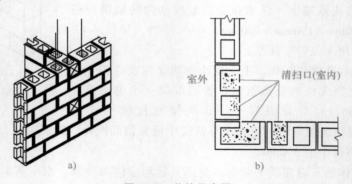

图 4-19　芯柱示意图

a）T 形芯柱接头　b）L 形芯柱接头第一皮砌块排列平面图

1. 设置位置

1）外墙转角、楼梯间四角的纵横墙交接处的三个孔洞，宜设置素混凝土芯柱。

2）五层及以上的房屋，上述部位设置钢筋混凝土芯柱。

2. 构造要求

1）芯柱截面大于 120mm×120mm，混凝土强度等级不低于 C20。

2）钢筋混凝土芯柱每孔竖向插筋不少 1 根，直径 10mm，底部伸入地下 500mm，或与基础梁锚固，顶部与屋盖梁锚固。

3）钢筋混凝土芯柱，每隔 600mm 应设置直径 4mm 钢筋片拉结，每边伸入墙体不小于 600mm（图 4-20）。

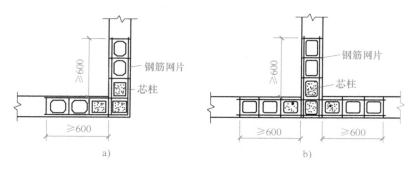

图 4-20　芯柱拉筋构造

a）转角处拉筋　b）交接处拉筋

4）芯柱应该沿房屋的全高贯通，并与各层圈梁整体现浇，可以采用图 4-21 所示的做法。

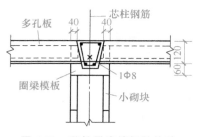

图 4-21　芯柱贯穿楼板的构造

任务 3　配筋砌体施工

在结构中配置钢筋的砌体，以及砌体和钢筋砂浆或钢筋混凝土组合成的整体，可统称为配筋砌体。

4.3.1　面层和砖组合砌体施工

1. 构造要求

面层和砖组合砌体有组合砖柱、组合砖壁柱、组合砖墙（图 4-22），其由烧结普通砖砌体、混凝土或砂浆面层以及钢筋等组成。

烧结普通砖砌体，砖的强度等级不宜低于 MU10。混凝土面层，所用混凝土强度等级宜采用 C20，厚度应大于 45mm。砂浆面层所用水泥砂浆强度等级不得低于 M7.5，厚度为 30~45mm。竖向受力钢筋宜采用 HPB300 级钢筋，对于混凝土面层，亦可采用 HRB335 级钢筋。受力钢筋的直径不应小于 8mm，钢筋的净间距不应小于 30mm。受拉钢筋的配筋率，不应小于 0.1%。受压钢筋一侧的配筋率，对砂浆面层，不宜小于 0.1%；对混凝土面层，不宜小于 0.2%。箍筋的直径，不宜小于 4mm 及 0.2 倍的受压钢筋直径，并不宜大于 6mm。箍筋的间距，不应大于 20 倍受压钢筋的直径及 500mm，并不应小于 120mm。

当组合砖砌体一侧受力钢筋多于 4 根时，应设置附加箍筋或拉结钢筋。对于组合砖墙，

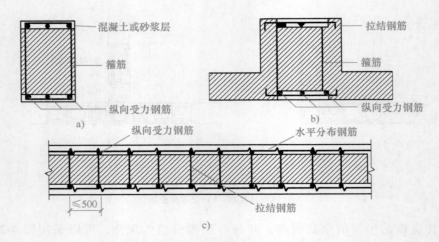

图 4-22　面层和砖组合砌体

a）组合砖柱　b）组合砖壁柱　c）组合砖墙

应采用穿通墙体的拉结钢筋作为箍筋，同时设置水平分布钢筋。水平分布钢筋竖向间距及拉结钢筋的水平间距，均不应大于 500mm。

2. 施工工艺

组合砖砌体应按下列顺序施工。

1）砌筑砖砌体，同时按照箍筋或拉结钢筋的竖向间距，在水平灰缝中布置箍筋或拉结钢筋。

2）绑扎钢筋。将纵向受力钢筋与箍筋绑牢（在组合砖墙中，将纵向受力钢筋与拉结钢筋绑牢），将水平分布钢筋与纵向受力钢筋绑牢。

3）在面层部分的外围分段支设模板，每段支模高度宜在 500mm 以内。浇水润湿模板及砖砌体面，分层浇灌混凝土或砂浆，并用振动棒捣实。

4）待面层混凝土或砂浆的强度达到其设计强度的 30% 以上时拆除模板，如有缺陷应及时修整。

4.3.2　构造柱和砖组合砌体施工

1. 构造要求

构造柱和砖组合砌体仅有组合砖墙（图 4-23），其由钢筋混凝土构造柱、烧结普通砖墙以及拉结钢筋等组成。

构造柱和砖组合墙的房屋，应在纵横墙交接处、墙端部和较大洞口的洞边设置构造柱，其间距不宜大于 4m。各层洞口宜设置在对应位置，并宜上下对齐。构造柱

图 4-23　构造柱和砖组合墙

和砖组合墙的房屋，应在基础顶面、有组合墙的楼层处设置现浇钢筋混凝土圈梁，圈梁的截面高度不宜小于 240mm。

钢筋混凝土构造柱的截面尺寸不宜小于 240mm×240mm，其厚度不应小于墙厚，边柱、角柱的截面宽度宜适当加大。钢筋一般采用 HPB300 级钢筋。构造柱内竖向受力钢筋，对于

中柱不宜少于 4Φ12；对于边柱、角柱，不宜少于 4Φ14。构造柱的竖向受力钢筋的直径也不宜大于 16mm。构造柱的箍筋，一般部位宜采用Φ6@200，楼层上下 500mm 范围内宜采用Φ6@100。构造柱的竖向受力钢筋应在基础梁和楼层圈梁中锚固，并应符合受拉钢筋的锚固要求。构造柱的混凝土强度等级不宜低于 C20。烧结普通砖墙，所用砖的强度等级不应低于 MU10，砌筑砂浆的强度等级不应低于 M5。砖墙与构造柱的连接处应砌成阴阳槎，每一个阴阳槎的高度不宜超过 300mm，并应沿墙高每隔 500mm 设置 2Φ6 拉结钢筋，拉结钢筋每边伸入墙内不宜小于 600mm（图 4-24）。

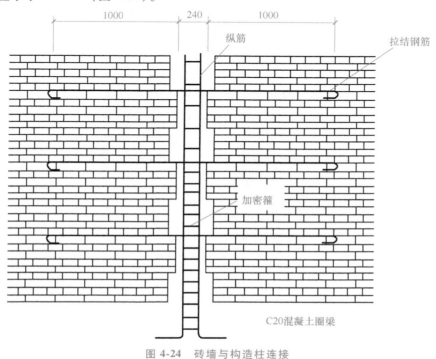

图 4-24　砖墙与构造柱连接

2. 施工工艺

构造柱和砖组合墙的施工顺序应为先砌墙后浇混凝土构造柱。构造柱施工工艺流程为：绑扎钢筋→砌砖墙→支模板→浇混凝土→拆模。

3. 施工要点

1）构造柱的模板可用木模板或组合钢模板。在每层砖墙及阴阳槎砌好后，应立即支设模板。模板必须与所在墙的两侧严密贴紧，支撑牢靠，防止模板缝漏浆。

2）构造柱的底部（圈梁面上）应留出 2 皮砖高的孔洞，以便清除模板内的杂物，清除后封闭。构造柱浇灌混凝土前，必须将阴阳槎部位和模板浇水湿润，将模板内的落地灰、砖碴等杂物清理干净，并在结合面处注入适量与构造柱混凝土相同的去石水泥砂浆。

3）构造柱的混凝土坍落度宜为 50～70mm，石子粒径不宜大于 20mm。混凝土随拌随用，拌和好的混凝土应在 1.5h 内浇灌完。构造柱的混凝土浇灌可以分段进行，每段高度不宜大于 2.0m。在施工条件较好并能确保混凝土浇灌密实时，亦可每层一次浇灌。

4）捣实构造柱混凝土时，宜用插入式混凝土振动器。应分层振捣，振动棒随振随拔，每次振捣层的厚度不应超过振捣棒长度的 1.25 倍。振捣棒应避免直接碰触砖墙，严禁通过砖墙传振。钢筋的混凝土保护层厚度宜为 20~30mm。

5）构造柱与砖墙连接的阴阳槎内的混凝土必须密实饱满。构造柱从基础到顶层必须垂直，对准轴线。在逐层安装模板前，必须根据构造柱轴线随时校正竖向钢筋的位置和垂直度。

4.3.3 网状配筋砖砌体施工

1. 构造要求

网状配筋砖砌体有配筋砖柱、砖墙，即在烧结普通砖砌体的水平灰缝中配置钢筋网（图 4-25）。网状配筋砖砌体，所用烧结普通砖强度等级不应低于 MU10，砂浆强度等级不应低于 M7.5，钢筋网可采用方格网或连弯网。方格网的钢筋直径宜采用 3~4mm，连弯网的钢筋直径不应大于 8mm。钢筋网中钢筋的间距，应不大于 120mm，且不小于 30mm。钢筋网在砖砌体中的竖向间距，应不大于 5 皮砖高，且不大于 400mm。当采用连弯网时，网的钢筋方向应互相垂直，沿砖砌体高度交错设置，钢筋网的竖向间距取同一方向网的间距。设置钢筋网的水平灰缝厚度，应保证钢筋上下至少各有 2mm 厚的砂浆层。

2. 施工工艺

钢筋网应按设计规定制作成型，砖砌体部分用常规方法砌筑。在配置钢筋网的水平灰缝中，应先铺一半厚的砂浆层，放入钢筋网后再铺一半厚砂浆层，使钢筋网居于砂浆层厚度中间。钢筋网四周应有砂浆保护层。

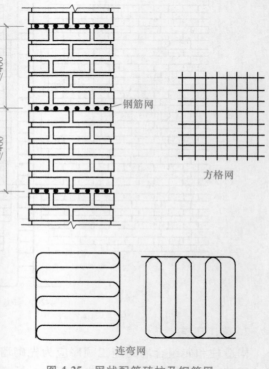

图 4-25 网状配筋砖柱及钢筋网

配置钢筋网的水平灰缝厚度：当用方格网时，水平灰缝厚度为 2 倍钢筋直径加 4mm；当用连弯网时，水平灰缝厚度为钢筋直径加 4mm。确保钢筋上下各有 2mm 厚的砂浆保护层。

网状配筋砖砌体外表面宜用 1∶1 水泥砂浆勾缝或进行抹灰。

4.3.4 配筋砌块砌体施工

1. 构造要求

配筋砌块砌体有配筋砌块剪力墙、配筋砌块柱。

（1）配筋砌块剪力墙　所用砌块强度等级不应低于 MU10，砌筑砂浆强度等级不应低于 M7.5，灌孔混凝土强度等级不应低于 C20。配筋砌体剪力墙的构造配筋应符合下列规定。

1）应在墙的转角、端部和孔洞的两侧配置竖向连续的钢筋，钢筋直径不宜小于 12mm。

2）应在洞口的底部和顶部设置不小于 $2\Phi10$ 的水平钢筋，其伸入墙内的长度不宜小于 35d 和 400mm（d 为钢筋直径）。

3）应在楼（屋）盖的所有纵横墙处设置现浇钢筋混凝土圈梁，圈梁的宽度和高度宜等于墙厚和砌块高，圈梁主筋不应少于 $4\Phi10$，圈梁的混凝土强度等级不宜低于同层混凝土砌块强度等级的 2 倍，或该层灌孔混凝土的强度等级，也不应低于 C20。

4）剪力墙其他部位的竖向和水平钢筋的间距不应大于墙长、墙高的一半，且不大于 1200mm。对局部灌孔的砌块砌体，竖向钢筋的间距不应大于 600mm。

5）剪力墙沿竖向和水平方向的构造配筋率均不宜小于 0.07%。

（2）配筋砌块柱　所用材料的强度要求同配筋砌块剪力墙。配筋砌块柱截面边长不宜小于 400mm，柱高度与柱截面短边之比不宜大于 30。配筋砌块柱的构造配筋如图 4-26 所示，应符合下列规定：

1）柱的纵向钢筋。直径不宜小于 12mm，数量不少于 4 根，全部纵向受力钢筋的配筋率不宜小于 0.2%。

2）箍筋。设置应根据下列情况确定。

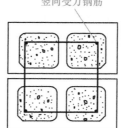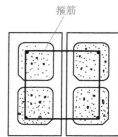

竖向受力钢筋　　　　箍筋

图 4-26　配筋砌块柱的构造配筋

① 当纵向受力钢筋的配筋率大于 0.25%，且柱承受的轴向力大于受压承载力设计值的 25% 时，柱应设箍筋；当配筋率小于 0.25% 时，或柱承受的轴向力小于受压承载力设计值的 25% 时，柱中可不设置箍筋。

② 箍筋直径不宜小于 6mm。

③ 箍筋的间距不应大于 16 倍的纵向钢筋直径、48 倍箍筋直径及柱截面短边尺寸中较小者。

④ 箍筋应做成封闭状，端部应有弯钩。

⑤ 箍筋应设置在水平灰缝或灌孔混凝土中。

2. 施工工艺

配筋砌块砌体施工前，应按设计要求，将所配置钢筋加工成型。砌块的砌筑应与钢筋设置互相配合，且应采用专用的小砌块砌筑砂浆和专用的小砌块灌孔混凝土。钢筋的设置应注意以下几点。

（1）钢筋的接头　钢筋直径大于 22mm 时宜采用机械连接接头，其他直径的钢筋可采用搭接接头，并应符合下列要求。

1）钢筋的接头位置宜设置在受力较小处。

2）受拉钢筋的搭接接头长度不应小于 $1.1l_a$，受压钢筋的搭接接头长度不应小于 $0.7l_a$（l_a 为钢筋锚固长度），但不应小于 300mm。

3）当相邻接头钢筋的间距不大于 75mm 时，其搭接长度应为 $1.2l_a$。当钢筋间的接头错开 20d 时（d 为钢筋直径），搭接长度可不增加。

（2）水平受力钢筋（网片）的锚固和搭接长度

1）在凹槽砌块混凝土带中，钢筋的锚固长度不宜小于 30d，且其水平或垂直弯折段的长度不宜小于 15d 和 200mm，搭接长度不宜小于 35d。

2）在砌体水平灰缝中，钢筋的锚固长度不宜小于 50d，且其水平或垂直弯折段的长度不宜小于 20d 和 150mm，搭接长度不宜小于 55d。

3）在隔皮或错缝搭接的灰缝中，钢筋的搭接长度为 50d+2h（d 为灰缝受力钢筋直径，h 为水平灰缝的间距）。

（3）钢筋的最小保护层厚度

1）灰缝中钢筋外露砂浆保护层不宜小于 15mm。

2）位于砌块孔槽中的钢筋保护层，在室内正常环境不宜小于 20mm；在室外或潮湿环境中不宜小于 30mm。

3）对安全等级为一级或设计使用年限大于 50 年的配筋砌体，钢筋保护层厚度应比上述规定至少增加 5mm。

（4）钢筋的弯钩　钢筋骨架中的受力光面钢筋，应在钢筋末端作弯钩，在焊接骨架、焊接网以及受压构件中，可不作弯钩；绑扎骨架中的受力变形钢筋，在钢筋的末端可不作弯钩。弯钩应为 180°。

（5）钢筋的间距

1）两平行钢筋间的净距不应小于 25mm。

2）柱和壁柱中的竖向钢筋的净距不宜小于 40mm（包括接头处钢筋间的净距）。

同步测试

一、填空题

1. 砌筑砂浆的种类包括_____、_____和_____。

2. 砖基础一般砌成阶梯形称为"大放脚"，有_____和_____两种。

3. 砌砖墙时，砌缝的搭接长度宜为_____、水平灰缝为_____。留槎时接槎方式有_____、_____两种。

4. 砖砌体组砌要求是_____和_____。

5. 普通砖墙的组砌形式有_____、_____、_____等。

二、单项选择题

1. 砖砌体全丁砌法，全部采用丁砖砌筑，每皮砖上下搭接（　　）砖长，适合圆形烟囱和窖井的砌筑。

A. 1/2　　　　　　B. 1/3　　　　　　C.1/4　　　　　　D.1/5

2. 砌砖墙时，与构造柱连接处砌成阴阳槎，阴阳槎处砌实心砖。每一个阴阳槎沿高度方向的尺寸不宜超过（　　）mm。

A. 200　　　　　　B. 300　　　　　　C. 400　　　　　　D. 500

3. 砖柱水平灰缝厚度和竖向灰缝宽度一般为 10mm，水平灰缝的砂浆饱满度不低于（　　），竖缝也要求砂浆饱满。

A. 50%　　　　　　B. 60%　　　　　　C.70%　　　　　　D. 80%

4. 烟囱是工业生产中排除烟气的构筑物，烟囱还能增强拔风能力。（　　）m 以上的烟囱多采用混凝土浇筑。

A. 50　　　　　　B. 60　　　　　　C. 70　　　　　　D. 80

5. 组合砖砌体在面层部分的外围分段支设模板，每段支模高度宜在（　　　）mm 以内，浇水润湿模板及砖砌体面，分层浇灌混凝土或砂浆，并用振动棒捣实。

A. 500　　　　　　B. 600　　　　　　C. 700　　　　　　D. 800

三、简答题

1. 构造柱与墙体应如何连接？

2. 混凝土芯柱有什么作用？在什么位置设置芯柱？

四、思考题

党的二十大报告提出"提升环境基础设施建设水平，推进城乡人居环境整治。"请结合本单元学习内容，谈谈砌体材料在制造和生产加工中会产生哪些污染？如何防治？

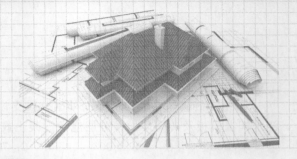

单元5

钢筋混凝土工程

作为土木工程建筑中的主角之一的钢筋混凝土是一种复合材料，中国最早应用钢筋混凝土技术是在 20 世纪初，最开始使用的城市是上海和广州。南方大厦是广州第一座钢筋混凝土结构的高层楼房，1918 年动工，1922 年建成，1954 年重修加固，一直沿用至今。

钢筋混凝土具有抗压强度高、耐火、耐久等特性，维护成本非常低，其施工属于劳动密集型作业。然而，钢筋混凝土工程施工时易受季节影响，受雨天约束，并且施工周期长，对周边环境有影响。

在碳达峰、碳中和的"双碳"背景下，中国建筑业正逐步加快绿色建筑的发展步伐。绿色建筑是指在全寿命期内保持低能耗、对环境友好并且健康宜居的高品质建筑，推进建筑业绿色低碳转型势必要借助先进的建造技术。例如装配式混凝土建筑能减少脚手架用量，提高建造效率，在节能、节材、节地等方面具有优势。为推进美丽中国建设，我们需要构建装配式建筑标准化设计和生产体系，推动生产和施工智能化升级，扩大标准化构件和部品部件的使用规模，提高装配式建筑的综合效益；同时，完善适用于不同建筑类型的装配式混凝土建筑结构体系，加大高性能混凝土、高强度钢筋和消能减震、预应力技术的集成应用。

知识目标：

- 了解模板和钢筋的种类与特点。
- 掌握钢筋混凝土工程主控项目质量检查标准。
- 熟悉混凝土配合比的换算。
- 掌握混凝土的施工工序。

能力目标：

- 能够进行模板安装的技术交底。
- 能够进行钢筋下料。
- 能够进行混凝土配合比计算。
- 能够对混凝土施工进行技术交底。

素养目标：

- 培养学生团队协作的意识。

● 培养学生高质量发展的意识。

● 培养学生创新思维。

任务 1 模板工程施工

5.1.1 模板的作用与要求

1. 模板的作用

模板是使混凝土按设计的形状、尺寸、位置成型的模型板。模板系统包括了模板、支撑和紧固件。

2. 模板的基本要求

1）要保证结构和构件的形状、尺寸、位置的准确。

2）具有足够的强度、刚度和稳定性。

3）构造简单，装拆方便，能多次周转使用。

4）板面平整，接缝严密。

5）选材合理，用料经济。

5.1.2 模板的分类

1. 木模板

（1）基础模板　基础模板没有底模，只有侧模。如土质良好，阶梯形基础模板的最下一级可不用模板而进行原槽浇筑。

（2）柱子模板　由两块内拼板夹在两块外拼板之间拼成。柱模板底部开有清理孔，沿高度每隔约 2m 开有浇注孔。柱底一般有一钉在底部混凝土上的木框，用以固定柱模板的位置。为承受混凝土侧压力，拼板外要设柱箍；其间距与混凝土侧压力、拼板厚度有关，因而柱模板下部柱箍较密。模板顶部根据需要可开有与梁模板连接的缺口。

（3）梁、楼板模板　梁、楼板模板由底模板和侧模板组成，如图 5-1 所示。

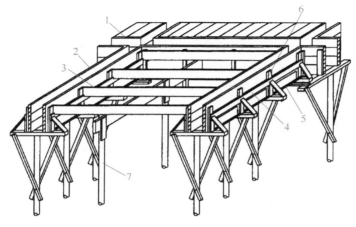

图 5-1　梁及楼板模板

1—楼板模板　2—梁侧模板　3—搁栅　4—横楞　5—夹条　6—小肋　7—支撑

2. 组合钢模板

定型组合钢模板是一种工具式定型模板，由钢模板和配件组成　配件包括连接件和支承件。常用的钢模板有阴角模板、阳角模板、连接角模、平面模板。

（1）阴角模板　用于墙体和各种构件的内角及凹角部位，如图5-2所示。

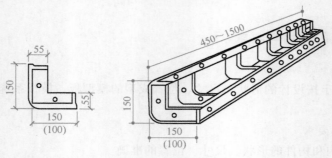

图 5-2　阴角模板

（2）阳角模板　用于墙体，梁、柱等构件的外角和凸角的转角部位，如图5-3所示。

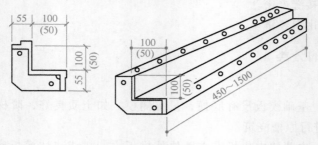

图 5-3　阳角模板

（3）连接角模　用于墙体，梁、柱等构件的外角和凸角转角部位，如图5-4所示。

（4）平面模板　用于基础、墙体，梁、柱和板等各种构件的平面部位，如图5-5所示。

钢模板采用模数制设计。宽度模数以50mm进级，共有100mm、150mm、200mm、250mm、300mm、350mm、400mm、450mm、500mm、550mm、600mm十一种常用规格。长度模数在900mm以下时为150mm进级，在900mm以上时为300mm进级，共有450mm、

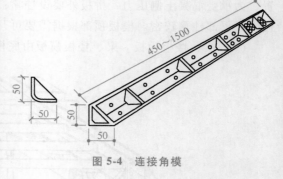

图 5-4　连接角模

600mm、750mm、900mm、1200mm、1500mm、1800mm七种常用规格。

5.1.3　模板的构造与安装

1. 基础模板

基础模板的特点是体积大，高度小。基础一般来说高度不高，但体积较大，当土质良好时，可以不用侧模，采取原槽浇筑，这样比较经济，但有时也需要支模。

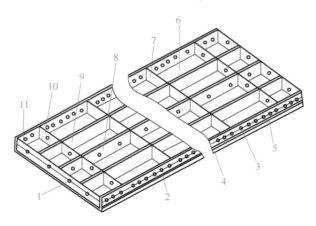

图 5-5　平面模板

1—销孔　2—U 形卡孔　3—凸鼓　4—凸楞　5—边肋　6—主板
7—无孔横肋　8—有孔纵肋　9—无孔纵肋　10—有孔横肋　11—端肋

（1）阶梯基础模板（图 5-6）　每一台阶模板由四块侧板拼钉而成，其中两块侧板的尺寸与相应的台阶侧面尺寸相等；另两块侧板长度应比相应的台阶侧面长度大 150～200mm，高度与其相等。四块侧板用木档拼成方框。上台阶模板通过轿杠木，支撑在下台阶上下台阶模板的四周要设斜撑及平撑，斜撑和平撑一端钉在侧板的木档（排骨档）上，另一端顶紧在木桩上。上台阶模板的四周也要用斜撑和平撑支撑，斜撑和平撑的一端钉在上台阶侧板的木档上，另一端可钉在下台阶侧板的木档顶上。

模板安装时，先在侧板内侧划出中线，在基坑底弹出基础中线；把各台阶侧板拼成方框；然后把下台阶模板放在基坑底，两者中线互相对准，并用水平尺校正其标高；最后在模板周围钉上木桩。上台阶模板放在下台阶模板上的安装方法相同。

（2）杯形基础模板（图 5-7）　构造与阶形基础相似，只是在杯口位置要装设杯芯模。杯芯模两侧钉上轿杠木，以便其搁置在上台阶模板上。如果下台阶顶面带有坡度，应在上台阶模板的两侧钉上轿杠木，轿杠木端头下方加钉托木，以便其搁置在下台阶模板上。近旁有基坑壁时，可贴基坑壁设垫木，用斜撑和平撑支撑侧板木档。

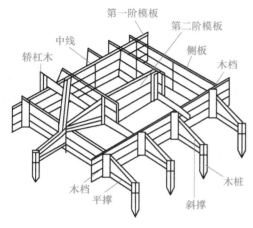

图 5-6　阶梯独立基础模板

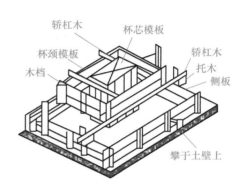

图 5-7　杯形独立基础模板

杯芯模有整体式和装配式两种（图5-8）。整体式杯芯模是用木板和木档根据杯口尺寸钉成的一个整体，如图5-8a所示，可在芯模的上口设吊环，或在底部的对角十字档穿设8号镀锌钢丝，以便于芯模脱模。装配式芯模是由四个角模组成，如图5-8b所示，每侧设抽芯板，拆模时抽去抽芯板即可脱模。

杯芯模的上口宽度要比柱脚宽度大100～150mm，下口宽度要比柱脚宽度大40～60mm，杯芯模的高度（轿杠木底到下口）应比柱子插入基础杯口中的深度大20～30mm，以便安装柱子时校正柱列轴线及调整柱底标高。

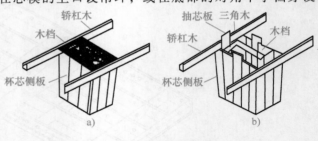

图5-8　杯芯模
a）整体式　b）装配式

杯芯模一般不装底板，这样浇筑杯口底处混凝土比较方便，也易于振捣密实。

2. 墙模板

混凝土墙体的模板（图5-9）主要由侧板、立档、牵杠、斜撑等组成。侧板可以采用长条板横拼，预先与立档钉成大块板，板块的高度宜不超过1.2m。牵杠（横档）钉在立档外侧，从底部开始每隔1.0～1.5m一道。在牵杠与木桩之间支斜撑和平撑，如木桩间距大于斜撑间距时，应沿木桩设通长的落地牵杠，斜撑与平撑紧顶在落地牵杠上。当坑壁较近时，可在坑壁上立垫木，在牵杠与垫木之间用平撑支撑。

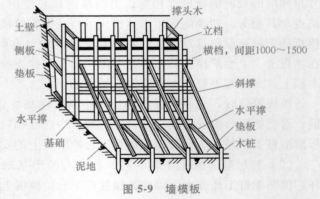

图5-9　墙模板

墙模板安装时，根据边线先立一侧模板，临时用支撑撑住，用线锤校正模板的垂直，然后钉牵杠，再用斜撑和平撑固定。大块侧模组拼时，上下竖向拼缝要互相错开，先立两端，后立中间部分。待钢筋绑扎后，按同样方法安装另一侧模板及斜撑等。

为了保证墙体的厚度正确，在两侧模板间可用小方木撑头（小方木长度等于墙厚），小方木要随着浇筑混凝土逐个取出。为了防止浇筑混凝土的墙身鼓胀，可用8～10号镀锌钢丝或直径12～16mm螺栓拉结两侧模板，间距不大于1m（螺栓要纵横排列，并在混凝土凝结前经常转动，以便在凝结后取出）；如墙体不高，厚度不大，亦可在两侧模板上口钉上搭头木。

3. 柱模板

柱子的特点是断面尺寸不大而高度较大，因此，柱模主要解决柱子的垂直度问题。柱模在施工时应考虑侧向稳定及抵抗混凝土的侧压力的问题，同时也应考虑方便灌筑混凝土、清理垃圾与钢筋工配合等问题。图5-10所示为常见的一种柱模，它的两块内拼板夹在两块外拼板之间。为保证模板在混凝土侧压力作用下不变形，拼板外面设木制、钢木制或钢制的柱箍。柱箍的间距与混凝土侧压力大小及拼板厚度有关，侧压力越向下越大，因此越靠近模板底端，柱箍就越多，越向顶端，柱箍就越少。如柱子断面较大，一般在柱子四周的拼条后面还加有背枋。拼板上端应根据实际情况开有与梁模板连接的缺口，底部开有清理模板内垃圾的清理孔，沿高度每隔约 2m 开有灌注口（也是振捣口）。在模板的四角为防止柱面棱角易于碰损，可钉三角木条。柱底一般有个木框，用以固定柱子的水平位置。

为了节约木材，还可将两块外拼板全部用短横板，如图 5-11 所示，其中一个面上的短板有些可以先不钉死，灌注混凝土时，临时拆开作为灌注口，浇灌振捣后钉回。当设置柱箍时，短横板外面要设竖向拼条，以便箍紧。

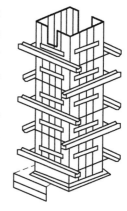

图 5-10　柱模板

在安装柱模板前，应先绑扎好钢筋，测出标高标在钢筋上，同时在已浇筑的地面、基础顶面或楼面上固定好柱模底部的木框，在预制的拼板上弹出中心线。根据柱边线及木框立模板并用临时斜撑固定，然后由顶部用锤球校正，使其垂直。检查无误，即用斜撑钉牢固定。同在一条直线上的柱，应先校两头的柱模，再在柱模上口中心线拉一钢丝来校正中间的柱模。柱模之间，还要用水平撑及剪刀撑相互牵搭住。

4. 梁模板

梁的特点是跨度较大而宽度一般不大，其下面一般是架空的，因此，混凝土对梁模板既有横向侧压力又有垂直压力，梁模板及其支架系统要能承受这些荷载而不致发生超过规范允许的过大变形。如梁的跨度大于或等于 4m，应使梁横中部略为起拱，防止由于浇筑混凝土后跨中梁底下垂。如设计无规定，起拱高度宜为全跨长度的 $0.1\% \sim 0.3\%$。

5. 楼板模板

楼板的特点是面积大而厚度一般不大，因此，楼板所受的横向侧压力很小，楼板模板及其支架系统主要用于抵抗混凝土的垂直荷载和其他施工荷载，保证楼板不变形下垂。

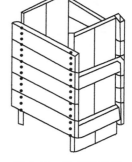

图 5-11　短板柱模板

楼板模板的安装顺序：在主次梁模板安装完毕后，首先安托板，然后安楞木，铺定型模板。铺好后核对楼板标高、预留孔洞及预埋件等的部位和尺寸。

5.1.4　模板拆除

1. 拆模强度

模板及其支架拆除应按施工技术方案执行。模板拆除时混凝土强度以同条件养护混凝土试件的抗压强度为判定依据。拆除模板时间与混凝土养护温度、水泥品种、混凝土强度等级有关。模板及其支架拆除时，混凝土的抗压强度应符合设计要求，当设计无具体要求时，应符合下列规定。

模板的安装与拆除

（1）侧模　应在混凝土强度能保证其表面及棱角不因拆除模板而受损坏时方可拆除。

（2）底模　当设计无具体要求时，不同类型构件、不同跨度构件的混凝土强度必须达到表 5-1 中的规定后，方可拆除。

表 5-1　底模拆除时混凝土强度规定

构件类型	构件跨度/m	混凝土设计强度标准值的百分率(%)
板	≤2	≥50
	>2、≤8	≥75
	>8	≥100
梁、拱、壳	≤8	≥75
	>8	≥100
悬臂构件	—	≥100

2. 拆模注意事项

拆模一般遵循"先支后拆，后支先拆"的原则，先拆除非承重部分，后拆除承重部分。对于框架模板，一般是：拆柱模→拆楼板模→拆梁侧模→拆梁底模。

任务2　钢筋工程施工

认识钢筋工程

5.2.1　钢筋分类

主体结构用的普通钢筋，可分为两大类：热轧钢筋和冷加工钢筋（冷轧带肋钢筋、冷轧扭钢筋、冷拔螺旋钢筋）。冷拉钢筋与冷拔低碳钢丝已逐渐淘汰。余热处理钢筋属于热轧钢筋一类。热轧钢筋的强度等级按照屈服强度标准值分为：HPB300，屈服强度标准值为300MPa，最大力下总伸长率不小于10%；HRB335，屈服强度标准值为335MPa，最大力下总伸长率不小于17%。

《混凝土结构设计规范》（GB 50010—2010）规定：普通钢筋宜采用热轧带肋钢筋HRB400级和HRB335，也可采用热轧光圆钢筋HPB300和余热处理钢筋RRB400级；并提倡用HRB400级钢筋作为我国钢筋混凝土结构的主导钢筋。

5.2.2　钢筋检验

热轧钢筋进场时，应按批进行检查和验收。每批由同一牌号、同一炉罐号、同一规格的钢筋组成，质量不大于60t。允许由同一牌号、同一冶炼方法、同一浇注方法的不同炉罐号组成混合批，但各炉罐号碳的质量分数之差不得大于0.02%，锰的质量分数之差不大于0.15%。

1. 外观检查

从每批钢筋中抽取5%进行外观检查。钢筋表面不得有裂纹、结疤和折叠。钢筋表面允许有凸块，但不得超过横肋的高度，钢筋表面上其他缺陷的深度和高度不得大于所在部位尺寸的允许偏差。

2. 抽样检验

从每批钢筋中任选两根钢筋，每根取两个试件分别进行拉伸试验（包括屈服点、抗拉强度和伸长率）和冷弯试验。

对热轧钢筋的质量有疑问或类别不明时，在使用前应作拉伸和冷弯试验。根据试验结果确定钢筋的类别后，才允许使用。抽样数量应根据实际情况确定。这种钢筋不宜用于主要承重结构的重要部位。

5.2.3 钢筋加工

1. 钢筋冷拉

钢筋的冷拉就是在常温下拉伸钢筋，使钢筋的应力超过屈服点，钢筋产生塑性变形，强度提高。

对于普通钢筋混凝土结构的钢筋，冷拉仅是调直、除锈的手段（拉伸过程中钢筋表面锈皮会脱落），与钢筋的力学性能没什么关系。当采用冷拉方法调直钢筋时，冷拉率 HPB300 级钢筋不宜大于 4%，HRB335、HRB400 级钢筋不宜大于 1%。冷拉的另一个目的是提高强度，但在冷拉过程中，也同时完成了调直、除锈工作，此时钢筋的冷拉率 4% ~ 10%，强度可提高 30% 左右，主要用于预应力筋。

2. 钢筋冷拔

钢筋冷拔是将直径 6 ~ 8mm 的 HPB300 级光面钢筋在常温下强力拉拔使其通过特制的钨合金拔丝模孔，钢筋轴向被拉伸，径向被压缩，钢筋产生较大的塑性变形，其抗拉强度提高 50% ~ 90%，塑性降低，硬度提高。经过多次强力拉拔的钢筋，称为冷拔低碳钢丝。甲级冷拔钢丝主要用于中、小型预应力构件中的预应力筋；乙级冷拔钢丝可用于焊接网、焊接骨架，或用作构造钢筋等。

3. 钢筋的调直

施工中，钢筋调直的方法分为人工调直和机械调直两大类。

（1）人工调直 对于钢筋调直工程量较小，在临时性工地加工钢筋的条件下，常采用人工调直钢筋。

1）细钢筋调直。直径在 10mm 以下的盘圆 HPB300 级钢筋，称为细钢筋。细钢筋可采用手绞车调直（图 5-12）。

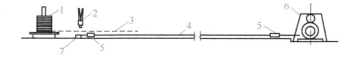

图 5-12 手绞车调直

1—盘条架 2—断线钳 3—开盘钢筋 4—调直钢筋 5—钢筋夹 6—卷扬机 7—地锚

2）粗钢筋调直。直径在 10mm 以上的钢筋，称为粗钢筋。由于粗钢筋直径较大，但弯曲平缓，所以一般采用人工在工作台上调直的办法。

（2）机械调直 当钢筋调直工作量较大时，只有使用钢筋调直机进行调直，才能尽快地完成钢筋调直任务，满足施工需要。

4. 钢筋的切断

钢筋经过除锈、调直后，可按钢筋的下料长度进行切断。钢筋的切断方法分为人工切断和机械切断两种。

（1）人工切断 采用断线钳、手压切断机切断钢筋。

（2）机械切断 较人工切断钢筋速度快、切断量大，目前常用的钢筋切断机械有钢筋切断机、手动液压切断器。

5. 钢筋的除锈

（1）手工除锈 常用的手工除锈方法有钢丝刷除锈法和砂盘除锈法两种。

（2）机械除锈 方法较多，但目前常采用的方法有以下几种。

1）电动除锈机除锈法。利用小功率电动机带动圆盘钢丝刷对钢筋进行除锈处理，对钢筋的局部除锈较为方便。

2）喷砂法除锈。主要设备有空压机、贮砂罐、喷砂管、喷头等，利用空气压缩机产生的高强气流带动高压砂流除锈。这种方法除锈效果较好，适用于大量的钢筋除锈。

3）调直法除锈。钢筋调直的同时来清除干净钢筋上的铁锈，对大量钢筋的除锈较为经济省力。

4）化学法除锈。一般采用酸洗除锈。其做法是用硫酸或盐酸配制酸洗液，将钢筋在酸液中浸洗 10~30min，再取出放入碱性溶液中中和钢筋表面的酸液，最后用清水反复冲洗晾干，并进行下道工序，以防再氧化生锈。

无论采用哪种方法，在除锈过程中发现钢筋表面的氧化铁皮鳞落现象严重并已损伤钢筋截面，或在除锈后钢筋表面有严重的麻坑、斑点伤蚀截面时，应降级使用或剔出不用。

6. 钢筋的弯曲成型

弯曲成型是将已经调直、切断、配制好的钢筋按照配料表中的简图和尺寸，加工成规定的形状。其工艺流程是：画线→试弯→弯曲成型。

（1）钢筋弯钩和弯折的有关规定

1）受力钢筋。

① HPB300 级钢筋末端应做 180°弯钩，其弯弧内直径不应小于钢筋直径的 2.5 倍，弯钩的弯后平直部分长度不应小于钢筋直径的 3 倍。

② 335MPa 级、400MPa 级带肋钢筋的弯弧内直径不应小于钢筋直径的 5 倍。

③ 直径 28mm 以下的 500MPa 级带肋钢筋的弯弧内直径不应小于钢筋直径的 6 倍，直径 28mm 及以上的 500MPa 级带肋钢筋的弯弧内直径不应小于钢筋直径的 7 倍。

2）箍筋。焊接封闭环式箍筋外，箍筋的末端应作弯钩。弯钩形式应符合设计要求，当设计无具体要求时，应符合下列规定。

① 箍筋弯钩的弯心直径除应满足上述 1）条中的要求外，尚应不小于受力钢筋的直径。

② 箍筋弯钩的弯折角度（图 5-13）：对一般结构，不应小于 90°；对有抗震等要求的结构应为 135°。

③ 箍筋弯折后的平直部分长度：对一般结构，不应小于箍筋直径的 5 倍；对有抗震设防及设计有专门要求的结构构件，不应小于箍筋直径的 10 倍和 75mm 的较大值。

（2）手工弯曲成型工具 扳手等。

（3）机械弯曲成型机具 钢筋弯曲机、四头弯筋机、弯箍机等。

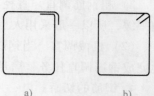

a)　　　　　　b)

图 5-13 箍筋弯钩

5.2.4 钢筋连接

钢结构屋面安全吊装　　　剪力墙　　　　　框架梁　　　　　框架柱

框架柱变截面　　　　　　楼板　　　　　　楼梯　　　　　　填充墙

钢筋连接常用的方式是焊接连接和机械连接。

1. 焊接连接

（1）闪光对焊　钢筋闪光对焊是将两根钢筋安放成对接形式，利用焊接电流通过两根钢筋接触点产生的电阻热，使接触点金属熔化，产生强烈飞溅，形成闪光，迅速施加顶锻力完成的一种压焊方法。

1）连续闪光焊。工艺过程包括连续闪光和顶锻。施焊时先闭合一次电路，使两根钢筋端面轻微接触，此时端面的间隙中喷射出火花般的熔化金属微粒——闪光，接着徐徐移动钢筋使两端面仍保持轻微接触，形成连续闪光。当闪光到预定的长度，使钢筋端头加热到将近熔点时，就以一定的压力迅速进行顶锻。先带电顶锻，再无电顶锻到一定长度，焊接接头即告完成。这种焊接形式适于焊接直径小于 25mm 的钢筋。

2）预热闪光焊。在连续闪光焊前增加一次预热过程，以扩大焊接热影响区。其工艺过程包括预热、闪光和顶锻。施焊时先闭合电源，然后使两根钢筋端面交替地接触和分开，这时钢筋端面的间隙中即发出断续的闪光，从而形成预热过程。当钢筋达到预热温度后进入闪光阶段，随后顶锻。这种焊接形式适于焊接直径大且端面较平的钢筋。

3）闪光-预热-闪光焊。在预热闪光焊前加一次闪光过程，目的是使不平整的钢筋端面烧化平整，使预热均匀。其工艺过程包括一次闪光、预热、二次闪光及顶锻。施焊时首先连续闪光，使钢筋端部闪平，随后的工艺同预热闪光焊。这种焊接形式适于焊接直径大且端面不平整的钢筋。

（2）电弧焊　钢筋电弧焊是以焊条作为一极、钢筋为另一极，利用焊接电流通过产生的电弧热进行焊接的一种熔焊方法。

钢筋电弧焊的接头形式有三种：搭接接头、帮条接头及坡口接头。焊接时应符合下列要求。

1）应根据钢筋级别、直径、接头形式和焊接位置，选择焊条、焊接工艺和焊接参数。

2）焊接时，引弧应在垫板、帮条或形成焊缝的部位进行，不得烧伤主筋。

3）焊接地线与钢筋应接触紧密。

4）焊接过程中应及时清渣，焊缝表面应光滑，焊缝余高应平缓过渡，弧坑应填满。

5）钢筋电弧焊接头形式如图 5-14 所示。焊缝长度的要求如下：

搭接焊：HPB300 级钢筋——单面焊 $\geq 8d_0$，双面焊 $\geq 4d_0$

HRB400 级钢筋——单面焊 $\geq 10d_0$，双面焊 $\geq 5d_0$

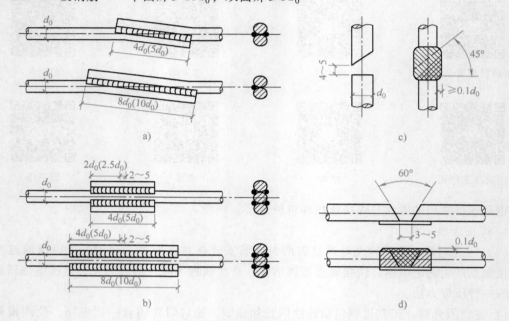

图 5-14　钢筋电弧焊的接头形式

a）搭接焊接头　b）帮条焊接头　c）立焊的坡口焊接头　d）平焊的坡口焊接头

注：图中不带括号的数字用于 HPB300 级钢筋，括号内的数字用于 HRB400 级钢筋。

6）帮条焊要求同搭接焊。

（3）电渣压力焊　钢筋电渣压力焊（图 5-15）是将两根钢筋安放成竖向对接形成，利用焊接电流通过两根钢筋端面间隙，在焊剂层下形成电弧过程和电渣过程，产生电弧热和电阻热，熔化钢筋，加压完成的一种压焊方法。这种焊接方法比电弧焊节省钢材、工效高、成本低，适用于现浇钢筋混凝土结构中竖向或斜向（倾斜度在 4:1 范围内）钢筋的连接。电渣压力焊在供电条件差、电压不稳、雨季或防火要求高的场合应慎用。

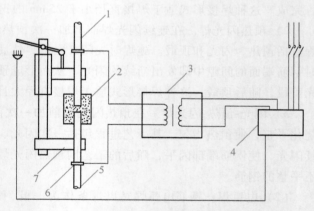

图 5-15　钢筋电渣压力焊

1—上钢筋　2—焊剂盒　3—焊接电源　4—控制箱
5—下钢筋　6—焊钳　7—焊接机头

施焊前，焊接夹具的上、下钳口应夹紧在上、下钢筋上。钢筋一经夹紧，不得晃动。电渣压力焊的工艺过程包括引弧、电弧、电渣和顶压。

1）引弧过程。宜采用铁丝圈引弧法，也可采用直接引弧法。

铁丝圈引弧法是将铁丝圈放在上、下钢筋端头之间，高约 10mm，电流通过铁丝圈与上、下钢筋端面的接触点形成短路引弧。直接引弧法是在通电后迅速将上钢筋提起，使两端头之间的距离为 2~4mm 引弧。当钢筋端头夹杂不导电物质或过于平滑以致引弧困难时，可以多次把上钢筋移下与下钢筋短接后再提起，达到引弧目的。

2）电弧过程。靠电弧的高温作用，将钢筋端头的凸出部分不断烧化；同时将接口周围的焊剂充分熔化，形成一定深度的渣池。

3）电渣过程。渣池形成一定深度后，将上钢筋缓缓插入渣池中，此时电弧熄灭，进入电渣过程。由于电流直接通过渣池，产生大量的电阻热，使渣池温度升到近 2000℃，将钢筋端头迅速而均匀熔化。

4）顶压过程。当钢筋端头达到全截面熔化时，迅速将上钢筋向下顶压，将熔化的金属、熔渣及氧化物等杂质全部挤出结合面，同时切断电源，焊接即告结束。

接头焊毕，停歇后，方可回收焊剂和卸下焊接夹具，并敲去渣壳。四周焊包应均匀，凸出钢筋表面的高度应大于或等于 4mm。

（4）电阻点焊　钢筋电阻点焊是将两根钢筋安放成交叉叠接形式，压紧于两电极之间，利用电阻热熔化母材金属，加压形成焊点的一种压焊方法。

（5）气压焊　钢筋气压焊是采用氧乙炔火焰或其他火焰对两钢筋对接处加热，使其达到塑性状态，加压完成的一种压焊方法。由于加热和加压使接合面附近金属受到镦锻式压延，被焊金属产生强烈的塑性变形，促使两接合面接近到原子间的距离，进入原子作用的范围内，实现原子间的互相嵌入扩散及键合，并在热变形过程中，完成晶粒重新组合的再结晶过程，从而获得牢固的接头。

钢筋气压焊工艺具有设备简单、操作方便、质量好、成本低等优点，但对焊工要求严，焊前对钢筋端面处理要求高。被焊两钢筋直径之差不得大于 7mm。

2. 机械连接

（1）套筒冷挤压连接　带肋钢筋套筒挤压连接（图 5-16）是将两根待接钢筋插入钢套筒，用挤压连接设备沿径向挤压钢套筒，使之产生塑性变形，依靠变形后的钢套筒与被连接钢筋纵、横肋产生的机械咬合成为整体的钢筋连接方法。这种接头质量稳定性好，可与母材等强，但操作工人工作强度大，有时液压油污染钢筋，综合成本较高。钢筋挤压连接，要求钢筋最小中心间距为 90mm。

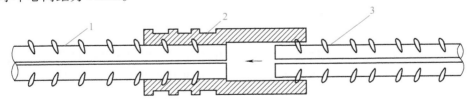

图 5-16　钢筋套筒挤压连接
1—已挤压的钢筋　2—钢套筒　3—未挤压的钢筋

（2）锥形螺纹钢筋接头　钢筋锥螺纹套筒连接（图 5-17）是将两根待接钢筋端头用套丝机做出锥形外丝，然后用带锥形内丝的套筒将钢筋两端拧紧的钢筋连接方法。这种接头质量稳定性一般，施工速度快，综合成本较低。近年来，在普通型锥螺纹接头的基础上，增加钢筋端头预压或镦粗工序，开发出 GK 型钢筋等强锥螺纹接头，可与母材等强。

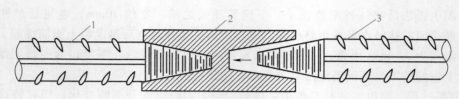

图 5-17　钢筋锥螺纹套筒连接

1—已连接的钢筋　2—锥螺纹套筒　3—待连接的钢筋

（3）直螺纹钢筋接头　这种连接是利用直螺纹套筒将两段钢筋对接在一起，也是利用螺纹的机械咬合力传递应力。

钢筋螺纹连接采用的是锥螺纹连接钢筋的新技术。锥螺纹连接套是在工厂专用机床上加工制成的，钢筋套丝的加工是在钢筋套丝机上进行的。钢筋螺纹连接速度快，对中性好，工期短，连接质量好，不受气候影响，适应性强。

3. 钢筋连接技术要求

当受力钢筋采用机械连接或焊接连接时，设置在同一构件内的接头宜相互错开。

纵向受力钢筋机械连接接头及焊接接头连接区段的长度为 $35d$（d 为纵向受力钢筋的较大直径），且不小于 500mm。凡接头中点位于该连接区段长度内的接头均属于同一连接区段。同一连接区段内，纵向受力钢筋机械连接及焊接的接头面积百分率为该区段内有接头的纵向受力钢筋截面面积与全部纵向受力钢筋截面面积的比值。

同一连接区段内，纵向受力钢筋的接头面积百分率应符合设计要求；当设计无具体要求时，应符合下列规定。

1）在受拉区不宜大于 50%。

2）接头不宜设置在有抗震设防要求的框架梁端、柱端的箍筋加密区；当无法避开时，对等强度高质量机械连接接头，不应大于 50%。

3）直接承受动力荷载的结构构件中，不宜采用焊接接头；当采用机械连接接头时，不应大于 50%。

5.2.5　钢筋配料

钢筋配料是根据构件配筋图，先绘出各种形状和规格的单根钢筋简图并加以编号，然后分别计算钢筋下料长度和根数，填写配料单，申请加工的工作。

1. 钢筋下料长度计算

钢筋因弯曲或弯钩会使其长度变化，在配料中不能直接根据图纸中尺寸下料，必须了解对混凝土保护层、钢筋弯曲、弯钩等的规定，再根据图中尺寸计算其下料长度。各种钢筋下料长度计算如下

直钢筋下料长度＝构件长度−保护层厚度+弯钩增加长度

弯起钢筋下料长度＝直段长度+斜段长度−弯曲调整值+弯钩增加长度

箍筋下料长度＝箍筋周长+箍筋调整值

上述钢筋需要搭接的话，还应增加钢筋搭接长度。

（1）弯曲调整值　钢筋弯曲后的特点：一是在弯曲处内皮收缩，外皮延伸，轴线长度不变；二是在弯曲处形成圆弧。钢筋的量度方法是沿直线量外包尺寸（图 5-18），因此，弯

起钢筋的量度尺寸大于下料尺寸，两者之间的差值称为弯曲调整值。根据理论推算并结合实践经验，弯曲调整值见表 5-2。

（2）弯钩增加长度　钢筋的弯钩形式有三种：半圆弯钩、直弯钩及斜弯钩。半圆弯钩是最常用的一种弯钩。直弯钩只用在柱钢筋的下部、箍筋和附加钢筋中。斜弯钩只用在直径较小的钢筋中。

光圆钢筋的弯钩增加长度，按图 5-19 所示的简图（弯心直径为 2.5d、平直部分为 3d）计算结果：对半圆弯钩为 6.25d，对直弯钩为 3.5d，对斜弯钩为 4.9d。

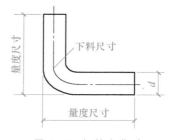

图 5-18　钢筋弯曲时的量度方法

表 5-2　钢筋弯曲调整值

钢筋弯曲角度	30°	45°	60°	90°	135°
钢筋弯曲调整值	0.35d	0.5d	0.85d	2d	2.5d

注：d 为钢筋直径。

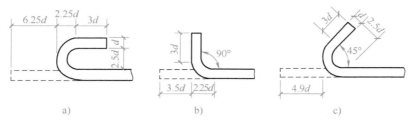

图 5-19　钢筋弯钩增加长度计算简图

a）半圆弯钩　b）直弯钩　c）斜弯钩

（3）弯起钢筋斜长　计算简图如图 5-20 所示。

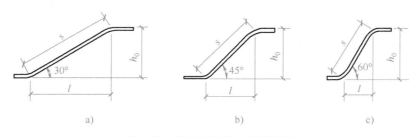

图 5-20　弯起钢筋斜长计算简图

a）弯起角度 30°　b）弯起角度 45°　c）弯起角度 60°

（4）箍筋调整值　箍筋调整值即为弯钩增加长度和弯曲调整值两项之差或和，根据箍筋量外包尺寸或内皮尺寸确定（图 5-21），其值见表 5-3。

（5）钢筋保护层厚度　在《混凝土结构设计规范》（GB 50010—2010）中规定：混凝土保护层为结构构件中钢筋外边缘至构件表面范围用于保护钢筋的混凝土层，简称"保护层"。构件中受力钢筋的保护层厚度不应小于钢筋的直径；设计使用

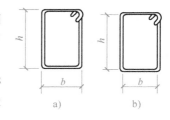

图 5-21　箍筋量度方法

a）量外包　b）量内皮

年限为 50 年的混凝土结构，最外层钢筋的保护层厚度应符合表 5-4 的规定；设计使用年限为 100 年的混凝土结构，最外层钢筋的保护层厚度不应小于表 5-4 中数值的 1.4 倍。

表 5-3　箍筋调整值　　　　　　　　　　　　　　　　　　（单位：mm）

箍筋量度方法	箍　筋　直　径			
	4~5	6	8	10~12
量外包尺寸	40	50	60	70
量内皮尺寸	80	100	120	150~170

表 5-4　混凝土保护层最小厚度　　　　　　　　　　　　　（单位：mm）

环境等级	板、墙、壳	梁、柱、杆	环境等级	板、墙、壳	梁、柱、杆
一	15	20	三 a	30	40
二 a	20	25	三 b	40	50
二 b	25	35			

注：1. 混凝土强度等级不大于 C25 时，表中保护层厚度数值应增加 5mm。
　　2. 钢筋混凝土基础宜设置混凝土垫层，基础中受力钢筋的混凝土保护层厚度应从垫层顶面算起，且不应小于 40mm。

2. 钢筋配料单与料牌

（1）钢筋配料单　根据施工图纸中钢筋的品种、规格及外形尺寸、数量进行编号，计算下料长度并用表格形式表达。

（2）钢筋料牌　在钢筋施工过程中光有钢筋配料单还不能作为钢筋加工与绑扎的依据。还要将每一编号的钢筋制作一块料牌。料牌可用 100mm×70mm 的薄木板、竹片或纤维板等制成。料牌随着加工工艺传送，最后系在加工好的钢筋上作为标志，因此料牌同钢筋配料单一样必须严格校核，准确无误，以免返工浪费。

【例 5-1】　某框架梁 KL-1 共 10 根。梁平法配筋如图 5-22 所示。建筑抗震设防烈度 7 度，框架结构抗震等级为三级，框架梁混凝土强度等级 C35，钢筋 HRB400 级，HPB300 级，结构环境类别为一类。试计算该框架梁钢筋下料长度。

【解】　框架梁和框架柱的钢筋保护层厚度从最外层钢筋（即箍筋）边缘算起取 20mm。因箍筋直径为 8mm，故有箍筋时受力钢筋单边实际保护层厚度为：20+8=28mm，无箍筋时（在本例题中，悬挑梁纵向受力筋尽端）实际保护层厚度为 20mm。

（1）第一跨净跨度 $l_n=7000-2\times430=6140$mm　　　$l_n/3=6140/3=2047$mm

第二跨净跨度 $l_n=2800-2\times120=2560$mm

第三跨净跨度 $l_n=2800-430+125=2495$mm

（2）判断是否采用直锚

1）直锚条件：$L_{aE}=34d=34\times25=850$mm（七度设防烈度，三级抗震等级，C35 混凝土，HRB400 级钢筋，$d=25$mm）

2）过柱中线 5d 条件：$0.5h_c+5d=0.5\times550+5\times25=400$mm

取其中较大值：$L_d=\max\{0.5h_c+5d, L_{aE}\}=850$mm。当 $h_c-30-25>L_d$ 时端支座称为宽支座，可采用直锚。本例题中：$550-30-25=495$mm$<L_d$，不是宽支座，应采用弯锚。

弯锚平直段长：$0.4L_{aE}=0.4\times850=340$mm

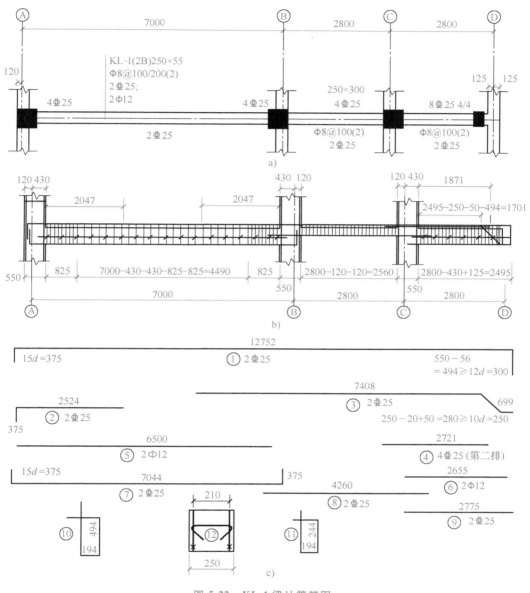

图 5-22　KL-1 梁计算简图

a）平法标注图　b）计算简图　c）钢筋抽样图

（3）钢筋下料长度计算

① 号钢筋下料长度：（7000+2800+2800+120+125）-（28+20+25+20）+375+494-2×2×25 = 12752+869-100 = 13521mm

说明：第二个括号中，28mm 为柱主筋保护层厚度，20mm 为柱子主筋直径，25mm 为钢筋净距，20mm 为悬臂梁端钢筋端头保护层厚度。

② 号钢筋下料长度：（550-28-20-25）+2047+375-2×25 = 2524+375-50 = 2849mm

③ 号钢筋下料长度：（2047+550+2560+550+1701+1.414×494+280）-2×0.5×25 = 7408+699+280-25 = 8362mm

④ 号钢筋下料长度：$L_{aE}+0.75L=850+0.75\times2495=2721$mm

⑤ 号钢筋下料长度：$(7000-2\times430)+2\times15d=6140+2\times15\times12=6500$mm

⑥ 号钢筋下料长度：$15d+2495-20(保护层)=15\times12+2495-20=2655$mm

⑦ 号钢筋下料长度：$(550-28-20-25-25-25)+(7000-2\times430)+(550-28-20-25)+2\times375-2\times2\times25=427+6140+477+750-100=7044+750-100=7694$mm

⑧ 号钢筋下料长度：$2800-2\times120+2\times L_{aE}=2560+2\times850=4260$mm

⑨ 号钢筋下料长度：$2495-20+12d=2475+12\times25=2775$mm

⑩ 号钢筋下料长度按照外包尺寸计算。

内包尺寸：宽度$=250-2\times28=194$mm，高度$=500-2\times28=494$mm

考虑抗震时，下料长度按内包尺寸计算：$(194+494)\times2+26\times8=1584$mm

下料长度按外包尺寸计算：$(210+510)\times2-3\times2\times8+2\times11.9\times8=1582.4$mm

箍筋的数量计算如下。

$A-B$ 跨一侧加密区：$(825-50)/100+1=8.75\approx9$ 道

非加密区：$4490/200-1=21.45\approx22$ 道

悬挑端：$(2495-250-50-2\times50-50)/100=20.45\approx21$ 道

悬挑端附加箍筋：3 道

边梁内部箍筋：1 道

箍筋根数共计：$9\times2+22+21+3+1=65$ 道

⑪ 号箍筋下料长度按照内包尺寸计算。

考虑抗震时，下料长度：$(194+244)\times2+26\times8=836+208=1084$mm

箍筋的数量计算：$(2800-120-120-50-50)/100+1=25.6\approx26$（道）

⑫ 号箍筋下料长度按照内包尺寸计算。

根据构造规定：当 $b\leqslant350$mm 时，拉筋直径为应为 6mm。根据实际情况，取 8mm，间距为非加密区箍筋间距 2 倍，即 400mm。

拉筋下料长度计算按内包尺寸：$(b-2c+2d)+26d=(250-2\times20)+26\times8=210+208=418$mm

拉筋数量计算如下：

7m 跨：$(7000-2\times430-2\times50)/400+1=16.1\approx17$ 道

悬臂跨：$(2495-250-2\times50)/400+1=6.4\approx7$ 道

拉筋数量共计：$17+7=24$ 道

（4）绘制钢筋配料单 见表5-5。

表 5-5 钢筋配料单

构件名称	钢筋编号	简　　图	钢号	直径/mm	下料长度/mm	单根根数	合计根数及长度/m	总质量/kg
KL-1梁	①	375 ⌐12752⌐ 494	Φ	25	13521	2	20/270.42	1041.12
	②	375 ⌐2524	Φ	25	2849	2	20/56.98	219.37

（续）

构件名称	钢筋编号	简图	钢号	直径/mm	下料长度/mm	单根根数	合计根数及长度/m	总质量/kg
KL-1 梁	③	7408 / 699 / 280	Φ	25	8362	2	20/167.24	643.87
	④	2721	Φ	25	2721	4	40/108.84	419.03
	⑤	6500	Φ	12	6500	2	20/130	115.44
	⑥	2655	Φ	12	2655	2	20/53.1	47.15
	⑦	375 7044 375	Φ	25	7694	2	20/153.88	592.44
	⑧	4260	Φ	25	4260	2	20/85.2	328.02
	⑨	2775	Φ	25	2775	2	20/55.5	213.68
	⑩	494 / 194	Φ	8	1584	65	650/1029.6	406.69
	⑪	244 / 194	Φ	8	1084	26	260/281.84	111.33
	⑫	210	Φ	8	418	24	240/100.32	39.63
	合计	Φ 8,557.65kg；Φ 12,162.59kg；Φ 25,3457.53kg						

5.2.6 钢筋代换

当施工中遇有钢筋的品种或规格与设计要求不符时，为确保施工质量和进度，往往提出钢筋变更和代换的问题。钢筋变更和代换可参照以下原则进行。

1. 代换原则

1）等强度代换。当构件受强度控制时，钢筋可按强度相等原则进行代换。

2）等面积代换。当构件按最小配筋率配筋时，钢筋可按面积相等原则进行代换。代换后钢筋截面积总和大于或等于代换前钢筋截面积总和。

3）当构件受裂缝宽度或挠度控制时，代换后应进行裂缝宽度或挠度验算。

2. 等强度代换方法

计算公式

$$n_2 \geqslant \frac{n_1 d_1^2 f_{y1}}{d_2^2 f_{y2}} \tag{5-1}$$

式中　n_2——代换钢筋根数；

　　　n_1——原设计钢筋根数；

　　　d_2——代换钢筋直径；

d_1——原设计钢筋直径；

f_{y2}——代换钢筋抗拉强度设计值（钢筋强度设计值见表5-6）；

f_{y1}——原设计钢筋抗拉强度设计值。

表 5-6　钢筋强度设计值　　　　　　　　　　　　　　　　（单位：N/mm²）

钢筋种类		符号	抗拉强度设计值f_y
热轧钢筋	HPB300	Φ	270
	HRB335	$\underline{\Phi}$	300
	HRB400	$\underline{\Phi}$	360
	RRB400	$\underline{\Phi}^R$	360
冷轧带肋钢筋	CRB550		360
	CRB650		430
	CRB800		530

3. 有效高度调整

钢筋按等强代换后，有时由于受力钢筋直径加大或根数增多而需要增加排数，则构件截面的有效高度 h_0 减小，截面强度降低。通常对这种影响可凭经验适当增加钢筋面积，然后再作截面复核。

对矩形截面的受弯构件，可根据弯矩相等，按下式复核截面承载力

$$N_2\left(h_{02}-\frac{N_2}{2\times f_c b}\right) \geqslant N_1\left(h_{01}-\frac{N_1}{2\times f_c b}\right) \tag{5-2}$$

式中　N_1——原设计的钢筋拉力，$N_1 = A_{s1}f_{y1}$（A_{s1} 为原设计钢筋的截面面积，f_{y1} 为原设计钢筋的抗拉强度设计值）；

N_2——代换钢筋拉力，$N_2 = A_{s2}f_{y2}$（A_{s2} 为代换钢筋的截面面积，f_{y2} 为代换钢筋的抗拉强度设计值）；

h_{01}——原设计钢筋的合力点至构件截面受压边缘的距离；

h_{02}——代换钢筋的合力点至构件截面受压边缘的距离；

f_c——混凝土的抗压强度设计值，见表5-7；

b——构件截面宽度。

表 5-7　混凝土的抗压强度设计值　　　　　　　　　　　　（单位：N/mm²）

混凝土强度等级	抗压强度设计值f_c
C20	9.6
C25	11.9
C30	14.3

4. 代换注意事项

钢筋代换时，必须充分了解设计意图和代换材料性能，并严格遵守《混凝土结构设计规范》（GB 50010—2010）的各项规定。凡重要结构中的钢筋代换，应征得设计单位同意。

1）对某些重要构件，如吊车梁、薄腹梁、桁架下弦等，不宜用 HPB300 级光圆钢筋代替 HRB335 和 HRB400 级带肋钢筋。

2）钢筋代换后，应满足配筋构造规定，如钢筋的最小直径、间距、根数、锚固长度等。

3）同一截面内，可同时配有不同种类和直径的代换钢筋，但每根钢筋的拉力差不应过大（例如，同品种钢筋的直径差值一般不大于 5mm），以免构件受力不匀。

4）梁的纵向受力钢筋与弯起钢筋应分别代换，以保证正截面与斜截面强度。

5）偏心受压构件（如框架柱、有吊车厂房柱、桁架上弦等）或偏心受拉构件做钢筋代换时，不取整个截面配筋量计算，应按受力面（受压或受拉）分别代换。

6）当构件受裂缝宽度控制时，如以小直径钢筋代换大直径钢筋，强度等级低的钢筋代替强度等级高的钢筋，则可不做裂缝宽度验算。

【例 5-2】 今有一块 6m 宽的现浇混凝土楼板，原设计的底部纵向受力钢筋采用 HPB300 级Φ12 钢筋@120mm，共计 50 根。现拟改用 HRB400 级Φ12 钢筋，求所需Φ12 钢筋根数及其间距。

【解】 本题属于直径相同、强度等级不同的钢筋代换，采用公式（5-1）计算。

$$根数 \ n_2 = 50 \times \frac{270}{360} = 38 \ 根$$

$$间距 = 120 \times \frac{50}{38} = 157.9mm，取 \ 160mm$$

【例 5-3】 今有一根 400mm 宽的现浇混凝土梁，原设计的底部纵向受力钢筋采用 HRB335 级Φ22 钢筋，共计 9 根，分二排布置，底排为 7 根，上排为 2 根。现拟改用 HRB400 级Φ25 钢筋，求所需Φ25 钢筋根数及其布置。

【解】 本题属于直径不同、强度等级不同的钢筋代换，采用公式（5-1）计算。

$$根数 \ n_2 = 9 \times \frac{22^2 \times 300}{25^2 \times 360} = 5.18 \ 根，取 \ 6 \ 根。$$

代换钢筋采用一排布置，以增大了代换钢筋的合力点至构件截面受压边缘的距离 h_0，有利于提高构件的承载力。

【例 5-4】 梁的截面面积尺寸如图 5-23a 所示，采用 C20 混凝土制作，原设计的纵向受力钢筋采用 HRB400 级Φ20 钢筋，共计 6 根，单排布置，中间 4 根分别在两处弯起。现拟改用 HRB335 Φ22，试设计梁的钢筋布置。

【解】 1）弯起钢筋与纵向受力钢筋分别代换，以 2Φ20 为单位，按式（5-1）代换Φ22 钢筋。

$$n_2 = \frac{2 \times 20^2 \times 360}{22^2 \times 300} = 1.98，取两根。$$

2）代换后的钢筋根数不变，但直径增大，需要复核钢筋净间距 s。

$$s = \frac{300 - 2 \times 25 - 6 \times 22}{5} = 23.6mm < 25mm，需要布置$$

成两排（底排 4 根、二排 2 根）。

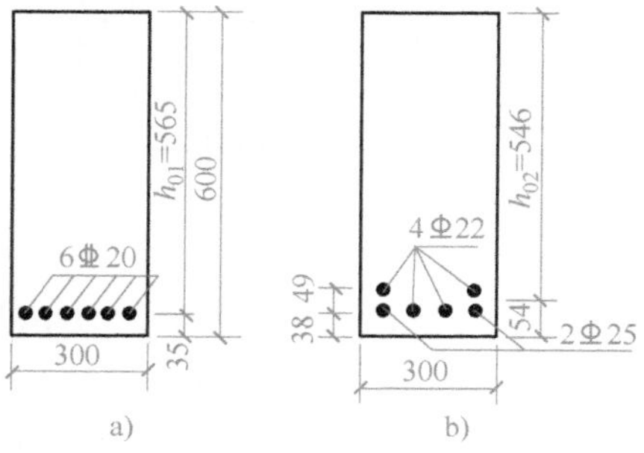

图 5-23 矩形梁钢筋代换

a）原设计钢筋 b）代换钢筋

3）代换后的构件截面有效高度 h_{02} 减小，需要按公式（5-2）复核截面承载力。

$$h_{01} = 600 - 35 = 565mm, \quad h_{02} = 600 - \frac{36 \times 4 + 2 \times 83}{6} = 548mm$$

$$N_1 \left(h_{01} - \frac{N_1}{2f_c b} \right) = 6 \times 314 \times 360 \times \left(565 - \frac{6 \times 314 \times 360}{2 \times 9.6 \times 300} \right) = 303.3kN \cdot m$$

$$N_2 \left(h_{02} - \frac{N_2}{2 \times f_c b} \right) = 6 \times 380 \times 300 \times \left(548 - \frac{6 \times 380 \times 300}{2 \times 9.6 \times 300} \right) = 293.6kN \cdot m < 303.3kN \cdot m$$

代换钢筋采用 6 Φ 22 时，截面承载力不能满足设计要求，须采用其他代换方案。

4）角部两根改为 2 Φ 25 钢筋，再复核截面承载力。

$$h_{02} = 600 - \frac{38 \times 4 + 2 \times 87}{6} = 546mm$$

$$N_2 \left(h_{02} - \frac{N_2}{2 \times f_c b} \right) = (4 \times 380 + 2 \times 491) \times 300 \times \left(546 - \frac{2502 \times 300}{2 \times 9.6 \times 300} \right) = 312.1kN \cdot m > 303.3kN \cdot m$$

代换钢筋采用 4 Φ 22 + 2 Φ 25，按图 5-23b 布置，满足原设计要求。

5.2.7 钢筋绑扎与安装

1. 钢筋绑扎

1）板和墙的钢筋网（图 5-24），除靠近外围两行钢筋的相交点全部扎牢外，中间部分的相交点可相隔交错扎牢，但必须保证受力钢筋不位移。如采用一面顺扣绑扎，交错绑扎扣应换方向绑。对于面积较大的网片，可适当地用钢筋作斜向拉结加固。双向受力的钢筋须将所有交点全部扎牢。

2）梁和柱的箍筋，除设计有特殊要求之外，应与受力钢筋保持垂直。箍筋弯钩叠合处，应沿受力钢筋方向错开放置（图 5-25）；梁的箍筋弯钩应放在受压区。

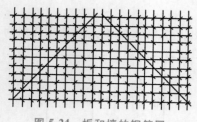

图 5-24 板和墙的钢筋网

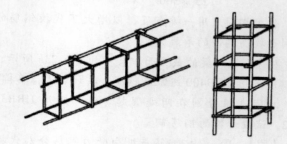

图 5-25 箍筋设置的位置

3）同一构件中相邻纵向受力钢筋的绑扎搭接接头宜相互错开。绑扎搭接接头中钢筋的横向净距不应小于钢筋直径，且不应小于 25mm。

4）钢筋绑扎搭接接头连接区段的长度为 $1.3l_1$（l_1 为搭接长度），凡搭接接头中点位于该连接区段长度内的搭接接头均属于同一连接区段。同一连接区段内，纵向钢筋搭接接头面积百分率为该区段内有搭接接头的纵向受力钢筋截面面积与全部纵向受力钢筋截面面积的比值（图 5-26）。

同一连接区段内，纵向受拉钢筋搭接接头面积百分率应符合设计要求；当设计无具体要求时，应符合下列规定：①对梁类、板类及墙类构件，不宜大于 25%；②对柱类构件，不宜大于 50%；③当工程中确有必要增大接头面积百分率时，对梁类构件，不应大于 50%，对其他构件，可根据实际情况放宽。

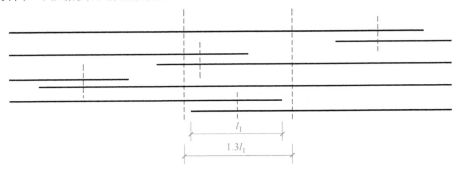

图 5-26　钢筋绑扎搭接接头连接区段及接头面积百分率

注：图中所示搭接接头同一连接区段内的搭接钢筋为两根，当各钢筋直径相同时，接头面积百分率为 50%。

5）在梁、柱类构件的纵向受力钢筋搭接长度范围内，应按设计要求配置箍筋。当设计无具体要求时，应符合下列规定：①箍筋直径不应小于搭接钢筋较大直径的 0.25 倍；②受拉搭接区段的箍筋间距不应大于搭接钢筋较小直径的 5 倍，且不应大于 100mm；③受压搭接区段的箍筋间距不应大于搭接钢筋较小直径的 10 倍，且不应大于 200mm；④当柱中纵向受力钢筋直径大于 25mm 时，应在搭接接头两个端面外 100mm 范围内各设置两个箍筋，其间距宜为 50mm。

2. 钢筋安装

钢筋安装完毕后应进行检查验收，检查验收的内容为：①钢筋的级别、直径、根数、位置、间距是否与设计图相符合；②钢筋结构位置及搭接长度是否符合规定；③钢筋保护层是否符合要求；④钢筋表面是否清洁。

检查完毕，在浇筑混凝土之前进行验收并做好隐蔽工程记录。

任务 3　混凝土工程施工

5.3.1　混凝土组成与分类

1. 混凝土的组成

混凝土材料和施工配合比

混凝土是一种使用极为广泛的建筑材料，它是由胶凝材料、细骨料、粗骨料和水按适当比例配制的混合物，经硬化而成的人造石材。为了改善和提高混凝土的某些性质，可加入适量的外加剂和外掺料配制成具有各种特性的混凝土。但目前建筑工程中使用最广泛、用量最多的还是普通混凝土。普通混凝土是指由水泥、普通碎（卵）石、砂和水配制而成的混凝土。

在混凝土中，石子和砂起骨架作用，称为骨料。石子为粗骨料，砂为细骨科。水泥加水后，形成水泥浆。水泥浆包裹在骨料表面并填满骨料间的空隙，作为骨料之间的滑润材料，使混凝土拌合物具有适于施工的和易性。水泥浆硬化后把骨料胶接在一起形成坚固整体。混凝土的结构如图 5-27 所示。

2. 混凝土的分类

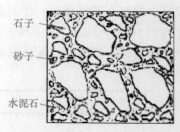

图 5-27 混凝土的结构示意图

混凝土的品种很多，它们的性能和用途也各不相同，因此分类方法也很多，通常可按下列方法进行分类。

（1）按质量密度分类 可分为特重混凝土、重混凝土、轻混凝土、特轻混凝土等。

1）特重混凝土。质量密度大于 $2500kg/m^3$，是用特别密实和特别重的骨科制成的，主要用于核工程的屏蔽结构，具有防 X 射线和 γ 射线的性能。

2）重混凝土。质量密度在 $1900\sim2500kg/m^3$ 之间，是用天然砂石作骨科制成的，主要用于各种承重结构。重混凝土也叫普通混凝土。

3）轻混凝土。质量密度小于 $1900kg/m^3$，其中包括质量密度为 $800\sim1900kg/m^3$ 的轻骨料混凝土和质量密度 $500kg/m^3$ 以上的多孔混凝土（如泡沫混凝土、加气混凝土等），主要用于承重和承重隔热结构。

4）特轻混凝土。质量密度在 $500kg/m^3$ 以下，包括 $500kg/m^3$ 以下的多孔混凝土和用特轻骨料（如膨胀珍珠岩、膨胀蛭石、泡沫塑料等）制成的轻骨料混凝土，主要用作保温隔热材料。

（2）按用途分类 可分为结构用混凝土、围护结构用混凝土、水工混凝土和特种混凝土（如耐火混凝土、耐酸混凝土、耐碱混凝土、防辐射混凝土、大坝混凝土，海洋混凝土等）。

（3）按流动性分类 可分为干硬性混凝土、低流动性混凝土、塑性混凝土、流态混凝土等。

5.3.2 混凝土技术性能

1. 混凝土拌合物的和易性

混凝土拌合物的和易性是指混凝土在施工中是否适于操作、是否具有能使所浇筑的构件质量均匀、成型密实的性能。所谓和易性好，是指混凝土拌合物容易拌和，具有良好的可塑性、运输、浇筑时不易发生砂、石或水分的离析现象，浇筑时容易填满模板的各个角落，容易捣实，分布均匀，与钢筋粘结牢固，不易产生蜂窝、麻面等不良现象。

和易性包括流动性、黏聚性和保水性等三方面的含义。

1）流动性。指混凝土拌合物在本身自重或施工机械振捣的作用下，能产生流动，并均匀密实地填满模板中各个角落的性能。

2）黏聚性。指混凝土拌合物具有一定的内聚力，在运输、浇筑、捣实过程中不致产生分层（混凝土拌合物出现层状分离现象）、离析（混凝土拌合物内水泥、砂、石、水互相分离的现象）、泌水（又称"析水"，从水泥浆中泌出部分拌和水的现象），而保持整体均匀的性质。

3）保水性。指混凝土拌合物保持水分不易析出的能力。

目前，尚没有能够全面地反映混凝土拌合物和易性的实验方法，在工地和试验室，通常是以坍落度为指标测定拌合物的流动性，并辅以直观经验评定黏聚性和保水性。坍落度试验用的模子，称为"坍落度筒"，它是一个高为 300mm、下口内径为 200mm、上口内径为 100mm 的圆台形无底铁筒。如图 5-28 所示，试验时将坍落度筒放在平整的地面上，将混凝土拌合物按规定方法分三层填入铁筒内，每填一层用一直径为 16mm、长为 600mm 的圆头钢棒插捣 25 次，顶面多余的料刮平。然后将筒小心地垂直提起移到一旁，则拌合物因自重将产生坍落现象，量出筒高与坍落后混凝土拌合物最高点之间的高度差，以 mm 表示，该值就是该拌合物的坍落度。

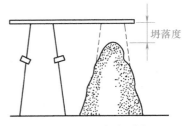

图 5-28　坍落度测定

坍落度值小，说明混凝土拌合物的流动性小，过小的流动性会给施工带来不便，影响工程质量，甚至造成工程事故。坍落度过大，又会使混凝土分层，造成上下不匀。所以，混凝土拌合物的坍落度值应在一个适宜范围内，可根据结构种类、钢筋的疏密程度及振捣方法按表 5-8 选用。

表 5-8　混凝土浇筑时坍落度

项次	结　构　类　型	坍落度/mm
1	基础或地面等垫层，无配筋的厚大结构(挡土墙、基础或厚大的块体等)或配筋稀疏的结构	10～30
2	板、梁和大型及中型截面的结构	30～50
3	配筋密列的结构(薄壁、斗仓、筒仓、细柱等)	50～70
4	配筋特密的结构	70～90

注：1. 本表系指采用机械振捣的混凝土坍落度，采用人工振捣时可适当增大混凝土坍落度。

　　2. 需要配置大坍落度混凝土时应加入混凝土外加剂。

　　3. 曲面、斜面结构的混凝土，其坍落度应根据需要另行选用。

影响混凝土拌合物和易性的主要因素包括单位体积用水量、砂率、组成材料的性质、时间和温度等。砂率是指混凝土中砂的质量占骨料（砂、石）总质量的百分率。

2. 混凝土的强度

混凝土的强度主要包括抗压、抗拉、抗剪等强度，一般所说的混凝土强度是指抗压强度。在钢筋混凝土结构中，大都采用混凝土的抗压强度评定混凝土的质量，因此，抗压强度是混凝土很重要的性质。

（1）混凝土立方体抗压强度　边长为 150mm 的立方体试件抗压强度值，以 f_{cu} 表示，单位为 N/mm^2（MPa）。

（2）混凝土立方体抗压标准强度（$f_{cu,k}$）与强度等级　混凝土划分为 C15、C20、C25、C30、C35、C40、C45、C50、C55、C60、C65、C70、C75 和 C80 共 14 个等级，C30 即表示混凝土立方体抗压强度标准值 $f_{cu,k}$ 满足 30MPa≤$f_{cu,k}$<35MPa。

（3）混凝土的轴心抗压强度（f_c）　轴心抗压强度的测定采用 150mm×150mm×300mm 棱柱体作为标准试件。f_c=(0.70～0.80)f_{cu}。

（4）混凝土的抗拉强度（f_t）　混凝土抗拉强度只有抗压强度的 1/20～1/10。

（5）影响混凝土强度的因素　①水泥强度与水胶比；②骨料的种类、质量和数量；③外加剂和掺合料；④生产工艺方面的因素，包括搅拌与振捣，养护的温度、湿度和龄期。

3. 混凝土的耐久性

混凝土的耐久性是指混凝土除了具有一定的强度以能安全承受荷载外，还应能在外界条件作用下具有经久耐用的性能。如抗渗、抗冻、抗蚀、抗磨、抗风化等，这些性能统称为耐久性。

混凝土的耐久性与混凝土的密实性有着密切的关系，而混凝土的密实度主要取决于水胶比和单位体积中的水泥用量，所以，一般建筑工程中的混凝土或钢筋混凝土结构，每立方米混凝土的最大水胶比及水泥最小用量应符合有关规定。

5.3.3 混凝土常用材料

1. 水泥

（1）技术性能 水泥呈粉末状，与适量的水拌和后，即由塑性浆体逐渐变成坚硬的石状体，并能将散粒材料或块状材料胶结成整体。水泥浆体不仅能在空气中硬化，而且能更好地在水中硬化，并长久地保持和继续提高其强度，因而水泥是一种很好的水硬性胶凝材料。常用水泥的技术要求如下。

1）凝结时间。分初凝时间和终凝时间。初凝时间是从水泥加水拌和起，至水泥浆开始失去可塑性所需的时间，五大常用水泥的初凝时间不得短于45min。终凝时间是从水泥加水拌和起，至水泥浆完全失去可塑性，并开始产生强度所需的时间，硅酸盐水泥的终凝时间不得长于6.5h（其他常用水泥的终凝时间不得长于10h）。

2）体积安定性。水泥在硬化过程中体积变化是否均匀的性质。安定性用沸煮法检验。安定性不合要求的水泥硬化后会出现龟裂、翘曲以至崩溃等现象，所以，安定性不合要求的水泥不能用在重要的构件中。

3）水化热。水泥的水化反应为放热反应，水泥水化过程中放出的热量称为水化热。水化热大部分在水化初期（7d内）放出，以后逐渐减少。其放热量的大小和放热速度的快慢主要与水泥的强度、矿物组成和细度有关。

常用水泥的特性及应用详见表5-9。

表5-9 常用水泥的主要特性及应用

	项 目	硅酸盐水泥	普通硅酸盐水泥	矿渣硅酸盐水泥	火山灰质硅酸盐水泥	粉煤灰硅酸盐水泥
	密度/（g/cm³）	3.0~3.15	3.0~3.15	2.9~3.1	2.8~3.0	2.8~3.0
	容重/（kg/m³）	1000~1600	1000~1600	1000~1200	1000~1200	1000~1200
特性	硬化	快		慢	慢	慢
	早期强度	高	高	低	低	低
	水化热	高	高	低	低	低
	抗冻性	好	好	较差	较差	较差
	耐热性	较差	较差	好	较差	较差
	干缩性			较大	较大	较小
	抗水性			较好	较好	较好
	耐硫酸盐类化学侵蚀性		较好	较好	较好	

（2）进场检查及复试

1）水泥进场必须有产品合格证、出厂检验报告。

2）对水泥品种、级别、包装或散装仓号、出厂日期等进行检查验收。

3）对水泥强度、安定性及其他必要的性能指标进行复试，其质量必须符合《通用硅酸盐水泥》（GB 175—2007）等的规定。

4）当在使用中对水泥质量有怀疑或水泥出厂超过三个月（快硬水泥超过一个月）时，应进行复试，并按复试结果使用。

5）钢筋混凝土结构、预应力混凝土结构中，严禁使用含氯化物的水泥。

6）水泥在运输和贮存时，应有防潮、防雨措施，防止受潮后水泥凝结成块、强度降低。不同品种和标号的水泥应分别贮存，不得混杂在一起。

2. 细骨料

混凝土中凡粒径为 0.15~5mm 的骨料称为细骨料。一般常用天然砂作为混凝土的细骨料。天然砂有山砂、海砂、河砂之分。海砂中常夹有贝壳、碎片和盐分等有害物质；山砂系岩石风化后在原地沉积而成，颗粒多棱角，并含有较多粉状黏土和有机质；河砂比较洁净，质量较纯，故使用最多。

（1）砂的颗粒级配　颗粒级配是指砂子中不同粒径颗粒之间的搭配比例关系。由图 5-29 可知，采用同一粒径的砂空隙最大；两种不同粒径的砂互相搭配，空隙能减小。多种粒径的砂只有在有粗、有细，并有适量的中间颗粒时，才能互相填充使空隙率达到最小值，这种情况就称为级配良好。使用级配良好的砂子，可以降低水泥用量，提高混凝土的密实度。

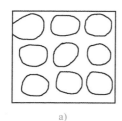 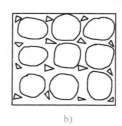 

a) b) c)

图 5-29　砂的颗粒级配示意图

a）单一颗粒　b）两种颗粒　c）多种颗粒

（2）砂的分类

1）砂按产源分为海砂、河砂、湖砂和山砂。

2）按颗粒平均粒径可分为四级：①粗砂，平均粒径为 0.5mm 以上；②中砂，平均粒径为 0.35~0.5mm；③细砂，平均粒径为 0.25~0.35mm；④特细砂，平均粒径为 0.25mm以下。

3. 粗骨料

混凝土中凡粒径大于 5mm 的骨料，称为粗骨料。一般常用天然卵石和人工碎石作为混凝土的粗骨料。天然卵石有河卵石、海卵石和山卵石等。河卵石表面光滑、少棱角，比较洁净，有的具有天然级配。而山卵石含黏土杂质较多，使用前必须加以冲洗，因此河卵石采用较多。碎石由各种坚硬岩石经人工或机械破碎，筛分而得，其表面粗糙、颗粒有棱角，与水泥粘结较牢。

（1）粗骨料的分级　碎（卵）石按颗粒粒径大小，分为四级：①粗碎（卵）石，颗粒粒径在 40～150mm 之间；②中碎（卵）石，颗粒粒径在 20～40mm 之间；③细碎（卵）石，颗粒粒径在 5～20mm 之间；④特细碎（卵）石，颗粒粒径在 5～10mm 之间。

（2）石的颗粒级配与最大粒径　石的颗粒级配通常有连续级配及间断级配两种，其原理与要求与砂子基本相同。最大粒径是指石子粒径的上限，每一粒级石子的上限就是该粒级的最大粒径。如 5～20mm 粒级的小石子，其最大粒径即为 20mm。为能顺利施工和保证构件质量，一般对采用石子的最大粒径作如下规定。

1）石子的最大粒径不得超过结构断面最小尺寸的 1/4，同时又不得大于钢筋之间最小净距的 3/4。

2）混凝土实心板允许采用最大粒径为 1/2 板厚，但最大粒径不得超过 50mm 的骨料。

4. 水

含有有害杂质（如油类、酸、糖、有机杂物等）的水会影响水泥的正常凝结和硬化，使混凝土强度降低。因此，对混凝土拌合物水的质量要严格要求，一般应用干净的自来水或河水。工业废水不得使用，海水使用也应受到一定限制，以免使钢筋锈蚀或使混凝土抗冻性降低。当采用其他水源时，应进行水质试验，水质应符合《混凝土用水标准》（JGJ 63—2006）的规定。

5. 外加剂

在混凝土拌和过程中掺入的，并能按要求改善混凝土性能的材料，称为外加剂。混凝土中使用外加剂是提高混凝土的强度、改善混凝土性能、节约水泥用量及节省能耗的有效措施。

（1）外加剂的分类　根据其主要功能可以分为以下几类。

1）改善混凝土拌合物流动性能的外加剂，包括减水剂，引气剂，保水剂等。

2）调节混凝土凝结、硬化速度的外加剂，包括缓凝剂、早强剂、速凝剂等。

3）调节混凝土含气量的外加剂，包括引气剂、加气剂，泡沫剂、消泡剂等。

4）改善混凝土耐久性的外加剂，如抗冻剂、抗渗剂等。

5）为混凝土提供特殊性能的外加剂，如膨胀剂，着色剂等。

（2）外加剂的选用

1）减水剂。普通减水剂宜用于最低气温 5℃ 以上施工的混凝土，不宜单独用于蒸汽养护混凝土。高效减水剂可用于最低气温 0℃ 以上施工混凝土，并适用于制备大流动性混凝土、高强混凝土以及蒸汽养护混凝土。

2）引气剂。可用于抗冻、防渗、抗硫酸盐、轻骨料以及对饰面有要求的混凝土，不宜用于蒸汽养护混凝土及预应力混凝土。抗冻融性能要求高的混凝土，必须掺用引气剂和引气减水剂，其掺量应根据混凝土的含气量，通过试验确定。引气剂及引气减水剂混凝土必须采用机械搅拌，其搅拌时间不宜大于 5min 也不宜小于 3min。

3）缓凝剂。可用于大体积混凝土、炎热气候条件下施工的混凝土以及需长时间停放或长距离运输的混凝土。不宜用于日最低气温 5℃ 以下施工的混凝土和有早强要求的混凝土及蒸汽养护混凝土。掺缓凝剂的混凝土应在混凝土终凝后浇水养护。

4）早强剂。能提高混凝土早期强度，并且对后期强度无显著影响的外加剂。早强剂的主要作用在于加速水泥水化速度，促进混凝土早期强度的发展。既具有早强功能，又具有一定减水增强功能的外加剂称为早强减水剂。

5）防冻剂。适用于负温条件下施工的混凝土，氯盐类防冻剂的使用应符合早强剂中的有关规定。

5.3.4 混凝土制备

1. 施工配合比计算

混凝土的组成材料是胶凝材料（水泥）、细骨料（砂）、粗骨料（碎、砾石）及水。施工时应根据结构设计所要求的混凝土强度等级，选择施工地区常用的配合比或经试验确定的配合比，并且要考虑到所要采用的配合比中是否考虑了现场备用砂、石（碎石、卵石）的实际含水率情况。若未考虑，就应视具体材料的含水率大小，对原配合比进行调整。为方便施工，配合比一般以一袋或二袋水泥为下料单位。

施工中必须严格按照调整后的配合比下料。不根据砂、石实际含水率换算配合比、不按配合比要求准确地称量材料，会严重影响混凝土的质量。

设混凝土试验室配合比为水泥：砂子：石子 $=1:x:y$，测得砂子的含水率为 w_x，石子的含水率为 w_y，则施工配合比应为 $1:x(1+w_x):y(1+w_y)$。

【例 5-5】 已知 C20 混凝土的试验室配合比为 $1:2.55:5.12$，水胶比为 0.65，经测定砂的含水率为 3%，石子的含水率为 1%，每 $1m^3$ 混凝土的水泥用量 310kg，求施工中各材料的用量。

【解】 由题意，施工配合比为 $1:2.55(1+3\%):5.12(1+1\%)=1:2.63:5.17$

1）每立方米混凝土材料用量：

水泥为 310kg

砂子为 $310×2.63=815.3$kg

石子为 $310×5.17=1602.7$kg

水为 $310×0.65-310×2.55×3\%-310×5.12×1\%=161.9$kg

2）如采用 JZ250 型搅拌机，出料容量为 $0.25m^3$，则每搅拌一次的装料数量：

水泥为 $310×0.25=77.5$kg（取一袋半水泥，即 75kg）

砂子为 $815.3×\dfrac{75}{310}=197.25$kg

石子为 $1602.7×\dfrac{75}{310}=387.75$kg

水 $161.9×\dfrac{75}{310}=39.2$kg

2. 拌制

混凝土的拌制是指将各种组成材料（水、水泥和粗细骨料）进行均匀拌和及混合的过程，通过搅拌，使材料强化、塑化。

（1）混凝土搅拌机

1）自落式搅拌机。自落式搅拌机主要是根据重力原理设计的，搅拌机的搅拌筒内壁焊有弧形叶片，当搅拌筒绕水平轴旋转时，弧形叶片不断将物料提高，然后使其自由落下而互相混合，从而达到搅拌的目的。自落式搅拌机逐步被淘汰。

2）强制式搅拌机。强制式搅拌机是利用剪切搅拌机理进行设计的，一般筒身固定，叶片绕竖轴或卧轴旋转，对物料施加剪切、挤压、翻滚和抛出等的组合作用，使物料剧烈翻动，从而进行拌和。也有底盘同时做同向或反向旋转的，使拌合物料交叉流动，搅拌得更加均匀。

强制式搅拌机的搅拌作用比自落式搅拌机强烈，适宜搅拌干硬性混凝土和轻骨料混凝土，也可搅拌低流动性混凝土。其具有搅拌质量好、速度快、生产效率高、操作简便及安全等优点。但强制式搅拌机的转速比自落式搅拌机高，动力消耗大，叶片、衬板等磨损也大，一般需用高强合金钢或其他耐磨材料做内衬，故多用于集中搅拌站或预制厂。

（2）现场混凝土搅拌站　现场搅拌站应根据工程任务大小、施工现场条件、机具设备等情况，因地制宜进行设置。所有机械设备宜采用装配连接结构，做到拆装、搬运方便，便于转移到下一个建筑工地。

混凝土搅拌站机械生产设备的布置有两种方式：

1）简易搅拌站。对混凝土强度要求不高，工作量不大的短期的小型工地，可以采用单机或双机的简易生产线。基本上采用手工操作、手动控制。

2）一般混凝土搅拌站。混凝土搅拌站是将混凝土拌合物，在一个集中点统一拌制成混凝土，用混凝土运输车分别输送到一个或多个施工现场进行浇筑。这种混凝土称为商品混凝土。使用商品混凝土不仅可以避免现场搅拌带来的种种污染，而且由于生产过程实现集中控制，配比实现电脑操作，混凝土的质量也有可靠保障，有利于提高城区建设工程质量。使用商品混凝土还可以提高效率，解决城区施工场地狭小等难题。商品混凝土是国家的发展方向，有些城市已规定在一定范围内必须采用商品混凝土，不得现场拌制。

（3）混凝土的搅拌制度

1）搅拌时间。搅拌时间是指从原材料全部投入搅拌筒时起，到开始卸料为止所经历的时间。通过充分搅拌，混凝土的各种组成材料应混合均匀，颜色一致。搅拌时间随搅拌机的类型及混凝土拌合料和易性的不同而异。在生产中，应根据混凝土拌合料要求的均匀性、混凝土强度增长的效果及生产效率几种因素，规定合适的搅拌时间。搅拌时间过短，混凝土拌和不均匀，强度及和易性下降；搅拌时间过长，不但搅拌的生产效率降低，而且不坚硬的粗骨料在大容量搅拌机中会脱角、破碎，从而影响混凝土的质量。混凝土搅拌的最短时间见表5-10。

表 5-10　混凝土搅拌的最短时间　　　　　　　　　　　（单位：s）

混凝土的坍落度	搅拌机机型	搅拌机出料量		
		<250L	250~500L	>500L
≤30mm	强制式	60	90	120
	自落式	90	120	150
>30mm	强制式	60	60	90
	自落式	90	90	120

注：1. 混凝土搅拌的最短时间系指自全部材料装入搅拌筒中起，到开始卸料止的最短时间。

2. 当掺有外加剂时，搅拌时间应适当延长。

3. 当采用其他形式的搅拌设备时，搅拌的最短时间应按设备说明书的规定或经试验确定。

4. 冬期的搅拌应比表中规定的时间延长 50%。

2）投料顺序。投料顺序应从提高搅拌质量，减少叶片和衬板的磨损，减少拌合物与搅拌筒的黏结，减少水泥飞扬和改善工作环境等方面综合考虑确定。按原材料投料不同，混凝土的投料方法可分为一次投料法、两次投料法和水泥裹砂法等。

① 一次投料法。即在上料斗中先装石子，再加水泥和砂，然后一次投入搅拌机。一次投料法是在鼓筒内先加水或在料斗提升进料的同时加水。这种上料顺序使水泥夹在石子和砂中间，上料时不致飞扬，又不致黏住斗底，且水泥和砂先进入搅拌筒形成水泥砂浆，可缩短包裹石子的时间。

② 两次投料法。它又分为预拌水泥砂浆法和预拌水泥净浆法。预拌水泥砂浆法是先将水泥、砂和水加入搅拌筒内进行充分搅拌，成为均匀的水泥砂浆，再投入石子搅拌成均匀的混凝土。预拌水泥净浆法是将水泥和水充分搅拌成均匀的水泥净浆后，再加入砂和石子搅拌成混凝土。两次投料法搅拌的混凝土与一次投料法相比，混凝土强度提高15%，在强度相同的情况下，可节约水泥15%~20%。

③ 水泥裹砂法。此法又称为SEC法。采用这种方法拌制的混凝土称为SEC混凝土，也称为造壳混凝土。其搅拌程序是先加一定量的水，将砂表面的含水量调节到某一规定的数值后，再将石子加入与湿砂拌匀，然后将全部水泥投入，与润湿后的砂、石拌和，使水泥在砂、石表面形成一层低水灰比的水泥浆壳（此过程称为成壳），最后将剩余的水和外加剂加入，搅拌成混凝土。采用SEC法制备的混凝土与一次投料法比，强度可提高20%~30%，混凝土不易产生离析现象，泌水少，工作性能好。

3）进料容量。进料容量是将搅拌前各种材料的体积累积起来的容量，又称干料容量。进料容量约为出料容量的1.4~1.8倍（一般取1.5），如任意超载（进料容量超过10%），材料在搅拌筒内无充分的空间进行拌和，会影响混凝土拌合物的均匀性。反之，如装料过少，则又不能充分发挥搅拌机的效能。

5.3.5 混凝土运输

1. 混凝土运输要求

为保证混凝土的质量，混凝土自搅拌机中卸出后，应及时运至浇筑地点。对混凝土运输方案的选择，应根据建筑结构特点、混凝土工程量、运输距离、地形、道路和气候条件，以及现有设备情况等进行考虑。无论采用何种运输方案，均应满足以下要求。

混凝土运输、浇筑、养护

1）保证混凝土的浇筑量，尤其是在滑模施工和不允许留施工缝的情况下，混凝土运输必须保证其浇筑工作能够连续进行。

2）混凝土运输中，应保持其均匀性，保证不分层、不离析、不滑浆；运到浇筑地点时，应具有规定的坍落度，当有离析现象时，应进行二次搅拌再入模。

3）混凝土的运输工具要求不吸水、不漏浆、内壁平整光洁，且在运输中的全部时间不应超过混凝土的初凝时间。普通混凝土从搅拌机中卸出后到浇筑完毕的延续时间不宜超过表5-11的规定。如需进行长距离运输可选用混凝土搅拌运输车。

4）场内输送道路应尽量平坦，以减少运输时的振荡，避免造成混凝土分层离析。

5）在风雨或暴热天气输送混凝土，容器上应加遮盖，以防进水或水分蒸发。冬期施工应加以保温。夏季最高气温超过40℃时，应有隔热措施。

表 5-11　混凝土从搅拌机中卸出后到浇筑完毕的延续时间限值　　（单位：min）

气　　温	采用搅拌车		其他运输设备	
	C30 及 C30 以下	C30 以上	C30 及 C30 以下	C30 以上
低于或等于 25℃	120	90	90	75
高于 25℃	90	60	60	45

注：1. 掺用外加剂或采用快硬水泥拌制混凝土时，延续时间应按试验确定。
　　2. 轻骨料混凝土的运输、浇筑，延续时间应适当缩短。

2. 混凝土运输工具

（1）运输工具的选择　混凝土运输分地面水平运输、楼面水平运输和垂直运输三种。

1）地面水平运输。短距离多用双轮手推车、机动翻斗车；长距离宜用自卸汽车、混凝土搅拌运输车。

2）楼面水平运输。可采用双轮手推车、皮带运输机，也可采用塔式起重机、混凝土泵等。

3）垂直运输。可采用各种井架、龙门架和塔式起重机。对于浇筑量大、浇筑速度比较稳定的大型设备基础和高层建筑，宜采用混凝土泵，也可采用自升式塔式起重机或爬升式塔式起重机。

（2）混凝土水平运输工具

1）手推车。施工工地上普遍使用的水平运输工具，有独轮、双轮和三轮手推车等多种。手推车具有小巧、轻便等特点，不但适用于一般的地面水平运输，还能在脚手架、施工栈道上使用；也可与塔吊、井架等配合使用，满足垂直运输混凝土、砂浆等材料的需要。

2）机动翻斗车。机动翻斗车具有轻便灵活、结构简单、操纵简便、转弯半径小、速度快、能自动卸料等特点，适用于短距离水平运输。

3）混凝土搅拌运输车。混凝土搅拌运输车是将锥形倾翻出料式搅拌机装在载重汽车的底盘上的运送混凝土的专用设备，在运量大、运距远的情况下，能保证混凝土的质量均匀，一般当混凝土制备点（商品混凝土站）与浇筑点距离较远时采用。

（3）混凝土垂直运输工具

1）塔式起重机。主要用于大型建筑和高层建筑的垂直运输，可通过料罐（又称料斗）将混凝土直接送到浇筑地点。

2）混凝土提升机。它是快速输送大量混凝土的垂直提升设备，由钢井架、混凝土提升斗、高速卷扬机等组成，提升速度可达 50～100m/min。当混凝土提升到施工楼层后，卸入楼面受料斗，再采用其他楼面水平运输工具（如手推车等）运送到施工部位浇筑。

3）井架。一般由主体、台灵拔杆、卷扬机、吊盘、自动倾卸吊斗及钢丝缆风绳等组成，具有一机多用、构造简单、装拆方便等优点。

4）混凝土泵。将混凝土拌合物从搅拌机出口通过管道连续不断地泵送到浇筑仓面的一种混凝土输送机械。它以泵为动力，沿管道输送混凝土，可一次完成水平及垂直运输，将混凝土直接输送到浇筑地点。混凝土泵是发展较快的一种混凝土运输方法。

5.3.6　混凝土浇筑

1. 浇筑前的准备工作

（1）地基的检查与清理

1）在地基上直接浇筑混凝土时（如基础、地面），应对其轴线位置及标高和各部分尺寸进行复核和检查，如有不符，应立即修正。

2）清除地基底面上的杂物和淤泥浮土；地基面上凹凸不平处，应加以修理整平。

3）对于干燥的非黏土地基，应洒水润湿；对于岩石地基或混凝土基础垫层，应用清水清洗，但不得留有积水。

4）当有地下水涌出或地表水流入地基时，应考虑排水，并应考虑混凝土浇筑后及硬化过程中的排水措施，以防冲刷新浇筑的混凝土。

5）检查基槽和基坑的支护及边坡的安全措施，以避免运输车辆行驶而引起的坍方事故。

（2）模板的检查

1）模板的轴线位置、标高、截面尺寸以及预留孔洞和预埋件的位置应与设计相一致。

2）模板的支撑应牢固，对于妨碍浇筑的支撑应加以调整，以免在浇筑过程中发生变形、位移和其他影响浇筑的情况。

3）模板安装时应认真涂刷隔离剂，以利于脱模。模板内的泥土、木屑等杂物应清除。

4）木模应浇水充分润湿，尚未胀密的缝隙应用纸筋灰或水泥袋纸嵌塞，缝隙较大处应用木片等填塞，以防漏浆。金属模板的缝隙和孔洞也应堵塞。

（3）钢筋检查

1）钢筋及预埋件的规格、数量，安装位置应与设计相一致，绑扎与安装应牢固。

2）清除钢筋上的油污，砂浆等，并按规定加垫好钢筋的混凝土保护垫块。

3）协同有关人员做好隐蔽工程记录。

（4）供水，供电及原材料的保证

1）浇筑期间应保证水、电及照明不中断，应考虑临时停水断电措施。

2）浇筑地点应贮备一定数量的水泥、砂、石等原材料，并满足配合比要求，以保证浇筑的连续性。

（5）机具的检查及准备

1）搅拌机、运输车辆、振捣器及串筒、溜槽、料斗应按需准备充足，并保证完好。

2）准备急需的备用品、配件，以备修理用。

（6）道路及脚手架的检查

1）运输道路应平整、通畅、无障碍物，应考虑空载和重载车辆的分流，以免发生碰撞。

2）脚手架的搭设应安全牢固，脚手板的铺设应合理适用，并能满足浇筑的要求。

（7）其他　做好浇筑期间的防雨、防冻、防暴晒的设施准备工作，以及浇筑完毕后的养护准备工作。

2. 混凝土浇筑的一般规定

1）浇筑柱、墙模板内混凝土时为避免发生离析现象，混凝土自高处倾落的自由高度（称为自由下落高度），粗骨料粒径大于 25mm 时不应超过 3m，粗骨料粒径小于或等于 25mm 时不超过 6m。自由下落高度不满足要求时，应加设串筒、溜槽、溜管，以防混凝土产生离析。

2）为了使混凝土能够振捣密实，浇筑时应分层浇筑、振捣，并在下层混凝土初凝之前，将上层混凝土浇筑并振捣完毕。如果在下层混凝土已经初凝后，再浇筑上面一层混凝土，在振捣上层混凝土时，下层混凝土由于受振动，已凝结的混凝土结构就会遭到破坏。混凝土分层浇筑时每层的厚度应符合表 2-6 的规定。

3）竖向结构（墙、柱等）浇筑混凝土前，底部应先填 50~100mm 厚与混凝土内砂浆成分相同的水泥砂浆，防止烂根。

4）在一般情况下，梁和板的混凝土应同时浇筑。较大尺寸的梁（梁的高度大于 1m）、拱和类似的结构，可单独浇筑。

5）在浇筑与柱和墙连成整体的梁和板时，应在柱和墙浇筑完毕后停歇 1~1.5h，使其获得初步沉实后，再继续浇筑梁和板。

3. 施工缝

（1）施工缝特点　施工缝是一种特殊的工艺缝。浇筑时由于施工技术（安装上部钢筋、重新安装模板和脚手架、限制支撑结构上的荷载等）或施工组织（工人换班、设备损坏、待料等）上的原因，不能连续将结构整体浇筑完成，且停歇时间可能超过混凝土的凝结时间时，则应预先确定在适当的部位留置施工缝。

这里所说的施工缝，实际并没有缝，而是新浇混凝土与原混凝土之间的结合面，混凝土浇筑后，缝已不存在，故与房屋的伸缩缝、沉降缝和抗震缝不同，后三种缝不管在建筑物的建造过程中还是在建成后，都是实际存在的空隙。

（2）允许留施工缝的位置　由于施工缝处"新""老"混凝土连接的强度比整体混凝土强度低，所以施工缝一般应留在结构受剪力较小且便于施工的部位。柱子宜留在基础顶面、梁或吊车梁牛腿的下面、吊车梁的上面、无梁楼盖柱帽的下面。与板连成整体的大断面梁（高度大于 1m 的混凝土梁）单独浇筑时，施工缝应留置在板底面以下 20~30mm 处。有主次梁的楼板，宜顺着次梁方向浇筑，施工缝应留置在次梁跨度中间 1/3 的范围内。单向板的施工缝可留置在平行于板的短边的任何位置处。楼梯的施工缝也应留在跨中 1/3 范围内。墙留置在门洞口过梁跨中 1/3 范围内，也可留在纵横墙的交接处。双向受力楼板、大体积混凝土结构、拱、穹拱、薄壳、蓄水池、斗包、多层框架及其他结构复杂工程，施工缝位置应按设计要求留置。

注意，留设施工缝是不得已而为之的，并不是每个工程都必须设施工缝，有的结构不允许留施工缝。

（3）施工缝的处理

1）在施工缝处继续浇筑混凝土时，先前已浇筑混凝土的抗压强度不得小于 $1.2N/mm^2$。

2）继续浇筑前，应清除已硬化混凝土表面上的水泥薄膜和松动石子以及软弱混凝土层，并加以充分湿润和冲洗干净，且不得积水。

3）在浇筑混凝土前，应先铺一层水泥浆或与混凝土内成分相同的水泥砂浆，然后再浇筑混凝土。

4）混凝土应细致捣实，使新旧混凝土紧密结合。

4. 混凝土的浇筑方法

（1）框架浇筑

1）多层框架应分层分段施工，水平方向按结构平面的伸缩缝分段，垂直方向按结构层次分层。在每层中先浇筑柱，再浇筑梁、板。浇筑一排柱的顺序是从两端同时开始、向中间推进，以免浇筑混凝土后，由于模板吸水膨胀，断面增大而产生横向推力，最后使柱发生弯曲变形。柱子浇筑宜在梁、板模板安装后，钢筋未绑扎前进行，以便利用梁、板模板稳定柱模和作为浇筑柱混凝土的操作平台。

2）混凝土浇筑过程中，要分批做坍落度试验，如坍落度与原规定不符时，应调整配合比。

3）混凝土浇筑过程中，要保证混凝土保护层厚度及钢筋位置的正确性。不得踩踏钢筋，不得移动预埋件和预留孔洞的原来位置，如发现偏差和位移，应及时校正。特别要重视竖向结构的保护层和板、雨篷结构负弯矩部分钢筋的位置。

4）在竖向结构中浇筑混凝土时，应遵守下列规定。

① 柱子应分段浇筑。边长大于 400mm 且无交叉箍筋时，每段的高度不应大于 3.5m。

② 墙与隔墙应分段浇筑，每段的高度不应大于 3m。

③ 采用竖向串筒导送混凝土时，竖向结构的浇筑高度可不加限制。

④ 凡柱断面在 400mm×400mm 以内，并有交叉箍筋时，应在柱模侧面开不小于 300mm 高的门洞，装上斜溜槽分段浇筑，每段高度不得超过 2m。

⑤ 分层施工开始浇筑上一层柱时，底部应先填以 50~100mm 厚水泥砂浆一层，其成分与浇筑混凝土内砂浆成分相同，以免底部产生蜂窝现象。

⑥ 在浇筑剪力墙、薄墙、立柱等狭深结构时，为避免混凝土浇筑至一定高度后，由于积聚大量浆水而造成混凝土强度不匀的现象，宜在浇筑到适当的高度时，适量减少混凝土的配合比用水量。

5）肋形楼板的梁、板应同时浇筑。浇筑方法应先将梁根据高度分层浇捣成阶梯形，当达到板底位置时即与板的混凝土一起浇捣，随着阶梯形的不断延长，则可连续向前推进（图 5-30）。倾倒混凝土的方向应与浇筑方向相反（图 5-31）。

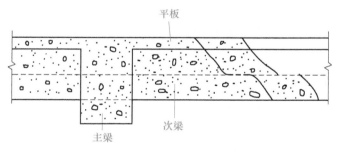

图 5-30　梁、板同时浇筑

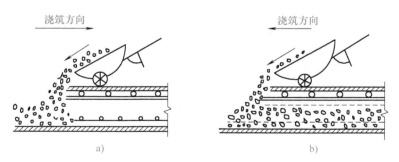

图 5-31　混凝土倾倒方向

a）正确　b）错误

当梁的高度大于 1m 时，允许单独浇筑，施工缝可留在距板底面以下 20~30mm 处。

6）浇筑无梁楼盖时，在离柱帽下 50mm 处暂停，然后分层浇筑柱帽。下料必须倒在柱帽中心，待混凝土接近楼板底面时，即可连同楼板一起浇筑。

7）柱梁及主次梁交叉处一般钢筋较密集，特别是上部的钢筋又粗又多，因此，浇筑时既要防止混凝土下料困难，又要注意钢筋挡住石子不下去。必要时，这一部分可改用细石混凝土进行浇筑，与此同时，振捣棒头可改用片式并辅以人工捣固。

8）梁板施工缝可采用企口式接缝或垂直立缝，不宜留斜槎。

9）在预定留施工缝的地方，在板上按板厚放一木条，在梁上扎一块木板，其中间要留切口以通过钢筋。

（2）剪力墙浇筑　应采取长条流水作业，分段浇筑，均匀上升。浇筑墙体混凝土前或新浇混凝土与下层混凝土结合处，应在底面上均匀浇筑 50mm 厚与墙体混凝土成分相同的水泥砂浆或减石子混凝土。砂浆或混凝土应用铁锹入模，不应用料斗直接灌入模内。混凝土应分层浇筑振捣，每层浇筑厚度控制在 600mm 左右。浇筑墙体混凝土应连续进行，如必须间歇，其间歇时间应尽量缩短，并应在前层混凝土初凝前将次层混凝土浇筑完毕。墙体混凝土的施工缝一般宜设在门窗洞口上，接槎处混凝土应加强振捣，保证接槎严密。

洞口浇筑混凝土时，应使洞口两侧混凝土高度大体一致。振捣时，振捣棒应距洞边 300mm 以上，从两侧同时振捣，以防止洞口变形，大洞口下部模板应开口并补充振捣。构造柱混凝土应分层浇筑，内外墙交接处的构造柱和墙同时浇筑，振捣要密实。采用插入式振捣器捣实普通混凝土的移动间距不宜大于作用半径的 1.5 倍，振捣器距离模板不应大于振捣器作用半径的 1/2，不碰撞各种预埋件。

混凝土墙体浇筑振捣完毕后，将上口甩出的钢筋加以整理，用木抹子按标高线将墙上表面混凝土找平。

混凝土浇捣过程中，不可随意挪动钢筋，要经常加强检查钢筋保护层厚度及所有预埋件的牢固程度和位置的准确性。

5.3.7　混凝土振捣

混凝土浇灌到模板中后，由于骨料间的摩阻力和水泥浆的粘结作用，不能自动充满模板，其内部是疏松的，有一定体积的空洞和气泡，不能达到要求的密实度。而混凝土的密实性直接影响其强度和耐久性，所以在混凝土浇灌到模板内后，必须进行捣实，使之具有设计要求的结构形状、尺寸和强度等级。混凝土捣实的方法有人工捣实和机械振捣，施工现场主要用机械振捣。

1. 人工振捣

人工振捣是用人力的冲击（夯或插）使混凝土密实、成形。一般只有在采用塑性混凝土，而且是在缺少机械或工程量不大的情况下，才用人工振捣。振捣时要注意插匀、插全，实践证明，增加振捣次数比加大振捣力的效果为好。要重点捣好下列部位：主钢筋的下面，钢筋密集处，石子多的地点，模板阴角处，钢筋与侧模之间。

2. 机械振捣

（1）混凝土机械振捣原理　混凝土振捣机械振动时，将具有一定频率和振幅的振动力传给混凝土，使混凝土发生强迫振动，新浇筑的混凝土在振动力作用下，颗粒之间的粘结力和摩阻力大大减小，流动性增加。振捣时粗骨料在重力作用下下沉，水泥浆均匀分布填充骨料空隙，气泡逸出，孔隙减少，游离水分被挤压上升，使原来松散堆积的混凝土充满模型，提高密实度。振动停止后混凝土重新恢复其凝聚状态，逐渐凝结硬化。机械振捣比人工振捣效果好，混凝土密实度提高，水胶比可以减小。

（2）混凝土振捣设备　混凝土振捣机械按其传递振动的方式分为内部振动器、表面振动器、附着式振动器和振动台。在施工工地主要使用内部振动器和表面振动器。

1）内部振动器。内部振动器又称为插入式振动器（振动棒），多用于振捣现浇基础、柱、梁、墙等结构构件和厚大体积的设备基础。

① 启动前应检查电动机接线是否正确，电动机运转方向应与机壳上箭头方向一致。电动机运转方向正确时，振捣棒应发出"呜"的叫声，振动稳定有力。如振捣棒有"哗"声而不振动，可摇晃棒头或将棒头对地轻磕两下，待振捣器发出"呜"的叫声，振动正常后，方可投入使用。

② 使用时，前手应紧握在振动棒上端约50cm处，以控制插点，后手扶正软轴，前后手相距40~50cm左右，使振捣棒自然沉入混凝土内。切忌用力硬插或斜推。振捣器的振捣方向有直插和斜插两种（图5-32）。

③ 插入式振捣器操作时，应做到"快插慢拔"。快插是为了防止表面混凝土先振实而下面混凝土发生分层、离析现象。慢拔是为了使混凝土能填满振捣棒抽出时造成的空洞。振捣器插入混凝土后应上下抽动，抽动幅度为5~10cm，以保证混凝土振捣密实。

④ 混凝土分层灌注时，每层的厚度不应超过振捣棒的1.25倍。在振捣上一层混凝土时，要将振捣棒插入下一层混凝土中约50mm（图5-33），使上下层混凝土接合成一整体。振捣上层混凝土要在下层混凝土初凝前进行。

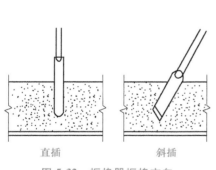

图 5-32　振捣器振捣方向

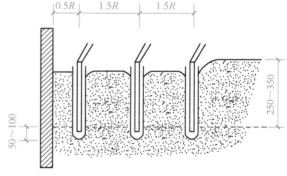

图 5-33　插入式振捣器的插入深度

⑤ 振捣器插点排列要均匀，可按行列式或交错式的次序移动（图5-34），两种排列形式不宜混用，以防漏振。普通混凝土的移动间距不宜大于振捣器作用半径的1.5倍，轻骨料混凝土的移动间距不宜大于振捣器作用半径的1倍，振捣器距离模板不应大于作用半径的0.5倍，并应避免碰撞钢筋、模板、芯管、预埋件等。

⑥ 准确掌握好每个插点的振捣时间。时间过长、过短都会引起混凝土离析、分层。每一插点的振捣延续时间，一般以混凝土表面呈水平、混凝土拌合物不显著下沉、表面泛浆和不出现气泡为准。

2）表面振动器。又称平板振动器，是将一个带偏心块的电动振动器安装在钢板或木板上，振动力通过平板传给混凝土，表面振动器的振动作用深度小，适用于振捣表面积大而厚度小的结构，如现浇楼板、地坪或预制板。平板振动器底板大小的确定，应以使振动器能浮在混凝土表面上为准。

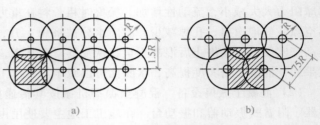

图 5-34 振捣器插点排列

a) 行列式 b) 交错式

3）附着式振动器。是将一个带偏心块的电动振动器利用螺栓或钳形夹具固定在构件模板的外侧，不与混凝土接触，振动力通过模板传给混凝土。附着式振动器的振动作用深度小，适用于振捣钢筋密、厚度小及不宜使用插入式振动器的构件，如墙体，薄腹梁等。

表面振动器和附着式振动器都是在混凝土的外表面施加振动，而使混凝土振捣密实。

4）振动台。是一个支承在弹性支座上的工作台。工作台框架由型钢焊成，台面为钢板。工作台下面装设振动机构。当振动机构转动时，即带动工作平台强迫振动，使平台上的构件混凝土被振实。

振动时应将模板牢固地固定在振动台上（可利用电磁铁固定）。否则模板的振幅和频率将小于振动台的振幅和频率，振幅沿模板分布也不均匀，影响振动效果，振动时噪音也过大。

5.3.8 混凝土养护

混凝土浇捣后之所以能逐渐凝结硬化，主要是因为水泥的水化作用，而水化作用则需要适当的温度和湿度条件。因此，为了保证混凝土有适宜的硬化条件，使其强度不断增长，必须对混凝土进行养护。混凝土养护的目的，一是创造条件使水泥充分水化，加速混凝土硬化；二是防止混凝土成形后因暴晒、风吹、干燥、寒冷等而出现不正常的收缩、裂缝等破损现象。

养护条件对于混凝土强度的增长有重要影响。在施工过程中，应根据原材料、配合比、浇筑部位和季节等具体情况，制定合理的施工技术方案，采取有效的养护措施，保证混凝土强度的正常增长。混凝土的养护方法分为自然养护和加热养护两种。

1. 自然养护

（1）覆盖浇水养护 利用平均气温高于5℃的自然条件，用适当的材料对混凝土表面加以覆盖并浇水，使混凝土在一定的时间内保持水泥水化作用所需要的适当的温度和湿度。

覆盖养护是最常用的保温保湿养护方法，主要措施如下。

1）应在初凝后开始覆盖养护，在终凝后开始浇水。

2）覆盖所用的覆盖物，宜就地取材。通常用麦（稻）杆、草席、竹帘、麻袋片、编织布等片状物，或铺放散体粒料如砂子、锯末、炉渣等。在终凝后，对地坪、大面积基础、楼板等项目，也可以在周边用砖砌小埂蓄水养护。

3）浇水工具，可随混凝土龄期而变动，刚浇筑后，对覆盖物的淋水，可用洒水壶，保证混凝土表面的完整；翌日，即可改用胶管浇水。

4）养护时间，与构件项目、水泥品种和有无掺用外加剂有关，见表 5-12。

表 5-12　混凝土浇水养护时间表

分　类		浇水养护时间/d
拌制混凝土的水泥品种	硅酸盐水泥、普通硅酸盐水泥、矿渣硅酸盐水泥	≥7
	火山灰质硅酸盐水泥、粉煤灰硅酸盐水泥	≥14
	铝酸盐水泥	≥3
抗渗混凝土、混凝土中掺缓凝型外加剂		≥14

注：1. 如平均气温低于 5℃，不得浇水。
　　2. 采用其他品种水泥时，混凝土的养护应根据水泥技术性能确定。

5）柱、墙、烟囱等项目的养护，应采用挂帘养护。

6）大面积结构如地坪、楼板、屋面等可采用蓄水养护。

（2）薄膜布养护　在有条件的情况下，可采用不透水气的薄膜布（如塑料薄膜布）养护。用薄膜布把混凝土表面敞露的部分全部严密地覆盖起来，保证混凝土在不失水的情况下得到充足的养护。这种养护方法的优点是不必浇水，操作方便，能重复使用，能提高混凝土的早期强度，加速模具的周转，但应该保持薄膜布内有凝结水。

（3）薄膜养生液养护　混凝土的表面不便浇水或使用塑料薄膜布养护时，可采用涂刷薄膜养生液，防止混凝土内部水分蒸发的方法养护。薄膜养生液是将可成膜的溶液喷洒在混凝土表面上，溶液挥发后在混凝土表面凝结成一层薄膜，使混凝土表面与空气隔绝，封闭混凝土中的水分不再被蒸发，而完成水化作用。这种养护方法一般适用于表面积大的混凝土施工和缺水地区，但应注意薄膜的保护。

2. 加热养护

加热养护主要是蒸汽养护，是缩短养护时间的方法之一，一般宜用 65℃ 左右的温度蒸养。混凝土在较高湿度和温度条件下，可迅速达到要求的强度。施工现场由于条件限制，现浇预制构件一般可采用临时性地面或地下的养护坑，上盖养护罩或简易的帆布、油布。

5.3.9　混凝土结构质量检查

1. 一般要求

对涉及混凝土结构安全的重要部位应进行结构实体检验。结构实体检验应在监理工程师见证下，由施工项目技术负责人组织实施。承担结构实体检验的试验室应具有相应的资质。

结构实体检验的内容应包括混凝土强度、钢筋保护层厚度及工程合同约定的项目；必要时可检验其他项目。

1）对混凝土强度的检验。应以在混凝土浇筑地点制备并与结构实体同条件养护的试件强度为依据。同条件养护试件检验时，可将同组试件的强度代表值乘以折算系数 1.10，其结果符合《混凝土强度检验评定标准》（GB/T 50107—2010）的有关规定时，混凝土强度应判为合格。

2）对结构实体钢筋保护层厚度的检验。其检验范围主要是钢筋位置可能显著影响结构构件承载力和耐久性的构件和部位，如梁、板类构件的纵向受力钢筋。由于悬臂构件上部受力钢筋移位可能严重削弱结构构件的承载力，故更应重视对悬臂构件受力钢筋保护层厚度的检验。

3）当未能取得同条件养护试件强度、同条件养护试件强度被判为不合格或钢筋保护层厚度不满足要求时，应委托具有相应资质等级的检测机构按国家有关标准的规定进行检测。

2. 同条件养护试件强度检验的取样与要求

检查混凝土质量应进行抗压强度试验。对有抗冻、抗渗要求的混凝土，尚应进行抗冻性、抗渗性等试验。

1）由于混凝土在结构中主要承受压力，因此其抗压强度指标是最重要的强度指标。《混凝土结构工程施工质量验收规范》（GB 50204—2015）规定，评定结构构件的混凝土强度应采用同条件养护的试件的强度。

2）结构混凝土的强度等级必须符合设计要求。用于检查结构构件混凝土强度的试件，应在混凝土的浇筑地点随机抽取。同条件养护试件必须达到等效养护龄期时，方可对其进行强度试验。

3）同条件养护龄期的确定原则。同条件养护试件达到等效养护龄期时，其强度与标准养护条件下 28d 龄期的试件强度相等。

4）同条件自然养护试件的等效养护龄期及相应的试件强度代表值，宜根据当地的气温和养护条件，按下列规定确定：等效养护龄期可取按日平均温度逐日累计达到 600℃·d 时所对应的龄期，0℃ 及以下的龄期不计入；等效养护龄期不应小于 14d，也不宜大于 60d。

5）冬期施工、人工加热养护的结构构件，其同条件养护试件的等效养护龄期，可按构件的实际养护条件，由监理工程师、施工等各方按第 4）条的规定共同确定。

6）同条件养护试件的留置方式和取样数量，应符合下列要求。

① 同条件养护试件所对应的结构构件或结构部位，应由监理（建设）、施工等各方共同选定。

② 对混凝土结构工程中的各混凝土强度等级，均应留置同条件养护试件。

③ 同一强度等级的同条件养护试件，其留置的数量应根据混凝土工程量和重要性确定，不宜少于 10 组，且不应少于 3 组。

④ 同条件养护试件拆模后，应放置在靠近相应结构构件或结构部位的适当位置，并应采取相同的养护方法。

7）对有抗渗要求的混凝土结构，其混凝土试件应在浇筑地点随机取样。同一工程、同一配合比的混凝土，取样不应少于一次，留置组数可根据实际统计需要确定。要求检查试件的抗渗试验报告。

3. 钢筋保护层厚度检验的取样与要求

1）钢筋保护层厚度检验的结构部位和构件数量，应符合下列要求。

① 钢筋保护层厚度检验的结构部位，应由监理（建设）、施工等各方根据结构构件的重要性共同选定。

② 对梁类、板类构件，应各抽取构件数量的 2% 且不少于 5 个构件进行检验；当有悬挑构件时，抽取的构件中悬挑梁类、板类构件所占比例均不宜小于 50%。

2）对选定的梁类构件，应对全部纵向受力钢筋的保护层厚度进行检验；对选定的板类构件，应抽取不少于 6 根纵向受力钢筋的保护层厚度进行检验。对每根钢筋，应在有代表性的部位测量 1 点。有代表性的部位是指该处钢筋保护层厚度可能对构件承载力或耐久性有显著影响的部位。

3）钢筋保护层厚度的检验，可采用非破损或局部破损的方法，也可采用非破损方法并用局部破损方法进行校准。当采用非破损方法检验时，所使用的检测仪器应经过计量检验，检测操作应符合相应规程的规定。钢筋保护层厚度检验的检测误差不应大于 1mm。

4）钢筋保护层厚度检验时，纵向受力钢筋保护层厚度的允许偏差，对梁类构件为 +10～-7mm；对板类构件为 +8～-5mm。每次抽样检验结果中不合格点的最大偏差均不应大于相应允许偏差的 1.5 倍。

5）对梁类、板类构件纵向受力钢筋的保护层厚度应分别进行验收。

5.3.10 大体积混凝土施工

1. 大体积混凝土的定义

随着建（构）筑物体形不断增大，相应结构构件尺寸势必要增大。对于混凝土结构来说，当构件的体积或面积较大时，在混凝土结构和构件内产生较大温度应力，如不采取特殊措施减小温度应力势必会导致混凝土开裂。温度裂缝的产生不单纯是施工方法问题，还涉及结构设计、构造设计、材料选择、材料组成、约束条件及施工环境等诸多因素。

我国现行行业标准《普通混凝土配合比设计规程》（JGJ 55—2011）的定义："混凝土结构物实体最小尺寸等于或大于 1m，或预计会因水泥水化热引起混凝土内外温差过大而导致裂缝的混凝土。"

2. 大体积混凝土的温度裂缝

大体积混凝土由于截面大、水泥用量大，水泥水化释放的水化热会产生较大的温度变化，由于混凝土导热性能差，其外部的热量散失较快，而内部的热量不易散失，造成混凝土各个部位之间的温度差和温度应力，从而产生温度裂缝。

（1）裂缝种类

1）按裂缝有害程度分有害裂缝、无害裂缝两种。有害裂缝是裂缝宽度对建筑物的使用功能和耐久性有影响。通常裂缝宽度略超规定 20% 的为轻度有害裂缝，超规定 50% 的为中度有害裂缝，超规定 100% 的（指贯穿裂缝和纵深裂缝）为重度有害裂缝。

2）按裂缝出现时间分为早期裂缝（3～28d）、中期裂缝（28～180d）和晚期裂缝（180～720d，最终 20 年）。

3）按深度一般可分为表面裂缝、深层裂缝和贯穿裂缝三种。

① 贯穿裂缝切断了结构断面，可能破坏结构整体性、耐久性和防水性，影响正常使用，危害严重。

② 深层裂缝部分切断了结构断面，也有一定危害性。

③ 表面裂缝虽然不属于结构性裂缝，但在混凝土收缩时，由于表面裂缝处断面削弱且易产生应力集中，故能促使裂缝进一步开展。

（2）裂缝产生的原因　大体积混凝土施工阶段产生的温度裂缝，是其内部矛盾发展的结果，一方面是混凝土内外温差产生应力和应变，另一方面是结构的外约束和混凝土各质点间的内约束阻止这种应变，一旦温度应力超过混凝土所能承受的抗拉强度，就会产生裂缝。

1）水泥水化热。水泥的水化热是大体积混凝土内部热量的主要来源，由于大体积混凝土截面厚度大，水化热聚集在混凝土内部不易散失。水泥水化热引起的绝热温升与混凝土单位体积中水泥用量和水泥品种有关，并随混凝土的龄期按指数关系增长，一般在10~12d达到最终绝热温升，但由于结构自然散热，实际上混凝土内部的最高温度大多发生在混凝土浇筑后2~5d。

浇筑初期，混凝土的强度和弹性模量都很低，对水化热引起的急剧温升约束不大，因此相应的温度应力也较小。随着混凝土龄期的增长，弹性模量的增高，对混凝土内部降温收缩的约束也就越来越大，以至产生很大的温度应力，当混凝土的抗拉强度不足以抵抗温度应力时，便开始出现温度裂缝。

2）外界气温变化。大体积混凝土结构施工期间，外界气温的变化情况对防止大体积混凝土开裂有重大影响。外界气温越高，混凝土的浇筑温度也越高，如果外界温度下降，则会增加混凝土的降温幅度，特别是在外界温度骤降时，会增加外层混凝土与内部混凝土的温差，这对大体积混凝土极为不利。

混凝土的内部温度是由外界温度、浇筑温度、水化热引起的绝热温升和结构散热降温等各种温度的叠加，而温度应力则是温差所引起的温度变形造成的，温差越大，温度应力也越大；同时由于大体积混凝土不易散热，混凝土内部温度有时高达80℃以上，且延续时间较长，因此，应研究合理的温度控制措施，以控制大体积混凝土内外温差引起的过大温度应力。

3）约束条件。结构在变形时会受到一定的抑制而阻碍其自由变形，该抑制即称约束，大体积混凝土由于温度变化产生变形，这种变形受到约束才产生应力。在全约束条件下，混凝土结构的变形

$$\varepsilon = T\alpha \tag{5-3}$$

式中　ε——混凝土收缩时的相对变形；

　　　T——混凝土的温度变化量；

　　　α——混凝土的温度膨胀系数。

ε超过混凝土的极限拉伸值时，结构便出现裂缝。由于结构不可能受到全约束，而且混凝土还存在徐变变形，所以温差在25℃甚至30℃情况下混凝土亦可能不开裂。无约束就不会产生应力，因此，改善约束对于防止混凝土开裂有重要意义。

（3）大体积混凝土裂缝控制

1）降低水泥水化热和变形。

① 选用低水化热或中水化热的水泥品种配制混凝土，如矿渣硅酸盐水泥、火山灰质硅酸盐水泥、粉煤灰水泥、复合水泥等。

② 充分利用混凝土的后期强度，减少每立方米混凝土中水泥用量。根据试验每增减10kg水泥，其水化热将使混凝土的温度相应升降1℃。

③ 使用粗骨料，尽量选用粒径较大、级配良好的粗细骨料；控制砂石含泥量；掺加粉煤灰等掺合料或掺加相应的减水剂、缓凝剂，改善和易性、降低水胶比，以达到减少水泥用量、降低水化热的目的。

④ 在基础内部预埋冷却水管，通入循环冷却水，强制降低混凝土水化热温度。

⑤ 在厚大无筋或少筋的大体积混凝土中，掺加总量不超过20%的大石块，减少混凝土的用量，以达到节省水泥和降低水化热的目的。

⑥ 在拌和混凝土时，还可掺入适量的微膨胀剂或膨胀水泥，使混凝土得到补偿收缩，减少混凝土的温度应力。

⑦ 改善配筋。为了保证每个浇筑层上下均有温度筋，可建议设计人员将分布筋做适当调整。温度筋宜分布细密，一般用直径 8mm 的钢筋，双向配筋，间距 150mm。这样可以增强抵抗温度应力的能力。上层钢筋的绑扎，应在浇筑完下层混凝土之后进行。

⑧ 设置后浇带。当大体积混凝土平面尺寸过大时，可以适当设置后浇带，以减小外应力和温度应力；同时也有利于散热，降低混凝土的内部温度。

2）降低混凝土温度差。

① 选择较适宜的气温浇筑大体积混凝土，尽量避开炎热天气浇筑混凝土。夏季可采用低温水或冰水搅拌混凝土，可对骨料喷冷水雾或冷气进行预冷，或对骨料进行覆盖或设置遮阳装置避免日光直晒，运输工具如具备条件也应搭设避阳设施，以降低混凝土拌合物的入模温度。

② 掺加相应的缓凝型减水剂，如木质素磺酸钙等。

③ 在混凝土入模时，采取措施改善和加强模内的通风，加速模内热量的散发。

3）加强施工中的温度控制。

① 在混凝土浇筑之后，做好混凝土的保温保湿养护，缓缓降温，充分发挥徐变特性，减低温度应力，夏季应注意避免曝晒，注意保湿，冬期应采取措施保温覆盖，以免发生急剧的温度梯度发生。

② 采取长时间的养护，规定合理的拆模时间，延缓降温时间和速度，充分发挥混凝土的应力松弛效应。

③ 加强测温和温度监测与管理，实行信息化控制，随时控制混凝土内的温度变化，内外温差控制在 25℃ 以内，基面温差和基底面温差均控制在 20℃ 以内，及时调整保温及养护措施，使混凝土的温度梯度和湿度不至过大，以有效控制有害裂缝的出现。

④ 合理安排施工程序，控制混凝土在浇筑过程中均匀上升，避免混凝土拌合物堆积过大过高。在结构完成后及时回填土，避免其侧面长期暴露。

4）改善约束条件，削减温度应力。

① 采取分层或分块浇筑大体积混凝土，合理设置水平或垂直施工缝，或在适当的位置设置施工后浇带，以放松约束程度，减少每次浇筑长度的蓄热量，防止水化热的积聚，减少温度应力。

② 对大体积混凝土基础与岩石地基，或基础与厚大的混凝土垫层之间设置滑动层，如采用平面浇沥青胶铺砂、或刷热沥青或铺卷材。在垂直面、键槽部位设置缓冲层，如铺设 30～50mm 厚沥青木丝板或聚苯乙烯泡沫塑料，以消除嵌固作用，释放约束应力。

5）提高混凝土的极限拉伸强度。

① 选择良好级配的粗骨料，严格控制其含泥量，加强混凝土的振捣，提高混凝土密实度和抗拉强度，减小收缩变形，保证施工质量。

② 采取二次投料法，二次振捣法，浇筑后及时排除表面积水，加强早期养护，提高混凝土早期或相应龄期的抗拉强度和弹性模量。

③ 在大体积混凝土基础内设置必要的温度配筋，在截面突变和转折处，底、顶板与墙转折处，孔洞转角及周边，增加斜向构造配筋，以改善应力集中，防止裂缝的出现。

同 步 测 试

一、填空题

1. 模板系统主要由_____和_____两部分组成。

2. 钢筋的冷加工包括_____和_____。

3. 钢筋的代换有____和____两种方法。

4. 当构件按最小配筋率配筋时，钢筋代换可按_____相等原则进行代换。

5. _____和_____是施工现场常用的振捣设备。

二、单项选择题

1. 梁跨度较大时，为防止浇筑混凝土后跨中梁底向下挠曲，中部应起拱，如设计无规定时，起拱高度为全跨长度的（　　　）。

A. 0.8%~1%　　　　B. 1%~3%　　　　C. 3%~5%　　　　D. 0.1%~0.3%

2. 钢筋冷拉应力控制法的实质是（　　　）。

A. 仅控制冷拉应力　　　　　　　　　B. 控制冷拉应力，又控制冷拉率限值

C. 最大冷拉率控制　　　　　　　　　D. 最大应力控制

3. 竖向结构（墙、柱等）浇筑混凝土前，底部应先填（　　　）mm 厚与混凝土内砂浆成分相同的水泥砂浆，防止烂根。

A. 50~100　　　　B. 50~150　　　　C. 100~200　　　　D. 100~300

4. 加热养护主要是蒸汽养护，是缩短养护时间的方法之一，一般宜在（　　　）左右的温度蒸养。

A. 55℃　　　　B. 65℃　　　　C. 75℃　　　　D. 85℃

5. 混凝土搅拌时间是指（　　　）。

A. 原材料全部投入到全部卸出　　　　B. 开始投料到开始卸料

C. 原材料全部投入到开始卸出　　　　D. 开始投料到全部卸料

三、简答题

1. 大体积混凝土的浇筑方法有哪些？如何防止大体积混凝土表面裂缝？

2. 施工缝应留置到何时，如何处理？

四、思考题

党的二十大报告提出"我们提出并贯彻新发展理念，着力推进高质量发展。"请结合本单元学习内容，谈谈如何提升钢筋混凝土工程的施工质量？

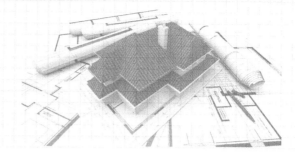

单元6

预应力混凝土工程

【素养提升】

　　杭州湾跨海大桥是一座纵跨中国杭州湾的跨海特大桥，于 2008 年 5 月 1 日通车运营，既是沈海高速公路（国家高速 G15）的组成部分之一，也是浙江省东北部城市快速路的重要构成部分。该桥梁北起浙江省嘉兴市海盐，南至宁波市慈溪，按双向六车道高速公路标准设计，全长共 36km。

　　杭州湾跨海大桥科技含量之高首先体现于施工工艺，桥梁设计采取预制化、工厂化、大型化、变海上施工为陆上施工的施工方案，突破了长期以来设计决定施工的传统工程建设理念。预制吊装的最大构件为长 70m、宽 16m、高 4.0m、重 2180t 的预应力混凝土箱梁，最长的构件为长度 84m、直径 1.6m 的超长钢管桩，这些构件在当时可称得上是举世无双。为了减轻海水中氯离子对大桥钢材和混凝土的腐蚀，保证大桥的设计寿命，设计师还专门研制了一整套防治海水腐蚀的有效方案。

知识目标：

- 了解预应力的基本原理。
- 掌握预应力混凝土工程的施工工艺、操作要点。
- 掌握预应力混凝土工程施工质量验收标准。

能力目标：

- 能够编制预应力混凝土后张法施工专项方案。
- 能够进行预应力混凝土工程施工技术交底。
- 能够进行预应力混凝土工程施工质量检查。

素养目标：

- 培养学生推动中国式现代化建筑业高质量发展的意识。
- 培养学生新型工业化的意识。
- 培养学生与时俱进、求真务实的工作原则。

任务1 先张法施工

6.1.1 先张法机具设备

先张法施工是在浇筑混凝土前在台座上或钢模上张拉预应力筋,并用夹具将张拉完毕的预应力筋临时固定在台座的横梁上或钢模上,然后进行非预应力钢筋的绑扎,支设模板,浇筑混凝土,养护混凝土至设计强度等级的70%以上,放张预应力筋,使混凝土在预应力筋的反弹力作用下,通过混凝土与预应力筋之间的粘结力传递预应力,使得钢筋混凝土构件受拉区的混凝土承受预压应力。

由于先张法施工预应力筋张拉、锚固、混凝土的浇筑、养护、放松均在台座上进行,故预应力筋放松前其拉力都是由台座承受的。台座或钢模承受预应力筋的张拉能力受到限制,并考虑到构件的运输条件,因此先张法施工适于生产中小型预应力混凝土构件,如预应力楼板、预应力屋面板、中小型预应力吊车梁等构件。

1. 台座

台座是先张法施工张拉和临时固定预应力筋的支撑结构,它承受预应力筋的全部张拉力,因而要求台座必须具有足够的强度、刚度和稳定性,同时要满足生产工艺要求。台座按构造形式分为墩式台座和槽式台座。

(1)墩式台座 墩式台座是由传力墩、台面和横梁组成的(图6-1)。

传力墩是墩式台座的主要受力结构,其依靠自重和土压力平衡张拉力产生的倾覆力矩,依靠土的反力和摩阻力平衡张力产生的水平位移。因此,传力墩结构造型大,埋设深度深,投资较大。为了改善传力墩的受力状况,提高台座承受张拉力的能力,可采用与台面共同工作的传力墩,从而减小台墩自重和埋深。

台面是预应力混凝土构件成型的胎模。它是由素土夯实后铺碎砖垫层,再浇筑 50～80mm 厚的 C15～C20 混凝土面层组成的。台面要求平整、光滑,沿其纵向留设 0.3% 的排水坡度,每隔 10～20m 设置宽 30～50mm 的温度缝。

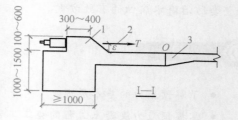

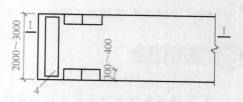

图6-1 墩式台座
1—传力墩 2—预应力筋 3—台面 4—横梁

横梁是锚固夹具临时固定预应力筋的支点,也是张拉机械张抗预应力筋的支座,常采用型钢或由钢筋混凝土制作而成。横梁挠度要求小于 2mm,并不得产生翘曲。

墩式台座长度为 100～150m,又称长线台座。墩式台座张拉一次可生产多根顶应力混凝土构件,减少了张拉和临时固定的工作,同时也减少了由于预应力筋滑移和横梁变形引起的预应力损失值。

(2)槽式台座 槽式台座是由端柱,传力柱和上、下横梁以及砖墙组成的(图6-2)。

端柱和传力柱是槽式台座的主要受力结构,采用钢筋混凝土结构。为了便于装拆转移,端柱和传力柱常采用装配式结构，端柱长 5m，传力柱每段长 6m。为了便于构件运输和蒸汽养护，台面低于地面为好，一砖厚的砖墙起挡土作用，同时又是蒸汽养护预应力混凝土构件的保温侧墙。

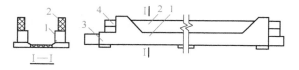

图 6-2 槽式台座

1—钢筋混凝土压杆 2—砖墙 3—下横梁 4—上横梁

　　槽式台座长度为 45～76m（45m 长槽式台座一次可生产 6 根 6m 长吊车梁，76m 长槽式台座一次可生产 10 根 6m 长吊车梁或 3 榀 24m 长屋架），槽式台座能够承受较为强大的张拉力，适于双向预应力混凝土构件的张拉，同时也易于进行蒸汽养护。

　　2. 夹具

　　夹具是预应力筋进行张拉和临时固定的工具，要求夹具工作可靠，构造简单，施工方便，成本低。根据夹具的工作特点分为张拉夹具和锚固夹具。

　　（1）张拉夹具　张拉夹具是将预应力筋与张拉机械连接起来，进行预应力张拉的工具。常用的张拉夹具如下。

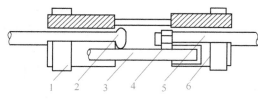

图 6-3 偏心式夹具

　　1）偏心式夹具。偏心式夹具用作钢丝的张拉，由一对带齿的月牙形偏心块组成（图 6-3）。偏心块可用工具钢制作，其刻齿部分的硬度较所夹钢丝的硬度大。这种夹具构造简单，使用方便。

　　2）压销式夹具。压销式夹具用作直径 12～16mm 的 HPB300～RRB400 级钢筋的张拉夹具，由销片和楔形压销组成（图 6-4）。销片 2、3 有与钢筋直径相适应的半圆槽，槽内有齿纹用以夹紧钢筋。当楔紧或放松楔形压销 1 时，便可夹紧或放松钢筋。

　　3）套筒连接器（图 6-5）。

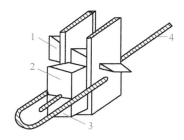

图 6-4 压销式夹具

1—楔形压销 2—销片（楔形）
3—销片 4—钢筋

图 6-5 套筒连接器

1—钢圈 2—钢丝 3—连接钢筋 4—螺母 5—螺杆 6—半圆形套筒

　　（2）锚固夹具　锚固夹具是将预应力筋临时固定在台座横梁上的工具。常用的锚固夹具如下。

　　1）圆锥齿板式夹具及圆锥形槽式夹具。这是常用的两种单根钢丝夹具，适用于锚固直径 3～5mm 的冷拔低碳钢丝，也适用于锚固直径 5mm 的碳素（刻痕）钢丝。这两种夹具均由套筒与销子组成（图 6-6）。套筒为圆形，中开圆锥形孔。销子有两种形式；一种是在圆锥形销子上留有 1～3 个凹槽，在凹槽内刻有细齿，即为圆锥形槽式夹具；另一种是在圆锥形销子上切去一块，在切削面上刻有细齿，即为圆锥形齿板式夹具。当锚固冷拔低碳钢丝时，套筒用 5 号钢或 25 锰硅钢制作，不需热处理就可使用；销子用 45 号钢制作，热处理硬度要求 40~45HRC。当锚固碳素（刻痕）钢丝时，套筒与销子均用 45 号钢制作，套筒热处理硬度要求 25~28HRC，销子热处理硬度要求 55~58HRC。锚固时，将销子凹槽对准钢丝，或将销子齿板面紧贴钢丝，然后将销子击入套筒内，销子小头离套筒约 5~10mm，靠销子挤压所产生的摩擦力锚紧钢丝，一次仅锚固一根钢丝。

2）圆套筒二片式夹具。圆套筒二片式夹具适用夹持直径 12~16mm 的单根冷拉 RRB400 级钢筋，由圆形套筒和圆锥形夹片组成（图 6-7）。圆形套筒内壁呈圆锥形，与夹片锥度吻合，圆锥形夹片为两个半圆片，半圆片的圆心部分开成半圆形凹槽，并刻有细齿，钢筋就夹紧在夹片中的凹槽内，套筒和夹片均用 45 号钢制作，套筒热处理后硬度为 35~40HRC，夹片为 40~45HRC。

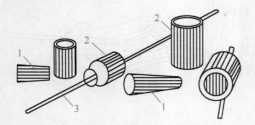

图 6-6 圆锥齿板式夹具及圆锥形槽式夹具
1—销子 2—套筒 3—钢丝

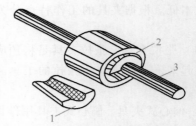

图 6-7 圆套筒二片式夹具
1—夹片 2—套筒 3—钢筋

当锚固螺纹钢筋时，不能锚固在纵肋上，否则易打滑。为了拆卸方便，可在套筒内壁及夹片外壁涂以润滑油。

3）圆套筒三片式夹具。圆套筒三片式夹具适用夹持 12~14mm 的单根冷拉 RRB400 级钢筋，其构造基本与圆套筒二片式夹具构造相同，只不过夹片由三个组成。套筒和夹片均用 45 钢制作，套筒热处理后硬度为 35~40HRC，夹片为 40~45HRC。

4）镦头锚具。镦头锚具属于自制的锚具。钢丝的镦头是采用液压冷镦机进行的，钢筋直径小于 22mm 采用热镦方法，钢筋直径等于或大于 22mm 采用热锻成型方法。

5）楔形夹具。楔形夹具由锚板与楔块两部分组成（图 6-8），锚板用 5 号钢制作，楔块用工具钢制作，经热处理，硬度要求为 50~55HRC。楔块的坡度约为 1/20~1/15，两侧面刻倒齿。锚板上留有楔形孔，楔块打入楔形孔中，钢丝就锚固于楔块的侧面，每个楔块可锚 1~2 根钢丝。楔形夹具适用于锚固直径 3~5mm 的冷拔低碳钢丝及碳素钢丝。

3. 张拉机械

张拉预应力筋的机械，要求工作可靠，操作简单，能以稳定的速率加荷。先张法施工中预应力筋可单根进行张拉或多根成组进行张拉。常用的张拉机械如下。

（1）电动螺杆张拉机 电动螺杆张拉机既可以张拉预应力钢筋也可以张拉预应力钢丝。它是由张拉螺杆、电动机、变速箱、测力装置、拉

图 6-8 楔形夹具
1—钢丝 2—锚板
3—楔块

力架、承力架和张拉夹具等组成（图6-9）。最大张拉力为300~600kN，张拉行程为800mm，张拉速度2m/min，自重400kg。为了便于工作和转移，将其装置在带轮的小车上。

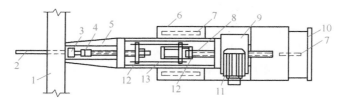

图6-9　电动螺杆张拉机

1—横梁　2—钢筋　3—锚固夹具　4—张拉夹具　5—顶杆　6—底盘　7—车轮　8—螺杆
9—齿轮减速器　10—手把　11—电动机　12—拉力架　13—测力计

电动螺杆张拉机的工作原理：工作时顶杆支承到台座横梁上，用张拉夹具夹紧预应力筋，开动电动机使螺杆向右侧运动，对预应力筋进行张拉，达到控制应力要求时停车，并用预先套在预应力筋上的锚固夹具将预应力筋临时锚固在台座的横梁上，然后开倒车，使电动螺杆张拉机卸荷。电动螺杆张拉机运行稳定，螺杆有自锁能力，张拉速度快，行程大。

（2）油压千斤顶　油压千斤顶可张拉单根预应力筋或多根成组预应力筋。多根成组张拉时，可采用四横梁装置进行。四横梁式油压千斤顶张拉装置（图6-10），用钢量较大，大螺丝杆加工困难，调整预应力筋的初应力费时间，油压千斤顶行程小，工效较低，但其一次张拉力大。

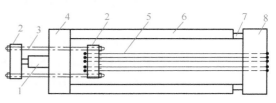

图6-10　四横梁式油压千斤顶张拉装置

1—油压千斤顶　2—拉力架横梁　3—大螺丝杆　4—前横梁　5—预应力筋　6—台座　7—放张装置　8—后横梁

6.1.2　先张法施工工艺

先张法施工工艺流程：台座准备→刷隔离剂→铺放预应力筋→预应力筋的张拉→安侧模绑扎横向筋→浇筑混凝土→养护→放松预应力筋→脱模→出槽→堆放。

1. 预应力筋的张拉程序

预应力筋的张拉程序一般为两种：$0 \rightarrow 1.05\sigma_{con} \rightarrow \sigma_{con}$ 和 $0 \rightarrow 1.03\sigma_{con}$（保持荷载2min）。第一种张拉程序中，超张拉5%并持荷2min，其目的是为了在高应力状态下加速预应力松弛早期发展，以减少应力松弛引起的预应力损失。第二种张拉程序中，超张拉3%，其目的是为了弥补预应力筋的松弛损失，这种张拉程序施工简单，一般多被采用。以上两种张拉程序是等效的，可根据构件类型、预应力筋与锚具种类、张拉方法、施工速度等选用。

2. 混凝土的浇筑与养护

（1）混凝土浇筑　预应力筋张拉完毕后即应浇筑混凝土。混凝土的浇筑应一次完成，不允许留设施工缝。混凝土的用水量和水泥用量必须严格控制，以减少混凝土由于收缩和徐变而引起的预应力损失。预应力混凝土构件浇筑时必须振捣密实（特别是在构件的端部），以保证预应力筋和混凝土之间的粘结力。预应力混凝土构件混凝土的强度等级一般不低于C30；当采用碳素钢丝、钢绞线、热处理钢筋做预应力筋时，混凝土的强度等级不宜低于C40。

构件应避开台面的温度缝，当不可能避开时，在温度缝上可先铺薄钢板或垫油毡，然后再灌混凝土。浇筑时，振捣器不应碰撞钢筋。混凝土达到一定强度前，不允许碰撞或踩动钢筋。采用平卧叠浇制作预应力混凝土构件时，其下层构件混凝土的强度需达到 5MPa 后，方可浇筑上层构件混凝土并应有隔离措施。

（2）混凝土养护　混凝土可采用自然养护或蒸汽养护。但应注意，在台座上用蒸汽养护时，温度升高后，预应力筋膨胀而台座的长度并无变化，从而引起预应力筋应力减小，这就是温差引起的预应力损失。为了减少这种温差应力损失，应保证混凝土在达到一定强度之前，温差不能太大（一般不超过 20℃），故在台座上采用蒸汽养护时，其最高允许温度应根据设计要求的允许温差（张拉钢筋时的温度与台座温度的差）经计算确定。当混凝土强度养护至 7.5MPa（配粗钢筋）或 10MPa（钢丝、钢绞线配筋）以上时，则可不受设计要求的温差限制，按一般构件的蒸汽养护规定进行。这种养护方法又称为二次升温养护法。在采用机组流水法用钢模制作、蒸汽养护时，由于钢模和预应力筋同样伸缩所以不存在因温差而引起的预应力损失，可以采用一般加热养护制度。

3. 预应力筋放张

预应力筋放张过程是预应力的传递过程，是先张法构件能否获得良好质量的一个重要生产过程。应根据放张要求，确定合理的放张顺序、放张方法及相应的技术措施。

（1）放张要求　放张预应力筋时，混凝土强度必须符合设计要求。当设计无要求时，不得低于设计的混凝土强度标准值的 75%。重叠生产的构件进行预应力筋的放张时，最上一层构件的混凝土强度不低于设计强度标准值的 75%。过早放张预应力筋会引起较大的预应力损失或产生预应力筋滑动。预应力混凝土构件在预应力筋放张前要对混凝土试块进行试压，以确定混凝土的实际强度。

（2）放张顺序　预应力筋的放张顺序应符合设计要求；当设计无专门要求时，应符合下列规定。

1）对承受轴心预压力的构件（如压杆、桩等），所有预应力筋应同时放张。

2）对承受偏心预压力的构件，应先同时放张预压力较小区域的预应力筋再同时放张预压力较大区域的预应力筋。

3）当不能按上述规定放张时，应分阶段、对称、相互交错地放张，以防止放张过程中构件发生翘曲、裂纹及预应力筋断裂等现象。

4）放张后预应力筋的切断顺序，宜由放张端开始，逐次切向另一端。

（3）放张方法　对于预应力钢丝混凝土构件，分两种情况：配筋不多的预应力钢丝采用剪切、割断和熔断的方法，自中间向两侧逐根进行，以减少回弹量，利于脱模；配筋较多的预应力钢丝采用同时放张的方法，可采用楔块或砂箱等装置进行缓慢放张，以防止最后的预应力钢丝因应力突然增大而断裂或使构件端部开裂。

1）楔块放张（图 6-11）。楔块装置放置在台座与横梁之间，放张预应力筋时，旋转螺母使螺杆向上运动，带动楔块向上移动，钢块间距变小，横梁向台座方向移动，便可同时放松预应力筋，如图 6-11 所示。楔块放张，一般用于张拉力不大于 300kN 的情况。

2）砂箱放张。砂箱（图 6-12）放置在横梁之间由钢制的套箱和活塞组成，内装石英砂或铁砂。预应力筋张拉时，砂箱中的砂被压实，承受横梁的反力。预应力筋放张时，将出砂口打开，砂缓慢流出，从而使预应力筋缓慢地放张。砂箱装置中的砂应采用干砂并选定适宜的级配，防止出现砂子压碎引起流不出的现象或者增加砂的空隙率，使预应力筋的预应力损失增加。采用砂箱放张，能控制放张速度，工作可靠，施工方便，可用于张拉力大于 1000kN 的情况，如图 6-12 所示。

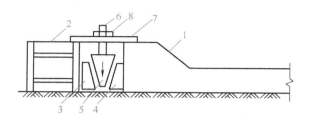

图 6-11　楔块放张

1—台座　2—横梁　3、4—钢块　5—钢楔块
6—螺杆　7—承力板　8—螺母

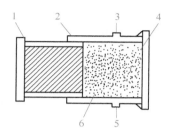

图 6-12　砂箱装置

1—活塞　2—钢套箱　3—进砂口
4—钢套箱底板　5—出砂口　6—砂子

任务 2　后张法施工

6.2.1　后张法机具设备

后张法施工是在浇筑混凝土构件时，在放置预应力筋的位置处预留孔道，待混凝土达到一定强度（一般不低于设计强度标准值的 75%），将预应力筋穿入孔道中并进行张拉，然后用锚具将预应力筋锚固在构件上，最后进行孔道灌浆。预应力筋承受的张拉力通过锚具传递给混凝土构件，使混凝土产生预压应力。

后张法施工由于直接在混凝土构件上进行张拉，故不需要固定的台座设备，不受地点限制，适用于在施工现场生产大型预应力混凝土构件，特别是大跨度构件。后张法施工工序较多，工艺复杂，锚具作为预应力筋的组成部分，将永远留置在预应力混凝土构件上，不能重复使用。

后张法施工常用的预应力筋有单根钢筋、钢筋束、钢绞线束等。

1. 锚具

（1）单根粗钢筋的锚具

1）螺丝端杆锚具。适用于锚固直径不大于 36mm 的 HRB400 级钢筋。它是由螺丝端杆、螺母和垫板组成，如图 6-13 所示。螺丝端杆采用 45 号钢制作，螺母和垫板采用 3 号钢制作。螺丝端杆的长度一般为 320mm，当预应力构件长度大于 24m 时，可根据实际情况增加螺丝端杆的长度，螺丝端杆的直径按预应力钢筋的直径对应选取。螺丝端杆与预应力钢筋的焊接应在预应力钢筋冷拉前进行。螺丝端杆与预应力钢筋焊接后，同张拉机械相连进行张拉，最后上紧螺母即完成对预应力钢筋的锚固。

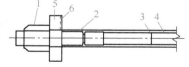

图 6-13　螺丝端杆锚具

1—螺母　2—螺丝端杆锚具　3—对焊接头
4—冷拉钢筋　5—垫板　6—排气槽

2）帮条锚具。适用于冷拉 HRB400 级钢筋及冷拉 5 号钢钢筋，主要用于固定。它是由

帮条和衬板组成，如图 6-14 所示。帮条采用与预应力筋同级别的钢筋，衬板采用普通低碳钢钢板，焊条采用 E50 型。帮条施焊时，严禁将地线搭在预应力筋上并严禁在预应力筋上引弧，以防预应力筋咬边及温度过高，可将地线搭在帮条上。三根帮条与衬板相接触的截面应在一个垂直平面上，以免受力时产生扭曲，三根帮条互成 120° 角。帮条的焊接可在预应力筋冷拉前或冷拉后进行。

3）镦头锚具。由镦头和垫板组成（图 6-15）。镦头一般是直接在预应力筋端部热镦、冷镦或锻打成型，垫板采用 3 号钢制作。

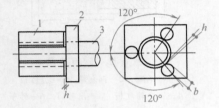

图 6-14　帮条锚具

1—衬板　2—帮条　3—预应力筋

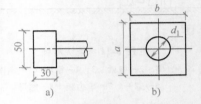

图 6-15　镦头锚具

a）镦头　b）垫板

（2）钢筋束（钢绞线束）锚具　钢筋束或钢绞线束用作预应力筋，张拉端采用 JM12 型锚具，固定端采用镦头锚具。

1）JM12 型锚具（图 6-16）。适用于锚固 3~6 根直径 12mm 的钢筋束和 4~6 根直径12mm 的钢绞线束。它是由锚环和夹片组成，夹片呈扇形，用两侧的半圆槽锚着预应力钢筋，为增加夹片与预应力钢筋之间的摩擦，在半圆槽内刻有截面为梯形的齿痕，夹片的背面的坡度与锚环一致。锚环分甲形和乙形。甲形锚环为一个具有锥形内孔的圆柱体，外形比较简单，使用时直接放置在构件端部的垫板上。乙形锚环在圆柱体外部增添正方形肋板，使用时直接放置在构件端部，不另设垫板。目前工地上常使用甲形锚环，因其加工和使用比较方便。锚环与夹片均

夹片　垫板　　　锚环（甲型）

图 6-16　JM12 型锚具

采用 45 号钢制成，夹片经热处理后，硬度为 48~52HRC，锚环经热处理后，硬度为 32~37HRC。根据夹片数量或锚固钢筋的根数，其型号分别有 JM12-3、JM12-4、JM12-5、JM12-6 几种，可分别锚固 3、4、5、6 根直径 12mm 的钢筋束或钢绞线束。

JM12 型锚具具有良好的锚固性能，预应力筋滑移量比较小，施工方便，但其机械加工量大，成本较高。

2）镦头锚具。适用于预应力钢筋束固定端锚固用，由固定板和带镦头的预应力筋组成。

（3）钢丝束锚具

1）锥形螺杆锚具（图 6-17）。适用于锚固 24 根以下直径 5mm 的碳素钢丝束，由锥形螺杆，套筒，螺母和垫板组成。锥形螺杆采用 45 号钢制作，

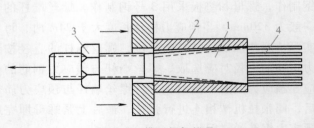

图 6-17　锥形螺杆锚具

1—锥形螺杆　2—套筒　3—螺母　4—钢丝

调质热处理后硬度为 30~35HRC，进行精加工，最后对锥形螺杆的锥头 70mm 范围内的螺纹进行表面高频或盐液淬火热处理，其硬度为 55~58HRC，淬透深度 2.0~2.5mm。套筒为中间带有圆锥孔的圆柱体，采用 45 号钢制作，热处理后硬度为 25~30HRC。螺母和垫板采用 3 号钢制作。制作时要注意套筒淬火要合适，如淬火过高，易产生裂缝，螺杆淬火过高，容易断裂，在使用前应仔细检查，如有裂缝或变形，则不能使用。

锥形螺杆锚具的安装：首先把钢丝套上锥形螺杆的锥体部分，使钢丝均匀整齐地贴紧锥体，然后戴上套筒，用手锤将套筒均匀地打紧，并使螺杆中心与套筒中心在同一直线上；最后用拉伸机使螺杆锥体通过钢丝挤压套筒，使套筒发生变形，从而使钢丝和锥形锚具的套筒、螺杆锚成一个整体。这个过程一般称为预顶，预顶用的力应为张拉力的 105%。因为锥形锚具外径较大，为了缩小构件孔道直径，所以一般仅在构件两端将孔道扩大。因此，钢丝束锚具一端可事先安装，另一端则要将钢丝束穿入孔道后进行。

2）钢质锥形锚具（图 6-18）。由锚环和锚塞组成，均用 45 号钢制作。锚塞热处理后硬度为 55~58HRC，表面刻有细齿槽，以防止被夹紧的预应力钢丝滑动。锚固时，将锚塞塞入锚环，顶紧，钢丝就夹紧在锚塞周围。

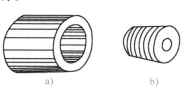

图 6-18　钢质锥形锚具
a）锚环　b）锚塞

钢质锥形锚具适用于锚固以锥锚式千斤顶（即双作用或三作用千斤顶）张拉的钢丝束，每束由 12~24 根直径 5mm 的碳素钢丝组成。还可锚固直径 4mm 的碳素钢丝，但制作锚具的尺寸应按钢丝直径而定。钢质锥形锚具工作时，由于钢丝锚固呈辐射状态，弯折处受力较大，易使钢丝被咬伤。若钢丝直径误差较大，易产生单根钢丝滑动，引起无法补救的预应力损失，如用加大顶锚力的办法来防止滑丝，过大的顶锚力更容易使钢丝被咬伤。

3）钢丝束镦头锚具。一般用以锚固 12~54 根直径 5mm 的碳素钢丝。张拉端采用 DM5A 型镦头锚具，由锚杯和固定锚杯的螺母组成（图 6-19a），或由锚环和螺母组成（图 6-19b）。后一种构造形式节省用料，制作比较容易，安装钢丝也较方便。

锚环或锚杯用 45 号钢制作，且应先进行调质热处理再加工，热处理后抗拉极限强度不小于 700N/mm^2，硬度要求 28~30HRC。螺母也用 45 号钢制作，不经热处理。锚环和锚杯的内外壁均有螺纹，内螺纹用于连接张拉螺杆，外螺纹用于拧紧螺母，以锚固钢丝束。锚环四周钻孔，以固定带有镦粗头的钢丝，孔数及间距由锚固的钢丝根数而定。当用锚杯时，锚杯底部则为钻孔的锚板，并在此板中部留一灌浆孔，便于从端部预留孔道灌浆。张拉螺杆用 45 号钢制作，并先进行调质热处理再加工。张拉螺杆所配螺母用 45 号钢制作。钢丝穿过锚环（或锚杯底部锚板）孔眼，用配套的 DLD-10 型冷镦机将

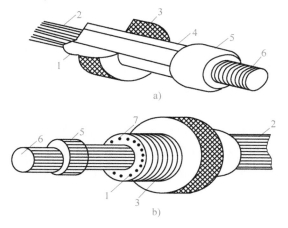

图 6-19　钢丝束镦头锚具
a）锚杯式　b）锚环式
1—钢丝镦头　2—钢丝　3—螺母　4—锚杯
5—张拉杆螺母　6—张拉螺杆　7—锚环

钢丝端部镦成圆头与锚环固定。张拉时，张拉螺杆一端与锚环（或锚杯）内螺纹连接，另一端与拉杆式千斤顶连接，拉杆式千斤顶通过传力架支承在混凝土构件端部，当张拉达到规定控制应力时，锚环（杯）被拉出，再用螺母拧紧在锚环（杯）外螺纹上，固定在混凝土构件端部。

非张拉端（固定端）采用 DM5B 型镦头锚具（图 6-20），锚板用 45 号钢制作，调质热处理后 25～30HRC。锚板四周钻孔，以固定镦头的钢丝。

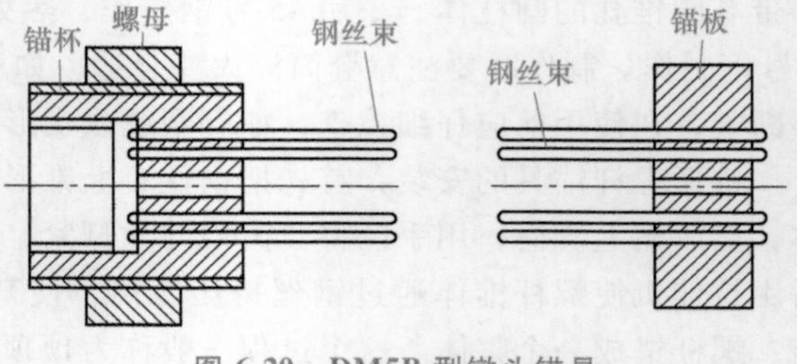

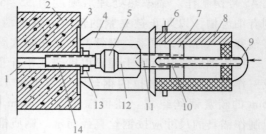

图 6-20　DM5B 型镦头锚具

2. 张拉机械

（1）拉杆式千斤顶　适用于张拉以螺丝端杆锚具为张拉锚具的粗钢筋，以锥形螺杆锚杆为张拉锚具的钢丝束，以 DM5A 型镦头锚具为张拉锚具的钢丝束。拉杆式千斤顶的构造及工作过程如图 6-21 所示。

拉杆式千斤顶张拉预应力筋时，首先使连接器与预应力筋的螺丝端杆相连接，顶杆支承在构件端部的预埋钢板上。高压油进入主缸时，则推动主缸活塞向左移动，并带动拉杆和连接器以及螺丝端杆同时向左移动，对预应力筋进行张拉。达到张拉力时，拧紧预应力筋的螺母，将预应力筋锚固在构件的端部。高压油再进入副缸，推动副缸使主缸活塞和拉杆向右移动，使其恢复初始位置。此时主缸的高压油流回高压油泵中去，完成一次张拉过程。拉杆式千斤顶构造简单，操作方便，应用范围较广。拉杆式千斤顶的张拉力有 400kN、600kN 和 800kN 三级，张拉行程为 150mm。

图 6-21　拉杆式千斤顶的构造及工作过程
1—预应力筋　2—混凝土构件　3—预埋钢板　4—顶杆
5—连接器　6—主缸油嘴　7—主缸活塞　8—主缸
9—副缸油嘴　10—副缸活塞　11—副缸　12—拉杆
13—螺母　14—螺丝端杆

（2）YC-60 型穿心式千斤顶　适用于张拉各种形式的预应力筋，是目前我国预应力混凝土构件施工中应用最为广泛的张拉机械。YC-60 型穿心式千斤顶加装撑脚，张拉杆和连接器后，就可以张拉以螺丝端杆锚具为张拉锚具的单根粗钢筋，以及以锥形螺杆锚具和 DM5A 型镦头锚具为张拉锚具的钢丝束。YC-60 型穿心式千斤顶的构造及工作过程如图 6-22 所示。

1）张拉工作过程是：首先将安装好锚具的预应力筋穿过千斤顶的中心孔道，利用工具式锚具将预应力筋锚固在张拉油缸的端部。高压油进入张拉油室，张拉活塞顶住构件端部的垫板，使张拉油缸向左移动，从而对预应力筋进行张拉。

2）顶压工作过程为：预应力筋张拉到规定的张拉力时，关闭，张拉油缸油嘴，高压油由顶压油缸油嘴经油孔进入顶压工作油室，由于张拉活塞即顶压油缸顶住构件端部的垫板，使顶压活塞向左移动，顶住锚具的夹片或锚塞端面，将其压入到锚环内锚固预应力筋。

3）回程过程为：张拉回程在完成张拉和顶压工作后进行，开启张拉油缸油嘴，继续向顶压油缸油嘴进油，使张拉工作油室回油。由于顶压活塞仍然顶压着夹片或锚塞，顶压工作油室容积不变，这样张拉回程油室容积逐渐增大，使张拉油缸在液压回程力的作用下，向右移动恢复到原来的初始位置。张拉回程完成后即开始顶压回程，停止高压油泵工作，开启顶压油缸油嘴，在弹簧力的作用下，使顶压活塞回程，并使顶压工作油缸回油卸荷。

（3）锥锚式双作用千斤顶 适用于张拉以 KT-Z 型锚具为张拉锚具的钢筋束和钢绞线束，以及以钢质锥形锚具为张拉锚具的钢丝束。锥锚式双作用千斤顶的构造和工作过程如图 6-23 所示。

锥锚式双作用千斤顶的主缸及主缸活塞用于张拉预应力筋。主缸前端缸体上有卡环和销片，用以锚固预应力筋。主缸活塞为一中空筒状活塞，中空部分设有拉力弹簧。副缸和副缸活塞用于顶压锚塞，将预应力筋锚固在构件的端部，设有复位弹簧。

1）锥锚式双作用千斤顶的张拉工作过程为：将预应力筋用楔块锚固在锥形卡环上，使高压油经主缸油嘴进入主缸，主缸带动锚固在锥形卡环上的预应力筋向左移动，进行预应力的张拉。

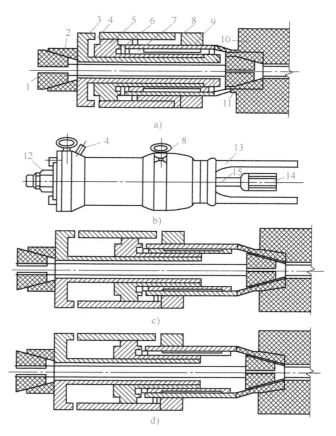

图 6-22　YC-60 型穿心式千斤顶的构造及工作过程

a）构造简图　b）加顶杆后的 YC-60 型千斤顶　c）张拉工作过程
d）顶压工作过程

1—预应力筋　2—工具式锚具　3—张拉油缸　4—张拉缸油嘴
5—顶压油缸（即张拉活塞）　6—油孔　7—顶压活塞　8—顶压
缸油嘴　9—弹簧　10—混凝土构件　11—工作锚具
12—螺母　13—撑脚　14—连接器　15—张拉杆

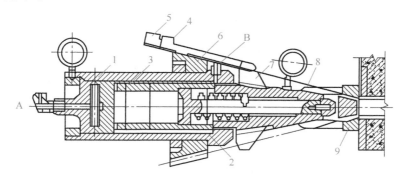

图 6-23　锥锚式双作用千斤顶的构造和工作过程

1—主缸　2—副缸　3—退楔缸　4—楔块（张拉时位置）　5—楔块（退出时位置）
6—锥形卡环　7—退楔翼片　8—锥形锚具　9—构件　A、B—进油嘴

2）锥锚式双作用千斤顶的顶压工作过程为：张拉工作完成后，关闭主缸的油嘴，开启副缸油嘴使高压油进入副缸，由于主缸仍保持着一定的油压，故副缸活塞和顶压头向右移动，顶压锚塞锚固预应力筋。

3）锥锚式双作用千斤顶的回程为：预应力筋张拉锚固后，主、副缸回油，主缸通过本身拉力弹簧的回缩，副缸通过其本身压力弹簧的伸长，将主缸和副缸恢复到原来的初始位置。放张楔块即可拆移千斤顶。

6.2.2 后张法施工工艺

后张法施工工艺流程如图 6-24 所示。

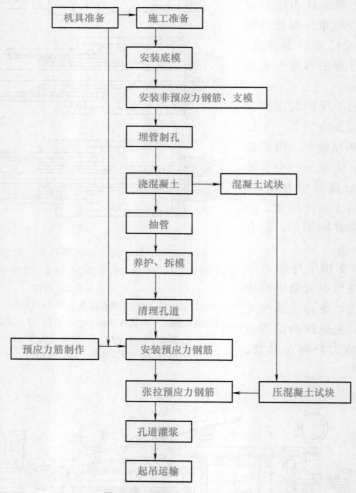

图 6-24　后张法施工工艺流程

1. 孔道留设

孔道留设是后张法预应力混凝土构件制作中的关键工序之一。预留孔道的尺寸与位置应正确，孔道应平顺；端部的预埋垫板应垂直于孔道中心线并用螺栓或钉子固定在模板上，以防止浇筑混凝土时发生走动；孔道的直径一般应比预应力筋的外径（包括钢筋对焊接头的外径或需穿入孔道的锚具外径）大 10~15mm，以利于预应力筋穿入。孔道留设的方法有钢管抽芯法、胶管抽芯法和预埋波纹管法。

（1）钢管抽芯法　适用于留设直线孔道。钢管抽芯法是预先将钢管敷设在模板的孔道位置上，在混凝土浇筑后每隔一定时间慢慢转动钢管，防止它与混凝土黏住，待混凝土初凝后、终凝前抽出钢管形成孔道。选用的钢管要求平直、表面光滑，敷设位置准确；钢管用钢筋井字架固定，间距不宜大于 1.0m。每根钢管的长度一般不超过 15m，以便于转动和抽管。钢管两端应各伸出构件外 0.5m 左右；较长时构件可采用两根钢管，中间用套管连接（图 6-25）。

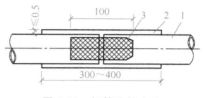

图 6-25　钢管连接方法
1—钢管　2—白铁皮套管　3—硬木塞

准确地掌握抽管时间很重要。抽管时间与水泥品种、气温和养护条件有关。抽管宜在混凝土初凝后、终凝以前进行，以用手指按压混凝土表面不显指纹时为宜。抽管过早，会造成坍孔事故；抽管太晚，混凝土与钢管粘结牢固，抽管困难，甚至抽不出来。常温下抽管时间约在混凝土浇筑后 3~5h。抽管顺序宜先上后下进行。抽管方法可分为人工抽管或卷扬机抽管。抽管时必须速度均匀，边抽边转并与孔道保持在一直线上。抽管后应及时检查孔道情况，并做好孔道清理工作，以防止以后穿筋困难。

留设预留孔道的同时，还要在设计规定位置留设灌浆孔和排气孔。一般在构件两端和中间每隔 12m 左右留设一个直径 20mm 的灌浆孔，在构件两端各留一个排气孔。留设灌浆孔和排气孔的目的是方便构件孔道灌浆。留设方法是用木塞或白铁皮管。

（2）胶管抽芯法　所用的胶管有 5~7 层的夹布胶管和钢丝网胶管。将胶管预先敷设在模板中的孔道位置上，胶管每间隔不大于 0.5m 距离用钢筋井字架予以固定。

采用夹布胶管预留孔道时，混凝土浇筑前夹布胶管内充入压缩空气或压力水，工作压力 600~800kPa，使管径增大 3mm 左右，然后浇筑混凝土，待混凝土初凝后放出压缩空气或压力水，使管径缩小和混凝土脱离开，抽出夹布胶管。夹布胶管内充入压缩空气或压力水前，胶管两端应有密封装置（图 6-26）。

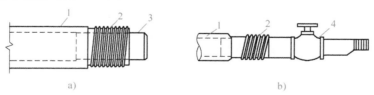

图 6-26　胶管密封装置
a）胶管封头　b）胶管与阀门连接
1—胶管　2—铁丝密缠　3—钢管堵头　4—阀门

采用钢丝网胶管预留孔道时，预留孔道的方法和钢管相同。由于钢丝网胶管质地坚硬，并具有一定的弹性，抽管时在拉力作用下管径缩小和混凝土脱离开，即可将钢丝网胶管抽出。

胶管抽芯法预留孔道，混凝土浇筑后不需要旋转胶管，抽管的时间一般以 200℃·h 作为控制时间，抽管时应先上后下，先曲后直。胶管抽芯法施工省去了转管工序，又由于胶管便于弯曲，所以胶管抽芯法既适用于直线孔道留设，也适用于曲线孔道留设。胶管抽芯法的灌浆孔和排气孔的留设方法同钢管抽芯法。

（3）预埋波纹管法　利用与孔道直径相同的金属管埋入混凝土构件中，无须抽出。一般采用黑皮铁管、薄钢管或波纹管。

预埋波纹管法因省去抽管工序，且孔道留设的位置、形状也易保证，故目前应用较为普遍。波纹管是由薄钢带（厚 0.3mm）经压波后卷成。它具有重量轻、刚度好、弯折方便、连接简单、摩阻系数小、与混凝土粘结良好等优点，可制成各种形状的孔道，是现代后张预应力筋孔道成型用的理想材料。波纹管外形按照每两个相邻的折叠咬口之间凸出部（波纹）的数量分为单波纹和双波纹（图6-27）。

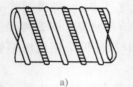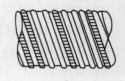

图 6-27　波纹管外形
a）单波纹　b）双波纹

波纹管内径为 40~100mm，每 5mm 递增。波纹高度：单波为 2.5mm，双波为 3.5mm。波纹管长度，由于运输关系，每根为 4~6m。波纹管用量大时，生产厂可带卷管机到现场生产，管长不限。对波纹管的基本要求：一是在外荷载的作用下，有抵抗变形的能力；二是在浇筑混凝土过程中，水泥浆不得渗入管内。波纹管的连接，采用大一号同型波纹管。接头管的长度为 200~300mm，用塑料热塑管或密封胶带封口（图6-28）。

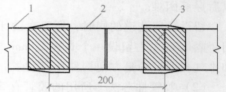

图 6-28　波纹管的连接
1—波纹管　2—接头管　3—密封胶带

波纹管的安装，应根据预应力筋的曲线坐标在侧模或箍筋上画线，以波纹管底为准。波距为 600mm。钢筋托架应焊在箍筋上（图6-29），箍筋下面要用垫块垫实。波纹管安装就位后，必须用铁丝将波纹管与钢筋托架扎牢，以防浇筑混凝土时波纹管上浮而引起的质量事故。

灌浆孔的留设（图6-30）：在波纹管上开洞，其上覆盖海绵垫片与带嘴的塑料弧形压板，并用铁丝扎牢，再用增强塑料管插在嘴上，并将其引出梁顶面 400~500mm。灌浆孔间距不宜大于 30m，曲线孔道的曲线波峰位置，宜设置泌水管。在混凝土浇筑过程中，为了防止波纹管偶尔漏浆引起孔道堵塞，应采用通孔器通孔。通孔器由长 60~80mm 的圆钢制成，其直径小于孔径 10mm，用尼龙绳牵引。

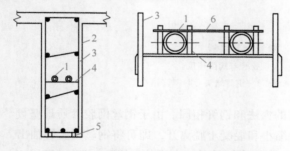

图 6-29　金属螺旋管（波纹管）的固定
1—波纹管　2—梁侧模　3—箍筋
4—钢筋托架　5—垫块　6—后绑的钢筋

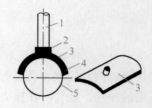

图 6-30　灌浆孔的留设
1—增强塑料管　2—铁丝绑扎　3—塑料弧
形压板　4—海绵垫片　5—波纹管

2. 预应力筋的张拉

（1）张拉顺序　预应力筋的张拉顺序，应使混凝土不产生超应力、构件不扭转与侧弯、结构不变位等，因此，对称张拉是一条重要原则。图 6-31 所示为预应力混凝土屋架下弦杆与吊车梁的预应力筋张拉顺序。

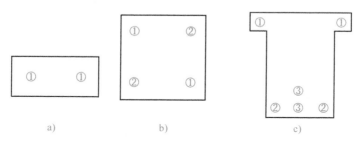

图 6-31　预应力筋的张拉顺序

a）、b）屋架下弦杆　c）吊车梁

对配有多根预应力筋的预应力混凝土构件，由于不可能同时一次张拉完预应力筋，应分批、对称地进行张拉。对平卧叠浇的预应力混凝土构件，上层构件的重量产生的水平摩阻力，会阻止下层构件在预应力筋张拉时混凝土弹性压缩的自由变形，待上层构件起吊后，由于摩阻力影响消失会增加混凝土弹性压缩的变形，从而引起预应力损失。该损失值，随构件形式、隔离剂和张拉方式而不同，其变化差异较大。目前尚未掌握其变化规律，为便于施工，在工程实践中可采取逐层加大超张拉的办法来弥补该预应力损失，但是底层的预应力混凝土构件的预应力筋的张拉力不得超过顶层的预应力筋的张拉力。具体规定是：预应力筋为钢丝、钢绞线、热处理钢筋，应小于 5%，其最大超张拉力应小于抗拉强度的 75%；预应力筋为冷拉热轧钢筋，应小于 9%，其最大超张拉力应小于标准强度的 95%。

（2）张拉方法　为了减少预应力筋与预留孔道摩擦引起的损失，对于抽芯成形孔道，曲线形预应力筋和长度大于 24m 的直线形预应力筋，应采取两端同时张拉的方法；长度小于或等于 24m 的直线形预应力筋，可一端张拉。对预埋波纹管孔道，曲线形预应力筋和长度大于 30m 的直线形预应力筋，宜采取两端同时张拉的方法；长度小于或等于 30m 的直线形预应力筋，可一端张拉。同一截面中有多根一端张拉的预应力筋时，张拉端宜分别设置在构件的两端，当两端同时张拉同一根预应力筋时，为减少预应力损失，施工时宜采用先张拉一端锚固后，再在另一端补足张拉力后进行锚固。

3. 孔道灌浆

预应力筋张拉锚固后，孔道应及时灌浆以防止预应力筋锈蚀，增加结构的整体性和耐久性。但采用电热法时孔道灌浆应在钢筋冷却后进行。

孔道灌浆应采用强度等级不低于 42.5 级的普通硅酸盐水泥或矿渣硅酸盐水泥配制的水泥浆；对空隙大的孔道可采用砂浆灌浆。水泥浆及砂浆强度均不应低于 20MPa。灌浆用水泥浆的水胶比宜为 0.4 左右，搅拌后 3h 泌水率宜控制在 0.2%，最大不超过 0.3%。纯水泥浆的收缩性较大，为了增加孔道灌浆的密实性，在水泥浆中可掺入水泥用量 0.2% 的木质素磺酸钙或其他减水剂，但不得掺入氯化物或其他对预应力筋有腐蚀作用的外加剂。

灌浆前混凝土孔道应用压力水冲刷干净并润湿孔壁。灌浆顺序应先下后上，以避免上层孔道漏浆而把下层孔道堵塞。孔道灌浆可采用电动灰浆泵。灌浆应缓慢均匀地进行，不得中断。灌满孔道并封闭排气孔后，宜再继续加压至0.5~0.6MPa并稳压一定时间，以确保孔道灌浆的密实性。对于不掺外加剂的水泥浆可采用二次灌浆法，以提高孔道灌浆的密实性。灌浆后孔道内水泥浆及砂浆强度达到15MPa时，预应力混凝土构件即可进行起吊运输或安装。最后，露在构件端部外面的预应力筋及锚具应用混凝土封端保护。

同 步 测 试

一、填空题

1. 所谓先张法，即先_____，后_____的施工方法。

2. 预留孔道的方法有：_____、_____、_____。

3. 夹具是预应力筋进行____和____的工具，要求夹具工作可靠，构造简单，施工方便，成本低。

4. 台座按构造形式的不同可分为_____和_____。

5. 常用的夹具按其用途可分为_____和_____。

二、单项选择题

1. （　　）是先张法施工张拉和临时固定预应力筋的支撑结构，它承受预应力筋的全部张拉力。

A. 台座　　　　　　B. 支座　　　　　　C. 底座　　　　　　D. 锚具

2. 横梁挠度要求小于（　　）mm，并不得产生翘曲。

A. 2　　　　　　　B. 3　　　　　　　C. 4　　　　　　　D. 5

3. 钢管抽芯法适用于留设（　　）孔道。

A. 曲线　　　　　　B. 直线　　　　　　C. 弯曲　　　　　　D. 弧形

4. 孔道灌浆应采用强度等级不低于（　　）级的普通硅酸盐水泥或矿渣硅酸盐水泥配制的水泥浆。

A. 32.5　　　　　　B. 42.5　　　　　　C. 52.5　　　　　　D. 62.5

5. 钢管抽芯法常温下抽管时间约在混凝土浇筑后（　　）。

A. 1~2h　　　　　　B. 2~3h　　　　　　C. 3~5h　　　　　　D. 5~7h

三、简答题

1. 什么是后张法？

2. 简述先张法施工工艺流程？

四、思考题

请结合本单元所学内容，谈谈你对党的二十大报告中提出的"加快建设制造强国、质量强国，实施产业基础再造工程和重大技术装备攻关工程"的认识和理解。

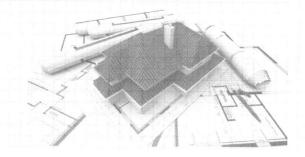

单元7

钢结构工程

【素养提升】

国家体育场——"鸟巢"，2008 年北京奥运会主场馆，工程主体建筑呈空间马鞍椭圆形，南北长 332.3m、东西长 296.4m，最高点高度为 68.5m，最低点高度为 42.8m。主体为钢结构，钢结构总用钢量为 4.2 万 t。外形结构主要由巨大的门式钢架组成，共有 24 根桁架柱。钢结构大量采用由钢板焊接而成的箱形构件，交叉布置的主桁架与屋面及立面的次结构一起形成了"鸟巢"的特殊建筑造型。

"鸟巢"结构设计奇特新颖，搭建它的 Q460 钢也有很多独到之处：Q460 钢是一种低合金高强度钢，它在受力强度达到 460MPa 时才会发生塑性变形，这个强度要比一般钢材大，因此生产难度很大。这是中国国内在建筑结构上首次使用 Q460 钢，而这次使用的钢板厚度达到 110mm，这是以前没有过的情况。在"鸟巢"施工以前，这种钢一般从国外进口。为了给"鸟巢"提供"合身"的 Q460 钢，从 2004 年 9 月开始，河南舞阳特种钢厂的科研人员开始了长达半年多的科技攻关，前后 3 次试制终于获得成功。2008 年，400t 自主创新、具有自主知识产权的国产 Q460 钢材撑起了"鸟巢"的钢筋铁骨。

知识目标：

- 了解钢结构构件加工和制作的基本要求。
- 熟悉各种钢结构的特点及施工注意事项。
- 掌握钢结构连接施工工艺及要点。

能力目标：

- 能够进行钢结构连接施工技术交底。
- 能够识别钢结构构件的名称。
- 能够进行钢结构连接施工质量检查。

素养目标：

- 培养学生胸怀天下的价值观。
- 培养学生坚持稳中求进、循序渐进的良好工作作风。
- 培养学生形成绿色生产、绿色施工的工作意识。

任务1 钢结构构件加工与制作

单层钢结构厂房实地安装（上）

单层钢结构厂房实地安装（中）

单层钢结构厂房实地安装（下）

板在端支座的
锚固构造

单层钢结构厂房
施工工艺展示

多层钢结构安装
施工工艺

7.1.1 钢构件的制作、堆放

钢结构构件安装前的准备工作有：钢构件的制作与堆放，钢构件的预检，柱基检查和标高块设置及柱底灌浆等。

1. 钢构件的制作

1）用于钢构件制作的钢材规格品种，都应符合设计文件的要求，并附有出厂证明书。对钢材应按规定进行抽样复验，核对实物与提供的数据资料是否相等。对无出厂证明或钢材浇铸混淆不明者，应根据产品所在国的现行标准进行检验，通过复验或检验等手续，符合要求的才可使用。

2）钢构件的制作必须根据钢结构制作图进行。高层建筑钢结构图大都是按两个阶段进行的。第一阶段出设计图，确定钢构件的选材、截面尺寸、构件分类、单价估算用料和重量、安装连接形式等；第二阶段出具体制造图，一般由钢结构制造厂负责设计（或委托专业设计单位部门负责）。

3）钢结构制造厂应根据制造图和设计质量标准的要求，结合生产规模、装备能力和有关规范规程，编制钢构件制造方案和保证质量组织体系，充分做好生产前的一切准备工作。

4）钢构件制作过程中的放样、号料、矫正、切割、边缘加工、开孔、焊接及连接、拼装、清洗喷砂等每道工序必须严格遵守工艺规程进行，实行工艺交接制度，确保制造质量。

5）制造中如因材料规格、加工差异等各种因素，可能对制作图进行修改，必须得到原设计单位的许可，办理手续，出修改图或技术签证单。

6）钢构件制造完毕，制造单位质量部门应该对产品进行检验，合格者，正式在构件上注明编号、标记并堆放。

7）钢结构制造厂应提供产品出厂证明文件交订货单位，其主要内容包括：①钢构件编号清单（包括型号、数量、单件重、总重等）；②设计变更修改图及签证文件；③钢材质保证明单及复验文件；④焊接检查记录、透视结果以及超声波检验记录；⑤制造厂质检部门的出厂检验记录；⑥其他。

2. 钢构件的堆放

按照安装流水顺序由中转堆场配套运入现场的钢构件，利用现场的装卸机械尽量将其就位到安装机械的回转半径内。因运转造成的构件变形，在施工现场均要加以矫正。现场用地紧张，但在结构安装阶段现场必须安排构件运输道路、地面起重机行走路线、辅助材料堆放、工作棚、部分构件堆放等的用地。一般情况下，结构安装用地面积宜为结构工程占地面积的 1.0~1.5 倍。钢构件的预检包括以下几方面。

1）钢构件在出厂前，制造厂应根据制作标准的有关规范、规定以及设计图的要求进行产品检验，填写质量报告和实际偏差值。钢构件交付结构安装单位后，结构安装单位在制造厂质量报告的基础上，根据构件性质分类，再进行复检或抽查。

2）预检钢构件的计量工具和标准应事先统一，质量标准也应统一。特别是钢卷尺，有关单位（业主、土建、安装、制造厂）应各执统一标准的钢卷尺，制造厂按此尺制造钢构件，土建施工单位按此尺进行柱基定位施工，安装单位按此尺进行框架安装，业主按此尺进行结构验收。标准钢卷尺由业主提供，钢卷尺需同标准基线进行足尺比较，确定各地钢卷尺的误差值以及尺长方程式，应用时按标准条件实验。钢卷尺应用的标准条件如下：①拉力用弹簧称量，30m 钢卷尺拉力值用 98.06N 测定，50m 钢卷尺拉力值用 147.08N 测定；②温度为 20℃；③水平丈量时钢卷尺要保持水平，挠度要加托。使用时，实际读数按上述条件，根据当时气温按其误差值、尺长方程式进行换算。但是，实际应用时如全部按上述方法进行，计算量太大，一般是关键钢构件（如柱、框架大梁）的长度复检和长度大于 8m 的构件按上法，其余构件均可以按实读数为依据。

3）结构安装单位对钢构件预检的项目，主要是同施工安装质量和工效直接有关的数据，如几何外形尺寸、螺孔大小和间距、预埋件位置、焊接坡口、节点摩擦面、附件数量规格等。构件的内在制作质量应以制造厂质量报告为准。预检数量一般是关键构件全部检查，其他构件抽检 10%~20%，应记录预检数据。

4）钢构件预检是项复杂而细致的工作，预检时尚须有一定的条件。构件预检时间放在钢构件中转堆场配套时进行，这样可省去因预检而进行构件翻堆所耗费的机械和人工，不足之处是发现问题进行处理的时间比较紧迫。

5）构件预检最好由结构安装单位和制造厂联合派人参加。同时也应组织构件处理小组，将预检出的偏差及时给予修复，严禁不合格的构件运到工地现场，更不应该将不合格构件送到高空去处理。

6）现场施工安装应根据预检数据，采取相应措施，以保证安装顺利进行。

7）钢构件的质量对施工安装有直接的关系，要充分认识钢构件预检的必要性，具体做法应根据工程不同条件而定。例如，由结构安装单位派驻厂代表来控制制作加工过程中的质量，将质量偏差清除在制作过程中。

7.1.2 钢柱安装

1. 基础检查

第一节钢柱是直接安装在钢筋混凝土柱基底顶上的。钢结构的安装质量和工效同柱基的定位轴线、基准标高直接有关。安装单位对柱基的预检重点是定位轴线间距、柱基面标高和地脚螺栓预埋位置。

（1）定位轴线检查　定位轴线从基础施工起就应引起重视，先要做好控制桩。待基础浇筑混凝土后再根据控制桩将定位轴线引渡到柱基钢筋混凝土底板面上，然后预检定位轴线是否同原定位轴线重合、封闭，每根定位线总尺寸误差值是否超过控制数，纵横定位轴线是否垂直、平行。定位轴线预检在弹过线的基础上进行。预检应由业主、土建、安装三方联合进行，对检查数据要统一认可签证。

（2）柱间距检查　柱间距检查是在定位轴线认可的前提下进行的。采用标准尺实测柱距（应是通过计算调整过的标准尺）。柱距偏差值应严格控制在±3mm范围内，绝不能超过±5mm。柱距偏差超过±5mm，则必须调整定位轴线。原因是定位轴线的交点是柱基中心点，是钢柱安装的基准点，钢柱竖向间距以此为准，框架钢梁连接螺孔的孔洞直径一般比高强度螺栓直径大1.0~2.0mm，如柱距过大或过小，将直接影响整个竖向框架梁的安装连接和钢柱的垂直，安装中还会有安装误差。

（3）单独柱基中心线检查　检查单独柱基的中心线同定位轴线之间的误差，调整柱基中心线使其同定位轴线重合，然后以柱基中心线为依据，检查地脚螺栓的预埋位置。

（4）柱基地脚螺栓检查

1）柱基地脚螺栓检查的内容如下。

① 检查螺栓长度。螺栓的螺纹长度应保证钢柱安装后螺母拧紧的需要。

② 检查螺栓垂直度。如误差超过规定必须矫正，矫正方法可用冷校法或火焰热校法。

③ 检查螺纹有否损坏。检查合格后在螺纹部分涂上油，盖好帽盖加以保护。

④ 检查螺栓间距。实测独立柱地脚螺栓组间距的偏差值，绘制平面图表明偏差数值和偏差方向。再检查地脚螺栓相对应的钢柱安装孔，根据螺栓的检查结构进行调查，如有问题，应事先扩孔，以保证钢柱的顺利安装。

2）地脚螺栓预埋的质量标准：任何两只螺栓之间的距离允许偏差为1mm，相邻两组地脚螺栓中心线之间距离的允许偏差值为3mm。实际上由于柱基中心线的调整修改，工程中有相当一部分不能达到上述标准。但是通过地脚螺栓预埋方法的改进，情况能大大改善。

3）目前高层钢结构工程柱基地脚螺栓的预埋方法有直埋法和套管法两种。

① 直埋法。用套板控制地脚螺栓相互之间距离，立固定支架控制地脚螺栓群不变形，在柱基底板绑扎钢筋时埋入，控制位置，同钢筋连成一体，整浇混凝土。直埋法一次固定，难以再调整。采用此法实际上产生的偏差较大。

② 套管法（图7-1）。先安套管（内径比地脚螺栓大2~3倍），在套管外制作套板，焊接套管并立固定架，并将其埋入浇筑的混凝土中，待柱基底板上的定位轴线和两柱中心线检查无误后，再在套管内插入螺栓，使其对准中心线，通过附件或焊接加以固定，最后在套管内注浆锚固螺栓。此法对保证地脚螺栓的质量有利，但施工费用较高。

（5）基准标高实测　在柱基中心表面和钢柱底面之间，考虑到施工因素，设计时都考虑有一定的间隙作为钢柱安装时的柱高调整，该间隙一般规定为50~70mm。基准标高点一般设置在柱基底板的适当位置，四周加以保护，作为整个高层钢结构

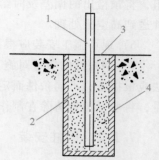

图 7-1　套管法

1—套螺栓　2—无收缩砂浆
3—混凝土面　4—套管

工程施工阶段标高的依据。钢柱柱基表面的标高实测以基准标高点为依据，所测得的标高偏差用平面图表示，作为临时支承标高块调整的依据。

2. 标高块设置及柱底灌浆

（1）标高块设置　柱基表面采取设置临时支承标高块的方法来保证钢柱安装控制标高。要根据荷载大小和标高块材料强度来计算标高块的支承面积。标高块一般用砂浆、钢垫板和无收缩砂浆制作。一般砂浆强度低，只用于装配钢筋混凝土柱杯形基础找平。钢垫块耗钢多加工复杂。无收缩砂浆是高层钢结构标高块的常用材料，因为有一定的强度，而且柱底灌浆也用无收缩砂浆，传力均匀。

临时支承标高块的埋设方法，如图 7-2 所示。柱基边长小于 1m，设一块；柱基大于1m，边长小于 2m 时，设"十"字形块；柱基边长大于 2m 时，设多块。

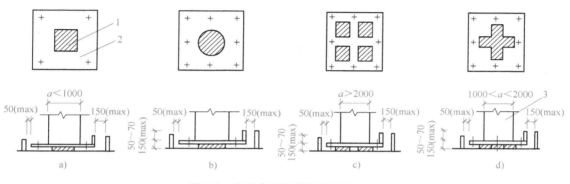

图 7-2　临时支承标高块的埋设方法
a）单独一方块　b）单独一圆块　c）四个方块　d）"十"字形
1—临时支撑标高块　2—柱基　3—钢柱

标高块的形状，圆、方、长方、"十"字形都可以。为了保证表面平整，标高块表面可增设预埋钢板。标高块用无收缩砂浆时，其材料强度应不小于 300MPa。

（2）柱底灌浆　一般在第一节钢框架安装完成后即可开始紧固地脚螺栓并进行灌浆。灌浆前必须对柱基进行清理，立模板，用水冲洗并除去水渍，螺孔处少许擦干，然后用自流砂浆连续浇灌，一次完成。流出的砂浆应清洗干净，加盖草包养护。砂浆必须做试块，到时试压，作为验收资料。

任务 2　钢结构构件的连接

7.2.1　高强度螺栓连接

1. 高强度螺栓施工

（1）摩擦面处理　对高强度螺栓连接的摩擦面一般在钢构件制作时应进行处理，处理方法是采用喷砂、酸洗后涂无机富锌漆或贴塑料纸加以保护。但是由于运输或长时间暴露在外，安装前应进行检查。如摩擦面有锈蚀、污物、油污、油漆等，须加以清除处理使之达到要求。常用的处理工具有铲刀、钢丝刷、砂轮机、除漆剂、火焰等，可结合实际情况选择。施工中应对摩擦面的处理十分重视，摩擦面将直接影响节点的传力性能。

（2）螺栓穿孔　安装高强度螺栓时应尽量做到孔眼对准，如发生错孔现象，应进行扩孔处理，保证螺栓顺利穿孔，严禁锤击穿孔。螺栓同连接板的接触面之间必须保证平整。高强螺栓不宜作为临时安装螺栓使用。要正确使用垫圈，一个节点的螺栓穿孔方向必须一致。

（3）螺栓紧固　高强度螺栓一经安装，应立即进行初拧，初拧值一般取终拧值的60%～80%，在一个螺栓群中进行初拧时应规定先后顺序。终拧紧固采用终拧电动扳手，尾端螺杆的短杆剪断，终拧即完成。有些部位不能使用终拧扳手时可用长柄测力扳手，按额定终拧扭矩进行紧固，并做好记录。

2. 高强度螺栓检验

（1）螺栓制造质量检验　在高强度螺栓施工过程中，应对螺栓制造质量进行检验。检验方法是每 15d 左右在包装桶内随机抽出不同规格螺栓各一套进行检验，验证紧固力是否同出厂的质量证明书的规定一致。

（2）螺栓紧固后的检验　观察高强度螺栓末端小螺帽是否扭下，连接板接触面之间是否有空隙，螺纹是否穿过螺母而突出，垫圈是否安装在螺母一侧，用测力扳手紧固的螺栓是否有标记，然后再在此基础上进行抽查。我国《钢结构工程施工质量验收标准》（GB 50205—2020）规范以及国外有关规范均无时间的具体规定，但经拧后的螺栓检验时间以尽快为宜。

7.2.2　焊接连接

1. 焊接工艺流程和框架焊接顺序

（1）现场焊接方法的选择　高层钢结构的节点连接大多采用焊接，因为焊接施工通过一定的工艺措施，可使焊缝质量可靠，并有科学的检测手段进行检验。柱与柱的连接用横坡口焊，柱与梁的连接用平坡口焊。

现场焊接方法一般用手工焊接和半自动焊接两种。焊接母材厚度不大于 30mm 时采用手工焊，焊接母材厚度大于 30mm 时采用半自动焊，此外尚须根据工程焊接量的大小和操作条件等来确定。手工焊的最大优点是灵活方便机动性大，缺点是焊工技术素质要求高，劳动强度大，影响焊接质量的因素多。半自动焊接质量可靠，工效高，但操作条件相应比手工焊要求高，并且需要同手工焊结合使用，如打底缝和盖面焊层。

（2）焊缝的焊接工艺流程　根据高层钢结构框架的施工特点，焊接设备采用集中堆放，为此要设置设备平台，搁置在框架楼层中，堆搁层数按需要确定。

在焊接设备定位就绪后，进行现场焊接工作。焊接工艺流程为：焊接部位操作设施准备→焊接设备、工具、材料准备→定位焊→坡口尺寸检测、修正→坡口表面处理→焊件预热→焊接→焊缝检查→修补处理→检查记录→清理焊缝。

（3）钢框架流水段的焊接顺序　每一个安装流水段的焊接工作于框架流水段校正和高强度螺栓紧固后进行。焊接人数根据焊接工程量、焊接部位条件和焊接工的工效确定。每个框架流水段的安装周期确定后，就可确定焊接需要的人数。由于一幢钢结构工程中各节框架的焊接量不等，因此焊接人员不宜绝对固定。

钢结构框架的焊接流水顺序以确保安装周期不受影响为原则，图 7-3 所示的是用内爬式塔式起重机安装时的焊接顺序。

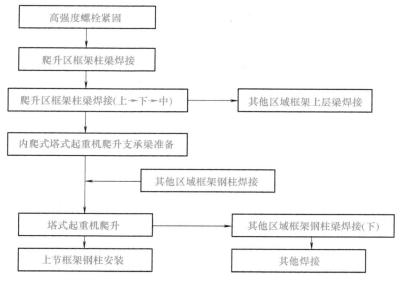

图 7-3　用内爬式塔式起重机安装时的焊接顺序

每一节框架安装流水段的工期最好同焊接的工期合拍，时间上要有交叉。交叉流水作业可使整个工期不受影响，否则不是焊接等安装，就是安装等焊接，都会影响工期。安排焊接力量时要充分考虑到各种客观因素的影响，如构件的供应和处理、设备平台的翻设和气候影响等。因此在焊接力量配备上要留有余地，要配备一定的辅助工人，以使焊工的工效处于最佳状态。

2. 焊接前的准备工作

（1）检验焊条、垫板和引弧板　焊条必须符合设计要求的规格，保管要妥当，应存放在仓库内保持干燥。焊条的药皮如有剥落、变质、污垢、受潮生锈等都不得使用。垫板和引弧板应按规定的规格制造加工，保证其尺寸，坡口要符合标准。

（2）检查焊接操作条件　焊工操作平台、脚手、防风设施等都安装到位，保证必要的操作条件。

（3）检查工具、设备和电流　焊机型号正确，焊机要完好，必要的工具应配备齐全，放在设备平台上的设备排列应符合安全规定，电源线路要合理和安全可靠，要装置稳压器，事先放好设备平台，确保能焊接所有部位。

（4）焊条预热烘干　焊条使用前应在 300~500℃ 的烘箱内焙烘 1h，然后在 100℃ 温度下恒温保存。焊接时从烘箱内取出焊条应放在特别的具有 120℃ 保温功能的手提式保温筒内携带到焊接部位。随用随取出，在 4h 内用完，超过 4h 则焊条必须重新焙烘，当天用不完的焊条重新焙烘后再使用，严禁使用湿焊条。

据有关资料介绍，不同焊条预热的时间和温度应有差距。因此，要求对焊条的预热应根据工程实际情况同设计单位研究后，统一标准，便于实施。

（5）焊缝坡口检查　焊缝坡口尺寸是焊接中心关键，必须全部进行检查。坡口形式有单坡口和双坡口。通常采用的是单坡口形式，坡口断面尺寸如超过图 7-4 所示尺寸应予修正。

坡口经验检查修正后，应将所有焊缝的实际尺寸按构件编号绘制图表列明。焊接量按实际情况计算，以此安排任务和组织焊接。

（6）焊工的岗位培训 焊工必须事先培训和考核，考核内容同规范一致。考核合格后发合格操作证（发证单位须具有发证资格），严禁无证操作。

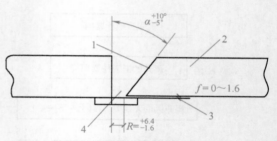

图 7-4 焊缝坡口尺寸允许偏差值
1—坡口角度 2—钢构件母材 3—底部母材
4—坡口根部间隙

3. 焊接施工

（1）母材预热 对进行焊接部位的母材应按要求的温度在焊点或焊缝四周 100mm 范围内预热，焊接前应在焊点或焊缝外不小于 75mm 处实测预热温度，确保温度达到或超过所要求的最低加热温度。

一般构件的预热最低温度见表 7-1。预热可采用氧乙炔火焰，温度测定可用测温器或测温笔。

表 7-1 常用结构钢材最低预热温度要求

常用钢材牌号	接头最厚部件的板厚 t/mm				
	$t<20$	$20\leq t\leq 40$	$40<t\leq 60$	$60<t\leq 80$	$t>80$
Q235、Q295	—	—	40	50	80
Q345	—	40	60	80	100
Q390、Q420	20	60	80	100	120
Q460	20	80	100	120	150

注：1. "—"表示可不进行预热。

2. 当采用非低氢焊接材料或焊接方法焊接时，预热温度应比该表规定的温度提高 20℃。

3. 当母材施焊处温度低于 0℃ 时，应将表中母材预热温度增加 20℃，且应在焊接过程中保持这一最低道间温度。

（2）垫板和引弧板 坡口焊均采用垫板和引弧板，目的是使底层焊透，保证质量。引弧板能保证正式焊缝的质量，避免起弧和收弧时对焊接件增加初应力和导致缺陷。垫板和引弧板均用低碳钢板制作，间隙过大的焊缝宜用紫铜板。垫板尺寸一般采用厚度 6~8mm，宽度 50mm。引弧板长 50mm 左右，引弧长 30mm。

（3）焊接方法 钢柱节点横剖口焊缝宜采用两人对称焊，电流、焊条直径和焊接速度力求相同。柱梁平坡口焊接两端对称焊，应设法减少收缩应力，以防产生焊裂。每层焊道结束应及时清渣。

（4）不同焊缝的焊条直径选择 焊缝中不同焊层的焊条直径，对焊接工效和质量有所影响。不同直径的焊条要求电流的大小亦不同。焊接钢框架不同部位和焊缝所应采用的焊条直径和电流大小，可根据表 7-2 选用。

（5）焊接操作要求 试焊时，焊缝根部打底焊层一般选用的焊条直径规格宜小一些，操作引弧方法以齿形为宜。中部叠焊层选用的焊条直径宜大一些，可以提高工效。焊接中要注意清渣。盖面对应为 1.0~1.5mm 深的坡口槽，然后再进行盖面焊。盖面焊的高度比母材表面略高一些，从最高处逐步向母材表面过渡，凸高的高度应不大于 3.2mm，同母材边缘接触处咬边不得超过 0.25mm，盖面焊缝的边缘应超过母材边缘线 2mm 左右。

表 7-2　不同部位焊条直径和电流大小的选择

焊缝形式	焊接部位	焊条直径/mm	焊机选用电流范围/A
坡口焊	柱柱节点	底部 4 中间 4~5 面层 5	150(110~180) 190(150~240) 185(150~230)
平坡口	柱梁节点	底部 4 中间 5~6 面层 5	150(110~180) 210(150~240) 280(250~310) 210(150~240)
斜坡口	支撑节点	底部 3.2 中间 4 面层 4	130(80~130) 160(110~180) 160(110~180)
立角焊	剪力墙板	4	140(110~180)
仰角焊	剪力墙板	底部 5 中间 5 面层 4	180(110~180) 170(150~240) 145(110~180)

（6）焊接的停止和间歇　每条焊缝一经施焊，原则上要连续操作一次完成。大于 4h 焊接量的焊缝，其焊缝必须完成 2/3 以上才能停焊，然后再二次施焊完成。间歇后的焊缝，开始工作后中途不得停止。

（7）气候对焊接的影响　要保证焊接操作条件，气候对焊接关系大。雨雪天原则上停止焊接，除非采取相应措施。风速超过 10m/s 以上不准焊。一般情况下为了充分利用时间，减少气候的影响，多采用防雨雪设施和挡风设施。严寒季节在温度−10℃情况下，焊缝应采取保温措施，延长降温时间。

4. 焊缝检验

（1）外观检查　对所有焊缝都应进行外观检查。焊缝都应符合有关规定的焊接质量标准。表面平整，焊缝外凸部分不应超过焊接板面 3.2mm，无裂缝，无缺陷，无气孔夹渣现象。

（2）超声波探伤　这是检查焊缝质量的一种方法，有专门的规范和判别标准。应按指定的探伤设备进行检测，检测前应将焊缝两侧 150m 范围内的母材表面打磨清理，保证探头移动平滑自由，超声波不受干扰，根据实测的记录判定合格与否。

超声波探伤在高层钢结构工程中，主要是检查主要部位焊缝，如钢柱节点焊缝、框架梁的受拉翼缘等，一般部位的焊缝和受压、受剪部分的焊缝则进行抽检，这些都由设计单位事先提出具体要求。

（3）焊缝的修补　凡经过外观检查和超声波检验不合格的焊缝，都必须进行修补。对不同的缺陷采取不同的修补方法：焊缝出现瘤，对超过规定的突出部分须进行打磨；出现超过规定的咬边，低洼缺陷，首先应清除熔渣，然后重新补焊；产生气孔过多、熔渣过多、熔渣差等，应打磨缺陷处，重新补焊；利用超声波探伤检查出的内在质量缺陷，如气孔过大、裂纹、夹渣等，应表明部位，用碳弧气刨机将缺陷处及周围 50mm 的完好部位全部刨掉，重新补修。修补工作按原定的焊接工艺进行，完成后仍应按上述检验方法进行检验。全部修补工作都应做好记录。

7.2.3 柱状螺栓施工

高层钢结构框架工程中，楼板都采用钢筋混凝土结构。为了使楼板同钢梁之间更好地连接，目前都采用在钢梁上埋设柱状螺栓、现浇钢筋混凝土的办法。埋入混凝土中的柱状螺栓起预埋件的作用。由于柱状螺栓数量多，一般采用专门的焊机来施工，因此，柱状螺栓施工成为高层钢结构施工中的内容之一。

1. 柱状螺栓的材料

（1）机械强度　抗拉强度 4950MPa，屈服强度 3875MPa。

（2）防弧座圈　焊接时螺栓端部与翼缘板之间应垫防弧座圈（图 7-5），如去氧平弧耐热陶瓷座圈。

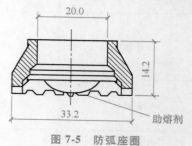

图 7-5　防弧座圈

2. 柱状螺栓的焊接条件与有关参数

柱状螺栓的焊接条件与有关参数见表 7-3。

表 7-3　柱状螺栓的焊接条件与有关参数

栓钉	适用栓钉直径	ϕ/mm	$13\frac{1}{2}$	$16\frac{5}{8}$	$19\frac{3}{4}$	$22\frac{7}{8}$
	栓钉头部直径	D/mm	25	29	32	35
	栓钉头部厚	T/mm	9	12	12	12
	栓钉标准长度	L/mm	80，100，130		80，100，130，150	
	栓钵单位质量	g	159(L=130)	245(L=130)	345(L=130)	450(L=130)
	栓钉（每增减 10mm 质量）	g	10	16	22	30
	钉栓焊最低长度	mm	50	50	50	50
	适用母材最低厚度	mm	5	6	8	10
焊接药座	FS：一般标准型		YN-13FS	YN-16FS	YN-19FS	YN-22FS
	焊接药座尺寸	直径(±0.2)/mm	23.0	28.5	34.0	33.0
		高(±0.2)/mm	10.0	12.5	14.5	16.5
焊接条件	标准条件（向下焊接）	焊接电流/A	900~1100	1030~1270	1350~1650	1470~1800
		弧光时间/s	0.7	0.9	1.1	1.4
		熔化量/mm	2.0	2.5	3.0	3.5
	焊接方向		全方向	全方向	下横向	下向
	最小用电容量/kV·A		90	90	100	120

3. 柱状螺栓焊接施工

（1）焊接工艺　将焊机同相应焊枪电流接通，把柱状螺栓套在焊枪上，防弧座圈放在母材上，柱状螺栓对准防弧座圈，掀动焊枪开关，电流即熔断防弧座圈开始产生闪光，定时器调整在适当时间，经一定时间闪光，柱状螺栓以预定的速度顶紧母材而熔化，电流短路。关闭开关即焊接完成。然后清除座圈碎片，全部焊接结束。

（2）焊接要求

1）同一电源上接出两个或三个以上的焊枪，使用时必须将导线连接起来，以保证同一时间内只能由一只焊枪使用，并使电源在完成每只柱状螺栓焊接后，迅速恢复到准备状态。进行下次焊接。

2）焊接时应保持正确的焊接姿势，紧固前不能摇动，直到熔化的金属凝固为止。

3）螺栓应保持无锈、无油污，被焊母材的表面要进行处理，做到无杂质、无锈、无油漆，必要时须用砂轮打磨。

4）母材金属温度低于−18℃或在雨雪潮湿状态下不能施工。

5）观察焊接后的柱状螺栓焊层外形，焊层外形不能出现的情况如表 7-4 中所示的四种状态。如有缺陷时，按能达到理想均匀焊层的方法来修正操作工艺，此后即按此工艺进行施工。

表 7-4　外观和质量分析

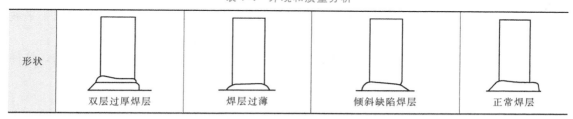

形状	双层过厚焊层	焊层过薄	倾斜缺陷焊层	正常焊层

（3）柱状螺栓的焊接方法　常用的有高空焊接和地面焊接两种形式，而就其效果而言各有利弊。

1）高空焊接。将钢构件先安装成钢框架，然后在钢梁上进行焊接柱状螺栓。其优点是安装过程中梁面平整，操作人员行走方便安全，不受预埋螺栓的影响；缺点是高空焊接工效不高，焊接质量不易保证，操作人员焊接技术要求高，需搭设操作脚手架等。

2）地面焊接。钢梁在安装前先将柱状螺栓焊接上，然后再安装。其优点是工效高，操作条件好，质量易保证；其缺点是对其他工种操作人员带来不安全和不方便。

上述两种焊接法可根据实际情况来选择，目前工程中两种方法均用。

还有一种方法，就是安装阶段暂不焊柱状螺栓，在现浇混凝土楼板安装模板和绑扎钢筋阶段插入交叉进行焊接柱状螺栓，这样既可克服安装阶段的安全威胁，又能提高工效。但是如果焊接柱状螺栓由专业安装单位进行，根据目前施工阶段划分，应完成安装项目并验收合格后再进行下道工序，这种方法就不能使用。

4. 柱状螺栓检验

目前国内外对柱状螺栓的检验主要有五项内容：①外观检查；②锤击检验；③拉伸试验；④反弯曲试验；⑤剪切试验。其中①、②为现场对柱状螺栓的质量检验，③~⑤为焊接前的工艺试验。因此，在进行柱状螺栓的焊接前应先做工艺试验，条件应同实际情况基本相符。通过③~⑤试验得出该工程的工艺操作要点，实际焊接时即按此执行。

外观检查应检查螺杆是否垂直和焊层四周焊熔是否均匀，如焊层全熔化且均匀可判为合格。弯曲检验应根据每天的焊接数量抽检，抽检 1/5，用锤击法将螺栓击弯 15°，其焊层无裂断现象可判为合格。如有熔化不均匀的焊层，仍用锤击法进行检验，锤击方向为缺陷的反方向，如锤击弯曲 15°时，焊层无断裂仍可判为合格。

检验出的不合格柱状螺栓，可在其旁侧补焊一只柱状螺栓，该不合格螺栓可不做处理。检验合格的柱状螺栓，其弯曲部分不须进行调直处理。

任务3 轻型钢结构

轻型钢结构是指采用圆钢筋、小角钢（小于 45mm×4mm 的等肢角钢或小于 56mm×36mm×4mm 的不等肢角钢）和薄钢板（其厚度一般不大于 4mm）等材料组成的轻型钢结构。轻型钢结构的优点是：取材方便、结构轻巧、制作和安装可用较简单的设备。其应用范围一般是轻型屋盖的屋架、檩条、支柱和施工用的托架等。

7.3.1 结构形式和构造要求

1. 结构形式

（1）轻型钢屋架 适用于陡坡轻型屋面的有芬克式屋架和三铰拱式屋架，适用于平坡屋面的有梭型屋架。

（2）轻型檩条和托架 对压杆尽可能用角钢，拉杆或压力很小的杆件用圆钢筋，这样经济效果较好。

2. 节点构造

轻型钢结构的桁架，应使杆件重心线在节点处会交于一点，否则计算时应考虑偏心影响。轻型钢结构的杆件比较柔细，节点构造偏心对结构承载力影响较大，制作时应注意。

常用的节点构造，可用作受压构件的缀条连接节点。在桁架式结构中应避免或尽量减小其偏心距。

3. 焊缝要求

圆钢与圆钢、圆钢与钢板（或型钢）之间的焊缝有效厚度，不应小于 0.2 倍圆钢的直径（当焊接的两圆钢直径不同时，取平均直径）或 3mm，并不大于 1.2 倍钢板厚度，计算长度不应小于 20mm。

4. 构件最小尺寸

钢板厚度不宜小于 4mm。圆钢直径不宜小于下列数值：屋架构件为 12mm，檩条构件和檩条间拉条为 8mm，支撑杆件为 16mm。

7.3.2 制作和安装要点

1. 构件平整

小角钢和圆钢等在运输、堆放过程中易发生弯曲和翘曲等变形，备料时应平直整理，使达到合格要求。

2. 结构放样

要求具有较高的精度，减少节点偏心。

3. 杆件切割

宜用机械切割，特殊形式的节点板和单角钢端头非平面切割通常用气割。气割端头要求打磨清洁。

4. 圆钢筋弯曲

宜用热弯加工，圆钢筋的弯曲部分应在炉中加热至 900~1000℃，从炉中取出锻打成型。也可用烘枪（氧乙炔焰）烘烤至上述温度后锻打成型。弯曲的钢筋腹杆（蛇形钢筋）通常以两节以上为一个加工单件，但也不宜太长，太长弯成的构件不易平整，太短会增加节点焊缝。小直径圆钢有时也用冷弯加工，较大直径的圆钢若用冷弯加工，曲率半径不能过小，否则会影响结构精度，并增加结构偏心。

5. 结构装配

宜用胎模以保证结构精度，杆件截面有三根杆件的空间结构（如棱形桁架），可先装配成单片平面结构，然后用装配点焊进行组合。

6. 结构焊接

宜用小直径焊条（2.5~3.0mm）和较小电流进行。为防止发生未焊透和咬肉等缺陷，对用相同电流强度焊接的焊缝可同时焊完，然后调整电流强度焊另一种焊缝。用直流电机焊接时，宜用反极连接（即被焊构件接负极）。对焊缝不多的节点，应一次施焊完毕，中途停熄后再焊易发生缺陷，焊接次序宜由中央向两侧对称施焊。对于檩条等小构件可用固定夹具以保证结构的几何尺寸。

7. 安装要求

屋盖系统的安装顺序一般是屋架、屋架间垂直支撑、檩条、檩条拉条、屋架间水平支撑。檩条的拉条可增加屋面刚度，并传递部分屋面荷载，应先予张紧，但不能张拉过紧而使檩条侧向变形。屋架上弦水平支撑通常用圆钢筋，应在屋架与檩条安装完毕后拉紧。这类柔性支撑只有张紧才对增强屋盖刚度起作用。施工时，还应注意施工荷载不要超过设计规定。

8. 维护

轻钢结构一经锈蚀就会严重降低承载能力，对防腐蚀应予以足够的重视，也应经常加以维护。

任务 4　冷弯薄壁型钢结构

薄壁型钢结构是指厚度不超过 3mm 的钢板或带钢经冷弯或冷拔等方式弯曲而成的型钢，其截面形状分开口和闭口两类（图 7-6）。在钢厂生产的闭口截面目前是圆管和矩形管。开口和闭口薄壁型钢截面规格可参见《冷弯薄壁型钢结构技术规范》（GB 50018—2002）。

用薄壁型钢制造屋架、檩条、框架和拔杆等能节约钢材，制造、运输和安装亦较方便。在房屋结构中它只用于建造无强烈侵蚀作用的和无动力作用的结构。

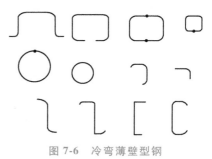

图 7-6　冷弯薄壁型钢

7.4.1　冷弯薄壁型钢的成型

薄壁型钢的材质采用普碳钢时，应满足《碳素结构钢》（GB/T 700—2006）规定的 Q235 钢的要求；采用 16 锰钢时，应满足《低合金高强度结构钢》（GB/T 1591—2018）规定的 16 锰钢的要求。

钢结构制造厂进行薄壁型钢成型时，钢板或带钢等一般用剪切机下料，辊压机整平，用边缘刨床刨平边缘。薄壁型钢的成型多用冷压成型，厚度为 1~2mm 的薄钢板也可用弯板机冷弯成型。简易的冷压成型机械可用各类压力机改装，配置上下冲模即可（图 7-7）。薄壁型钢冷加工成型的过程如图 7-8 所示。

目前钢结构制造厂生产矩形截面薄壁管时，大多用槽形截面拼合，用手工焊焊成。这种生产方式应注意装配质量和合理的焊接工艺，只有这样才不致使构件焊成后产生过大的弯曲或翘曲变形。装配点焊后，应先在构件的两端焊长约 10cm 的焊缝，然后焊纵长缝，否则会引起端部焊点崩裂。纵长焊缝一般只焊一道，两条纵长焊缝可采用同一方向施焊。

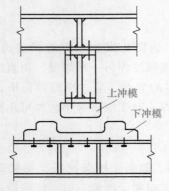

图 7-7　压力机改装的冷压成型机

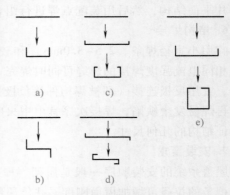

图 7-8　薄壁型钢的冷加工成型
a）U 型　b）Z 型　c）C 型　d）S 型　e）口型

7.4.2　冷弯薄壁型钢的放样、号料和切割

薄壁型钢结构的放样与一般钢结构相同。常用的薄壁型钢屋架，不论用圆钢管或方钢管，其节点多不用节点板，构造都比普通钢结构要求高，因此放样和号料应具有足够的精度。常用的节点构造如图 7-9 所示。

矩形和圆形管端部的画线，可先制成斜切的样板（图 7-10），直接覆盖在杆件上进行画线。圆钢管端部有弧形断口时，最好用展开的方法放样制成样板。小圆管也可用硬纸板按管径和角度逐步凑出近似的弧线，然后覆于圆管上画线。

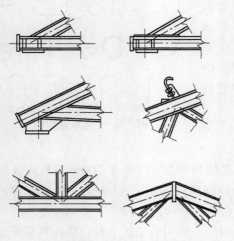

图 7-9　薄壁型钢屋架常用节点构造

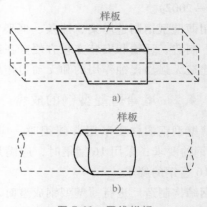

图 7-10　画线样板
a）矩形管　b）圆形管

薄壁型钢号料时，不容许在非切割构件表面打凿子印和钢印，以免削弱截面。

切割薄壁型钢最好用摩擦锯，效率高，锯口平整。用一般锯床切割极容易损坏锯片，一般不宜采用。如无摩擦锯，可用氧乙炔焰切割，要求用小口径喷嘴，切割后用砂轮、风铲整修，清除毛刺、熔渣等。

7.4.3　冷弯薄壁型钢结构的装配和焊接

薄壁型钢屋架的装配一般用一次装配法（图 7-11）。装配平台（图 7-12）必须稳固，使构件重心线在同一水平面上，高差不大于 3mm。装配时一般先拼弦杆，保证其位置正确，使弦杆与檩条、支撑连接处的位置正确。腹杆在节点上可略有偏差，但在构件表面的中心线不宜超过 3mm。芬克式屋架由三个运输单元组成时，应注意三个单元间连接螺孔位置的正确，以免安装时连接困难。为此，可先把下弦中间一段运输单元固定在胎模的小型钢支架上，随后进行其左右两个半榀屋架的装配。连接左右两个半榀屋架的屋脊节点也应采取措施保证螺孔位置正确。连接孔中心线的误差不得大于 1.5mm。

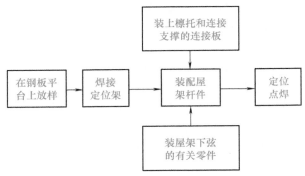

图 7-11　薄壁型钢屋架的装配过程

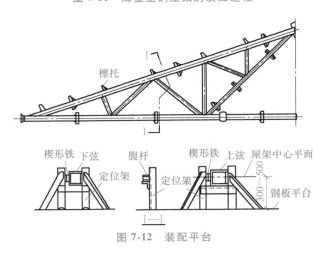

图 7-12　装配平台

为减少薄壁型钢焊接接头的焊接变形，杆端顶接缝隙控制在 1mm 左右。薄壁型钢的工厂接头，开口截面可采用双面焊的对接接头。用两个槽形截面拼合的矩形管，横缝可用双面焊，纵缝用单面焊，并使横缝错开 2 倍截面高度。一般管子的接头，受拉杆最好用有衬垫的单面焊，对接缝接头，衬垫可用厚度大于 1.5~2mm 左右的薄钢板或薄钢管。圆管也可用于同直径的圆管接头，纵向切开后镶入圆钢管中。受压杆允许用隔板连接。杆件的工地连接可用焊接或螺栓连接。对受拉杆件的焊接质量，应特别注意。

薄壁杆件装配点焊应严格控制壁厚方向的错位，不得超过板厚的 1/4 或 0.5mm。薄壁型钢结构的焊接，应严格控制质量。焊前应熟悉焊接工艺、焊接程序和技术措施，如缺乏经验可通过试验以确定焊接参数。

为保证焊接质量，对薄壁截面焊接处附近的铁锈、污垢和积水要清除干净，焊条应烘干，并不得在非焊缝处的构件表面起弧或灭弧。

薄壁型钢屋架节点的焊接，常因装配间隙不均匀而使一次焊成的焊缝质量较差，故可采用两层焊。尤其对冷弯型钢，因弯角附近的冷加工变形较大，焊后热影响区的塑性较差，对主要受力节点宜用两层焊，先焊第一层，待冷却后再焊第二层，不使过热，以提高焊缝质量。

采用撑直机或锤击方式调直型钢，或成品整理时，也要防止局部变形。整理时最好逐步顶撑调直，接触处应设衬垫，最好在型钢弯角处加力。成品的调直可用自制的手动简便顶撑工具。如用锤击方法整理，注意设衬垫。成品用火焰矫正时，不宜浇水冷却。

7.4.4 冷弯薄壁型钢结构安装

冷弯薄壁型钢结构安装前要检查和校正构件相互之间的关系尺寸、标高和构件本身安装孔的关系尺寸。检查构件的局部变形，如发现问题在地面预先矫正或妥善解决。

吊装时要采取适当措施防止产生过大的弯扭变形，应垫好吊索与构件的接触部位，以免损伤构件。不宜利用已安装就位的冷弯薄壁型钢构件起吊其他重物，以免引起局部变形，不得在主要受力部位加焊其他物件。安装屋面板之前，应采取措施保证拉条拉紧和檩条的正确位置，檩条的扭角不得大于 3°。

7.4.5 冷弯薄壁型钢结构防腐蚀

防腐蚀是冷弯薄壁型钢加工中的重要环节，它影响维修和使用年限。事实证明，如制造时除锈彻底、底漆质量好，一般的厂房冷弯薄壁型钢结构可 8~10 年维修一次，与普通钢结构相同，否则，容易腐蚀并影响结构的耐久性。闭口截面构件经焊接封闭后，其内壁可不作防腐处理。

冷弯薄壁型钢结构必须进行表面处理，要求彻底清除铁锈、污垢及其他附着物。喷砂、喷丸除锈，应除至露出金属灰白色为止，并应注意喷匀，不得有局部黄色存在。酸洗除锈，应除至钢材表面全部呈铁灰色为止，并应清除干净，保证钢材表面无残余酸液存在，酸洗后宜作磷化处理或涂磷化底漆。手工或半机械化除锈，应除去露出钢材表面为止。

1. 防护措施

（1）金属保护层　表面合金化镀锌、镀锌等。

（2）防腐涂料　无侵蚀性或弱侵蚀性条件下，可采用油性漆、酚醛漆或醇酸漆。中等侵蚀性条件下，宜采用环氧漆、环氧酯漆、过氯乙烯漆、氯化橡胶漆或氯醋漆。防腐涂料的底漆和面漆应相互配套。

（3）复合保护　用镀锌钢板制作的构件，涂漆前应进行除油、磷化、纯化处理（或除油后涂磷化底漆）。表面合金化镀锌钢板、镀锌钢板（如压型钢板、瓦楞铁等）的表面不宜涂红丹防锈漆，宜涂环氧锌黄酯底漆（或其他专用涂料）进行维护。

2. 防腐处理要求

1）钢材表面处理后应及时涂刷防腐涂料，以免再度生锈。

2）当防腐涂料采用红丹防锈漆和环氧底漆时，安装焊缝部位两侧附近不涂。

3）冷弯薄壁型钢结构安装就位后，应对在运输、吊装过程中漆膜脱落部位，以及安装焊缝两侧未涂油漆的部位补涂油漆，使之不低于相邻部位的防护等级。

4）冷弯薄壁型钢结构与钢筋混凝土或钢丝网水泥构件直接接触的部位，应采取适当措施，不使油漆变质。

5）可能淋雨或积水的构件中的节点板夹缝等不易再次油漆维护的部位，均应采取适当措施密封。冷弯薄壁型钢结构在使用期间，应定期进行检查与维护。

3. 维护要求

1）当涂层表面开始出现锈斑或局部脱漆时，即应重新涂装，不应到漆膜大面积劣化、返锈时才进行维护。

2）重新涂装前应进行表面处理，彻底清除结构表面的积灰、污垢、铁锈及其他附着物，除锈后应立即涂漆维护。

3）重新涂装时亦应采用相应的配套涂料。

4）重新涂装的涂层质量应符合《钢结构工程施工质量验收标准》（GB 50205—2020）的规定。

同 步 测 试

一、填空题

1. 钢结构的连接方法有焊接、铆接、普通螺栓连接和高强度螺栓连接等，目前应用最多的是＿＿＿＿＿＿和＿＿＿＿＿＿。

2. 钢结构防腐涂装常用的施工方法有＿＿＿＿＿＿和＿＿＿＿＿＿两种。

3. 在焊接过程中焊条药皮的主要作用有＿＿＿＿＿＿、＿＿＿＿＿＿和＿＿＿＿＿＿。

4. 焊接材料选用的原则有＿＿＿＿＿＿、＿＿＿＿＿＿、＿＿＿＿＿＿和＿＿＿＿＿＿。

5. 钢材边缘加工分为＿＿＿＿＿＿、＿＿＿＿＿＿和＿＿＿＿＿＿三种。

二、单项选择题

1. 氧气切割是以（　　　）和燃料气体燃烧时产生的高温熔化钢材，并以氧气压力进行吹扫，造成割缝，使金属按要求的尺寸和形状被切割成零件。

A. 空气　　　　　　B. 氧气　　　　　　C. CO_2 气体　　　D. 氧气与燃料的混合气体

2. 在焊接过程中焊条药皮的主要作用是（　　　）。

A. 保护作用　　　　B. 助燃作用　　　　C. 升温作用　　　D. 降温作用

3. 大六角头高强度螺栓采用扭矩法紧固时，分为初拧和终拧二次拧紧。初拧扭矩为施工扭矩的（　　　）。

A. 25%　　　　　　B. 50%　　　　　　C. 75%　　　　　　D. 100%

4. 斜梁的安装顺序是：先从（　　　）的两榀刚架开始，刚架安装完毕后将其间的檩条、支撑、隔撑等全部装好，并检查其垂直度；然后以这两榀刚架为起点，向建筑物另一端顺序安装。

    A. 一端的山墙   B. 靠近山墙的有柱间支撑

    C. 中部   D. 中部有柱间支撑

5. 多层与高层钢结构安装施工时，各类消防设施（灭火器、水桶、砂袋等）应随安装高度的增加及时上移，一般不得超过（   ）楼层。

    A. 一个   B. 两个   C. 三个   D. 四个

三、简答题

1. 简述钢材为何要进行边缘加工。

2. 钢结构焊接的类型主要有哪些？

四、思考题

党的二十大报告提出"推动战略性新兴产业融合集群发展，构建新一代信息技术、人工智能、生物技术、新能源、新材料、高端装备、绿色环保等一批新的增长引擎。"请结合本单元学习内容，谈谈钢结构工程中有哪些新材料？

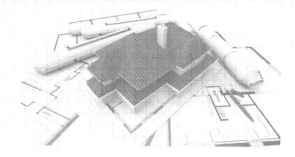

单元8

结构吊装工程

【素养提升】

2022年10月4日，中国援建的埃塞俄比亚科技博物馆揭幕。埃塞俄比亚科技博物馆由江苏南通三建集团股份有限公司承建、中国城市建设研究院有限公司负责监理，是中国援建的埃塞俄比亚首都亚的斯亚贝巴河岸绿色发展项目（二期中央广场标段）的一部分。项目位于亚的斯亚贝巴市区，占地约 $17.85hm^2$，主要包含科技博物馆、球幕影院、儿童乐园及配套建筑等。博物馆给埃塞俄比亚科技爱好者提供了一个求知、探索和发明创新的地方，对埃塞俄比亚的科技和经济发展起到了关键作用。

大道之行，天下为公。一百多年来，中国共产党始终坚持胸怀天下，既为人民谋幸福、为民族谋复兴，也为人类谋进步、为世界谋大同。习近平主席以历史担当、战略眼光、博大胸怀关注全人类的前途命运，提出构建人类命运共同体、共建"一带一路"、全球发展倡议、全球安全倡议等重大理念和倡议，为推动世界公平、包容、可持续发展贡献中国智慧、提出中国方案、注入中国力量。

知识目标：

- 了解吊具及起重机械的基本知识。
- 理解各种构件的布置及吊装工艺。
- 熟悉单层工业厂房吊装施工工艺。

能力目标：

- 能够编制结构吊装工程施工专项方案。
- 能够进行结构吊装工程施工技术交底。
- 能够进行结构吊装工程施工质量检查。

素养目标：

- 培养学生加快建设制造强国、质量强国的意识。
- 培养学生守正创新、踔厉奋发的创造精神。
- 培养学生推进新型工业化的意识。

任务1　索具及起重机械

8.1.1　钢丝绳

1. 构造与种类

钢丝绳是吊装工作中的常用绳索，它具有强度高、韧性好、耐磨性好等优点。同时，磨损后外表产生毛刺，容易被发现，便于预防事故的发生。

（1）钢丝绳的构造（图8-1）　在结构吊装中常用的钢丝绳是由6股钢丝和一股绳芯（一般为麻芯）捻成的。每股又由多根直径为0.4～4.0mm，强度为1400MPa、1550MPa、1700MPa、1850MPa、2000MPa的高强度钢丝捻成。

（2）钢丝绳的种类　钢丝绳的种类很多，按其捻制方法分有右交互捻、左交互捻、右同向捻、左同向捻4种（图8-2）。

图8-1　普通钢丝绳的构造

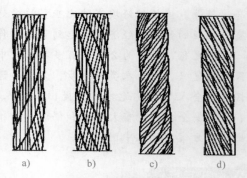

图8-2　钢丝绳的捻法

a）右交互捻（股向右捻，丝向左捻）　b）左交互捻（股向左捻，丝向右捻）　c）右同向捻（股和丝均向右捻）　d）左同向捻（股和丝均向左捻）

1）反捻绳。每股钢丝的搓捻方向与钢丝绳的搓捻方向相反（图8-2a、b）。这种钢丝绳较硬，强度较高，不易松散，在吊重时不会扭结旋转，多用于吊装工作中。

2）顺捻绳。每股钢丝的搓捻方向与钢丝股的搓捻方向相同（图8-2c、d）。这种钢丝绳柔性好，表面较平整，不易磨损，但容易松散和扭结卷曲。在吊重物时，易使重物旋转，一般多用于拖拉或牵引装置。

钢丝绳按每股钢丝根数分有6股7丝，7股7丝、6股19丝、6股37丝和6股61丝等几种。

（3）在结构吊装工作中常用的钢丝绳

1）6×19+1。即6股，每股由19根钢丝组成再加一根绳芯，此种钢丝绳较粗、硬而耐磨，但不易弯曲，一般用作缆风绳。

2）6×37+1。即6股，每股由37根钢丝组成再加一根绳芯，此种钢丝绳比较柔软，一般用于穿滑轮组和做吊索。

3）6×61+1。即 6 股，每股由 61 根钢丝组成再加一根绳芯，此种钢丝绳质地软，一般用作重型起重机械。

2. 安全检查和使用注意事项

（1）钢丝绳的安全检查　钢丝绳使用一定时间后，就会产生断丝、腐蚀和磨损现象，其承载能力就降低了。钢丝绳经检查有下列情况之一者，应予以报废：①钢丝绳磨损或锈蚀达直径的 40% 以上；②钢丝绳整股破断；③在使用时断丝数目增加得很快；④钢丝绳每一节距长度范围内的断丝根数超过了规定的数值。一个节距是指某一股钢丝绳绕绳芯一周的长度（图 8-3），约为钢丝绳直径的 8 倍。

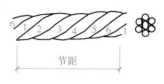

图 8-3　钢丝绳节距的量法
1~6—钢丝绳绳股的编号

（2）钢丝绳的使用注意事项

1）钢丝绳在使用中不准超载。当在吊重的情况下，绳股间有大量的油挤出时，说明荷载过大，必须立即检查。

2）当钢丝绳穿过滑轮时，滑轮槽的直径应比绳的直径大 1~2.5mm。

3）为减少钢丝绳的腐蚀和磨损，应定期加润滑油（一般以工作时间 4 个月左右加一次）。在存放时，应保持干燥，并成卷排列，不得堆压。

4）使用旧钢丝绳，应事先进行检查。

8.1.2　吊具

在构件吊装过程中，常要使用一些吊装工具，如吊索、卡环、花篮螺栓和横吊梁等。

1. 吊索

吊索主要用来绑扎构件以便起吊，可分为环状吊索（又称万能吊索）和开式吊索（又称轻便吊索或 8 股头吊索）两种（图 8-4）。

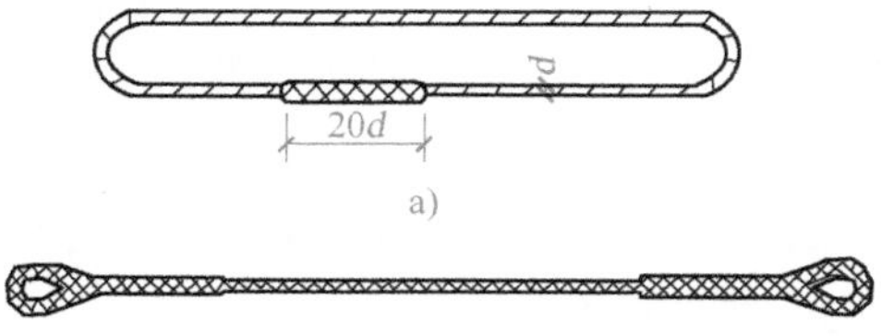

吊索是用钢丝绳制成的，因此，钢丝绳的允许拉力即为吊索的允许拉力。在吊装中，吊索的拉力不应超过其允许拉力。吊索拉力取决于所吊构件的重量及吊索的水平夹角，水平夹角应不小于 30°，一般为 45°~60°。

两支吊索的拉力按下式计算（图 8-5a）

$$P = Q/2\sin\alpha \qquad (8-1)$$

四支吊索的拉力按下式计算（图 8-5b）

$$P = Q/2（\sin\alpha + \sin\beta） \qquad (8-2)$$

式中　P——每根吊索的拉力（kN）；

Q——吊装构件的重量（kN）；

α、β——分别为吊索与水平线的夹角。

图 8-4　吊索
a）环状吊索　b）开式吊索

2. 卡环

卡环用于吊索与吊索或吊索与构件吊环之间的连接。它由弯环和销子两部分组成，按销子与弯环的连接形式分为螺栓卡环和活络卡环（图 8-6a、b）。活络卡环的销子端头和弯环孔眼无螺纹，可直接抽出（图8-6c），常用于柱子吊装。它的优点是在柱子就位后，在地面用系在销子尾部的绳子将销子拉出，解开吊索，避免了高空作业。

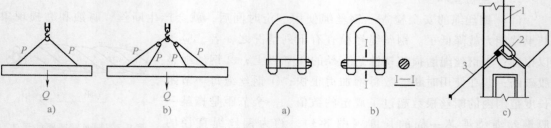

图8-5　吊索拉力计算简图　　　　　　图8-6　卡环及使用

a）两支吊索　b）四支吊索　　a）螺栓式卡环　b）活络卡环　c）用活络卡环绑扎

1—吊索　2—活络卡环　3—销子安全绳

在使用活络卡环吊装柱子时应注意以下几点。

1）绑扎时应使柱子起吊后销子尾部朝下（图8-6c），以便拉出销子。同时要注意，吊索在受力后要压紧销子，销子因受力在弯环销孔中产生摩擦力，这样销子才不会掉下来。若吊索没有压紧销子而滑到边上去，就会形成弯环受力，销子很可能会自动掉下来，这是很危险的。

2）在构件起吊前要用白棕绳（直径为10mm）将销子与吊索的8股头（吊索末端的圆圈）连在一起，用镀锌钢丝将弯环与8股头捆在一起。

3）拉绳人应选择适当位置和起重机落钩过程中的有利时机（即当吊索松弛不受力且使白棕绳与销子轴线基本成一直线时）拉出销子。

3. 花篮螺栓

花篮螺栓（图8-7）利用丝杠进行伸缩，能调节钢丝绳的松紧，可在构件运输中捆绑构件，在吊装校正中松、紧缆风绳。

4. 轧头

轧头（图8-8）是用来连接两根钢丝绳的，所以又叫钢丝绳卡扣（卡子）。钢丝绳卡扣的连接方法和要求如下。

图8-7　花篮螺栓　　　　　　图8-8　轧头

（1）钢丝绳卡扣的连接法　一般常用夹头固定法。通常用的钢丝绳夹头有骑马式、压板式和拳握式三种（图8-9）。其中，骑马式连接力最强，应用也最广；压板式其次；拳握式由于没有底座，容易损坏钢丝绳，连接力也差，因此只用于次要的地方。

（2）钢丝绳夹头使用时的注意事项

1）在选用夹头时，应使其U形环的内侧净距比钢丝绳直径大1~3mm，太大的卡扣连接卡不紧，容易发生事故。

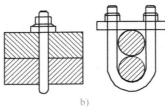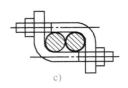

图 8-9　钢丝绳夹头

a）骑马式　b）压板式　c）拳握式

2）在上夹头时一定要将螺栓拧紧，直到绳被压扁 1/4～1/3 直径时为止，并在绳受力后，再将夹头螺栓拧紧一次，以保证接头牢固可靠。

3）夹头要一顺排列，U 形部分与绳头接触，不能与主绳接触（图 8-10a）。如果 U 形部分与主绳接触，则主绳被压扁后，在受力时容易断丝。

4）为便于检查接头是否可靠和发现钢丝绳是否滑动，可在最后一个夹头后面大约 500mm 处再吊装一个夹头，并将绳头放出一个安全弯（图 8-10b）。这样，当接头的钢丝绳发生滑动时，安全弯首先被拉直，这时就应该立即采取措施处理。

5. 吊钩

吊钩有单钩和双钩两种（图 8-11）。在吊装施工中常用的是单钩，双钩多用于桥式和塔式起重机上。

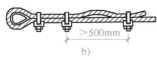

图 8-10　吊装钢丝绳夹头　　　　　　　　　　图 8-11　吊钩

a）钢丝绳夹头的安装方法　b）留安全弯的方法

6. 横吊梁

横吊梁又称铁扁担和平衡梁。其作用一是减少吊索高度；二是减少吊索对构件的横向压力。横吊梁常用于柱和屋架等构件的吊装。用横吊梁吊柱容易使柱身保持垂直，便于吊装；用横吊梁吊屋架可以减低起吊高度，减少吊索水平分力对屋架的压力。

常用的横吊梁有滑轮横吊梁、钢板横吊梁、钢管横吊梁等。

（1）滑轮横吊梁（图 8-12）　一般用于吊装 80kN 以内的柱，它由吊环、滑轮和轮轴等部分组成。其中吊环用 Q235 圆钢锻制而成，环圈的大小要保证能够直接挂上起重机吊钩，滑轮直径应大于起吊柱的厚度，轮轴直径和吊环断面应按起重量的大小计算而定。

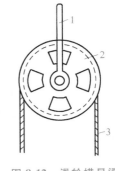

图 8-12　滑轮横吊梁

1—吊环　2—滑轮　3—吊索

（2）钢板横吊梁（图 8-13）　一般用于吊装 100kN 以下的柱，

它是由 Q235 钢板制作而成的。

（3）钢管横吊梁（图 8-14）　一般用于吊屋架，钢管长为 6～12m。钢管横吊梁在起吊构件时承受轴向力 N 和弯矩 M（由钢管自重产生的）。设计时可先根据容许长细比 $[\lambda]=120$ 初选钢管截面，然后按压弯构件进行稳定验算。荷载按构件重力乘以动力系数 1.5 计算，容许应力 $[\sigma]$ 取 140N/mm^2。钢管横吊梁中的钢管亦可用两个槽钢焊接成箱形截面来代替。

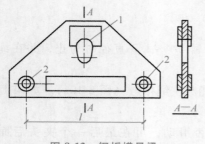
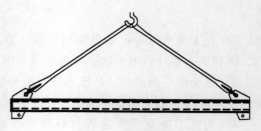

图 8-13　钢板横吊梁

1—挂吊钩孔　2—挂卡环孔

图 8-14　钢管横吊梁

8.1.3　滑车及滑车组

1. 滑车

滑车（又名葫芦）可以省力，也可改变用力的方向，是起重机和土拔杆及其他起重设备的主要组成部分。滑车按其滑轮的多少，可分为单门、双门和多门等；按使用方式分定滑轮与动滑轮两种。

2. 滑车组

滑车组是由一定数量的定滑轮和动滑轮及绕过它们的绳索（钢丝绳）组成的简单起重工具，它既省力又能改变力的方向。滑车根据引出绳引出方向的不同，可分以下几种。

1）引出绳自动滑轮引出，用力方向与重物的移动方向一致（图 8-15a）。

2）引出绳自定滑轮引出，用力方向与重物的移动方向相反（图 8-15b）。

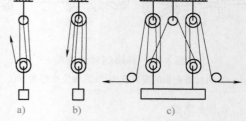

图 8-15　滑车组的种类

a）跑头自动滑轮引出　b）跑头自定滑轮引出
c）双联滑轮组

3）双联滑轮组，多用于门数较多的滑轮，有两根引出绳（图 8-15c）。它的优点是速度快，滑轮受力比较均匀，避免发生自锁现象。

当用滑车组起吊重物时，引出绳一般是自定滑轮引出。此时，滑车组钢丝绳固定端的位置视滑车组的滑轮总数而定，当总数为单数时，固定在动滑轮上，当总数为偶数时，固定在定滑轮上。

3. 滑车组的计算

利用滑车组起重，可根据穿绕动滑轮的绳子根数确定其省力情况，绳子根数越多，越省力。图 8-16 所示的滑轮组，穿绕动滑轮的绳子有 4 根，即重物 Q 由 4 根绳子负担，每根绳

的拉力等于 $Q/4$，即引出绳的拉力等于物重的 1/4。因此，当不考虑滑轮的摩阻力时，如果有几根绳穿绕动滑轮，则所需拉力 S 可用下式计算

$$S = Q/n \qquad (8-3)$$

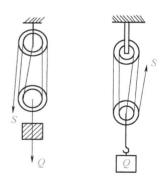

图 8-16　滑轮组示例

式中　Q——起吊物的重量；

　　　n——穿绕动滑轮的绳数，称为工作线数，如果引出绳自定滑轮引出，则 n = 滑车组的滑轮总数。

现场上将穿绕动滑轮绳子的根数叫走"几"，图 8-16 所示的滑车组是走"4"。

实际上滑车组有摩阻力，必须要考虑摩阻力对滑车组的影响，实际的拉力较计算的理论值 S 要稍大些才能将重物拉起。考虑摩阻力以后的实用公式计算如下

$$S = f_0 K Q \qquad (8-4)$$

式中　S——跑头拉力；

　　　K——动力系数，当采用手动卷扬机时 $K = 1.1$，当采用机动卷扬机起重量在 300kN 以下时 $K = 1.2$，起重量在 300~500kN 时 $K = 1.3$，起重量在 500kN 以上时 $K = 1.5$；

　　　Q——吊装荷载，为构件重力与索具重力之和；

　　　f_0——滑车组跑头拉力计算系数，按表 8-1 选取。

表 8-1　滑车组跑头拉力计算系数 f_0 值

滑轮的轴承或衬套材料	滑轮阻力系数 f	动滑轮上引出绳根数								
		2	3	4	5	6	7	8	9	10
滚动轴承	1.02	0.52	0.35	0.27	0.22	0.18	0.15	0.14	0.12	0.11
青铜套轴承	1.04	0.54	0.36	0.28	0.23	0.19	0.17	0.15	0.13	0.12
无衬套轴承	1.06	0.56	0.38	0.29	0.24	0.20	0.18	0.16	0.15	0.14

8.1.4　卷扬机

卷扬机起重能力大、速度快且操作方便。因此，在建筑工程施工中应用广泛。

1. 电动卷扬机种类

（1）快速卷扬机（JJK 型）　主要用于垂直、水平运输及打桩作业。

（2）慢速卷扬机（JJM 型）　主要用于结构吊装、钢筋冷拉和预应力钢筋张拉。

卷扬机的牵引力：快速为 5~50kN；慢速为 30~120kN。

2. 电动卷扬机的固定

卷扬机在使用时必须作可靠的锚固，以防止在工作时产生滑移或倾覆。根据牵引力的大小，卷扬机的固定方法有四种（图 8-17）。

3. 卷扬机的布置

卷扬机的布置（即吊装位置）应注意下列几点。

1）卷扬机吊装位置周围必须排水畅通并应搭设工作棚，吊装位置一般应选择在地势稍

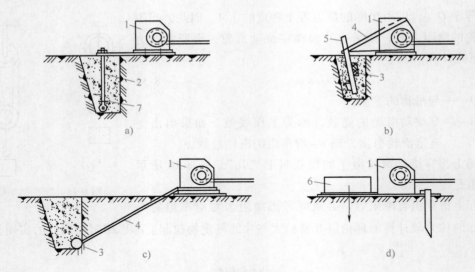

图 8-17　卷扬机的固定方法

a）螺栓固定法　b）立桩固定法　c）横木固定法　d）压重固定法

1—卷扬机　2—地脚螺栓　3—横木　4—拉索　5—木桩　6—压重　7—压板

高、地基坚实之处。

2）卷扬机的吊装位置应能使操作人员看清指挥人员和起吊或拖动的物件。卷扬机至构件吊装位置的水平距离应大于构件的吊装高度，即当构件被吊到吊装位置时，操作者的视线仰角应小于 45°。

3）在卷扬机正前方应设置导向滑车。导向滑车至卷筒轴线的距离，对于带槽卷筒应不小于卷筒宽度的 15 倍，即倾斜角 α 不大于 2°（图 8-18），对于无槽卷筒应大于卷筒宽度的 20 倍，以免钢丝绳与导向滑车槽缘产生过分的磨损。

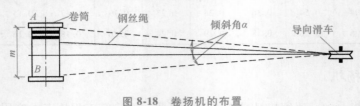

图 8-18　卷扬机的布置

4）钢丝绳绕入卷筒的方向应与卷筒轴线垂直，其垂直度的允许偏差为 6°。这样能使钢丝绳圈排列整齐，不致斜绕和互相错叠挤压。

4. 卷扬机的使用注意事项

1）卷扬机必须有良好的接地或接零装置，接地电阻不得大于 10Ω。在一个供电网路上，接地或接零不得混用。

2）卷扬机使用前要先空运转作空载正、反转试验 5 次，检查运转是否平稳，有无不正常响声；传动制动机构是否灵活可靠；各紧固件及连接部位有无松动现象；润滑是否良好，有无漏油现象。

3）钢丝绳的选用应符合原厂说明书的规定。当卷筒上的钢丝绳全部放出时应留有不少于 3 圈；钢丝绳的末端应固定牢靠；卷筒边缘外周至最外层钢丝绳的距离应不小于钢丝绳直径的 1.5 倍。

4）钢丝绳应与卷筒及吊笼连接牢固，不得与机架或地面摩擦，在通过道路时，应设过路保护装置。

5）卷筒上的钢丝绳应排列整齐，当重叠或斜绕时，应停机重新排列，严禁在转动中用手拉脚踩钢丝绳。

6）作业中，任何人不得跨越正在作业的卷扬机钢丝绳。物件提升后，操作人员不得离开卷扬机，物件或吊笼下面严禁人员停留或通过。休息时应将物件或吊笼降至地面。

8.1.5 桅杆式起重机

桅杆式起重机又称为拔杆或把杆，一般用木材或钢材制作。这类起重机械具有制作简单、装拆方便、起重量大、受施工场地限制小的特点。特别是吊装大型构件而又缺少大型起重机械时，这类起重设备更显示出它的优越性。但这类起重机需设较多的缆风绳，移动困难，另外，其起重半径小、灵活性差。因此桅杆式起重机一般多用于构件较重、吊装工程比较集中、施工场地狭窄、大型起重机械进场困难的场合。

桅杆式起重机按其构造不同，可分为独脚拔杆、人字拔杆、悬臂拔杆和牵缆式拔杆等（图 8-19）。

1. 独脚拔杆

独脚拔杆是由拔杆、起重滑轮组、卷扬机、缆风绳及锚碇等组成（图 8-19a）。其中，缆风绳数量一般为 6~12 根，最少不得少于 4 根，起重时拔杆保持不大于 10° 的倾角，独脚拔杆的移动靠其底部的拖撬进行。

独脚拔杆按材料分有木独脚拔杆、钢管独脚拔杆和格构式独脚拔杆。木独脚拔杆起重量在 100kN 以内，起重高度一般为 8~15m；钢管独脚拔杆起重量可达 300kN，起重高度在 30m 以内；格构式独脚拔杆起重量可达 1000kN，起重高度可达 70m。

2. 人字拔杆

人字拔杆一般是由两根圆木或两根钢管用钢丝绳绑扎或铁杆铰接而成（图 8-19b）。其底部设有拉杆或拉绳以平衡水平推力，两杆夹角一般为 30° 左右。起重时拔杆向前倾斜，在后面有两根缆风绳。人字拔杆的优点是倾向稳定性比独脚拔杆好，所用缆风绳数量少，但构件起吊后活动范围小。圆木人字拔杆起重量为 40~140kN，钢管人字拔杆起重量约 100kN。

3. 悬臂拔杆

悬臂拔杆是在独脚拔杆的 1/2 或 1/3 高度处装一根起重臂而成（图 8-19c）。其特点是起重高度和起重半径都较大，起重臂左右摆动的角度也较大，但起重量较小，多用于轻型构件的吊装。

4. 牵缆式拔杆

牵缆式拔杆是在独脚拔杆下部装一根起重臂而构成的（图 8-19d）。此种起重机的起重臂可以起伏，机身可回转 360°，可以在起重半径范围内把构件吊到任何位置，起重量、起重半径均较大。用无缝钢管制作的拔杆，高度可达 25m，起重量在 100kN 左右，多用于一般工业厂房的结构吊装；用角钢组成的格构式拔杆，高度可达 80m，起重量 800kN 左右，用于重型厂房结构吊装或高炉吊装。

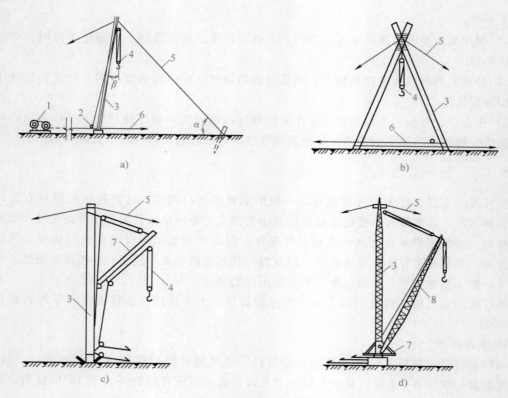

图 8-19　桅杆式起重机

a）独脚拔杆　b）人字拔杆　c）悬臂拔杆　d）牵缆式拔杆

1—卷扬机　2—导向装置　3—拔杆　4—起重滑轮组　5—缆风绳　6—拉索　7—回转盘　8—起重臂

8.1.6　自行式起重机

自行式起重机包括履带式起重机、汽车式起重机和轮胎式起重机。其优点是灵活性大、移动方便，能为整个工地服务；但其缺点是稳定性较差。

1. 履带式起重机

（1）履带式起重机的构造及特点　履带式起重机是一种自行式全回转起重机，由行走装置、回转机构、机身以及起重臂等几部分组成（图 8-20）。履带式起重机的优点：自身有行走装置，位移及转场方便；操纵灵活、本身可以原地做 360°回转；在起重时不需设支腿，在平坦坚实的地面上可以负载行使，臂长可接长；由于履带的面积较大，故对地面的压强较低，开行时一般不超过 0.2MPa，起重时不超过 0.4MPa，因此它可以负载行驶并能在较为坎坷不平的松软地面上进行吊装作业。目前，在装配式结构施工中，特别是单层工业厂房结构吊装中，履带式起重机得到广泛使用。

履带式起重机的缺点是稳定性较差、对地面的破坏性较大，不能超负荷吊装，行驶速度慢且履带易损坏路面，因而，转移时多用平板拖车装运。

在结构吊装工程中常用的国产履带式起重机，主要有以下几种型号：W₁-50、W₁-100、W₁-200 等型号，其外形尺寸见表 8-2。

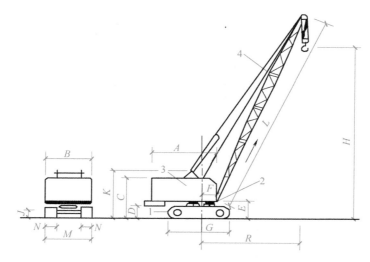

图 8-20　履带式起重机外形图

1—行走装置　2—回转机构　3—机身　4—起重臂

$A \sim G$、J、K、M、N—外形尺寸　L—起重臂长　H—起重高度　R—起重半径

表 8-2　履带式起重机的外形尺寸　　　　　　　　　　　　　（单位：mm）

符　号	名　　称	型　号		
		W_1-50	W_1-100	W_1-200
A	机身尾部到回转中心的距离	2900	3300	4500
B	机身宽度	2700	3120	3200
C	机身顶部到地面高度	3220	3675	4125
D	机棚尾部底部距地面高度	1000	1045	1190
E	起重臂下铰点中心距离地面高度	1555	1700	2100
F	起重臂下铰点中心至回转中心距离	1000	1300	1600
G	履带长度	3420	4005	4950
M	履带架宽度	2850	3200	4050
N	履带板宽度	550	675	800
J	行走底架距地面高度	300	275	390
K	机身上部支架距地面高度	3480	4170	6300

（2）履带式起重机的技术性能　包括起吊重量 Q、起重半径 R 和起重高度 H 三个主要参数。起重量 Q 指起重机安全工作所允许的最大起重重物的质量，一般不包括吊钩、索具重量；起重半径 R 指起重机回转轴线至吊钩中心的水平距离；起重高度 H 指起重吊钩中心至停机地面的垂直距离。

起重机技术性能的三个参数之间存在相互制约的关系，其数值的变化取决于起重臂的长度及其仰角的大小。每一种型号的起重机都有几种臂长，当臂长 L 一定时，随起重臂仰角 α 的增大，起重量 Q 和起重高度 H 增大，而起重半径 R 减小。当起重臂仰角 α 一定时，随着起重臂长 L 增加，起重半径 R 及起重高度 H 增加，而起重量 Q 减小。表 8-3 列出了 W_1-50、W_1-100 和 W_1-200 型号履带式起重机的工作性能参数。

表 8-3　履带式起重机技术性能表

参　数		单位	型　号						
			W_1-50			W_1-100		W_1-200	
起重臂长度		m	10.0	18.0	18.0 带鸟嘴	13.0	23.0	15.0	30.0	40.0
最大起重半径		m	10.0	17.0	10.0	12.5	17.0	15.5	22.5	30.0
最小起重半径		m	3.7	4.5	6.0	4.23	6.5	4.5	8.0	10.0
起重量	最小起重半径时	t	10.0	7.5	2.0	15.0	8.0	50.0	20.0	8.0
	最大起重半径时	t	2.6	1.0	1.0	3.5	1.7	8.2	4.3	1.5
起重高度	最小起重半径时		9.2	17.2	17.2	11.0	19.0	12.0	26.8	36.0
	最大起重半径时	m	3.7	7.6	14.0	5.8	16.0	3.0	19.0	25.0

（3）履带式起重机的稳定性验算　履带式起重机在正常条件下，一般可以保持机身的稳定。但在超载吊装时或由于施工需要而接长起重臂时，为保证起重机的稳定性，保证在吊装中不发生倾覆事故需要进行整个机身在作业时的稳定性验算。验算后，若不能满足要求，则应采取增加配重等措施。

在图 8-21 所示的情况下（起重臂与行驶方向垂直），起重机的稳定性最差。此时，以履带中心点位倾覆中心，验算起重机的稳定性。

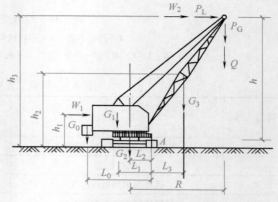

图 8-21　履带式起重机的稳定性验算

在进行履带式起重机的稳定性验算时，应选择最不利位置，即车身与行使方向垂直的位置。此时以履带中心点位倾覆中心，起重机的安全条件如下。

当不考虑附加荷载（风荷载、制动惯性力等）时，要求满足

$$K = 稳定力矩(M_稳)/倾覆力矩(M_倾) \geqslant 1.4 \qquad (8-5)$$

当考虑附加荷载时

$$K \geqslant 1.15 \qquad (8-6)$$

为简化计算，在验算起重机稳定性时，一般不考虑附加荷载，由图 8-21 所示的履带式起重机受力简图可知

$$M_稳 = G_1 \times L_1 + G_2 \times L_2 + G_0 \times L_0 - G_3 \times L_3 \qquad (8-7)$$

$$M_倾 = Q(R - L_2) \qquad (8-8)$$

式中　G_0——平衡重；

　　　G_1——机身可转动部分的重量；

　　　G_2——机身不转动部分的重量；

　　　G_3——起重臂重量（起重臂接长时，为接长后重量）；

　　　Q——吊装荷载（包括构件及索具重量）；

L_1——G_1 重心至 A 点的距离；

L_2——G_2 重心至 A 点的距离；

L_3——G_3 重心至 A 点的距离；

L_0——G_0 重心至 A 点的距离；

R——起重半径。

在验算时，如果 $K<1.4$，则应采取增加配重等措施解决。必要时还需对起重臂的强度和稳定性进行验算。

2. 汽车式起重机

汽车式起重机是将起重机构吊装在普通汽车或专用汽车底盘上的一种自行式全回转起重机，设有可伸缩的支腿，起重时支腿落地。其优点是：行驶速度快、转移迅速、对路面破坏小、适用流动性大、经常变换地点的作业。其缺点是：起重时必须使用支腿，因而不能负荷行驶，也不能在松软或泥泞的地面上行驶，在进行作业时稳定性较差，机身长，行驶时转弯半径较大。

汽车式起重机按起重量大小分为轻型、中型和重型三种。起重量在 20t 以内的为轻型，50t 及以上的为重型。按起重臂形式分析架臂或箱形臂两种，按传动装置形式分为机械传动、电力传动、液压传动三种。常用的汽车式起重机型号有 QY5、QY7、QY8、QY12、QY16、QY32、QY40 等几种，如图 8-22 所示为 QY7 汽车式起重机。

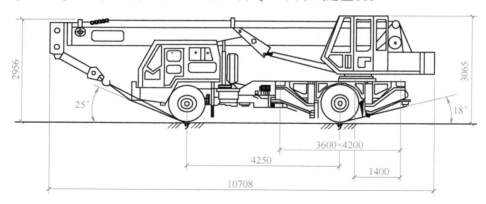

图 8-22　QY7 汽车式起重机

3. 轮胎式起重机

轮胎式起重机是一种将起重机构吊装在加重轮胎和轮轴组成的特制底盘上的自行式全回转起重机。其设有 4 个可伸缩的支腿，横向尺寸较大，故横向稳定性好，并能在允许载荷下负荷行驶。常用的型号有 QL_2-8、QL_3-16（图 8-23）、QL_3-25、QL_3-40、QL_1-16 等，它与汽车起重机有很多相同之处，主要差别是行驶速度慢，故不宜作长距离行驶，适宜于作业点相对固定而作业量较大的场合，比如工业厂房等。

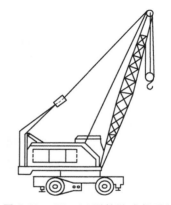

图 8-23　QL_3-16 型轮胎式起重机

任务2 钢筋混凝土单层厂房结构吊装

结构吊装工程是单层工业厂房施工中的主导工程，除基础外，其他构件均为预制构件，而且大型屋架、柱子多在现场预制，因此其吊装就位必须与预制构件的位置综合考虑，其预制的位置、吊装的顺序也直接影响到工程的进度和质量。即使是由预制厂生产的中小型构件，运至现场后的堆放位置对后续工作也有极大的影响。因此可以说单层工业厂房的结构吊装是一个系统工程，必须从施工前的准备、构件的预制、运输、排放、吊车的选择直至结构的吊装顺序综合进行考虑。

8.2.1 吊装前的准备

吊装前的准备工作包括场地清理、构件的检查、弹线及编号、基础准备等工作。

1. 场地清理

根据施工平面图的要求，在起重机进场前，标出起重机的开行线路和构件堆放位置，清理场地，平整及压实道路，做好场地排水措施，以利起重机的外行和构件的堆放。

2. 构件的检查

构件吊装前，需对构件的质量进行全面的检查。检查混凝土强度是否达到设计要求，若设计无要求时，不应低于设计强度的75%；对于屋架和薄壁构件应达到100%。预应力混凝土构件孔道灌浆的强度不应低于 $15N/mm^2$。检查构件的外形和截面尺寸、预埋件及吊环的位置与规格应符合设计的要求。

3. 弹线及编号

构件在吊装前要在构件表面弹线，作为吊装、对位、校正的依据。具体要求如下。

（1）柱子 在柱身的三个面上弹出几何中心线，在柱顶与牛腿上弹出屋架及吊车梁的吊装中心线，还应在柱身上标出基础顶面线（图8-24）。

（2）屋架 在屋架上弦弹出几何中心线，并从跨中向两端标出天窗架、屋面板的吊装控制线；在屋架端头弹出吊装中心线。

（3）吊车梁 应在两端及顶面弹出吊装中心线。在对构件弹线的同时，尚应按图纸将构件逐个编号，应标注在统一的位置，对不易区分上下左右的构件，应在构件上标明记号，避免吊装错误。

4. 基础准备

装配式钢筋混凝土柱基础一般设计成杯形基础，施工时杯底标高应比设计标高低 30～50mm。为了保证柱吊装好后牛腿面的设计标高，在吊装前应对杯底标高进行一次调整。调整的方法是：测出杯底的实际标高，再量出柱底标高的调整值，在杯口侧面标出，然后用水泥砂浆或细石混凝土将杯口底垫平至标志处。此外还要在杯口的面上弹出建筑结构的纵横定位轴线和柱的中心线位置，作为柱对位、校正的依据。

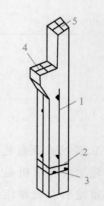

图8-24 柱子弹线
1—柱中心线 2—地坪标高线
3—基础顶面线 4—吊车梁
顶面线 5—柱顶中心线

8.2.2 柱的吊装工艺

混凝土结构需吊装的构件有柱、吊车梁、屋架、屋面板、天窗架等，构件的吊装工序一般包括绑扎、起吊、对位、临时固定、校正和最后固定等。

1. 柱的绑扎

柱的绑扎位置和绑扎点数应根据柱的形状、断面、长度、配筋、起吊方法及起重机性能等因素而定。吊装时应对柱的受力进行验算，其最合理的绑扎点应在柱因自重产生负弯矩绝对值相等的位置。一般中小型柱（自重 13t 以下）大多采用一点绑扎（图 8-25）；重型柱或配筋小而细长的柱（如抗风柱），为防止在起吊过程中柱身断裂，常采用两点（图

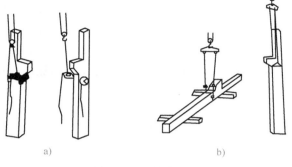

图 8-25　一点绑扎法
a）一点绑扎斜吊法　b）一点绑扎直吊法

8-26）或三点绑扎。有牛腿的柱，一点绑扎的位置常选在牛腿以下 200mm 处。工字形断面和双肢柱应选在矩形断面处，否则应在绑扎位置用方木加固翼缘，以免翼缘在起吊时损坏。

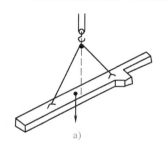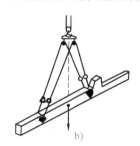

图 8-26　两点绑扎法
a）两点绑扎斜吊法　b）两点绑扎直吊法

柱吊装按起吊时柱身是否垂直，分为斜吊绑扎法和直吊绑扎法两种。

（1）斜吊绑扎法　当柱的宽面抗弯能力满足要求时，或柱身较长、起重臂长度不足时，可采用斜吊绑扎法。其特点是柱在平卧状态下直接从底模起吊，不需翻身；起吊后柱呈倾斜状态，吊索在柱宽面一侧，起重钩可低于柱顶，起重高度可较小。

（2）直吊绑扎法　当柱的宽面抗弯能力不足时，吊装前需先将柱翻身再绑扎起吊，此时要采取直吊绑扎法。柱起吊后呈直立状态，柱翻身后刚度较大，抗弯能力增强，吊装时柱与杯口垂直，容易对位。采用这种方法时，起重机吊钩将超过柱顶，故需用横吊梁，因此起重高度比斜吊法大，起重臂比斜吊法长。

2. 柱的起吊

柱的起吊方法应根据柱的重量、长度、起重机性能和现场条件确定，根据柱在起吊过程中的运动特点，可分为旋转法和滑行法两种。

（1）旋转法（图 8-27）　起重机的起重臂边升钩边回转，使柱身绕柱

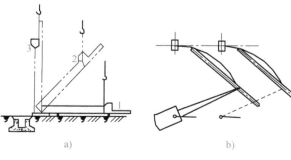

图 8-27　旋转法吊柱过程
a）旋转过程　b）平面布置
1—柱平放时　2—起吊中途　3—直立

脚旋转起吊，然后插入基础杯口。为了操作方便和起重臂不变幅，柱在预制或排放时，应尽量使柱脚靠近基础，使基础中心点、柱脚中心点和吊点均位于起重机的同一起重半径的圆弧上，该圆弧的圆心为起重机的回转中心，半径为圆心到绑扎点的距离。

（2）滑行法（图8-28）　该法吊装时，起重机只升吊钩，起重杆不动，使柱脚沿地面滑行逐渐直立后插入杯口。柱预制与排放时绑扎点应布置在杯口附近，并与杯口中心共弧，以便柱直立后，稍转动吊杆，即可将柱插入杯口。

滑行法的优点是起重臂无须转动，即可将柱就位，机械较安全，柱子布置较为灵活。缺点是柱在地面滑行时，会因地面不平受到振动而损坏，起吊阻力较大。

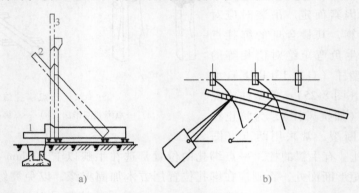

图 8-28　单机滑行法吊柱

a）滑行过程　b）平面布置

1—柱平放时　2—起吊中途　3—直立

3. 柱的就位与临时固定

柱脚插入杯口内，距杯底 30～50mm 处即应悬空对位，用 8 只楔块从四边插入杯口（图8-29），用撬棍扳动柱脚使其中心线与杯口中心线对正，然后放松吊钩，使柱子沉入杯底。再次复核柱脚与杯口中心线是否对准，然后打紧楔块。将柱临时固定后，起重机方可脱钩。如楔块不能保证稳定，尚应加设缆风绳或斜撑来加强。

4. 柱的校正与最后固定

柱的校正包括平面位置和垂直度的校正，如前所述，平面位置在临时固定时多已校正好，垂直度检查要用两台经纬仪从柱的相邻两面观察柱的吊装中心线是否垂直。垂直偏差的允许值：柱高 $H \leqslant 5\text{m}$ 时，为 5mm；柱高 $5\text{m} < H \leqslant 10\text{m}$ 时，为 10mm；柱高 $H > 10\text{m}$ 时，为 $1/1000H$，且不大于 20mm。校正可用螺旋千斤顶进行斜顶或平顶，或利用钢管支撑进行斜顶等方法（图8-30）。如柱顶设有缆风绳，也可用拉绳法进行校正。校正时，应先校正偏差大的面，楔子不得拔出，对于高度较大的柱应考虑阳光照射温差的影响。在校正垂直度时，应避免水平位置发生位移。

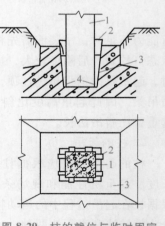

图 8-29　柱的就位与临时固定

1—柱　2—楔子

3—杯形基础　4—石子

在柱校正后应立即进行固定，以防止外界影响而出现新的偏差。最后固定的方法是在柱脚与基础杯口的空隙间浇筑细石混凝土并振捣密实。浇筑工作分两阶段进行（图 8-31），第一次先浇至楔块底面，待混凝土强度达到设计强度 25% 后拔出楔块，第二次浇筑细石混凝土至杯口顶面，待第二次浇筑的混凝土达到设计强度 75% 后，吊装上部构件。

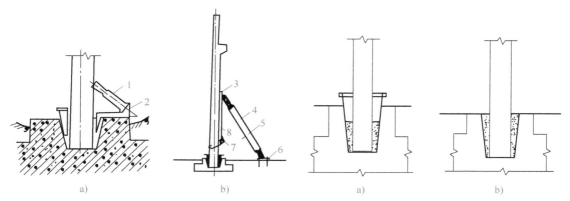

图 8-30　柱垂直度校正方法
a）螺旋千斤顶斜顶　b）钢管支撑斜顶
1—千斤顶　2—反力座　3—头部摩擦板　4—钢管撑杆
校正器　5—转动手柄　6—底板　7—绳结　8—拉绳

图 8-31　柱浇细石混凝土进行固定
a）第一次浇注　b）第二次浇注

8.2.3　吊车梁的吊装

吊车梁的吊装（图 8-32）应采用两点绑扎，对称起吊，钓钩应对准重心使起吊后保持水平。对位时不宜用撬棍在纵轴方向撬动吊车梁，因柱在此方向刚度较差，过分撬动会使柱身弯曲产生偏差。吊车梁就位时用铁块垫平即可，不需采取临时固定措施。但当吊车梁的高宽比大于 4 时，宜用铁丝将吊车梁临时绑在柱上。

吊车梁的校正可在屋盖系统吊装前进行，也可在屋盖吊好后进行，但要考虑吊装屋架、支撑等构件时可能引起的柱子偏差，从而影响吊车梁的准确位置。对于重量大的吊车梁，脱钩后撬动比较困难，应采取边吊边校正的方法。吊车梁的标高主要取决于柱牛腿标高，这在柱吊装前已进行过调整，如仍有微差，可待吊装轨道时调整。

吊车梁平面位置的校正，主要检查吊车梁纵轴线和跨距是否符合要求。按照施工规范规定轴

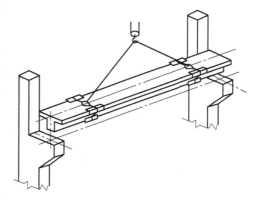

图 8-32　吊车梁吊装

线偏差不得大于 5mm；在屋架吊装前校正时，跨距不得有正偏差，以防屋架吊装后柱顶向外偏移。吊车梁的垂直度用垂球检查，偏差值应在 5mm 以内，有偏差时，可在支座处加铁片垫片。

吊车梁平面位置的校正方法，通常用通线法和平移轴线法。通线法是根据柱的定位轴线用经纬仪和钢尺先校正厂房两端的四根吊车梁的位置，再依据校正好的端部吊车梁沿其轴线拉上钢丝通线，逐根拔正。平移轴线法是根据柱和吊车梁的定位轴线间的距离，逐根拔正吊

车梁的吊装中心线。吊车梁校正完毕后，用电弧焊将预埋件焊牢，并在吊车梁与柱的空隙处灌注细石混凝土。

8.2.4 屋架的吊装

屋架吊装一般均按节间进行综合吊装，即每吊好一屋架随即将这一节间的全部构件吊装上去，包括屋面板、天窗架、支撑、天窗侧板及天沟板等。

钢筋混凝土屋架一般在施工现场平卧叠浇，吊装前应将屋架扶直、就位。屋架吊装的施工顺序是：绑扎、扶直、就位、吊升、临时固定、校正和最后固定。

1. 绑扎

屋架的绑扎点应选在上弦节点处，左右对称于屋架的重心。吊点数目和位置与屋架的形式和跨度有关（图 8-33），一般由设计确定。如施工图未注明或需改变吊点数目和位置时，应事先对吊装应力进行验算。一般当屋架跨度小于等于 18m 时，可两点绑扎；跨度 18m 以上时，可四点绑扎；跨度超过 30m 时，应考虑使用横吊梁，以降低吊钩的高度。

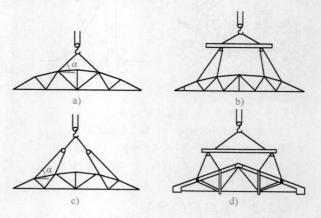

图 8-33　屋架的绑扎方法
a) 屋架跨度小于等于 18m 时　b) 屋架跨度大于 18m 时
c) 屋架跨度超过 30m 时　d) 三角形组合屋架

屋架绑扎的吊索与水平面夹角不宜小于 45°，以免屋架承受过大的压力。为了减少屋架的起重高度（当吊车起重高度不够时）或减少屋架所承受的压力，必要时也可采用横吊梁。

2. 扶直

现场平卧预制的屋架，在吊装前要翻身扶直，然后运至便于起吊的预定地点就位。在翻身扶直时，在自重作用下，屋架承受平面外力，与屋架的设计荷载受力状态有所不同，有时会造成上弦杆挠曲开裂，因此，事先必须进行核算，必要时应采取加固措施。

根据起重机与屋架的相对位置不同，扶直屋架有正向扶直和反向扶直两种方法。

（1）正向扶直（图 8-34a）　起重机位于屋架下弦一侧，以吊钩对准屋架上弦中点，收

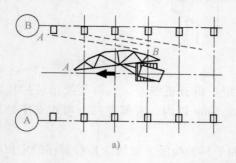
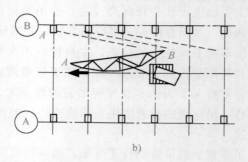

图 8-34　屋架的扶直和就位
a) 正向扶直，同侧就位　b) 反向扶直，异侧就位

紧吊钩，同时略加起臂使屋架脱模，然后升钩、起臂，使屋架以下弦为轴缓缓转为直立状态。

（2）反向扶直（图 8-34b） 起重机位于屋架上弦一侧，吊钩对准上弦中点，边升钩边降臂，使屋架绕下弦转动而立起。

正向扶直与反向扶直的最大区别在于扶直过程中，对正向扶直时要升钩并升臂，而在反向扶直时要升钩并降臂。升臂比降臂易于操作且较安全，因此应尽可能采用正向扶直。

3. 就位

屋架扶直后立即进行就位。就位的位置与屋架吊装方法、起重机的性能有关，应少占场地，便于吊装，且应考虑到屋架吊装顺序、两端朝向等问题。一般靠柱边斜放或以 3~5 榀为一组平行柱边纵向就位。按就位位置分同侧就位和异侧就位。屋架就位位置应在预制时事先加以考虑，以便确定屋架的两端朝向及预埋件位置。当屋架预制位置在起重机开行路线同侧时，叫同侧就位（图 8-34a）；当屋架预制位置分别在起重机开行路线异侧时，叫异侧就位（图 8-34b）。采用哪种方法，应视施工现场条件而定。

屋架就位后，应用 8 号钢丝、支撑等与已吊装的柱或已就位的屋架相互拉牢，以保持稳定。

4. 吊升、对位与临时固定

当屋架重量不大时可用单机起吊。先将屋架吊离地面 500mm 左右，然后吊至吊装位置的下方后再升钩将屋架吊至高于柱顶 300mm 左右，再将屋架缓缓降至柱顶，进行对位并立即进行临时固定，然后方能脱钩。

第一榀屋架的临时固定必须十分谨慎，一般是用四根缆风绳从两面拉牢。如抗风柱已立牢固，可将屋架与抗风柱连接，其他各榀屋架可用屋架校正器以前一根屋架为依托进行校正和临时固定。

5. 校正与最后固定

屋架的校正主要是校正垂直偏差，可用经纬仪或线垂检测。用经纬仪检查屋架垂直度（图 8-35）的方法是：分别在屋架上弦中央和屋架两端吊装一个卡尺，以上弦轴线为起点分别在三个卡尺上量出500mm，并做出标记，然后在距屋架上弦轴线卡尺一侧 500mm 处地面上设一台经纬仪，用来检查三个卡尺上的标志是否在同一个垂直面上。

屋架校正无误后，应立即与柱顶焊接固定。应在屋架两端的不同侧同时施焊，以防因焊缝收缩而导致屋架倾斜。

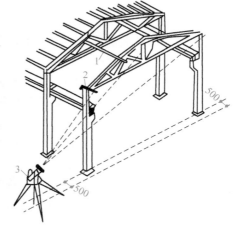

图 8-35　屋架的校正
1—屋架校正器　2—卡尺　3—经纬仪

6. 天窗架和屋面板的吊装

天窗架可单独吊装，也可与屋架拼装组合成整体一起吊装，视起重机的起重能力和起吊高度而定。前者为常用方式，后者高空作业少，但对起重机要求较高。钢筋混凝土天窗架一般采用两点或四点绑扎。单独吊装时，应待天窗架两侧的屋面板吊装后进行，吊装方法与屋架基本相同，屋面板均埋有吊环，用吊索钩住吊环即可起吊。为充分发挥起重机效率，一般采用叠吊的方法。在屋架上吊装屋面板时，应由屋架两边檐口左右对称地逐块向屋脊吊装，避免屋架承受半边荷载。屋面板就位后，应立即与屋架上弦焊牢，每块屋面板至少应焊三点。

任务3 结构吊装方案

在拟定单层工业厂房结构吊装方案时，应根据厂房结构形式、跨度、构件重量、吊装高度、吊装工程量及工期要求，并结合施工现场条件及现有起重机械设备等因素综合考虑，着重解决起重机的选择、结构吊装方法、起重机的开行路线和构件的平面布置等问题。

8.3.1 起重机的选择

1. 起重机类型的选择

起重机的选择主要包括起重机的类型和型号。一般中小型厂房多选择履带式等自行式起重机；当厂房的高度和跨度较大时，可选择塔式起重机吊装屋盖结构；在缺乏自行式起重机或受到地形的限制，自行式起重机难以到达的地方，可选择桅杆式起重机。

2. 起重机型号的选择

起重机型号确定后，还要根据构件的尺寸、重量、起重半径和起重高度来选择起重机型号。

（1）起重量的计算　起重机的起重量 Q 应满足下式要求

$$Q \geqslant Q_1 + Q_2 \tag{8-9}$$

式中　Q——起重机的起重量（kN）；

　　　Q_1——构件的重量（kN）；

　　　Q_2——索具的重量（kN）。

（2）起重高度的计算　起重机的起重高度必须满足所吊装的构件的吊装高度要求（图8-36），即

$$H \geqslant h_1 + h_2 + h_3 + h_4 \tag{8-10}$$

式中　H——起重机的起重高度，从停机面算至吊钩（m）；

　　　h_1——停机面至吊装支座顶面的高度（m）；

　　　h_2——吊装间隙（不小于0.3m）或安全距离（需跨越人员或设备时不小于2.5m）；

　　　h_3——绑扎点至所吊构件底面的高度（m）；

　　　h_4——索具高度，自绑扎点至吊钩中心的高度（m）。

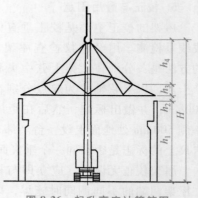

图8-36　起升高度计算简图

（3）起重半径的计算　起重半径的确定，可以分三种情况来考虑。

1）当起重机可以开到构件附近吊装时，对起重半径没什么要求，只要计算出起重量和起重高度后，便可查阅起重机资料来选择起重机型号及起重臂长度，并可查得在一定起重量 Q 及起重高度 H 下的起重半径 R。

2）当起重机不能够开到构件附近去吊装时，应根据实际所要求的起重半径 R、起重量 Q 以及起重高度 H 来查阅起重机起重性能表或曲线，以选择起重机的型号及起重臂的长度。

3）当起重臂需跨过已吊装好的构件（屋架或天窗架）进行吊装时，应验算起重臂与已

吊装好的构件不相碰撞的最小臂长及相应的起重半径。其计算公式如下

$$L \geqslant \frac{h}{\sin\alpha} + \frac{f+g}{\cos\alpha} \qquad (8\text{-}11)$$

式中 　L——起重臂长度（m）；

　　　h——起重臂底绞至构件吊装支座的高度（m）；

　　　f——起重吊钩需跨过已吊装构件的距离（m）；

　　　g——起重臂与已吊装好构件的安全间隙，至少取 1m；

　　　α——起重臂的仰角，按下式计算

$$\alpha = \arctan\left[h/(h+g)\right]^{1/3} \qquad (8\text{-}12)$$

8.3.2　结构吊装方法

单层工业厂房结构吊装方法一般有分件吊装法和综合吊装法两种（图 8-37）。

1. 分件吊装法

分件吊装法是指起重机每开行一次，仅吊装一种或几种构件，一般分三次开行吊装完全部构件（图 8-37a）。第一次开行吊装柱，并逐一进行校正和最后固定；待杯口接头处混凝土达到设计强度的 75% 后进行第二次开行，吊装吊车梁、连系梁及柱间支撑等；第三次开行，以节间为单位吊装屋架、天窗架和屋面板等构件。

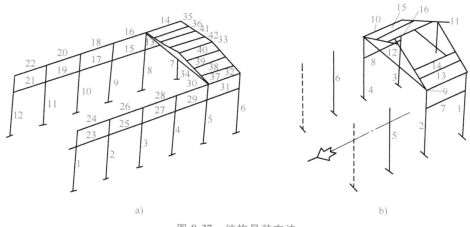

图 8-37　结构吊装方法

a）分件吊装时构件的吊装顺序　b）综合吊装时构件的吊装顺序

注：图中数字表示构件吊装顺序：1~12 为柱；13~32 单数为吊车梁，双数为连系梁；33，34 为屋架；35~42 为屋面板。

分件吊装法的优点是起重机每次开行基本上只吊一种或一类构件，索具不需经常更换、操作熟练、吊装效率高，能充分发挥起重机的工作性能，还能给构件临时固定、校正及最后固定等工序提供充裕的时间，构件的供应单一，平面布置也比较容易。因此，一般单层工业厂房的结构吊装多采用此法。其缺点是起重机开行路线较长，不能为后续工程及早提供工作面。

2. 综合吊装法

综合吊装法是指起重机在厂房跨中仅开行一次就吊装完该节间的所有结构构件，所以又称节间吊装法（图 8-37b）。具体做法是：先吊装 4~6 根柱，随即进行校正和固定，然后吊装该节间的吊车梁、连系梁、屋架、天窗架、屋面板等构件。待吊装完一个节间的全部构件

后，起重机再移至下一节间进行吊装。

综合吊装法的优点是起重机开行路线短，停机次数少，能及早为下道工序提供工作面，有利于加快施工进度。其缺点是一种机械同时吊装多种类型构件，造成索具更换频繁，且安装小构件时，起重机不能充分利用其起重能力，影响吊装效率；再则校正及固定的时间紧，误差积累后不易纠正；构件供应种类多变，平面布置复杂，现场拥挤，不利于文明施工。所以在一般情况下，不宜采用此法，只有使用诸如桅杆式起重机等移动不便的起重机或已安装了大型设备的厂房时，才采用该法。

8.3.3 起重机开行路线及停机位置

1. 现场预制构件的布置原则

起重机开行路线直接关系到现场预制构件的平面布置与结构的吊装方法，因此在构件预制之前就应设计好起重机的开行路线及吊装方法。布置现场预制构件时应遵循以下原则。

1）各跨构件尽量布置在本跨内，如跨内安排不下，也可布置在跨外便于吊装的范围内。

2）构件的布置在满足吊装工艺要求的前提下，应尽量紧凑，同时要保证起重机及运输车辆的道路畅通，起重机回转时不致与建筑物或构件相碰。

3）后张法预应力构件的布置应考虑抽管、穿筋等操作所需要的场地。

4）构件布置应尽量避免吊装时在空中调头。

5）如在回填土上预制构件，一定要夯实，必要时垫上通长木板，防止不均匀下沉引起构件开裂。

对于非现场预制，小型构件，最好能做到随运随吊，否则亦应事先按上述原则确定其堆放位置。

2. 吊装柱子时起重机开行路线及构件平面布置

（1）起重机开行路线　根据厂房的跨度、柱的尺寸和重量及起重机性能，起重机的开行路线有跨中开行和跨边开行两种（图8-38）。

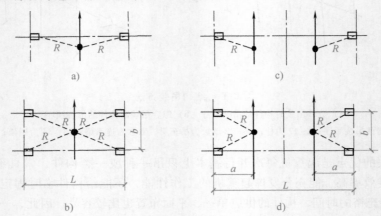

图 8-38　起重机吊装柱时开行路线

a)、b) 跨中开行　c)、d) 跨边开行

1）跨中开行。

① 当起重机跨中开行且 $\sqrt{(L/2)^2+(b/2)^2}>R\geqslant L/2$ 时（L 为厂房跨度，b 为柱距），则

一个停机点可吊 2 根柱（8-38a），停机点的位置在以基础中心为圆心，以 R 为半径的圆弧与跨中开行路线的交点处。

② 当起重机跨中开行且 $R \geqslant \sqrt{(L/2)^2 + (b/2)^2}$ 时，则一个停机点可吊装 4 根柱（图 8-38b），停机点位置在该柱网对角线中心处。

2）跨边开行。

① 当起重机跨边开行，$R < L/2$ 且 $R < \sqrt{a^2 + (b/2)^2}$ 时（a 为起重机开行路线到跨边距离），起重机沿跨边开行，每个停机点只能吊 1 根柱子（图 8-38c）。

② 当 $L/2 > R \geqslant \sqrt{a^2 + (b/2)^2}$ 时，则一个停机点可吊装 2 根柱，停机点位置在开行路线的柱距中点处（图 8-38d）。

（2）柱的平面布置　按吊装方法不同以及受场地大小限制，常见的有斜向布置和纵向布置。

1）斜向布置。采用旋转法吊柱时，宜斜向布置，即预制的柱子与厂房纵轴线呈一倾角。常见的有三点共弧法，也可用两点共弧法。按三点共弧作斜向布置时，其预制位置可采用图 8-39 所示的作图法确定，步骤如下。

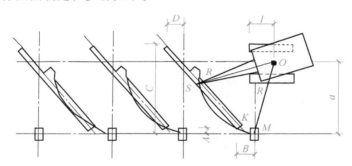

图 8-39　三点共弧法施工

① 确定起重机行车路线到柱基中线的距离 a。a 值不应超过起重机吊装该柱时的最大起重半径 R，也不能小于起重机回转时其尾部不与周围构件相碰距离，为避免起重机离基坑太近而失稳，开行路线不宜通过回填土地段。

② 确定起重机的停机位置。以柱基中心点为圆心，起重机半径 R 为半径画弧，交行车路线于点 O，则点 O 即为吊装该柱的起重机停机点。

③ 确定柱预制位置。以停机点 O 为圆心，R 为半径画弧，在靠近柱基的弧上选点 K 作柱脚中心的位置，再以 K 点为圆心，K 点到吊点的距离为半径画弧，与 OM 半径所画弧相交于点 S，连接柱中心线，最后按柱尺寸即可画出柱预制位置图。同时标出柱顶、柱脚与柱到纵横轴线的距离 A、B、C、D 作为支模的依据。

柱布置时还应注意牛腿的朝向。当布置在跨内，牛腿应面向起重机；当布置在跨外，牛腿应背向起重机。如此可避免吊装时在空中调头，减少操作时间。若受场地限制或柱过长，难于做到三点共弧时，可按两点共弧布置，也有两种方法。

一种方法是将柱脚与柱基安排在起重机半径 R 的圆弧上，吊点放在起重半径 R 之外（图 8-40）。吊装时先用较大的起重半径起吊，并抬升起重臂，当起重半径变为 R 后，停升起重臂，随后用旋转法吊装。

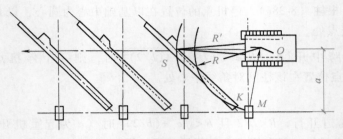

图 8-40 柱脚与柱基两点共弧作斜向布置

另一种方法是将吊点与柱基安排在起重半径 R 的圆弧上，柱脚可斜向任意方向（图 8-41）。吊装时，柱可用旋转法吊升，也可用滑行法吊升。

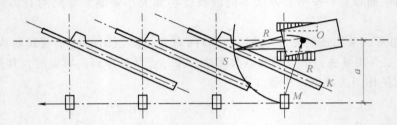

图 8-41 吊点与柱基两点共弧作斜向布置

2）纵向布置。当采用滑行法起吊时，柱可按纵向布置，预制时与厂房纵轴平行排列（图 8-42）。若柱长小于 12m，两柱可以叠浇排成一行；若柱长大于 12m，也可叠浇排成两行。布置时，可将起重机停在两柱之间，每停一点吊两根柱。柱的吊点应安排在起重机吊装该柱时的起重半径上。

3. 吊装屋架时起重机开行路线及构件平面布置

屋架及屋盖结构吊装时，起重机宜跨中开行。屋架一般均在跨内平卧叠浇，每叠不超过 4 榀。布置方式有斜向布置、正反斜向布置和正反纵向布置三种（图 8-43）。应优先选用斜向布置，因为它便于屋架的翻身扶直及就位排放。

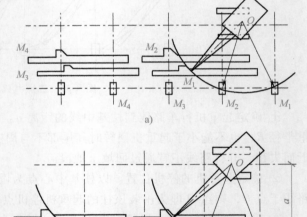

图 8-42 柱纵向布置
$M_1 \sim M_4$ 表示柱平放和立直的位置

屋架的扶直是将叠浇的屋架翻身扶直后排放到吊装前的最佳位置，以利于提高起重机的吊装效率并适应吊装工艺的要求。其排放位置有靠柱边斜向排放及纵向排放两种。其排放位置应尽量靠近其安装地点。此外在考虑屋架的排放的同时还要给本跨的天窗架和屋面板留有一定的位置，以便使屋盖系统一次吊装完成。以屋架的斜向排放为例，其具体布置方式如图 8-44 所示。

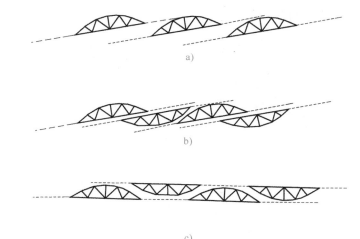

图 8-43 屋架预制时的几种布置方式

a）斜向布置 b）正反斜向布置 c）正反纵向布置

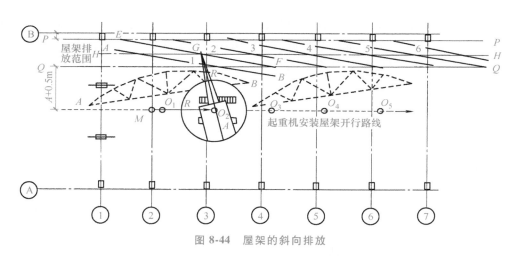

图 8-44 屋架的斜向排放

（1）确定起重机开行路线及停机点 一般情况下吊装屋架时起重机均在跨正中开行，吊装前应确定吊装每榀屋架的停机点。其确定方法是以屋架轴线中点 M 为圆心，以 R 为半径画弧与行车路线交于点 O，点 O 即为停机点。

（2）确定屋架排放位置 在距柱边缘不小于 200mm 处画一直线 PP 与柱轴线平行，再画一条距开行路线为 $A+0.5m$（A 为起重机机尾长）的平行线 QQ，并在 PP 线与 QQ 线之间画出中线 HH。以第二榀屋架的停机点 O_2 为圆心，以 R 为半径画弧交 HH 线于点 G，点 G 即为屋架中心点，再以点 G 为圆心，以 1/2 屋架跨度为半径画弧分别交线 PP、线 QQ 于点 E、F。连接点 E、F 即为第二榀屋架的就位位置，其他榀屋架依次类推。第一榀屋架因有抗风柱，可灵活布置。

当屋架尺寸小、重量轻时，可采取纵向排放的方式（图 8-45），允许起重机负荷行驶。一般以 4 榀为一组靠柱边顺轴线排放，各榀屋架之间保证有不小于 200mm 的净距，相互之间要支撑牢靠，为防止在吊装过程中与已安装好的屋架相碰，每组屋架的中点应位于该组屋架倒数第二榀安装轴线之后约2m处。

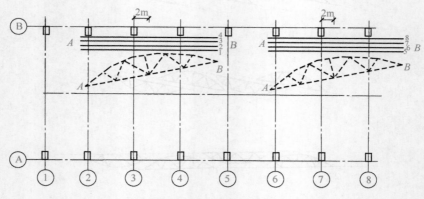

图 8-45　屋架的纵向排放

4. 吊车梁、连系梁、屋面板的堆放

吊车梁、连系梁的就位位置，一般在其安装位置的柱列附近，跨内跨外均可；且应依编号、吊装顺序进行就位和集中堆放；有条件也可采用随运随吊的方案，从运输车上直接起吊。屋面板以 6~8 块为一叠，靠柱边堆放。屋面板在跨内就位时，约后退 3~4 个节间开始堆放；在跨外就位时，应后退 2~3 个节间。

同 步 测 试

一、填空题

1. 柱常用的绑扎方法有_____、_____。

2. 吊钩有_____和_____两种。

3. 吊具主要包括_____、_____、_____、_____和钢丝绳卡扣等，它们是构件吊装的重要工具。

4. 单层工业厂房结构安装方法有_____和_____。

5. 单层工业厂房预制构件主要有柱_____、_____、_____、_____、屋面板、地梁等。

二、单项选择题

1. 完成结构吊装任务主导因素是正确选用（　　　）。

A. 起重机　　　　　B. 塔架　　　　　　C. 起重机具　　　　D. 起重索具

2. 慢速卷扬机主要用于结构吊装、钢筋冷拔，快速卷扬机主要用于（　　　）。

A. 预应力筋张拉　　B. 吊装结构构件　　C. 垂直运输　　　　D. 钢筋冷拔

3. 下列哪种其重形式不属于桅杆式起重机（　　　）。

A. 悬臂把杆　　　　B. 独脚把杆　　　　C. 牵缆式桅杆起重机　D. 塔桅

4. 下列哪种不是选用履带式起重机时要考虑的因素（　　　）。

A. 起重量　　　　　B. 起重动力设备　　C. 起重高度　　　　D. 起重半径

5. 下列哪种不是汽车起重机的主要技术性能（　　　）。

A. 最大起重量　　　　B. 最小工作半径　　　　C. 最大起升高度　　　　D. 最小行驶速度

三、简答题

1. 简述分件吊装法的吊装过程。

2. 单层工业厂房结构吊装前应先拟订合理的结构吊装方案，其主要内容有哪些？

四、思考题

党的二十大报告提出"坚持把发展经济的着力点放在实体经济上，推进新型工业化，加快建设制造强国、质量强国、航天强国、交通强国、网络强国、数字中国。"请结合本单元学习内容，谈谈建筑行业如何做到工业化？

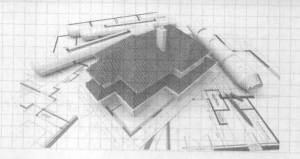

单元9

防 水 工 程

【素养提升】

　　北京故宫博物院建立于1925年，是在明朝、清朝两代皇宫及其收藏的基础上建立起来的中国综合性博物馆，同时也是中国最大的古代文化艺术博物馆。

　　那么，像故宫这样的中国古建筑是如何防水的呢？中国古建筑的防水有"以排为主，以防为辅""多道设防，刚柔并济"的理念，说到排水，古人首先是从屋顶下功夫。我国古代建筑的屋顶，多采用高屋脊、大坡度的设计，靠近屋脊两侧的坡度超过60°，而在檐部的坡度不足30°，利用陡坡使水流急下，再因惯性冲出檐外。各种屋顶式样中最有利于排水的当属悬山顶。"悬山"是指屋顶房檐伸出"山墙"外，这显然更容易将雨水排出。

　　除了结构，我国古代建筑屋顶的建筑材料也考虑了防雨的需要，这就是瓦的应用。不过早期的瓦吸水能力很强，很容易造成渗漏；后来瓦的品质得到提升，吸水率降至3%，与瓷器相当。"改进版"的瓦，辅以金属、琉璃和锡等材料，使中国传统的屋顶成为"防雨能手"。

　　北京故宫博物院不但让我们看到她壮丽的色彩，听到紫禁城的声音，还让我们感知到历史的气息，中华文化的底蕴！也让我们为中国古代匠人的智慧而感到骄傲！自豪！

知识目标：

- 了解常见屋面与地下防水材料的用法。
- 掌握屋面与地下防水工程施工工艺流程。
- 掌握屋面与地下防水工程质量验收标准。

能力目标：

- 能够编写屋面与地下防水工程施工技术交底。
- 能够组织屋面与地下防水工程施工。
- 能够进行防水工程的质量验收。

素养目标：

- 培养学生立足本国国情、进行自主创新的意识。

- 培养学生劳动精神、奋斗精神。
- 培养学生牢记初心使命的坚定信念。

任务1　屋面防水施工

9.1.1　卷材防水施工

防水工程

1. 施工工艺

屋面基层施工→隔汽层施工→保温层施工→找平层施工→刷冷底子油→铺贴卷材附加层→铺贴卷材防水层→保护层施工。

2. 施工要点

（1）基层施工　防水层的基层从广义上讲包括结构基层和直接依附防水层的找平层，从狭义上讲，防水层的基层是指在结构层上面或保温层上面起到找平作用并作为防水层依附的一个层次，俗称找平层。为了保证防水层不受变形的影响，基层应有足够的刚度和强度，当然还要有足够的排水坡度，使雨水迅速排出。目前作为防水层基层的找平层有细石混凝土、水泥砂浆和沥青砂浆找平层，它们的技术要求见表9-1。

表 9-1　找平层厚度及技术要求

类　别	基层种类	厚度/mm	技术要求
水泥砂浆找平层	整体混凝土	15～20	1:2.5～1:3（水泥:砂）体积比，水泥强度等级不低于42.5级
	整体或板状材料保温层	20～25	
	装配式混凝土板、松散材料保温层	20～30	
细石混凝土找平层	松散材料保温层	30～35	混凝土强度等级不低于C20
沥青砂浆找平层	整体混凝土	15～20	重量比为1:8（沥青:砂）
	装配式混凝土板、整体或板状材料保温层	20～25	

（2）隔汽层施工　隔汽层又称蒸汽隔绝层，其作用是防止室内水蒸气渗入到屋面保温层中，而使其保温性能下降。隔汽层的位置一般设在保温层之下，结构层之上（在保温层靠近室内一侧）。隔汽层的种类很多，常用的是"一毡两油"隔汽层，即以两层沥青玛琋脂粘贴一层油毡。

（3）保温层施工　保温材料既起到阻止冬季室内热量通过屋面散发到室外，同时也防止夏季室外热量（高温）传到室内，它起到保温和隔热的双重作用，有人称之为"绝热"。

我国目前屋面保温层按形式可分为松散材料保温层、板状材料保温层和整体材料现浇保温层三种；按材料性质可分为有机保温材料和无机保温材料；按吸水率可分为高吸水率和低吸水率保温材料，见表9-2。

表 9-2　保温材料分类及品种举例

分类方法	类　型	品种举例
按形状划分	松散材料	炉渣、膨胀珍珠岩、膨胀蛭石、岩棉
	板状材料	加气混凝土、泡沫混凝土、微孔硅酸钙、憎水珍珠岩、聚苯泡沫板、泡沫玻璃
	整体现浇材料	泡沫混凝土、水泥蛭石、水泥珍珠岩、硬泡聚氨酯

（续）

分类方法	类型	品种举例
按材料性质划分	有机材料	聚苯乙烯泡沫板、硬泡聚氨酯
	无机材料	泡沫玻璃、加气混凝土、泡沫混凝土、蛭石、珍珠岩
按吸水率划分	高吸水率（>20%）	泡沫混凝土、加气混凝土、珍珠岩、憎水珍珠岩、微孔硅酸钙
	低吸水率（<6%）	泡沫玻璃、聚苯乙烯泡沫板、硬泡聚氨酯

倒置式屋面是将低吸水率的保温材料（保温层）设置在防水层上面的一种屋面构造形式，与先做保温层后做防水层传统做法相反，故称倒置式屋面。保温层设在防水层上面，由于它对防水层的保护，大大地延长了防水层的寿命，使目前人们难以解决的防水层耐久性问题得到了有效的处理。

（4）找平层施工 依附防水层的找平层因温差变形或砂浆干缩而开裂，它会直接影响到防水层，拉裂防水层使屋面漏水，因此在找平层上应预设分格缝，使找平层的变形集中于分格缝，减少其他部位开裂。细石混凝土或水泥砂浆找平层不大于 6m，沥青砂浆找平层不大于 4m，并宜设在板端缝上。找平层施工时可预先埋入木条或聚苯乙烯泡沫板条，待找平层有一定强度后，取出木条。泡沫条则可以不取出，也可以待找平层有一定强度后用切割机锯出分格缝。防水层施工时，可在分格缝中填密封材料或在缝上采取增强和空铺方法，使防水层受拉区加大而避免防水层被拉裂。

（5）刷冷底子油 冷底子油是利用 30%~40% 的石油沥青加入 70% 的汽油或者加入 60% 的煤油熔融而成。涂刷时找平层要求光滑，干燥，时间应在卷材铺贴前 1~2d 进行。

找平层干燥程度的检查方法：取一块沥青防水卷材，大约 1m×1m，放在要做防水的基面上，3~4h 后拿开，看看有没有潮湿的痕迹，有的话说明含水率达不到要求，反之就可以。

（6）铺贴卷材附加层 防水卷材的附加层是指有个别地方需要（部分）多加的一层，如关键位置、折角处、屋面烟囱根等。

（7）铺贴卷材防水层

1）施工条件及准备工作：①屋面上其他工程全部完成；②气温不低于 5℃，无风霜雨雪；③找平层充分干燥，基层处理剂（或冷底子油）刚刚干燥；④准备好各种工具；⑤做好安全、防火工作。

2）卷材铺贴顺序。防水层施工时，应先做好节点、附加层和屋面排水比较集中部位（如屋面与水落口连接处，檐口、天沟、檐沟、屋面转角处、板端缝等）的处理，然后由屋面最低标高处向上施工。铺贴天沟、檐沟卷材时，宜顺天沟、檐口方向，减少搭接。

铺贴多跨和有高低跨的屋面时，应按先高后低、先远后近的顺序进行。大面积屋面施工时，为提高工效和加强管理，可根据面积大小、屋面形状、施工工艺顺序、人员数量等因素划分流水施工段。施工段的界线宜设在屋脊、天沟、变形缝等处。

3）铺贴方向。卷材的铺贴方向应根据屋面坡度和屋面是否有振动来确定。当屋面坡度小于 3% 时，卷材宜平行于屋脊铺贴。屋面坡度在 3%~15% 时，卷材可平行或垂直于屋脊铺贴。屋面坡度大于 15% 或受振动时，沥青卷材、高聚物改性沥青卷材应垂直于屋脊铺贴，合成高分子卷材可根据屋面坡度、屋面有否受振动、防水层的粘结方式、粘结强度、是否机械固定等因素综合考虑采用平行或垂直屋脊铺贴。上下层卷材不得相互垂直铺贴。屋面坡度大于25%时，卷材宜垂直屋脊方向铺贴，并应采取固定措施，固定点还应密封。

4）搭接方法及宽度要求。铺贴卷材应采用搭接法，上下层及相邻两幅卷材的搭接缝应错开。平行于屋脊的搭接缝应顺流水方向搭接；垂直于屋脊的搭接缝应顺年最大频率风向（主导风向）搭接。叠层铺设的各层卷材，在天沟与屋面的连接处应采用叉接法搭接，搭接缝应错开；接缝宜留在屋面或天沟侧面，不宜留在沟底。坡度超过25%的拱形屋面和天窗下的坡面上，应尽量避免短边搭接。当必须短边搭接时，在搭接处应采取防止卷材下滑的措施，如预留凹槽，卷材嵌入凹槽并用压条固定密封。

高聚物改性沥青卷材和合成高分子卷材的搭接缝宜用与它材性相容的密封材料封严。各种卷材的搭接宽度应符合表9-3的要求。

表 9-3　卷材搭接宽度　　　　　　　　　　　　（单位：mm）

卷 材 种 类		短边搭接宽度		长边搭接宽度	
		满粘法	空铺、点粘、条粘法	满粘法	空铺、点粘、条粘法
沥青防水卷材		100	150	70	100
高聚物改性沥青防水卷材		80	100	80	100
合成高分子防水卷材	胶粘剂	80	100	80	100
	胶粘带	50	60	50	60
	单焊缝	60，有效焊接宽度不小于25			
	双焊缝	80，有效焊接宽度10×2+空腔宽			

5）卷材与基层的粘贴方法。可分为满粘法、条粘法、点粘法和空铺法等形式。通常采用满粘法，而条粘、点粘和空铺法更适合于防水层上有重物覆盖或基层变形较大的场合，是一种克服基层变形拉裂卷材防水层的有效措施，设计中应明确规定，选择适用的工艺方法。

①空铺法。铺贴卷材防水层时，卷材与基层仅在四周一定宽度内粘结，其余部分采取不粘结的施工方法。

②条粘法。铺贴卷材时，卷材与基层粘结面不少于两条，每条宽度不小于150mm。

③点粘法。铺贴卷材时，卷材或打孔卷材与基层采用点状粘结的施工方法。每平方米粘结不少于5点，每点面积为100mm×100mm。

无论采用空铺、条粘还是点粘法，施工时都必须注意：距屋面周边800mm内的防水层应满粘，保证防水层四周与基层粘结牢固；卷材与卷材之间应满粘，保证搭接严密。

6）粘结方法。主要有热熔法、自粘法、冷粘法。

①冷粘法。利用毛刷将胶粘剂涂刷在基层上，然后铺贴油毡，油毡防水层上部再涂刷胶粘剂作保护层。

②热熔法。利用火焰加热器如汽油喷灯或煤油焊枪对油毡加热，待油毡表面熔化后，进行热熔接处理。热熔施工节省胶粘剂，适于气温较低时施工。

③热熔施工程序。基层处理剂涂刷后，必须干燥8h后方可进行热熔施工，以防发生火灾。热熔油毡时，火焰加热器距离油毡0.5m左右，加热要均匀，待油毡表面熔化后，缓慢地滚铺油毡进行铺贴。

（8）保护层施工　卷材铺设完毕，经检查合格后，应立即进行保护层的施工，及时保护防水层免受损伤。保护层的施工质量对延长防水层使用年限有很大影响，必须认真施工。

1）浅色、反射涂料保护层。浅色、反射涂料目前常用的有铝基沥青悬浊液、丙烯酸浅色涂料中掺入铝料的反射涂料，反射涂料可在现场就地配制。

涂刷浅色反射涂料应等防水层养护完毕后进行，一般卷材防水层应养护2d以上，涂膜防水层应养护1周以上。涂刷前，应清除防水层表面的浮灰，浮灰用柔软、干净的棉布、扫帚擦扫干净。材料用量应根据材料说明书的规定使用，涂刷工具、操作方法和要求与防水涂料施工相同。涂刷应均匀，避免漏涂。两遍涂刷时，第二遍涂刷的方向应与第一遍垂直。

由于浅色、反射涂料具有良好的阳光反射性，施工人员在阳光下操作时，应佩戴墨镜，以免强烈的反射光线刺伤眼睛。

2）绿豆砂保护层。绿豆砂保护层主要是在沥青卷材防水屋面中采用。绿豆砂材料价格低廉，对沥青卷材有一定的保护和降低辐射热的作用，因此在非上人沥青卷材屋面中应用广泛。

用绿豆砂做保护层时，应在卷材表面涂刷最后一道沥青玛琋脂时，趁热撒铺一层粒径为3~5mm的绿豆砂（或人工砂）。绿豆砂应铺撒均匀，全部嵌入沥青玛琋脂中。绿豆砂应事先经过筛选，颗粒均匀，并用水冲洗干净。使用时应在铁板上预先加热干燥（温度130~150℃），以便与沥青玛琋脂牢固地结合在一起。

3）细砂、云母及蛭石保护层。细砂、云母或蛭石主要用于非上人屋面的涂膜防水层的保护层，使用前应先筛去粉料。用砂作保护层时，应采用天然河砂，砂粒粒径不得大于涂层厚度的1/4。使用云母或蛭石时不受此限制，因为这些材料是片状的，质地较软。

当涂刷最后一道涂料时，应边涂刷边撒布细砂（或云母、蛭石），同时用软质的胶辊在保护层上反复轻轻滚压，务必使保护层牢固地粘结在涂层上。涂层干燥后，应扫除未粘结材料并堆集起来再用。如不清扫，日后雨水冲刷就会堵塞水落口，造成排水不畅。

4）泥砂浆保护层。水泥砂浆保护层与防水层之间也应设置隔离层，隔离层可采用石灰水等薄质低粘结力涂料。保护层用的水泥砂浆配合比一般为水泥：砂＝1：2.5~1：3（体积比）。

保护层施工前，应根据结构情况每隔4~6m用木板条或泡沫条设置纵横分格缝。铺设水泥砂浆时，应随铺随拍实，并用刮尺找平，随即用直径为8~10mm的钢筋或麻绳压出表面分格缝，间距不大于1m。终凝前用铁抹子压光保护层。

保护层表面应平整，不能出现抹子抹压的痕迹和凹凸不平的现象，排水坡度应符合设计要求。为了保证立面水泥砂浆保护层粘结牢固，在立面防水层施工时，预先在防水层表面粘上砂粒或小豆石。若防水层为防水涂料，应在最后一道涂料涂刷时，边涂边撒布细砂，同时用软质胶辊轻轻滚压使砂粒牢固地粘结在涂层上。若防水层为沥青或改性沥青防水卷材，可用喷灯将防水层表面烤热发软后，将细砂或豆石粘在防水层表面，再用压辊轻轻滚压，使之粘结牢固。对于高分子卷材防水层，可在其表面涂刷一层胶粘剂后粘上细砂，并轻轻压实。防水层养护完毕后，即可进行立面保护层的施工。

5）细石混凝土保护层。细石混凝土整浇保护层施工前，也应在防水层上铺设一层隔离层，并按设计要求支设好分格缝木板条或泡沫条，设计无要求时，每格面积不大于$36m^2$，分格缝宽度为10~20mm。一个分格内的混凝土应尽可能连续浇筑，不留施工缝。振捣宜采用铁辊滚压或人工拍实，不宜采用机械振捣，以免破坏防水层。振实后随即用刮尺按排水坡度刮平，并在初凝前用木抹子提浆抹平。初凝后及时取出分格缝木模（泡沫条不用取出），终凝前用铁抹子压光。抹平压光时不宜在表面掺加水泥砂浆或干灰，否则表层砂浆易产生裂缝与剥落现象。若采用配筋细石混凝土保护层时，钢筋网片的位置设置在保护层中间偏上部位，在铺设钢筋网片时用砂浆垫块支垫。

细石混凝土保护层浇筑完后应及时进行养护，养护时间不应少于 7d。养护完后，将分格缝清理干净（泡沫条割去上部 10mm 即可），嵌填密封材料。

此外还可以利用隔热屋面的架空隔热板作为防水层的保护层。

（9）施工要求与检验

1）要求。粘结牢固，摊铺平直；排净空气，防止空鼓；缝口封严，不得翘边；认真检验，加强保护。

2）检验。雨后或淋水、蓄水检验。

9.1.2 涂膜防水施工

涂膜防水屋面是在屋面基层上涂刷防水涂料，经固化后形成一层有一定厚度和弹性的整体涂膜，从而达到防水目的的一种防水屋面形式。

1. 防水涂料

防水涂料是一种流态或半流态物质，涂布在屋面基层表面，经溶剂或水分挥发，或各组分间的化学反应，形成有一定弹性和一定厚度的薄膜，使基层表面与水隔绝，起到防水密封作用。防水涂料能在屋面上形成无接缝的防水涂层，涂膜层的整体性好，并能在复杂基层上形成连续的整体防水层；因此特别适用于形状复杂的屋面。防水涂料可以在Ⅰ级、Ⅱ级防水设防的屋面上作为一道防水层与卷材复合使用，以弥补卷材防水层接缝防水可靠性差的缺陷，也可以与卷材复合共同组成一道防水层，在防水等级为Ⅲ级的屋面上使用。

防水涂料按其组成材料可分为沥青基防水涂料、改性沥青防水涂料、合成高分子防水涂料等。沥青基涂料由于性能低劣、施工要求高，已被淘汰。高聚物改性沥青防水涂料是以沥青为基料，用合成高分子聚合物进行改性，配制而成的水乳型、溶剂型或热熔型防水涂料。其在柔韧性、抗裂性、强度、耐高低温性能、使用寿命等方面都比沥青基材料有了较大的改善。

2. 施工要点

基层的平整度是保证涂膜防水质量的重要条件。如果基层凹凸不平或局部隆起，在做涂膜防水层时，其厚薄就不均匀。基层凸起部分，使防水层厚度减小，凹陷部分，使防水层过厚，易产生皱纹。尤其是上人屋面或设有整体或块体保护层的屋面，在重量较大的压紧状态下，由于基层与保护层之间的错动，凹凸不平或有局部隆起的部位，防水层最容易引起破坏，涂膜厚度的选用见表 9-4。

表 9-4　涂膜厚度选用表

屋面防水等级	设防道数	合成高分子防水涂料	高聚物改性沥青防水涂料
Ⅰ级	三道或三道以上	不应小于 1.5mm	—
Ⅱ级	二道设防	不应小于 1.5mm	不应小于 3mm
Ⅲ级	一道设防	不应小于 1.2mm	不应小于 3mm
Ⅳ级	一道设防	—	不应小于 2mm

3. 施工工艺

涂膜防水常规施工程序是：施工准备工作→板缝处理及基层施工→基层检查及处理→涂刷基层处理剂→节点和特殊部位附加增强处理→涂布防水涂料、铺贴胎体增强材料→防水层清理与检查整修→保护层施工。

（1）基层施工 其中板缝处理和基层施工及检查处理是保证涂膜防水施工质量的基础，防水涂料的涂布和胎体增强材料的铺设是最主要和最关键的工序，这道工序的施工方法取决于涂料的性质和设计方法。

（2）施工顺序 涂膜防水的施工与卷材防水层一样，也必须按照"先高后低、先远后近"的原则进行，即遇有高低跨屋面，一般先涂布高跨屋面，后涂布低跨屋面。在相同高度的大面积屋面上，要合理划分施工段，施工段的交接处应尽量设在变形缝处，以便于操作和运输顺序的安排。在每段中要先涂布离上料点较远的部位，后涂布较近的部位。先涂布排水较集中的水落口、天沟、檐口，再往高处涂布至屋脊或天窗下。先作节点、附加层，然后再进行大面积涂布。一般涂布方向应顺屋脊方向，如有胎体增强材料时，涂布方向应与胎体增强材料的铺贴方向一致。

（3）防水涂料的涂布 根据防水涂料种类的不同，防水涂料可以采用涂刷、刮涂或机械喷涂的方法涂布。涂布前，应根据屋面面积、涂膜固化时间和施工速度估算好一次涂布用量，确定配料的多少，在固化干燥前用完，这一规定对于双组分反应固化型涂料尤为重要。已固化的涂料不能与未固化的涂料混合使用，否则会降低防水涂膜的质量。涂布的遍数应按设计要求的厚度事先通过试验确定，以便控制每遍涂料的涂布厚度和总厚度。胎体增强材料上层的涂布不应少于两遍。

涂料涂布应分条或按顺序进行。分条进行时，每条的宽度应与胎体增强材料的宽度相一致，以免操作人员踩踏刚涂好的涂层。每次涂布前应仔细检查前遍涂层有否缺陷，如气泡、露底、漏刷、胎体增强材料皱折、翘边、杂物混入等现象，如发现上述问题，应先进行修补，再涂布后遍涂层。立面部位涂层应在平面涂布前进行，而且应采用多次薄层涂布，尤其是流平性好的涂料，否则会产生流坠现象，使上部涂层变薄，下部涂层增厚，影响防水性能。

涂刷法是指采用辊刷或棕刷将涂料涂刷在基层上的施工方法；喷涂法是指采用带有一定压力的喷涂设备使从喷嘴中喷出的涂料产生一定的雾化作用，涂布在基层表面的施工方法。这两种方法一般用于固含量较低的水乳型或溶剂型涂料，涂布时应控制好每遍涂层的厚度，即要控制好每遍涂层的用量和厚薄均匀程度。涂刷应采用蘸刷法，不得采用将涂料倒在屋面上，再用辊刷或棕刷涂刷的方法，以免涂料产生堆积现象。喷涂时应根据喷涂压力的大小，选用合适的喷嘴，使喷出的涂料成雾状均匀喷出，喷涂时应控制好喷嘴移动速度，保持匀速前进，使喷涂的涂层厚薄均匀。

刮涂法是指采用刮板将涂料涂布在基层上的施工方法，一般用于高固含量的双组分涂料的施工，由于刮涂法施工的涂层较厚，可以先将涂料倒在屋面上，然后用刮板将涂料刮开，刮涂时应注意控制涂层厚薄的均匀程度，最好采用带齿的刮板进行刮涂，以齿的高度来控制涂层的厚度。

（4）胎体增强材料的铺设 胎体增强材料的铺设方向与屋面坡度有关。屋面坡度小于15%时可平行屋脊铺设，屋面坡度大于15%时，为防止胎体增强材料下滑，应垂直屋脊铺设。铺设时由屋面最低标高处开始向上操作，使胎体增强材料搭接顺流水方向，避免呛水。

胎体增强材料搭接时，其长边搭接宽度不得小于 50mm，短边搭接宽度不得小于 70mm。采用两层胎体增强材料时，由于胎体增强材料的纵向和横向延伸率不同，因此上下层胎体应同方向铺设，使两层胎体材料有一致的延伸性。上下层的搭接缝还应错开，其间距不得小于 1/3 幅宽，以避免产生重缝。

胎体增强材料的铺设可采用湿铺法或干铺法施工，当涂料的渗透性较差或胎体增强材料比较密实时，宜采用湿铺法施工，以便涂料可以很好地浸润胎体增强材料。

铺贴好的胎体增强材料不得有皱折、翘边、空鼓等缺陷，也不得有露白现象。铺贴时切忌拉伸过紧、刮平时也不能用力过大，铺设后应严格检查表面是否有缺陷或搭接不足问题，否则应进行修补后才能进行下一道工序的施工。

（5）细部节点的附加增强处理　屋面细部节点，如天沟、檐沟、檐口、泛水、出屋面管道根部、阴阳角和防水层收头等部位均应加铺有胎体增强材料的附加层（图 9-1）。一般先涂刷 1~2 遍涂料，铺贴裁剪好的胎体增强材料，使其贴实、平整，干燥后再涂刷一遍涂料。

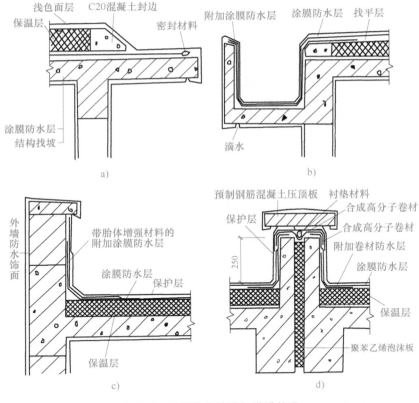

图 9-1　细部节点的附加增强处理

a）檐口构造　b）檐沟构造　c）泛水构造　d）变形缝构造

9.1.3　刚性防水施工

刚性防水屋面是指利用刚性防水材料作防水层的屋面，主要有普通细石混凝土防水屋面、补偿收缩混凝土防水屋面、纤维混凝土防水屋面、预应力混凝土防水屋面等，以前两者应用最为广泛。

与前述的卷材及涂膜防水屋面相比，刚性防水屋面所用材料易得，价格便宜，耐久性好，维修方便，但刚性防水层材料的表观密度大，抗拉强度低，极限拉应变小，易受混凝土或砂浆的干湿变形、温度变形和结构变形的影响而产生裂缝。因此刚性防水屋面主要适用于防水等级为Ⅲ级的屋面防水，也可用作Ⅰ、Ⅱ级屋面多道防水设防中的一道防水层；不适用于设有松散保温层的屋面、大跨度和轻型屋盖的屋面，以及受振动或冲击的建筑屋面。而且刚性防水层的节点部位应与柔性材料复合使用，才能保证防水的可靠性。

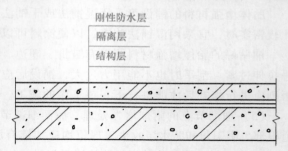

图 9-2　刚性防水屋面构造

刚性防水屋面的一般构造形式如图 9-2 所示。

1. 材料要求

（1）水泥　宜采用普通硅酸盐水泥或硅酸盐水泥；当采用矿渣硅酸盐水泥时应采取减少泌水性的措施；水泥的强度等级不低于 42.5MPa，不得使用火山灰质硅酸盐水泥。水泥应有出厂合格证，质量标准应符合国家标准的要求。

（2）砂（细骨料）　应符合《普通混凝土用砂、石质量及检验方法标准》（JGJ 52—2006）的规定，宜采用中砂或粗砂，含泥量不大于 2%，否则应冲洗干净。

（3）石（粗骨料）　应符合《普通混凝土用砂、石质量及检验方法标准》（JGJ 52—2006）的规定，宜采用质地坚硬，最大粒径不超过 15mm，级配良好，含泥量不超过 1% 的碎石或砾石，否则应冲洗干净。

（4）水　水中不得含有影响水泥正常凝结硬化的糖类、油类及有机物等有害物质，硫酸盐及硫化物较多的水不能使用，pH 值不得小于 4。一般自来水和饮用水均可使用。

（5）混凝土及砂浆　混凝土水胶比不应大于 0.55；每立方米混凝土水泥最小用量不应小于 330kg；含砂率宜为 35%~40%；灰砂比应为 1∶2~1∶2.5，混凝土强度等级不应低于 C20；并宜掺入外加剂。普通细石混凝土、补偿收缩混凝土的自由膨胀率应为 0.05%~0.1%。

（6）外加剂　刚性防水层中使用的膨胀剂、减水剂、防水剂、引气剂等外加剂应根据不同品种的适用范围、技术要求来选择。

2. 细石混凝土防水屋面节点构造

各节点设计和构造除要求合理、可靠外，还要求施工方便。

1）檐沟檐口节点做法如图 9-3、图 9-4 所示。

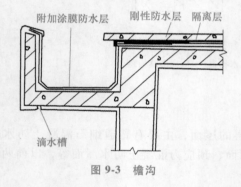

图 9-3　檐沟

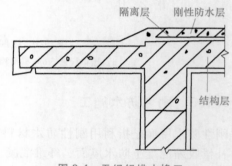

图 9-4　无组织排水檐口

2）分格缝做法如图9-5所示。

3）立墙泛水做法如图9-6所示。

4）变形缝做法如图9-7所示。

5）伸出屋面管道做法如图9-8所示。

6）女儿墙压顶及泛水做法如图9-9所示。

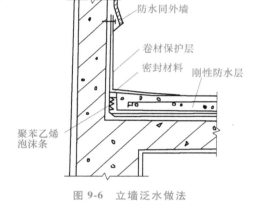

图 9-6 立墙泛水做法

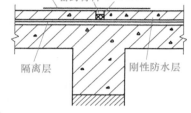

图 9-5 分格缝做法

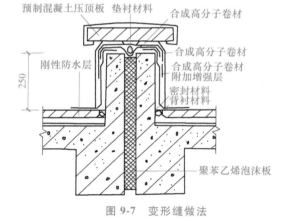

图 9-7 变形缝做法

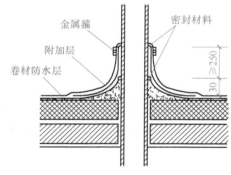

图 9-8 伸出屋面管道做法

3. 细石混凝土防水层施工

（1）施工准备工作

1）屋面结构层为装配式钢筋混凝土屋面板时，应用细石混凝土嵌缝，其强度等级应不小于C20；灌缝的细石混凝土宜掺膨胀剂。当屋面板缝宽度大于40mm或上窄下宽时，板缝内应设置构造钢筋。灌缝高度与板面平齐。板端应用密封材料嵌缝密封处理。

2）由室内伸出屋面的水管、通风管等须在防水层施工前安装，并在周围留凹槽以便嵌填密封材料。

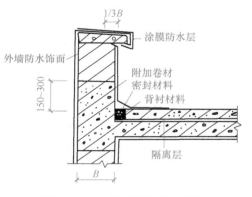

图 9-9 女儿墙压顶及泛水做法

3）刚性防水层的混凝土、砂浆配合比应按设计要求，由实验室通过试验确定。尤其是掺有各种外加剂的刚性防水层，其外加剂的掺量要严格试验，获得最佳掺量范围。

4）按工程量的需要，宜一次备足水泥、砂、石等的需要量，保证混凝土连续一次浇捣完成。原材料进场应按规定要求对材料进行抽样复验，合格后才能使用。

5）施工前应准备好施工机具，并检查是否完好。

6）檐口挑出支模及分格缝模板应按要求制作并刷隔离剂。

（2）施工环境条件

1）刚性防水层严禁在雨天施工，因为雨水进入刚性防水材料中，会增加水胶比，同时使刚性防水层表面的水泥浆被雨水冲走，造成防水层疏松、麻面、起砂等现象，丧失防水能力。

2）施工环境温度宜在 5~35℃，不得在负温和烈日暴晒下施工，也不宜在雪天或大风天气施工，以避免混凝土、砂浆受冻或失水。

（3）隔离层施工 刚性防水层和结构层之间应脱离，即在结构层与刚性防水层之间增加一层低强度等级砂浆、卷材、塑料薄膜等材料，起隔离作用，使结构层和刚性防水层变形互不受约束，以减少因结构变形使防水混凝土产生的拉应力，减少刚性防水层的开裂。

1）黏土砂浆隔离层施工。预制板缝填嵌细石混凝土后板面应清扫干净，洒水湿润，但不得积水，将按石灰膏：砂：黏土 = 1：2.4：3.6 配制的材料拌和均匀，砂浆以干稠为宜，铺抹的厚度约 10~20mm，要求表面平整，压实、抹光，待砂浆基本干燥后，方可进行下道工序施工。

2）石灰砂浆隔离层施工。施工方法同上。砂浆配合比为石灰膏：砂 = 1：4。

3）水泥砂浆找平层铺卷材隔离层施工。用 1：3 水泥砂浆将结构层找平，并压实抹光养护，再在干燥的找平层上铺一层 3~8mm 干细砂滑动层，在其上铺一层卷材，搭接缝用热沥青玛瑞脂盖缝。也可以在找平层上直接铺一层塑料薄膜。

因为隔离层材料强度低，在隔离层继续施工时，要注意对隔离层加强保护。混凝土运输不能直接在隔离层表面进行，应采取垫板等措施；绑扎钢筋时不得扎破表面；浇捣混凝土时更不能振酥隔离层。

（4）分格缝留置 留置分格缝是为了减少因温差、混凝土干缩、徐变、荷载和振动、地基沉陷等变形造成刚性防水层开裂，分格缝部位应按设计要求设置。如设计无明确规定时，可按下述原则设置分格缝。

1）分格缝应设置在结构层屋面板的支承端、屋面转折处（如屋脊）、防水层与突出屋面结构的交接处，并应与板缝对齐。

2）纵横分格缝间距一般不大于 6m，或"一间一分格"，分格面积不超过 36m^2 为宜。

3）现浇板与预制板交接处，按结构要求留有伸缩缝、变形缝的部位。

4）分格缝宽宜为 10~20mm。

5）分格缝可采用木板，在混凝土浇筑前支设，混凝土浇筑完毕，收水初凝后取出分格缝模板。或采用聚苯乙烯泡沫板支设，待混凝土养护完成、嵌填密封材料前按设计要求的高度用电烙铁熔去表面的泡沫板。

（5）钢筋网片施工

1）钢筋网配置应按设计要求，一般设置直径为 4~6mm、间距为 100~200mm 双向钢筋网片。网片采用绑扎和焊接均可，其位置以居中偏上为宜，保护层不小于 10mm。

2）钢筋要调直，不得有弯曲、锈蚀、沾油污。

3）分格缝处钢筋网片要断开。为保证钢筋网片位置留置准确，可采用先在隔离层上满铺钢丝绑扎成型后，再按分格缝位置剪断的方法施工。

（6）细石混凝土防水层施工

1）浇捣混凝土前，应将隔离层表面浮渣、杂物清除干净；检查隔离层质量及平整度、排水坡度和完整性；支好分格缝模板，标出混凝土浇捣厚度，厚度不宜小于 40mm。

2）材料及混凝土质量要严格保证，经常检查是否按配合比准确计量，每工作班进行不少于两次的坍落度检查，并按规定制作检验的试块。加入外加剂时，应准确计量，投料顺序得当，搅拌均匀。

3）混凝土搅拌应采用机械搅拌，搅拌时间不少于 2min。混凝土运输过程中应防止漏浆和离析。

4）采用掺加抗裂纤维的细石混凝土时，应先加入纤维干拌均匀后再加水，干拌时间不少于 2min。

5）混凝土的浇捣按"先远后近、先高后低"的原则进行。

6）一个分格缝范围内的混凝土必须一次浇捣完成，不得留施工缝。

7）混凝土宜采用小型机械振捣，如无振捣器，可先用木棍等插捣，再用小辊（30～40kg，长 600mm 左右）来回滚压，边插捣边滚压，直至密实和表面泛浆，泛浆后用铁抹子压实抹平，并要确保防水层的设计厚度和排水坡度。

8）铺设、振动、滚压混凝土时必须严格保证钢筋间距及位置的准确。

9）混凝土收水初凝后，及时取出分格缝隔板，用铁抹子第二次压实抹光，并及时修补分格缝的缺损部分，做到平直整齐；待混凝土终凝前进行第三次压实抹光，要求做到表面平光，不起砂、起皮、无抹板压痕为止，抹压时，不得洒干水泥或干水泥砂浆。

10）待混凝土终凝后，必须立即进行养护，应优先采用表面喷洒养护剂养护，也可用蓄水养护法或稻草、麦草、锯末、草袋等覆盖后浇水养护，养护时间不少于 14d，养护期间保证覆盖材料的湿润，并禁止人员上屋面踩踏或在上继续施工。

任务 2　地下防水施工

9.2.1　防水混凝土防水施工

施工质量的好坏直接关系着混凝土结构自防水质量的优劣。为了保证施工质量，施工人员必须以高度的责任心，遵循国家标准规范，从施工准备直到每道工序，都要高标准、严要求地精心施工。

1. 模板

1）模板应平整，且拼缝严密不漏浆，并应有足够的刚度、强度，吸水性要小。地下防水施工以钢模、木模、木（竹）胶合板模为宜。

2）模板构造应牢固稳定，可承受混凝土拌合物的侧压力和施工荷载，且应装拆方便。

3）结构内的钢筋或绑扎钢丝不得接触模板。固定模板用的螺栓必须穿过混凝土结构时，可采用工具式螺栓、螺栓加堵头、螺栓上加焊方形止水环等做法。止水环尺寸及环数应符合设计规定。如设计无规定，则止水环应为 10cm×10cm 的方形止水环，且至少有一环。

4）拆模时，防水混凝土的强度等级必须大于设计强度等级的 70%；拆模时，混凝土表面温度与环境温度之差不应大于 15℃；拆模时，要注意做到勿使防水混凝土结构受到损坏。

2. 钢筋

1）做好钢筋绑扎前的除污、除锈工作。

2）绑扎钢筋时，应按设计规定留足保护层，且迎水面钢筋保护层厚度不应小于 50mm。应以相同配合比的细石混凝土或水泥砂浆制成垫块，将钢筋垫起，以保证保护层厚度，严禁以垫铁或钢筋头垫钢筋，或将钢筋用铁钉及钢丝直接固定在模板上。

3）钢筋应绑扎牢固，避免因碰撞、振动使绑扣松散、钢筋移位，造成露筋。

4）钢筋及绑扎钢丝均不得接触模板。采用铁马凳架设钢筋时，在不便取掉铁马凳的情况下，应在铁马凳上加焊止水环。

5）在钢筋密集的情况下，更应注意绑扎或焊接质量。并用自密实高性能混凝土浇筑。

3. 混凝土搅拌

1）严格按照经试配选定的施工配合比计算原材料用量。准确称量每种材料用量，按石子→水泥→砂子的顺序投入搅拌机。

2）防水混凝土必须采用机械搅拌。搅拌时间不应小于 120s。掺外加剂时，应根据外加剂的技术要求确定搅拌时间。

3）采用集中搅拌或商品混凝土时，亦应符合上述规定，确保防水混凝土质量。

4. 混凝土运输

运输过程中应采取措施防止混凝土拌合物产生离析，以及坍落度和含气量的损失，同时要防止漏浆。

防水混凝土拌合物在常温下应半小时以内运至现场；运送距离较远或气温较高时，可掺入缓凝型减水剂，缓凝时间宜为 6~8h。

防水混凝土拌合物在运输后如出现离析，则必须进行二次搅拌。当坍落度损失后不能满足施工要求时，应加入原水胶比的水泥浆或二次掺加减水剂进行搅拌，严禁直接加水搅拌。

5. 混凝土浇筑

（1）一般要求　浇筑前，应清除模板内的积水、木屑、钢丝、钢钉等杂物，并以水湿润模板。使用钢模应保持其表面清洁无浮浆。

浇筑混凝土的自落高度不得超过 1.5m，否则应使用串筒、溜槽或溜管等工具进行浇筑，以防产生石子堆积，影响质量。在结构中若有密集管群，以及预埋件或钢筋稠密之处，不易使混凝土浇捣密实时，应选用免振捣的自密实高性能混凝土进行浇筑。在浇筑大体积结构中，遇有预埋大管径套管或面积较大的金属板时，其下部的倒三角形区域不易浇捣密实而形成空隙，造成漏水，为此，可在管底或金属板上预先留置浇筑振捣孔，以利浇捣和排气，浇筑后再将孔补焊严密。

混凝土浇筑应分层，每层厚度不宜超过 30~40cm，相邻两层浇筑时间间隔不应超过 2h，夏季可适当缩短。混凝土在浇筑地点须检查坍落度，每工作班至少检查两次。普通防水混凝土坍落度不宜大于 50mm。

（2）泵送防水混凝土施工要求

1）确定适宜的砂率。为获得良好的可泵性，要求较大的砂率，但不宜过大，以不超过45%为宜，以防混凝土强度和抗渗等级的降低。

2）防水混凝土碎石最大粒径不超过40mm。要注意碎石最大粒径与混凝土输送管道内径之比宜小于或等于1:3，卵石则宜小于或等于1:2.5，且通过0.315mm筛孔的砂应不少于15%。这样可以减小摩阻力，延长混凝土输送泵及输送管道的寿命。

3）宜掺入适量外加剂及粉细料。掺入减水剂可减小新拌混凝土的泌水率，在不增加拌和用水量的条件下增大混凝土的坍落度，增加流动度，使石子在质量良好的水泥砂浆的包裹中沿输送管道前进，减小了摩阻力，从而获得较好的可泵性。

掺入减水剂和粉细料还可以降低水泥用量。在不影响强度和抗渗性的前提下，降低水泥用量可以减少坍落度损失，有利于泵送施工；而且对泵送大体积混凝土来说，可以降低水泥水化热，减小混凝土内部与外部的温差，减少混凝土裂缝的出现。

4）采取有效措施充分向混凝土泵车供料，保持泵车工作的连续性。泵车受料斗后应有足够场地容纳两台搅拌车，以轮流向泵车供料；搅拌车输送混凝土的能力宜超出泵车排放能力的20%。

5）水平输送管长度与垂直输送管长度之比不宜大于1:3，否则会导致管道的弯曲部分摩阻力增大，可泵性降低，形成堵塞。输送管道应接直，转弯宜缓，管道接头应严密，不得漏浆。施工时应防止管内混入空气，形成堵管。

6）输送混凝土之前，应先压水洗管，再压送水泥砂浆，压送第一车混凝土时可增加水泥100kg，为顺利泵送创造条件。

7）加强坍落度的控制。入泵坍落度宜控制在（120±20）mm；入泵前坍落度损失值每小时不应大于30mm，坍落度总损失值不应大于60mm。应在搅拌站及现场设专人管理，测定坍落度，每工作班至少测两次，以解决坍落度过大或过小的问题。

8）夏季高温施工，应注意降低输送管道的温度，可以覆盖湿草袋并及时浇水，或包裹隔热材料，以防坍落度损失过大，影响泵送。

9）泵送间歇时间可能超过45min，或混凝土产生离析时，应立即以压力水或其他方法将管道内残存的混凝土清除干净。

6. 混凝土振捣

防水混凝土必须采用高频机械振捣，振捣时间宜为10~30s，以混凝土泛浆和不冒气泡为准。要依次振捣密实，应避免漏振、欠振和超振。掺加引气剂或引气型减水剂时，应采用高频插入式振捣器振捣密实。

7. 混凝土养护

防水混凝土的养护对其抗渗性能影响极大，特别是早期湿润养护更为重要，一般在混凝土进入终凝（浇筑后4~6h）即应覆盖，浇水湿润养护不少于14d。因为在湿润条件下，混凝土内部水分蒸发缓慢，不致形成早期失水，有利于水泥水化，特别是浇筑后的前14d，水泥硬化速度快，强度增长几乎可达28d标准强度的80%。在这期间由于水泥充分水化，其生成物将毛细孔堵塞，切断毛细通路，并使水泥石结晶致密，混凝土强度和抗渗性均能很快提高。14d以后，水泥水化速度逐渐变慢，强度增长亦趋缓慢，虽然继续养护依然有益，但对质量的影响不如早期大，所以应注意前14d的养护。

防水混凝土不宜用电热法养护。无论是直接电热法还是间接电热法均属干热养护，其目的是在混凝土凝结前，通过直接或间接对混凝土加热，促使水泥水化作用加速，内部游离水很快蒸发，使混凝土硬化。这可使混凝土内形成连通毛细管网路，且因易产生干缩裂缝致使混凝土不能致密而降低抗渗性；又因这种方法不易控制混凝土内部温度均匀，更难控制混凝土内部与外部之间的温差，因此很容易使混凝土产生温差裂缝，降低混凝土质量。此外，直接法插入混凝土的金属电极（常为钢筋）容易因混凝土表面碳化而引起锈蚀，随着碳化的深入而破坏了混凝土与钢筋的粘结，在钢筋周围形成缝隙，造成引水通路，也对混凝土抗渗性不利。

防水混凝土不宜用蒸汽养护。因为蒸汽养护会使混凝土内部毛细孔在蒸汽压力下大大扩张，导致混凝土抗渗性下降。在特殊地区，必须使用蒸汽养护时，应注意以下事项。

1）对混凝土表面不宜直接喷射蒸汽加热。

2）及时排除聚在混凝土表面的冷凝水。冷凝水会在水泥凝结前冲淡灰浆，导致混凝土表层起皮及疏松等缺陷。

3）防止结冰。表面结冰会使混凝土内水泥水化作用非常缓慢；当温度低致使混凝土内部水分结冰时，则会因膨胀而破坏混凝土内部致密的组织结构，以致强度和抗渗等级均大为降低。

4）控制升温和降温速度。升温速度：对表面系数小于 6 的结构，不宜超过 60℃/h；对表面系数等于和大于 6 的结构，不宜超过 8℃/h。恒温温度不得高于 50℃。降温速度：不宜超过 5℃/h。

8. 特殊部位的构造做法

（1）施工缝　大面积浇筑混凝土一次完成有困难，须分两次或三次浇筑完。两次浇筑相隔几天或数天，前后两次浇筑的混凝土之间形成的缝即施工缝，此缝完全不是设计所需要的，由于混凝土的收缩，形成渗水通道，所以应对施工缝进行防水处理。施工缝是渗水的隐患，应尽量减少。

施工缝分为水平施工缝和垂直施工缝两种。工程中多用水平施工缝，垂直施工缝尽量利用变形缝。留施工缝必须征求设计人员的同意，留在弯矩最小、剪力也最小的位置。施工缝构造如图 9-10 所示。

1）水平施工缝的位置。地下室墙体与底板之间的施工缝，留在高出底板表面 30cm 的墙体上。地下室顶板、拱板与墙体的施工缝，留在拱板、顶板与墙交接处之下 15~30cm 处。

2）水平施工缝的防水构造。水平施工缝皆为墙体施工缝，因有双排立筋和连接箍筋的影响，表面不可能平整光滑，凹凸较大，所以相关的技术规范不推荐企口状和台阶状，只用平面的交接施工缝。

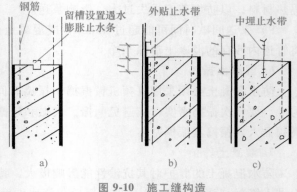

图 9-10　施工缝构造
a）施工缝中设置遇水膨胀止水条　b）外贴止水带
c）中埋止水带

施工缝后浇混凝土之前，清理前期混凝土表面是非常重要的。因为两次浇捣相差时间较长，在表面存留很多杂物和尘土细砂，清理不干净就成为隔离层，成为渗水通道。清理时必须用水冲洗干净，再铺 30～50mm 厚的 1：1 水泥砂浆或者刷涂界面剂，然后及时浇筑混凝土。

使用遇水膨胀止水条要特别注意防水。由于需先留沟槽、受钢筋影响，操作不方便，很难填实，如果后浇混凝土未浇之前逢雨就会膨胀，这样将失去止水的作用。另外清理施工缝表面杂物时，冲水之后应立即浇捣混凝土，不能留有膨胀的时间。

中埋止水带宜用一字形，但要求墙体厚度不小于 30cm。它的止水作用，不如外贴式止水带好。因为外贴止水带拒水于墙外，使水不能进入施工缝，而中埋止水带，水已进入施工缝中，可以绕过止水带进入室内，所以建议多用外贴止水带。

（2）变形缝　两栋建筑毗连并未连成一体，相距 5～20cm 的缝，俗称变形缝。地下室的变形缝又叫沉降缝，地上建筑又叫温度缝、伸缩缝。出现变形缝的原因有二：一是防止建筑物沉降不均匀，使建筑造成断裂，故预先留缝，沉降时各自独立运动，建筑免于破坏；二是两栋建筑施工时间不同时，相距数月乃至几年，然而内部的使用要求必须联通。但尽量少设变形缝，应采用诱导缝后浇带、加强带来代替。

变形缝的构造比较复杂，施工难度较大，地下室发生渗漏常常在此部位，修补堵漏也很困难。变形缝两侧由于建筑沉降不等，产生沉降差，因沉降差导致止水带拉伸变形，防水层拉裂，嵌缝材料揭开等现象多有发生。建议沉降差不要超过 3cm。

变形缝的宽度由结构设计决定。建筑越高，变形缝越宽。一般宽为 10cm 左右。变形缝处的混凝土不小于 30cm 厚。

变形缝形式多种多样，做法各异，分叙如下。

1）底板变形缝宽 5cm，防水层越变形缝处不断开，变形缝左右无墙。如左侧防水层已做好，然后在变形缝中放置聚氯乙烯泡沫棒（直径 2cm），卷材过棒绕∏状弯，两侧建筑出现沉降差时，∏状弯可伸长，防止拉断。中埋止水带两侧预贴聚苯乙烯泡沫板，其厚度同变形缝宽，泡沫板兼作模板。

2）底板变形缝两侧有墙，俨然是两栋建筑，各自墙面均作外防水，变形缝很窄。变形缝中夹一块聚苯泡沫板，当缝两侧建筑产生沉降差时，聚苯泡沫板成为润滑层，以免造成墙面防水层的摩擦。

垂直变形缝下方应附加一条卷材，这条卷材并非防水，是用来作"阵前"牺牲品的，当沉降差产生，混凝土垫层断裂，附加层则首当其冲，从而保护了建筑防水层。

3）变形缝有两侧墙，底板防水层不断开，变形缝设中埋止水带，因侧墙有竖向钢筋，底板出墙趾埋止水带。变形缝上方砌筑模板墙，一侧抹灰找平，以待浇筑混凝土墙。

4）变形缝两侧有墙，底板防水层相连，变形缝中不设中埋式止水带，设外贴式止水带，变形缝宽为 3～4cm，缝中夹填泡沫聚苯乙烯板，作为软性隔离。底板下防水层不做∏状弯，但其下增设附加层卷材，宽 30cm，并与大面积卷材或涂料防水层粘合。

5）变形缝两侧有墙，缝宽 5～10cm，防水层越缝处不断开，缝中设 U 形止水带，两侧墙之间贴聚苯乙烯板，作为填充、隔离和模板之用。

（3）止水带　止水带是地下工程沉降缝必用的防水配件，它的作用：一是可以阻止大部分地下水沿沉降缝进入室内；二是当缝两侧建筑沉降不一致时，止水带可以变形，继续起阻水作用；三是一旦发生沉降缝中渗水，止水带可以成为衬托，便于堵漏修补。

止水带按材料分类可分为橡胶止水带、塑料止水带、铜板止水带和橡胶加钢边止水带。目前我国多用橡胶止水带。止水带形状有多种，如图 9-11 所示。

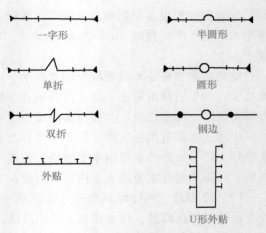

图 9-11　止水带示意图

变形缝中使用止水带止水，但经常发生的渗漏仍然在变形缝处，这说明止水带防水并不十分可靠，尚存在以下的一些问题。

1）混凝土和止水带不能紧密粘结，水可以缓慢地沿结合缝处渗入。

2）变形缝两侧建筑发生沉降，沉降差使止水带受拉，埋入混凝土中的止水带受拉变薄，与混凝土之间出现大缝，加大了渗水通道。特别是一字形止水带和圆形止水带，更易出现上述现象，而单折、双折和半圆形止水带，防拉伸作用较好。

3）一条变形缝常有几处止水带搭接，搭接方式基本是叠搭，不能封闭，即成为渗水隐患。

4）施工止水带时，变形缝一边先施工，止水带埋入状态较好，再施工另一面混凝土时，止水带下方混凝土不密实，甚至有空隙，止水带没有被紧密的嵌固，使止水作用大减。

装卸式止水带用于室内，覆盖在变形缝上，使用螺栓固定。它的优点是易安装，拆卸方便。但止水功能不如中埋式和外贴式止水带好。室内止水犹如室内防水，地下水已渗入变形缝中，再行堵截，即便止水带处不见水，其他地方也会出现渗水。因此装卸式止水带不能替代中埋式和外贴式止水带。

使用中埋式止水带，尽量靠近外防水层。外贴式止水带对于变形缝的防水比中埋式止水带好，止水于缝外，可以与外防水层结合共同发挥防水作用。

重要的工程，埋深于地下水位下十多米，沉降缝宽达 15cm，应使用两种止水带，如中埋止水带和外贴止水带相结合，中埋止水带和装卸式止水带相结合。埋置止水带若干形式，如图 9-12 所示。

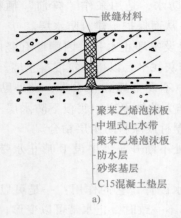

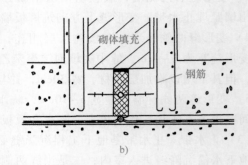

a)　　　　　　　　　　　　b)

图 9-12　埋置止水带的形式

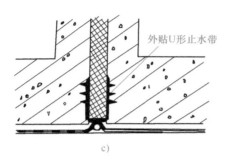

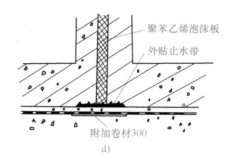

图 9-12 埋置止水带的形式（续）

（4）后浇带 一栋建筑物长度很大，本应在中间部位设沉降缝，但因使用功能要求不宜分开，故设后浇带取代沉降缝。后浇带顾名思义是底板留出一条宽缝，若干天后再行浇捣混凝土，填实补平。

混凝土底板未达到龄期之前，产生大量水化热，引起收缩，如果底板较长，在收缩过程中会发生中间部位断裂。所以预先在底板中间部位留出 70~100cm 宽的缝。40d 左右后浇带两侧的混凝土达到了龄期，停止了收缩后，再做后浇带。两条后浇带相距一般为 30~60m。

后浇带处底板钢筋不断开，特殊工程也可以断开，但两侧钢筋伸出，搭接长度应不小于主筋直径的 45 倍，还应设附加钢筋。

后浇带处的防水层不得断开，必须是一个整体，并采取设附加层和外贴止水带措施（图 9-13）。

后浇带宽度宜窄不宜宽，最好不大于 70cm，以防浇捣混凝土之前，地下水向上压力过大将防水层破坏。后浇带两侧底板（建筑）产生沉降差，后浇带下方防水层受拉伸或撕裂，为此，局部加厚垫层，并附加钢筋，沉降差可以使垫层产生斜坡，而不会断裂，如图 9-14 所示。

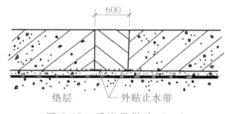

图 9-13 后浇带做法（一）

后浇带防水还可以采用超前止水方式，如图 9-15 所示。其做法是将底板局部加厚，并设止水带，宜用外贴式止水带。由于底板局部加厚一般不超过 25cm，不宜设中埋止水带。

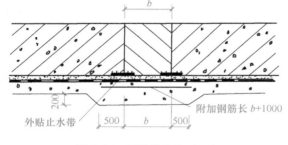

图 9-14 后浇带做法（二）

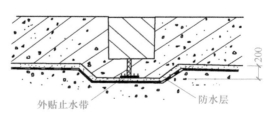

图 9-15 后浇带做法（三）

后浇带两侧底板的立断面，可以做成企口，也可做成平面。

浇捣后浇带的混凝土之前，应清理掉落缝中杂物。因底板很厚，钢筋又密，清理杂物较困难，做清理工作时应认真细致。

后浇带的混凝土宜用膨胀混凝土，亦可用普通混凝土，但强度等级不能低于两侧混凝土。后浇带与两侧底板的施工缝中夹用膨胀橡胶条做法，施工操作比较困难，但也有应用。

9.2.2 卷材防水施工

1. 适用范围及施工条件

（1）适用范围 卷材防水层适用于受侵蚀性介质作用，或受振动作用的地下工程需防水的结构。

（2）施工条件

1）卷材防水层应铺设在混凝土结构主体的迎水面上。

2）卷材防水层用于建筑物地下室时，应注意下列要求。

① 施工期间必须采取有效措施，使基坑内地下水位稳定降低在底板垫层以下不少于500mm处，直至施工完毕。

② 卷材防水层应铺在底板垫层上表面，以便形成结构底板、侧墙以至墙体顶端以上外围的外包封闭防水层。

3）铺贴卷材的基层应洁净、平整、坚实、牢固，阴阳角呈圆弧形。

4）卷材防水层严禁在雨天、雪天，以及五级风以上的条件下施工。

5）卷材防水层正常施工温度范围为 5～35℃；冷粘法施工温度不宜低于 5℃；热熔法施工温度不宜低于 -10℃。

6）卷材防水层所用基层处理剂、胶粘剂、密封材料等配套材料，均应与铺贴的卷材材性相容。

7）卷材防水层所用原材料必须有出厂合格证，复验其主要物理性能必须符合规范规定。

8）施工人员必须持有防水专业上岗证书。

2. 设置做法

地下防水工程一般把卷材防水层设置在建筑结构的外侧，称为外防水。与卷材防水层设在结构内侧的内防水相比较，外防水的防水层在迎水面，受压力水的作用紧压在结构上，防水效果良好，而内防水的卷材防水层在背水面，受压力水的作用容易局部脱开。外防水造成渗漏机会比内防水少，因此一般多采用外防水。

外防水有两种设置方法，即外防外贴法和外防内贴法。

（1）外防外贴法 将立面卷材防水层直接铺设在需防水结构的外墙外表面，施工程序如下。

1）浇筑防水结构的底面混凝土垫层。

2）在垫层上砌筑永久性保护墙，墙下铺一层干油毡。墙的高度不小于需防水结构底板厚度再加 100mm。

3）在永久性保护墙上用石灰砂浆接砌临时保护墙，墙高为 300mm。

4）在永久性保护墙上抹 1：3 水泥砂浆找平层，在临时保护墙上抹石灰砂浆找平层，并刷石灰浆。如用模板代替临时性保护墙，应在其上涂刷隔离剂。

5）待找平层基本干燥后，即可根据所选卷材的施工要求进行铺贴。

6）在大面积铺贴卷材之前，应先在转角处粘贴一层卷材附加层，然后进行大面积铺贴，先铺平面、后铺立面。在垫层和永久性保护墙上应将卷材防水层空铺，而在临时保护墙

（或模板）上应将卷材防水层临时贴附，并分层临时固定在其顶端。

7）当不设保护墙时，从底面折向立面的卷材的接槎部位应采取可靠的保护措施。

8）主体结构完成后，铺贴立面卷材时，应先将接槎部位的各层卷材揭开，并将其表面清理干净，如卷材有局部损伤，应及时进行修补。卷材接槎的搭接长度，高聚物改性沥青卷材为 150mm，合成高分子卷材为 100mm。当使用两层卷材时，卷材应错槎接缝，上层卷材应盖过下层卷材。卷材的甩槎、接槎做法如图 9-16、图 9-17 所示。

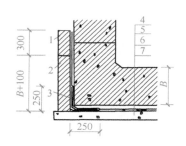

图 9-16　卷材防水层甩槎做法

1—临时保护端　2—永久保护墙　3—卷材加强层

4—细石混凝土保护层　5—卷材防水层

6—水泥砂浆找平层　7—混凝土垫层

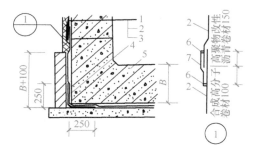

图 9-17　卷材防水层接槎做法

1—结构墙体　2—卷材防水层　3—卷材

保护层　4—卷材加强层　5—结构底板

6—密封材料　7—盖缝条

9）待卷材防水层施工完毕，并经过检查验收合格后，应及时做好卷材防水层的保护结构。保护结构的几种做法如下。

① 砌筑永久保护墙，并每隔 5~6m 及在转角处断开，断开的缝中填以卷材条或沥青麻丝。保护墙与卷材防水层之间的空隙应随砌随以砌筑砂浆填实，保护墙完工后方可回填土。注意在砌保护墙的过程中切勿损坏防水层。

② 趁热撒上干净的热砂或散麻丝，冷却后随即抹一层 10~20mm 的 1:3 水泥砂浆，水泥砂浆经养护达到强度后，即可回填土。

③ 贴塑料板。在卷材防水层外侧直接用氯丁系胶粘剂粘贴固定 5~6mm 厚的聚乙烯泡沫塑料板，完工后即可回填土。

上述做法亦可用聚醋酸乙烯乳液粘贴 40mm 厚的聚苯泡沫塑料板代替。

（2）外防内贴法　浇筑混凝土垫层后，在垫层上将永久保护墙全部砌好，将卷材防水层铺贴在垫层和永久保护墙上（图 9-18），施工程序如下。

1）在已施工好的混凝土垫层上砌筑永久保护墙，保护墙全部砌好后，用 1:3 水泥砂浆在垫层和永久保护墙上抹找平层。保护墙与垫层之间须干铺一层油毡。

2）找平层干燥后即涂刷冷底子油或基层处理剂，干燥后方可铺贴卷材防水层，铺贴时应先铺立面、后铺平面，先铺转角、后铺大面。在全部转角处应铺贴卷材附加层，附加层可为两层同类油毡或一层抗拉强度较高的卷材，并应仔细粘贴紧密。

3）卷材防水层铺完经验收合格后即应做好保护层。立面可抹水泥砂浆、贴塑料板，或用氯丁系胶粘剂粘铺石油沥青纸胎油毡；平面可抹水泥砂浆，或浇筑不小于 50mm 厚的细石混凝土。

4）施工防水结构，将防水层压紧。如为混凝土结构，则永久保护墙可当一侧模板；结构顶板卷材防水层上的细石混凝土保护层厚度不应小于70mm，防水层如为单层卷材，则其与保护层之间应设置隔离层。

5）结构完工后，方可回填土。

3. 特殊部位的防水处理

（1）管道埋设件处防水处理 管道埋设件与卷材防水层连接处做法，如图9-19所示。

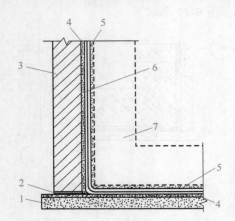
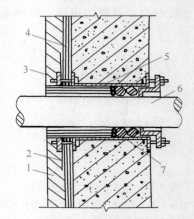

图9-18 外防内贴法

1—混凝土垫层 2—干铺油毡 3—永久性
保护墙 4—找平层 5—保护层 6—卷材
防水层 7—需防水的结构

图9-19 管道埋设件与卷材防水层连接处做法

1—保护墙 2—附加卷材层衬垫 3—夹板
4—卷材防水层 5—套管 6—管道
7—填缝材料

为了避免因结构沉降造成管道变形破坏，应在管道穿过结构处埋设套管，套管上附有法兰盘，套管应于浇筑结构时按设计位置预埋准确。卷材防水层应粘贴在套管的法兰盘上，粘贴宽度至少为100mm，并用夹板将卷材压紧。粘贴前应将法兰盘及夹板上的尘垢和铁锈清除干净，刷上沥青。夹紧卷材的夹板下面，应用软金属片、石棉纸板、防水卷材等。

（2）变形缝防水处理 在变形缝处应增加卷材附加层，附加层可视实际情况采用合成高分子防水卷材、高聚物改性沥青防水卷材等。在结构厚度的中央埋设止水带，止水带的中心圆如图9-20所示。

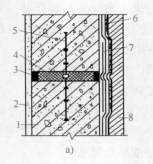
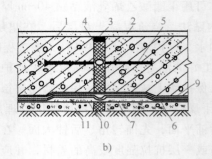

a) b)

图9-20 变形缝处防水做法

a）墙体变形缝 b）底板变形缝

1—需防水结构 2—水泥砂浆面层 3—填缝油膏 4—浸过沥青的木丝板 5—止水带 6—卷材防水层
7—卷材附加层 8—保护墙 9—水泥砂浆保护层 10—水泥砂浆找平层 11—混凝土垫层

同 步 测 试

一、填空题

1. 普通防水混凝土坍落度不宜大于＿＿＿＿＿＿＿；采用预拌混凝土时，入泵坍落度宜控制在＿＿＿＿＿＿＿。

2. 卷材防水层正常施工温度范围为＿＿＿＿＿＿＿℃；冷粘法施工温度不宜低于＿＿＿＿＿＿＿℃；热熔法施工温度不宜低于＿＿＿＿＿＿＿℃。

3. 后浇带应在其两侧混凝土的龄期达到＿＿＿＿＿＿＿后再施工；后浇带应采用＿＿＿＿＿＿＿混凝土；后浇带混凝土养护时间不得少于＿＿＿＿＿＿＿。

4. 在地下防水工程中可使用的防水卷材有＿＿＿＿＿＿＿防水卷材和＿＿＿＿＿＿＿防水卷材两类。

5. 高聚物改性沥青防水卷材的铺贴方法可采用＿＿＿＿＿＿＿、＿＿＿＿＿＿＿和＿＿＿＿＿＿＿。

二、单项选择题

1. 要求设置三道或三道以上防水的屋面防水等级是（　　　　）。

A. Ⅳ 　　　　　　 B. Ⅲ 　　　　　　 C. Ⅱ 　　　　　　 D. Ⅰ

2. 在沥青砂浆找平层中，沥青与砂的重量比为（　　　　）。

A. 1∶5 　　　　　 B. 1∶8 　　　　　 C. 1∶10 　　　　　 D. 1∶2

3. 下列（　　　　）不是高聚物改性沥青卷材的特点。

A. 高温不流淌 　　 B. 低温不脆裂 　　 C. 抗拉强度高 　　 D. 延伸率小

4. 进行屋面涂膜防水胎体增强材料施工时，正确的做法包括（　　　　）。

A. 铺设按由高向低顺序进行 　　　　　 B. 多层胎体增强材料应错缝搭接

C. 上下层胎体相互垂直铺设 　　　　　 D. 同层胎体增强材料的搭接宽度应大于 50mm

5. 受冻融循环作用时，拌制防水混凝土应优先选取（　　　　）。

A. 普通硅酸盐水泥 　　　　　　　　　 B. 矿渣硅酸盐水泥

C. 火山灰质硅酸盐水泥 　　　　　　　 D. 粉煤灰硅酸盐水泥

三、简答题

1. 卷材防水屋面的施工顺序应如何确定？

2. 地下卷材防水的外贴法与内贴法施工的区别与特点？

四、思考题

党的二十大报告提出"我们必须坚定历史自信、文化自信，坚持古为今用、推陈出新。"请结合本单元所学内容，谈谈在建筑防水方面如何做到"古为今用、推陈出新"？

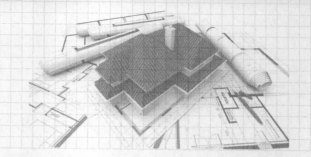

保 温 工 程

【素养提升】

国家游泳中心，别名"水立方""冰立方"，是2008年北京奥运会的标志性建筑物之一，位于北京奥林匹克公园内。"水立方"是当时世界上最大的膜结构工程，建筑外围采用当时世界上性能最先进的环保节能材料——ETFE（乙烯-四氟乙烯）膜制成。"水立方"整体建筑由3000多个气枕组成，气枕大小不一、形状各异，覆盖面积达到10万 m^2。

"水立方"首次采用的ETFE膜材料，让"水立方"的外形看上去就像一个蓝色的水盒子，而墙面看上去像一团无规则的泡泡。这个泡泡所用的材料"ETFE"，就是"乙烯-四氟乙烯"。这种材料由于自身的绝水性，它可以利用自然雨水完成自身清洁，是一种新兴的环保材料。这种材料耐腐蚀性、保温性俱佳，自清洁能力强。犹如一个个"小泡泡"的ETFE膜具有较好的抗压性，由厚度仅如同一张纸薄的ETFE膜构成的气枕，甚至可以承受一辆汽车的重量。气枕根据摆放位置的不同，外层膜上分布着密度不均的镀点，这些镀点能有效地屏蔽直射入馆内的日光，起到遮光、降温的作用。跟玻璃相比，它可以透进更多的阳光和空气，从而让泳池保持恒温，能显著降低耗电量。

近年来，我国绿色建筑实现了跨越式发展，城镇绿色建筑占新建建筑的比重从2012年的2%大幅提升，建筑节能占比65%的节能目标已基本普及，部分省市已经定下了建筑节能75%的目标。随着传统建筑能源供应结构与应用方式发生的革命性转变，建筑领域全行业企业需要共同推动技术创新，引导整个建筑业绿色低碳产业链的转型升级。

建筑业要建立长效绿色发展机制，进一步推进建筑节能、降碳：要重视基础工作，加大基础应用技术、材料技术等的研发投入；要想长期有效地发展绿色建筑业，就要统筹推进新型建造产业供应链的协同发展，培养多方面人才；要加强节能、降碳技术的研发与应用，推动智能建造产品和技术应用，提升工程建造智能化水平；要利用创新技术手段，将地热、太阳能等转换为可以储存利用的能量，使建筑产生的能量超过其自身运行所需要的能量，打造产能建筑。

知识目标：

- 了解常见屋面和墙体保温材料的用法。
- 掌握屋面和墙体保温工程施工工艺流程。
- 掌握屋面和墙体保温工程质量验收标准。

能力目标：

- 能够编写屋面和墙体保温工程施工技术交底。
- 能够组织屋面和墙体保温工程的施工。
- 能够进行保温工程的质量验收。

素养目标：

- 培养学生推进生态优先、节约集约、绿色低碳发展的意识。
- 培养学生推动绿色发展，促进人与自然和谐共生的职业追求。
- 培养学生节能环保的意识。

任务1　聚苯乙烯板外墙外保温施工

10.1.1　施工工艺

1. 概述

外墙保温

聚苯乙烯板（以下简称聚苯板）外墙外保温工程薄抹灰系统采用聚苯板作保温隔热层，用胶粘剂与基层墙体粘贴，辅以锚栓固定。当建筑物高度不超过 20m 时，也可采用单一的粘接固定方式，一般由工程设计部门根据具体情况确定。聚苯板的防护层为嵌埋有耐碱玻璃纤维网格增强的聚合物抗裂砂浆，属薄抹灰面层。防护层厚度，普通型 3~5mm，加强型 5~7mm。饰面为涂料。挤塑聚苯板因其强度高，有利于抵抗各种外力作用，可用于建筑物的首层及二层等易受撞击的位置。

聚苯板薄抹灰外墙外保温墙体的组成：①基层墙体（混凝土墙体或各种砌体）；②粘接层（胶粘剂）；③保温层（聚苯板）；④连接件（锚栓）；⑤薄抹灰增强防护层（专用胶浆并复合耐碱玻纤网格布）；⑥饰面层（涂料或其他饰面材料）。

（1）基层墙体　房屋建筑中起承重或围护作用的外墙体，可以是混凝土及各种砌体墙体。

（2）胶粘剂　专用于把聚苯板粘结在基层墙体上的化工产品，有液体胶粘剂与干粉料两种产品形式。在施工现场按使用说明加入一定比例的水泥或加入一定比例的拌和用水，搅拌均匀即可使用。胶粘剂主要承受以下两种荷载。

1）拉（或受压）荷载。如风荷载作用于墙体表面时，外力垂直于墙体面层。

2）剪切荷载。在垂直荷载（如板自重荷载）作用下，外力平行于胶粘剂面层，粘结面承受压剪或拉剪作用。

（3）聚苯板　由可发性聚苯乙烯珠粒经加热发泡后在模具中加热成型而制得的具有闭孔结构的聚苯乙烯泡沫塑料板材，有阻燃和绝热的作用。聚苯板的表观密度 18~22kg/m³，挤塑聚苯板表观密度为 25~32kg/m³。聚苯板的常用厚度有 30mm、35mm、40mm 等。聚苯板出厂前在自然条件下必须陈化 42d 或在 60℃蒸气中陈化 5d。

（4）锚栓　固定聚苯板于基层墙体上的专用连接件，一般情况下包括塑料钉（或具有防腐性能的金属螺钉）和带圆盘的塑料膨胀套管两部分。有效锚固深度不小于25mm，塑料圆盘直径不小于50mm。

（5）抗裂砂浆　由聚合物乳液和外加剂制成的抗裂剂，与水泥和砂按一定比例制成的能满足一定变形而保持不开裂的砂浆。

（6）复合耐碱玻纤网格布　耐碱网格布在玻璃纤维网格布上，表面涂覆耐碱防水材料，埋入抹面胶浆中，形成薄抹灰增强防护层，提高防护层的机械强度和抗裂性。

（7）抹面胶浆　由水泥基或其他无机胶凝材料、高分子聚合物和填料等材料组成。埋入抹面胶浆中，用以提高防护层的强度和抗裂性。

2. 一般规定

1）外墙外保温墙体的保温、隔热和防潮性能应符合《民用建筑热工设计规范》（GB 50176—2016）、《严寒和寒冷地区居住建筑节能设计标准》（JGJ 26—2018）、《夏热冬冷地区居住建筑节能设计标准》（JGJ 134—2010）和《夏热冬暖地区居住建筑节能设计标准》（JGJ 75—2012）的有关规定。

2）外墙外保温工程应能承受风荷载的作用而不破坏；应能长期承受自重而不产生有害变形；应能适应基层的正常变形而不产生裂缝或空鼓；应能耐受室外气候的长期反复作用而不产生破坏；使用年限不应小于25年。

3）外墙外保温工程在罕遇地震发生时不应从基层上脱落；高层建筑应采取防火构造措施。

4）外墙外保温工程应具有防水渗透性能和防生物侵害性能。

5）涂料必须与薄抹灰外保温系统相容，其性能指标应符合外墙建筑涂料的相关要求。

6）在薄抹灰外墙保温中所有的附件，包括密封膏、密封条、包角条、包边条等应分别符合相应的产品标准的要求。

10.1.2　技术要求

1. 外墙外保温工程设计要点和应考虑的因素

（1）设计依据　《严寒和寒冷地区居住建筑节能设计标准》（JGJ 26—2018）、《民用建筑热工设计规范》（GB 50176—2016）、《夏热冬冷地区居住建筑节能设计标准》（JGJ 134—2010）的有关规定。

（2）热工计算的墙体构造层　从内到外依次为：墙面抹灰→基层墙体→保温隔热层→抗裂砂浆抹面→饰面涂料或面砖。

（3）聚苯板保温厚度的确定

1）应考虑热桥部位及热桥影响，如门窗外侧洞、女儿墙以及封闭阳台、机械固定件、承托件等。

2）在外墙上安装的设备及管道应固定在基层墙上，并应做密封保温和防水设计。

3）水平或倾斜的出挑部位以及延伸地面以下的部位，应做好保温和防水处理。

4）厚抹面层厚度为25~30mm。

2. 聚苯板外墙外保温工程技术要求

1）粘贴聚苯板时，胶粘剂涂在板的背面，一般可采用点框法。涂胶粘剂面积不得小于板的面积的 40%，板的侧边不得涂胶。

2）基层与胶粘剂的拉伸粘结强度不低于 0.3MPa。强度检验，粘结界面脱开面积不应大于 50%。

3）聚苯板的尺寸一般为 1200mm×600mm。建筑高度在 20m 以上时，在受风压作用较大部位应用锚栓固定。必要时应设置抗裂分隔缝。

4）聚苯板应按顺砌方式粘贴，竖缝应逐行错缝。板应粘贴牢固，不得有松动个空鼓现象。洞口四角部位的板应切割成型，不得拼接。

5）墙面连续高或宽超过 23m 时，应设伸缩缝。粘贴聚苯板时，板缝应挤紧挤平，板与板间缝不得大于 2mm（大于时可用板条将缝填塞），板间高差不得大于 1.5mm（大于时应打磨平整）。

3. 聚苯板外墙外保温工程施工

聚苯板的施工程序：材料、工具准备→基层处理→弹线、配粘结胶泥→粘结聚苯板→缝隙处理→聚苯板打磨、找平→装饰件安装→特殊部位处理→抹底胶泥→铺设网布、配抹面胶泥→抹面胶泥→找平修补、配面层涂料→涂面层涂料→竣工验收。

任务 2　胶粉聚苯颗粒外墙外保温施工

10.2.1　施工工艺

1. 名词概念

（1）胶粉颗粒保温浆料外墙外保温系统　采用胶粉聚苯颗粒保温浆料作保温隔热材料，抹在基层墙体表面，保温浆料的防护层为嵌埋有耐碱玻璃纤维网格布增强的聚合物抗裂砂浆，属薄型抹灰面层。

（2）基层墙体　建筑物中起承重或围护作用的外墙。

（3）界面砂浆　由高分子聚合物乳液与助剂配制成的界面剂，与水泥和中砂按一定比例搅拌均匀制成的砂浆。

（4）胶粉聚苯颗粒保温浆料　聚苯颗粒（聚苯颗粒体积比不小于 80%）和胶粉料组成的保温灰浆。

（5）胶粉料　由无机胶凝材料与各种外加剂在工厂采用预混合干拌技术制成的，专门用于配制胶粉聚苯颗粒保温浆料的复合胶凝材料。

（6）聚苯颗粒　由聚苯乙烯泡沫塑料经粉碎、混合而成的，具有一定粒度、级配的，专门用于配制胶粉聚苯颗粒保温浆料的轻骨料。

（7）抗裂柔性耐水腻子　由柔性乳液、助剂和粉料等制成的，具有一定柔韧性和耐水性的腻子。

（8）面砖粘结砂浆　由聚合物乳液和外加剂制得的面砖专用胶液，与普通硅酸盐水泥和中砂按一定比例混合搅拌均匀制成的粘结砂浆。

（9）面砖勾缝料　由多分子材料、水泥、各种填料、助剂等配制而成的陶瓷面砖勾缝料。

（10）柔性底层涂料　由柔性防水乳液，加入多种助剂、填料配制而成的，具有防水和透气效果的封底涂层。

2. 胶粉聚苯颗粒外墙外保温工程特点

1）采用预混合干拌技术，将保温胶凝材料与各种外加剂混合包装，聚苯颗粒按袋分装，到施工现场以袋为单位配合比加水混合搅拌成膏状材料。采用此技术计量容易控制，保证配比准确。

2）采用同种材料冲筋，保证保温层厚度控制准确，保温效果一致。

3）从原材料本身出发，采用高吸水树脂及水溶性高分子外加剂，解决了一次抹灰太薄的问题，保证一次抹灰 4~6cm，粘结力强，不滑坠、干缩小。

4）抗裂防护层增强保温抗裂能力，杜绝质量通病。

3. 一般规定

胶粉聚苯颗粒外墙外保温施工一般规定同聚苯板外墙外保温施工一般要求。

10.2.2 技术要求

1. 胶粉聚苯颗粒保温浆料工程技术要求

1）高层建筑如采用粘贴面砖时，面砖质量小于或等于 $20kg/m^2$，且面积小于或等于 $1000mm^2/$块。

2）涂料饰面层涂抹前，应先在抗裂砂浆抹面层上涂刷高分子乳液弹性底涂层，再刮抗裂性柔性耐水腻子。

3）胶粉聚苯颗粒保温浆料保温层设计厚度不宜超过 100mm。

4）必要时应设置抗裂分隔缝。

5）现场应取样检查胶粉聚苯颗粒保温浆料的干密度，但必须在保温层硬化后和达到设计要求的厚度。

6）现场取样胶粉聚苯颗粒保温浆料干密度不应大于 $250kg/m^3$，并且不应小于 $180kg/m^3$。现场检查保温层厚度应符合设计要求，不得有负偏差。

2. 施工工艺流程

基层墙体处理→涂刷界面剂→吊垂、套方、弹控制线→贴饼、冲筋、做口→抹第一遍聚苯颗粒保温浆料→（24h 后）抹第二遍聚苯颗粒保温浆料→（晾干后）划分格线、开分格槽、粘贴分格条、滴水槽→抹抗裂砂浆→铺压玻纤网格布→抗裂砂浆找平、压光→涂刷防水弹性底漆→刮柔性耐水腻子→验收。

3. 机具准备

强制式砂浆搅拌机、垂直运输设备、外墙施工脚手架、手推车、水桶、抹灰工具及抹灰专用检测工具、经纬仪及放线工具、壁纸刀、辊刷等。

4. 质量保证

（1）保证项目

1）所用材料品种、质量、性能、做法及厚度必须符合设计及节能标准要求，并有检测报告。保温层厚度均匀，不允许有负偏差。

2）各构造抹灰层间以及保温层与墙体间必须粘结牢固，无脱层、空鼓、裂缝，面层无粉、起皮、爆灰等现象。

（2）基本项目

1）表面平整、洁净，接槎平整、无明显抹纹，线角、分割条顺直、清晰。

2）外墙面所有门窗口、孔洞、槽、盒位置和尺寸准确，表面整齐洁净，管道后面抹灰平整无缺陷。

3）分格条（缝）宽度、深度均匀一致，条（缝）平整光滑，棱角整齐，横平竖直，通顺。

4）滴水线（槽）的流水坡度正确，线（槽）顺直。

5. 成品保护、安全施工

1）分格线、滴水槽、门窗框、管道及槽盒上残存砂浆，应及时清理干净。

2）翻拆架子应防止破坏已抹好的墙面、门窗洞口、边、角、垛宜采取保护性措施，其他工种作业时不得污染或损坏墙面，严禁踩踏窗口。

3）各构造层在凝结前应防止水冲、撞击、振动。

4）脚手架搭设需经安全检查验收，方可上架施工。架上不得超重堆放材料，金属挂架每跨最多不得超过两人同时作业。

5）脚手架上施工时，用具、工具、材料应分散摆放稳妥，防止坠落，注意操作安全。

任务 3　钢丝网架板现浇混凝土外墙外保温施工

10.3.1　施工工艺

1. 钢丝网架与现浇混凝土外墙外保温工程的特点

1）单面钢丝网架聚苯板质轻、吸水率小、耐候性能好。

2）单面钢丝网架聚苯板剪裁安装、绑扎、固定等操作简单，不占主导工期。

3）单面钢丝网架聚苯板安装与主体结构施工可先进行，可利用主体结构施工的架子和安全防护设施，有利于安全施工。

4）冬期施工时，单面钢丝网架聚苯板可起保温作用，外围护不须另设保温措施。

5）与后粘聚苯板比较大大减轻劳动强度，做到文明施工，提高工效，而且工人施工的安全性得到了有效保证，与内保温相比，解决了内墙与外墙交接处的冷桥问题，不占用住户的使用面积。

6）聚苯板与混凝土墙体结合良好，方法简单，有较高的安全度，而且提高了混凝土墙体的质量（原因是外侧聚苯板对混凝土起到良好的养护作用）。

2. 施工工艺流程

墙体放线→绑扎外墙钢筋，钢筋隐检→安装钢丝网架聚苯板→验收钢丝网架聚苯板→支外墙模板→验收模板→浇筑墙体混凝土→检验墙及钢丝网架聚苯板→钢丝网架聚苯板板面抹灰。

10.3.2　技术要求

1. 基本构造

钢丝网架板混凝土外墙外保温工程（以下简称有网现浇系统）是以现浇混凝土为基层墙体，采用腹丝穿透性钢丝网架聚苯板做保温隔热材料。聚苯板单面钢丝网架板置于外墙外模板内侧，并以直径 6mm 的锚筋钩紧钢丝网片作为辅助固定措施与钢筋混凝土现浇为一体。聚苯板的抹面层为抗裂砂浆，属厚型抹灰面层。面砖饰面。

2. 技术要求

1）板面斜插腹丝不得超过 200 根/m^2，斜插腹丝应为镀锌腹丝，板两面应预喷刷界面砂浆。加工质量应符合现行行业标准《钢丝网架水泥聚苯乙烯夹芯板》（JC 623—1996）有关规定。

2）聚苯板安装就位后，将直径 6mm 的 L 形锚筋穿透板面与混凝土墙体钢筋绑牢，锚筋穿过聚苯板的部分刷防锈漆两遍，直径 6mm 的 L 形锚筋不少于 4 根/m^2，锚固深度不得小于 100mm。

3）在每层层间应当设水平抗裂分隔缝，聚苯板面的钢丝网片在楼层分层处应断开，不得相连。抹灰时嵌入层间塑料分隔条或泡沫塑料棒，并用建筑密膏嵌缝。垂直抗裂分隔缝宜按墙面面积设置，在板式建筑中不宜大于 30m^2，在塔式建筑中可视具体情况而定，宜留在阴角部位。

4）应采用钢制大模板施工，并应有可靠技术保证措施，保证钢丝网架板和辅助固定件安装位置正确。

5）墙体混凝土应分层浇筑，分层振捣，分层高度应控制在 500mm 以内。严禁混凝土泵正对聚苯板下料，振捣棒更不得接触聚苯板，以免板受损。

6）界面砂浆涂敷应均匀，与钢丝和聚苯板附着强，斜丝脱焊点不超过 3%，并且穿过板的挑头不应小于 30mm。板长 300mm 范围内对接接头不得多于两处，对接处可以用胶粘剂粘牢。

同 步 测 试

一、填空题

1. 外墙外保温系统是由_____、_____与_____构成的非承重保温构造总称。

2. 聚苯板外墙外保温工程薄抹灰系统。是采用聚苯板作温隔热层用胶粘剂与基层墙体粘贴辅以_____固定。

3. 聚苯板的防护层为嵌埋有耐碱玻璃纤维网格布增强的聚合物抗裂砂浆，属薄抹灰面层，防护层厚度普通型_____，加强型_____，饰面为涂料。

4. _____固定聚苯板于基层墙体上的专用连接件。

5. 高层建筑如采用粘贴面砖时，面砖质量≤_____ kg/m^2，且面积≤_____ mm^2/块。

二、单项选择题

1. 锚栓有效锚固深度不小于_____ mm，塑料圆盘直径不小于 50mm。

A. 25　　　　　　 B. 30　　　　　　 C. 35　　　　　　 D. 40

2. 外墙外保温工程使用年限不应小于（　　　）年。

A. 10　　　　　　 B. 15　　　　　　 C. 20　　　　　　 D. 25

3. 胶粉聚苯颗粒保温浆料保温层设计厚度不宜超过（　　　）mm。

A. 100　　　　　 B. 200　　　　　 C. 300　　　　　 D. 400

4. （　　　）在垂直荷载（如板自重荷载）作用下，外力平行于胶粘剂面层，粘结面承受压剪或拉剪作用。

A. 剪切荷载　　　 B. 拉拔荷载　　　 C. 剪压荷载　　　 D. 挤压荷载

5. 聚苯板出厂前在自然条件下必须陈化 42d 或在 60℃蒸气中陈化（　　　）d，才可出厂使用。

A. 3 　　　　　　　B. 5 　　　　　　　C. 7 　　　　　　　D. 10

三、简答题

1. 试述聚苯板薄抹灰外墙外保温墙体的组成。

2. 什么是钢丝网架板混凝土外墙外保温工程？

四、思考题

请结合本单元所学内容，谈谈在建筑领域，你对党的二十大报告中提出的"推进生态优先、节约集约、绿色低碳发展"的理解。

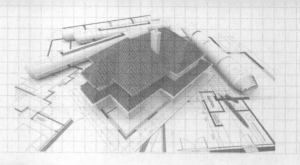

单元11

季节性施工

【素养提升】

沙丘荒漠、酷热干旱，平均气温30℃，最高的时候可达55℃……在中巴经济走廊的瓜达尔地区，仅仅三年多的时间，由中铁北京工程局集团有限公司参建的瓜达尔新国际机场项目通过第三次中期验收。中国无数的建设者用智慧和汗水克服了当地季节性气候的影响，使得瓜达尔新国际机场项目得以顺利进行。该项目是中巴经济走廊框架下的重点项目之一，建成后将和瓜达尔港、东湾快速路等共同组成海陆空现代化立体交通网络，成为惠及当地、连接城市的重要交通基础设施和瓜达尔地区现代化的标志性建筑。

党的二十大报告指出，我国已成为一百四十多个国家和地区的主要贸易伙伴，货物贸易总额居世界第一，吸引外资和对外投资居世界前列，形成更大范围、更宽领域、更深层次对外开放格局。

知识目标：

- 了解冬期、雨期施工的特点、原则、施工要求及施工所需的准备工作等内容。
- 掌握冬期、雨期施工各分项工程的施工方法及适用范围。

能力目标：

- 能结合工程实际，制定季节性施工的技术措施。
- 能编写季节性施工技术交底文件。
- 能够对季节性施工进行质量验收。

素养目标：

- 培养学生继承和发扬艰苦奋斗的光荣传统和优良作风的意识。
- 培养学生自信自强、勇毅前行的奋斗精神。
- 培养学生尊重自然、顺应自然、保护自然的意识。

任务1　冬　期　施　工

根据当地多年气象资料统计，当室外日平均气温连续5d稳定低于5℃即进入冬期施工。由于冬期施工有其特殊性和复杂性，加之我国建设施工队伍技术水平参差不齐，冬期施工成为工程质量问题出现的多发期。因此，为了保证建筑工程冬期、雨期的施工质量，应从本地区气候条件及工程实际情况出发，选择合理的施工方案和方法，制定具体的技术措施，确保冬、雨期施工顺利进行，提高工程质量，降低工程费用。

11.1.1　冬期施工的特点、原则和准备工作

冬期施工所采取的技术措施，是以气温作为依据的。各分项工程冬期施工的起讫日期确定，在有关施工规范中均作了明确的规定。

1. 冬期施工的特点

1）冬期是施工质量事故多发期。冬季长时间的持续低温、负温、强风、降雪和反复冰冻，经常造成建筑施工的质量事故。据资料分析，有 2/3 的工程质量事故发生在冬期，尤其以混凝土工程和地基基础工程居多。

2）冬期施工质量事故发生呈滞后性、隐蔽性。冬期发生事故往往不易察觉，到春天解冻时，一系列问题才暴露出来，为事故的处理带来很大的困难，不仅给工程带来损失，而且影响工程的使用寿命。

3）冬期施工的计划性和准备工作时间性很强。冬期施工时，常由于时间紧促而仓促施工，因而易发生质量事故。

4）冬期施工技术要求高，消耗能源多，导致施工费用增加。

2. 冬期施工的原则

为确保冬期施工的质量，在选择分项工程具体的施工方法和拟定施工措施时，必须遵循下列原则：①确保工程质量；②经济合理，使增加的措施费用最少；③所需的热源及技术措施、材料有可靠的来源，并使消耗的能源最少；④工期能满足规定的要求。

3. 冬期施工的准备工作

1）收集有关气象资料作为选择冬期施工技术措施的依据。

2）根据冬期施工工程量提前准备好施工的设备、机具、材料及劳动防护用品。

3）对进行冬期施工的工程项目，在施工前一定要编制好冬期施工方案，内容包括：①冬期施工生产任务安排及部署，应根据冬期施工项目、部位，明确冬期施工中前期、中期、后期的重点及进度计划安排；②根据冬期施工项目部位列出可考虑的冬期施工方法及执行的国家有关技术标准文件；③热源、设备计划及供应部署；④施工材料（保温材料、外加剂等）计划进场数量及供应部署；⑤劳动力计划；⑥冬期施工人员的技术培训计划；⑦工程质量控制要点；⑧冬期施工安全生产及消防要点。

4）凡进入冬期施工的工程项目，必须会同设计单位复核施工图纸，核对其是否适应冬期施工要求。如有问题应及时提出并修改设计。

5）冬期施工前对配置外加剂的人员、测温保温人员、锅炉工等，应专门组织技术培训，经考试合格后方准上岗。

11.1.2　土方工程冬期施工

在冬期，土由于遭受冻结，变得坚硬，挖掘困难，工效降低，使得土方工程冬期施工费用增高，因此土方工程不宜在冬期施工，应尽量安排在入冬前施工较为合理。如必须在冬期施工，其施工方法应根据该地区气候、土质和冻结情况并结合施工条件进行技术经济比较后

确定。施工前应周密计划，充分准备，做到连续施工。

1. 土的冻结和防冻

当温度低于 0℃ 时，含有水分而冻结的各类土称为冻土。冬季土层冻结的厚度称为冻结深度。土在冻结后，体积比冻前增大的现象称为冻胀。

地基土的保温防冻是在冬季来临时土层未冻结之前，采取一定的措施使基础土层免遭冻结或减少冻结的一种方法。在土方冬期开挖中，土的保温防冻法是最经济的方法之一。常用方法有松土防冻法、覆雪防冻法和保温材料覆盖法等。

（1）松土防冻法　在土壤冻结之前，将预先确定的冬期土方作业地段上的表土翻松耙平，利用松土中充满空气的空隙来降低土壤的导热性，有效防止或减缓了下部土层的冻结。翻松的深度一般在 25～30cm，宽度为预计开挖时冻土深度的两倍加基槽（坑）底宽之和。该法适用于 -10℃ 以上、冻结期短、地下水位较低、地势平坦的地区。

（2）覆雪防冻法　在积雪量大的地方，可以利用雪的覆盖作保温层来防止土的冻结。覆雪防冻的方法可视土方作业的具体特点来定。对于大面积的土方工程可在地面上设篱笆或筑雪堤。对面积较小的地面，特别是拟挖掘的地沟面，在土冻结之前，初次降雪后，即可在地沟面的位置上挖沟，其深度为 30～50cm，宽度为预计开挖时冻土深度的两倍加基槽（坑）底宽之和，随即将雪填满，则可防止未挖掘的土冻结。

（3）保温材料覆盖法　面积较小的基槽（坑）的防冻，可直接用保温材料覆盖。常用的保温材料有炉渣、锯末、膨胀珍珠岩、草袋、树叶等，上面加盖一层塑料布。在已开挖的基槽（坑）中，靠近基槽（坑）壁处覆盖的保温材料需适当加厚，以使土壤不致受冻。对未开挖的基坑，保温材料铺设宽度为预计开挖时冻土深度的两倍加基槽（坑）底宽之和。

2. 冻土的融化

因冻土的融化是依靠外加的热能来完成的，费用较高，所以只在面积不大的工程施工中采用。工程上常采用的方法有烟火烘烤法、循环针法和电热法三种。

（1）烟火烘烤法　适用于面积较小、冻土不深，且燃料便宜的地区。常用的燃料有锯末、刨花、劈柴、植物杆、树枝、稻壳等，也有用工业废料如铝镁石粉、废机油、油渣等作燃料的。一般地区用锯末刨花效果最好，在冻土上铺上杂草、木柴等引火材料，点燃后撒上 25cm 厚锯木，然后上面用铁板覆盖，让它不起火苗地燃烧，其热量经一夜可融化冻土 30cm 左右。如此分段分层施工，直至挖到未冻土为止。此法虽然原始，但因简单方便，适用面颇广。因为冬天风大，易引起火灾，需要专人值班，烘烤时应做到有火就有人，不能离岗，且现场要准备一些砂子或其他灭火物品，以防患于未然。

（2）循环针法　适用于热源充足、工程量较小的土方工程。该法分蒸汽循环针法与热水循环针法两种，其施工方法都是一样的。先在冻土中按预定的位置钻孔，然后把带有喷气孔的钢管插到孔中，热量通过土传导，使冻土逐渐融化。通蒸汽循环的叫蒸汽循环针，通热水循环的叫热水循环针。

冻土孔径应大于喷气管直径 1cm，其间距不宜大于 1m，深度应超过基底 30cm。当喷气管直径为 2.0～2.5cm 时，应在钢管上钻成梅花状喷气孔，下端封死，融化后应及时开挖并防止基底受冻。

（3）电热法　适用于电源充足，工程量又不大的土方工程。此法是以接通闭合电路的材料加热为基础，使冻土层受热逐渐融化。电热法耗电量相当大，成本较高。因此应该结合当地条件，在小量工程、急需工程，或者用此法比其他方法更为合理的时候，才可以使用电热法。

3. 冻土的破碎与挖掘

在没有保温防冻的条件或土已冻结时，比较经济的土方工程施工方法是破碎冻土，然后挖掘。一般有人工开挖、机械开挖和爆破开挖三种。

（1）人工开挖　人工开挖冻土耗费劳动量较大，是一种比较落后的方法，适用于开挖面积较小和场地狭窄，不宜用大型机械开挖的地方。

开挖时一般用大铁锤和铁楔子。为防止"振手"或误伤，铁楔宜用粗钢丝作把手。施工时掌铁楔的人与掌锤的人不能面对面，必须互成90°，同时要注意随时去掉楔头打出的飞刺，以免飞出伤人。

（2）机械开挖

1）当冻土层厚度为0.25m以内时，可用推土机或中等动力的普通挖掘机开挖。当冻土层厚度为0.3m以内时，可用拖拉机牵引的专用松土机破碎冻土层。

2）当冻土层厚度为0.4m以内时，可用大马力的挖掘机（斗容量大于或等于$1m^3$）开挖土体。

3）当冻土层厚度为0.4~1m时，通常用最轻的吊锤打桩机往地里打楔进行破碎，或用最轻的楔形打桩机进行机械破碎。

4）当冻土层厚度为1~1.5m时，可以用重锤冲击破碎冻土。锤可由铸铁制成楔形或球形，重2~3t，也可使用强夯重锤。

最简单的施工方法是用分镐将冻土破碎，然后用人工和机械挖掘运输。

（3）爆破开挖　适用于冻土层较厚，开挖面积较大的土方工程。该法是将炸药放入直立爆破孔或水平爆破孔中进行爆破，冻土破碎后用挖土机挖出，或借爆破的力量向四周崩出，形成需要的沟槽。

冻土爆破必须在专业技术人员指导下进行，严格遵守雷管、炸药的管理规定和爆破操作规程。距爆破点50m以内应无其他建筑物，200m以内应无高压线。当爆破现场附近有居民或精密仪表等设备怕振动时，应提前做好疏散及保护工作。爆破之前应由技术安全措施，经主管部门批准，在现场应设立警告标志、信号、警戒哨和指挥站等防卫危险区的设施。放炮后要经过20min后才可以前往检查。遇有瞎炮，严禁掏挖或在原炮眼内重装炸药，应该在距离原炮眼60cm以外的地方另行打眼放炮。冬期施工严禁使用任何甘油类炸药，因其在低温凝固时稍受振动即会爆炸，十分危险。

4. 冬期土方回填

由于土冻结后即成为坚硬的土块，在回填过程中不易压实，土解冻后就会造成大量的下沉，冻胀土的沉降量更大，为了确保冬期冻土回填的施工质量，每层铺土厚度应比常温施工时减少20%~25%。预留沉陷量应比常温施工时增加。

冬期回填土应尽量选用未受冻的、不冻胀的土进行回填施工。填土前，应清除基础上的冰雪和保温材料。填方边坡表层1m以内，不得用冻土填筑；填方上层应用未冻的、不冻胀的或透水性好的土料填筑。用含有冻土块的土料作回填土时，冻土块粒径不得大于15cm。铺填时，冻土块应均匀分布、逐层压实。

室外的基槽（坑）或管沟可用含有冻土块的土回填，但冻土块体积不得超过填土总体积的15%，而且冻土块的粒径应小于15cm。室内地面垫层下回填土的土方填料中不得含有冻土块。管沟底至管顶0.5m范围内不得用含有冻土块的土回填。回填工作应连续进行，防止基土或已填土层受冻。当采用人工夯实时，每层铺土厚度不得超过20cm，夯实厚度宜为10～15cm。

11.1.3 砌筑工程冬期施工

砌筑工程的冬期施工最突出的一个问题就是砂浆遭受冻结，砂浆遭受冻结后会产生如下现象。

1）砂浆的硬化暂时停止，并且不产生强度，失去了胶结作用。

2）砂浆塑性降低，使水平或垂直灰缝的紧密度减弱。

3）解冻的砂浆，在上层砌体的重压下，可能引起不均匀沉降。

因此，冬期砌筑时主要就是解决砂浆遭受冻结，或者是使砂浆在负温下亦能增长强度的问题。

1. 砌筑工程冬期施工对材料的要求

1）普通砖、空心砖、灰砂砖、混凝土小型空心砌块、加气混凝土砌块和石材在砌筑前，应清除表面污物、冰雪等，遭水浸后冻结的砖或砌块不得使用。

2）砂浆宜优先采用普通硅酸盐水泥拌制；冬期砌筑不得使用无水泥拌制的砂浆。

3）石灰膏、黏土膏或电石膏等宜保温防冻，如遭冻结，应经融化后方可使用。

4）拌制砂浆所用的砂，不得含有直径大于1cm的冻结块和冰块。

5）拌和砂浆时，水的温度不得超过80℃，砂的温度不得超过40℃。当水温超过规定时，应将水、砂先行搅拌，再加水泥，以防出现假凝现象。

6）冬期砌筑砂浆的稠度，宜比常温施工时适当增加，可通过增加石灰膏或黏土膏的方法来解决。

2. 砌筑工程冬期施工的方法

砌筑工程冬期施工的方法有掺盐砂浆法、冻结法和暖棚法等。

（1）掺盐砂浆法 冬期砌筑采用掺盐砂浆法时，可使用氯盐或亚硝酸等盐类拌制砂浆。掺入盐类外加剂拌制的水泥砂浆、水泥混合砂浆等称为掺盐砂浆。采用这种砂浆砌筑的方法称为掺盐砂浆法。氯盐应以氯化钠为主。当气温低于-15℃时，也可与氯化钙复合使用。

1）工艺特点。氯盐砂浆法的具体工艺要求是将砂浆的拌和水加热，砂和石灰膏在搅拌前也保持正温，使砂浆经过搅拌、运输，在砌筑时仍具有5℃以上的正温，并且在拌和水中掺入氯盐，以降低冰点，使砂浆在砌筑后可以在负温条件下不冻结，继续硬化，强度持续增长，因此不必采取防止砌体沉降变形的措施。这种方法施工工艺简单、经济、可靠，是砌体工程冬期施工广泛采用的方法。但由于氯盐对钢材的腐蚀作用，如在砌体中埋设的钢筋及预埋件，应预先做好防腐处理。

2）砂浆中的氯盐掺量。砂浆中氯盐掺量，视气温而定：在-10℃以内时，掺氯化钠为用水量的3%；-15～-11℃时，为5%；-20～-16℃时，为7%,；气温在-15℃以下时，可掺用双盐；在-20～-16℃时，掺氯化钠5%和氯化钙2%。低于-20℃时分别掺7%和3%。如设计无特殊要求，当日最低气温等于或低于-15℃时，砌筑承重砌体的砂浆强度等级应按常温施工时提高一级。砌体的每日砌筑高度不得超过 1.2m。

3）严禁使用掺盐砂浆法的情况。由于掺盐砂浆会使砌体产生析盐、吸湿现象，故氯盐砂浆不得在下列情况下使用：①对装饰工程有特殊要求的建筑物；②处于潮湿环境的建筑物；③配筋、预埋件无可靠的防腐处理措施的砌体；④变电所、发电站等接近高压电线的建筑物；⑤经常处于地下水位变化范围内，而又没有防水措施的砌体。

（2）冻结法

1）工艺特点。冻结法是砂浆中不使用任何防冻外加剂，允许砂浆在铺砌完后就受冻的一种砌筑施工方法。冻结法施工的砌体，允许砂浆冻结，用冻结后产生的冻结强度来保证砌体稳定，融化时砂浆强度为零或接近于零，转入常温后砂浆解冻使水泥继续水化，使砂浆强度再逐渐增长。

2）适用范围。冻结法施工的砂浆经冻结、融化和硬化三个阶段，其强度及粘结力都有不同程度的降低，且砌体在解冻时变形大、稳定性差，故使用范围受到限制。混凝土小型空心砌块砌体、空斗墙、毛石砌体、承受侧压力的砌体，在解冻期间可能受到振动或动力荷载的砌体，在解冻期间不允许发生沉降的结构等，均不得采用冻结法施工。而对有保温、绝缘、装饰等特殊要求的工程，受力配筋砌体，以及不受地震区条件限制的其他工程，均可采用冻结法施工。

3）砌体的解冻。砌体解冻时，由于砂浆的强度接近于零，所以增加了砌体解冻期间的变形和沉降，其下沉量比常温施工增加 10%~20%。解冻期间，由于砂浆遭冻后强度降低，砂浆与砌体之间的粘结力减弱，所以砌体在解冻期间的稳定性较差。用冻结法砌筑的砌体，在开冻前需进行检查，开冻过程中应组织观测，如发现裂缝、不均匀下沉等情况，应分析原因并立即采取加固措施。

为保证砖砌体在解冻期间能够均匀沉降不出现裂缝，应遵守下列要求。

① 应将楼板平台上设计和施工规定以外的荷载全部清零。

② 在解冻期内暂停房屋内部作业，砌体上不得有人员任意走动，附近不得有振动的作业。

③ 在解冻前应在未安装楼板或屋面板的墙体处，较高大的山墙处，跨度较大的梁、悬挑结构部位及独立柱处，安设临时支撑。

④ 在解冻期进行观测时，应特别注意多层房屋下层的柱和窗间墙、梁端支承处、内外墙交接处和过梁模板支承处等地方。此外，还必须观测砌体沉降的大小、方向、均匀性和砌体灰缝内砂浆的硬化情况。观测一般需 15d 左右。

（3）暖棚法　利用简易结构和廉价的保温材料，将需要砌筑的工作面临是封闭起来，使砌体在正温条件下砌筑和养护。采用暖棚法施工，块材在砌筑时的温度不应低于 5℃，距离所砌的结构底面 0.5m 处的棚内温度也不应低于 5℃。

由于搭暖棚需要大量的材料、人工，加温时要消耗能源，所以暖棚法成本高、效率低，一般不宜多用。主要适用于地下室墙、挡土墙、局部性事故修复工程的砌筑工程。

11.1.4　混凝土工程冬期施工

1. 混凝土冬期施工的原理

混凝土所以能凝结、硬化并取得强度，是由于水泥和水进行水化作用的结果。水化作用的速度在一定湿度条件下主要取决于温度，温度越高，强度增长也越快，反之则慢。当温度降至 0℃ 以下时，水化作用基本停止，温度再继续降至 -4~-2℃，混凝土内的水开始结冰，水结冰后体积增大 8%~9%，在混凝土内部产生冰晶应力，使强度很低的水泥石结构内部产生微裂纹，同时减弱了水泥与砂石和钢筋之间的粘结力，从而使混凝土后期强度降低。受冻的混凝土在解冻后，其强度虽然能够继续增长，但已不能再达到原设计的强度等级。

试验证明，混凝土遭受冻结带来的危害，与遭冻的时间早晚、水胶比等有关。遭冻时间越早，水胶比越大，则强度损失越多，反之则损失少。

经过试验得知，混凝土经过预先养护达到一定强度后再遭冻结，其后期抗压强度损失就会减少。一般把遭冻结其后期抗压强度损失在 5% 以内的预养强度值定为混凝土受冻临界强度。同时，通过试验得知，混凝土受冻临界强度与水泥品种、混凝土强度等级有关。对普通硅酸盐水泥和硅酸盐水泥配制的混凝土，受冻临界强度定为设计的混凝土强度标准值的 40%。

混凝土冬期施工除上述早期冻害之外，还需注意拆模不当带来的冻害。混凝土构件拆模后表面急剧降温，由于内外温差较大会产生较大的温度应力，也会使表面产生裂纹，在冬期施工中也应力求避免这种冻害。

当室外日平均气温连续 5d 稳定低于 5℃ 时，就应采取冬期施工的技术措施进行混凝土施工。因为从混凝土强度增长的情况看，新拌混凝土在 5℃ 的环境下养护，其强度增长很慢。而且在日平均气温低于 5℃ 时，一般最低气温已低于 0℃，混凝土已有可能受冻。

2. 混凝土冬期施工原材料选择及要求

（1）水泥　冬期施工的混凝土，为了缩短养护时间，一般应选用硅酸盐水泥或者普通硅酸盐水泥。用蒸汽直接养护混凝土时，应选用矿渣硅酸盐水泥。水泥的强度等级不宜低于 42.5 级，每立方米混凝土中的水泥用量不宜少于 300kg，水胶比不应大于 0.60，并加入早强剂。

（2）骨料　骨料应尽可能在冬期施工前冲洗干净，干燥后储备在地势较高且无积水的场地上，并覆盖防雨雪材料，适当采取保温措施，防止骨料内夹杂有冰渣和雪团。此外，还要求骨料清洁、级配良好、质地坚硬，不应含有易被冻坏的矿物。

（3）外加剂　冬期浇筑的混凝土，宜使用无氯盐类防冻剂，对抗冻性要求高的混凝土，宜使用引气剂或引气减水剂。掺用防冻剂、引气剂或引气减水剂的混凝土，应符合《混凝土外加剂应用技术规范》（GB 50119—2013）的规定。为了防止钢筋锈蚀，在钢筋混凝土中若掺用氯盐类防冻剂，氯盐掺量不得超过水泥重量的 1%（按无水状态计算）。掺氯盐的混凝土必须振捣密实，且不宜采用蒸汽养护。素混凝土中氯盐掺量不得大于水泥重量的 3%。

3. 混凝土原材料加热

冬期拌制混凝土若需要对原材料加热，经热工计算，加热次序应为水、砂和石，水泥不得直接加热。冬期拌制混凝土应优先采用加热水的方法，因为水的热容量大，加热方便，但加热温度不宜超过表 11-1 规定的数值。当水、骨料达到规定温度仍不能满足热工计算要求时，可提高水温到 100℃，但水泥不得与 80℃ 以上的水直接接触。水的常温加热方法有三种：用锅烧水、用蒸汽加热水、用电极加热水。水泥因不得直接加热，可在使用前运入暖棚存放。

表 11-1　拌和水及骨料的最高温度

水泥种类	拌和水/℃	骨料/℃
强度等级小于 42.5 级的普通硅酸盐水泥、矿渣硅酸盐水泥	80	60
强度等级等于及大于 42.5 级的硅酸盐水泥、普通硅酸盐水泥	60	40

冬期施工拌制混凝土的砂、石温度要符合热工计算的要求。可将骨料放在底部加温的铁板上面直接加热，以及通过蒸汽管、电热线加热骨料，但不得用火焰直接加热骨料，并应控制加热温度。加热的方法可因地制宜，但以蒸汽加热法为好，其优点是加热温度均匀，热效率高，缺点是骨料中的含水量增加。

4. 混凝土的搅拌、运输和浇筑

冬期施工中外界气温低，由于空气和容器的热传导，混凝土在搅拌、运输和浇筑工程中应加强保温，防止热量损失过大。

（1）混凝土的搅拌　混凝土不宜露天搅拌，应在搭设的暖棚内进行，应优先采用大容量的搅拌机，以减少混凝土的热量损失。搅拌前，用热水或蒸汽冲洗加热搅拌筒。在搅拌过程中，为使新拌混凝土混合物均匀，水泥水化作用完全、充分，可通过试拌确定搅拌延长时间，一般为常温搅拌时间的 1.25~1.5 倍，并严格控制搅拌用水量。为了避免水泥与过热的拌和水发生假凝现象，材料的投料顺序为先将水和砂石投入拌和，然后再加水泥。混凝土拌合物的温度应控制在 35℃ 以下。

拌制掺用防冻剂的混凝土，当防冻剂为粉剂时，可按要求掺量直接撒在水泥中和水泥同时投入；当防冻剂为液体时，应先配制成规定浓度溶液，然后再根据使用要求，用规定浓度溶液再配制成施工溶液。各溶液应分别置于明显标志的容器内，不得混淆，每班使用的外加剂溶液应一次配成。配制与加入防冻剂，应设专人负责并做好记录，应严格按剂量要求掺入。混凝土拌合物的出机温度不宜低于 10℃。

（2）混凝土的运输　混凝土的运输过程是热损失的关键阶段，应采取必要的措施减少混凝土的热损失，同时应保证混凝土的和易性。常用的措施有减少运输时间和距离，使用大容积的运输工具并采取必要的保温措施等，从保证混凝土入模温度不低于 5℃。

（3）混凝土的浇筑　混凝土在浇筑前，应清除模板和钢筋上的冰雪和污垢，装运拌合物的容器应有保温措施。冬期不得在强冻胀性地基土上浇筑混凝土，在弱冻胀性地基土上浇筑时，基土应进行保温，以免遭冻。制定浇筑方案时，应考虑集中浇筑，避免分散浇筑。浇筑过程中工作面尽量缩小，减小散热面。如采用机械振捣，振捣时间比常温时间有所延长，尽可能提高混凝土的密实度。保温材料随浇随盖，保证有足够的厚度，互相搭接之处应当特别严密，防止出现孔洞或空隙缝，以免空气进入造成质量事故。

采用加热养护时，混凝土养护前的温度不得低于 2℃。当混凝土分层浇筑时，已浇筑层的混凝土在被上一层混凝土覆盖前，其温度不得低于按热工计算的温度，且不得低于 2℃。对加热养护的现浇混凝土结构，混凝土施工缝的位置应设置在温度应力较小处。施工缝处理时，应在施工缝混凝土终凝后立即用 3~5kPa 的气流吹除结合面上的水泥膜、污水和松动石子。继续浇筑时，为使新老混凝土的入模温度相同，保证新浇筑的混凝土与钢筋的可靠粘结。当气温在 -15℃ 以下时，直径大于 25mm 的钢筋与预埋件，可喷热风加热至 5℃，并清除钢筋上的污土和锈渣。

5. 混凝土工程冬期施工方法的选择

混凝土工程冬期施工方法是保证混凝土在硬化过程中防止早期受冻所采取的各种措施。应根据自然气温条件、结构类型、工期要求来确定混凝土工程冬期施工方法。混凝土冬期施工方法主要有两大类，第一类为蓄热法、暖棚法、蒸汽加热法和电热法，这类冬期施工方法，实质是人为地创造一个正温环境，以保证新浇筑的混凝土强度能够正常地不间断地增长，甚至可以加速增长；第二类为冷混凝土法，这类冬期施工方法，实质是在拌制混凝土时，加入适量的外加剂，可以适当降低水的冰点，使混凝土中的水在负温下保持液相，从而保证了水化作用的正常进行，使得混凝土强度得以在负温环境中持续地增长。第二类方法一般不再对混凝土加热。

（1）蓄热法 混凝土浇筑后，利用原材料加热及水泥水化热的热量，通过适当保温延缓混凝土冷却，使混凝土冷却到0℃以前达到预期要求强度的施工方法。蓄热法施工方法简单，费用较低，较易保证质量。当室外最低温度不低于−15℃时，地面以下的工程或结构表面系数（即结构冷却的表面积与结构体积之比）不小于5的地上结构，应优先采用蓄热法养护。

为了确保原材料的加热温度，正确选择保温材料，使混凝土在冷却到0℃以下时，其强度达到或超过受冻临界强度，施工时必须进行热工计算。蓄热法热工计算是按热平衡原理进行，即$1m^3$混凝土从浇筑结束的温度降至0℃时所放出的热量，应等于混凝土拌合物所含热量及水泥的水化热之和。

（2）综合蓄热法 在蓄热法的基础上，掺用早强外加剂，通过适当保温，延缓混凝土冷却速度，使混凝土温度降到0℃或设计规定温度前达到预期要求强度的施工方法。当采用蓄热法不能满足要求时，可选用综合蓄热法。

综合蓄热法施工中的外加剂应选用具有减水、引气作用的早强剂或早强型复合防冻剂。混凝土浇筑后，裸露混凝土表面应采用塑料布等防水材料覆盖并进行保温，边、棱角部位的保温厚度应增大到面部厚度的2~3倍。混凝土在养护期间应防风、防失水。采用组合钢模板时，宜采用整装整拆方案。当混凝土强度达到1MPa后，可使侧模板轻轻脱离混凝土后，再合上继续养护到拆模。

（3）冷混凝土法 在混凝土中加入适量的抗冻剂、早强剂、减水剂及加气剂，使混凝土在负温下能继续水化，增长强度。冷混凝土法使混凝土冬期施工工艺简化，节约能源，降低冬期施工费用，是冬期施工有发展前途的施工方法。

1）掺氯盐类混凝土。用氯盐（氯化钠、氯化钾）溶液配制的混凝土，具有加速混凝土凝结硬化、提高早期强度、增加混凝土抗冻能力的性能，有利于在负温下硬化。但氯盐对钢筋有锈蚀作用，为了确保钢筋混凝土结构中钢筋不会产生由氯盐引起的锈蚀，一般钢筋混凝土中掺量按无水状态计算不得超过水泥用量的1%；无筋混凝土中，采用热材料拌制的混凝土，氯盐掺量不得大于水泥重量的3%；采用冷材料拌制时，氯盐掺量不得大于拌和水重量的15%。掺用氯盐的混凝土必须振捣密实，且不宜采用蒸汽养护。在下列工作环境中的钢筋混凝土结构中不得掺用氯盐。

① 在高湿度空气环境中使用的结构，如排出大量蒸汽的车间、澡堂、洗衣房和经常处于空气相对湿度大于80%的房间以及有顶盖的钢筋混凝土蓄水池。

② 处于水位升降部位的结构、露天结构或经常受水淋的结构。

③ 直接靠近高压（发电站、变电所）结构。

④ 有镀锌钢材或铝铁相接触部位的结构，以及有外露钢筋、预埋件但无防护措施的结构。

⑤ 与含有酸、碱和硫酸盐等侵蚀性介质相接触的结构。

⑥ 使用过程中经常处于环境温度为60℃以上的结构。

⑦ 使用冷拉钢筋或冷拔低碳钢丝的结构。

⑧ 薄壁结构，中级或重级工作制吊车梁、屋架、落锤及锻锤基础等结构。

⑨ 电解车间和直接靠近直流电源的结构。

⑩ 预应力混凝土结构。

为避免或减轻氯盐对钢筋的锈蚀，在掺氯盐的同时应掺入阻锈剂，目前常用的阻锈剂为亚硝酸钠。

2）负温混凝土。负温混凝土是将拌和水预先加热，必要时砂子也加热，使经过搅拌后出料时具有一定零上温度的混凝土。负温混凝土在拌合物中加入防冻剂，混凝土浇筑后不再加热，仅做保护性覆盖防止风雪侵袭。混凝土终凝前，其本身温度也降至0℃，迅速与环境气温相平衡，混凝土就在负温中硬化。

目前工程施工中常用的外加剂有早强剂、防冻剂、减水剂、引气剂和阻锈剂五种。

① 早强剂。是指能加速水泥硬化速度，提高混凝土早期强度，并对后期强度无显著影响的外加剂。早强剂以无机盐类为主，如氯盐（氯化钙、氯化钠）、硫酸盐（硫酸钙、硫酸钠、硫酸钾）、碳酸盐（碳酸钾）、硅酸盐等，其中氯盐使用历史悠久。有机类早强剂有三乙醇胺、甲醇、乙醇、尿素、乙酸钠等。

② 防冻剂。其作用是降低混凝土液相的冰点，使混凝土早期不受冻，并使水泥的水化能继续进行。常用的防冻剂有氯化钠、亚硝酸钠、乙酸钠等。

③ 减水剂。混凝土中掺入减水剂，在混凝土和易性不变的情况下，可大量减少施工用水，从而使混凝土孔隙中的游离水减少，混凝土冻结时承受的破坏力也明显减少。同时由于施工用水的减少，可提高混凝土中防冻剂和早强剂的溶液浓度，从而提高混凝土的抗冻能力。常用的减水剂有木质素磺酸盐类、多环芳香族磺酸盐类。

④ 引气剂。指在混凝土中，经搅拌能引入大量分布均匀的微小气泡的外加剂。当混凝土具有一定强度后受冻时，孔隙中部分水被冻胀压力压入气泡中，缓解了混凝土受冻时的体积膨胀，故可防止冻害。常用的引气剂有松香树脂类。

⑤ 阻锈剂。可以减缓或阻止混凝土中钢筋及金属预埋件锈蚀作用的外加剂。常用的有亚硝酸钠、亚硝酸钙、铬酸钾等。亚硝酸钠与氯盐同时使用，阻锈效果更佳。

6. 混凝土加热养护方法

若在一定龄期内采用蓄热法达不到要求时，可采用蒸汽加热养护法、电热法、暖棚法、远红外加热法等人工加热养护方法，为混凝土硬化创造条件。人工加热需要设备且费用也较高，而采用人工加热与保温蓄热或掺外加剂结合能获得较好效果。

（1）蒸汽加热养护法　混凝土工程的蒸汽加热分为湿热养护和干热养护两类。湿热养护是让蒸汽与混凝土直接接触，利用蒸汽的湿热作用来养护混凝土。而干热养护则是将蒸汽作为热载体，通过某种形式的散热器，将热量传导给混凝土使混凝土升温。前者有蒸汽室养护法、蒸汽套法以及内部通汽法，后者有毛管法和热模法。

蒸汽养护法的主要优点是：蒸汽含热量高，湿度大，成本较低。缺点是：温度、湿度难以保持均匀稳定，热能利用率低，现场管道多，容易发生冷凝和冰冻。

1）蒸汽室养护法（棚罩法）。在结构物的周围制作能拆卸的蒸汽室，通入蒸汽以加热混凝土。如在地槽上部盖简单的盖子或在预制构件周围用保温材料（木材、砖、篷布等）做成密闭的蒸汽室，通蒸汽加热，并在室内应设置排除冷凝水的沟槽，在室外沿蒸汽室四周用锯末或泥土将缝隙封闭严密，以减少热损失。此法适用于加热地槽中的混凝土结构及地面上的小型预制构件。

2）蒸汽套法。在结构物与模板外面用一层紧密不透气的木板或其他围护材料做成蒸汽套，中间留出约15cm的孔隙，通入蒸汽来加热混凝土。此法适用于现浇柱、梁及肋形楼板等整体结构的加热。

3）内部通汽法。在混凝土结构内部预埋钢管或橡皮管（内部充水使其鼓胀），然后在一端孔内插入短管，徐徐通入蒸汽加热混凝土。当混凝土达到要求强度后，排除冷凝水，随即用砂浆灌入孔内将通汽孔封闭。预埋管子的管径为13~15mm，待混凝土浇筑后抽出。此法适用于梁柱、桁架等结构构件。

4）毛管法。在模板内侧做出沟槽，间距为20~25cm，在沟槽上盖以0.5~2.0mm厚的铁皮，使之成为通蒸汽的毛管，通入蒸汽进行加热。此法适用于以木模板浇筑的结构，对于柱、墙等垂直构件加热效果好，对于平放的构件加热不易均匀。

5）热模法。采用特制的空腔式模板或排管式模板作为散热器，蒸汽通过钢模内的空腔或焊于钢模上的排管，向混凝土进行间接加热。

（2）电热法　利用电能作为热源来加热养护混凝土的方法。此法设备简单、操作方便、热损失少，能适应各种施工条件。但耗电量较大，目前多用于局部混凝土养护。

（3）暖棚法　在被养护构件或建筑的四周搭设暖棚，或在室内用草帘、草垫等将门窗堵严，采用棚（室）内生火炉，设热风机加热，安装蒸汽排管通蒸汽或热水等热源进行采暖，使混凝土在正温环境下养护至临界强度或预定设计强度。此法的优点是：施工操作与常温无异，劳动条件较好，工作效率较高，同时混凝土质量有可靠保证，不易发生冻害。缺点是：暖棚搭设需大量材料和人工，供热需大量能源，费用较高，由于棚内温度较低（通常不超过10℃），所以混凝土强度增长较慢。

暖棚法适用于严寒天气施工的地下室、人防工程或建筑面积不大而混凝土工程又很集中的工程。用暖棚法养护混凝土时，要求暖棚内的温度不得低于5℃，并应保持混凝土表面湿润。当日平均气温低于-10℃时，不宜用暖棚法。

（4）远红外加热法　利用远红外辐射器向新浇筑的混凝土辐射远红外线，使混凝土温度升高，从而获得早期强度。由于混凝土直接吸收射线产生热能，因此其热量损失要比其他养护方法小得多。产生红外线的能源有电源、天然气、煤气和蒸汽等。远红外加热适用于薄壁钢筋混凝土结构、装配式钢筋混凝土结构的接头混凝土，固定预埋件的混凝土和施工缝处继续浇筑的混凝土等。一般辐射器距混凝土表面应大于30cm，混凝土表面温度宜控制在70~90℃。为防止水分蒸发，混凝土表面宜用塑料薄膜覆盖。

11.1.5　屋面工程冬期施工

柔性卷材屋面不宜在低于0℃的情况下施工。冬期施工时，可利用日照采暖使基层达到正温后进行卷材铺贴。卷材铺贴前，应先将卷材放在 15℃ 以上的室内预热 8h，并在铺贴前将卷材表面的滑石粉清扫干净，按施工进度的要求，分批送到屋面使用。

铺设前，应检查基层的强度、含水率及平整度。基层含水率应不超过 15%，以防止基层含水率过大，转入常温后水分蒸发引起油毡鼓泡。

扫清基层上的霜雪、冰层、垃圾，然后涂刷冷底子油一道。铺贴卷材时，应做到随涂胶粘剂随铺贴和压实卷材，以免沥青胶冷却粘接不好，产生孔隙气泡等。沥青胶厚度宜控制在 1~2mm，最大不应超过 2mm。

11.1.6　装饰工程冬期施工

装饰工程应尽量在冬期施工前完成，或推迟到初春解冻后进行。必须在冬期施工的工程，应按冬期施工的有关规定组织施工。

1. 一般抹灰冬期施工

凡昼夜平均气温低于 5℃ 和最低气温低于 -3℃ 时，抹灰工程应按冬期施工的要求进行。一般抹灰冬期常用施工方法有热作法和冷作法两种。

（1）热作法施工　利用房屋的永久热源或临时热源来提高和保持操作环境的温度，人为创造一个正温环境，使抹灰砂浆硬化和固结。热作法一般用于室内抹灰，常用的热源有火炉、蒸汽、远红外辐射器等。

室内抹灰应在屋面已做好的情况下进行。抹灰前应将门、窗封闭，脚手眼堵好，对抹灰砌体提前进行加热，使墙面温度保持在 5℃ 以上，以便湿润墙面不致结冰，使砂浆与墙面粘结牢固。冻结砌体应提前进行人工解冻，待解冻下沉完毕，砌体强度达设计强度的 20% 后，方可抹灰。抹灰砂浆应在正温的室内或暖棚内制作，用热水搅拌，抹灰时砂浆的上墙温度不低于 10℃。抹灰结束后，至少 7d 内保持 5℃ 的室温进行养护。在此期间，应随时检查抹灰层的湿度，当干燥过快时，应洒水湿润，以防产生裂纹，影响与基层的粘结，防止脱落。

（2）冷作法施工　冷作法施工是低温条件下在砂浆中掺入一定量的防冻剂（氯化钠、氯化钙、亚硝酸钠等），在不采取采暖保温措施的情况下进行抹灰作业。冷作法适用于房屋装饰要求不高、小面积的外饰面工程。

冷作法抹灰前应对抹灰墙面进行清扫，墙面应保持干净，不得有浮土和冰霜，表面不洒水湿润。抗冻剂宜优先选用单掺氯化钠的方法，其次可用同时掺氯化钠和氯化钙的复盐方法，或掺亚硝酸钠。

防冻剂应由专人配制和使用，配制时可先配制 20% 浓度的标准溶液，然后根据气温再配制成使用溶液。掺氯盐的抹灰严禁用于高压电源的部位。作涂料墙面的抹灰砂浆中，不得掺入氯盐防冻剂。氯盐砂浆应在正温下拌制使用，拌制时，先将水泥和砂干拌均匀，然后加入氯盐水溶液拌和。水泥可用硅酸盐水泥或矿渣硅酸盐水泥，严禁使用高铝水泥。砂浆应随拌随用，不允许停放。当气温低于 -25℃ 时，不得用冷作法进行抹灰施工。

2. 装饰抹灰

装饰抹灰冬期施工除按一般抹灰施工要求外，可另加水泥重量 20% 的 801 胶水。要注意搅拌砂浆时，应先加一种材料搅拌均匀后再加另一种材料，避免直接混搅。釉面砖及外墙面砖施工时宜在 2% 盐水中浸泡 2h，晾干后方可使用。

3. 其他装饰工程冬期施工

如冬期进行油漆、刷浆、裱糊、饰面工程，应采用热作法施工。应尽量利用永久性的采暖设施。室内温度应在5℃以上，并保持均衡，不得突然变化，否则不能保证工程质量。

冬期气温低，油漆会发黏不易涂刷，涂刷后漆膜不易干燥。为了便于施工，可在油漆中加一定量的催干剂，保证在24h内干燥。室外刷浆应保持施工均衡，粉浆类料宜采用热水配制，随用随配，料浆使用温度宜保持15℃左右。裱糊工程施工时，混凝土或抹灰基层含水率不应大于8%。施工当中室内温度高于20℃，且相对湿度大于80%时，应开窗换气，防止壁纸皱折起泡。玻璃工程冬期施工时，应将玻璃、镶嵌用合成橡胶等材料运到有采暖设备的室内，操作地点环境温度不应低于5℃。外墙铝合金、塑料框、大扇玻璃不宜在冬期安装。

室内外装饰工程的施工环境温度、除满足上述要求外，对新材料应按所用材料的产品说明要求的温度进行施工。

任务2　雨　期　施　工

一般中等规模以上的工程项目均不可避免地要经历雨期，故在进入现场平整场地时就应做好基本防止山洪、雨水浸入场区的措施。在单体工程施工中尚须采取具体措施。

11.2.1　雨期施工的特点、原则和准备工作

雨期施工以防雨、防台风、防汛为对象，做好各项准备工作。

1. 雨期施工的特点

1）雨期施工的作业具有突然性。由于暴雨、山洪等恶劣气象往往不期而至，这就需要雨期施工的准备和防范措施及早进行。

2）雨期施工带有突击性。因为雨水对建筑结构和地基基础的冲刷或浸泡具有严重的破坏性，必须迅速及时地防护，才能避免给工程造成损失。

3）雨期往往持续时间很长，阻碍了工程（主要包括土方工程、屋面工程等）顺利进行，拖延工期。因此应事先有充分估计并做好合理安排。

2. 雨期施工的原则

1）编制施工组织计划时，要根据雨期施工的特点，将不宜在雨期施工的分项工程提前或推后安排。对必须在雨期施工的工程应制定有效的措施，进行突击施工。

2）合理进行施工安排，做到晴天抓紧室外工作，雨天安排室内工作，尽量缩短雨天室外作业时间和工作面。

3）密切注意气象预报，做好抗台防汛等准备工作，必要时应及时做好加固工作。

4）做好建筑材料防雨防潮工作。

3. 雨期施工的准备工作

1）现场排水。施工现场的道路、设施必须做到排水畅通，尽量做到雨停水干。要防止地面水流入地下室、基础、地沟内。要做好对危石的处理，防止滑坡和塌方。

2）应做好原材料、成品及半成品的防雨工作。水泥使用应遵循先到先用的原则，避免久存受潮而影响水泥的性能。木门窗等易受潮变形的半成品应在室内堆放，其他材料也应注意防雨及材料堆放场地四周排水。

3）在雨期前应做好施工现场房屋、设备的排水防雨措施。

4）备足排水用的水泵及有关器材，准备适量的塑料布、油毡等防雨材料。

11.2.2　各分部分项工程雨期施工措施

1. 土方和基础工程雨期施工

大量的土方开挖和回填工程应在雨期来临前完成。如无法避开雨期的土方工程，应采取以下措施。

1）土方开挖阶段，应逐段逐片的分期完成，开挖场地应设一定的排水坡度，场地内不能积水。

2）边坡处理必要时可适当放缓边坡坡度或设置支撑。施工时要加强对边坡和支撑的检查。对可能被雨水冲塌的边坡，可在边坡上挂钢丝网片，外喷 50mm 厚的细石混凝土。

3）填方工程施工，取土、运土、铺填、压实等各道工序应连续进行，雨前应及时压完已填土层，将表面压光做成一定的排水坡度。

4）对处于地下的水池或地下室工程，要防止水对建筑的浮力大于建筑物自身时造成地下室或水池上浮。基础施工完毕，应抓紧基坑四周的回填工作。当遇上大雨，水泵不能及时有效地降低积水高度时，应迅速将积水灌回箱形基础之内，以增加基础的抗浮能力。

2. 砌体工程雨期施工

1）砌块在雨期必须集中堆放，不宜浇水。砌墙时要求干湿砖块合理搭配。砖湿度较大时不可上墙。砌筑高度不宜超过 1.2m。

2）雨期遇大雨必须停工。大雨过后受雨水冲刷的新砌墙体应翻砌最上面的两层砌块。

3）稳定性较差的窗间墙、独立砖柱，应加设临时支撑或及时浇筑圈梁，以增加墙体稳定性。

4）砌体施工时，内外墙要尽量同时砌筑，并注意转角及丁字墙间的搭接。遇台风时，应在与风向相反的方向加临时支撑，以保持墙体的稳定。

5）雨后继续施工，须复核已完工砌体的垂直度和标高。

3. 混凝土工程雨期施工

1）模板隔离层在涂刷前要及时掌握天气预报，以防隔离层被雨水冲掉。

2）遇到大雨应停止浇筑混凝土，已浇部位应加以覆盖。浇筑混凝土时应根据结构情况和可能，多考虑几道施工缝的留设位置。

3）雨期施工时，应加强对混凝土粗细骨料含水量的测定，及时调整混凝土的施工配合比。

4）大面积的混凝土浇筑前，要了解 2~3d 的天气预报，尽量避开大雨。混凝土浇筑现场要预备大量防雨材料，以备浇筑时突然遇雨进行覆盖。

5）模板支撑下部回填土要夯实，并加好垫板，雨后及时检查有无下沉。

4. 吊装工程雨期施工

1）构件堆放地点要平整坚实，周围要做好排水工作，严禁构件堆放区积水、浸泡，防止泥土粘到预埋件上。

2）塔式起重机路基，必须高出自然地面 15cm，严禁雨水浸泡路基。

3）雨后吊装时，要先做试吊，将构件吊至 1m 左右，往返上下数次稳定后再进行吊装工作。

5. 屋面工程雨期施工

1）卷材层面应尽量在雨季前施工，并同时安装屋面的落水管。

2）雨天严禁进行油毡屋面施工，油毡、保温材料不准淋雨。

3）雨天屋面工程宜采用湿铺法施工工艺。湿铺法就是在潮湿基层上铺贴卷材，先喷刷1~2道冷底子油。喷刷工作宜在水泥砂浆凝结初期进行操作，以防基层浸水。如基层浸水，应在基层表面干燥后方可铺贴油毡。如基层潮湿且干燥有困难时，可采用排汽屋面。

6. 抹灰工程雨期施工

1）雨天不准进行室外抹灰，至少应预计 1~2d 的天气变化情况。对已经施工的墙面，应注意防止雨水污染。

2）室内抹灰尽量在做完屋面后进行，至少做完屋面找平层，并铺一层油毡。

11.2.3 防雷设施

雨期施工时，为了防止雷击造成事故，在施工现场高出建筑物的塔式起重机、人货电梯、钢脚手架等必须安装防雷装置。施工现场的防雷装置一般由避雷针、接地线和接地体三部分组成。

1）避雷针装在高出建筑物的塔式起重机、人货电梯、钢脚手架的最高端上。

2）接地线可用截面积不小于 $16mm^2$ 的铝导线，或用截面积不小于 $12mm^2$ 的铜导线，也可用直径不小于 8mm 的圆钢。

3）接地体有棒形和带形两种。棒形接地体一般采用长度为 1.5m、壁厚不小于 2.5mm 的钢管或 5mm×50mm 的角钢。带形接地体可采用截面积不小于 $50mm^2$，长度不小于 3m 的扁钢，平卧于地下 500mm 处。

防雷装置避雷针、接地线和接地体必须焊接，焊接的长度应为圆钢直径的 6 倍或扁钢厚度的 2 倍以上，电阻不宜超过 4Ω。

同 步 测 试

一、填空题

1. 土防冻的常用方法有_____、_____、_____等。

2. 冻土的破碎方法主要有_____、_____和_____。

3. 砌体工程的冬期施工方法有_____、_____和_____。

4. 砌筑工程雨期施工时砌筑高度不宜超过_____。

5. 冻结法施工的砂浆要经过_____、_____和_____三个阶段。

二、单项选择题

1. 当预计连续（   ）内平均气温稳定低于 5℃时，砌筑工程必须采取冬期施工的技术措施。

A. 3d   B. 5d   C. 8d   D. 10d

2. 当日（   ）降到 5℃或 5℃以下时，混凝土工程必须采用冬期施工技术措施。

A. 平均气温   B. 最高气温   C. 最低气温   D. 午时气温

3. 冬期施工中配制混凝土用的水泥宜优先采用（　　）的硅酸盐水泥。

A. 活性低、水化热量大　　　　　　　　B. 活性高、水化热量小

C. 活性低、水化热量小　　　　　　　　D. 活性高、水化热量大

4. 水泥不应与（　　）以上的水直接接触，避免水泥假凝。

A. 40℃　　　　　　B. 60℃　　　　　　C. 70℃　　　　　　D. 80℃

5. 冬期施工混凝土的搅拌、运输和浇筑时间比常温规定时间（　　）。

A. 缩短 50%　　　　B. 延长 50%　　　　C. 缩短 70%　　　　D. 延长 70%

三、简答题

1. 简述雨期施工的特点。

2. 混凝土工程冬期养护方法有几类？常用的有哪几种方法？

四、思考题

请结合本单元所学内容，谈谈你对党的二十大报告中提出的"万物并育而不相害，道并行而不相悖"这句话的理解和认识。

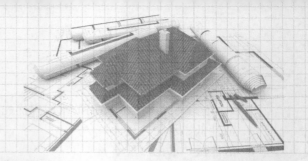

单元12

楼地面工程

任务1　底层地面施工

12.1.1　底层地面构成与作用

　　建筑地面工程主要由基层和面层两大基本构造层组成。当基层和面层两大基本构造层之间还不能满足使用和构造上的要求时，必须根据结构的使用要求增设相应的结合层、找平层、填充层、隔离层等附加构造层（图12-1）。

1. 基层

　　底层地面的基层是地基土层，是承受由整个地面传来的荷载的地基结构层。

2. 面层

　　面层是直接承受各种物理和化学作用的建

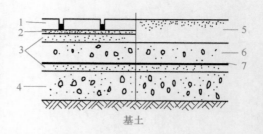

图 12-1　底层地面构成

1—块料面层　2—结合层　3—找平层

4—垫层　5—整体面层　6—填充层　7—隔离层

筑地面的表层。

3. 附加构造层

（1）垫层　承受并传递地面荷载于基土上的构造层，分为刚性和柔性两类垫层。底层地面的垫层常用水泥混凝土或配筋混凝土构成弹性地基上的刚性板体，也有采用碎石、灰土、混凝土等直接在素土夯实地基（基土层）上铺设而成的构造层。

（2）找平层　在垫层或填充层（轻质或松散材料）上起整平、找坡或加强作用的构造层。

（3）隔离层　防止建筑地面面层上各种液体（主要指水、油、非腐蚀性和腐蚀性液体等）侵蚀作用以及防止地下水和潮气渗透地面而增设的构造层。仅防止地下潮气透过地面时，可作为防潮层。

（4）填充层　当面层、垫层和基层（或结构层）尚不能满足使用要求，或因构造上需要，而增设的构造层。主要在建筑地面上起隔声、保温、找坡或敷设管线等作用的构造层。

（5）结合层　面层与下一层相连接的中间层，有时也作为面层的弹性基层。当整体面层和板块面层铺设在垫层、找平层上时，用胶凝材料予以连接牢固，以保证建筑地面工程的整体质量，防止由于面层起壳、空鼓等施工质量问题造成的缺陷。

12.1.2　底层地面施工

1. 基层施工

（1）材料要求

1）施工用土必须为实验取样的原状土，如碎石类土、砂土或黏性土中的老黏土和一般黏性土等。土层、土质必须相同，并严格按照实验结果控制含水量。

2）若采用级配砂石回填，应按照级配要求和实验结果进行级配，严格控制级配比例。

3）基土严禁用淤泥、腐殖土、冻土、耕植土、膨胀土和含有有机物质大于8%的土。

4）施工时，对于淤泥、淤泥质土和杂填土、冲填土以及其他高压缩性土层均属软弱地基，应按设计要求对其进行利用与处理，根据不同情况可采取换土、机械夯实或加固等措施。认真做好基土层处理工作，以保证地面工程的质量。

彩色水磨石　楼梯石材　室内石材地面

（2）施工要点

1）填土前应将基底地坪上的杂物、浮土清理干净。

2）检验土的质量，有无杂质，粒径是否符合要求，土的含水量是否在控制的范围内。如土的含水量过高，可采用翻松、晾晒或均匀掺干土等措施；如过低，可采用预先洒水湿润等措施，并相应增加压实遍数或使用大功能压实机械进行压实。

3）回填土应分层铺设。每层铺土厚度应根据土质、密实度要求和机具性能，通过压实实验确定。

4）施工时应采用机械或人工方法进行夯（压）实。压实系数应符合设计要求，设计无要求时，应符合规范要求，并应经现场试验确定回填土每层的夯压遍数。作业时，应严格按照实验所确定的参数进行。每层夯实土验收之后回填上层土。

5）深浅两基坑相连或遇高低不平处，应先填夯低处，直至相同标高时，再与浅基土一起填夯。如必须分段填夯时，交接处应填成阶梯形。

6）室内地坪填土和房心回填土时，对与沿墙边和柱基础的连接部位，应分层重叠夯填密实，必要时采取与墙、柱连接处设置隔离缝的构造措施。填土时与墙、柱分开，防止该部位夯填不实而出现下沉现象，造成地面空鼓或开裂，或与沿墙、柱处脱开，影响使用。

7）回填管沟时，为防止管道中心线位移或损坏管道，应用人工先在管子两侧填土夯实，并应由管道两侧同时进行，直至管顶 0.5m 以上时，在不损坏管道的情况下，方可采用蛙式打夯机夯实。在抹带接口处、防腐绝缘层或电缆周围，应回填细粒料。

8）填土全部完成后，应进行表面拉线找平。凡超过标准高程的地方，及时依线铲平；凡低于标准高程的地方，应补土夯实。

2. 垫层施工

（1）灰土垫层

1）材料要求。

① 灰土垫层应采用熟化石灰与黏土（或粉质黏土、粉土）的拌和料铺设，其厚度不应小于 100mm。

② 施工用土料必须为实验取样的原状土；地表面耕植土不宜采用；土层、土质必须相同；土料中不得含有有机杂物；使用前应先过筛，其粒径不大于 15mm；并严格按照实验结果控制含水量。

③ 熟化石灰应采用块灰或磨细生石灰粉；使用前应充分熟化过筛，不得含有粒径大于 5mm 的生石灰块；亦可采用粉煤灰代替。

2）施工要点。

① 填土前应将基底地坪上的杂物、浮土清理干净，不得有积水等。

② 检验土的质量，有无杂质，粒径是否符合要求，土的含水量是否在控制的范围内；检验石灰的质量，确保粒径和熟化程度符合要求。

③ 灰土拌和。灰土的配合比应用体积比，应按照实验确定的参数或设计要求控制配合比，设计无要求时，一般为 2∶8 或 3∶7。拌和时必须均匀一致，至少翻拌两次。拌和好的灰土颜色应一致。

④ 灰土施工时应依据实验结果严格控制含水量。如土料水分过大或过干，应提前采取晾晒或洒水等措施。

⑤ 回填土应分层摊铺。每层铺土厚度应根据土质、密实度要求和机具性能，通过压实实验确定。

⑥ 回填土每层的夯压遍数，根据压实实验确定。作业时，应严格按照实验所确定的参数进行。

⑦ 灰土分段施工时，不得在墙角、窗间墙等处接槎。施工间歇后继续铺设前，接缝处应清扫干净，并须湿润后方可铺摊灰土拌和料。接槎处的灰土应重叠夯实，上下两层接槎的距离不得小于 500mm。

⑧ 夯实后的灰土表面，洒水湿润养护后，经适当晾干，方可进行下道工序的施工。

⑨ 填土全部完成后，应进行表面拉线找平。凡超过标准高程的地方，及时依线铲平；凡低于标准高程的地方，应补土夯实。

（2）砂垫层和砂石垫层

1）材料要求。

① 宜采用质地坚硬的中砂、粗砂、砾砂、碎（卵）石，也可采用砂与碎（卵）石、石屑或其他工业废料按设计要求的比例拌制。

② 级配砂石材料中不得含有草根、垃圾等有机杂物，含泥量不应超过 5%。石子最大粒径不得大于垫层厚度的 2/3。

③ 在缺少中砂、粗砂的地区，可以用细砂代替，但宜同时掺入一定数量的碎石或卵石，其掺量应符合设计要求。

2）施工要点。

① 填土前应将基底地坪上的杂物、浮土清理干净并进行平整，根据基土情况作适当的碾压或夯实。

② 检验砂石料的质量，有无杂质，粒径是否符合要求，级配是否符合要求。

③ 砂垫层厚度不得小于 60mm；砂石垫层不宜小于 100mm。铺筑砂石应分层摊铺，不允许有粗细颗粒分离现象，每层铺土厚度应通过压实试验确定。

④ 砂石施工时应适当控制含水量。应在夯实碾压前根据其干湿程度和气候条件，适当洒水以保持砂石的最优含水量。

⑤ 每层的夯压遍数，应根据压实试验确定。作业时，应严格按照实验所确定的参数进行。

⑥ 砂石垫层分段施工时，接槎处应做成斜坡。每层接槎处的水平距离应错开 0.5～1.0m，并应充分压实，经检验密实度合格后方可进行下道工序施工。

⑦ 垫层全部完成后，应进行表面拉线找平。凡超过标准高程的地方，及时依线铲平；凡低于标准高程的地方，应补砂石夯实。

（3）碎石垫层和碎砖垫层

1）材料要求。

① 宜采用质地坚硬、强度均匀、未风化的碎石，最大粒径不得大于垫层厚度的 2/3。

② 碎砖不得采用风化、酥松、夹有有机杂质的砖料，颗粒粒径不应大于 60mm。

2）施工要点。

① 填土前应将基底地坪上的杂物、浮土清理干净，并平整压实。

② 检验砖、石料的质量，有无杂质，粒径是否符合要求。

③ 碎石垫层的厚度不应小于 100mm，碎砖垫层的厚度不应小于 100mm。砖、石应分层摊铺，每层铺土厚度应通过压实试验确定。

④ 压实前应适当洒水使其表面保持湿润。每层的夯压遍数，根据压实试验确定。作业时，应严格按照实验所确定的参数进行。边缘和转角处应用人工或蛙式打夯机补夯密实。

⑤ 砖、石垫层分段施工时，接槎处应做成斜坡。每层接槎处的水平距离应错开 0.5～1.0m，并应充分压实。

⑥ 施工时应分层找平，夯压密实。下层检验合格后，方可进行上层施工。

⑦ 垫层全部完成后，应进行表面拉线找平。

（4）三合土垫层

1）材料要求。

① 三合土垫层采用石灰、砂（可掺入少量黏土）与碎砖的拌和料铺设，其厚度不应小

于 100mm。

② 石灰应充分熟化过筛，粒径不得大于 5mm，不得含有生石灰块。

③ 砂应选用中砂，并不得含有草根等有机物。

④ 碎砖不得采用风化、酥松和含有有机杂质的砖料，使用前要浇水润湿。

2）施工要点。

① 铺筑前应将基底地坪上的杂物、浮土清理干净，根据基土表面情况作适当的夯压。

② 检验石灰的质量，确保粒径和熟化程度符合要求；检验碎砖的质量，其粒径不得大于 60mm。

③ 三合土垫层可采取先拌和后铺设的施工方法。拌和时可采用边干拌边加水，均匀拌和后铺设；也可先将石灰和砂调配成石灰砂浆，再加入碎砖充分拌和均匀后铺设，但石灰砂浆的稠度要适当，以防止浆水分离。灰、砂、砖的配合比应用体积比，应按照实验确定的参数或设计要求控制配合比。拌和时必须均匀一致，至少翻拌两次。拌和好的土料颜色应一致。三合土垫层也可采取先铺设后灌浆的施工方法，即先将碎砖料分层摊铺均匀，经铺平、洒水、拍实，然后满灌石灰砂浆，再继续夯实。

④ 三合土施工时应适当控制含水量。如砂水分过大或过干，应提前采取晾晒或洒水等措施。

⑤ 填土应分层摊铺。每层铺土厚度应根据土质、密实度要求和机具性能，通过压实试验确定。

⑥ 回填土每层的夯压遍数，根据压实试验确定。夯实后的表面撒一层薄砂或石屑，但要求表面平整。

⑦ 三合土分段施工时，应留成斜坡接槎，并夯压密实；上下两层接槎的水平距离不得小于 500mm。

⑧ 三合土每层夯实后应按规范进行实验，测出压实度（密实度），达到要求后，再进行上一层的铺土。

⑨ 垫层应进行表面拉线找平。凡超过标准高程的地方，及时依线铲平；凡低于标准高程的地方、表面不平处，应补浇石灰浆，并随浇随打夯。待全部完成后，宜浇一层薄的浓石灰浆，表面晾干后方可进行下道工序施工。

（5）混凝土垫层

1）材料要求。

① 水泥。宜采用硅酸盐水泥、普通硅酸盐水泥或矿渣硅酸盐水泥，其强度等级应在 42.5 级以上。

② 砂。应选用水洗中砂或粗砂。

③ 石子。宜选用 0.5～3.2mm 粒径的碎石或卵石，含泥量不大于 2%。

④ 水。宜用饮用水。

2）施工要点。

① 将基层表面的浮浆等用杂物清理掉，再用扫帚将浮土清扫干净，洒水湿润，但表面不应有积水。

② 根据水平标准线和垫层设计厚度，在四周墙、柱上弹出垫层的上水平标高控制线。

③ 混凝土的配合比应根据设计要求通过试验确定。投料顺序为石子→水泥→砂→水。

应严格制用水量，搅拌要均匀。

④ 混凝土的铺设应连续作业，当施工间歇时间超过规范规定，应设置施工缝。以墙柱上的水平控制线为标志，检查平整度，高的铲掉，凹处补平。用水平刮杠刮平，然后表面用木抹子搓平。有坡度要求的，应按设计要求的坡度施工。

⑤ 在施工完成后 12h 内覆盖和洒水养护，严禁上人，一般养护期不得少于 7d。

3. 找平层施工

找平层可采用水泥砂浆或混凝土拌和料铺设而成。找平层的施工与水泥砂浆抹灰施工要点相同。需要注意的是有防水要求的建筑地面工程，如厕所、厨房、卫生间、盥洗室等，在铺设找平层前，首先应检查地漏的标高是否正确，铺设前必须对立管、套管和地漏与楼板节点之间采用水泥砂浆或细石混凝土对其管壁四周处进行密封处理，采用防水类卷材、涂料或油膏裹住立管、套管和地漏的沟槽内，严禁渗漏。排水坡度应符合设计要求，坡向应正确、无积水。

4. 隔离层施工

隔离层常采用防水类卷材、防水类涂料等铺设而成。防潮要求较低时，亦可采用沥青胶结料铺设成隔离层。隔离层施工见"单元 9 防水工程"。

5. 填充层施工

（1）材料要求

1）松散材料。可采用膨胀珍珠岩、炉渣等铺设。炉渣应经筛选，粒径一般应控制在 5~40mm，其中不应含有有机杂物、石块、土块、重矿渣块和未燃尽的煤块等。

2）板块状材料。可采用泡沫料板、膨胀珍珠岩板、加气混凝土板、泡沫混凝土板、矿物棉板等铺设。产品应有出厂合格证，根据设计要求选用，厚度、规格应一致，外形应整齐，密度、热导率、强度应符合设计要求，其质量要求应符合国家现行的产品标准的规定。

3）整体材料。可采用水泥膨胀珍珠岩、轻骨料混凝土等铺设。

（2）施工要点

1）将基层表面的浮浆等用杂物清理掉，再用扫帚将浮土清扫干净，并经验收合格。

2）弹线找坡。按设计坡度及流水方向，找出屋面坡度走向，确定保温层的厚度范围。

3）铺设。

① 松散材料。应分层摊铺，适当压实，压实程度根据设计要求的密度，经试验确定。每层的虚铺厚度不宜大于 150mm，压实后的保温层不得直接行走、过车和堆放重物。

② 板块状材料。干铺法将板块材料直接铺在基层上，分层铺设时应错开上下两层的板缝，板缝隙间应用同类材料嵌填密实板的厚度应一致。粘结法用粘结料将板块材料固定在基层上，一般为水泥砂浆。

③ 整体保温层。按照配合比要求，将水泥、骨料（炉渣等）加水均匀搅拌，摊铺在基层上。配合比应按设计要求或通过试验确定。应分层摊铺，适当压实。压实程度根据设计要求的密度，经试验确定。

4）保护。应在施工完成后进行拦挡，严禁上人。

6. 面层施工

面层，根据生产、工作、生活特点和使用要求的不同可做成整体面层、板块面层和木竹面层等各种面层。

（1）水泥砂浆面层

1）材料要求。

① 水泥。宜采用硅酸盐水泥、普通硅酸盐水泥或矿渣硅酸盐水泥，其强度等级应在42.5级以上。

② 砂。应选用中、粗砂。

③ 水。水宜用饮用水。

2）工艺流程。基层处理→找标高→做灰饼→做标筋→配料→铺设→抹平→压光→养护。

3）施工要点。

① 第一遍抹压。在水泥砂浆搓平后，立即用铁抹子轻轻抹压一遍直到出浆为止。面层应均匀，与基层结合紧密牢固。

② 第二遍抹压。当面层砂浆初凝后（上人有脚印但不下陷），用铁抹子把凹坑、砂眼填实抹平。注意不得漏压，以消除表面气泡、孔隙等缺陷。

③ 第三遍抹压。当面层砂浆终凝前（上人有轻微脚印），用铁抹子用力抹压。应把所有抹纹压平压光，以使面层表面密实光洁。

（2）细石混凝土面层 细石混凝土面层可以克服水泥砂浆面层干缩较大的特点，这种地面强度高，耐久性更好。

1）材料要求。

① 水泥。宜采用硅酸盐水泥、普通硅酸盐水泥或矿渣硅酸盐水泥，其强度等级应在32.5级以上。

② 砂。应选用粗砂或中粗砂，含泥量不大于3%。

③ 粗骨料。细石混凝土面层采用的石子粒径不应大于15mm，含泥量不大于2%。

④ 水。宜用饮用水。

2）施工要点。

① 将基层表面的浮浆等用杂物清理掉，再用扫帚将浮土清扫干净，洒水湿润，但表面不应有积水。如有油污，应用浓度为5%~10%的火碱水溶液清洗，以利面层与基层结合牢固，防止空鼓。

② 根据水平标准线和设计厚度，在四周墙、柱上弹出面层的上水平标高控制线。

③ 面积较大的房间为保证房间地面平整度，还要以做好的灰饼为标准做标筋，高度与灰饼同高，作为混凝土面层厚度控制的标准。

④ 搅拌时，投料顺序为石子→水泥→砂→水，搅拌要均匀。

⑤ 铺设前，在基底上刷一道素水泥浆，铺设顺序为从房间由内向外。有坡度要求的，应按设计要求的坡度施工。

⑥ 振捣可以用平板振捣器；当厚度超过200mm时，应采用插入式振捣器，或者用30kg重辊纵横滚压密实，表面出浆即可。

⑦ 混凝土振捣密实后，检查其平整度。

⑧ 混凝土初凝前，应完成面层抹平、搓打均匀，待混凝土开始凝结即用铁抹子分遍抹压面层，注意不得漏压，最后进行压光。

⑨ 在施工完成后24h内覆盖和洒水养护，养护期不得少于7d。

（3）水磨石面层

1）材料要求。

① 水泥。宜采用硅酸盐水泥、普通硅酸盐水泥或矿渣硅酸盐水泥，其强度等级应在42.5级以上。同颜色的面层应使用同一批水泥。

② 颜料。应采用耐光、耐碱的矿物颜料，不得使用酸性颜料。掺入量宜为水泥重量的3%~6%，或由试验确定，超量将会降低面层的强度。同一彩色面层应使用同厂同批的颜料。

③ 石粒。应选用坚硬可磨的白云石、大理石等岩石加工。石粒应清洁无杂物，使用前应过筛洗净，晾干。

④ 分格条。应选用玻璃条或铜条，亦可选用彩色塑料条。宽度根据面层厚度确定，长度根据面层分格尺寸确定。

2）工艺流程。基层处理→找标高→做灰饼→做标筋→铺设找平层砂浆→养护→弹分格线→镶分格条→配料→铺设→滚压抹平→打磨→草酸擦洗→打蜡上光。

3）施工要点。

① 铺设找平层砂浆。铺设前应提前24h将基底湿润，并在基底上刷一道素水泥浆，随刷随铺设砂浆，铺设顺序为从房间内后退向外铺设。然后用大杠依冲筋将砂浆刮平，用木抹子搓平且做好毛面，并随时用2m靠尺检查平整度。

② 养护。待找平层砂浆养护24h后，强度达到1.2MPa时，方可进行下道工序。

③ 弹分格线。根据设计的图案要求，按照设计图案弹出准确分格线，并做好标记。

④ 镶分格条。将分格条用素水泥浆在嵌条下口的两边抹成八字，比分格条低4~6mm。分格条应平直通顺，上平按标高控制线必须一致，接头严密、牢固，不得有缝隙。在水泥浆初凝时，尚应进行二次校正，以确保分格质量。镶分格条12h后开始浇水养护，养护期不得少于2d。

⑤ 配料。水磨石面层拌和料的体积比应根据设计要求通过试验确定，搅拌要均匀。彩色水磨石拌合料，除彩色石粒外，还加入耐光、耐碱的矿物颜料；各种原料的掺大量均要以试验确定。

⑥ 铺设。将找平层洒水湿润，涂刷与面层颜色相同的水泥浆，将拌和均匀的拌和料先铺抹分格条边，后铺抹分格条方框中间，用铁抹子由中间向边角推进。在分格条两边及交角处特别注意压实抹平，随抹随检查平整度，不得用大杠刮平。不同颜色的水磨石拌和料不可同时铺抹，要先铺深色的，后铺浅色的，待前一种凝固后，再铺下一种。

⑦ 滚压抹平。滚压时用力均匀，达到表面平整密实、面层石粒均匀为止。待石粒浆稍收水后，再用铁抹子抹平压实。24h后，浇水养护7d。

⑧ 打磨。水磨石面层应使用磨石机分次磨光，先试磨，然后粗磨，边磨边加水，及时清理磨石浆，并用靠尺检查平整度，直至表面磨平、磨匀，分格条和石粒全部露出。随后用水清洗晾干，然后用水泥浆擦一遍，特别是面层的洞眼小孔隙要填实抹平。浇水养护2~3d。第三遍细磨直至表面光滑，冲洗、养护。最后磨光至表面石子显露均匀，无石粒缺失，平整、光滑，无砂眼细孔。

⑨ 草酸擦洗。用水冲洗、晾干后，涂抹草酸溶液一遍，再用水清洗，软布擦干。

（4）大理石、花岗石及碎拼大理石面层

1）材料要求。

① 天然大理石、花岗石的品种、规格、技术等级、光泽度、外观质量应符合设计要求。

② 水泥。硅酸盐水泥、普通硅酸盐水泥或矿渣硅酸盐水泥，其强度等级应在42.5级以上。白色硅酸盐水泥，其强度等级应在42.5级以上。

③ 砂。中砂或粗砂，其含泥量不应大于3%。

④ 大理石碎块及彩色石碴。石碴颜色应符合设计要求。应坚硬、洁净、无杂物，粒径宜为4～14mm。大理石碎块不带夹角，薄厚应一致。

⑤ 矿物颜料（擦缝用）、蜡、草酸。

2）施工要点。

① 基层处理。将地面垫层上的杂物清理干净。

② 在正式铺设前，对每一房间的大理石（或花岗石）板块，先根据设计的图案、颜色、纹理试拼。

③ 弹线。为了检查和控制大理石（或花岗石）板块的位置，在房间内拉十字控制线，弹在混凝土垫层上，并引至墙面底部，在立面上弹出水平标高线。

④ 试摆。结合施工大样图及房间实际尺寸，在房间内的两个相互垂直的方向，把大理石（或花岗石）板块排好，核对板块与墙面、柱、洞口等部位的相对位置。

⑤ 结合层施工。将基层洒水湿润，刷一道素水泥浆。根据板面水平线和十字控制线，开始铺结合层干硬性水泥砂浆，厚度控制在放上大理石（或花岗石）板块时宜高出面层水平线3～4mm为宜。铺好后用大杠刮平，再用抹子拍实找平。

⑥ 铺设。板块应先用水浸湿，表面晾干后待用。依据试拼时的图案及试摆时的缝隙在十字控制线交点开始铺砌。先试铺，当正式铺设时，先在水泥砂浆结合层上满浇一层素水泥浆，再铺板块。安放时四角同时往下落，用橡皮锤或木锤轻击木垫板，根据水平线用铁水平尺找平。振实砂浆至铺设高度后，检查砂浆表面与板块之间是否相吻合，如发现有空虚之处，应用砂浆填补。铺完第一块，向两侧和后退方向顺序铺砌。铺完纵、横行之后再分段分区依次铺砌，一般铺设顺序是在房间由内向外。板块与墙角、镶边和靠墙处应紧密，不得有空隙。

⑦ 灌缝、擦缝。在板块铺砌后1～2d进行灌浆擦缝。根据大理石（或花岗石）颜色，选择相同颜色矿物颜料和水泥（或白水泥）拌和均匀，调成稀水泥浆灌入板块之间的缝隙中（可分几次进行），至基本灌满为止。灌浆1～2h后，用棉纱团蘸原稀水泥浆擦缝与板面擦平，同时将板面上水泥浆擦净，使大理石（或花岗石）面层的表面洁净、平整、坚实。

⑧ 铺设完成后，面层加以覆盖，养护时间不应少于7d。

⑨ 打蜡。当水泥砂浆结合层达到强度后（抗压强度达到1.2MPa时），方可打蜡。

任务2　楼层地面施工

12.2.1　楼层地面构成

楼面构造如图12-2所示。

1. 基层

楼层地面的基层（又称结构层）是楼板，它承受楼面（含各构造层）上的荷载，如现浇钢筋混凝土楼板或预制整块钢筋混凝土板和钢筋混凝土空心板以及木结构基层。

地热玻化地砖

2. 面层

面层与底层地面相同。

3. 附加构造层

楼面工程的附加构造层包括找平层、隔离层、填充层、结合层。

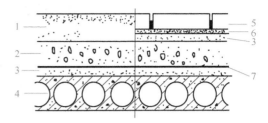

12.2.2 楼层面施工

图 12-2 楼面工程构造示意图
1—整体面层 2—填充层 3—找平层
4—楼板 5—块料面层 6—结合层 7—隔离层

1. 陶瓷地砖面层

（1）材料要求

1）水泥。宜采用硅酸盐水泥或普通硅酸盐水泥，其强度等级应在32.5级以上；不同品种、不同强度等级的水泥严禁混用。

2）砂。应选用中砂或粗砂。

3）砖。均有出厂合格证及性能检测报告，抗压、抗折及规格品种均符合设计要求，外观颜色一致，表面平整，图案花纹正确，边角齐整，无翘曲、裂纹等缺陷。

玻化地砖　　复合地板　　活动地板　　马赛克

（2）施工要点

1）基层处理：把沾在基层上的浮浆、落地灰等清理干净，面层（含结合层）下的基层表面要求坚实、平整。

2）根据水平标准线和设计厚度，在四周墙、柱上弹出面层的上平标高控制线。

3）铺贴前，对砖的规格尺寸、外观质量、色泽等应进行预选（配），并事先在水中浸泡或淋水湿润后晾干待用。

4）铺设结合层砂浆。铺设前应将基底湿润，并在基底上刷一道素水泥浆，随刷随铺设搅拌均匀的干硬性水泥砂浆。

5）铺砖。在干拌料上浇适量素水泥浆，在砖背面涂厚度约1mm的素水泥浆，再铺砖，随铺随用橡皮锤按标高控制线找平。铺面砖应紧密、坚实，砂浆要饱满。

6）养护。当砖面层铺贴完24h内应开始浇水养护，养护时间不得少于7d。

7）勾缝。当砖面层的强度达到可上人的时候，进行勾缝，用同种、同强度等级、同色的水泥浆，要求缝清晰、顺直、平整、光滑、深浅一致，缝应低于砖面0.5~1mm。

2. 地毯面层

（1）材料要求

1）地毯。地毯按材质有羊毛地毯、纯羊毛无纺地毯、化纤地毯、合成纤维栽绒地毯等。地毯的品种、规格、颜色、主要性能和技术指标必须符合设计要求，应有出厂合格证明。

2）衬垫。衬垫的品种、规格、主要性能和技术指标必须符合设计要求，应有出厂合格证明。

3）胶粘剂。要求无毒、不霉、快干，0.5h之内使用张紧器时不脱缝，对地面有足够的粘结强度。可剥离、施工方便的胶粘剂，均可用于地毯与地面、地毯与地毯连接拼缝处的粘结。一般采用天然乳胶添加增稠剂、防霉剂等制成的胶粘剂。

4）倒刺钉板条。在 1200mm×24mm×6mm 的三合板条上钉有两排斜钉（间距为 35~

40mm），还有五个高强钢钉均匀分布在全长上（钢钉间距约400mm左右，距两端各约100mm左右）。

5）铝合金倒刺条。多用在外门口或与其他材料的地面相接处。用于地毯端头露明处，起固定和收头作用。

6）铝压条。宜采用厚度为2mm左右的铝合金材料制成，用于门框下的地面处，压住地毯的边缘，使其免于被踢起或损坏。

（2）施工要点

地毯的铺设方法分活动式和固定式。活动式是指不用胶粘剂粘贴在基层上的一种方法，即不与基层固定的铺设，四周沿墙角修齐即可。一般仅适用于装饰性工艺地毯的铺设。固定式是将地毯裁边，粘接接缝成一整片，四周与房间用压条或粘结剂固定。

1）基层处理。铺设地毯的基层，一般是水泥地面，也可以是木地板或其他材质的地面。要求表面平整、光滑、洁净，如有油污，须用丙酮或松节油擦净。

2）弹线、套方、分格、定位。要严格按照设计图纸对各个不同部位和房间的具体要求进行弹线、套方、分格。

3）地毯剪裁。根据房间尺寸、形状用裁边机断下地毯料，每段地毯的长度要比房间长出2cm左右，宽度要以裁去地毯边缘线后的尺寸计算。弹线裁去边缘部分，裁好后卷成卷编上号。

4）钉倒刺板挂毯条。沿房间或走道四周踢脚板边缘，用高强水泥钉将倒刺板钉在基层上（钉朝向墙的方向），其间距约40cm左右。倒刺板应离开踢脚板面8~10mm，以便于钉牢倒刺板。

5）铺设衬垫。将衬垫采用点粘法刷108胶或聚醋酸乙烯乳胶，粘在地面基层上，要离开倒刺板10mm左右。

6）缝合地毯。将裁好的地毯虚铺在垫层上，然后将地毯卷起，在拼接处缝合。

7）拉伸与固定地毯。先将地毯的一条长边固定在倒刺板上，毛边掩到踢脚板下，用地毯撑子拉伸地毯。然后将地毯固定在另一条倒刺板上，掩好毛边。长出的地毯，用裁割刀割掉。一个方向拉伸完毕，再进行另一个方向的拉伸，直至四个边都固定在倒刺板上。

8）用胶粘剂粘结固定地毯。此法一般不放衬垫，多用于化纤地毯。铺粘地毯时，先在房间一边涂刷胶粘剂后，铺放已预先裁割的地毯，然后用地毯撑子向两边撑拉，再沿墙边刷两条胶粘剂，将地毯压平掩边。

9）清理。地毯铺设完毕，固定收口条后，应用吸尘器清扫干净，并将毯面上脱落的绒毛等彻底清理干净。

任务3　室外附属工程施工

12.3.1　散水施工

室外彩色地砖　室外地面石材　碎石地面

1. 构成

散水的构成为素土夯实、垫层和面层。工程中常见的散水有三合土散水（图12-3）、混凝土散水（图12-4）等。

图 12-3　三合土散水

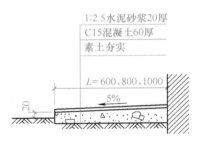

图 12-4　混凝土散水

2. 施工要点

散水各层采用的材料、配合比、强度等级以及厚度等均应符合设计要求。施工时应按基土和同类垫层、面层有关章节中的施工要点进行。

1）根据散水基底标高钉好水平控制桩，在散水垫层宽度加 200mm 范围内拉线控制。基层要求平整压实。

2）支模。根据散水的外形尺寸按横向坡度及散水宽度，支好侧模，放好分格缝模板。模板顶面应高出室外地坪 50mm，分格缝宽 20mm，纵向 6m 左右设一道，房屋转角处与外墙呈 45°角。分格缝应避开雨落管，以防雨水从分格缝内渗入基础。模板支设时要拉通线、抄平，做到通顺、平直、坡向正确（散水横向坡度为 5%）。

3）混凝土散水在混凝土浇筑前，应清除模板内的杂物，模板应适当湿润。

4）当散水有一定强度时，拆除侧模，起出分格条，随即用砂浆抹平压光侧边。侧边及分格缝内与散水大面的质量要求相同，也要见光，棱角顺直、整齐。

5）养护。已抹平压光的混凝土应洒水养护不少于 7d。

6）做分格缝。养护期满后，将分格缝内清理干净，用 1∶2 沥青砂浆填塞。分格缝内沥青砂浆应平直、美观。分格缝要勾抹烫压平整，沥青砂浆应低于散水面 3～5mm，使分格缝处棱角更加突出。

12.3.2　明沟施工

1. 构成

明沟采用砖、毛石、混凝土等材料铺设而成。室外明沟的构成为素土夯实、垫层和面层，如图 12-5、图 12-6 所示。常见的明沟有砖明沟、毛石明沟、混凝土明沟等。

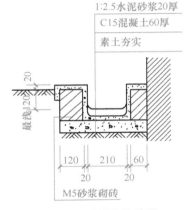

图 12-5　砖明沟构造图

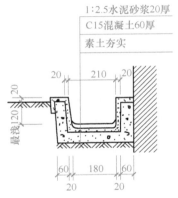

图 12-6　混凝土明沟构造图

2. 施工要点

明沟各层采用的材料、配合比、强度等级以及厚度等均应符合设计要求。施工时应按基土和同类垫层、面层有关章节中的施工要点进行。

1）混凝土明沟应设置伸缩缝，其间距宜按各地气候条件和传统做法确定，但间距不应大于 10m。明沟与建筑物连接处应设缝进行技术处理。上述缝宽度为 20mm，缝内填塞沥青胶结料或沥青砂浆。

2）室外明沟沟底排水纵坡应等于或大于 0.5%，并应由基土（或基层）找坡。

12.3.3 踏步施工

1. 室外入口踏步（台阶）

室外入口踏步即台阶，是为了解决建筑物室内外的高差问题而设在建筑物出入口的。台阶的构成与建筑地面相似，由面层、垫层、基层等组成。台阶常采用水泥砂浆、水磨石（图 12-7）、混凝土（图 12-8、图 12-9）、地砖、天然石材（图 12-10）等面层材料铺设。

水泥砂浆台阶及水磨石台阶施工时，应按台阶的坡度将基土夯成斜面，然后立模板，现浇混凝土做成踏步，各踏步上的面层按照相应面层进行施工。

2. 室内楼层踏步

室内楼层踏步，常用踏步面层是采用水泥砂浆、水磨石、大理石、花岗石和砖等材料铺设而成的。室内楼层踏步的施工要点如下。

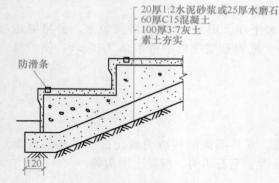

图 12-7 水磨石台阶构造图

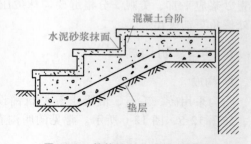

图 12-8 整体混凝土台阶构造图

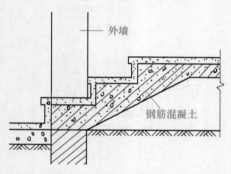

图 12-9 钢筋混凝土架空台阶构造图

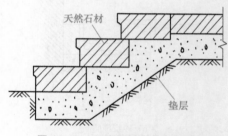

图 12-10 天然石材台阶构造图

1）楼梯踏步面施工前，应在楼梯一侧墙面上画出各个踏步做面层后的高宽尺寸及形状，或按每个梯段的上、下两头踏步口画一斜线作为分步标准。

2）楼梯踏步面层的施工时，楼梯踏步面层应自上而下进行施工，每个踏步宜先抹立面（踢面）后再抹平面（踏面）。

3）有防滑条的踏步，可在底层砂浆抹完后，用素水泥浆粘上用水浸泡过的小木条，然后抹面层砂浆。砂浆与木条相平。待面层砂浆凝固后，取出木条，在槽内填以 1∶1.5 水泥钢屑浆，并高出踏面 4~5mm，用圆阳角抹子捋实捋光。

4）预制水磨石、大理石板等楼梯踏步施工时，安装顺序应为踢脚板→踏步立板→踏步板，逐步由上往下安装。穿踏步板的楼梯栏杆洞眼位置必须准确，洞眼可稍大一些，楼梯栏杆安装后用与踏步板同颜色的素水泥浆灌严。

5）楼梯踏步面层未验收前，应严加保护，以防碰坏或撞掉踏步边角。

同 步 测 试

一、填空题

1. 建筑楼地面是构成房屋建筑各层的_____，即水平方向的承重构件。

2. 建筑地面工程主要由_____和_____两大基本构造层组成。

3. 底层地面的基层是地基土层，是承受由整个地面传来的荷载的_____。

4. 楼层地面的基层（又称结构层）是_____，它承受楼面（含各构造层）上的荷载，如现浇钢筋混凝土楼板或预制整块钢筋混凝土板和钢筋混凝土空心板以及木结构基层。

5. 地毯的铺设方法分_____和_____。

二、选择题

1. 三合土垫层采用石灰、砂（可掺入少量黏土）与碎砖的拌和料铺设，其厚度不应小于（　　）mm。

A. 50　　　　　　　B. 100　　　　　　　C. 150　　　　　　　D. 200

2. 楼面工程的附加构造层包括（　　）、隔离层、填充层、结合层。

A. 找平层　　　　　B. 结构层　　　　　C. 构造层　　　　　D. 抹面层

3. 陶瓷地砖面层铺贴完 24h 内应开始浇水养护，养护时间不得少于（　　）。

A. 7d　　　　　　　B. 14d　　　　　　　C. 21d　　　　　　　D. 28d

4. 混凝土明沟，应设置伸缩缝，其间距宜按各地气候条件和传统做法确定，但间距不应大于（　　）m。

A. 5　　　　　　　　B. 6　　　　　　　　C. 10　　　　　　　D. 15

5. 室外明沟沟底排水纵坡应等于或大于（　　），并应由基土（或基层）找坡。

A. 0.05%　　　　　B. 0.1%　　　　　　C. 0.2%　　　　　　D. 0.5%

三、简答题

1. 简述大理石、花岗石板块楼地面施工工艺。

2. 简述铺设陶瓷地砖、缸砖、水泥花砖地面的施工工艺。

四、思考题

请结合本单元所学内容，谈谈你对党的二十大报告中提出的"加快建设国家战略人才力量，努力培养造就更多大师、战略科学家、一流科技领军人才和创新团队、青年科技人才、卓越工程师、大国工匠、高技能人才"的认识和理解。

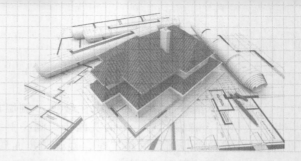

单元13

抹灰工程

　　吴庆涛，只有高中学历，但凭借"做就做第一，创就创一流，当工人也要做技能标兵"的信念，利用业余时间自学，从一名普通抹灰工逐步成长为"山东省首席技师"，并以"全国劳动模范"的身份走进人民大会堂。工作中，他抹的每一道墙都要反复压实、抹平、修面，使墙面垂直度、平整度误差控制在 1mm 以内；带领公司工作室成员开展技术攻关、小改小革等技术创新活动，将成果积极转化应用，取得了可观效果。数年来，他有多项成果荣获国家实用新型专利及省、市 QC 成果奖等奖项，为项目部节约了大量的施工成本。干一行爱一行、干到极致、干到完美，是吴庆涛对工匠精神的理解。

　　我们要学习他刻苦钻研、精益求精的工匠精神，实现自己的职业理想。

知识目标：

- 了解一般抹灰的组成、分类和要求。
- 理解一般抹灰和装饰抹灰的质量标准。
- 掌握常见的一般抹灰和装饰抹灰的施工方法。

能力目标：

- 能够编制一般抹灰的技术交底文件。
- 能够应用一般抹灰和装饰抹灰的质量标准进行施工检验。
- 能够处理抹灰工程中常见的质量问题。

素养目标：

- 培养学生立足本国国情，进行自主创新的意识。
- 培养学生与时俱进、求真务实的工作原则。

任务1　一般抹灰施工

13.1.1　一般抹灰的组成、分类和要求

　　抹灰工程按工程部位可分为室内抹灰和室外抹灰，按抹灰的材料和装饰效果可分为一般

抹灰和装饰抹灰。

一般抹灰采用的是石灰砂浆、混合砂浆、水泥砂浆等材料。装饰抹灰除具有与一般抹灰相同的功能外，主要是装饰艺术效果更加鲜明。装饰抹灰与一般抹灰的做法基本相同，只是面层的材料和做法有所不同。面层的材料有水刷石、干粘石、斩假石等。

1. 一般抹灰的组成

抹灰工程一般应分层涂抹，目的是保证抹灰层与基层粘结牢固、抹灰层不产生空鼓、开裂和脱落。一般抹灰一般由底层、中层和面层组成，各层的作用如下。

（1）底层　主要起与基层粘结并初步找平的作用。

（2）中层　主要起找平作用。

（3）面层　主要起装饰作用。

2. 一般抹灰的分类

一般抹灰按做法和质量要求分为普通抹灰、中级抹灰和高级抹灰。

（1）普通抹灰　由一底层、一面层组成。适用于简易住宅、大型设施和非居住性的房屋（如汽车库、仓库、锅炉房等）以及建筑物中的地下室、储藏室等。

（2）中级抹灰　由一底层、一中层、一面层组成。适用于一般居住、公共和工业建筑（如住宅、宿舍、办公楼、教学楼等）以及高级建筑物中的附属用房等。

（3）高级抹灰　由一底层、数层中层、一面层组成。适用于大型公共建筑、纪念性建筑物（如影剧院、礼堂、宾馆、展览馆和高级住宅等）以及有特殊要求的高级建筑等。

3. 一般抹灰的要求

（1）一般抹灰各层对材料的要求

1）底层。采用的材料与基层有关。室内砖墙一般采用石灰砂浆或水泥混合砂浆，室外砖墙宜采用水泥砂浆或水泥混合砂浆。混凝土基层宜采用先刷素水泥浆一道，采用混合砂浆或水泥砂浆打底。平整光滑的混凝土基层，如顶棚、墙体基层可不抹灰，采用刮腻子处理。因基层吸水性强，故砂浆稠度应较小，一般为 100~200mm。

2）中层。采用的材料与基层相同，砂浆稠度一般为 70~80mm。

3）面层。室内抹灰一般采用石灰膏，也可采用大白腻子。室外抹灰可采用水泥砂浆、聚合物水泥砂浆或各种装饰砂浆。砂浆稠度一般为 100mm。

（2）抹灰层的平均总厚度要求　内墙普通抹灰不得大于 18mm，中级抹灰不得大于 20mm，高级抹灰不得大于 25mm；外墙抹灰，墙面不得大于 20mm，勒脚及突出墙面部分不得大于 25mm；顶棚抹灰当基层为板条、空心砖或现浇混凝土时不得大于 15mm，预制混凝土不得大于 18mm，金属网顶棚抹灰不得大于 20mm。

（3）抹灰层每层的厚度要求　水泥砂浆每层宜为 5~7mm，水泥混合砂浆和石灰砂浆每层厚度宜为 7~9mm。面层抹灰用石灰膏、粉刷石膏等罩面时，经过赶平压实后的厚度，不得大于 2mm。

13.1.2　一般抹灰常用材料及技术要求

1. 胶凝材料

（1）水泥　常用的水泥应为强度等级不小于 42.5 级的普通硅酸盐水泥和矿渣硅酸盐水

泥等。水泥的品种、强度等级应符合设计要求。不同品种的水泥不得混用，不得采用未做处理的受潮、结块水泥，出厂已超过 3 个月的水泥应经试验后方可使用。

（2）石灰膏和磨细生石灰粉　块状生石灰经熟化后成石灰膏。为保证过火生石灰的充分熟化，熟化时宜用不大于 3mm 筛孔的筛子过滤，并贮存在沉淀池中。生石灰的熟化时间一般应不少于 15d，如用于拌制罩面灰，则应不少于 30d。

抹灰用的石灰膏可用优质块状生石灰磨细而成的生石灰粉代替，其细度要求过 4900 孔/cm² 的筛。但用于拌制罩面灰时，生石灰粉熟化时间不少于 3d，以避免出现干裂和膨胀等现象。

（3）石膏　抹灰用石膏一般用于高级抹灰或抹灰龟裂的补平，它是在建筑石膏中掺入缓凝剂及掺合料制作而成的。在抹灰过程中如需加速凝结，可在其中掺入适量的食盐；如需缓凝，可在其中掺入适量的石灰浆或明胶。

（4）粉煤灰　作为掺合料，可节约水泥，提高砂浆的和易性。

2. 砂

一般抹灰砂浆中采用普通中砂，或粗砂与中砂混合掺用。抹灰用砂要求颗粒坚硬洁净，黏土、淤泥含量不超过 2%，在使用前需过筛，去除草根、树叶、碱质及其他有机物等有害杂质。拌制砂浆时应根据现场砂的含水率及时调整砂浆拌和用水量。

3. 其他掺合料

防裂剂、减水剂等外加剂，必须符合设计要求及国家产品标准的规定，其掺量应按照产品说明书配制并通过试验确定。

13.1.3　一般抹灰常用施工机具

1. 施工机械

抹灰工程施工常用的机械，主要包括砂浆搅拌机、纸筋灰搅拌机、粉碎淋灰机和喷浆机等。

（1）砂浆搅拌机　主要搅拌抹灰砂浆，常用规格有 200L 和 325L 两种。

（2）纸筋灰搅拌机　主要用于搅拌纸筋石灰膏、玻璃丝石灰膏或其他纤维石灰膏。

（3）粉碎淋灰机　主要淋制抹灰砂浆用的石灰膏。

（4）喷浆机　主要用于喷水或喷浆，有手压和电动两种。

2. 抹灰工具

（1）抹子

1）木抹子。搓平底灰和搓毛砂浆表面，有圆头、方头两种。

2）塑料抹子。用硬质聚乙烯塑料做成的抹灰器具，有圆头和方头两种，其作用是压光面层。

3）铁抹子。有方头和圆头两种，方头铁抹子用于抹灰，圆头铁抹子用于压光面层灰。

4）钢抹子。因其较薄，弹性好，适用于抹平抹光水泥砂浆面层。

5）压板。适用于压光水泥砂浆面层等。

6）阴角抹子。适用于压光阴角，分小圆角及尖角两种。

7）阳角抹子。适用于压光阳角，分小圆角及尖角两种。

（2）辅助工具

1）托灰板。用于作业时承托砂浆。

2）托线板和线锤。主要用来挂垂直线，板上附有带线锤的标准线，可确定墙面的垂直度及偏差。

3）方尺。用来测量阴阳角方正。

4）靠尺及钢筋卡子。用来做棱角。钢筋卡子用来卡靠尺，常用直径为 8mm 的钢筋加工而成。

5）木杠。有长杠、中杠、短杠三种。

6）筛子。用来筛分砂子，去除块状杂物。常用筛孔直径有 10mm、8mm、5mm、3mm、1.5mm、1mm 六种。

7）尼龙线。用来拉直线。

（3）其他工具　有毛刷、钢丝刷、扫帚、喷壶、水壶、弹线墨斗等，分别用于抹灰面的洒水、清刷基层及墙面洒水、浇水等。

13.1.4　一般抹灰施工

1. 施工准备

（1）材料准备　根据施工图纸计算抹灰所需材料数量，提出材料进场的日期，按照计划分期分批组织材料进场。

（2）机具准备　根据工程特点准备机具。

（3）技术准备

1）审查图纸和制订施工方案，确定施工顺序和方法。

抹灰工程的施工顺序一般采用先室外后室内，先上面后下面，先顶棚后墙地，当采用立体交叉作业时，必须采取相应的成品保护措施。

2）材料试验和试配。

3）组织进行技术交底。

2. 作业条件

1）建筑主体工程已经检查验收，并达到了相应的质量标准要求。

2）室内抹灰之前，屋面防水工程或上层楼面面层已经施工完毕，确定无渗漏问题，并做好室内的封闭、保温工作。

3）检查抹灰面上门窗框安装位置正确，与墙连接牢固，连接处缝隙填嵌密实。

4）水电等各种管线应安装完毕并检查验收合格。管道穿越的墙洞和楼板洞已填嵌密实。散热器和密集管道等背后的墙面抹灰，宜在散热器和管道安装前进行。

5）冬期进行施工时，若不采取防冻措施，抹灰的环境温度不宜低于 5℃。

3. 基层处理

为使抹灰砂浆与基体表面粘结牢固，防止抹灰层产生空鼓、脱落现象。抹灰前应对基体表面的灰尘、污垢、油渍、附着砂浆等进行清除，对墙面上的孔洞、剔槽等用水泥砂浆进行填嵌。

1）砖石基体的表面，应将灰尘、污垢和油渍等清除干净，并洒水湿润。

2）对于平整光滑的混凝土表面，如果设计中无要求时，可不进行抹灰，用刮腻子的方法处理。如果设计要求抹灰时，应进行凿毛处理，剔去光面使其表面粗糙不平，才能进行抹灰施工。也可采用水泥砂浆掺界面剂进行毛化处理，即先将表面灰浆、尘土、污垢清刷干净，然后用水泥砂浆掺界面剂，喷或甩到墙面上，产生毛刺，并待终凝后浇水养护，直至水泥砂浆毛刺达到较高的强度。

3）木结构与砖石结构、混凝土结构等相接处基体表面的抹灰，应先铺钉金属网，并绷紧钉牢，金属网与各基体的搭接宽度应不小于100mm，然后再进行抹灰。

4）预制钢筋混凝土楼板顶棚，在抹灰施工之前，应先剔除灌缝混凝土的凸出部分及杂物，然后用刷子蘸水把表面残渣和浮灰清理干净，刷掺水重10%的108胶水泥浆一道，再用水泥混合砂浆将顶缝抹平，过厚部分应分层勾抹，每遍厚度宜在5~7mm。

4. 浇水湿润

浇水的方法是：将水管对着砖墙上部缓缓左右移动，使水沿砖墙面从上部缓缓流下。渗水深度以8~10cm为宜，厚度12cm以上的砖墙，应在抹灰的前一天浇水。在一般湿度的情况下，12cm厚的砖墙浇水一遍，24cm以上厚的砖墙浇水两遍，6cm厚砖墙用喷壶喷水湿润即可，但一律不准使墙吸水达到饱和状态。

混凝土墙体吸水率低，浇水可以少一些。此外，各种基层的浇水程度，还与施工季节、气候和室内操作环境有关，因此应根据施工环境条件酌情掌握。

5. 常见一般抹灰施工工艺

（1）内墙抹灰的施工

1）工程验收。对上一道工序进行工程的检查验收，检验基层结构表面垂直度、平整度、厚度、尺寸等，若不符合设计要求，应及时进行修补。同时，检查门窗框、各种预埋件及管道安装是否符合设计要求等。

2）基层处理。基层处理是为了保证基层与抹灰砂浆的粘结强度，根据情况对基层进行清理、凿毛、浇水等处理。

3）墙面浇水。抹灰前一天浇水湿润。

4）吊垂直、套方、找规矩、做灰饼。根据基层表面的平整、垂直情况，经检查后确定抹灰层厚度，用吊线锤、套方尺、拉通线等方法贴灰饼。做灰饼即做抹灰标志块。在距顶棚、墙阴角约20cm处，用水泥砂浆或混合砂浆各做一个上标志块，厚度为抹灰层厚度，大小为5cm×5cm。以这两个标志块为标准，再用托线板靠、吊垂直确定墙下部对应的两个标志块的厚度，下标志块的位置一般在踢脚板上方20~25cm处，使上下两个标志块在一条垂直线上。标准标志块做好后，再在标志块的附近墙面钉上钉子，拉上水平通线，然后按间距1.2~1.5m做若干标志块。

5）做标筋。在上下两个标志块之间先抹出一长条梯形灰埂，其宽度为10cm左右，厚度与标志块相平，作为墙面抹灰填平的标准。其做法是：在上下两个标志块中间先抹一层，再抹第二遍凸出成八字形，要比标志块凸出1cm左右。然后用木杠紧贴标志块搓动，直到把标筋搓得与标志块一样平为止，同时要将标筋的两边用刮尺修成斜面，使其与抹灰面接槎顺平。

6）抹门窗护角。室内门窗套、柱角和门窗洞口的阳角抹灰要线条清晰、挺直，方正，并均应抹水泥砂浆护角，其高度不得小于2m。护角每侧包边的宽度不小于50mm，以防止碰撞损坏。具体做法是先将阳角用方尺找方，靠门框一边以门框离墙的空隙为准，另一边以墙面灰饼厚度为依据。最好在地面上划好准线，按准线用砂浆粘好靠尺板，用托线板吊直，方尺找方。然后在靠尺板的另一边墙角分层抹 1：2 水泥砂浆，与靠尺板的外口平齐。再把靠尺板移动至已抹好护角的一边，用钢筋卡子卡住，用托线板吊直靠尺板，把护角的另一面分层抹好。取下靠尺板，待砂浆稍干时，用阳角抹子和水泥素浆捋出护角的小圆角。最后用靠尺板沿顺直方向留出预定宽度，将多余砂浆切出斜面，以便抹面时与护角接槎。护角厚度应超出墙面底灰一个罩面灰的厚度，成活后与墙面平齐。

7）抹底、中层灰。在标志块、标筋及门窗洞口护角做好后，底层与中层抹灰即可进行。其方法是：将砂浆抹于墙面两条标筋之间，底层要低于标筋的 1/3，由上而下抹灰。抹灰时一手握住灰板，一手握住铁抹子，将灰板靠近墙面，将砂浆抹在墙面上。灰板要时刻接在铁抹子下边，以便托住抹灰时掉落的砂浆。待底层灰收水后，即可抹中层灰，其抹灰厚度应略高于标筋。中层抹灰后，随即用木杠沿标筋刮平，不平处补抹砂浆，然后再刮，直至墙面平直为止。紧接着用木抹子搓压，使表面平整密实。阴角处先用方尺上下核对方正，然后用阴角抹子捋光，直到室内四角方正为止。

8）面层抹灰。面层抹灰在工程上俗称罩面。面层抹灰应在底层灰达到六七成干后进行。底层灰太湿会影响抹灰面的平整度；底层灰太干则容易使面层脱水太快而影响粘结，造成面层空鼓。操作一般从阴角或阳角处开始，自左向右进行。一人在前抹面灰，另一人在其后找平，并用铁抹子压实赶光。阴、阳角处用阴、阳角抹子捋光，并用毛刷蘸水将门窗圆角等处刷干净。

（2）顶棚抹灰的施工

1）工程验收。顶棚抹灰上一道工程验收内容基本同内墙抹灰。

2）找规矩。顶棚抹灰通常不做标志块和标筋，用目测的方法控制其平整度，以无明显高低不平及接槎痕迹为标准。先根据顶棚的水平线，确定抹灰的厚度，然后在墙面的四周与顶棚交接处弹出水平线，作为抹灰的水平标准。

3）基层处理。混凝土顶棚抹灰的基层处理，除应按一般基层处理要求进行处理外，还要注意以下几个方面。

① 屋面防水层与楼面面层已施工完毕；穿过顶棚的各种管道已经安装就绪；顶棚与墙体之间，以及管道安装后遗留空隙已经清理并填堵严实。

② 检查楼板是否有下沉或裂缝等现象。如为预制混凝土楼板，则应检查其板缝是否已清扫干净并用细石混凝土或水泥砂浆灌实。若板缝灌不实，顶棚抹灰后会顺板缝产生裂纹。

③ 现浇混凝土顶棚表面的油污已经清除干净，用钢丝刷已满刷一遍，凹凸处已经填平或凿去。

④ 木板条基层顶棚板条间隙在 8mm 以内，无松动翘曲现象，污物已经清除干净。

⑤ 板条钉钢丝网基层，应铺钉可靠、牢固、平直。

4）底、中层抹灰。一般底层抹灰厚度为 2mm。中层砂浆的抹灰厚度为 6mm 左右，抹后用刮尺刮平赶匀，随刮随用长毛刷子将抹印顺平，再用木抹子搓平，顶棚管道周围用小工具顺平。抹灰的顺序一般是由前往后退，并注意其方向必须同基体的缝隙（混凝土板缝）成垂直方向，这样容易使砂浆挤入缝隙并牢固结合。抹灰时，厚薄应掌握适度，随后用刮尺赶平。如平整度欠佳，应再补抹和赶平，但不宜多次修补，否则容易扰动底灰而引起掉灰。

如底层砂浆吸水快，则应及时洒水，以保证与底层粘结牢固。在顶棚与墙面的交接处，一般是在墙面抹灰完成后再补做，也可在抹顶棚时，先将距顶棚20~30cm的墙面同时完成抹灰，方法是用钢抹子在墙面与顶棚交角处添上砂浆，然后用木阴角器抽平压直。

5）面层抹灰。待中层抹灰达到六七成干（要防止过干，如过干应稍洒水），再开始面层抹灰。其涂抹方法及抹灰厚度与内墙抹灰相同。第一遍抹得越薄越好，紧跟着抹第二遍。抹完后待灰浆稍干，再用塑料抹子顺着抹纹压实压光。

各抹灰层受冻或急骤干燥，都能产生裂纹或脱落，因此需要加强养护。

（3）外墙抹灰的施工

1）工程验收、基层处理。

① 主体结构施工完毕，外墙上所有预埋件、嵌入墙体内的各种管道已安装，并符合设计要求，阳台栏杆已装好。

② 门窗安装完毕并检查合格，框与墙间的缝隙已经清理，并用砂浆分层分遍堵塞严密。

③ 采用大板块结构时，外墙的接缝防水已处理完毕。

④ 砖墙的凹处已用水泥砂浆填平，凸处已按要求剔凿平整，脚手架孔洞已堵塞填实，墙面污物已经清理，混凝土墙面光滑处已经凿毛。

2）挂线、做灰饼、标筋。外墙面抹灰与内墙抹灰一样要挂线做标志块、标筋。但因外墙面由檐口到地面抹灰面积大，另外还有门窗、阳台、明柱、腰线等，因此外墙抹灰找规矩比内墙更加重要，抹灰操作则必须一步架一步架往下抹。要在四角先挂好自上而下的垂直线，然后根据抹灰的厚度在每步架大角两侧弹上控制线，再拉水平通线，并弹水平线做标志块，然后做标筋。

3）弹线、粘贴分格条。在室外抹灰时，为了使墙面更加美观，避免罩面砂浆收缩后产生裂缝，一般均用分格条分格。具体做法：在底子灰抹完后根据尺寸弹出分格线。分格条使用前要在水中浸透，这样既便于施工粘贴，又能避免分格条使用时变形，并便于粘贴。分格条因本身水分蒸发而收缩，能使分格条两侧的灰口整齐并易于起出。然后根据分格线长度将分格条尺寸分好，用钢抹子将素水泥浆抹在分格条的背面。水平分格线宜粘在水平线的下口，垂直分格线粘贴在垂线的左侧，这样易于观察，操作比较方便。粘贴完一条竖线或横线分格条后，应用直尺校正，并将分格条两侧用水泥浆抹成八字形斜角（若是水平线应先抹下口）。

4）抹灰。外墙抹灰层要求有一定的防水性和耐久性。采用水泥砂浆或水泥混合砂浆打底和罩面。其底层、中层抹灰及刮尺赶平方法与内墙基本相同。底层砂浆具有一定强度后，再抹中层砂浆。抹时要用木杠、木抹子刮平压实，扫毛，浇水养护。

在抹面层时，先用水泥砂浆薄薄刮一遍，第二遍再与分格条抹齐平，然后按分格条厚度刮平、搓实、压光，再用刷子蘸水按同一方向轻刷一遍，以达到颜色一致，并轻刷分格条上的砂浆，以免起条时损坏抹面。起出分格条后，随即用水泥砂浆把缝勾齐。

（4）细部抹灰 一般室内外抹灰有踢脚板、墙裙、外墙勒脚、窗台、压顶、阳台等多种细部抹灰。

1）踢脚板、墙裙及外墙勒脚。内外墙和厨房、厕所的墙角等经常潮湿和易受碰撞的部位，要求防水、防潮、坚硬，因此，抹灰时往往在室内设踢脚板，厕所、厨房设墙裙，在外墙底部设勒脚。

抹灰是根据墙上施工的水平基线弹出踢脚板、墙裙或勒脚高度尺寸水平线，并根据墙面抹灰厚度，决定踢脚板、墙裙厚度。凡阳角处，用方尺规方，最好在阳角处弹上直角线。规矩找好后，将基层处理干净，浇水湿润。按弹好的水平线，将靠尺粘嵌在上口，靠尺板表面正好是踢脚板、墙裙或勒脚的抹灰面。先抹平八字靠尺、搓平、压光，然后起下八字靠尺，用抹子压光。

2）窗台。一般砖砌窗台分为外窗台和内窗台，也可分为清水窗台或混水窗台。混水窗台通常是将砖平砌，用水泥砂浆进行抹灰。

抹外窗台一般用水泥砂浆打底，水泥砂浆罩面。窗台操作难度较大，质量要求较高：表面要平整光洁，棱角清晰；与相邻窗台的高度进出要一致，横竖都要成一条线；排水通畅，不渗水，不湿墙。

用水泥砂浆抹内窗台的方法与外窗台一样。抹灰应分层进行。窗台要抹平，窗台两端抹灰要超过窗口，由窗台上皮往下抹。

3）压顶。压顶一般为女儿墙顶现浇的混凝土板带。压顶要求表面平整光洁，棱角清晰，水平成线，突出一致。因此抹灰前一定要拉水平通线，对于高低出进不上线的要凿掉或补齐。但因其两面有檐口，在抹灰时两面都要设滴水线，有一面要做流水坡度。

4）阳台。阳台抹灰，是室外装饰的重要部分，要求各个阳台上下成垂直线，左右成水平线，进出一致，个个细部统一，颜色一致。抹灰前要逐一清理基层，把混凝土基层清扫干净并用水冲洗，用钢丝刷子将基层刷到露出混凝土新茬。

13.1.5　一般抹灰的质量标准

1. 分项工程的检验批划分

相同材料、工艺和施工条件的室外抹灰工程每 $500 \sim 1000m^2$ 应划分为一个检验批，不足 $500m^2$ 也应划分为一个检验批。

相同材料、工艺和施工条件的室内抹灰工程每 50 个自然间应划分为一个检验批，不足 50 间也应划分为一个检验批。

2. 检查数量的规定

1）室内每个检验批应至少抽查 10%，并不得少于 3 间；不足 3 间时应全数检查。

2）室外每个检验批每 $100m^2$ 应至少抽查 1 处，每处不得小于 $10m^2$。

3. 主控项目

1）抹灰前基层表面的尘土、污垢、油渍等应清除干净，并应洒水润湿。

2）一般抹灰所用材料的品种和性能应符合设计要求。水泥的凝结时间和安定性复验应合格。砂浆的配合比应符合设计要求。

3）抹灰工程应分层进行。当抹灰总厚度大于或等于 35mm 时，就采取加强措施。不同材料基体交接处表面的抹灰，应采取防止开裂的加强措施，当采用加强网时，加强网与各基体的搭接宽度不应小于 100mm。

4）抹灰层与基层之间及各抹灰层之间必须粘结牢固，抹灰层应无脱皮、空鼓，面层应无爆灰和裂缝。

4. 一般项目

（1）表面质量　一般抹灰工程的表面质量应符合下列规定。

1）普通抹灰表面应光滑、洁净、接槎平整，分格缝应清晰。

2）高级抹灰表面应光滑、洁净、颜色均匀、无抹纹，分格缝和灰线应清晰美观。

3）护角、孔洞、槽、盒周围的抹灰应整齐、光滑；管道后面的抹灰表面应平整。

4）抹灰的总厚度应符合设计要求；水泥砂浆不得抹在石灰砂浆层上；罩面石灰膏不得抹在水泥砂浆层上。

5）抹灰分格缝的设置应符合设计要求，宽度和深度应均匀，表面应光滑，棱角应整齐。

6）有排水要求的部位应做滴水线（槽）。滴水线（槽）应整齐顺直，滴水线应内高外低，滴水槽的宽度和深度均不应小于 10mm。

（2）允许偏差　一般抹灰工程质量的允许偏差应符合表 13-1 规定。

表 13-1　一般抹灰工程质量的允许偏差

项次	项目	允许偏差/mm	
		普通抹灰	高级抹灰
1	立面垂直度	4	3
2	表面平整度	4	3
3	阴阳角方正	4	3
4	分格条（缝）直线度	4	3
5	墙裙、勒脚上口直线度	4	3

注：1. 普通抹灰，本表第 3 项阴角方正可不检查。

2. 顶棚抹灰，本表第 2 项表面平整度可不检查，但应平顺。

任务 2　装饰抹灰施工

13.2.1　装饰抹灰分类

干粘石

装饰抹灰是指按照不同施工方法和不同面层材料形成不同装饰效果的抹灰。装饰抹灰可分为以下两类。

（1）水泥石灰类装饰抹灰　主要包括拉毛灰、拉条灰和假面砖等。

（2）水泥石粒类装饰抹灰　主要包括水刷石、干粘石、斩假石等。

13.2.2　常见装饰抹灰施工

水刷石

1. 水泥石灰类装饰抹灰

（1）拉毛灰施工　拉毛灰是指在尚未凝结的面层灰上用工具在表面触拉，靠工具与灰浆间的粘结力拉出大小、粗细不同的凸起毛头的一种装饰抹灰方法，可用于有一定声学要求的内墙面和一般装饰的外墙面。

1）拉毛灰施工流程。基层处理→浇水湿润→吊垂直、套方、找规矩→抹底层、中层灰→涂抹面层灰、做面砖→清扫墙面。

2）拉毛灰施工要点。

① 抹拉毛灰之前应对底灰进行浇水，且水量应适宜，墙面太湿，拉毛灰易发生往下坠

流的现象；若底灰太干，不容易操作，毛也拉不均匀。

② 拉毛灰施工时，最好两人配合进行，一人在前面抹拉毛灰，另一人紧跟着用木抹子平稳地压在拉毛灰上，接着就顺势轻轻地拉起来，拉毛时用力要均匀，速度要一致，使毛显露大、小均匀。个别地方拉的毛不符合要求，应及时补拉。拉出的毛有棱角，待稍干时，再用抹子轻轻地将毛头压下去，使整个面层呈不连续的花纹。

（2）假面砖施工　假面砖又称仿面砖，是对砂浆抹灰层进行的分格处理。

1）假面砖施工流程。基层处理→浇水湿润→吊垂直、套方、找规矩→抹底层、中层灰→涂抹面层灰、做面砖→清扫墙面。

2）假面砖施工要点。涂抹面层灰、做面砖时需要注意以下几方面。

① 涂抹面层灰前应先将中层灰均匀浇水湿润，再弹水平线，按每步架子为一个水平作业段，然后上中下弹水平通线，以便控制面层划沟平直度。

② 待面层砂浆稍收水后，先用铁梳子沿木靠尺由上向下划纹，深度按制在 1~2mm 为宜。然后再根据标准砖的宽度用铁皮刨子沿木靠尺横向划沟，沟深为 3~4mm，深度以露出底灰层为准。

③ 面层完成后，及时将飞边砂粒清扫干净，不得有飞棱卷边现象。

2. 水泥石粒类装饰抹灰

（1）水刷石施工　水刷石是指将适当配比的水泥石子浆进行面层抹灰，用水刷洗表层水泥浆，使石子外露而让墙面具有装饰效果的抹灰。

1）基层清理。水刷石施工基层清理与一般抹灰施工相同。

2）浇水湿润。基层处理完后，要浇水湿润。

3）吊垂直、套方、找规矩、做灰饼、标筋。

4）抹底层砂浆。混凝土墙：先刷一道素水泥浆，然后用水泥砂浆分层抹平，再用木杠刮平，木抹子搓毛。砖墙：抹灰时以标筋为准，控制抹灰层厚度，分层分遍与标筋抹平，用木杠刮平，然后木抹子搓毛。底层灰完成 24h 后应浇水养护。

5）弹线分格、粘分格条、做滴水线。按图纸要求的尺寸弹线、分格，并按要求宽度设置分格条。分格条表面应做到横平竖直、平整一致。按部位要求粘设滴水槽，其宽、深应符合设计要求。

6）抹面层石渣浆。待底层灰六七成干时可以抹面层灰。首先将墙面润湿涂刷一层素水泥浆，然后开始用钢抹子抹面层石渣浆。自下往上分两遍与分格条抹平，并及时用靠尺或小杠检查平整度（抹石渣层高出分格条 1mm 为宜），有坑凹处要及时填补，边抹边拍打揉平。

7）修整、喷刷。将抹好的石渣浆面层拍平压实，并将内部的水泥浆挤出，再用铁抹子压实，反复 3~4 遍。待面层初凝时，用毛刷蘸水刷掉面层水泥浆，露出石粒，然后自上而下喷水冲洗。喷头一般距墙面 10~20cm，喷刷要均匀，使石子露出表面 1~2mm 为宜。最后用水从上往下将石渣表面冲洗干净。

8）起分格条、勾缝。喷刷完成后，待墙面平整压实后，起出分格条，然后可以用素水泥将分格缝修补好，使其顺直清晰。

9）养护。待面层达到一定强度后，可喷水养护，以防止脱水、收缩造成空鼓、开裂。

（2）干粘石施工（基层为混凝土墙）　干粘石是将干石子直接粘附在砂浆上的一种饰

面，它具有与水刷石相类似的装饰效果，并可节约水泥 30%~40%，节约石子约 50%。

1）基层处理。对混凝土表面进行凿毛处理，将混凝土表面的杂物、油污等清洗干净，晾干后用笤帚将水泥砂浆甩到墙上，终凝后浇水养护，直至水泥砂浆全部固化到混凝土表面。

2）吊垂直、套方、找规矩。与内墙抹灰一样要挂线、做灰饼、标筋。

3）抹底层砂浆。抹前刷一道素水泥浆，然后分层抹底层砂浆，用大杠刮平，木抹子搓毛，终凝后浇水养护。

4）弹线、分格、粘分格条、做滴水线。按图纸要求的尺寸弹线、分格，并按要求宽度设置分格条。分格条表面应做到横平竖直、平整一致。按部位要求粘设滴水槽，其宽、深应符合设计要求。

5）抹粘石砂浆、粘石。抹粘石砂浆，粘石砂浆主要是水泥砂浆，其抹灰层厚度，根据石渣的粒径选择，一般抹粘石砂浆应低于分格条 1~2mm。粘石砂浆表面应抹平，然后甩石子粘石。先甩四周易干部位，再甩中间，要做到大面均匀，边角不露粘。待其水分稍干后，用抹子拍压，拍压后石子表面应平整压实。

对大面积粘石墙面，可采用机械喷石法施工。喷石后应及时用橡胶辊子滚压，使其粘结牢固。

6）起分格条、勾缝。墙面达到表面平整，即可起出分格条，起条后可以用素水泥将分格缝修补好，使其顺直清晰。

7）浇水养护。常温施工粘石后 24h，即可浇水养护。

（3）斩假石施工　斩假石也叫剁斧石，是一种在硬化后的水泥石子浆面层上用斩斧等专用工具斩琢，形成有规律剁纹的一种装饰抹灰方法。

1）施工流程。基层处理→抹底层灰、中层灰→弹线、粘贴分格条→抹面层水泥石子浆→养护→斩剁面层。

2）施工要点。

① 抹面层。在已硬化的水泥砂浆中层上洒水湿润，弹线并贴好分格条，用素水泥浆刷一遍，然后抹面层。可采用 2mm 粒径的米粒石，内掺 0.3mm 左右粒径的白云石屑。面层抹面厚度一般为 12mm，抹后用木抹子打磨拍平，不要压光，但要拍出浆，随势上下溜直。每分格区内应一次抹完。抹完后，随即用软毛刷蘸水顺剁纹的方向把水泥浆轻轻刷至露出石粒，但注意不要用力过重，以免石粒松动。抹完 24h 后浇水养护。

② 斩剁面层。在正常温度（15~30℃）下，面层养护 2~3d 后即可试剁。试剁时以石粒不脱掉、较易剁出斧迹为准。采用的斩剁工具有斩斧、多刃斧、花锤、扁凿、齿凿、尖锥等。斩剁的顺序一般为先上后下，由左至右，先剁转角和四周边缘，后剁大面。斩剁前应先弹顺线，相距约 10cm，按线斩剁，以免剁纹跑斜。剁纹深度一般以 1/3 石粒粒径为宜。为了美观，一般在分格缝和阴、阳角周边留出 15~20mm 的边框线不剁。斩剁完成后，墙面应用清水冲刷干净，起出分格条，用钢丝刷刷净分格缝处。按设计要求，可在缝内做凹缝并上色。

13.2.3　装饰抹灰的质量标准

装饰抹灰分项工程的检验批划分、检查数量的规定与一般抹灰相同。

1. 主控项目

1）抹灰前基层表面的尘土、污垢、油渍等应清除干净，并应洒水润湿。

2）装饰抹灰工程所用材料的品种和性能应符合设计要求。水泥的凝结时间和安定性复验应合格。砂浆的配合比应符合设计要求。

3）抹灰工程应分层进行。当抹灰总厚度大于或等于 35mm 时，应采取加强措施。不同材料基体交接处表面的抹灰，应采取防止开裂的加强措施，当采用加强网时，加强网与各基体的搭接宽度不应小于 100mm。

4）各抹灰层之间及抹灰层与基体之间必须粘接牢固，抹灰层应无脱层、空鼓和裂缝。

2. 一般项目

1）装饰抹灰工程的表面质量应符合下列规定。

① 水刷石表面应石粒清晰、分布均匀、紧密平整、色泽一致，应无掉粒和接槎痕迹。

② 斩假石表面剁纹应均匀顺直、深浅一致，应无漏剁处；阳角处应横剁并留出宽窄一致的不剁边条，棱角应无损坏。

③ 干粘石表面应色泽一致、不露浆、不漏粘，石粒应粘结牢固、分布均匀，阳角处应无明显黑边。

④ 假面砖表面应平整、沟纹清晰、留缝整齐、色泽一致，应无掉角、脱皮、起砂等缺陷。

2）装饰抹灰分格条（缝）的设置应符合设计要求，宽度和深度应均匀，表面应平整光滑，棱角应整齐。

3）有排水要求的部位应做滴水线（槽）。滴水线（槽）应顺直，滴水线应内高外低，滴水槽的宽度和深度均不应小于 10mm。不同材料基体交接处表面的抹灰，应采取防止开裂的加强措施。当采用加强网时，加强网与各基体的搭接宽度不应小于 100mm。

4）装饰抹灰工程质量的允许偏差和检验方法应符合表 13-2 的规定。

表 13-2　装饰抹灰工程质量的允许偏差和检验方法

项次	项目	允许偏差/mm				检验方法
		水刷石	斩假石	干粘石	假面砖	
1	立面垂直度	5	4	5	5	用 2m 靠尺和塞尺检查
2	表面平整度	3	3	5	4	用 2m 靠尺和塞尺检查
3	阳角方正	3	3	4	4	用直角检测尺检查
4	分格条(缝)直线度	3	3	3	3	用 5m 线,不足 5m 拉通线,用钢直尺检查
5	墙裙、勒脚上口直线度	3	3	—	—	用 5m 线,不足 5m 拉通线,用钢直尺检查

同　步　测　试

一、填空题

1. 抹灰工程按工程部位可分为_____和_____。

2. 一般抹灰按做法和质量要求分为_____、_____和_____。

3. 抹灰工程一般应_____，目的是保证抹灰层与基层粘结牢固、抹灰层不产生空鼓、开裂和脱落。

4. 抹灰工程按抹灰的材料和装饰效果可分为_____和_____。

5. 一般抹灰施工中，内墙抹灰层的平均总厚度：普通抹灰，不得大于_____；中级抹灰，不得大于_____；高级抹灰不得大于_____。

二、单项选择题

1. 抹灰过程中，有排水要求的部位应做滴水线（槽）。滴水线（槽）应整齐顺直，滴水线应内高外低，滴水槽的宽度和深度均不应小于（　　）mm。

A. 3　　　　　　　　B. 5　　　　　　　　C. 10　　　　　　　　D. 15

2. 一般抹灰砂浆中采用普通中砂，或粗砂与中砂混合掺用。抹灰用砂要求颗粒坚硬洁净，黏土、淤泥含量不超过（　　）。

A. 2%　　　　　　　B. 3%　　　　　　　C. 4%　　　　　　　D. 5%

3. 冬季进行施工时，若不采取防冻措施，抹灰的环境温度不宜低于（　　）℃。

A. 5　　　　　　　　B. 10　　　　　　　C. -5　　　　　　　D. -10

4. 不同材料基体交接处表面的抹灰，应采取防止开裂的加强措施，当采用加强网时，加强网与各基体的搭接宽度不应小于（　　）mm。

A. 50　　　　　　　B. 100　　　　　　　C. 150　　　　　　　D. 200

5. 抹灰工程应分层进行。当抹灰总厚度大于或等于（　　）mm 时，就采取加强措施。

A. 30　　　　　　　B. 35　　　　　　　C. 40　　　　　　　D. 45

三、简答题

1. 试述一般抹灰的组成及各自的作用。

2. 试说明抹灰工程的施工顺序。

四、思考题

请结合本单元所学内容，谈谈你对抹灰工程中"新材料、新技术"应用的理解和认识。

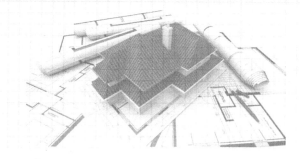

单元14

饰面板（砖）工程

饰面板（砖）工程的主要质量标准是拼缝宽度的控制，我国有位"深海钳工"，专注工艺研究，完成了港珠澳大桥高质量零误差拼接的工程壮举。

港珠澳大桥是"一国两制"框架下粤港澳三地首次合作共建的超大型跨海交通工程，其中岛隧工程是大桥的控制性工程，也是目前世界上在建的最长公路沉管隧道。工程采用世界最高标准，设计、施工难度和挑战均为世界之最，被誉为"超级工程"。

在这个超级工程中，有位普通的钳工大显身手，成为"明星工人"。他就是管延安，中交港珠澳大桥岛隧工程 V 工区航修队首席钳工。经他安装的沉管设备，已成功完成 18 次海底隧道对接任务，无一次出现问题。接缝处间隙误差做到了"零误差"标准。因为操作技艺精湛，管延安被誉为中国"深海钳工"第一人。

零误差来自于近乎苛刻的认真。管延安有两个多年养成的习惯，一是给每台修过的机器、每个修过的零件做笔记，将每个细节详细记录在个人的"修理日志"上，遇到什么情况、怎么样处理都"记录在案"，从入行到现在，他已记了厚厚的四大本，闲暇时他会拿出来温故知新；二是维修后的机器在送走前，他都会至少检查三遍。正是这种追求极致的态度，不厌其烦地重复检查、练习，练就了管延安精湛的操作技艺。

知识目标：

- 了解饰面板（砖）材料及其施工要求。
- 掌握饰面板（砖）的施工工艺。
- 掌握饰面板（砖）工程的质量验收标准。

能力目标：

- 能够区分饰面材料。
- 能够编制饰面板（砖）施工方案。
- 能够对饰面板（砖）施工质量进行验收。

素养目标：

- 培养学生胸怀天下的价值观。

- 培养学生坚持稳中求进、循序渐进的良好工作作风。
- 培养学生形成绿色生产、绿色施工的工作意识。

任务1 室外饰面板（砖）施工

14.1.1 室外贴面砖施工

玻璃马赛克　　蘑菇石　　外墙假面砖

饰面板（砖）工程，也称饰面工程，就是将预制的饰面板（砖）铺贴或安装在基层上的一种装饰方法。饰面板（砖）的种类繁多，常用的有天然石饰面板、人造石饰面板、金属饰面板、塑料饰面板、有色有机玻璃饰面板、饰面混凝土墙板和饰面砖（如瓷砖、面砖、陶瓷锦砖）等。随着科学技术的发展，新型装饰材料的不断出现，更进一步丰富了装饰工程的内容。

1. 饰面板（砖）材料

（1）饰面砖　常用的饰面砖有釉面瓷砖、面砖和陶瓷锦砖等。要求表面光洁、色彩一致，不得有暗痕和裂纹，吸水率不得大于18%。

1）釉面瓷砖有白色、彩色、印花图案等多种，具有表面光滑、美观、吸水率低、不易积垢、清洁方便等特点。常用于卫生间、厨房、游泳池等经常擦洗的墙面。

2）面砖有毛面和釉面两种，颜色有米黄、深黄、乳白、淡蓝等多种。广泛用于外墙、柱、窗间墙和门窗套等饰面。

3）陶瓷锦砖（陶瓷马赛克）的形状有正方形、长方形、六角形等多种，由于尺寸小，产品系先按各种图案组合反贴在纸上，每张尺寸为300mm×300mm，称为一联；每40联为一箱，约3.7m³。具有质地坚硬、经久耐用、色泽多样、耐酸、耐碱、耐火、耐磨、不渗水、抗压力强、吸水率小等特点，常用于室内浴厕、地坪和外墙装饰。

（2）天然饰面石材　常用的天然饰面石材有天然大理石和天然花岗石。要求棱角方正、表面平整、石质细密、光泽度好，不得有裂纹、色斑、风化等隐伤。选材时应使饰面色调和谐，纹理自然、对称、均匀，做到浑然一体，且要把纹理、色彩最好的饰面板用于主要的部位，以提高装饰效果。

1）天然花岗石。花岗石构造致密、强度高、密度大、吸水率极低、质地坚硬、耐磨，其化学成分中 SiO_2 的含量常为60%以上，属酸性硬石材，因此，其耐酸、抗风化、耐久性好，使用年限长。但其所含石英在高温下会发生晶变，体积膨胀而开裂，因此不耐火。根据《天然花岗石建筑板材》（GB/T 18601—2009），分为优等品（A）、一等品（B）、合格品（C）三个等级。

花岗石板材主要应用于大型公共建筑或装饰等级要求较高的室内外装饰工程。花岗石因不易风化，外观色泽可保持百年以上，所以常用于室内外地面、墙面、柱面、勒脚、基座、台阶等部位。

2）天然大理石。大理石质地较密实、抗压强度较高、吸水率低、质地较软，易加工、开光性好，常被制成抛光板材，其色调丰富、材质细腻、极富装饰性。其化学成分中 CaO

和 MgO 的总含量占 50% 以上，故属碱性中硬石材。在大气中受硫化物及水汽形成的酸雨长期的作用，大理石容易发生腐蚀，造成表面强度降低、变色掉粉，失去光泽，影响其装饰性能。所以除少数大理石，如汉白玉、艾叶青等质纯、杂质少、比较稳定、耐久的品种可用于室外，绝大多数大理石品种只宜用于室内。根据《天然大理石建筑板材》（GB/T 19766—2016），分为优等品（A）、一等品（B）、合格品（C）三个等级。

天然大理石是装饰工程的常用饰面材料。一般用于宾馆、展览馆、剧院、商场、图书馆、机场、车站、办公楼、住宅等工程的室内墙面、柱面、服务台、栏板、电梯间门口等部位。由于其耐磨性相对较差，虽也可用于室内地面，但不宜用于人流较多场所的地面。

（3）人造饰面石材　采用无机或有机胶凝材料作为胶粘剂，以天然砂、碎石、石粉或工业渣等为粗、细填充料，经成型、固化、表面处理而成的一种人造材料。它一般具有重量轻、强度大、厚度薄、色泽鲜艳、花色繁多、装饰性好、耐腐蚀、耐污染、便于施工、价格较低的特点。按照所用材料和制造工艺的不同，可把人造饰面石材分为水泥型人造石材、聚酯型人造石材、复合型人造石材、烧结型人造石材和微晶玻璃型人造石材几类。其中聚酯型人造石材和微晶玻璃型人造石材是目前应用较多的品种。

1）聚酯型人造石材。以不饱和聚酯为胶凝材料，配以天然大理石、花岗石、石英砂或氢氧化铝等无机粉状、粒状填料，经配料、搅拌、浇筑成型，在固化剂、催化剂作用下发生固化，再经脱模、抛光等工序制成的人造石材。其具有光泽度高、质地高雅、强度较高、耐水、耐污染、花色可设计性强等优点，缺点是耐刻划性较差，且填料级配若不合理，产品易出现翘曲变形。

聚酯型人造石材可用于室内外墙面、柱面、楼梯面板、服务台面等部位。

2）微晶玻璃型人造石材。又称微晶板、微晶石，系由矿物粉料高温融烧而成的，由玻璃相和结晶相构成的复相人造石材。此类人造石具有大理石的柔和光泽、色差小、颜色多、装饰效果好、强度高、硬度高、吸水率极低、耐磨、抗冻、耐污、耐风化、耐酸碱、耐腐蚀、热稳定性好。可分为优等品（A）、合格品（B）两个等级。

微晶玻璃型人造石材可用于室内外墙面、地面、柱面、台面等部位。

（4）金属饰面板　有铝合金板、镀塑板、镀锌板、彩色压型钢板和不锈钢等多种。金属板饰面具有典雅庄重、质感丰富的特点，尤其是铝合金板墙面是一种高档次的建筑装饰，装饰效果别具一格，应用较广。究其原因，主要是价格便宜，易于加工成型、高强、轻质、经久耐用，便于运输和施工，表面光亮，可反射太阳光且防火、防潮、耐腐蚀。同时，当表面经阳极氧化或喷漆处理后，便可获得所需要的各种不同色彩，更可达到"蓬荜增辉"的装饰效果。

（5）塑料饰面板　指以树脂为浸渍材料或以树脂为基材，采用一定的生产工艺制成的具有装饰功能的普通或异形断面的板材。按原材料的不同可分为塑料金属复合板、硬质PVC 板、三聚氰胺树脂层压板、玻璃钢板、塑铝板、聚碳酸酯采光板、有机玻璃饰面板等。

1）三聚氰胺树脂层压板。以厚纸为骨架，浸渍三聚氰胺热固性树脂，多层叠合经热压固化而成的薄型贴面材料，是由表层纸、装饰纸和底层纸构成的多层结构。其耐热性优良（100℃不软化、开裂、起泡）、耐烫、耐燃、耐磨、耐污、耐湿、耐擦洗，耐酸、碱、油脂及酒精等溶剂的侵蚀，经久耐用。

三聚氰胺树脂层压板常用于墙面、柱面、台面、家具、吊顶等部位。

2）铝塑复合板。一种以 PVC 塑料作芯板，正背两表面为铝合金薄板的复合材料，厚度为 3mm、4mm、6mm、8mm。其重量轻、坚固耐久，比铝合金强得多的抗冲击性和抗凹陷性，可自由弯曲且弯后不反弹，较强的耐候性，较好的可加工性，易保养，易维修。板材表面铝板经阳极氧化和着色处理，色泽鲜艳。

铝塑复合板广泛应用于建筑幕墙、室内外墙面、柱面、顶面等部位。

2. 材料的技术要求

饰面板（砖）工程所有材料进场时应对品种、规格、外观和尺寸进行验收。其中室内用花岗石、粘贴用水泥、外墙陶瓷面砖应进行复验，金属材料、砂（石）、外加剂、胶粘剂等施工材料按规定进行性能试验。所用材料均应检验合格。

采用湿作业法施工的天然石材饰面板应进行防碱、背涂处理。采用传统的湿作业法安装天然石材时，由于水泥砂浆在水化时析出大量的氧化钙，泛到石材表面，产生不规则的花斑，俗称泛碱现象，严重影响建筑物室内外石材饰面的装饰效果。因此，在天然石材安装前，应对石材饰面采用防碱背涂剂进行背涂处理。背涂方法应严格按照防碱背涂剂涂布工艺施涂。

3. 工艺流程

基层处理→吊垂直、套方、找规矩→贴灰饼→抹底层砂浆→弹线分格→排砖→浸砖→镶贴面砖→面砖勾缝及擦缝。

4. 施工工艺

（1）基体为混凝土墙面时的操作方法

1）基层处理。将凸出墙面的混凝土剔平，对大钢模施工的混凝土墙面应凿毛，并用钢丝刷满刷一遍，清除干净，然后浇水湿润；对于基体混凝土墙面表面很光滑的，可采取毛化处理办法。即先将表面尘土、污垢清扫干净，用 10% 火碱水将板面的油污刷掉，随之用净水将碱液冲洗、晾干，然后将水泥砂浆内掺水重 20% 的界面剂胶，用笤帚将砂浆甩到墙上，其甩点要均匀，终凝后浇水养护，直至水泥砂浆疙瘩全部粘到混凝土光面上，并有较高的强度（用手掰不动）为止。

2）吊垂直、套方、找规矩、贴灰饼、冲筋。高层建筑物应在四大角和门窗口边用经纬仪打垂直线找直；多层建筑物，可从顶层开始用特制的大线坠绷低碳钢丝吊垂直，然后根据面砖的规格尺寸分层设点、做灰饼，间距 1.6m。横向水平线以楼层为水平基准线交圈控制，竖向垂直线以四周大角和通天柱或墙垛子为基准线控制，应全部是整砖。阳角处要双面排直。每层打底时，应以此灰饼作为基准进行冲筋，使其底层灰做到横平竖直。同时要注意找好突出檐口、腰线、窗台、雨篷等饰面的流水坡度和滴水线（槽）。

3）抹底层砂浆。先刷一道掺水重 10% 的界面剂胶水泥素浆，打底应分层分遍进行抹底层砂浆（常温时采用配合比为 1∶3 水泥砂浆）。第一遍厚度宜为 5mm，抹后用木抹子搓平、扫毛。待第一遍六七成干时，即可抹第二遍，厚度约为 8~12mm，随即用木杠刮平、木抹子搓毛。终凝后洒水养护。砂浆总厚度不得超过 20mm，否则应作加强处理。

4）弹线分格。待基层灰六七成干时，即可按图纸要求进行分段分格弹线，同时亦可进行面层贴标准点的工作，以控制面层出墙尺寸及垂直、平整。

5）排砖。根据大样图及墙面尺寸进行横竖向排砖，以保证面砖缝隙均匀，符合设计图纸要求。注意大墙面、通天柱子和垛子要排整砖，以及在同一墙面上的横竖排列，均不得有一行以上的非整砖。非整砖行应排在次要部位，如窗间墙或阴角处等，但亦要注意一致和对称。如遇有突出的卡件，应用整砖套割吻合，不得用非整砖随意拼凑镶贴。面砖接缝的宽度不应小于 5mm，不得采用密缝。

6）选砖、浸泡。釉面砖和外墙面砖镶贴前，应挑选颜色、规格一致的砖。浸泡砖时，将面砖清扫干净，放入净水中浸泡 2h 以上，取出待表面晾干或擦干净后方可使用。

7）粘贴面砖。粘贴应自上而下进行。高层建筑采取措施后，可分段进行。在每一分段或分块内的面砖，均为自下而上镶贴。从最下一层砖下皮的位置线先稳好靠尺，以此托住第一皮面砖。在面砖背面宜采用 1：0.2：2 的水泥：白灰膏：砂的混合砂浆镶贴，砂浆厚度为 6~10mm。贴上后用灰铲柄轻轻敲打，使之附线，再用钢片开刀调整竖缝，并用小杠通过标准点调整平面和垂直度。

女儿墙压顶、窗台、腰线等部位平面也要镶贴面砖时，除流水坡度符合设计要求外，应采取顶面砖压立面面砖的做法，预防向内渗水，引起空裂；同时还应采取立面中最低一排面砖必须压底平面面砖，并低出底平面面砖 3~5mm 的做法，让其起滴水线（槽）作用，防止"尿檐"，引起空裂。

8）面砖勾缝与擦缝。用 1：1 水泥砂浆勾缝或采用勾缝胶，先勾水平缝再勾竖缝。若横竖缝为干挤缝，或小于 3mm 者，应用白水泥配颜料进行擦缝处理。面砖缝子勾完后，用布或棉丝蘸稀盐酸擦洗干净。

（2）基体为砖墙面时的操作方法

1）基层处理。抹灰前，墙面必须清扫干净，浇水湿润。

2）吊垂直、套方、打规矩：大墙面和四角、门窗口边弹线找规矩，必须由顶层到底一次进行，弹出垂直线，并决定面砖出墙尺寸，分层设点、做灰饼（间距为 1.6m）。横线则以楼层为水平基线交圈控制，竖向线则以四周大角和通天垛、柱子为基准线控制。每层打底时则以此灰饼作为基准点进行冲筋，使其底层灰做到横平竖直。同时要注意找好突出檐口、腰线、窗台、雨篷等饰面的流水坡度。

3）抹底层砂浆。先把墙面浇水湿润，然后刮一道 1：3 水泥砂浆（约 5~6mm 厚），紧跟着用同强度等级的灰与所冲的筋抹平，随即用木杠刮平，木抹搓毛，隔天浇水养护。

其余同基体为混凝土墙面的做法。

14.1.2 石材湿贴施工

1. 工艺流程

（1）薄型小规格块材（边长小于 40cm）工艺流程　基层处理→吊垂直、套方、找规矩、贴灰饼→抹底层砂浆→弹线分格→石材刷防护剂→排块材→镶贴块材→表面勾缝与擦缝。

（2）普通型大规格块材（边长大于 40cm）工艺流程　施工准备（钻孔、剔槽）→穿铜丝或镀锌钢丝与块材固定→绑扎、固定钢丝网→吊垂直、找规矩、弹线→石材刷防护剂→安装石材→分层灌浆→擦缝。

2. 施工工艺

（1）薄型小规格块材（一般厚度 10mm 以下）　可采用粘贴方法。

1）进行基层处理和吊垂直、套方、找规矩，可参照镶贴面砖施工工艺部分。并注意同一墙面不得有一排以上的非整块块材，并应将其镶贴在较隐蔽的部位。

2）在基层湿润的情况下，先刷胶界面剂素水泥浆一道，随刷随打底。底灰采用 1∶3 水泥砂浆，厚度约 12mm，分二遍操作，第一遍约 5mm，第二遍约 7mm，待底灰压刮平后，将底子灰表面划毛。

3）石材表面处理。石材表面充分干燥后，用石材防护剂进行石材六面体防护处理。此工序必须在无污染的环境下进行，将石材平放于木枋上，用羊毛刷蘸上防护剂，均匀涂刷于石材表面。涂刷必须到位，第一遍涂刷完间隔 24h 后，用同样的方法涂刷第二遍石材防护剂。如采用不着水泥或胶粘剂固定，间隔 48h 后对石材粘结面用专用胶进行拉毛处理，拉毛胶泥凝固硬化后方可使用。

4）待底子灰凝固后便可进行分块弹线，随即将已湿润的块材抹上厚度为 2~3mm 的素水泥浆（内掺水重 20% 的界面剂）进行镶贴，用木锤轻敲，用靠尺找平找直。

（2）大规格块材　镶贴高度超过 1m 时，可采用如下安装方法。

1）钻孔、剔槽。安装前先将饰面板按照设计要求用台钻打眼。事先应钉木架使钻头直对板材上端面，在每块板的上、下两个面打眼。孔位打在距板宽的两端 1/4 处，每个面各打两个眼，孔径为 5mm，深度为 12mm，孔位距石板背面以 8mm 为宜。

2）穿铜丝或镀锌钢丝与块材固定：把备好的铜丝或镀锌钢丝剪成长 20cm 左右，一端用木楔粘环氧树脂将铜丝或镀锌钢丝进孔内固定牢固，另一端将铜丝或镀锌钢丝顺孔槽弯曲并卧入槽内，使大理石或磨光花岗石板上、下端面没有铜丝或镀锌钢丝突出，以便和相邻石板接缝严密。

3）绑扎钢筋。首先剔出墙面上的预埋筋，把墙面镶贴大理石的部位清扫干净。先绑扎一道直径 6mm 的竖向钢筋，并把绑好的竖筋用预埋筋弯压于墙面。横向钢筋为绑扎大理石或磨光花岗石板材所用，如板材高度为 60cm，第一道横筋在地面以上 10cm 处与主筋绑扎牢，用作绑扎第一层板材的下口固定铜丝或镀锌钢丝。第二道横筋在 50cm 水平线上 7~8cm，比石板上口低 2~3cm 处，用于绑扎第一层石板上上口固定铜丝或镀锌钢丝，再往上每 60cm 绑一道横筋即可。

4）弹线。首先将要贴大理石或磨光花岗石的墙面、柱面和门窗套用大线坠从上至下找出垂直。应考虑大理石或磨光花岗石板材厚度、灌注砂浆的空隙和钢筋网所占尺寸，一般大理石、磨光花岗石外皮距结构面的厚度以 5~7cm 为宜。找出垂直后，在地面上顺墙弹出大理石或磨光花岗石等外廓尺寸线，此线即为第一层大理石或花岗石等的安装基准线。编好号的大理石或花岗石板等在弹好的基准线上画出就位线，每块留 1mm 缝隙（如设计要求拉开缝，则按设计规定留出缝隙）。

5）石材表面处理。石材表面充分干燥（含水率应小于 8%）后，用石材防护剂进行石材六面体防护处理。此工序必须在无污染的环境下进行，将石材平放于木木枋上，用羊毛刷蘸上防护剂，均匀涂刷于石材表面。涂刷必须到位，第一遍涂刷完间隔 24h 后，用同样的方法涂刷第二遍石材防护剂。如采用水泥或胶粘剂固定，间隔 48h 后对石材粘接面用专用胶进行拉毛处理，拉毛胶泥凝固硬化后方可使用。

6）安装石材。按部位取石板并舒直铜丝或镀锌钢丝，将石板就位，石板上口外仰，右手伸入石板背面，把石板下口铜丝或镀锌钢丝绑扎在横筋上。绑时不要太紧应留余量，只要把铜丝或镀锌钢丝和横筋拴牢即可。把石板竖起，便可绑扎大理石或磨光花岗石板上口铜丝或镀锌钢丝，并用木楔子垫稳，块材与基层间的缝隙一般为 30~50mm。用靠尺板检查调整木楔，再拴紧铜丝或镀锌钢丝，依次向另一方进行。柱面可按顺时针方向安装，一般先从正面开始。第一层安装完毕再用靠尺板找垂直，水平尺找平整，方尺找阴阳角方正。在安装石板时如发现石板规格不准确或石板之间的空隙不符，应用铅皮垫牢，使石板之间缝隙均匀一致，并保持第一层石板上口的平直。找完垂直、平直、方正后，用碗调制熟石膏，把成粥状的石膏贴在大理石或磨光花岗石上下之间，使这二层石板结成一整体。木楔处亦可粘贴石膏，再用靠尺检查有无变形，等石膏硬化后方可灌浆（如设计有嵌缝塑料软管者，应在灌浆前塞放好）。

7）灌浆。把配合比为 1∶2.5 水泥砂浆放入半截大桶加水调成粥状，用铁簸箕舀浆徐徐倒入，注意不要碰大理石，边灌边用橡皮锤轻轻敲击石板面使灌入砂浆排气。第一层浇灌高度为 15cm，不能超过石板高度的 1/3。第一层灌浆很重要，因要锚固石板的下口铜丝又要固定饰面板，所以要轻轻操作，防止碰撞和猛灌。如发生石板外移错动，应立即拆除重新安装。

8）擦缝。全部石板安装完毕后，清除所有石膏和余浆痕迹，用麻布擦洗干净，并按石板颜色调制色浆嵌缝，边嵌边擦干净，使缝隙密实、均匀、干净、颜色一致。

14.1.3　石材干挂施工

1. 工艺流程

测量放线→钻眼开槽→石材安装→密封嵌胶。

2. 施工工艺

（1）测量放线　先将要干挂石材的墙面、柱面、门窗套用经纬仪从上至下找出垂直。同时应该考虑石材厚度及石材内皮距结

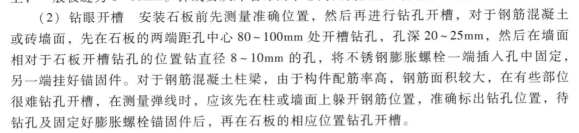

干挂玻化砖　内干挂石材

构表面的间距，一般以 60~80mm 为宜。根据石材的高度用水准仪测定水平线并标注在墙上，一般板缝为 6~10mm。弹线要从外墙饰面中心向两侧及上下分格，误差要匀开。

（2）钻眼开槽　安装石板前先测量准确位置，然后再进行钻孔开槽，对于钢筋混凝土或砖墙面，先在石板的两端距孔中心 80~100mm 处开槽钻孔，孔深 20~25mm，然后在墙面相对于石板开槽钻孔的位置钻直径 8~10mm 的孔，将不锈钢膨胀螺栓一端插入孔中固定，另一端挂好锚固件。对于钢筋混凝土柱梁，由于构件配筋率高，钢筋面积较大，在有些部位很难钻孔开槽，在测量弹线时，应该先在柱或墙面上躲开钢筋位置，准确标出钻孔位置，待钻孔及固定好膨胀螺栓锚固件后，再在石板的相应位置钻孔开槽。

（3）石材安装

1）底层石板安装。安装底层石板，应根据固定的墙面上的不锈钢锚固件位置进行安装，具体操作是将石板孔槽和锚固件固定销对位安装好，利用锚固件的长方形螺栓孔，调节石板的平整，及方尺找阴阳角方正，拉垂直水平通线找石板上口平直，然后用锚固件将石板固定牢固，将用嵌固胶将锚固件填堵固定。

2）上行石板安装。先往下一行石板的插销孔内注入嵌固胶，擦净残余胶液后，将上行石板按照底石板的操作方法就位。检查安装质量，符合设计及规范要求后进行固定。对于檐

口等石板上边不易固定的部位，可用同样方法对石板的两侧进行固定。

（4）密封嵌胶　待石板挂贴完毕，进行表面清洁和清除缝隙中的灰尘。先用直径 8~10mm 的泡沫塑料条填板内侧，留 5~6mm 深缝，在缝两侧的石板上，靠缝粘贴 10~15mm 宽塑料胶带，以防打胶嵌缝时污染板面。然后用打胶枪填满封胶，若密封胶污染板面，必须立即擦净。最后揭掉胶带，清洁石板表面，打蜡抛光，达到质量标准后，拆除脚手架。

14.1.4　金属饰面板施工

吸声板

1. 工艺流程

放线→固定骨架的连接件→固定骨架→金属饰面板安装。

2. 施工工艺

（1）放线　根据设计图纸的要求和几何尺寸，对要镶贴金属饰面板的面进行吊直、套方、找规矩，并进行实测和放线，确定饰面墙板的尺寸和数量。

（2）固定骨架的连接件　骨架的横竖杆件是通过连接件与结构固定的，连接件与结构之间，采用膨胀螺栓固定，施工时在螺栓位置画线，按线开孔。

（3）固定骨架　骨架进行防腐处理后开始安装，要求位置准确，结合牢固，安装后要全面检查中心线、表面标高。

（4）金属饰面板安装　墙板的安装顺序是从每面墙的边部竖向第一排下部的第一块板开始，自下而上安装，安装完该面墙的第一排再安装第二排。每安装铺设 10 排墙板后，应吊线检查一次，以便及时消除误差。为保证墙面外观质量，螺栓位置必须准确，并应用单面施工的钩形螺栓固定，使螺栓的位置横平竖直。固定金属板的方法有两种，一是将板条或方板用螺栓拧到型钢或木架上，另一种是将板条卡在特制的龙骨上。饰面板安装完毕后，应用塑料薄膜覆盖保护，易被划碰的部位，应设安全栏杆保护。

14.1.5　塑料饰面板施工

塑料饰面板品种繁多，现就聚氯乙烯塑料板的饰面施工简介如下。

1. 基层处理

基层必须垂直、平整、坚硬、整洁，不宜过光，不应有水泥浮浆。如有麻石，应先用乳胶腻子修补平整，再用乳胶水溶液涂刷一遍，以增强粘结力。

2. 粘贴方法

粘贴前，基层表面应按分块尺寸弹线预排。胶粘剂宜用脲醛、聚乙酸乙烯、环氧树脂等，也可用氯丁胶粘剂，以保证粘结强度。涂胶时应同时在基层表面和饰面板背面涂刷，胶液不宜太稀或太稠，应涂刷均匀，无砂粒等杂物。涂胶后，当用手触试胶液，感到黏性较大时，即可进行粘贴。粘贴时要挤压密实，以防空鼓、翘边，粘贴后应采取临时措施固定，同时将挤压在板缝中多余的胶液刮除，否则胶干结后难以清除。对硬厚型的硬聚氯乙烯饰面板，当用木螺钉和垫圈或金属压条固定时，木螺钉的钉距一般为 400~500mm。在固定金属压条时，应先用钉将饰面板临时固定，然后加盖金属压条。塑料板储存和运输时，应严禁暴晒、高温或撞击，已损坏的板，如缺棱少角或裂缝严重，一般不应使用。

任务 2　室内饰面板（砖）施工

14.2.1　室内贴面砖施工

1. 工艺流程

基层处理→吊垂直、套方、找规矩→贴灰饼→抹底层砂浆→弹线分格→排砖→浸砖→镶贴面砖→面砖勾缝与擦缝。

2. 施工工艺

（1）基体为混凝土墙面时的操作方法

1）基体处理。将突出墙面的混凝土剔平，对于基体混凝土表面很光滑的要凿毛，或用可掺界面剂胶的水泥细砂浆做小拉毛墙，也可刷界面剂、并浇水湿润基层。

2）10mm 厚 1∶3 水泥砂浆打底，应分层分遍抹砂浆，随抹随刮平抹实，用木抹搓毛。

3）待底层灰六七成干时，按图纸要求、釉面砖规格及结合实际条件进行排砖，弹线。

4）排砖。根据大样图及墙面尺寸进行横向排砖，以保证面砖缝隙均匀，符合设计图纸要求。注意大墙面、柱子和垛子要排整砖，以及在同一墙面上的横竖排列，均不得有小于 1/4 砖的非整砖。非整砖行应排在次要部位，如窗间墙或阴角处等，但也注意一致和对称。如遇有突出的卡件，应用整砖套割吻合，不得用非整砖随意拼凑镶贴。

5）用废釉面砖贴标准点，用做灰饼的混合砂浆贴在墙面上，用以控制贴釉面砖的表面平整度。

6）垫底尺，准确计算最下一皮砖下口标高。底尺上皮一般比地面低 1cm 左右，以此为依据放好底尺，要水平、稳固。

7）选砖、浸泡。面砖镶贴前，应挑选颜色、规格一致的砖。浸泡砖时，将面砖清扫干净，放入净水中浸泡 2h 以上，取出待表面晾干或擦干净后方可使用。

8）粘贴面砖。粘贴应自下而上进行。抹 8mm 厚 1∶0.1∶2.5 水泥石灰膏砂浆结合层，要刮平，随时用靠尺检查平整度，同时保证缝隙宽度一致。

9）贴完经自检合格后，用棉丝擦干净，用勾缝胶快擦缝，再用布将缝的素浆擦匀，砖面擦净。

（2）基体为砖墙面时的操作方法

1）基层处理。抹灰前，墙面必须清扫干净，浇水湿润。

2）12mm 厚 1∶3 水泥砂浆打底，打底要分层涂抹，每层厚度宜 5~7mm，随即抹平搓毛。

其余同基体为混凝土墙面做法。

14.2.2　墙面贴陶瓷锦砖施工

1. 工艺流程

基层处理→吊垂直、套方、找规矩→贴灰饼→抹底子灰→弹控制线→贴陶瓷锦砖→揭纸、调缝→擦缝。

2. 施工工艺

（1）基体为混凝土墙面时的操作方法

1）基层处理。首先将凸出墙面的混凝土剔平，对大钢模板施工的混凝土墙面应凿毛，并用钢丝刷满刷一遍，再浇水湿润，并用水泥：砂：界面剂为1：0.5：0.5的水泥砂浆对混凝土墙面进行拉毛处理。

2）吊垂直、套方、找规矩、贴灰饼。根据墙面结构平整度找出贴陶瓷锦砖的规矩，如果是高层建筑物在外墙全部贴陶瓷锦砖时，应在四周大角落和门窗边用经纬仪打垂直线找直；如果是多层建筑时，可从顶层开始用特制的大线坠绷低碳钢丝吊垂直，然后根据陶瓷锦砖的规格、尺寸分层设点、做灰饼。横线则以楼层为水平基线交圈控制，竖向线则以四周大角和层间贯通柱、垛子为基线控制。每层打底时则以此灰饼为基准点进行冲筋，使其底层灰做到横平竖直、方正。同时要注意找好突出檐口、腰线、窗台、雨篷等饰面的流水坡度和滴水线，坡度应小于3%。

3）抹底子灰。底子灰一般分两次操作，抹头遍水泥砂浆，其配合比为1：2.5或1：3，并掺20%水泥重的界面剂胶，薄薄地抹一层，用抹子压实。第二次用相同配合比的砂浆按冲筋抹平，用短杠刮平。低凹处事先填平补齐，最后用木抹子搓出麻面。底子灰抹完后，隔天浇水养护。找平层厚度不应大于20mm，若超过此值必须采取加强措施。

4）弹控制线。贴陶瓷锦砖前应放出施工大样，根据具体高度弹出若干条水平控制线。在弹水平控制线时，应计算将陶瓷锦砖的块数，使两线之间保持整砖数。如分格需按总高度均分，可根据设计与陶瓷锦砖的品种、规格定出缝子宽度，再加上分格条。但要注意同一墙面不得有一排以上的非整砖，并应将其镶贴在较隐蔽的部位。

5）贴陶瓷锦砖。镶贴应自上而下进行。高层建筑采取措施后，可分段进行。在每一分段或分块内的陶瓷锦砖，均为自下向上镶贴。贴陶瓷锦砖时在打好的底子上浇水润湿，并在弹好水平线下口上，支上一根垫尺，一般三人为一组进行操作。一人浇水润湿墙面，先刷上一道素水泥浆，再抹2～3mm厚的混合灰结层，其配合比为纸筋：石灰膏：水泥=1：1：2，亦可采用1：0.3水泥纸筋灰，用靠尺板刮平，再用抹子抹平。另一人将陶瓷锦砖在木托板上，缝里灌入1：1水泥细砂灰，用软毛刷刷净麻面，再抹上薄薄一层灰浆，然后一张一张递给另一人。第三人将四边灰刮掉，两手执住陶瓷锦砖上面，在已支好的垫尺上由下往上贴，缝要对齐，要注意按弹好的横竖线镶贴。

6）揭纸、调缝。贴完陶瓷锦砖的墙面，要一手拿拍板，靠在贴好的墙面上，一手拿锤子对拍板满敲一遍，然后将陶瓷锦砖上的纸用刷子刷上水，约等20～30min便可开始揭纸。揭开纸后检查缝的大小是否均匀，如出现歪斜、不正的缝，应按顺序拔正贴实，先横后竖，直到拔正拔直为止。

7）擦缝。粘贴后48h，先用抹子把近似陶瓷锦砖颜色的擦缝水泥浆摊放在需擦缝的陶瓷锦砖上，然后用刮板将水泥浆往缝里刮满、刮实、刮严。再用麻丝和擦布将表面擦净。遗留在缝里的浮砂可用潮湿干净的软毛刷轻轻带出，如需清洗饰面时，应待勾缝材料硬化后方可进行。大缝要用1：1水泥砂浆勾严勾平，再用擦布擦净。外墙应选用具有抗渗性能的勾缝材料施工。

（2）基体为砖墙面时的操作方法

1）基层处理。抹灰前墙面必须清理干净，检查窗台窗套和腰线等处，对损坏和松动的部分要处理好，然后浇水润湿墙面。

2）吊垂直、套方、找规矩。同基体为混凝土墙面做法。

3）抹底子灰。底子灰一般分两次操作，第一次抹薄薄的一层，用抹子压实，水泥砂浆的配合比为 1:3，并掺水泥重 20% 的界面胶；第二次用相同配合比的砂浆按冲筋线抹平，用短杠刮平。低凹处事先填平补齐，最后用木抹子搓出麻面。底子灰抹完后，隔天浇水养护。

其余作法同基体为混凝土墙面的做法。

同 步 测 试

一、填空题

1. 饰面砖要求表面光洁、色彩一致，不得有暗痕和裂纹，吸水率不得大于_____。

2. 根据国家标准《天然大理石建筑板材》（GB/T 19766—2016），大理石分为_____、_____、_____三个等级。

3. 采用湿作业法施工的天然石材饰面板应进行_____、_____处理。

4. 干挂石材的墙面，根据石材的高度用水准仪测定水平线并标注在墙上，一般板缝为_____。

5. 女儿墙压顶、窗台、腰线等部位平面也要镶贴面砖时，除流水坡度符合设计要求外，应采取_____做法，预防向内渗水，引起空裂。

二、选择题

1. 干挂石材应先在石板的两端距孔中心 80~100mm 处开槽钻孔，孔深通常为（　　）。

A. 8~10mm　　　　B. 10~15mm　　　　C. 15~20mm　　　　D. 20~25mm

2. 釉面砖和外墙面砖镶贴前，应挑选颜色、规格一致的砖；浸泡砖时，将面砖清扫干净，放入净水中浸泡（　　）以上。

A. 1h　　　　B. 2h　　　　C. 4h　　　　D. 8h

3. 采用湿作业法施工时，石材应进行（　　）背涂处理。

A. 防裂　　　　B. 防潮　　　　C. 防碱　　　　D. 防酸

4. 关于人造饰面石材的特点，下列各项中正确的是（　　）。

A. 强度低　　　　B. 耐腐蚀　　　　C. 价格高　　　　D. 易污染

5. 花岗石构造致密，强度高、密度大、吸水率极低、质地坚硬、耐磨，属于（　　）。

A. 酸性硬石材　　B. 酸性软石材　　C. 碱性硬石材　　D. 碱性软石材

三、简答题

1. 常用的饰面板（砖）有哪些？有何要求？

2. 饰面板（砖）工程应对哪些项目进行复验？

四、思考题

党的二十大报告提出"加快节能降碳先进技术研发和推广应用，倡导绿色消费，推动形成绿色低碳的生产方式和生活方式。"请结合本单元学习内容，谈谈装饰材料施工中有哪些污染？该如何防治？

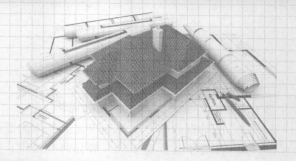

单元15

吊顶与轻质隔墙工程

📎 【素养提升】

　　郑州新郑国际机场 T2 航站楼平面呈 X 形布置，东西长 407m，南北长 1128m，建筑面积 48.45 万 m²，地下 2 层，地上 4 层，4 层为出发大厅。主楼屋面为网架结构，呈蛋壳形双曲面造型，网架下为蛋壳形可翻转式鱼鳞面大吊顶，以自身对角线为轴沿屋面进行转动，确保室外光线均匀进入，吊顶跨度之大、形式之独特为国内首创。室内吊顶高度距出发大厅地面最高 22m，最低 19m。吊顶设计由单元板块拼装构成，由旋转单元和非旋转单元组成，面板分平面和曲面两种，旋转单元有 7°~38° 共 28 种旋转角度。航站楼采用新型建筑材料进行造型设计、装饰——效果十分前卫、新颖。造型各异的商业岛，体现了设计师的鬼斧神工，让旅客在购物的同时领略到艺术带来的视觉享受。

　　郑州新郑国际机场是大型吊顶工程项目，对于室内装饰装修工程来说，吊顶工程无论是施工工艺还是结构形式均有所不同。近年来，各种新型吊顶材料的不断涌现促进了吊顶工程的发展，传统的木龙骨吊顶已被新型吊顶所取代。

📎 知识目标：

- 了解吊顶与轻质隔墙的基本知识。
- 理解各种吊顶和轻质隔墙的基本构造。
- 掌握各种吊顶和轻质隔墙的施工工艺及基本操作要求。

📎 能力目标：

- 能够编写简单的吊顶和轻质隔墙的施工方案。
- 能够进行吊顶和轻质隔墙工程施工质量检查。
- 能够指导工人进行技术交底工作。

📎 素养目标：

- 培养学生节能降碳先进技术研发的意识。
- 培养学生绿色消费的意识。
- 培养学生绿色生活的环保理念。

任务 1　吊 顶 施 工

15.1.1　吊顶工程的分类

1. 暗龙骨吊顶

暗龙骨吊顶又称隐蔽式吊顶，是指龙骨不外露，饰面板表面呈整体的形式。这种吊顶一般应考虑上人。

2. 明龙骨吊顶

明龙骨吊顶又称活动式吊顶。一般是和铝合金龙骨或轻钢龙骨配套使用，是将轻质装饰板明摆浮搁在龙骨上，便于更换。龙骨可以是外露的，也可以是半露的。按照采用的饰面材料不同，分为石膏板、金属板、矿棉板、木板、塑料板或格栅吊顶等。按照采用的龙骨材料不同，分为木龙骨、轻钢龙骨、铝合金龙骨吊顶等。

矿棉板吊顶　石膏板吊顶

15.1.2　施工环境要求

1）吊顶工程在施工前应熟悉施工图纸及设计说明。

2）施工前应按设计要求对房间的净高、洞口标高和吊顶内的管道、设备及其支架的标高进行交接检验。

3）对吊顶内的管道、设备的安装及水管试压进行验收。

4）吊顶工程在施工中应做好各项施工记录，收集好各种有关资料，包括：进场验收记录和复验报告、技术交底记录，材料的产品合格证书、性能检测报告。

5）安装面板前应完成吊顶内管道和设备的调试和验收。

15.1.3　材料技术要求

1）按设计要求可选用龙骨和配件及罩面板，材料品种、规格、质量应符合设计要求。

2）对人造板、胶粘剂的甲醛、苯含量进行复检，检测报告应符合国家环保方面的相关规定要求。

3）吊顶工程中的预埋件、钢筋吊杆和型钢吊杆应进行防锈处理。

4）罩面板表面应平整，边缘应整齐、颜色应一致。穿孔板的孔距应排列整齐，胶合板、木质纤维板、大芯板不应脱胶、变色。

15.1.4　施工工艺

1. 暗龙骨吊顶施工

（1）放线　用水准仪在房间内每个墙（柱）角上抄出水平点（若墙体较长，中间也应适当抄几个点），弹出水准线（水准线距地面一般为 500mm），从水准线量至吊顶设计高度再加上罩面板的厚度，用粉线沿墙（柱）弹出水准线，即为吊顶次龙骨的下皮线。同时，按吊顶平面图，在混凝土顶板弹出主龙骨的位置。主龙骨应从吊顶中心向两边分，间距不大于 1000mm，并标出吊杆的固定点，吊杆的固定点间距 900～1000mm。如遇到梁和管道固定点大于设计和规程要求，应增加吊杆的固定点。

（2）固定吊挂杆件 采用膨胀螺栓固定吊挂杆件。制作好的吊杆应做防锈处理，吊杆用膨胀螺栓固定在楼板上，用冲击电锤打孔，孔径应稍大于膨胀螺栓的直径。

在梁上或风管等机电设备上设置吊挂杆件，需进行跨越施工，即在梁或风管设备两侧用吊杆固定角铁或者槽钢等刚性材料作为横担，跨过梁或者风管设备。再将龙骨吊杆用螺栓固定在横担上形成跨越结构。

1）吊挂杆件应通直并有足够的承载能力。当预埋的杆件需要接长时，必须搭接焊牢，焊缝要均匀饱满。

2）吊杆距主龙骨端部距离不得超过300mm，否则应增加吊杆。

3）吊顶灯具、风口及检修口等应设附加吊杆。

（3）安装边龙骨 边龙骨的安装应按设计要求弹线，沿墙（柱）上的水平龙骨线把L形镀锌轻钢条用自攻螺钉固定在预埋木砖上。如在混凝土墙（柱）上可用射钉固定，射钉间距应不大于吊顶次龙骨的间距。

（4）安装主龙骨 主龙骨应吊挂在吊杆上，主龙骨间距900～1000mm。跨度大于15m以上的吊顶，应在主龙骨上每隔15m加一道大龙骨，并垂直主龙骨焊接牢固。如有大的造型顶棚，造型部分应用角钢或扁钢焊接成框架，并应与楼板连接牢固。吊顶如设检修走道，应另设附加吊挂系统，用10mm的吊杆与长度为1200mm的150mm×8mm角钢横担通过螺栓连接，横担间距为1800～2000mm。在横担上铺设走道，可以用两根间距600mm的6号槽钢作为骨架，两者通过直径10mm的钢筋焊接，钢筋的间距为100mm，将槽钢与横担角钢焊接牢固。在走道的一侧设有栏杆，高度为900mm，可以用50mm×4mm的角钢做立柱，焊接在走道6号槽钢上，之间用30mm×4mm的扁钢连接。

（5）安装次龙骨 次龙骨应紧贴主龙骨安装。次龙骨间距300～600mm。用T形镀锌铁片连接件把次龙骨固定在主龙骨上时，次龙骨的两端应搭在L形边龙骨的水平翼缘上。墙上应预先标出次龙骨中心线的位置，以便安装罩面板时找到次龙骨的位置。当用自攻螺钉安装板材时，板材接缝处必须安装在宽度不小于40mm的次龙骨上。次龙骨不得搭接。在通风、水电等洞口周围应设附加龙骨，附加龙骨的连接用拉铆钉铆固。

（6）罩面板安装 吊挂顶棚罩面板常用的板材有纸面石膏板、埃特板、防潮板等。选用板材应考虑牢固可靠，装饰效果好，便于施工和维修，也要考虑质量轻、防火、吸声、隔热、保温等要求。

2. 明龙骨吊顶施工

（1）放线 参看暗龙骨吊顶放线。

（2）固定吊挂杆件 采用膨胀螺栓固定吊挂杆件。不上人的吊顶，吊杆长度小于1000mm，可以采用直径6mm的吊杆；如果大于1000mm，应采用直径8mm的吊杆；如吊杆长度大于1500mm，则要设置反向支撑。上人的吊顶，吊杆长度小于等于1000mm，可以采用直径8mm的吊杆；如果大于1000mm，则应采用直径10mm的吊杆；如吊杆长度大于1500mm，同样要设置反向支撑。吊杆的一端同30mm×30mm×3mm角码焊接（角码的孔径应根据吊杆和膨胀螺栓的直径确定），另一端可以用攻丝机套出长度大于100mm的丝杆，也可以买成品丝杆焊接。制作好的吊杆应做防锈处理，吊杆用膨胀螺栓固定在楼板上，用冲击电锤打孔，孔径应稍大于膨胀螺栓的直径。

（3）在梁上设置吊挂杆件 吊挂杆件应通直并有足够的承载能力。当预埋的杆件需要接长时，必须搭接焊牢，焊缝要均匀饱满。吊杆距主龙骨端部距离不得超过 300mm，否则应增加吊杆。吊顶灯具、风口及检修口等应设附加吊杆。

（4）安装边龙骨　边龙骨的安装应按设计要求弹线，沿墙（柱）上的水平龙骨线把 L 形镀锌轻钢条用自攻螺钉固定在预埋木砖上。如在混凝土墙（柱）上可用射钉固定，射钉间距应不大于吊顶次龙骨的间距。

（5）安装主龙骨　主龙骨应吊挂在吊杆上。主龙骨间距不大于 1000mm。主龙骨分为轻钢龙骨和 T 形龙骨。轻钢龙骨可选用 UC50 中龙骨和 UC38 小龙骨。主龙骨应平行房间长向安装，同时应起拱，起拱高度为房间跨度的 1/300 ~ 1/200。主龙骨的悬臂段不应大于 300mm，否则应增加吊杆。主龙骨的接长应采取对接，相邻龙骨的对接接头要相互错开。主龙骨挂好后应基本调平。跨度大于 15m 以上的吊顶，应在主龙骨上每隔 15m 加一道大龙骨，并垂直主龙骨焊接牢固。如有大的造型顶棚，造型部分应用角钢或扁钢焊接成框架，并应与楼板连接牢固。

（6）安装次龙骨　次龙骨应紧贴主龙骨安装。次龙骨间距 300~600mm。次龙骨分为 T 形烤漆龙骨、T 形铝合金龙骨和各种条形扣板厂家配的专用龙骨。用 T 形镀锌钢片连接件把次龙骨固定在主龙骨上时，次龙骨的两端应搭在 L 形边龙骨的水平翼缘上，条形扣板有专用的阴角线做边龙骨。

（7）罩面板安装　吊挂顶棚罩面板常用的板材有矿棉吸声板、硅钙板、塑料板等。

明龙骨吊顶安装如图 15-1 所示。

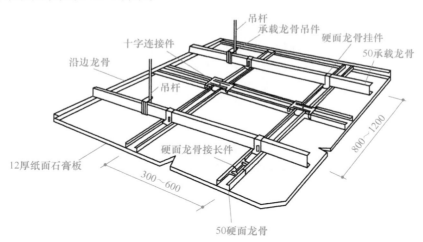

图 15-1　明龙骨吊顶安装示意图

任务 2　轻质隔墙施工

轻质隔墙有很多种，有骨架隔墙、板材隔墙、活动隔断、玻璃隔墙等，本节主要介绍骨架隔墙中轻钢龙骨石膏板隔墙的施工方法。这也是施工中最常用的方法。

15.2.1　主要材料及配件要求

1. 轻钢龙骨主件
沿顶龙骨、沿地龙骨、加强龙骨、竖向龙骨、横向龙骨应符合设计要求。

玻璃隔断　石膏板隔墙

2. 轻钢骨架配件

支承卡、卡托、角托、连接件、固定件、附墙龙骨、压条等附件应符合设计要求。

3. 紧固材料

射钉、膨胀螺栓、镀锌自攻螺栓、木螺栓和粘结嵌缝料应符合设计要求。

4. 填充隔声材料

按设计要求选用。

5. 罩面板材

纸面石膏板规格、厚度由设计人员或按图纸要求选定。

15.2.2　主要机具

直流电焊机、电动无齿锯、手电钻、螺钉旋具、射钉枪、线坠、靠尺等。

15.2.3　作业条件

1）轻钢骨架、石膏罩面板隔墙施工前应先完成基本的验收工作，石膏罩面板安装应待屋面、顶棚和墙抹灰完成后进行。

2）设计要求隔墙有地枕带时，应待地枕带施工完毕，并达到设计程度后，方可进行轻钢骨架安装。

3）根据设计施工图和材料计划，查实隔墙的全部材料，使其配套齐备。

4）所有的材料，必须有材料检测报告、合格证。

15.2.4　施工工艺

1. 工艺流程

放线→安装门洞口框→安装沿顶龙骨和沿地龙骨→竖向龙骨分档→安装竖向龙骨→安装横向卡档龙骨→安装石膏罩面板→设置施工接缝→面层施工。

2. 施工要点

（1）放线

根据设计施工图，在已做好的地面或地枕带上，放出隔墙位置线、门窗洞口边框线，并放好沿顶龙骨位置边线。

（2）安装门洞口框

放线后按设计，先将隔墙的门洞口框安装完毕。

（3）安装沿顶龙骨和沿地龙骨

按已放好的隔墙位置线，按线安装沿顶龙骨和沿地龙骨，用射钉固定于主体上，其射钉钉距为600mm。

（4）竖向龙骨分档

根据隔墙放线门洞口位置，在安装沿顶沿地龙骨后，按罩面板的规格900mm或1200mm板宽，分档规格尺寸为450mm，不足模数的分档应避开门洞框边第一块罩面板位置，使破边石膏罩面板不在靠洞框处。

（5）安装竖向龙骨

按分档位置安装竖向龙骨，竖向龙骨上下两端插入沿顶龙骨及沿地龙骨，调整垂直及定位准确后，用抽心铆钉固定；靠墙、柱边龙骨用射钉或木螺栓与墙、柱固定，钉距为1000mm。

（6）安装横向卡档龙骨

根据设计要求，隔墙高度大于3m时应加横向卡档龙骨，采用抽心铆钉或螺栓固定。

（7）安装石膏罩面板

1）检查龙骨安装质量、门洞口框是否符合设计及构造要求，龙骨间距是否符合石膏板宽度的模数。

2）安装一侧的纸面石膏板，从门口处开始，无门洞口的墙体由墙的一端开始，石膏板一般用自攻螺钉固定，板边钉距为200mm，板中间距为300mm，螺钉距石膏板边缘的距离不得小于10mm，也不得大于16mm，自攻螺钉固定时，纸面石膏板必须与龙骨紧靠。

3）安装墙体内电管、电盒和电箱设备。

4）安装墙体内防火、隔声、防潮填充材料，与另一侧纸面石膏板同时施工。

5）安装墙体另一侧纸面石膏板：安装方法同第一侧纸面石膏板，其接缝应与第一侧面板错开。

6）安装多层纸面石膏板：第二层板的固定方法与第一层相同，但第三层板的接缝应与第一层错开，不能与第一层的接缝落在同一龙骨上。

（8）接缝做法

纸面石膏板接缝做法有三种形式，即平缝、凹缝和压条缝。一般做平缝较多，如图15-2所示，可按以下程序处理。

1）纸面石膏板安装时，其接缝处应适当留缝（一般3～6mm），并必须坡口与坡口相接。接缝内浮土清除干净后，刷一道50%浓度的108胶水溶液。

2）用小刮刀把接缝腻子嵌入板缝，板缝要嵌满嵌实，与坡口刮平。待腻子干透后，检查嵌缝处是否有裂纹产生，如产生裂纹要分析原因，并重新嵌缝。

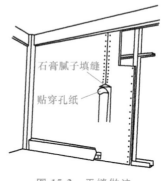

石膏腻子填缝

贴穿孔纸

图 15-2　平缝做法

3）在接缝坡口处刮约1mm厚的接缝腻子，然后粘贴玻纤带，压实刮平。

4）当腻子开始凝固又尚处于潮湿状态时，再刮一道接缝腻子，将玻纤带埋入腻子中，并将板缝填满刮平。

阴角的接缝处理方法同平缝。

15.2.5　质量标准

1）轻质隔墙工程验收时应检查下列文件和记录：①轻质隔墙工程的施工图、设计说明及其他设计文件；②材料的产品合格证书、性能检测报告、进场验收记录和复验报告；③隐蔽工程验收记录；④施工记录。

2）轻质隔墙工程应对人造木板的甲醛含量进行复验。

3）轻质隔墙工程应对下列隐蔽工程项目进行验收：①骨架隔墙中设备管线的安装及水管试压；②木龙骨防火、防腐处理；③预埋件或拉结筋；④龙骨安装；⑤填充材料的设置。

4）各分项工程的检验批应按下列规定划分：同一品种的轻质隔墙工程每50间（大面积房间和走廊按轻质隔墙的墙面30m² 为一间）应划分为一个检验批，不足50间也应划分为一个检验批。

5）轻质隔墙与顶棚和其他墙体的交接处应采取防开裂措施。

6）民用建筑轻质隔墙工程的隔声性能应符合现行国家标准《民用建筑隔声设计规范》（GB 50118—2010）的规定。

15.2.6 质量问题

（1）墙体收缩变形及板面裂缝 原因是竖向龙骨紧顶上下龙骨，没留伸缩量，超过2m长的墙体未做控制变形缝，造成墙面变形。隔墙周边应留3mm的空隙，这样可以减少因温度和湿度影响产生的变形和裂缝。

（2）轻钢骨架连接不牢固 原因是局部结点不符合构造要求，安装时局部节点应严格按图规定处理。钉固间距、位置、连接方法应符合设计要求。

（3）墙体罩面板不平 多数由两个原因造成：一是龙骨安装横向错位，二是石膏板厚度不一致。

（4）明凹缝不均 纸面石膏板拉缝没有很好掌握尺寸；施工时注意板块分档尺寸，保证板间拉缝一致。

同 步 测 试

一、填空题

1. 吊杆距主龙骨端部距离不得大于_____mm。

2. 吊顶工程中的预埋件、钢筋吊顶和型钢吊杆应进行_____处理。

3. 吊顶工程中，主龙骨间距_____mm，次龙骨间距_____mm。

4. 吊顶工程中，主龙骨应平行房间长向安装，同时应起拱，起拱高度为房间跨度的_____。

5. 跨度大于_____m以上的吊顶，应在主龙骨上，每隔_____m加一道大龙骨，并垂直主龙骨焊接牢固。

二、单项选择题

1. 暗龙骨吊顶施工要求中，吊杆距主龙骨端部距离不得大于（ ）mm。

A. 200　　　　　　B. 250　　　　　　C. 300　　　　　　D. 350

2. 主龙骨应从吊顶中心向两边分，间距不大于（ ）mm。

A. 900　　　　　　B. 1000　　　　　C. 1100　　　　　D. 1200

3. 当用自攻螺钉安装板材时，板材接缝处必须安装在宽度不小于（ ）mm的次龙骨上。

A. 20　　　　　　　B. 30　　　　　　C. 40　　　　　　D. 50

4. 以轻钢龙骨为体系的骨架隔墙，当在轻钢龙骨上安装纸面石膏板时应用自攻螺钉固定，下列关于自攻螺钉固定钉距叙述不正确的是（   ）。

   A. 石膏板周边螺钉的间距不应大于 200mm

   B. 石膏板中间部分螺钉的间距不应大于 400mm

   C. 螺钉与板边距离应为 16mm

   D. 石膏板中钉间距应小于或等于 300mm

5. 轻质隔墙工程应对隐蔽工程项目进行验收，其中不包括（   ）。

   A. 施工记录   B. 龙骨安装

   C. 填充材料的设置   D. 木龙骨防火、防腐处理

三、简答题

1. 暗龙骨吊顶施工工艺流程有哪些？

2. 隔墙施工的作业条件有哪些？

四、思考题

请结合本单元所学内容，谈谈你对党的二十大报告中提出的"推动能源清洁低碳高效利用，推进工业、建筑、交通等领域清洁低碳转型"的认识和理解。

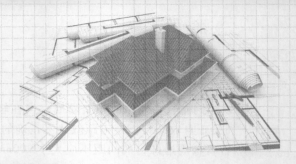

单元16

门窗工程

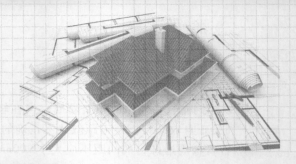 【素养提升】

为贯彻落实习近平总书记对技能人才工作的重要指示精神，充分发挥职业技能大赛在高技能人才培养、选拔和激励等方面的积极作用，激励广大从业人员学知识、比技术、长技能，在建材行业大力弘扬劳模精神、劳动精神、工匠精神，根据人力资源社会保障部、住房和城乡建设部关于组织开展全国行业职业技能部署，中国建筑装饰装修材料协会会同全国工商联家具装饰业商会共同举办"2023首届全国建筑门窗安装工职业技能大赛"（首届比赛）。

此次职业技能大赛为门窗安装行业搭建了一个良好的技能风采展示平台，促进了行业的交流发展，助力行业的规范化品质化发展，我们相信"星星之火可以燎原"，同学们在以后的学习、工作中要多参加大赛，秉承精于门窗、匠心安装，立足新阶段、担当新使命的职业理念，携手共绘中国门窗行业更美好的蓝图！

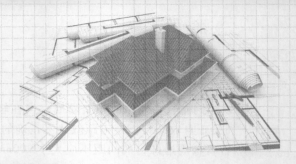 知识目标：

- 了解门窗工程的基本知识。
- 理解各种门窗的基本构造。
- 掌握各种门窗的施工工艺和基本操作要求。

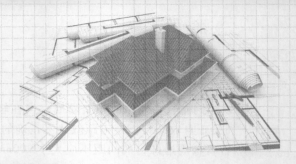 能力目标：

- 能够编写门窗的施工方案。
- 能够进行门窗工程施工质量检查。
- 能够指导工人进行技术交底工作。

 素养目标：

- 培养学生基于本国国情进行自主创新的意识。
- 培养学生劳动精神、奋斗精神。

任务1　木门窗施工

门窗按其所处的位置不同分为围护构件或分隔构件，按不同的设计要求要分别具有保温、隔热、隔声、防水、防火等功能，还要求节能，寒冷地区由门窗缝隙而损失的热量，占全部采暖耗热量的 25% 左右。门窗的密闭性的要求，是节能设计中的重要内容。门和窗是建筑物围护结构系统中重要的组成部分。门和窗又是建筑造型的重要组成部分（虚实对比、韵律艺术），所以它们的形状、尺寸、比例、排列、色彩、造型等对建筑的整体造型都要很大的影响。故在施工中要严格控制门窗的施工质量。

木门窗主要可分为平开门窗及推拉门窗两大类。

16.1.1 施工工艺

1. 平开木门窗的安装程序

确定安装位置→弹出安装位置线→将门窗框就位，摆正→临时固定→用线坠、水平尺将门窗框校正、找直→将门窗框固定并预埋在墙内→将门窗扇靠在框上→按门口画出高低、宽窄尺寸后刨修合页槽。

2. 悬挂式推拉木门的安装程序

确定安装位置→固定门的顶部→侧框板固定→吊挂件套在工字钢滑轨上→工字钢滑轨固定→固定下导轨→将悬挂螺栓装入门扇上冒头顶上的专用孔内→把门顺下导轨垫平→悬挂螺栓与挂件固定→检查门边与侧框板吻合情况→固定门→安装贴脸。

3. 下承式推拉窗的安装程序

确定安装位置→下框板固定→侧框板固定→上框板固定→剔修出与钢皮厚度相等的木槽→钢皮滑槽粘在木槽内→专用轮盒粘在窗扇下端的预留孔里→将窗扇装上轨道→检查窗边与侧框板缝隙→调整→安上贴脸。

16.1.2 施工要点

1）在木门窗套施工中，首先应在基层墙面内打孔，下木模。木模上下间距小于 300mm，每行间距小于 150mm。

2）按设计门窗贴脸宽度及门口宽度锯切大芯板，用圆钉固定在墙面及门洞口，圆钉要钉在木模子上。检查底层垫板牢固安全后，可做防火阻燃涂料涂刷处理。

木门

3）门窗套饰面板应选择图案花纹美观、表面平整的胶合板，胶合板的树种应符合设计要求。

4）裁切饰面板时，应先按门洞口及贴脸宽度弹出裁切线，用锋利裁刀裁开，对缝处刨45°角，背面刷乳胶液后贴于底板上，表层用射钉枪钉入无帽直钉加固。

5）门洞口及墙面接口处的接缝要求平直，45°角对缝。饰面板粘贴安装后用木角线封边收口，角线横竖接口处刨45°角接缝处理。

任务 2 铝合金门窗施工

16.2.1 施工准备

1. 技术准备

依据施工图纸、施工技术交底和安全交底做好各方面的准备。

门窗样品

2. 材料要求

1）铝合金门窗的规格、型号应符合设计要求，五金配件配套齐全，并具有出厂合格证、材质检验报告书并加盖厂家印章。

2）防腐材料、填缝材料、密封材料、防锈漆、水泥、砂、连接板等应符合设计要求和有关标准的规定。

3）进场前应对铝合金门窗进行验收检查，不合格者不准进场。运到现场的铝合金门窗应分型号、规格堆放整齐，并存放于仓库内。搬运时轻拿轻放，严禁扔掉。

3. 作业条件

1）主体结构经有关质量部门验收合格。工种之间已办好交接手续。

2）检查门窗洞口尺寸及标高是否符合设计要求。有预埋件的门窗口还应检查预埋件的数量、位置及埋设方法是否符合设计要求。

3）按图纸要求尺寸弹好门窗中线，并弹好室内+50cm水平线。

4）检查铝合金门窗，如有劈棱窜角和翘曲不平、偏差超标、表面损伤、变形及松动、外观色差较大者，应与有关人员协商解决，经处理，验收合格后才能安装。

16.2.2 施工工艺

获取型号、规格资料→开料单→制作门窗框→安装门窗框→制作门窗扇→安装门窗扇→安装门窗配件→三性试验→质量检查→产品保护。

16.2.3 操作要求

1）铝合金门窗安装前，应先检查门窗的数量、品种、规格、开启方向、紧固件等，符合要求后方可进行安装。

2）当为了保证外墙饰面砖的整块，需要改变洞口尺寸时，应先征得建设（监理）单位的同意，方可进行改动。

3）门窗在工地堆放不应直接接触地面，应放置垫木且应立放，立放角度不应小于70°，并采取防倾倒措施。

防火门

4）安装过程中应及时清理铝合金门窗表面的水泥砂浆、密封膏等，以保护表面质量。

5）门窗及零附件质量均应符合国家现行标准、行业标准的规定，按设计要求选用。不得使用不合格产品。

6）铝合金门窗选用的零部件及固定件，除了不锈钢外，均应经防腐蚀处理。

7）铝合金门窗装入洞口应横平竖直，外框与洞口应弹性连接牢固，不得将门窗外框直接埋入墙体，如图16-1所示。

8）横向及竖向组合时，应采取套插，搭接形成曲面组合，搭接长度宜为10mm，并用密封膏密封。

9）安装密封条时应留有伸缩余量，一般比门窗的装配边长20~30mm，在转角处应斜面断开并用胶粘剂粘贴牢固，以免产生收缩缝。

10）若铝合金门窗为明螺栓连接时，应用与门窗颜色相同的密封材料将其掩埋密封。

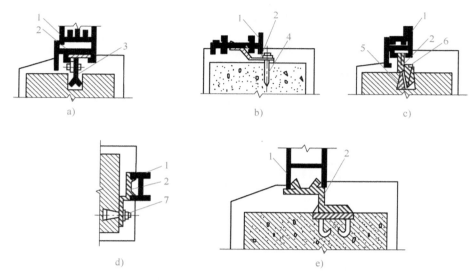

图 16-1　铝合金门窗框与墙体连接方式

a）预留洞燕尾铁脚连接　b）射钉连接方式　c）预埋木砖连接　d）膨胀螺钉连接　e）预埋件焊接连接

1—门窗框　2—连接件　3—燕尾铁脚　4—射（钢）钉　5—木砖　6—木螺钉　7—膨胀螺钉

11）安装后的门窗必须有可靠的刚性，紧固件距角端为 150mm，中间间距不得大于 500mm，不得钉在砖墙上。

12）门窗外框与墙体的缝隙填塞应按设计要求处理。若设计无要求时，应采用矿棉条或玻璃棉毡条分层填塞，缝隙外表留 5~8mm 深的槽口填嵌密封材料，如图 16-2 所示。

13）铝合金门窗关闭要严密，间隙基本均匀，扇与框搭接量要符合设计要求。

14）铝合金门窗的附件要齐全，安装位置要正确、牢固、灵活实用，达到各自功能，端正美观。

15）门窗框与墙体间缝隙填塞要饱满密实，表面平整光滑；填塞材料、方法要符合设计要求。

16）门窗外观应洁净，无划痕碰伤，无锈蚀；涂胶表面光滑平整，厚度均匀和无气孔。

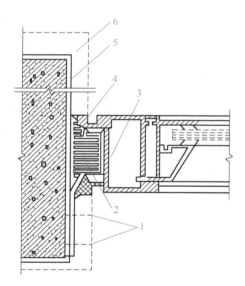

图 16-2　铝合金门窗框填缝

1—膨胀螺栓　2—软质填充料　3—自攻螺钉
4—密封膏　5—第一遍粉刷
6—最后一遍装饰面层

16.2.4　允许偏差

铝合金门窗安装施工的允许偏差见表 16-1。

表 16-1　铝合金门窗安装施工的允许偏差表

序号	项　　目	企业标准允许偏差值
1	门窗框对角线长度差	2mm
2	平开窗窗扇与框搭接宽度差	1mm

（续）

序号	项　目	企业标准允许偏差值
3	平开窗同樘门窗相邻扇横端角高度差	2mm
4	推拉窗门窗扇开启力限值	≤40N
5	推拉窗门窗扇与框或相邻扇立边平行度	2mm
6	门窗框（含拼樘料）正、侧面垂直度	2mm
7	门窗横框标高	5mm
8	双层门窗内外框、梃（含拼樘料）中心距	4mm
9	门窗框（含拼樘料）水平度	1.5mm

16.2.5　质量标准

1. 主控项目

1）金属门窗的品种、类型、规格、性能、开启方向、安装位置、连接方式及铝合金门窗的型材壁厚应符合设计要求。金属门窗的防腐处理及嵌缝、密封处理应符合设计要求。

2）金属门窗必须安装牢固，并应开关灵活、关闭严密、无倒翘。推拉门窗扇必须有防脱落措施。

3）金属门窗配件的型号、规格、数量应符合设计要求，安装应牢固，位置应正确，功能应满足使用要求。

2. 一般项目

1）金属门窗表面应洁净、平整、光滑、色泽一致，无锈蚀。大面应无划痕、碰伤。漆膜或保护层应连接。

2）铝合金门窗推拉门窗扇开关力应不大于 100N。

3）金属门窗框与墙体之间的缝隙应填嵌饱满，并采用密封胶密封。密封胶表面应光滑、顺直、无裂纹。

4）金属门窗扇的橡胶密封条或毛毡密封条应安装完好，不得脱槽。

16.2.6　成品保护

1）铝合金门窗装入洞口临时固定后，应检查四周边框和中间框架是否用规定的保护胶纸和塑料薄膜封贴包扎好，再进行门窗框与墙体之间缝隙的填嵌和洞口墙体表面装饰施工，以防止水泥砂浆、灰水、喷涂材料等污染损坏铝合金门窗表面。在室内外湿作业未完成前，不能破坏门窗表面的保护材料。

2）应采取措施，防止焊接作业时电焊火花损坏周围的铝合金门窗型材、玻璃等材料。

3）严禁在安装好的铝合金门窗上安放脚手架，悬挂重物。经常出入的门洞口，应及时保护好门框，严禁施工人员踩踏铝合金门窗，严禁施工人员碰擦铝合金门窗。

4）交工前撕去保护胶纸时，要轻轻剥离，不得划破、剥花铝合金表面氧化膜。

16.2.7　安全措施

1）进入现场必须戴安全帽，严禁穿拖鞋、高跟鞋、带钉易滑的鞋或光脚进入现场。

2）安装用的梯子应牢固可靠，不应缺档，梯子放置不应过陡，其与地面夹角以 60° 为宜。

3）材料要堆放平稳。工具要随手放入工具袋内。上下传递物件工具时，不得抛掷。

4）机电器具应安装触电保护器，以确保施工人员安全。

5）经常检查锤把是否松动，电焊机、电钻是否漏电。

16.2.8　质量记录

1）有关安全和功能的检测项目。建筑外墙金属窗的抗风压性能、空气渗透性能和雨水渗透性能。

2）检查产品合格证书、性能检测报告、进场验收记录和复验报告、检查隐蔽工程验收记录。

任务 3　塑料门窗施工

16.3.1　施工准备

1. 材料及主要机具

塑钢窗加工

1）塑料门窗的规格、型号、尺寸均应符合设计要求，使用负荷不超过 $800N/m^2$。

2）门窗框连接件（铁脚）与洞口墙体连接，一般采用机械冲孔胀管螺栓固定，或预埋木砖螺栓固定。应根据需要备齐各连接件（图 16-3）。

3）门窗小五金应按门窗规格、型号配套。

4）门窗安装时应准备木楔、钢钉。

5）密封膏应按设计要求准备，并应有出厂证明及产品生产合格证。

6）嵌缝材料的品种应按设计要求选用。

7）自攻螺钉、木螺栓根据需要准备。

8）水泥：42.5 级以上普通硅酸盐水泥或矿渣水泥。砂：过 5mm 筛子，筛好备用。豆石：准备少许。

9）主要机具：线坠、粉线包、水平尺、托线板、手锤、扁铲、钢卷尺、螺丝刀、冲击电钻、射钉枪、锯、刨子、小平锹、小水桶、钻子等。

2. 作业条件

1）结构工程已完，经验收后达到合格标准，已办好工种之间的交接手续。

2）按图示尺寸弹好门窗位置线，并根据已弹好的 +50cm 水平线，确定好安装标高。

3）校核已留置的门窗洞口尺寸及标高是否符合设计要求，有问题的应及时改正。

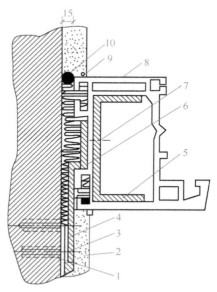

图 16-3　塑料门窗框连接件
1—膨胀螺栓　2—抹灰层　3—螺丝钉
4—密封胶　5—加强筋　6—连接件
7—自攻螺钉　8—硬 PVC 窗框
9—密封膏　10—保温气密材料

4）检查塑料门窗安装时的连接件位置排列是否符合要求。

5）检查塑料门窗表面色泽是否均匀，是否无裂纹、麻点、气孔和明显擦伤。

6）准备好安装时的脚手架及做好完全防护措施。

16.3.2 施工工艺

1）工艺流程。弹线找规矩→门窗洞口处理→安装连接件的检查→塑料门窗外观检查→按图示要求运到安装地点→塑料门窗安装→门窗四周嵌缝→安装五金配件→清理。

2）应采用后塞口施工，不得先立口后进行结构施工。

3）检查门窗洞口尺寸是否比门窗框尺寸大3cm，否则应先行剔凿处理。

塑钢窗

4）按图纸尺寸放好门窗框安装位置线及立口的标高控制线。

5）安装门窗框上的铁脚。

6）安装门窗框，并按线就位找好垂直度及标高，用木楔临时固定，检查正侧面垂直及对角线，合格后，用膨胀螺栓将铁脚与结构牢固固定好。

7）嵌缝。门窗框与墙体的缝隙应按设计要求的材料嵌缝如设计无要求时用沥青麻丝或泡沫塑料填实。表面用厚度为5~8mm的密封胶封闭。

8）门窗附件安装。安装时应先用电钻钻孔，再将自攻螺钉拧入，严禁用铁锤或硬物敲打，防止损坏框料。

9）安装后注意成品保护，防污染，防电焊火花烧伤，损坏面层。

16.3.3 质量标准

1. 主控项目

1）塑料门窗的品种、类型、规格、尺寸、开启方向、安装位置、连接方式及填嵌密封处理应符合设计要求，内衬增强型钢的壁厚及设置应符合国家现行产品标准的质量要求。

检验方法：观察，尺量检查，检查产品合格证书、性能检测报告、进场验收记录和复验报告，检查隐蔽工程验收记录。

2）塑料门窗框、副框和扇的安装必须牢固。固定片或膨胀螺栓的数量与位置应正确，连接方式应符合设计要求。固定点应距窗角、中横框、中竖框150~200mm，固定点间距应不大于600mm。

检验方法：观察，手扳检查，检查隐蔽工程验收记录。

3）塑料门窗拼樘料内衬增强型钢的规格、壁厚必须符合设计要求，型钢应与型材内腔紧密吻合，其两端必须与洞口固定牢固。窗框必须与拼樘料连接紧密，固定点间距应不大于600mm。

检验方法：观察，手扳检查，尺量检查，检查进场验收记录。

4）塑料门窗扇应开关灵活、关闭严密，无倒翘。推拉门窗扇必须有防脱落措施。

检验方法：观察，开启和关闭检查，手扳检查。

5）塑料门窗配件的型号、规格、数量应符合设计要求，安装应牢固，位置应正确，功能应满足使用要求。

检验方法：观察，手扳检查，尺量检查。

6）塑料门窗框与墙体间缝隙应采用闭孔弹性材料填嵌饱满，表面应采用密封胶密封。

密封胶应粘结牢固，表面应光滑、顺直无裂纹。

检验方法：观察，检查隐蔽工程验收记录。

2. 一般项目

1) 塑料门窗表面应洁净、平整、光滑，大面应无划痕碰伤。

检验方法：观察。

2) 塑料门窗扇的密封条不得脱槽，旋转窗间隙应基本均匀。

3) 塑料门窗扇的开关力应符合下列规定。

① 平开门窗扇平铰链的开关力应不大于80N；滑撑铰链的开关力应不大于80N，并不小于30N。

② 推拉门窗扇的开关力应不大于100N。

检验方法：观察，用弹簧秤检查。

4) 玻璃密封条与玻璃及玻璃槽口的接缝应平整，不得卷边、脱槽。

检验方法：观察。

5) 排水孔应畅通，位置和数量应符合设计要求。

检验方法：观察。

6) 塑料门窗安装的允许偏差和检验方法应符合表16-2的规定。

表 16-2　塑料门窗安装的允许偏差和检验方法

项次	项　　目		允许偏差/mm	检验方法
1	门窗槽口宽度、高度	≤1500mm	2	用钢尺检查
		>1500mm	3	
2	门窗槽口对角线长度差	≤2000mm	3	用钢尺检查
		>2000mm	5	
3	门窗框的正、侧面垂直度		3	用1m垂直检测尺检查
4	门窗横框的水平度		3	用1m水平尺和塞尺检查
5	门窗横框标高		5	用钢尺检查
6	门窗竖向偏离中心		5	用钢直尺检查
7	双层门窗内外框间距		4	用钢尺检查
8	同樘平开窗相邻扇高度差		2	用钢直尺检查
9	平开门窗铰链部位配合间隙		+2；-1	用塞尺检查
10	推拉门窗扇与框搭接量		+1.5；-2.5	用钢直尺检查
11	推拉门窗扇与竖框平行度		2	用1m水平尺和塞尺检查

16.3.4　成品保护

1) 窗框四周嵌防水密封胶时，操作应仔细，油膏不得污染门窗框。

2) 外墙面涂刷、室内顶墙喷涂时，应用塑料薄膜封挡好门窗，防止污染。

3) 室内抹水泥砂浆以前必须遮挡好塑料门窗，以防水泥浆污染门窗。

4) 污水、垃圾、污物不可从窗户往下扔、倒。

5) 搭、拆、转运脚手杆和脚手板，不得在门窗框扇上拖拽。

6）安装设备及管道，应防止物料撞坏门窗。

7）严禁在窗扇上站人。

8）门窗扇安装后应及时安装五金配件，关窗锁门，以防风吹损坏门窗。

9）不得在门窗上锤击、钉钉子或刻划，不得用力刮或用硬物擦磨等办法清理门窗。

16.3.5 质量问题

（1）运输存放损坏　运输时应轻拿轻放，存放时应在库房地面上用方枕木垫平，并竖直存放，并应远离热源。

（2）门窗框松动　安装时应先在门窗外框上按设计规定的位置打眼，用自攻螺钉将镀锌连接件紧固；用电锤在门窗洞口打孔，装入尼龙胀管，门窗安装后，用木螺栓将连接件固定在胀管内；单砖及轻质墙，应砌混凝土块（木砖），以增加和连接件的拉结牢固程度，使门框安装后不松动。

（3）门窗框与墙体缝隙未填软质材料　应填入泡沫塑料或矿棉等软质材料，使之与墙体形成弹性连接。

（4）门窗框安装后变形　填缝时用力过大，使之受挤变形，不得在门窗上铺搭脚手板。

（5）门窗框边未嵌密封胶　应按图纸要求操作。

（6）连接螺栓直接锤入门窗框内　没按规矩先用手电钻打眼，后拧螺栓。

（7）污染　保护措施不够，清洗不认真。

（8）五金配件损坏　由于安装后保管不当，使用时不注意。

16.3.6 质量记录

门窗产品出厂合格证和试验报告，五金配件的合格证，保温嵌缝材料的材质证明及出厂合格证，密封胶的出厂合格证及使用说明，质量检验评定记录。

16.3.7 安全环保措施

1）材料应堆放整齐、平稳，并应注意防火。

2）安装门窗、玻璃或擦玻璃时，严禁用手攀窗框、窗扇和窗撑。操作时应系好安全带，严禁把安全带挂在窗撑上。

3）应经常检查电动工具有无漏电现象。电动工具应安装触电保护器。

同 步 测 试

一、填空题

1. 高档硬木门框应用钻打孔木螺钉拧固并拧进木框_____mm，用同等木补孔。

2. 试装门窗扇时，应先用木楔塞在门窗扇的_____，然后再检查_____，并注意窗楞和玻璃芯子平直对齐。

3. 门窗扇应开关灵活、关闭严密，无倒翘。推拉门窗扇必须有_____。

4. 木门安装工程中，安合页的一边门框立梃不垂直，若往开启方向倾斜，扇就自动

_____；若往关闭方向倾斜，扇就自动_____。

5. 门窗框同墙体的连接件应用厚度不小于_____mm 的钢板制作。

二、单项选择题

1. 门窗框安装时应该与墙体结构之间留一定的间隙，以防止（　　）引起的变形。

A. 吸胀作用　　　　B. 腐蚀　　　　C. 热胀冷缩　　　　D. 虫蛀

2. 铝合金推拉窗的构造特点是它们由不同的（　　）组合而成。

A. 立体图形　　　　B. 断面型材　　C. 几何形　　　　　D. 结构

3. 安装好玻璃后的铝合金门窗，门窗扇打开或关闭的外力应该大于（　　）N。

A. 10　　　　　　　B. 49　　　　　C. 100　　　　　　D. 112

4. 门窗固定牢固后，其框与墙体的缝隙，按设计要求的材料（　　）。

A. 施工　　　　　　B. 固定　　　　C. 装饰　　　　　　D. 嵌缝

5. 在木门窗套施工中，首先应在基层墙面内打孔，下木模。木模上下间距小于 300mm，每行间距小于（　　）mm。

A. 250　　　　　　B. 150　　　　　C. 100　　　　　　D. 200

三、简答题

1. 在木门窗表面涂刷油漆有什么作用？

2. 塑料门窗的施工有什么样的前提要求？

四、思考题

党的二十大报告提出"推动经济社会发展绿色化、低碳化是实现高质量发展的关键环节。加快推动产业结构、能源结构、交通运输结构等调整优化。"请结合本单元学习内容，谈谈门窗有哪些作用？

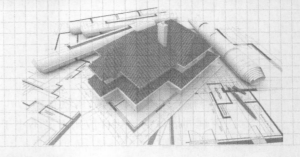

单元 17

幕 墙 工 程

📑 【素养提升】

　　幕墙工程常应用于超高层公共建筑，上海中心大厦为中国第一高楼、世界第二高楼，建筑高度632m，外墙为玻璃幕墙体系，并拥有世界上最快的电梯。上海中心大厦已获得世界高层建筑学会"最佳高层建筑奖"、国际桥梁与结构工程协会"杰出结构奖"等大奖，并成为全球首栋中国和美国标准双认证的最高等级绿色建筑。

　　这充分展现了改革开放以来中国制造在工程建设领域的巨大进步和城市现代化发展的成果，同时也体现了我国独特的设计理念和大胆的设计创新能力，充分展示了我国在工程建设领域的综合实力和国际地位。

📑 知识目标：

- 了解幕墙工程的基本知识。
- 理解各种幕墙的基本构造。
- 掌握各种幕墙的施工工艺。

📑 能力目标：

- 能够编写简单的幕墙施工方案。
- 能够编写简单的幕墙施工技术交底文件。
- 能够指导幕墙施工并进行施工质量检查。

📑 素养目标：

- 培养学生在工作中敢担当、讲奉献的价值理念。
- 培养学生以改革创新为核心的时代精神。
- 培养学生与时俱进、求真务实的工作原则。

任务 1　玻璃幕墙施工

17.1.1　技术要求

1. 玻璃的基本技术要求

玻璃幕墙所用的单层玻璃厚度，一般为 6mm、8mm、10mm、12mm、15mm、19mm；夹层玻璃的厚度，一般为（6+6）mm、（8+8）mm（中间夹聚氯乙烯醇缩丁醛胶片，干法合成）；中空玻璃厚度为（6+d+5）mm、（6+d+6）mm、（8+d+8）mm 等（d 为空气厚度，可取 6mm、9mm、12mm）。幕墙宜采用钢化玻璃、半钢化玻璃、夹层玻璃。有保温隔热性能要求的幕墙宜选用中空玻璃。

玻璃幕墙

2. 对骨架的基本技术要求

用于玻璃幕墙的骨架，除了应具有足够的强度和刚度外，还应具有较高的耐久性，以保证幕墙的安全使用和寿命。如铝合金骨架的立梃、横梁等，要求表面氧化膜的厚度不低于 AA15 级。

为了减少能耗，目前提倡应用断桥铝合金骨架。如果在玻璃幕墙中采用钢骨架，除不锈钢外，其他应进行表面热渗镀锌。粘结隐框玻璃的硅酮密封胶（工程中简称结构胶）十分重要，结构胶应有与接触材料的相容性试验报告，并有保险年限的质量证书。

点式连接玻璃幕墙的连接件和连系杆件等，应采用高强金属材料或不锈钢精加工制作。有的因承受很大预应力，技术要求比较高。

17.1.2 有框玻璃幕墙施工工艺

1. 有框玻璃幕墙

有框玻璃幕墙主要由幕墙立柱、横梁、玻璃、主体结构、预埋件、连接件，以及连接螺栓、垫杆和胶缝、开启扇等组成（图 17-1a）。横梁和立柱由铝合金型材或钢型材组成，通常称为框。有金属横梁和立柱的玻璃幕墙，称为有框玻璃幕墙。

2. 有框玻璃幕墙分类

有框玻璃幕墙分为明框玻璃幕墙、半隐框玻璃幕墙和隐框玻璃幕墙。横梁和立柱与玻璃面板的相对位置，决定了有框玻璃幕墙的形式。横梁和立柱外露者，称为明框玻璃幕墙。横梁与立柱均隐藏于面积之后者，称为隐框玻璃幕墙。横梁或立柱有一对边外露的，称为半隐框玻璃幕墙。

3. 有框玻璃幕墙的构造

（1）基本构造 从图 17-1b 中可以看到，立柱两侧角码是 100mm×60mm×10mm 的角钢，它通过 M12×110mm 的镀锌连接螺栓将铝合金立柱与主体结构预埋件焊接，立柱又与铝合金横梁连接，在立柱和横梁的外侧再用连接压板通过 M6×25mm 圆头螺钉将带副框的玻璃组合件固定在铝合金立柱上。

为了提高幕墙的密封性能，在两块中空玻璃之间填充直径为 18mm 的泡沫条，并填耐候胶，形成 15mm 宽的缝，使得中空玻璃发生变形时有位移的空间。《玻璃幕墙工程技术规范》（JGJ 102—2003）中规定，隐框玻璃幕墙拼缝宽度不宜小于 15mm。

图 17-1c 反映横梁与立柱的连接构造，以及玻璃组合件与横梁的连接关系。玻璃组合件应在符合洁净要求的车间中生产，然后运至施工现场进行安装。

幕墙构件应连接牢固，接缝处须用密封材料使连接部位密封（图 17-1b 中玻璃副框与横梁、主柱相交均有胶垫），用于消除构件间的摩擦声，防止串烟串火，并消除由于温差变化引起的热胀冷缩应力。

（2）防火构造 为了保证建筑物的防火能力，玻璃幕墙与每层楼板、隔墙处以及窗间墙、窗槛墙的缝隙应采用不燃烧材料（如岩棉等）填充严密，形成防火隔层。图 17-2 所示

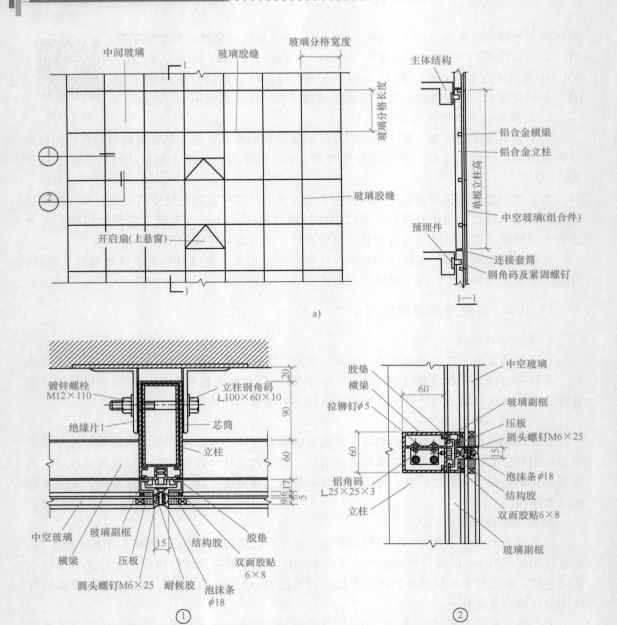

图 17-1 有框玻璃幕墙组成及节点

a）组成 b）水平节点 c）垂直节点

的隐框玻璃幕墙防火构造节点中。在横梁位置安装了厚度不小于 100mm 防护岩棉，并用 1.5mm 钢板包制。

（3）防雷构造 《建筑物防雷设计规范》（GB 50057—2010）规定，高层建筑应设置防雷用的均压环（沿建筑物外墙周边每隔一定高度的水平防雷网，用于防侧雷），环间垂直间距不应大于 12m。均压环可利用梁内的纵向钢筋或另行安装。

如采用梁内的纵向钢筋作均压环时，幕墙位于均压环处的预埋件的锚筋必须与均压环处梁的纵向钢筋连通；设均压环位置的幕墙立柱必须与均压环连通，该位置处的幕墙横梁必须与幕墙立柱连通；未设均压环处的立柱必须与固定在设均压环楼层的立柱连通。隐框玻璃幕墙的防雷构造如图 17-3 所示。以上接地电阻应小于 4Ω。

4. 玻璃幕墙的安装施工方式

玻璃幕墙的安装施工方式，除挂架式和无骨架式外，大致被分为单元式（工厂组装式）和元件式（现场组装式）两种。

单元式是将铝合金框架、玻璃、垫块、保温材料、减振和防水材料等，由工厂制成分格窗，在现场吊装装配，与建筑物主体结构连接。这种幕墙由于采取直接与建筑物结构的楼板、柱子连接，所以其规格应与层高、柱距尺寸一致。当与楼板或梁

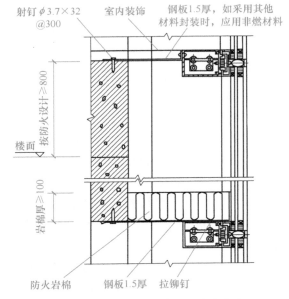

图 17-2　隐框玻璃幕墙防火构造节点

连接时，幕墙的高度应相当于层高或是层高的倍数；当与柱连接时，幕墙的宽度相当于柱距。

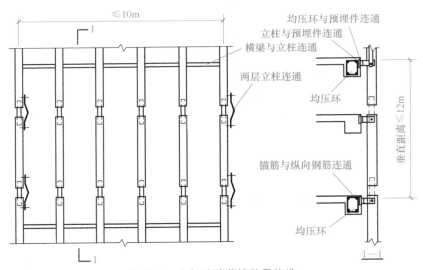

图 17-3　隐框玻璃幕墙防雷构造

元件式是将必须在工厂制作的单件材料及其他材料运至施工现场，直接在建筑物结构上逐件进行安装。这种幕墙是通过竖向骨架（竖杆）与楼板或梁连接，并在水平方向设置横杆，以增加横向刚度和便于安装。其分块规格可以不受层高和柱间尺寸的限制。这是目前采用较多的一种方法，既适用于明框幕墙，也适用于隐框和半隐框幕墙。

以下介绍元件式（现场组装式）玻璃幕墙的安装施工。

5. 明框玻璃幕墙的安装方法

（1）工艺流程　检验、分类堆放幕墙部件→测量放线→主、次龙骨装配→楼层紧固件

安装→安装主龙骨（竖杆）并抄平→调整→安装次龙骨（横杆）→安装保温镀锌钢板→在镀锌钢板上焊铆螺钉→安装层间保温矿棉→安装楼层封闭镀锌钢板→安装单层玻璃窗密封条、卡→安装单层玻璃→安装双层中空玻璃密封条、卡→安装双层中空玻璃→安装侧压力板→镶嵌密封条→安装玻璃幕墙铝盖条→清扫→验收、交工。

（2）施工要点

1）测量放线。主龙骨（竖杆）由于与主体结构锚固，所以位置必须准确；次龙骨（横杆）以竖杆为依托，在竖杆布置完毕后再安装，所以对横杆的弹线可推后进行。在工作层上放 x、y 轴线，用经纬仪依次向上定出轴线。再根据各层轴线定出楼板预埋件的中心线，并用经纬仪垂直逐层校核，再定各层连接件的外边线，以便与主龙骨连接。

如果主体结构为钢结构，由于弹性钢结构有一定挠度，故应在低风速时测量定位（一般是早8：00，风力在 1~2 级以下）为宜，且要多测几次，并与原结构轴线复核、调整。

2）装配铝合金主、次龙骨。这项工作可在室内进行。主要是装配好竖向主龙骨紧固件之间的连接件、横向次龙骨的连接件，安装镀锌钢板、主龙骨之间接头的内套管、外套管以及防水胶条等。

3）安装主、次龙骨。常用的固定办法有两种：一种是将骨架竖杆型钢连接件与预埋件依弹线位置焊牢；另一种是将竖杆型钢连接件与主体结构上的膨胀螺栓锚固。

两种方法各有优劣：预埋件由于是在主体结构施工中预先埋置，若位置产生偏差，必须在连接件焊接时进行接长处理；膨胀螺栓则是在连接件设置时随钻孔埋设，准确性高，机动性大，但钻孔工作量大，劳动强度高，工作较困难。如果在土建施工中安装与土建能统筹考虑，密切配合，则应优先采用预埋件。

采用膨胀螺栓时，钻孔应避开钢筋，螺栓埋入深度应能保证满足规定的抗拔能力。连接件一般为型钢，形状随幕墙结构竖杆形式变化和埋置部位变化而不同。连接件安装后，可进行竖杆的连接。主龙骨一般每两层一根，通过紧固件与每层楼板连接。主龙骨安装完一根，用水平仪调平、固定。将主龙骨全部安装完毕，并复验其间距、垂直度后，即可安装横向次龙骨。

高层建筑幕墙均有竖向杆件接长的工序，尤其是型钢骨架，必须将连接件穿入薄壁型材中用螺栓拧紧。两根立柱用角钢焊成方管连接，并插入立柱空腹中，最后用 M12×90mm 螺栓拧紧。考虑到钢材的伸缩，接头应留有一定的空隙。

横向杆件型材的安装，如果是型钢，可焊接，也可用螺栓连接。焊接时，因幕墙面积较大，焊点多，要排定一个焊接顺序，防止幕墙骨架的热变形。

固定横杆的另一种办法是，用一穿插件将横杆穿插在穿插件上，然后将横杆两端与穿插件固定，并保证横竖杆件间有一个微小间隙以便于温度变化伸缩。穿插件用螺栓与竖杆固定。

在采用铝合金横竖杆型材时，两者间的固定多用角钢或角铝作为连接件。角钢、角铝应各有一肢固定横（竖）杆。如果横杆两端套有防水橡胶垫，则套上胶垫后的长度较横杆位置长度稍有增加（约4mm）。安装时，可用木撑将竖杆撑开，装入横杆，再拿掉支撑，则横杆胶垫压缩，从而具有较好的防水效果。

4）安装楼层间封闭镀锌钢板（贴保温矿棉层）。将橡胶密封垫套在镀锌钢板四周，插入窗台或顶棚次龙骨铝件槽中，在镀锌钢板上焊钢钉，将矿棉保温层粘在钢板上，并用铁钉、压片固定保温层。如设计有冷凝水排水管线，亦应进行管线安装。

5）安装玻璃。幕墙玻璃的安装，由于骨架结构的类型不同，玻璃固定方法也有差异。型钢骨架，因型钢没有镶嵌玻璃的凹槽，一般要用窗框过渡，可先将玻璃安装在铝合金窗框上，而后再将窗框与型钢骨架连接。铝合金型材骨架，玻璃安装工艺与铝合金窗框安装一样，但要注意立柱和横杆玻璃安装构造的处理。立柱安装玻璃时，先在内侧安上铝合金压条，然后将玻璃放入凹槽内，再用密封材料密封。横杆装配玻璃与立柱的构造不同，横杆支承玻璃的部分呈倾斜，要排除因密封不严流入凹槽内的雨水，外侧须用一条盖板封住，安装时，先在下框塞垫两块橡胶定位块，其宽度与槽口宽度相同，长度不小于 100mm，然后嵌入内胶条，安装玻璃、嵌入外胶条。嵌胶条的方法是先间隔分点嵌塞，然后再分边嵌塞。橡胶条的长度比边框内槽口约长 1.5% ~ 2%，其断口应留在四角，斜面断开后拼成预定设计角度，用胶粘剂粘结牢固后嵌入槽内。玻璃幕墙四周与主体结构之间的缝隙，应用防火保温材料堵塞，内外表面用密封胶连续封闭，保证接缝严密不漏水。

6. 隐框玻璃幕墙的安装方法

（1）隐框玻璃幕墙安装工艺　工艺流程为：测量放线→固定支座的安装→立柱、横杆的安装→外围护结构组件的安装→外围护结构组件间的密封及周边收口处理→防火隔层的处理→清洁及其他。

外围护结构组件的安装：在立柱和横杆安装完毕后，就开始安装外围护结构组件。在安装前，要对外围护结构件作认真的检查。其结构胶固化后的尺寸要符合设计要求，同时要求胶缝饱满平整，连续光滑，玻璃表面不应有超标准的损伤及异物。

外围护结构件的安装主要有两种形式：一为外压板固定式，二为内钩块固定式。不论采用什么形式进行固定，在外围护结构组件放置到主梁框架后，在固定件固定前，要逐块调整好组件相互间的齐平及间隙的一致。不平整的部分应调整固定块的位置或加入垫块。

外围护结构组件调整、安装固定后，开始逐层实施组件间的密封工序。应先检查衬垫材料的尺寸是否符合设计要求。衬垫材料多为闭孔的聚乙烯发泡体。对于要密封的部位，必须进行表面清理工作。首先要清除表面的积灰，再用类似二甲苯等挥发性能强的溶剂擦除表面的油污等异物，然后用干净布再清擦一遍，以保证表面干净并无溶剂存在。放置衬垫时，要注意衬垫放置位置的正确，过深或过浅都影响工程的质量。间隙间的密封采用耐候胶灌注，注完胶后要用工具将多余的胶压平刮去，并清除玻璃或铝板面的多余粘结胶。

（2）施工注意事项

1）全工作面检查、复核龙骨的承载能力、水平和垂直位移，检查时应注意以下几方面。

① 受力件不应在砖墙上受力，更不应打膨胀螺栓，必要时要做到穿墙螺栓埋设，以保证幕墙龙骨强度。

② 螺栓孔内用专用毛刷清洁，并用专用气筒吹清后，打入固结胶，植入 M12 铆固螺栓，

并确保固结胶充满螺栓与立柱之间的间隙。胶完全固化前，不得受力。

③ 转接件与预埋件用焊接方式连在一起。焊接时要注意焊接质量，对于所用焊条型号、焊缝高度及长度均应符合设计要求。

④ 部分使用铝合金型材，施工时要注意型材表面氧化膜的保护。铝型材与钢材及混凝土与钢材接触部位，应进行防腐处理。焊缝铁件刷防锈漆两道。

⑤ 骨架安装完毕后应进行全面检查，特别是横竖杆件的中心线的位置，对于通长的竖向杆件应用仪器进行中心线校正。因为玻璃是固定在骨架上的，在玻璃尺寸既定情况下幕墙骨架尺寸必须符合设计要求。做好幕墙避雷环埋设及接地处理，防止产生雷击破坏。

⑥ 玻璃安装前，先将结构胶和耐候胶、密封胶及玻璃板块送到检测部门做相容性试验报告，同时幕墙所有的主配件必须要有产品质量保证书。相容性试验合格后根据现场尺寸制作，并编号标注清楚。

⑦ 幕墙玻璃制作→全工作面复核调整幕墙铝合金龙骨的垂直度和水平度→幕墙玻璃密封条安装→安装幕墙玻璃→打密封胶→整理工程资料，清理验收→竣工交付。

2）关键工序控制。严格控制胶结材料质量，结构胶和耐候胶必须与相容性试验所用材料相同，且按照设计图纸、技术要求、标准样件、订货并进行复查，以确保产品在使用时其性能达到良好的状态。幕墙玻璃和框料制作安装在相容性试验合格后进行。施工时应反复全工作面校验幕墙主龙骨的垂直度和水平度。

17.1.3　全玻璃幕墙施工

1. 全玻璃幕墙的分类

（1）吊挂式全玻璃幕墙　为了提高玻璃的刚度、安全性和稳定性，避免产生压屈破坏，在超过一定高度的通高玻璃上部设置专用的金属夹具，将玻璃和玻璃肋吊挂起来形成玻璃墙面，这种玻璃幕墙称为吊挂式全玻璃幕墙。

这种幕墙的下部需镶嵌在槽口内，以利于玻璃板的伸缩变形。吊挂式全玻璃幕墙的玻璃尺寸和厚度，要比坐落式全玻璃幕墙的大，而且构造复杂、工序较多，因此造价也较高。

（2）坐落式全玻璃幕墙　当全玻璃幕墙的高度较低时，可以采用坐落式安装。这种幕墙的通高玻璃板和玻璃肋上下均镶嵌在槽内，玻璃直接支撑在下部槽内的支座上，上部镶嵌玻璃的槽与玻璃之间留有空隙，使玻璃有伸缩的余地。这种做法构造简单、工序较少、造价较低，但只适用于建筑物层高较小的情况下。

根据工程实践证明，下列情况可采用吊挂式全玻璃幕墙：玻璃厚度为10mm，幕墙高度在4～5m时；玻璃厚度为12mm，幕墙高度在5～6m时；玻璃厚度为15mm，幕墙高度在6～8m时；玻璃厚度为19mm，幕墙高度在8～10m时。

2. 全玻璃幕墙的构造

（1）坐落式全玻璃幕墙的构造　这种玻璃幕墙的构造组成为上下金属夹槽、玻璃板、玻璃肋、弹性垫块、聚乙烯泡沫垫杆或橡胶嵌条、连接螺栓、硅酮结构胶及耐候胶等（图17-4a）。

玻璃肋应垂直于玻璃板面布置，间距根据设计计算而确定。图17-4b为坐落式全玻璃幕

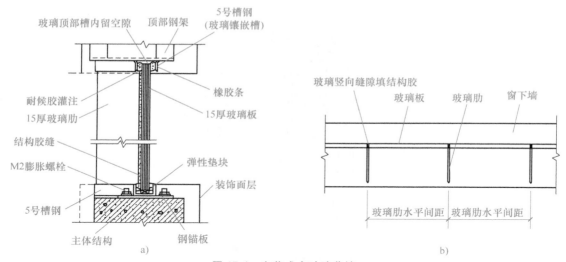

图 17-4　坐落式全玻璃幕墙

a）构造示意图　b）平面示意图

墙平面示意图。从图中可看到玻璃肋均匀设置在玻璃板面的一侧，并与玻璃板垂直相交，玻璃竖缝嵌填结构胶或耐候胶。

1）后置式。玻璃肋置于玻璃板的后部，用密封胶与玻璃板粘结成一个整体（图 17-5a）。

2）骑缝式。玻璃肋位于两玻璃板的板缝位置，在缝隙处用密封胶将三块玻璃粘结起来（图 17-5b）。

3）平齐式。玻璃肋位于两块玻璃之间，玻璃肋前端与玻璃板面平齐，两侧缝隙用密封胶嵌填、粘结（图 17-5c）。

4）突出式。玻璃肋夹在两玻璃板中间、两侧均突出玻璃表面，两面缝隙内用密封胶嵌填、粘结（图 17-5d）。

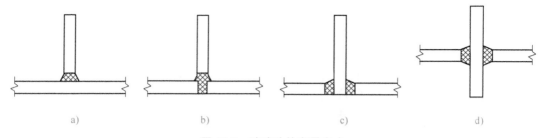

图 17-5　玻璃肋的布置方式

a）后置式　b）骑缝式　c）平齐式　d）突出式

（2）吊挂式全玻璃幕墙构造　当幕墙的玻璃高度超过一定数值时，采用吊挂式全玻璃幕墙做法是一种较成功的方法。现以图 17-6、图 17-7 和图 17-8 为例说明其构造做法。

（3）全玻璃幕墙的玻璃定位嵌固

1）干式嵌固。在固定玻璃时，采用密封条嵌固（图 17-8a）。

2）湿式嵌固。当玻璃插入金属槽内、填充垫条后，采用密封胶（如硅酮密封胶等）注

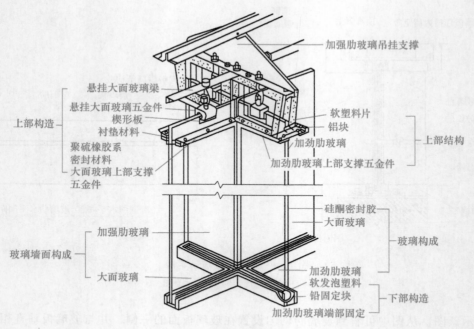

图 17-6　吊挂式全玻璃幕墙构造

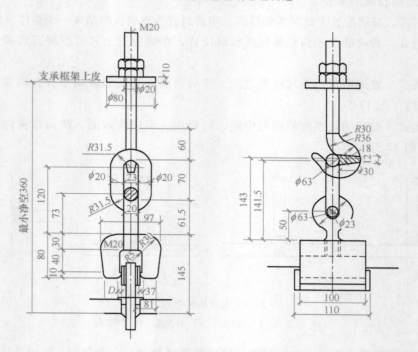

图 17-7　全玻璃幕墙吊具构造

入玻璃、垫条和槽壁之间的空隙，凝固后将玻璃固定（图 17-8b）。

3）混合式嵌固。在放入玻璃前先在金属槽内一侧装入密封条，然后再放入玻璃，在另一侧注入密封胶，这是以上两种方法的结合（图 17-8c）。

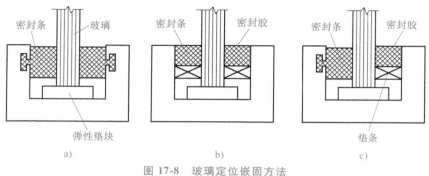

图 17-8 玻璃定位嵌固方法

a）干式嵌固 b）湿式嵌固 c）混合式嵌固

3. 全玻璃幕墙施工工艺

现以吊挂式全玻璃幕墙为例，说明全玻璃幕墙的施工工艺。

全玻璃幕墙的施工工艺流程为：定位放线→上部钢架安装→下部和侧面嵌槽安装→玻璃肋、玻璃板安装就位→嵌固及注入密封胶→表面清洗和验收。

（1）定位放线 定位放线方法与有框玻璃幕墙相同。使用经纬仪、水准仪等测量设备，配合标准钢卷尺、重锤、水平尺等复核主体结构轴线、标高及尺寸，对原预埋件进行位置检查、复核。

（2）上部钢架安装 上部钢架用于安装玻璃吊具的支架，强度和稳定性要求都比较高，应使用热渗镀锌钢材，严格按照设计要求施工、制作。在安装过程中，应注意以下事项。

1）钢架安装前要检查预埋件或钢锚板的质量是否符合设计要求，锚栓位置离开混凝土外缘不小于50mm。

2）相邻柱间的钢架、吊具的安装必须通顺平直，吊具螺杆的中心线在同一铅垂平面内，应分段拉通线检查、复核，吊具的间距应均匀一致。

3）钢架应进行隐蔽工程验收，需要经监理公司有关人员验收合格后，方可对施焊处进行防锈处理。

（3）下部和侧面嵌槽安装 嵌固玻璃的槽口应采用型钢，如尺寸较小的槽钢等，应与预埋件焊接牢固，验收后做防锈处理。下部槽口内每块玻璃的两角附近放置两块氯丁橡胶垫块，长度不小于100mm。

（4）玻璃板的安装

1）检查玻璃。在将要吊装玻璃前，需要再一次检查玻璃质量，尤其注意检查有无裂纹和崩边，粘结在玻璃上的铜夹片位置是否正确，用干布将玻璃表面擦干净，用记号笔做好中心标记。

2）安装电动玻璃吸盘。玻璃吸盘要对称吸附于玻璃面，吸附必须牢固。

3）在安装完毕后，先进行试吸，即将玻璃试吊起2~3m，检查各个吸盘的牢固度，试吸成功才能正式吊装玻璃。

4）在玻璃适当位置安装手动吸盘、拉缆绳和侧面保护胶套。手动吸盘用于在不同高度工作的工人能够用手协助玻璃就位，拉缆绳是为玻璃在起吊、旋转、就位时，能控制玻璃的摆动，防止因风力作用和吊车转动发生玻璃失控。

5）在嵌固玻璃的上下槽口内侧粘贴低发泡垫条，垫条宽度同嵌缝胶的宽度，并且留有足够的注胶深度。

6）吊车将玻璃移动至安装位置，并将玻璃对准安装位置徐徐靠近。

7）上层的工人控制好玻璃，防止玻璃就位时碰撞钢架。等下层工人都能握住吸盘时，可将玻璃一侧的保护胶套去掉。上层工人利用吊挂电动吸盘的手动吊链慢慢吊起玻璃，使玻璃下端略高于下部槽口，此时下层工人应及时将玻璃轻轻拉入槽内，并利用木板遮挡防止碰撞相邻玻璃。另外有人用木板轻轻托扶玻璃下端，保证在吊链慢慢下放玻璃时，能准确落入下部的槽口中，并防止玻璃下端与金属槽口碰撞。

8）玻璃定位。安装好玻璃夹具，各吊杆螺栓应在上部钢架的定位处，并与钢架轴线重合，上下调节吊挂螺栓的螺钉，使玻璃提升和准确就位。第一块玻璃就位后要检查其侧边的垂直度，以后玻璃只需要检查其缝隙宽度是否相等、符合设计尺寸即可。

9）做好上部吊挂后，嵌固上下边框槽口外侧的垫条，使安装好的玻璃嵌固到位。

（5）灌注密封胶

1）在灌注密封胶之前，所有注胶部位的玻璃和金属表面，均用丙酮或专用清洁剂擦拭干净，但不得用湿布和清水擦洗，所有注胶面必须干燥。

2）为确保幕墙玻璃表面清洁美观，防止在注胶时污染玻璃，在注胶前需要在玻璃上粘贴上美纹纸加上保护。

3）安排受过训练的专业注胶工施工。注胶时内外两侧同时进行。注胶的速度要均匀，厚度要均匀，不要夹带气泡。胶道表面要呈凹曲面。

4）耐候硅酮胶的施工厚度为 3.5~4.5mm，胶缝太薄对保证密封性能不利。

5）胶缝厚度应遵守设计中的规定，结构硅酮胶必须在产品有效期内使用。

6）清洁幕墙表面。

4. 全玻璃幕墙施工注意事项

1）玻璃磨边。每块玻璃四周均需要进行磨边处理，不要因为上下不露边而忽视玻璃安全和质量。玻璃在吊装中下部可能临时落地受力；在玻璃上端有夹具夹固，夹具具有很大的应力；吊挂后玻璃又要整体受拉，内部存在着应力。如果玻璃边缘不进行磨边，在复杂的外力、内力共同作用下，很容易产生裂缝而破坏。

2）夹持玻璃的铜夹片一定要用专用胶粘结牢固，密实且无气泡，并按说明书要求充分养护后，才可进行吊装。

3）在安装玻璃时应严格控制玻璃板面的垂直度、平整度及玻璃缝隙尺寸，使之符合设计及规范要求，并保证外观效果的协调、美观。

任务 2 石材幕墙施工

17.2.1 石材幕墙的种类

1. 短槽式石材幕墙

短槽式石材幕墙是在幕墙石材侧边中间开短槽，用不锈钢挂件挂接、支撑石板的做法。

短槽式做法的构造简单，技术成熟，目前应用较多。

2. 通槽式石材幕墙

石材幕墙

通槽式石材幕墙是在幕墙石材侧边中间开通槽，嵌入和安装通长金属卡条，石板固定在金属卡条上的做法。此种做法施工复杂，开槽比较困难，目前应用较少。

3. 钢销式石材幕墙

钢销式石材幕墙是在幕墙石材侧面打孔，穿入不锈钢钢销将两块石板连接，钢销与挂件连接，将石材挂接起来的做法。这种做法目前应用也较少。

4. 背栓式石材幕墙

背栓式石材幕墙是在幕墙石材背面钻四个扩底孔，孔中安装柱锥式锚栓，然后再把锚栓通过连接件与幕墙的横梁相接的幕墙做法。背栓式是石材幕墙的新型做法，它受力合理、维修方便、更换简单，是一项引进新技术，目前正在推广应用。

17.2.2　石材幕墙对石材的基本要求

1. 幕墙石材的选用

幕墙石材的常用厚度一般为 25～30mm。为满足强度计算的要求，幕墙石材的厚度最薄应等于 25mm。火烧石材的厚度应比抛光石材的厚度尺寸大 3mm。石材经过火烧加工后，在板材表面形成细小的不均匀麻坑效果而影响了板材厚度，同时也影响了板材的强度，故规定在设计计算强度时，对同厚度火烧板一般需要按减薄 3mm 进行。

2. 板材的表面处理

石板的表面处理方法，应根据环境和用途决定。其表面应采用机械加工，加工后的表面应用高压水冲洗或用水和刷子清理。

3. 石材的技术要求

（1）吸水率　由于幕墙石材处于比较恶劣的使用环境中，尤其是冬季冻胀的影响，容易损伤石材，因此用于幕墙的石材吸水率要求较高，应小于 0.80%。

（2）弯曲强度　用于幕墙的花岗石板材弯曲强度，应经相应资质的检测机构进行检测确定，其弯曲强度应不小于 8.0MPa。

17.2.3　石材幕墙的组成和构造

石材幕墙主要是由石材面板、不锈钢挂件、钢骨架（立柱和横撑）及预埋件、连接件和石材拼缝嵌胶等组成。石材幕墙的横梁、立柱等骨架，是承担主要荷载的框架，可以选用型钢或铝合金型材，并由设计计算确定其规格、型号，同时也要符合有关规范的要求。

图 17-9 所示为有金属骨架的石材幕墙的组成示意图；图 17-10 所示为短槽式石材幕墙的构造；图 17-11 所示为钢销式石材幕墙的构造；图 17-12 所示为背栓式石材幕墙的构造。石材幕墙的防火、防雷等构造与有框玻璃幕墙基本相同。

17.2.4　石材幕墙施工工艺

干挂石材幕墙安装施工工艺流程：测量放线→预埋位置尺寸检查→金属骨架安装→钢结构防锈漆涂刷→防火保温棉安装→石材干挂→嵌填密封胶→石材幕墙表面清理→工程验收。

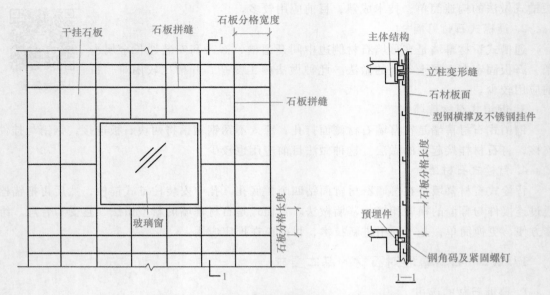

图 17-9　有金属骨架的石材幕墙的组成示意图

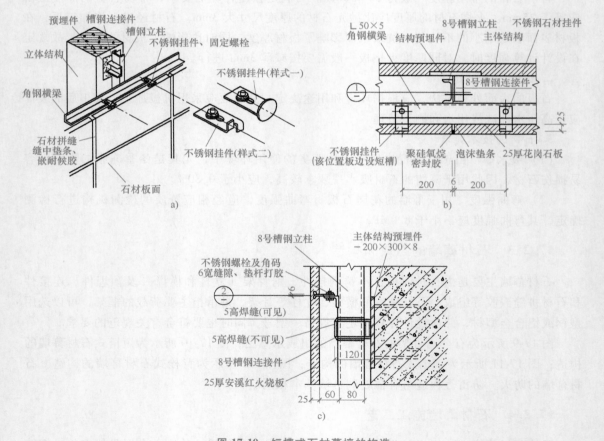

图 17-10　短槽式石材幕墙的构造

a) 立体图　b) 水平节点图　c) 竖向节点图

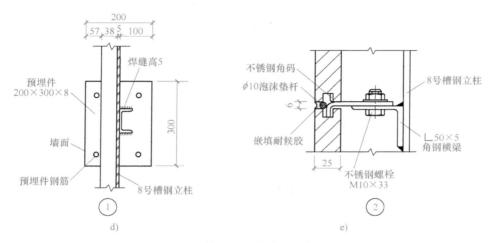

图 17-10　短槽式石材幕墙的构造（续）

d）预埋件节点图　e）横梁与石板节点图

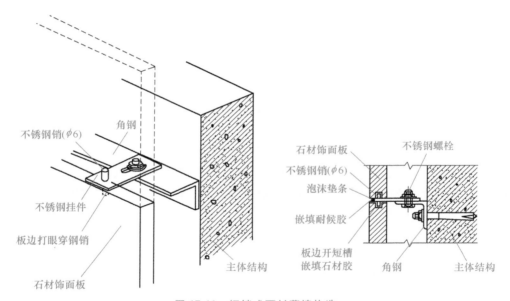

图 17-11　钢销式石材幕墙构造

1. 预埋件检查、安装

预埋件应在进行土建工程施工时埋设，幕墙施工前要根据该工程基准轴线和中线以及基准水平点对预埋件进行检查、校核，当设计无明确要求时，一般位置尺寸的允许偏差为 ±20mm，预埋件的标高允许偏差为 ±10mm。

2. 测量放线

1）根据干挂石材幕墙施工图，结合土建施工图复核轴线尺寸、标高和水准点，并予以校正。

2）按照设计要求，在底层确定幕墙定位线和分格线位置。

3）用经纬仪将幕墙的阳角和阴角位置及标高线定出，并用固定在屋顶钢支架上的钢丝

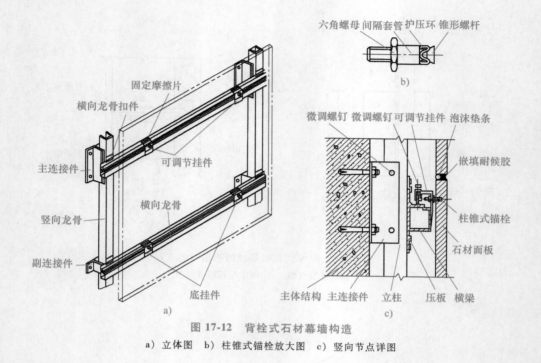

图 17-12 背栓式石材幕墙构造

a) 立体图　b) 柱锥式锚栓放大图　c) 竖向节点详图

线做标志控制线。

4) 使用水平仪和标准钢卷尺等引出各层标高线。

5) 确定好每个立面的中线。

6) 测量时应控制和分配测量误差，不能使误差积累。

7) 测量放线应在风力不大于 4 级情况下进行，并要采取避风措施。

8) 放线定位后要对控制线定时校核，以确保幕墙垂直度和金属立柱位置的正确。

3. 金属骨架安装

1) 根据施工放样图检查放线位置。

2) 安装固定立柱上的结构件。

3) 先安装同立面两端的立柱，然后拉通线顺序安装中间立柱，使同层立柱安装在同一水平位置上。

4) 将各施工水平控制线引至立柱上，并用水平尺校核。

5) 按照设计尺寸安装金属横梁，横梁一定要与立柱垂直。

6) 钢骨架中的立柱和横梁采用螺栓连接。如采用焊接，应对下方和临近的已完工装饰面进行成品保护。

7) 待金属骨架完工后，须通过监理公司对隐蔽工程检查后，方可进行下道工序。

4. 防火、保温材料安装

1) 必须采用合格的材料，即要求有出厂合格证。

2) 在每层楼板与石材幕墙之间不能有空隙，应用 1.5mm 厚镀锌钢板和防火岩棉形成防火隔离带，用防火胶密封。

3) 幕墙保温层施工后，保温层最好应有防水、防潮保护层，在金属骨架内填塞固定，要求严密牢固。

5. 石材饰面板安装

1）将运至工地的石材饰面板按编号分类，检查尺寸是否准确和有无破损、缺棱、掉角。按施工要求分层次将石材饰面板运至施工面附近，并注意摆放可靠。

2）按幕墙墙面基准线仔细安装好底层第一层石材。

3）注意每层金属挂件安放的标高，金属挂件应紧托上层饰面板（背栓式石板安装除外）而与下层饰面板之间留有间隙（间隙留待下道工序处理）。

4）安装时，要在饰面板的销钉孔或短槽内注入石材胶，以保证饰面板与挂件的可靠连接。

5）安装时，宜先完成窗洞口四周的石材镶边。

6）安装到每一楼层标高时，要注意调整垂直误差，使得误差不积累。

7）在搬运石材时，要有安全防护措施，摆放时下面要垫木方。

6. 嵌胶封缝

1）要按设计要求选用合格且未过期的耐候嵌缝胶。最好选用含硅油少的石材专用嵌缝胶，以免硅油渗透污染石材表面。

2）用带有凸头的刮板填装聚乙烯泡沫圆形垫条，保证胶缝的最小宽度和均匀性。选用的圆形垫条直径应稍大于缝宽。

3）在胶缝两侧粘贴胶带纸保护，以免嵌缝胶迹污染石材表面。

4）用专用清洁剂或草酸擦洗缝隙处石材表面。

5）安排受过训练的注胶工注胶。注胶应均匀无流淌，边打胶边用专用工具勾缝，使嵌缝胶成型后呈微弧形凹面。

6）施工中要注意不能有漏胶污染墙面，如墙面上粘有胶液应立即擦去，并用清洁剂及时擦净余胶。

7）在刮风和下雨时不能注胶，因为刮起的尘土及水渍进入胶缝会严重影响密封质量。

7. 清洗和保护

施工完毕后，除去石材表面的胶带纸，用清水和清洁剂将石材表面擦洗干净，按要求进行打蜡或刷防护剂。

8. 施工注意事项

1）严格控制石材质量，材质和加工尺寸都必须合格。

2）要仔细检查每块石材有没有裂纹，防止石材在运输和施工时发生断裂。

3）测量放线要精确，各专业施工要组织统一放线、统一测量，避免各专业施工因测量和放线误差发生施工矛盾。

4）预埋件的设计和放置要合理，位置要准确。

5）根据现场放线数据绘制施工放样图，落实实际施工和加工尺寸。

6）安装和调整石材板位置时，可用垫片适当调整缝宽，所用垫片必须与挂件是同质材料。

7）固定挂件的不锈钢螺栓要加弹簧垫圈，在调平、调直、拧紧螺栓后，在螺母上抹少许石材胶固定。

9. 施工质量要求

1）石材幕墙的立柱、横梁的安装应符合下列规定。

① 立柱安装标高偏差不应大于 3mm，轴线前后偏差不应大于 2mm，轴线左右偏差不应大于 3mm。

② 相邻两立柱安装标高偏差不应大于 3mm，同层立柱的最大标高偏差不应大于 5mm，相邻两根立柱的距离偏差不应大于 2mm。

③ 相邻两根横梁的水平标高偏差不应大于 1mm。同层标高偏差：当一幅幕墙宽度小于等于 35m 时，不应大于 5mm；当一幅幕墙宽度大于 35m 时，不应大于 7mm。

2）石板安装时，左右、上下的偏差不应大于 1.5mm。石板空缝安装时必须有防水措施，并有符合设计的排水出口。石板缝中填充硅酮密封胶时，应先垫比缝略宽的圆形泡沫垫条，然后填充硅酮密封胶。

3）幕墙钢构件施焊后，其表面应进行防腐处理，如涂刷防锈漆等。

4）幕墙安装施工应对下列项目进行验收。

① 主体结构与立柱、立柱与横梁连接节点安装及防腐处理。

② 墙面的防火层、保温层安装。

③ 幕墙的伸缩缝、沉降缝、防震缝及阴阳角的安装。

④ 幕墙的防雷节点的安装。

⑤ 幕墙的封口安装。

任务 3　金属幕墙施工

17.3.1　金属幕墙的分类

铝板幕墙

金属幕墙按照面板的材质不同，可以分为铝单板、蜂窝铝板、搪瓷板、不锈钢板幕墙等。有的还用两种或两种以上材料构成金属复合板，如铝塑复合板、金属夹心板幕墙等。

按照表面处理不同，金属幕墙又可分为光面板、亚光板、压型板、波纹板等。

17.3.2　金属幕墙的组成和构造

1. 金属幕墙的组成

金属幕墙主要由金属饰面板、连接件、金属骨架、预埋件、密封条和胶缝等组成。

2. 金属幕墙的构造

按照安装方法不同，也有直接安装和骨架式安装两种。与石材幕墙构造不同的是金属面板采用折边加副框的方法形成组合件，然后再进行安装。图 17-13 所示为铝塑复合板面板的骨架式幕墙构造示例，它是用镀锌钢方管作为横梁立柱，用铝塑复合板做成带副框的组合件，用直径为 4.5mm 自攻螺钉固定，板缝垫杆嵌填硅酮密封胶。

17.3.3　金属幕墙施工工艺

金属幕墙施工工艺流程为：测量放线→预埋件位置尺寸检查→金属骨架安装→钢结构刷

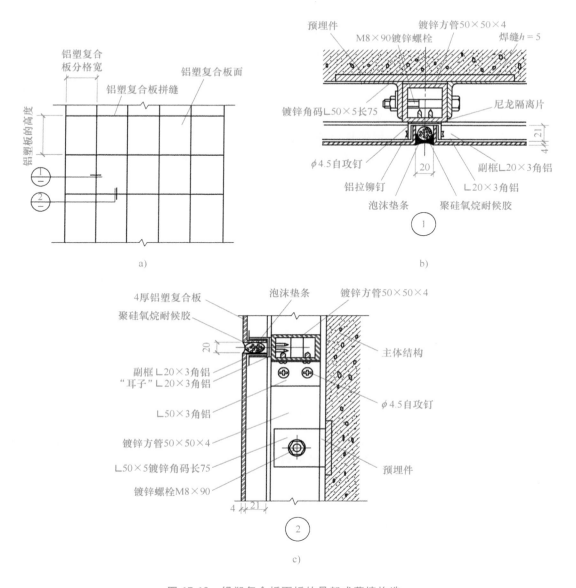

图 17-13　铝塑复合板面板的骨架式幕墙构造

防锈漆→防火保温棉安装→金属板安装→注密封胶→幕墙表面清理→工程验收。

1. 施工准备

在施工之前做好科学规划，熟悉图样，编制单项工程施工组织设计，做好施工方案部署，确定施工工艺流程和工、料、机安排等。

2. 预埋件检查

该项内容同石材幕墙做法。

3. 测量放线

幕墙安装质量很大程度上取决于测量放线的准确与否。如轴网和结构标高与图样有出入，应及时向业主和监理工程师报告，得到处理意见后进行调整，由设计单位做出设计变更。

4. 金属骨架安装

做法同石材幕墙。注意在两种金属材料接触处应垫好隔离片，防止接触腐蚀，不锈钢材料除外。

5. 金属板制作

金属饰面板种类多，一般是在工厂加工后运至工地安装。铝塑复合板组合件一般在工地制作、安装。现在以铝单板、铝塑复合板、蜂窝铝板为例说明加工制作的要求。

（1）铝单板　在弯折加工时弯折外圆弧半径不应小于板厚的 1.5 倍，以防止出现折裂纹和集中应力。板上加劲肋的固定可采用电栓钉，但应保证铝板外表面不变形、不褪色，固定应牢固。铝单板的折边上要做"耳子"用于安装，如图 17-14 所示。

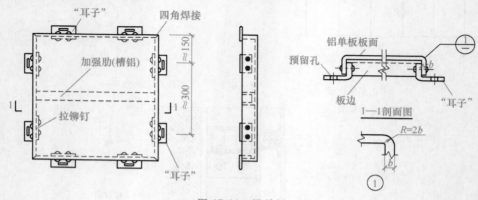

图 17-14　铝单板

（2）铝塑复合板　有内外两层铝板，中间复合聚乙烯塑料。在切割内层铝板和聚乙烯塑料时，应保留不小于 0.3mm 厚的聚乙烯塑料，并不得划伤外层铝板的内表面，如图 17-15 所示。

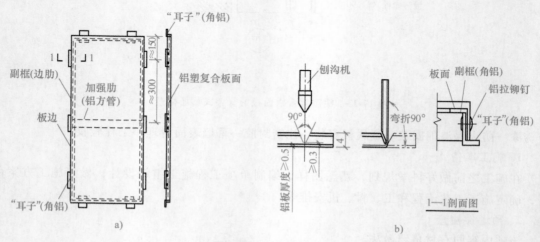

图 17-15　铝塑复合板

（3）蜂窝铝板　应根据组装要求决定切口的尺寸和形状。在去除铝芯时不得划伤外层铝板的内表面。各部位外层铝板上，应保留 0.3～0.5mm 的铝芯。直角部位的加工：折角内弯成圆弧，角缝应采用硅酮密封胶密封。边缘的加工：应将外层铝板折合 180°，并将铝芯包封。

（4）金属幕墙的吊挂件、安装件　应采用铝合金件或不锈钢件，并应有可调整范围。采用铝合金立柱时，立柱连接部位的局部壁厚不得小于 5mm。

6. 防火、保温材料安装

同有框玻璃幕墙安装做法。

7. 金属幕墙的吊挂件、安装件

金属面板安装同有框玻璃幕墙中的玻璃组合件安装。金属面板是经过折边加工、装有"耳子"（有的还有加劲肋）的组合件，通过铆钉、螺栓等与横竖骨架连接。

8. 嵌胶封缝与清洁

板的拼缝的密封处理与有框玻璃幕墙相同，以保证幕墙整体有足够的、符合设计的防渗漏能力。施工时注意成品保护和防止构件污染。待密封胶完全固化后再撕去金属板面的保护膜。

9. 施工注意事项

1）金属面板通常由专业工厂加工成型。但因实际工程的需要，部分面板由现场加工是不可避免的。现场加工应使用专业设备和工具，由专业操作人员操作，以确保板件的加工质量和操作安全。

2）各种电动工具使用前必须进行性能和绝缘检查，吊篮须做荷载、各种保护装置和运转试验。

3）金属面板不要重压，以免发生变形。

4）由于金属板表面上均有防腐及保护涂层，应注意硅酮密封胶与涂层粘结的相容性问题。事先做好相容性试验，并为业主和监理工程师提供合格成品的试验报告，保证胶缝的施工质量和耐久性。

5）在金属面板加工和安装时，应当特别注意金属板面的压延纹理方向，通常成品保护膜上印有安装方向的标记，否则会出现纹理不顺、色差较大等现象，影响装饰效果和安装质量。

6）固定金属面板的压板、螺钉，其规格、间距一定要符合规范和设计要求，并要拧紧不松动。

7）金属板件的四角如果未经焊接处理，应当用硅酮密封胶来嵌填，保证密封、防渗漏效果。

8）其他注意事项同隐框玻璃幕墙和石材幕墙。

10. 金属幕墙施工质量要求

金属幕墙的施工质量要求同石材幕墙。

同 步 测 试

一、填空题

1. 幕墙工程大概分为_____、_____、_____三类。

2. 后置预埋镀锌钢板，厚度为 10mm 以上，用强化化学螺栓，化学螺栓应做_____，

螺栓 $\phi 10mm$ 以上，进入钢筋混凝土深度为 _____ cm 以上。

3. 幕墙的夹层玻璃应采用聚乙烯醇缩丁醛（PVB）胶片干法加工合成的夹层玻璃，其夹层胶片（PVB）厚度不应小于 _____ mm。

4. 幕墙的防火应符合国家现行标准，_____ 与玻璃不应直接接触，一块玻璃不应跨 _____ 防火分区。

5. 金属幕墙中，塑铝板干挂的壁厚为 _____ mm 以上，厚度应在 40 丝以上，便于现场加工，安装后平整度较好。

二、单项选择题

1. 根据规范规定，硅酮结构密封胶在风荷载或水平地震作用下的强度设计值取（　　）N/mm^2。

A. 0.1　　　　　　B. 0.2　　　　　　C. 0.3　　　　　　D. 0.5

2. 全玻幕墙的面板与玻璃肋之间的传力胶缝，必须采用（　　），不能混同于一般玻璃面板之间的接缝。

A. 硅酮结构密封胶　B. 硅酮建筑密封胶　C. 双面胶带　　　　D. 硅酮耐候密封胶

3. 铝合金立柱与横梁的接缝，可预留 $1\sim2mm$ 的间隙，间隙内填胶，以防止（　　）。

A. 幕墙面板遭破坏　　　　　　　　B. 幕墙构件之间的永久变形小

C. 幕墙构件之间有弹性效应　　　　D. 产生摩擦噪声

4. 为保证预埋件与主体结构连接的可靠性，连接部位的主体结构混凝土强度等级不应低于（　　）。

A. C15　　　　　　B. C20　　　　　　C. C25　　　　　　D. C40

5. 隐框玻璃幕墙玻璃板块安装完成后，进行隐蔽工程验收，验收后应及时进行（　　）。

A. 涂刷防锈漆　　　　　　　　　　B. 安装其夹具的支承装置

C. 密封胶嵌缝　　　　　　　　　　D. 防渗漏处理

三、简答题

1. 幕墙工程应对哪些隐蔽工程项目进行验收？

2. 幕墙工程应对哪些材料及其性能指标进行复验？

四、思考题

请结合本单元所学内容及玻璃幕墙的特点，谈谈你对党的二十大报告中提出的"积极稳妥推进碳达峰碳中和"的理解。

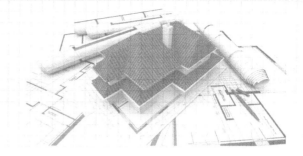

单元18

涂 饰 工 程

【素养提升】

中国是世界上最早使用生漆的国家，早在新石器时期，华夏先民们就已发现并开始使用生漆。金漆只是生漆（天然漆）的一种称谓，俗称"土漆"，又称"国漆"或"大漆"，是从漆树上采割的乳白色胶状液体，一旦接触空气后转为褐色，数小时后表面凝固硬化而生成漆皮，是我国特产的优质天然涂料。

由于生漆具有许多优良特性，历史上曾被视为重要的战略物资加以储备和利用。到了现代，它作为重要的涂料被广泛用于军工、化工、纺织、轻工、造船、机电以及工艺制品等方面。

竹溪县，"中国生漆之乡"，将生漆产业作为三产融合的"首位产业"和乡村振兴的重要抓手，全力打造"中国漆都"。为发扬"国漆"文化，竹溪县女子张晓莲于2020年在泉溪镇石板河村创建漆器工坊，从事榫卯漆器家具定制、漆胎制作及漆艺工匠培训；开设"漆艺工作室"，创新生漆采割及漆艺髹饰技法，先后获得11项技术专利。每年培训30余名漆艺传承人，带动42户农户参与生漆产业发展，成为带动乡土文化产业发展、促进农民增收致富的"领头雁"。

知识目标：

- 了解涂饰工程的定义。
- 熟悉涂料的分类。
- 掌握涂饰工程施工及验收知识。

能力目标：

- 能够编写简单的涂饰工程施工方案。
- 能够编写简单的涂饰工程技术交底文件。
- 具备指导涂饰工程施工及验收的能力。

素养目标：

- 培养学生艰苦奋斗的优良作风。

- 培养学生自信自强、勇毅前行的奋斗精神。
- 培养学生把握时代、引领时代的远大抱负。

任务1　涂料涂饰施工

涂饰工程是利用不同涂料涂刷于物体或建筑物表面，形成一种固着于物体表面，对物体起装饰与保护作用的施工过程。

18.1.1　水性涂料涂饰施工

1. 多彩花纹内墙涂料施工

（1）基层处理与底层涂料喷涂

1）先将装修表面上的灰块、浮渣等杂物用开刀铲除。

2）表面清扫后，用稀释调和到合适稠度的腻子把墙的麻面、蜂窝、洞眼、残缺处填补好。将干透后的腻子铲平，然后用粗砂纸打磨平整。

3）满刮两遍腻子。第一遍应用胶皮刮板满刮，要求横向刮抹平整、均匀、光滑，直到密实平整，线角及边棱整齐为止。待第一遍腻子干透后，用粗砂纸打磨平整。

第二遍满刮腻子方法同第一遍，但刮抹方向与前遍腻子相垂直。然后用细砂纸打磨平整、光滑为止。

4）底层涂料施工应在干燥、清洁、牢固的基层表面上进行，喷涂或辊涂一遍。

（2）中层涂料喷涂

1）涂刷第一遍中层涂料。用涂料辊子蘸料涂刷第一遍。辊子应先横向涂刷，后纵向滚压。辊涂顺序一般为从上到下，从左到右，先远后近，先边角、棱角、小面后大面。辊子涂不到的阴角处，需用毛刷补齐。第一遍中层涂料施工后，一般需干燥4h以上，然后用细砂纸进行打磨，磨后将表面清扫干净。

2）第二遍中层涂料涂刷与第一遍相同，但不再磨光。涂刷后，应达到一般乳胶漆高级刷浆的要求。

（3）工艺要点

1）由于基层材质、龄期、碱性、干燥程度不同，应预先在局部墙面上进行试涂，以确定基层与涂料的相容情况，并同时确定合适的涂布量。

多彩涂料在使用前要充分摇动容器，使其充分混合均匀，然后打开容器，用木棍充分搅拌。注意不可使用电动搅拌枪，以免破坏多彩颗粒。温度较低时，可在搅拌情况下，用温水加热涂料容器外部。但任何情况下都不可用水或有机溶剂稀释多彩涂料。

2）喷涂时，喷嘴应始终保持与装饰表面垂直（尤其在阴角处），距离为0.3~0.5m（根据装修面大小调整），喷嘴压力为0.2~0.3MPa，喷枪呈Z字形横纵交叉行进。喷涂顺序应为：墙面部位→柱面部位→顶面部位→门窗部位。

2. 104外墙饰面涂料施工

（1）基层要求

1）基层一般要求是混凝土预制板、水泥砂浆或混合砂浆抹面、水泥石棉板、清水砖墙等。

2）基层表面必须坚固，基层表面杂物脏迹必须清除干净。

3）基层要求含水率在 10% 以下，pH 值在 10 以下。墙面养护期一般为：现抹砂浆墙面夏季 7d 以上，冬季 14d 以上；现浇混凝土墙面夏季 10d 以上，冬季 20d 以上。

4）基层要求平整，但又不应太光滑。

（2）工艺要点

104 外墙饰面涂料可根据掺入的填料种类和量的多少，采用刷涂、喷涂、辊涂或弹涂的方法施工。各种施工方法的要点如下。

1）手工涂刷时，其涂刷方向和行程长短均应一致。涂刷层次一般不少于两道。前后两次涂刷的相隔时间与施工现场的温度、湿度有密切关系，通常不少于 3h。

2）在喷涂施工中，涂料稠度、空气压力、喷射距离、喷枪运行中的角度和速度等方面均有一定的要求。涂料稠度必须适中，空气压力在 4~8MPa 之间，喷射距离一般为 40~60cm。喷枪行进中，喷嘴中心线必须与墙面垂直，喷枪应在被涂墙面上平行移动，行进速度要保持一致，快慢要适中。喷涂施工要连续作业，到分格缝处再停歇。

3）彩弹饰面施工的全过程必须根据事先设计的样板色泽和涂层表面形状的要求进行。在基层表面先刷 1~2 道涂料，作为底色涂层。待其干燥后，才能进行弹涂。弹涂时，手提彩弹机，先调整和控制好浆门、浆量和弹棒，然后开动电动机，使机口垂直对正墙面，保持适当距离（一般为 30~50cm），按一定手势和速度，循序渐进。对于压花型彩弹，在弹涂以后，应由一个人进行批刮压花。弹涂到批刮压花之间的时间间隔视施工现场的温度、湿度及花型等不同而定。压花操作用力要均匀，运动速度要适当，方向竖直不偏斜，刮板和墙面的角度宜在 15°~30° 之间，要单方向批刮，不能往复操作。每批刮一次，刮板均须用棉纱擦抹，不得间隔，以防花纹模糊。

4）色彩花纹应基本符合样板要求。

18.1.2 溶剂性涂料涂饰施工

常用的溶剂型涂料有丙烯酸涂料、聚氨酯丙烯酸涂料、有机硅丙烯酸涂料等。

1. 彩砂涂料施工

（1）基层处理

混凝土墙面抹灰找平时，先将混凝土墙表面凿毛，充分浇水湿润，用 1:1 水泥砂浆，抹在基层上并拉毛。待拉毛硬结后，再用 1:2.5 水泥砂浆罩面抹光。对预制混凝土外墙麻面以及气泡，需进行修补找平，在常温条件下湿润基层，用水:石灰膏:胶黏剂 = 1:0.3:0.3 加适量水泥，拌成石灰水泥浆，抹平压实。

（2）工艺要点

1）基层封闭乳液刷两遍。

2）基层封闭乳液干燥后，即可喷粘结涂料，胶厚度在 1.5mm 左右。

3）喷粘结涂料和喷石粒工序连续进行。

4）喷石后 5~10min 用胶辊滚压两遍。滚压时以涂料不外溢为准。第一遍滚压与第二遍滚压间隔时间为 2~3min，第二遍滚压可比第一遍用力稍大。

5）喷罩面胶。在现场按配合比配好后过钢筹筛，防止粗颗粒堵塞喷枪（用万能喷漆斗）。喷完石粒后隔 2h 左右再喷罩面胶两遍。罩面胶喷完后形成一定厚度的隔膜。

2. 丙烯酸有光凹凸乳胶漆施工

（1）基层处理

丙烯酸有光凹凸乳胶漆可以喷涂在混凝土、水泥石棉板等基体表面，也可以喷涂在水泥砂浆或混合砂浆基层上。其基层含水率不大于 10%，pH 值在 7~10 之间。

（2）工艺要点

1）喷枪口径采用 6~8mm，喷涂压力 0.4~0.8MPa。先调整好黏度和压力后，其行进路线可根据施工需要上下或左右进行。

喷涂后，一般在 25℃±1℃，相对湿度 65%±15% 的条件下停 5min 后，再由一个人用蘸水的铁抹子轻轻抹、轧涂层表面。

2）喷底漆后，相隔 8h（25℃±1℃，相对湿度 65%±5%），即用 1 号喷枪喷涂丙烯酸有光乳胶漆。喷涂压力控制在 0.3~0.5MPa 之间，喷枪与饰面成直角，与饰面距离 40~50cm 为宜。喷出的涂料要呈浓雾状，涂层要均匀。一般可喷涂两道，一般面漆用量为 0.3kg/m²。

3）喷涂时，一定要注意用遮挡板将门窗等易被污染部位挡好。

4）须注意每道涂料在使用之前都需搅拌均匀后方可施工，厚涂料过稠时，可适当加水稀释。

5）双色型的凹凸复层涂料施工，其一般做法为第一道喷封底涂料，第二道喷带彩色的面涂料，第三道喷涂厚涂料，第四道喷罩光涂料。

任务2 刷浆施工

刮白　　机喷真石漆

刷浆工程是建筑内墙、顶棚或外墙的表面经刮腻子等基层处理后，刷、喷浆料。其目的是保护墙体，美化建筑，满足使用要求。按其所用材料、施工方法及装饰效果，刷浆工程包括一般刷浆、彩色刷浆和美术刷浆工程。这里主要介绍一般刷浆施工。

18.2.1　一般刷浆施工

1. 石灰浆刷装饰工

（1）施工要点

1）石灰刷浆的对象是一般建筑，主要指清水墙的内、外刷浆。内墙以普通、中级刷浆为宜。

2）刷浆前，基层表面必须清除干净，打磨平整，有孔眼、凹凸不平的地方，需要填平磨光。

3）需要刷浆的基层表面应当保持干燥（八成以上），以免刷浆后在饰面层的表面出现析白现象，这一点对手刷浆工程很重要。

4）对于刷浆稠度，应根据不同的刷浆方法确定，采用刷涂时，一般稠度小些，采用喷涂时，稠度应大一些。

5）刷涂、喷涂石灰浆，要做到颜色均匀，分色整齐，不漏刷，不漏底，每个房间要一次做完。最后一遍刷浆或喷浆完毕后，应加以保护，不得损伤面层。

6）刷浆时，每一遍应按同一方向刷浆，不宜来回往复进行，以免损伤前一层浆层，甚至出现透底。

（2）材料配合比　石灰刷浆施工所用材料及配合比见表 18-1。

表 18-1　石灰刷浆施工所用材料及配合比

项目	材料名称	用料配合比（质量比）及配制方法
内墙面清水墙刷石灰浆	生石灰、皮胶水	配合比：生石灰∶皮胶水＝1∶0.125 配制方法：生石灰须化为石灰膏，将石灰膏加入适量清水充分搅拌，再将皮胶水加入搅匀，直至稀稠适度完全均匀为止，然后过筛即可
	生石灰、食盐	配合比：生石灰∶食盐＝100∶7 配制方法：先将生石灰化为石灰膏，将石灰膏加入适量清水充分搅拌，再将食盐加入搅匀，再过滤即可
内墙面清水墙刷油粉	生石灰、熟桐油、食盐、猪血、滑石粉	配合比：生石灰∶熟桐油∶食盐∶猪血∶滑石粉＝100∶30∶5∶5∶30 配制方法：在上述混合物中加入适量的水，然后进行强力搅拌，借石灰熟化时放出的热量将熟桐油乳化（桐油分子分布涂层内，改善了涂层的柔韧性和耐水性）
外墙面清水墙刷油浆	生石灰、熟桐油、食盐、猪血、滑石粉、皮胶水	配制方法：先配制猪血胶水和皮胶水，在生石灰和熟桐油中加入适量水，使熟桐油乳化，制成乳化桐油石灰浆，将皮胶水、猪血胶水、滑石粉和乳化桐油石灰浆混合，然后机械搅匀，过筛即可

2. 大白粉刷浆施工

1）大白粉刷浆的主要对象为内墙。一般房间以中级刷浆为宜，有特殊要求的房间可用高级刷浆。

2）刷浆之前，基层表面必须干净、平整，所有污垢、油渍，砂浆泥痕以及其他杂物等均应清除干净。表面缝隙、孔眼应用腻子填平，并用砂纸磨平磨光。

3）基层表面应当干燥，局部湿度过大部位应采用烘干措施，以保证刷浆前基面处于均匀的干燥状态。

4）如果大白浆施工采用喷涂，则要求浆料稠度宜大一些；采用刷涂时，稠度可小些。

5）无论刷浆喷浆，都要做到色调均匀、整齐，不漏刷、不透底，每个房间要做到一次完成。最后一遍刷浆或喷浆完毕后，应加以保护、不得损伤。

18.2.2　美术刷浆施工

美术刷浆分为中级和高级两级。刷浆前应先完成相应等级的一般刷浆工程，待其干燥后，方可进行美术刷浆。美术刷浆的图案花纹、颜色，应符合设计或选定样品的要求。

1. 美术刷浆应符合的规定

1）套色花饰的图案、颜色应分深浅，按漏板顺序进行。

2）辊花应先在一般刷浆表面弹出粉线，然后沿粉线自上而下进行。辊筒的轴必须垂直于粉线，不得歪斜。

3）甩水色点，一般先甩深色点，后甩浅色点，不同颜色的大小甩点，应分布均匀。

4）划分色线和方格线，必须待图案完成后进行，并应横平竖直，接头吻合。

2. 美术刷浆的质量规定

1）纹理、花点分布应均匀一致，质感清晰，协调美观。

2）不同颜色接边和镶边线条的搭接错位，不得大于 1mm。

3）线条应粗细均匀，颜色一致，横平竖直，不得有接头痕迹和曲线。

同 步 测 试

一、填空题

1. 涂饰工程是利用不同涂料涂刷于物体或建筑物表面，形成一种固着于物体表面，对物体起_____与_____作用的施工过程。

2. 美术刷浆分为_____和高级两级。

3. 104外墙饰面涂料手工涂刷时，其涂刷方向和行程长短均应一致。涂刷层次一般不少于_____道。前后两次涂刷的相隔时间与施工现场的温度、湿度有密切关系，通常不少于_____h。

4. 104外墙饰面涂料可根据掺入的填料种类和量的多少，采用刷涂、_____、辊涂或弹涂的方法施工。

5. 刷浆工程包括一般刷浆、_____和美术刷浆工程的施工。

二、单项选择题

1. 104外墙饰面涂料施工基层要求含水率在（　　）以下，pH在10以下。

A. 3%　　　　　　B. 5%　　　　　　C. 10%　　　　　　D. 15%

2. 104外墙饰面涂料墙面养护期一般为：现抹砂浆墙面夏季7d以上，冬季14d以上；现浇混凝土墙面夏季（　　）d以上，冬季（　　）d以上。

A. 5，10　　　　　B. 5，15　　　　　C. 7，14　　　　　D. 10，20

3. 彩砂涂料施工在混凝土墙面抹灰找平时，先将混凝土墙表面凿毛，充分浇水湿润，用1:1水泥砂浆，抹在基层上并拉毛。

A. 1:1　　　　　　B. 2:1　　　　　　C. 1:2　　　　　　D. 1:1.5

4. 美术刷浆辊花应先在一般刷浆表面弹出粉线，然后沿粉线（　　）进行。辊筒的轴必须垂直于粉线，不得歪斜。

A. 自上而下　　　B. 自下而上　　　C. 从左到右　　　D. 从右到左

5. 彩砂涂料基层封闭乳液干燥后，即可喷粘结涂料，胶厚度在（　　）mm左右。

A. 0.5　　　　　　B. 1.5　　　　　　C. 2.5　　　　　　D. 3

三、简答题

1. 常用的溶剂型涂料有哪些？

2. 美术刷浆的质量规定有哪些？

四、思考题

请结合本单元所学内容，谈谈你对党的二十大报告中提出的"全面提高人才自主培养质量，着力造就拔尖创新人才，聚天下英才而用之"的理解。

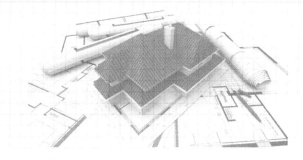

单元19

裱糊与软包工程

⊡》【素养提升】

　　早在中国的唐朝时期，就有人在纸张上绘图来装饰墙面。随着时代的变迁，壁纸随着世界经济文化的发展而不断推陈出新，先后经历了纸、纸上涂画、发泡纸、印花纸、特殊工艺纸的发展变化过程，但是不论怎样变化，都离不开我国发明的造纸术。造纸术是我国四大发明（造纸术、指南针、火药、印刷术）之一，是促进人类文化传播的伟大发明。

⊡》知识目标：

- 了解裱糊工程的定义。
- 了解软包工程的定义。
- 掌握裱糊与软包工程施工及验收知识。

⊡》能力目标：

- 能够编写简单的裱糊与软包工程施工方案。
- 能够编写简单的裱糊与软包工程技术交底文件。
- 能够进行裱糊与软包工程施工质量检查。

⊡》素养目标：

- 培养学生节能降碳先进技术研发的意识。
- 培养学生绿色消费的意识。
- 培养学生绿色生活的环保理念。

任务1　裱糊施工

　　裱糊饰面工程，又称裱糊工程，是指在室内平整光洁的墙面、顶棚面、柱体面和室内其他构件表面，用壁纸、墙布等材料裱糊的装饰工程。

19.1.1　常用的机具

裱糊施工常用工具见表19-1。

裱糊　　　金属壁纸

表 19-1 裱糊施工常用工具

名称	式 样	用 途	名称	式 样	用 途
裁纸刀		裁切壁纸	排笔		理平壁纸
刮板		刮抹、赶压和理平壁纸	胶辊		滚压壁纸
批刀		基层处理及赶压壁纸			

19.1.2 施工准备

1. 作业条件

1）混凝土和墙面抹灰已完成，且经过干燥，含水率不高于 8%（木材制品不得大于 12%）。

2）各预留设备已留设完毕。

3）门窗油漆已完成。

4）有水磨石地面的房间，出光、打蜡已完，并将面层磨石保护好。

5）面层清扫干净。

6）事先将突出墙面的设备部件等卸下收存好，待壁纸粘贴完后再将其部件重新装好复原。

7）如基层色差大，设计选用的又是易透底的薄型壁纸，粘贴前应先进行基层处理，使其颜色一致。

8）如房间较高，应提前准备好脚手架。

9）对施工人员进行技术交底时，应强调技术措施和质量要求。大面积施工前应先做样板间，经质检部门鉴定合格后，方可组织班组施工。

10）在裱糊施工过程中及裱糊饰面干燥之前，应避免气温突然变化或穿堂风吹。施工环境温度一般应大于 15℃，空气相对湿度一般应小于 85%。

2. 材料准备及要求

1）为保证裱糊质量，各种壁纸、墙布的质量应符合设计要求和相应的国家标准。

2）胶粘剂、嵌缝腻子、玻璃纤维网格布等，应根据设计和基层的实际需要提前备齐。

3）对湿度较大房间和经常潮湿的墙体应采用防水性的壁纸及胶粘剂。

4）对于玻璃纤维布及无纺贴墙布，糊纸前不应浸泡。

19.1.3 施工工艺

1. 工艺流程

裱糊的基本顺序，原则上是：先垂直面后水平面，垂直面先上后下，水平面是先高后低，先长墙面后短墙面，先细部后大面，先保证垂直后对花拼缝。

施工工艺：基层处理→找规矩、弹线→壁纸处理→涂刷胶粘剂→裱糊。

2. 墙面壁纸裱糊施工

1）基层处理。清理混凝土顶面，满刮腻子。

2）吊直，套方，找规矩，弹线。

3）计算用料，裁纸。

4）刷胶，糊纸。图 19-1 所示为阴角处裱糊。

5）花纸拼接。

6）壁纸修整。图 19-2 所示为气泡的处理。

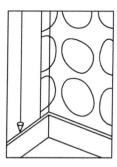

图 19-1　阴角处裱糊

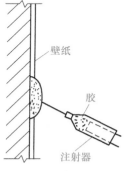

图 19-2　气泡处理

3. 顶棚壁纸裱糊施工

1）基层处理。

2）吊垂直，套方，找规矩，弹线。

3）计算用料，裁纸。

4）刷胶，糊纸。

5）修整。

4. 成品保护

1）墙纸裱糊完的房间应及时清理干净，不准做料房或休息室，避免污染和损坏。

2）整个裱糊的施工过程中，严禁非操作人员随意触摸墙纸。

3）电气和其他设备等在进行安装时，应注意保护墙纸，防止污染和损坏。

4）铺贴壁纸时，必须严格按照规程施工。施工操作时要做到干净利落，边缝要切割整齐，胶痕必须及时清擦干净。

5）严禁在已裱糊好壁纸的部位剔眼打洞。

6）做好壁纸的保护，防止污染、碰撞与损坏。

5. 质量问题

1）边缘翘起。

2）上、下端缺纸。

3）墙面不洁净，斜视有胶痕。

4）壁纸表面不平，斜视有疙瘩。

5）壁纸有泡。

6）阴阳角壁纸空鼓，阴角处有断裂。

7）面层颜色不一，花形深浅不一。

8）窗台板上下、窗帘盒上下等处铺贴毛糙。

任务2 软包施工

软包墙面是现代室内墙面装修常用做法，它具有吸声、保温、防儿童碰伤、质感舒适、美观大方等特点。特别适用于有吸声要求的会议厅、多功能厅、娱乐厅、消声室、住宅起居室、儿童卧室等处。

19.2.1 施工准备

1. 作业条件

1）混凝土和墙面抹灰完成，水泥砂浆找平层已抹完并刷冷底子油。

2）各预留设备已留设完毕。

3）房子的吊顶分项工程、地面分项工程基本完成，并符合设计要求。

4）对施工人员进行技术交底时，应强调技术措施和质量要求。

5）调整基层并进行检查，要求基层平整、牢固，垂直度、平整度均符合制作验收规范。

2. 材料准备及要求

软包墙面木框、龙骨、底板、面板等木材的树种、规格、等级、含水率和防腐处理必须符合设计要求。龙骨一般用白松烘干料，含水率不大于12%，厚度应根据设计要求，不得有腐朽、节疤、劈裂、扭曲等疵病，并预先经防腐处理。

软包面料、内衬材料及边框的材质、颜色、图案、燃烧性能等级应符合设计要求及国家现行标准的有关规定，具有防火检测报告。普通布料需进行两次防火处理，并检测合格。

外饰面用的压条分格框料和木贴脸等面料，一般采用工厂经烘干加工的半成品料，选用优质五夹板。胶粘剂应符合设计要求，不同部位采用不同胶粘剂。

3. 软包工程施工流程

1）基层或底板处理。

2）吊直，套方，找规矩，弹线。

3）计算用料，套裁填充料和面料。

4）固定面料。

5）安装贴脸或装饰边线。

6）修整软包墙面。

19.2.2 无吸声层软包墙面

1. 施工工艺

无吸声层软包墙面的施工工艺流程为：墙内预留防腐木砖→抹灰→涂防潮层→钉木龙骨→墙面软包。其基本构造如图19-3、图19-4所示。

2. 施工流程

1）墙内预留防腐木砖。

2）墙体抹灰。

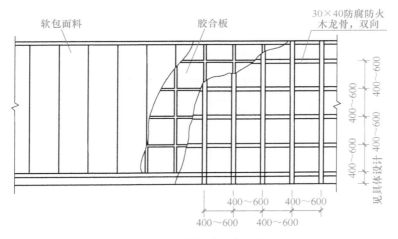

图 19-3 无吸声层软包墙面构造图 (立面)

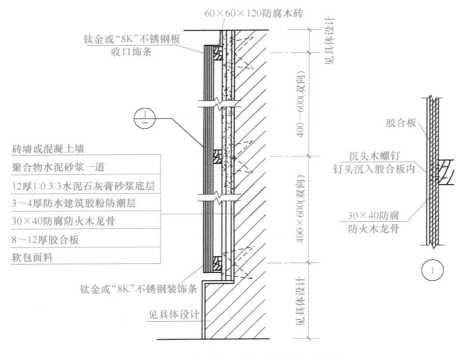

图 19-4 无吸声层软包墙面构造图 (剖面)

3) 墙体表面涂防潮层。

4) 钉木龙骨。

5) 墙面软包。

19.2.3 有吸声层软包墙面

1. 胶合板压钉面料法

其构造如图 19-5、图 19-6 所示。

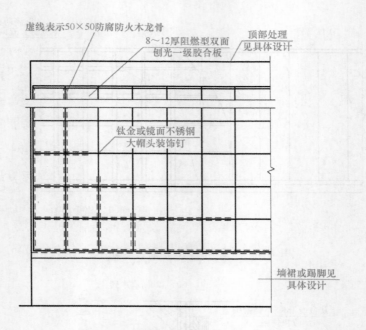

图 19-5　胶合板压钉面料做法（立面）

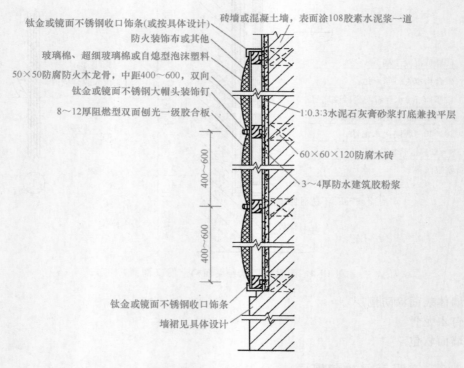

图 19-6　胶合板压钉面料做法（剖面）

2. 吸声层压钉面料法

将裁好的面料直接铺于吸声块上进行压钉，其余做法同前。其构造见图 19-7。

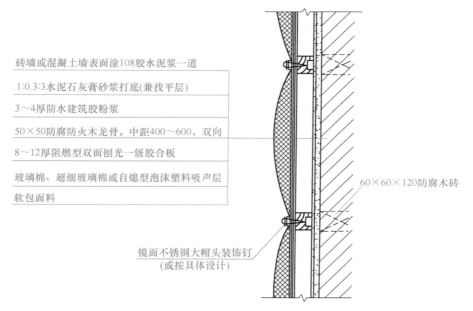

砖墙或混凝土墙表面涂108胶水泥浆一道

1:0.3:3水泥石灰膏砂浆打底(兼找平层)

3～4厚防水建筑胶粉浆

50×50防腐防火木龙骨，中距400～600，双向

8～12厚阻燃型双面刨光一级胶合板

玻璃棉、超细玻璃棉或自熄型泡沫塑料吸声层

软包面料

60×60×120防腐木砖

镜面不锈钢大帽头装饰钉
(或按具体设计)

图 19-7　吸声层压钉面料做法（剖面）

同 步 测 试

一、填空题

1. 裱糊饰面工程，又称"裱糊工程"，是指在室内平整光洁的墙面、顶棚面、柱体面和室内其他构件表面，用_____、_____等材料裱糊的装饰工程。

2. 裱糊的施工工艺：基层处理→找规矩、弹线→壁纸处理→_____→裱糊。

3. _____是现代室内墙面装修常用做法，它具有吸声、保温、防儿童碰伤、质感舒适、美观大方等特点。特别适用于有吸声要求的会议厅、会议室、多功能厅、娱乐厅、消声室、住宅起居室、儿童卧室等处。

4. 对施工人员进行技术交底时，应强调技术措施和质量要求。大面积施工前应先做_____，经质检部门鉴定合格后，方可组织班组施工。

5. 裱糊工程中对湿度较大的房间和经常潮湿的墙体表面，应采用有_____的壁纸和胶粘剂等材料。

二、单项选择题

1. 裱糊工程混凝土和墙面抹灰已完成，且经过干燥，含水率不高于（　　　）。

A. 5%　　　　　　　　B. 8%　　　　　　　　C. 10%　　　　　　　　D. 16%

2. 在裱糊施工过程中及裱糊饰面干燥之前，应避免气温突然变化或穿堂风吹。施工环境温度一般应大于15℃，空气相对湿度一般应小于（　　　）。

A. 55%　　　　　　　B. 65%　　　　　　　C. 75%　　　　　　　D. 85%

3. 软包面料、内衬材料及边框的材质、颜色、图案、燃烧性能等级应符合设计要求及国家现行标准的有关规定，具有防火检测报告。普通布料需进行（　　　）防火处理，并检测合格。

A. 两次　　　　　　　B. 三次　　　　　　　C. 四次　　　　　　　D. 五次

4. 裱糊工程应在（　　）完成后施工。

A. 门窗油漆　　　　　B. 墙体涂料　　　　　C. 外墙饰面　　　　　D. 楼地面施工

5. 软包墙面木框、龙骨、底板、面板等木材的树种、规格、等级、含水率和防腐处理必须符合设计要求。龙骨一般用白松烘干料，含水率不大于（　　），厚度应根据设计要求，不得有腐朽、节疤、劈裂、扭曲等疵病，并预先经（　　）处理。

A. 10%，防腐　　　　B. 12%，防腐　　　　C. 10%，防火　　　　D. 12%，防火

三、简答题

1. 简述裱糊的施工顺序。

2. 简述无吸声层软包墙面的施工工艺流程。

四、思考题

请结合本单元所学内容，谈谈你对党的二十大报告中提出的"高质量发展是全面建设社会主义现代化国家的首要任务"的认识和理解。

参 考 文 献

［1］ 杨洁. 建筑装饰构造与施工技术 ［M］. 北京：机械工业出版社，2017.

［2］ 刘超英. 建筑装饰装修构造与施工 ［M］. 北京：机械工业出版社，2018.

［3］ 陈永. 图说建筑装饰施工技术 ［M］. 北京：机械工业出版社，2021.

［4］ 冯宪伟. 做最好的装饰装修工程施工员 ［M］. 北京：中国建材工业出版社，2014.

［5］ 李继业，赵恩西，刘闽楠. 建筑装饰装修工程质量管理手册 ［M］. 北京：化学工业出版社，2017.

［6］ 薛剑. 装饰设计与施工手册 ［M］. 北京：中国建筑工业出版社，2004.

［7］ 倪安葵，蓝建勋，孙友棣，等. 建筑装饰装修施工手册 ［M］. 北京：中国建筑工业出版社，2017.

（续）

名称	二维码	页码	名称	二维码	页码	名称	二维码	页码
22. 同步练习三图形（一）绘制实例		66	32. 移动图形实例		77	42. 旋转图形实例		89
23. 同步练习三图形（二）绘制实例		66	33. 绘制异形件实例		78	43. 打断图形实例		90
24. 绘制椭圆实例		69	34. 同步练习四图形（一）绘制实例		81	44. 打断于点图形实例		91
25. 绘制椭圆弧实例		69	35. 同步练习四图形（二）绘制实例		81	45. 合并图形实例		92
26. 多段线绘制实例——长圆形		70	36. 利用夹点移动复制图形实例		84	46. 绘制轴承座三视图实例		92
27. 多段线绘制实例——二极管		71	37. 利用夹点拉伸图形实例		84	47. 同步练习五图形（一）绘制实例		95
28. 复制图形实例		73	38. 利用夹点旋转图形实例		85	48. 同步练习五图形（二）绘制实例		96
29. 矩形阵列图形实例		75	39. 利用夹点镜像图形实例		86	49. 样条曲线绘制实例		99
30. 路径阵列图形实例		75	40. 利用夹点缩放图形实例		87	50. 图案填充实例		100
31. 环形阵列图形实例		76	41. 镜像图形实例		88	51. 拉伸图形实例		104

（续）

（续）

目　录

项目一　认识AutoCAD

项目导入

　　学习 AutoCAD 软件时，要了解 AutoCAD 软件的基本情况，做到有目的、有针对性地学习，从而养成学习 AutoCAD 软件的特有思维模式，事半功倍地学好 AutoCAD 软件。

项目分析

　　本项目的主要任务就是从 AutoCAD 软件的应用领域和主要功能了解 AutoCAD 软件的用途；熟悉 AutoCAD 2023 的工作界面，学会调整工具栏；通过学习 AutoCAD 2023 的命令输入方式和坐标输入方式，掌握并习惯 AutoCAD 2023 的操作模式；学习 AutoCAD 2023 的启动与退出操作及帮助功能。

素养目标

　　1) 具备 AutoCAD 软件自主学习意识；具有机械制造专业素养。

　　2) 具备制造强国意识。

知识目标

　　1) 了解 AutoCAD 2023 的应用领域和主要功能。

　　2) 熟悉 AutoCAD 2023 的工作界面、文件的操作模式及帮助功能的调用方式。

　　3) 掌握 AutoCAD 2023 的命令和坐标的输入方式。

能力目标

　　1) 具有通过调用命令和输入坐标进行绘图操作的能力。

　　2) 具有操作 AutoCAD 2023 文件及调用帮助功能的能力。

　　3) 具有检索 AutoCAD 安装文件，自主安装 AutoCAD 2023 软件的能力。

任务一 了解 AutoCAD 2023 的基本概况

AutoCAD 是由美国 Autodesk 公司开发的通用计算机辅助设计（Computer Aided Design, CAD）软件，具有易于掌握、使用方便、体系结构开放等优点，能够绘制二维图形与三维图形、标注尺寸、注释图形文本、渲染和观察三维图形、进行二次开发以及输出打印图样，目前已广泛应用于机械、建筑、电子、航天、造船、石油化工、土木工程、冶金、地质、气象、纺织、轻工、商业等领域。

AutoCAD 的主要功能如下。

1. 绘制二维图形

AutoCAD 软件提供了丰富的二维绘图命令，利用这些命令可以绘制点、直线、多段线、圆、圆弧、矩形、多边形、椭圆、样条曲线等基本图形，而且针对相同图形的不同情况，可以采用多种绘图方法，例如，绘制圆有 6 种方法，绘制圆弧有 11 种方法。实际上，针对不同的已知绘图条件，采用适当的绘图方法，正是提高 AutoCAD 软件绘图速度的主要技巧。图 1-1 所示为使用 AutoCAD 软件绘制的二维平面图形。

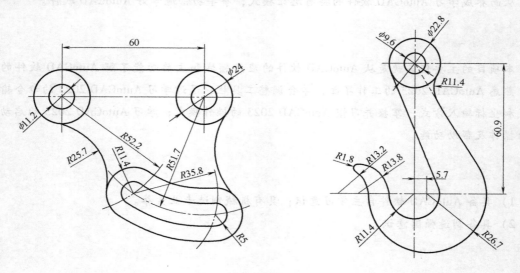

图 1-1 二维平面图形

2. 绘制三维图形

使用 AutoCAD 软件可以绘制 3 种不同的三维图形：三维线框图、三维曲面图和三维实体图。软件提供了长方体、楔体、圆柱体、圆锥体、圆环体和球体等三维实体的绘制命令，也可以通过使用拉伸、旋转等命令将二维平面图形转换成三维实体，再通过交、并、差布尔运算组装成需要的三维实体图形。图 1-2 所示为使用 AutoCAD 软件绘制的三维实体图形。

3. 编辑图形功能

为便于快速绘图，AutoCAD 软件不仅提供了丰富的绘图命令，还提供了强大的图形编辑命令，如删除、恢复、移动、复制、旋转、对齐、偏移、镜像、倒角、圆角、打断、布尔

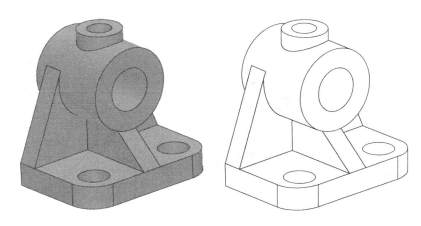

图 1-2 三维实体图形

运算、切割、抽壳等命令。通过选择适当的编辑命令，可以帮助用户合理地构造和组织图形，保证绘图的准确性，简化绘图操作，提高绘图速度。图 1-3 所示的二维规则图形即可灵活使用编辑命令绘制。

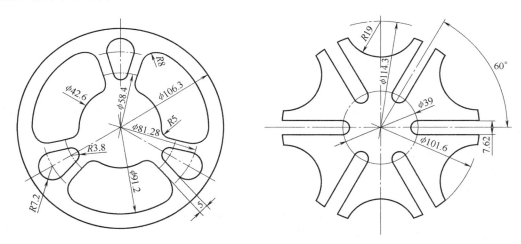

图 1-3 二维规则图形

4. 标注尺寸功能

尺寸标注是向图形中添加测量注释的过程，是整个绘图过程中不可缺少的一步。AutoCAD 软件的"标注"菜单组中包含了一套完整的尺寸标注和编辑命令，使用它们可以在图形的各个方向上创建各种类型的标注，可以方便、快速地以一定格式创建符合行业或项目标准的标注。

标注显示了对象的测量值，对象之间的距离、角度或者特征与指定原点的距离。AutoCAD 软件提供了线性、半径和角度 3 种基本的标注类型，可以进行水平、垂直、对齐、旋转、坐标、基线或连续等标注。此外，还可以进行引线标注、公差标注，以及自定义表面粗糙度标注，标注的对象可以是二维图形也可以是三维图形。尺寸标注图例如图 1-4 所示。

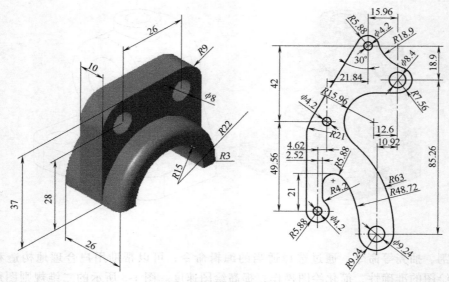

图1-4 尺寸标注图例

任务二 认识和调整 AutoCAD 2023 的工作界面

一、启动 AutoCAD 2023 中文版

AutoCAD 2023 是运行在 Windows 操作系统下的绘图应用程序，和其他 Windows 应用程序一样有多种打开方式。

1）在 Windows 桌面上有 AutoCAD 2023 程序图标，可以通过双击启动 AutoCAD 2023 应用程序，如图1-5所示。

2）通过单击"开始"→"程序"→"AutoCAD 2023-简体中文（Simplified Chinese）"→"AutoCAD 2023-简体中文（Simplified Chinese）"按钮，启动 AutoCAD 2023 应用程序。

3）通过双击已存盘的 *.dwg 图形文档启动 AutoCAD 2023 应用程序。

图1-5 AutoCAD 2023 程序图标

二、认识和调整 AutoCAD 2023 的工作界面

AutoCAD 2023 提供了"草图与注释""三维基础"和"三维建模"3 种工作空间模式。默认状态下，打开"草图与注释"工作空间，其界面主要由快速访问工具栏、功能区、绘图窗口、命令提示栏、状态栏、文件选项卡、布局选项卡等组成，如图1-6所示。3 种工作空间对应三种不同的应用环境，初学者一般主要应用默认的"草图与注释"空间绘图。工作空间模式设置如图1-7所示，通过选择"视图"→"切换工作空间"→"草图与注释"命令进行设置。AutoCAD 2023 默认工作界面隐藏了菜单栏和工具栏。

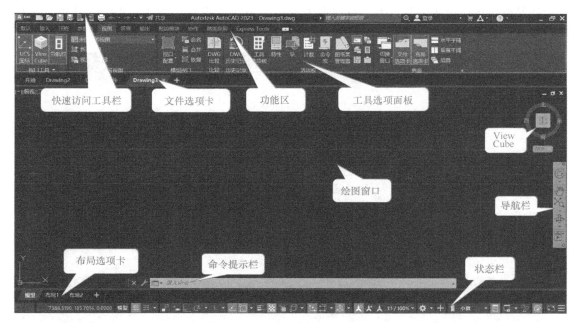

图 1-6　AutoCAD 2023 中文版初始工作界面

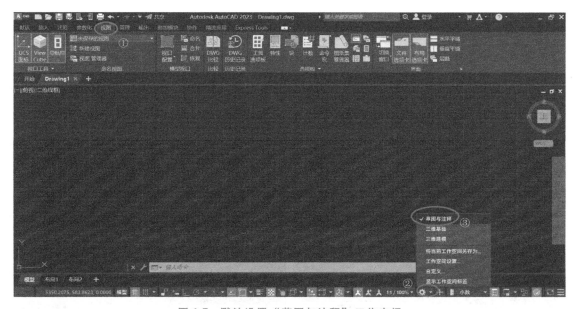

图 1-7　默认设置"草图与注释"工作空间

下面介绍 AutoCAD 2023 中文版"草图与注释"工作空间界面的主要组成部分。

1. 快速访问工具栏

在 AutoCAD 2023 中文版工作界面最上端是快速访问工具栏,它的中间显示了当前 Auto-CAD 系统的版本和当前 CAD 图形文档的名称。单击左侧按钮,弹出菜单浏览器,可以打开"打开""新建""保存"等菜单以及显示最近使用的文档信息,如图 1-8 所示。单击左侧下三角按钮,展开下拉菜单,用户可以自定义快速访问工具栏中的选项,勾选相应的菜单项即可使其显示在快速访问工具栏上，若勾选下方的"显示菜单栏"选项，AutoCAD 传统菜单栏将显示在快速访问工具栏下方，如图 1-9 所示。

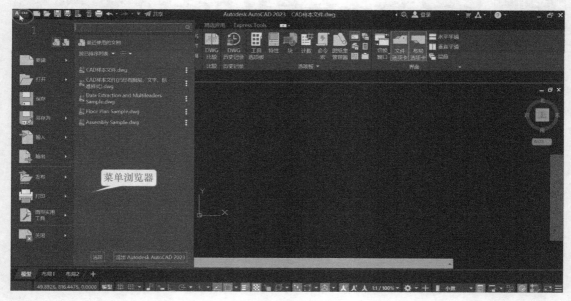

图 1-8　菜单浏览器

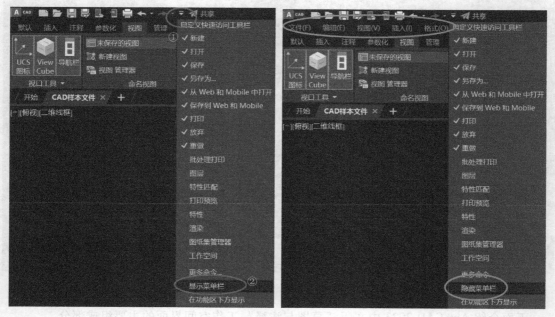

图 1-9　自定义快速访问工具栏

2. 菜单栏

菜单栏在快速访问工具栏下方显示后，显示"文件""编辑"等 13 个菜单组，可下拉出若干菜单项，几乎包含了所有的 AutoCAD 命令。AutoCAD 2023 默认的窗口元素颜色主题为暗色调，为满足部分用户的视觉应用，可设置为明色调，设置方法为单击"工具"→"选项"按钮，弹出"选项"对话框后，单击"显示"→"颜色主题"，选择"明"，如图 1-10 所示。本书后续的插图均为明色调的颜色主题。

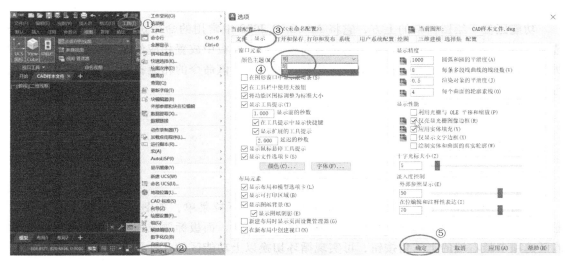

图 1-10　设置颜色主题

3. 工具栏

工具栏在 AutoCAD 2023 默认工作界面下是隐藏的状态。当菜单栏被调出后，单击"工具"→"工具栏"→"AutoCAD"按钮，展开工具栏菜单，用户可以勾选相应工具栏以使其显示在绘图窗口，也可以拖动工具栏，将其放置于绘图窗口四周的任何位置，如图 1-11 所示。

图 1-11　工具栏菜单

用户也可以在调出的任一工具栏上右击，在弹出的快捷菜单中选择要显示的工具栏。工具栏中的绘图命令按钮与功能区的工具选项面板中的相同，选择其中一类即可。

4. 功能区

功能区位于绘图窗口的上方，它将 AutoCAD 2023 中常用的命令进行分类，放置在各个选项卡中，每个选项卡包含多个工具选项面板，每个面板中放置相应的命令按钮，如图 1-12 所示。移动鼠标指针到命令按钮上停留片刻，可以显示该命令的相应提示，单击按钮，可执行相应的绘图命令。

图 1-12　功能区

单击功能区选项卡最右端的下三角按钮，可展开下拉菜单，如图 1-13 所示。用户可以通过在下拉菜单中勾选选项，将功能区最小化为选项卡、面板标题或面板按钮。逐次单击功能区选项卡最右端的上三角按钮，可实现循环切换以上功能区的 3 种显示方式。

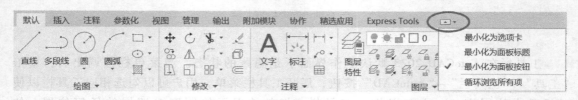

图 1-13　功能区显示切换

在功能区任意选项面板空白处右击，如图 1-14 所示，在弹出的快捷菜单中可以选择需要显示的选项卡和面板。按住鼠标左键拖放任意工具选项面板，可以实现该面板的位置移动或者窗口浮动。

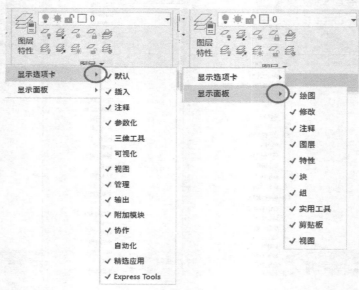

图 1-14　设置显示选项卡和显示面板

单击"工具"→"选项板"→"功能区"，可以在显示的菜单栏中设置功能区的显示及隐藏，如图1-15所示。

图1-15 功能区显示与隐藏的设置

5. 绘图窗口

绘图窗口是用户进行绘图和编辑的工作区域，所有的图形都在这里显示，要尽可能地保证绘图窗口比较大。AutoCAD 2023提供了"全屏显示"模式，可通过单击屏幕右下方（状态栏右侧）的全屏显示按钮进行设置，如图1-16所示。在全屏显示下，AutoCAD 2023窗口只显示菜单栏、绘图窗口、命令提示栏和状态栏。

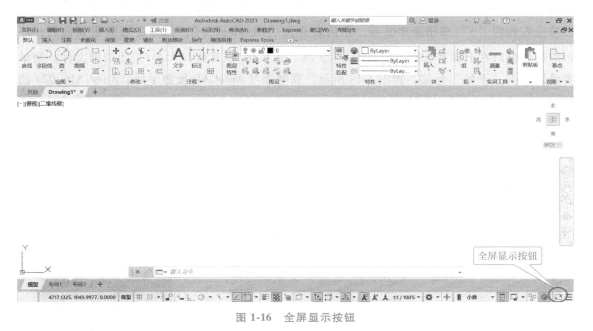

图1-16 全屏显示按钮

6. 命令提示栏

命令提示栏在默认情况下在绘图窗口的底部，用于输入命令和显示命令提示信息，用户可以按<F2>键或者单击右端上三角按钮展开命令提示栏，查询历史命令，默认显示3行完整的命令及提示。用户也可以通过拖动命令提示栏的标题栏来改变窗口大小及位置，如图 1-17 所示。

```
指定下一点或 [放弃(U)]:
>>输入 ORTHOMODE 的新值 <0>:
正在恢复执行 LINE 命令。
```
`× 🔧 ／ ▾ LINE 指定下一点或 [放弃(U)]:`

图 1-17　命令提示栏

7. 状态栏

AutoCAD 2023 的状态栏位于屏幕底部，最左端显示鼠标指针当前位置的 X、Y、Z 坐标，右侧依次是"模型或图纸空间""显示图形栅格""捕捉模式""推断约束""动态输入""正交限制光标""按指定角度限制光标（极轴追踪）""等轴测草图""显示捕捉参照线（对象捕捉追踪）""将光标捕捉到二维参照点（对象捕捉）""显示/隐藏线宽"等 29 个工具按钮，如图 1-18 所示。默认情况下，状态栏完全显示 29 个工具按钮，用户可以通过单击状态栏最右端"自定义"按钮 三 ，展开上拉菜单，勾选需要用到的工具显示在状态栏中。

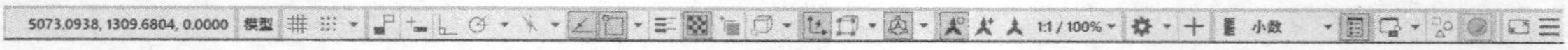

`5073.0938, 1309.6804, 0.0000 模型 ▦ ⸬ ▾ ⊥ └ ⊙ ▾ ∠ ▾ ◩ ▾ ⊟ 📐 ⬚ ▾ ⬚ ▾ ⬚ ▾ 👤 👤 1:1/100% ▾ ✴ ▾ ＋ ▤ 小数 ▾ ▤ ⬚ ▾ ⬚ ⊙ ▤`

图 1-18　状态栏

8. 文件选项卡

文件选项卡固定于绘图窗口的左上方，系统默认设定一个"开始"标签，打开的 Auto-CAD 文件依次向右位列于文件选项卡内，单击文件标签可切换不同文件的绘图窗口。用户可以单击右侧的"+"按钮新建图形，默认名称为"Drawing1 ＊"，保存后可以重新命名；还可以通过窗口右上端第二排的按钮 ▬ ⬚ ✕ ，最小化/恢复窗口大小/关闭当前文件。初学者可以单击"开始"标签，如图 1-19 所示，联网学习 AutoCAD 漫游手册、AutoCAD 2023 的

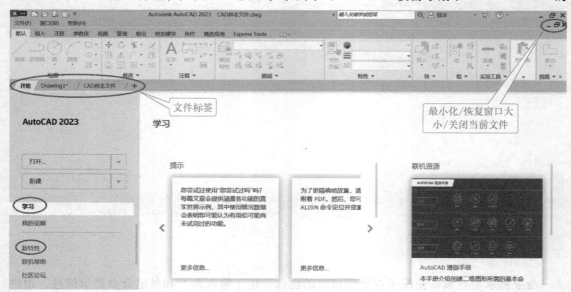

图 1-19　文件选项卡

新特性等内容。

9. 布局选项卡

布局选项卡固定于状态栏的左上方，系统默认设定一个"模型"布局标签和"布局1""布局2"两个图形布局标签，单击右侧的"+"按钮可以新建布局，如图1-20所示。

图1-20　布局选项卡

任务三　熟悉 AutoCAD 2023 的命令输入方式

AutoCAD 2023 采用命令的方式进行各项操作，菜单命令项、工具选项面板按钮和命令都是相互对应的，可以通过下拉菜单项、工具选项面板按钮或在命令行中输入命令等来执行同一命令。例如，绘制直线命令，其全名是"line"，单击菜单项、"绘图"面板中的按钮，在命令行中输入"line"，均可以调用直线命令，在命令说明区显示直线命令的说明。

一、命令的输入方式

AutoCAD 2023 的命令执行过程为："命令名称"→"数据"→"数据"…→结束命令。下面以绘制直线为例进行说明。

1. 输入命令

🔖 "默认"选项卡"绘图"面板：／；

🔖 "绘图"工具栏：／；

🔖 菜单栏："绘图（D）"→"直线（L）"；

⌨ 命令行：line 或 L。

2. 命令说明

指定第一点： 　　　　　　　　　//输入第一点(直线起点)坐标

指定下一点或[放弃(U)]： 　　　//输入下一点(直线终点)坐标

指定下一点或[放弃(U)]： 　　　//输入下一点(直线终点)坐标,输入"U"可以放弃刚

　　　　　　　　　　　　　　　　　才绘制的直线段

…

指定下一点或[闭合(C)/放弃(U)]:按<Enter>键退出命令

在 AutoCAD 2023 环境下，单击功能区选项面板中的按钮，执行命令比较直观，但要提高绘图速度，需要鼠标和键盘配合使用，即左手通过键盘输入命令，右手通过鼠标获取坐标。因此，需要熟记一些常用的命令及命令别名。命令别名是命令全称的缩写，通常是命令的第 1 或第 1、2 个英文字母，可以理解为命令的快捷方式。常用命令的别名见表 1-1。

表 1-1　常用 AutoCAD 2023 快捷键及命令方式

别名	命令	别名	命令	别名	命令
PO	point（点）	CO	copy（复制）	MT	mtext（多行文本）
L	line（直线）	MI	mirror（镜像）	T	mtext（多行文本）
XL	xline（射线）	AR	array（阵列）	B	block（块定义）
PL	pline（多段线）	O	offset（偏移）	I	insert（插入块）
ML	mline（多线）	RO	rotate（旋转）	W	wblock（定义块文件）
SPL	spline（样条曲线）	M	move（移动）	DIV	divide（等分）
POL	polygon（正多边形）	E	del 键，erase（删除）	H	bhatch（填充）
REC	rectangle（矩形）	X	explode（分解）	CHA	chamfer（倒角）
C	circle（圆）	TR	trim（修剪）	F	fillet（圆角）
A	arc（圆弧）	EX	extend（延伸）	PE	pedit（多段线编辑）
DO	donut（圆环）	S	stretch（拉伸）	ED	ddedit（修改文本）
EL	ellipse（椭圆）	LEN	lengthen（直线拉长）	BR	break（打断）
REG	region（面域）	SC	scale（比例缩放）		

　　AutoCAD 2023 是一个基于 Windows 系统的应用程序，一些 Windows 系统常用的快捷键对其仍然适用，同时它还定义了一些自己的快捷功能键和组合功能键，见附录 A。

　　在 AutoCAD 2023 的各种功能键中，最常用的有<Space>键、<Esc>键和<U>键。

　　◇ 在 AutoCAD 2023 中<Space>键等同于<Enter>键，表示命令输入结束或命令的重复。
　　◇ <Esc>键用来取消或中断命令。
　　◇ <U>键表示撤消命令或退回上一步。

二、命令操作实例一

绘制图 1-21 所示三角形。

1. 按下列方式之一输入命令

🐾 "默认"选项卡"绘图"面板：⬦；

🐾 "绘图"工具栏：⬦；

🐾 菜单栏："绘图（D）"→"直线（L）"；

▦ 命令行：line 或 L。

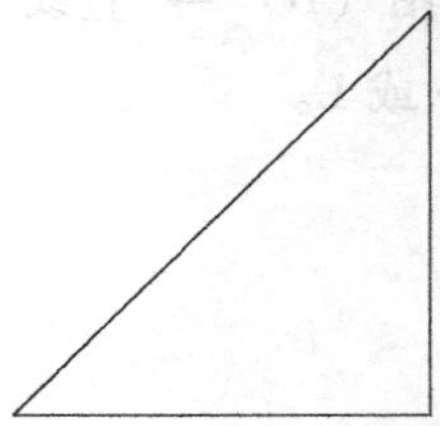

2. 按命令提示操作

命令：line
指定第一个点：　　　　　　　　　　　　　　//输入（50,50）
指定下一点或［放弃（U）］：　　　　　　　　//输入（200,50）
指定下一点或［放弃（U）］：　　　　　　　　//输入（200,200）
指定下一点或［闭合（C）/放弃（U）］：　　　//输入"C"

完成三角形的绘制，如图 1-21 所示。

1. 三角形
绘制实例

(200,200)

(50,50)　　　　　　　(200,50)

图 1-21　三角形绘制图例

三、命令操作实例二

"zoom"（视图缩放）命令的操作。"zoom"命令的功能为放大或缩小显示对象，但不改变对象的实际大小，只改变显示图形的大小。

1. 按下列方式之一输入命令

✂ "标准"工具栏：⊥_Q；

✂ 菜单栏："视图（V）"→"缩放（Z）"→"实时（R）"；

⌨ 命令行：zoom；

没有选定对象时，在绘图区域右击，在弹出的快捷菜单中选择"缩放"选项。

2. 按命令提示操作

指定窗口角点，输入比例因子（nX 或 nXP），或［全部（A）/中心（C）/动态（D）/范围（E）/上一个（P）/比例（S）/窗口（W）/对象（O）］<实时>：

说明：指定窗口角点，以窗口的两个对角点定义的窗口来缩放视图，即尽可能地使定义的窗口及视图缩放到整个绘图窗口；输入"A"，在当前视口中缩放显示整个图形。

其余略。

◇ 在绘图窗口双击鼠标滚轮，可快速恢复到原图形的最大有效图形区域。

任务四　熟悉 AutoCAD 2023 的坐标输入方式

AutoCAD 2023 通过坐标来精确表达点的位置，坐标系分为世界坐标系（WCS）和用户坐标系（UCS）。世界坐标系是 AutoCAD 2023 默认的固定坐标系，一般二维绘图情况下采用其作为坐标参照；用户坐标系是可以由用户确定的可移动坐标系，在三维绘图部分会进行介绍。平面绘图一般采用世界坐标系，无须使用用户坐标系。若不做特别说明，本书均是在世界坐标系下绘图。

世界坐标系的坐标原点在屏幕左下角。在 AutoCAD 2023 中可以使用直角坐标方式或极坐标方式来确定点在坐标系中的精确位置，如直角坐标（x，y）表示沿 X、Y 轴相对于坐标系原点的距离（以单位表示）及其方向（正或负），以","作为 x 和 y 的分隔符。

AutoCAD 2023 有两类确定点的坐标数值的方式，一是可以通过捕捉鼠标指针所在位置得到点的坐标，例如，使用定点设备（如鼠标）移动指针指定点，会在指针的位置显示点标记（一个小十字），即自动捕捉了点的坐标值，通过获取指针所在位置的坐标值代替键盘输入数值可以加快绘图速度，AutoCAD 2023 提供了一些特殊点的输入方式，称为对象捕捉，可捕捉端点、中点等来精确绘图；二是在命令提示下通过键盘输入坐标值。

AutoCAD 2023 有 4 种常用的通过键盘输入坐标值的方式。

◇ 绝对坐标输入：用 x，y 表示相对于坐标原点的坐标值。

◇ 相对坐标输入：用@x，y 表示相对于上一点的坐标值增量，@ 是相对符，表示相对于上一点。

◇ 相对极坐标输入：用@S<A 表示相对于上一点的距离和角度，用"<"作为分隔符，前面的数值是距离，后面的数值是角度。默认情况下，以 X 轴的正方向作为极坐标

输入的角度0°方向。逆时针方向为正，顺时针方向为负。@ 1<315 和@ 1<−45 表示同一点。

◇ 直接距离输入：输入相对坐标的另一种方法，即通过移动鼠标指针指定方向，然后直接输入距离。

操作实例

运用直线命令及不同的坐标输入方式绘制图 1-22 所示图例。

1. 按下列方式之一输入命令

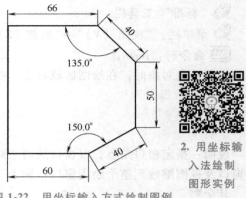

2. 用坐标输入法绘制图形实例

图 1-22　用坐标输入方式绘制图例

　"默认"选项卡"绘图"面板：／；

　"绘图"工具栏：／；

　菜单栏："绘图（D）"→"直线（L）"；

　命令行：line 或 L。

2. 按命令提示操作

指定第一点：　　　　　　　　　　　　//在适当位置单击取一点

指定下一点或［放弃(U)］：　　　　　//将鼠标指针水平右移，出现水平追踪线时，输入 60，按<Enter>键，此为直接距离输入

指定下一点或［放弃(U)］：　　　　　//输入@ 40<30，按<Enter>键，此为相对极坐标输入

指定下一点或［闭合(C)/放弃(U)］：　//将鼠标指针水平上移，出现垂直追踪线时，输入 50，按<Enter>键，此为直接距离输入

指定下一点或［闭合(C)/放弃(U)］：　//输入@ 40<135，按<Enter>键，此为相对极坐标输入

指定下一点或［闭合(C)/放弃(U)］：　//输入@ −66,0，按<Enter>键，此为相对坐标输入

指定下一点或［闭合(C)/放弃(U)］：　//输入"C"，按<Enter>键，封闭图形

完成图形的绘制。

◇ 当拖动光标不能出现水平追踪线时，应单击绘图窗口下方状态栏中的"按指定角度限制光标"按钮或者按<F10>键（部分计算机需按<Fn+F10>组合键）。

任务五　AutoCAD 2023 的文件操作与帮助

AutoCAD 2023 的文件操作与其他 Windows 应用程序类似，有新建、打开、保存等命令，其操作方法也与其他 Windows 应用程序类似。

一、新建图形

新建图形命令用于建立新的图形文件，AutoCAD 2023 会建立一个新的绘图窗口，用来

绘制新的图形。其命令输入方式如下：

快速访问工具栏：□；

"标准"工具栏：□；

菜单栏："文件（F）"→"新建（N）"；

命令行：new。

输入命令后，AutoCAD 2023将打开"选择样板"对话框，如图1-23所示，提醒用户选择图形样板。用户可以选择系统默认的图形样板或任意选择图形样板后单击"打开"按钮。AutoCAD 2023将根据所选图形样板打开一个新图例。AutoCAD 2023图形样板文件的扩展名为".dwt"。

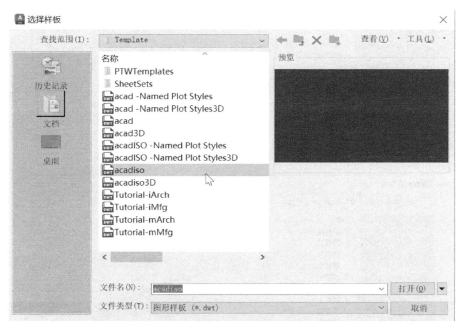

图1-23　"选择样板"对话框

◇ 初学者建议选择"acadiso"图形样板文件，文件中已设置了部分标注样式等。

二、打开图形

打开图形命令用于打开已有图形。运行该命令后，AutoCAD 2023将打开"选择文件"对话框，如图1-24所示。用户可以选择打开扩展名为".dwg"的图形文件，AutoCAD 2023图形文件的扩展名为".dwg"，各AutoCAD版本间的".dwg"文件不同，高版本的Auto-CAD可打开低版本的".dwg"文件，低版本的AutoCAD不能打开高版本的".dwg"文件。

1. 保存图形文件

AutoCAD 2023有"保存"和"另存为"两种命令，如果是第一次保存，则显示"图形另存为"对话框。如果文件已保存过，则使用"另存为"命令，表示要换名保存，显示"图形另存为"对话框，如图1-25所示。使用"保存"命令，则用原来的文件名自动保存对文件所做的修改。

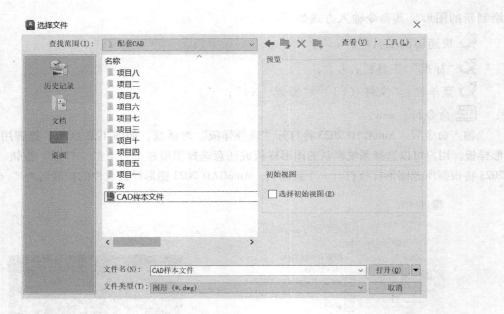

图 1-24 "选择文件"对话框

图 1-25 "图形另存为"对话框

需要注意的是，保存时的"文件类型"的选择，默认是 2018 版本的".dwg"文件，可以选择更低版本，如 2007 版本或 2000 版本，以便于低版本的 AutoCAD 软件打开该文件。

2. AutoCAD 2023 的帮助功能

AutoCAD 2023 的帮助功能可以帮助用户更好地学会或理解 AutoCAD 2023 各项命令的功能与操作。AutoCAD 2023 可以在命令运行前、运行中使用帮助功能。单击菜单栏中的"帮助"按钮，显示下拉菜单，选择"帮助"选项，如图 1-26 所示，联网打开"Autodesk Auto-CAD 2023-帮助"对话框，如图 1-27 所示。

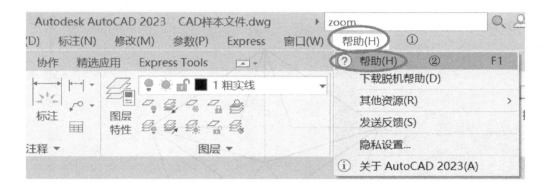

图 1-26 打开帮助菜单

图 1-27 "Autodesk AutoCAD 2023-帮助"对话框

同步练习一

绘制图 1-28 所示图例。

提示：

（1）运用"line"命令绘制正五边形，可用绝对坐标输入、相对坐标输入、相对极坐标输入等方式。

（2）将 5 个顶点连线。

（3）分别从两个顶点连线到对边垂足，从交点处连线到其余各顶点。

（4）修剪、删除至所需要图形。

3. 五角星
绘制实例

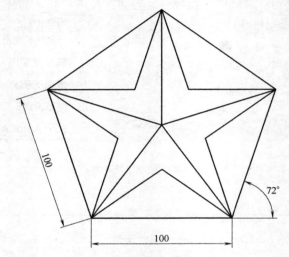

图 1-28 五角星图例

项目二 准备绘图纸

在 AutoCAD 2023 中准备一张虚拟的、竖放的标准 A4 图纸，图框、标题栏等要齐全，并做成图形样板文件，方便以后调用。

项目分析

本项目通过准备一张虚拟的、竖放的 A4 图纸，来学习怎样设置一个适合绘图的工作环境，主要包括反映图纸大小的图形界限、绘图单位、图层及对象特性的设置，并保存为 AutoCAD 2023 图形样板文件，方便以后调用。

素养目标

1）具有机械制造专业素养。
2）具备制图国家标准规范意识。

知识目标

1）熟悉 AutoCAD 2023 绘图环境的设置内容。
2）熟悉常见辅助绘图工具的运用。
3）了解图层及对象特性的概念和设置方法。
4）掌握 AutoCAD 2023 图形样板文件的保存和调用方法。

能力目标

1）能设置 AutoCAD 2023 绘图环境。
2）能制作 AutoCAD 2023 图形样板文件。

任务一 设置 AutoCAD 2023 绘图环境

设置 AutoCAD 2023 的绘图环境实际上是绘制图形前的准备工作，包含图形界限、绘图单位、尺寸标注样式、文字样式、图层设置、对象属性等一些必要条件的设置或定义等。做好这些准备工作后，可以提高绘图的效率。这里只对图形界限和绘图单位做一些介绍，其他的内容在后续相关部分再做介绍。

一、设置图形界限

AutoCAD 2023 的图形界限就是绘图窗口，也称为图限。在工程图中，常用图纸有 A0（1189mm×841mm）、A1（841mm×594mm）、A2（594mm×420mm）、A3（420mm×297mm）、A4（297mm×210mm）等标准图幅，要根据所绘图形大小选择合适的图幅。通常，AutoCAD 2023 是按照 1∶1 的比例进行绘图的，初学者最好也按这样的比例绘图，可以减少一些不必要的麻烦。

图形界限设置可以理解为图纸大小设置，就像手工绘图一样，画图前要准备一张符合尺寸要求的图纸并固定在绘图桌上。通过确定图纸左下角和右上角的坐标数值，从而得到整张图纸的大小和位置，这个过程就是图形界限设置。

1. 命令的输入

菜单栏："格式（O）"→"图形界限（I）"；

命令行：limits。

2. 命令说明

命令：limits

重新设置模型空间界限：

指定左下角点或［开(ON)/关(OFF)］<0.0000,0.0000>：　　//设定(0,0)为图限角点

指定右上角点<XXX,XXX>:210,297　　　　　　　　　　//设定(210,297)为图限角点

设置了一幅 A4 图纸（竖向）大小的图形界限，可以在图形界限内绘制图形，一般不要在图形界限外绘图。命令选项［开(ON)/关(OFF)］控制图形界限范围的检查功能，如果图形界限范围检查是"开(ON)"，则不允许在图形界限外进行绘图操作；只有关了图形界限检查功能，才能在图形界限外的绘图窗口进行绘图操作。

命令：limits

重新设置模型空间界限：

指定左下角点或［开(ON)/关(OFF)］<0.0000,0.0000>:off　　//输入"off"，按<Enter>键

如果已经设置了图纸的大小，则可以按<F7>键打开栅格，显示绘图窗口（再按<F7>键则取消栅格显示）。栅格的主要作用是显示一系列小点以指示绘图窗口，也就是图形界限的大小与位置。此时显示的绘图窗口可能较小，不便于绘图。这是因为图形界限命令只调整图纸大小，并没有调整显示比例，因此一般设置完图形界限后都要将其设置为"全部"，使设置好的图纸尽可能大而完整地显示在显示屏上。简单的操作步骤为：输入"Z"并按<Enter>键，输入"A"后再按<Enter>键即可。

命令：zoom　　　　　　　　　　//输入"Z"，Z 是 ZOOM 命令的别名指定窗口的角点，输入
　　　　　　　　　　　　　　　　　比例因子（nX 或 nXP），或者［全部(A)/中心(C)/动态
　　　　　　　　　　　　　　　　　(D)/范围(E)/上一个(P)/比例(S)/窗口(W)/对象
　　　　　　　　　　　　　　　　　(O)］<实时>：

a 正在重生成模型　　　　　　　//输入"A"，将视图缩放到全部

二、设置绘图单位

在中文版 AutoCAD 2023 中，可在打开的"图形单位"对话框中设置绘图时使用的长度单位、角度单位、单位的显示格式、精度以及角度方向等参数。默认的绘图单位可以满足一般绘图的需要。需要注意的是，AutoCAD 2023 中的图形单位不是常规意义上的度量单位：mm（毫米）。

1. 命令的输入

菜单栏："格式（O）"→"单位（U）"；

命令行：units。

2. 命令说明

输入命令后，弹出图 2-1 所示的"图形单位"对话框。

"图形单位"对话框包含长度、角度、插入时的缩放单位和输出样例 4 个选项组，另外还有 4 个按钮，其意义如下。

（1）"长度"选项组　设定长度的单位类型及精度。

☆ 通过"类型"下拉列表　可以选择长度单位的类型。

☆ 通过"精度"下拉列表　可以选择长度的精度，也可以直接输入数值。

（2）"角度"选项组　设定角度的单位类型和精度。

☆ 通过"类型"下拉列表　可以选择角度单位的类型。

☆ 通过"精度"下拉列表　可以选择角度的精度，也可以直接输入数值。

☆ "顺时针"控制角度方向的正负。选中该复选框时，顺时针为正；否则，逆时针为正。

（3）"插入时的缩放单位"选项组　设置用于缩放插入内容的单位。

（4）"输出样例"选项组　显示以上设置后的长度和角度单位格式。

（5）方向(D)... 按钮　单击 方向(D)... 按钮，系统弹出"方向控制"对话框，如图 2-2 所示。从中可以设置基准角度，单击 确定 按钮，返回"图形单位"对话框。

图 2-1　"图形单位"对话框

图 2-2　"方向控制"对话框

任务二　运用 AutoCAD 2023 常用辅助绘图工具

一、设置栅格、捕捉和正交模式

1. 栅格模式

栅格类似于坐标纸中格子的概念，若已经打开栅格模式，则用户在屏幕上可以看见许多小格。这些格子并不是屏幕的一部分，但它可显示绘图界限，并便于确定图形比例和定位。

（1）命令的输入

状态栏：⌗；

按<F7>键；

按<Ctrl+G>组合键。

启用"栅格"命令后，栅格显示在屏幕上，如图2-3所示。

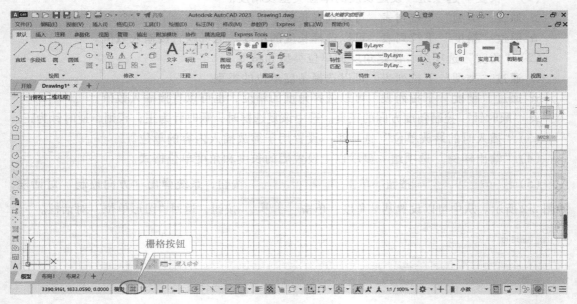

图2-3　栅格显示在屏幕上

（2）命令说明　栅格的主要作用是显示用户所需要的绘图区域，帮助用户在绘图区域中绘制图形。根据用户所选择的区域，可以进行栅格区域大小的设置。

可右击状态栏中的"栅格"按钮⌗，弹出快捷菜单，如图2-4所示。选择"网格设置"选项，就可以打开"草图设置"对话框，如图2-5所示。

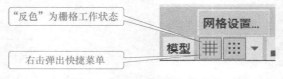

图2-4　右击"栅格"按钮

图 2-5 "草图设置"对话框

栅格设置参数：

☆"栅格 X 轴间距" 用于指定经 X 轴方向的栅格间距值。

☆"栅格 Y 轴间距" 用于指定经 Y 轴方向的栅格间距值。

X、Y 轴间距可根据需要，设置为相同的或不同的数值。

2. 捕捉模式

捕捉点在屏幕上是不可见的点，打开捕捉，当用户在屏幕上移动鼠标指针时，十字交点位于被锁定的捕捉点上。捕捉点间距可以与栅格间距相同，也可不同，通常将后者设为前者的倍数。在 AutoCAD 2023 中，有栅格捕捉和极轴捕捉两种捕捉模式，若选择捕捉模式为栅格捕捉，则鼠标指针只能在栅格方向上精确移动；若选择捕捉模式为极轴捕捉，则鼠标指针可在极轴方向精确移动。

（1）命令的输入

状态栏：；

按<F9>键；

按<Ctrl+B>组合键。

启用"捕捉"命令后，鼠标指针只能按照等距的间隔进行移动，此间隔称为捕捉的分辨率，这种捕捉方式称为间隔捕捉。

◇ 在正常绘图过程中不要打开捕捉命令，否则鼠标指针在屏幕上按栅格的间距跳动，不便于绘图。

（2）命令说明 在绘制图样时，可以对捕捉的分辨率进行设置。右击状态栏中的按钮，在弹出的快捷菜单中选择"捕捉设置"命令，就可以打开"草图设置"对话框。在"草图设置"对话框的左侧有"捕捉间距"选项组，如图 2-5 所示。

捕捉设置参数：

☆ "捕捉 X 轴间距" 用于指定经 X 轴方向的捕捉分辨率。

☆ "捕捉 Y 轴间距" 用于指定经 Y 轴方向的捕捉分辨率。

在 "捕捉类型" 选项组中，"栅格捕捉" 单选按钮用于栅格捕捉，分为 "矩形捕捉" 和 "等轴测捕捉"，两个单选按钮用于指定栅格的捕捉方式。"PolarSnap" 单选项用于设置以极轴方式进行捕捉。最后单击 "确定" 按钮，完成对捕捉分辨率的设置。

3. 正交模式

在绘图过程中，为了能在水平和垂直方向绘制图线，AutoCAD 2023 设置了正交模式。

命令的输入：

🐾 状态栏：◢；

🖳 按<F8>键；

🖳 命令行：ortho。

启用 "正交" 命令后，就意味着用户只能画水平和垂直两个方向的直线，绘图时的正交状态如图 2-6 所示。

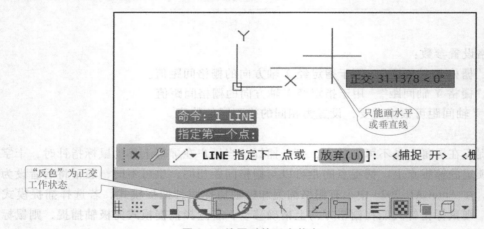

图 2-6 绘图时的正交状态

二、设置对象捕捉模式

对象捕捉实际上是 AutoCAD 2023 为用户提供的一个用于精确拾取图形几何点的工具，它使鼠标指针能快速、精确地定位在对象的一个几何特征点上，以便提高绘图效率。

对象捕捉分为临时对象捕捉和自动对象捕捉两种捕捉方式。设置临时对象捕捉方式后，只能对当前进行的绘制步骤起作用；而自动对象捕捉在设置对象捕捉方式后，可以一直保持目标捕捉状态，如需取消这种捕捉方式，要在设置对象捕捉时取消选择这种捕捉方式。

1. 调整靶框

在绘图过程中，在执行某一命令时，鼠标指针显示为十字光标或者为小方框的拾取状态，为了方便拾取对象，可以设置靶框大小。

依次单击菜单栏中的 "工具（T）"→"选项（N）"→"绘图" 按钮，可调整靶框显示大小，如图 2-7 所示。

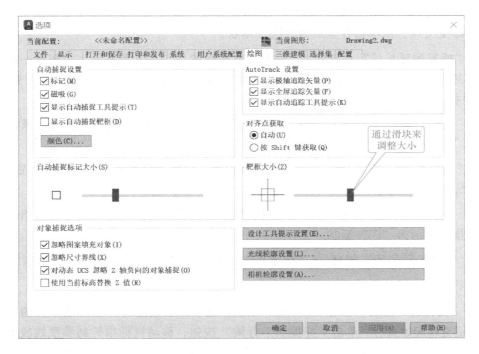

图 2-7　调整靶框显示大小

2. 临时对象捕捉方式

在菜单栏中依次单击"工具"→"工具栏"→"AutoCAD"按钮，在展开的工具栏菜单中勾选"对象捕捉"选项；或者右击窗口内任一工具栏，在弹出的快捷菜单中选择"对象捕捉"命令，弹出临时"对象捕捉"工具栏，如图 2-8 所示。

图 2-8　临时"对象捕捉"工具栏

临时"对象捕捉"工具栏中各选项的含义如下：

（1）"临时追踪点"按钮　设置临时追踪点，创建一个对象捕捉时要用的临时点。

（2）"捕捉自"按钮　选择一点，以所选的点为基准点，再输入相对此点的相对坐标值来确定点的捕捉方法。

（3）"捕捉到端点"按钮　用于捕捉线段、矩形、圆弧等图形对象的端点，鼠标指针显示为"□"形状。

（4）"捕捉到中点"按钮　用于捕捉线段、弧线、矩形的边线等图形对象的线段中点，鼠标指针显示为"△"形状。

（5）"捕捉到交点"按钮　用于捕捉图形对象间相交或延伸相交的点，鼠标指针显示为"×"形状。

（6）"捕捉到外观交点"按钮　在二维空间中，与"捕捉到交点"按钮　的功能相同，可以捕捉到两个对象的视图交点，该捕捉方式还可以在三维空间中捕捉两个对象的视图交点，即交叉点，鼠标指针显示为"⊠"形状。

（7）"捕捉到延长线"按钮 —— 使光标从图形的端点处开始移动，沿图形一边以虚线来表示此边的延长线，鼠标指针旁边显示对于捕捉点的相对坐标值，鼠标指针显示为"---·"形状。

（8）"捕捉到圆心"按钮 ⊙ 用于捕捉圆形、椭圆形等图形的圆心位置，鼠标指针显示为"☉"形状。

（9）"捕捉到象限点"按钮 ◇ 用于捕捉圆形、椭圆形等图形上象限点的位置，如0°、90°、180°、270°位置处的点，鼠标指针显示为"◇"形状。

（10）"捕捉到切点"按钮 ○ 用于捕捉圆形、圆弧、椭圆图形与其他图形相切的切点位置鼠标指针显示为"○"形状。

（11）"捕捉到垂足"按钮 ⊥ 用于绘制垂线，即捕捉图形的垂足，鼠标指针显示为"└"形状。

（12）"捕捉到平行线"按钮 // 以一条线段为参照，确定另一条与之平行的直线上的点。在指定直线起始点后，单击"捕捉到平行线"按钮，移动鼠标指针到参照线段上，出现平行符号"//"，表示参照线段被选中，移动鼠标指针至与参照线大概平行的位置，会出现一条虚线，表示找到平行线，即可绘制出与参照线平行的一条直线段。

（13）"捕捉到插入点"按钮 ⊡ 用于捕捉属性、块或文字的插入点，鼠标指针显示为"⊡"形状。

（14）"捕捉到节点"按钮 ▫ 用于捕捉使用点命令创建的点对象，鼠标指针显示为"⊠"形状。

（15）"捕捉到最近点"按钮 ⋌ 用于捕捉离鼠标指针最近的线段、圆、圆弧上的点，鼠标指针显示为"⊠"形状。

（16）"无捕捉"按钮 ▩ 用于取消当前所选的临时捕捉方式。

（17）"对象捕捉设置"按钮 ▧ 单击此按钮，弹出"草图设置"对话框，可以启用自动捕捉方式，并对捕捉方式进行设置。

使用临时对象的捕捉方式还可以利用"对象捕捉"快捷菜单来完成。按住<Ctrl>或<Shift>键，在绘图窗口中右击，弹出图2-9所示的"对象捕捉"快捷菜单，选择相应的捕捉命令即可完成对象捕捉操作。

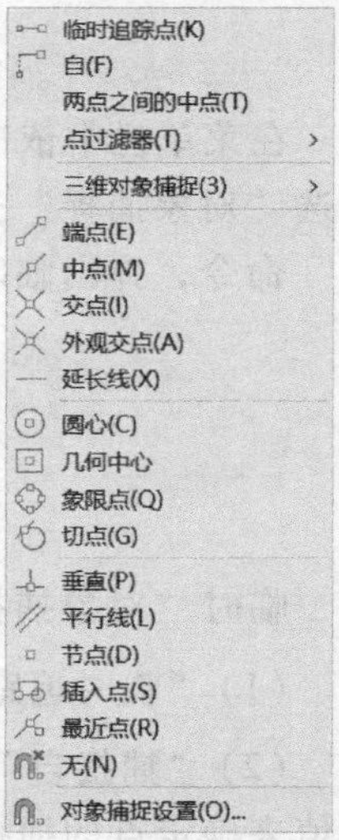

图2-9 "对象捕捉"快捷菜单

菜单项
临时追踪点(K)
自(F)
两点之间的中点(T)
点过滤器(T)
三维对象捕捉(3)
端点(E)
中点(M)
交点(I)
外观交点(A)
延长线(X)
圆心(C)
几何中心
象限点(Q)
切点(P)
垂直(P)
平行线(L)
节点(D)
插入点(S)
最近点(R)
无(N)
对象捕捉设置(O)...

3. 自动对象捕捉模式

使用"自动捕捉"命令时，可以保持捕捉模式设置，每次绘制图形时不需要重新调用捕捉模式进行设置，以节省绘图时间。

（1）命令的输入

▨ 状态栏：▢；

▤ 按<F3>键；

按<Ctrl+F>组合键。

（2）命令说明 绘图时可以单独选择一种对象捕捉，也可以同时选择多种对象捕捉方式。

设置"自动对象捕捉"可以通过"草图设置"对话框来完成。

菜单栏："工具（D）"→"绘图设置（F）"；

状态栏：右击 按钮，在弹出的快捷菜单中选择"对象捕捉设置"命令；

按住<Ctrl>键或<Shift>键，在绘图窗口中右击，在弹出的快捷菜单中选择"对象捕捉设置"命令。

启用"草图设置"命令，打开"草图设置"对话框，选择"对象捕捉"选项卡，如图2-10所示。

在"草图设置"对话框中，勾选"启用对象捕捉"复选框，在"对象捕捉模式"选项组中提供了14种对象捕捉模式，可以通过勾选复选框来选择需要启用的捕捉模式，每个选项的复选框前的图标代表成功捕捉某点时，鼠标指针的显示图标。所有列出的捕捉模式和显示图标与前面所介绍的临时对象捕捉模式相同。

自动对象捕捉参数：

☆"全部选择"按钮 用于选择全部对象捕捉模式。

☆"全部清除"按钮 用于取消所有设置的对象捕捉模式。

图2-10 "对象捕捉"选项卡

完成对象捕捉设置后，单击状态栏中的 按钮，使之处于"反色"状态，即可打开对象捕捉开关。

三、设置自动追踪模式

"自动追踪"模式可用于按指定角度绘制对象。当启用自动追踪时，屏幕上出现的对齐路径（追踪线）有助于用户用精确的位置和角度创建对象。自动追踪包含两种追踪选项：极轴追踪和对象捕捉追踪。用户可以通过状态栏中的"极轴追踪"和"对象捕捉追踪"按钮打开或关闭该功能。

1. 极轴追踪

（1）命令的输入

状态栏： ；

按<F10>键。

（2）命令说明 "极轴追踪"的设置可以通过"草图设置"对话框中的"极轴追踪"选项卡来完成，如图2-11所示。

启用"草图设置"命令，打开"草图设置"对话框，如图 2-11 所示。在"草图设置"对话框中，用户可对"极轴追踪"选项卡进行设置。

"极轴追踪"选项卡中各选项组含义如下。

☆"启用极轴追踪"复选框　勾选该复选框，开启极轴追踪命令；反之，则取消极轴追踪命令。

☆"极轴角设置"选项组　在此选项组中，可以选择"增量角"下拉列表框中的角度增量值，如增量角为15°，则鼠标指针移动到接近 15°、30°、45°、60°、75°、90°等方向时，极轴就会自动追踪；也可以在文本框

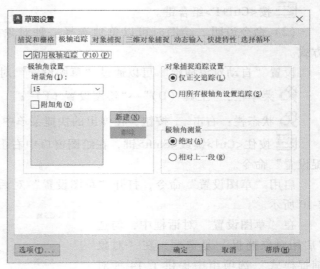

图 2-11 "极轴追踪"的设置

中输入其他角度。勾选"附加角"复选框，单击"新建"按钮，可以增加极轴角度的增量值。

☆"对象捕捉追踪设置"选项组　在该选项组中，"仅正交追踪"单选按钮用于设置在追踪参考点处显示水平或垂直的追踪路径；"用所有极轴角设置追踪"单选按钮用于在追踪参考点处沿极轴角度所设置的方向显示追踪路径。

☆"极轴角测量"选项组　在此选项组中，"绝对"单选按钮用于设置以坐标系的 X 轴为计算极轴角的基准线；"相对上一段"单选按钮用于设置以最后创建的对象为基准线计算极轴的角度。

◇ 建议用户选用"15°"增量角选项值，绘图时追踪线自动附着 15°、30°、45°、60°、75°、90°等 15 的倍率角度。

（3）命令操作实例　启用"极轴追踪"命令绘制图 2-12a 所示的六边形。

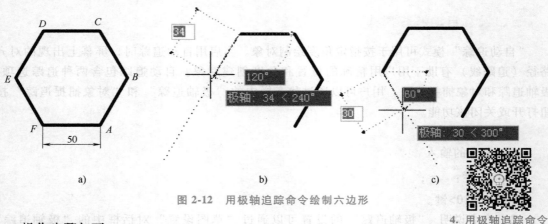

图 2-12 用极轴追踪命令绘制六边形

操作步骤如下：

4. 用极轴追踪命令
绘制六边形实例

命令:line 指定第一个点: //单击"直线"按钮 ✏ ,单击 A 点位置

指定下一点或［放弃(U)］:50   //沿 60°方向追踪,输入线段长度 50 到 B 点

指定下一点或［放弃(U)］:50   //沿 120°方向追踪,输入线段长度 50 到 C 点

指定下一点或［闭合(C)/放弃(U)］:50   //沿 180°方向追踪,输入线段长度 50 到 D 点

指定下一点或［闭合(C)/放弃(U)］:50   //沿 240°方向追踪,输入线段长度 50 到 E 点（图 2-12b）

指定下一点或［闭合(C)/放弃(U)］:50   //沿 300°方向追踪,输入线段长度 50 到 F 点（图 2-12c）

指定下一点或［闭合(C)/放弃(U)］:C   //输入"C",按<Enter>键,封闭图形

完成图形绘制。

2. 对象捕捉追踪

（1）命令的输入

🔧 状态栏: ∠ ;

⌨ 按<F11>键。

（2）命令说明　使用"对象捕捉追踪"命令时,必须打开"对象捕捉"和"极轴模式"开关。"对象捕捉追踪"的设置也是通过"草图设置"对话框来完成的。

启用"草图设置"命令,打开"草图设置"对话框,勾选"对象捕捉"选项卡中的"启用极轴追踪"复选框。

（3）命令操作实例　在图 2-13a 所示的四边形中心处绘制一个直径为 $\phi100mm$ 的圆。

5. 用对象捕捉追踪绘制圆实例

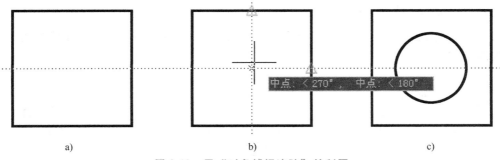

a)   b)   c)

图 2-13　用"对象捕捉追踪"绘制圆

操作步骤如下。

1）右击状态栏中的按钮 ∠ ,弹出快捷菜单,选择"对象捕捉设置"命令,打开"草图设置"对话框,在对话框中选择"对象捕捉"选项,在列表框的 14 个选项中选择"中点"。

2）单击状态栏中的按钮 ∠ ,使之处于"反色"状态,即打开启用对象捕捉追踪开关。

3）绘图过程如下。

命令:circle 指定圆的圆心或［三点(3P)/两点(2P)/切点、切点、半径(T)］:

    //单击按钮 ⊙ ,让鼠标指针分别在四边形的两个边的中点处进行捕捉追踪,使之都显示"△"形状,然后把鼠标指针移动到两中点的交线处,四边形的中心就追踪到位,如图 2-13b 所示

指定圆的半径或[直径(D)]<50.0000>:

//输入圆的半径 50,按<Enter>键,结束图形绘制,如图 2-13c 所示

任务三　设置 AutoCAD 2023 图层及对象特性

图层可以想象成透明的胶片，图层与图形的关系如图 2-14 所示。在不同图层上绘制的图形对象，能够同时显示在绘图窗口。AutoCAD 2023 通过控制每个图层的显示与否达到方便组织管理图形信息的目的。

1. 命令的输入

功能区："图层"→"图层特性"；

菜单栏："格式（O）"→"图层（L）"；

命令行：layer。

2. 创建图层

用户在使用"图层"功能时，首先要创建图层，然后再应用图层。在同一工程图样中，用户可以建立多个图层。创建图层的步骤如下：

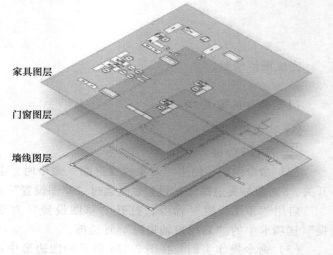

图 2-14　图层与图形的关系

1）单击"图层"功能区中的"图层特性"按钮，打开"图层特性管理器"对话框，如图 2-15 所示。

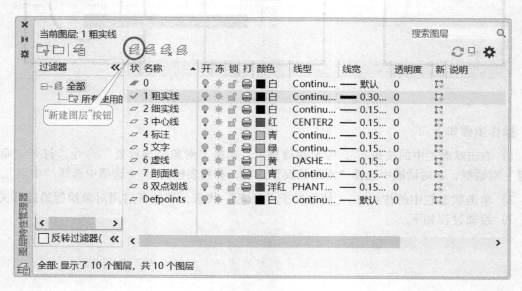

图 2-15　"图层特性管理器"对话框

2）单击"图层特性管理器"对话框中的"新建图层"按钮。

3）系统将在图层列表中添加新图层，其默认名称为"图层 1"，并且高亮显示，如图 2-16 所示，此时直接在名称栏中输入图层的名称，按<Enter>键，即可确定新图层的名称。

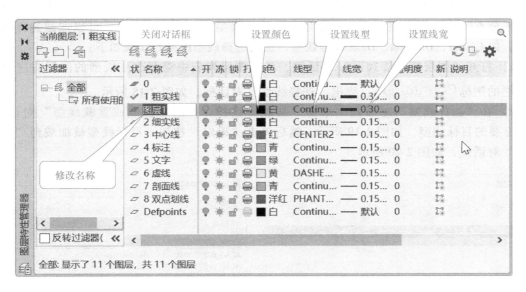

图 2-16　新建图层

4）用相同的方法可以建立更多的图层。最后单击"图层特性管理器"对话框左上角的 ✖ 按钮，退出"图层特性管理器"对话框。

3. 设置图层的颜色、线型和线宽

（1）设置图层颜色　图层的默认颜色为"白色"，为了区别各个图层，应该为每个图层设置不同的颜色。在绘制图形时，可以通过设置图层的颜色来区分不同种类的图形对象。AutoCAD 2023 提供了 256 种颜色，通常在设置图层的颜色时，会采用 7 种标准颜色：红色、黄色、绿色、青色、蓝色、紫色以及白色。这 7 种颜色区别较大，便于识别和调用。设置图层颜色的操作步骤如下：

1）打开"图层特性管理器"对话框，单击图层列表中需要改变颜色的图层对应"颜色"栏的图标 ■白，弹出"选择颜色"对话框，如图 2-17 所示。

2）从颜色列表中选择适合的颜色，此时"颜色"文本框将显示颜色的名称，

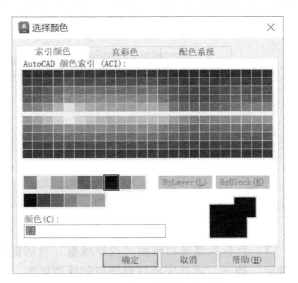

图 2-17　"选择颜色"对话框

如图 2-17 所示。

3）单击"确定"按钮，返回"图层特性管理器"对话框。在图层列表中会显示新设置的颜色，如图 2-16 所示。可以用相同的方法设置其他图层的颜色。单击"确定"按钮，所有在这个"图层"上绘制的图形都会以设置的颜色来显示。

（2）设置图层线型　图层线型用来表示图层中图形线条的线型，通过设置图层的线型可以区分不同对象所代表的含义和作用，默认的线型为"Continuous"，可以加载选择其他线型，如 Center、Dashdot、Dashed 等线型。加载选择线型的操作步骤如下：

1）打开"图层特性管理器"对话框，单击图层列表中需要改变线型的图层对应"线型"栏的图标Continuous，弹出"选择线型"对话框，如图 2-18 所示。

2）在"选择线型"对话框中单击"加载"按钮，弹出"加载或重载线型"对话框。选择需要的目标线型，如图 2-19 所示。然后单击"确定"按钮，目标线型被加载到"选择线型"对话框，如图 2-20 所示。

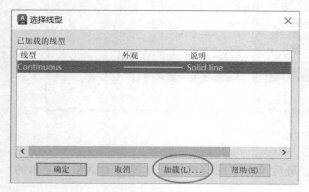

图 2-18　"选择线型"对话框

图 2-19　"加载或重载线型"对话框

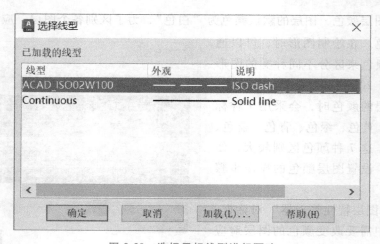

图 2-20　选择目标线型进行更改

3）目标线型被加载到"选择线型"对话框后，需要用户再次选择目标线型，然后单击"确定"按钮，才能完成目标图层的线型更改。

（3）设置图层线宽　图层线宽设置会应用到此图层的所有图形对象中，并且用户可以在绘图窗口中选择显示或不显示线宽。图层线宽可以直接用于打印图样。设置图层线宽的操作步骤如下：

1）打开"图层特性管理器"对话框，在图层列表中单击"线宽"栏的图标—— 默认，弹出"线宽"对话框。在线宽列表中选择需要的线宽选项，如图 2-21 所示。单击"确定"按钮，返回"图层特性管理器"对话框，图层列表将显示新设置的线宽，单击"确定"按钮，确认图层设置。

2）显示图层的线宽。单击状态栏中的"线宽"按钮三，可以切换绘图区中线宽的显示。当按钮处于"反色"状态时，则显示线宽；反之，所有线条显示无粗细之分。

图 2-21　"线宽"对话框

◇ 在工程图样中，粗实线一般为 0.3mm 或者 0.6mm；细实线一般为 0.13～0.25mm。通常在 A4 图纸中，粗实线设置为 0.3mm，细实线设置为 0.13mm；在 A0 图纸中，粗实线设置为 0.6mm，细实线设置 0.25mm。

4. 控制图层显示状态

如果工程图样中包含大量信息且有很多图层，则用户可通过控制图层状态，使用编辑、绘制、观察等功能使工作变得更方便。图层状态主要包括"打开"与"关闭"、"冻结"与"解冻"、"锁定"与"解锁"、"打印"与"不打印"等，AutoCAD 2023 采用不同形式的图标来表示这些状态。

（1）打开/关闭　处于打开状态的图层是可见的，而处于关闭状态的图层是不可见的。当图形重新生成时，被关闭的图层将一起被生成。打开/关闭图层有以下两种方法。

1）打开"图层特性管理器"对话框，在图层列表中单击图层对应的灯泡图标💡或💡，即可切换图层的打开/关闭状态。如果关闭的图层是当前图层，系统将弹出"图层-关闭当前图层"提示框，如图 2-22 所示。

2）单击"图层"功能区的图层列表，当列表中弹出图层信息时，单击目标图层对应的灯泡图标💡或💡，就可以实现图层的打开/关闭，如图 2-23 所示。

图 2-22　"图层-关闭当前图层"提示框

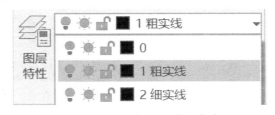

图 2-23　图层的打开/关闭状态

（2）冻结/解冻　冻结图层可以减少复杂图形重新生成时的显示时间，并且可以加快绘图、缩放、编辑等命令的执行速度。处于冻结状态的图层上的图形对象将不能被显示、打印或重生成。解冻图层将重生成并显示该图层上的图形对象。冻结/解冻图层有以下两种方法。

1）打开"图层特性管理器"对话框，在图层列表中单击目标图层对应的图标 或

，即可切换图层的冻结/解冻状态。当前图层是不能被冻结的。

2）单击"图层"功能区的图层列表，当列表中弹出图层信息时，单击目标图层对应的图标 或 即可，如图 2-24 所示。

图 2-24　图层的冻结/解冻状态

（3）锁定/解锁　通过锁定图层，使图层中的对象不能被编辑和选择。但被锁定的图层是可见的，并且可以查看、捕捉此图层上的对象，还可在此图层上绘制新的图形对象。解锁图层是将图层恢复为可编辑和选择的状态。锁定/解锁图层有以下两种方法。

1）打开"图层特性管理器"对话框，在图层列表中单击目标图层对应的图标 或

，即可切换图层的锁定/解锁状态。

2）单击"图层"功能区的图层列表，当列表中弹出图层信息时，单击目标图层对应的图标 或 即可，如图 2-25 所示。

图 2-25　图层锁定/解锁状态

（4）打印/不打印　当指定某层不打印后，该图层上的对象仍是可见的。图层的不打印设置只对图形中可见的图层（即图层是打开的并且是解冻的）有效。若图层设置为可打印但该层是冻结的或关闭的，此时将不打印该图层。设置打印/不打印图层的操作方法如下。

打开"图层特性管理器"对话框，在图层列表中单击目标图层对应的图标 或 ，即可切换图层的打印/不打印状态，如图 2-26 所示。

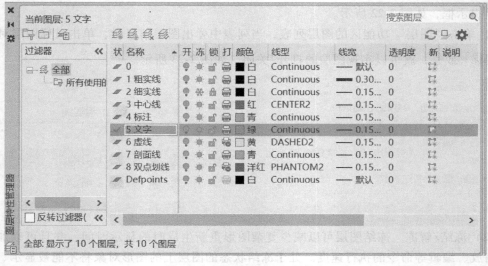

图 2-26　图层打印/不打印状态

◇ 在默认图层中，"Defpoints"图层自动生产，为参考点线图层，可以在窗口绘图显示，但是不能打印显示，该图层的打印特性图标为 🖶，建议用户慎选此图层。

5. 设置当前图层

当需要在某个图层上绘制图形时，必须先使该图层成为当前图层。系统默认的当前图层为"0"图层。

（1）设置现有图层为当前图层　设置现有图层为当前图层有两种方法。

1）单击"图层"功能区的图层列表，当列表中弹出图层信息时，直接选择要设置为当前图层的图层即可。图 2-27 所示为把"文字"层设为当前图层。

2）打开"图层特性管理器"对话框，在图层列表中单击选择目标图层为当前图层，然后双击该图层的名称或右击，在弹出的快捷菜单中选择"置为当前"选项，使目标图层的图层名前面显示 ✔，如图 2-28 所示。

图 2-27　设置"文字"层为当前图层

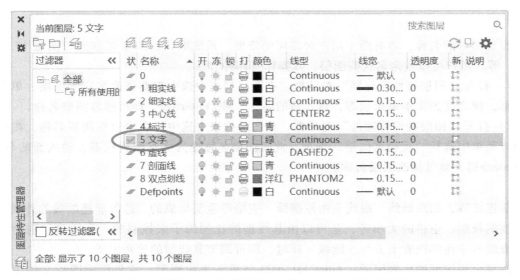

图 2-28　利用"图层特性管理器"设置"文字"层为当前图层

（2）设置对象图层为当前图层　在绘图窗口中，选择已经设置图层的对象，然后单击"图层"功能区的"设置当前"按钮 🖼，则该对象所在图层即成为当前图层。

6. 删除指定的图层

在 AutoCAD 2023 中，为了减少图形所占空间，可以删除不使用的图层。其具体操作步骤如下：

打开"图层特性管理器"对话框，在图层列表中选择要删除的图层，单击"删除图层"按钮 🖼，如图 2-29 所示，或在键盘上按<Delete>键将其删除。

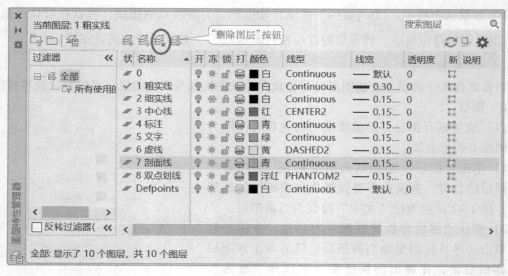

图 2-29　删除选中的"剖面线"图层

　　系统默认的图层"0""Defpoints"、包含图形对象的图层、当前图层以及使用外部参照的图层是不能被删除的。

7. 重新设置图层的名称

　　设置图层的名称，将有助于用户对图层的管理。系统默认的图层名称为"图层1""图层2"等，用户可以重命名这些图层，其操作有两种方法。

　　1）打开"图层特性管理器"对话框，在图层列表中选中需要修改名字的图层，单击图层名称，使之变为文本编辑状态，输入新的名称，按<Enter>键，即可修改图层名称。

　　2）打开"图层特性管理器"对话框，在图层列表中选中并右击目标图层名称，在弹出的快捷菜单中选择"重命名图层"选项，此时图层名称变为文本编辑状态，输入新的名称，按<Enter>键，即可修改图层名称。

8. 设置全局线型的比例因子

　　非连续线，如点画线、虚线是由短横线、空格等重复构成的。这种非连续线的外观，如短横线的长短、空格的大小等，是可以由其线型的比例因子来控制的。当用户绘制的点画线、虚线等非连续线看上去与连续线一样时，即可调节其线型的比例因子。

　　改变全局线型的比例因子，AutoCAD 2023将重新生成图形，它将影响图形文件中所有非连续线型的外观。利用菜单命令改变全局线型的比例因子的具体步骤如下。

　　1）在菜单栏单击"格式（O）"→"线型（N）"，弹出"线型管理器"对话框。

　　2）在"线型管理器"对话框中，单击"显示/隐藏细节"按钮，在对话框的底部会出现"详细信息"选项组，如图2-30所示。

　　3）在"全局比例因子"数值框内输入新的比例因子，单击"确定"按钮即可。

9. 改变当前对象的线型比例因子

　　改变当前对象的线型比例因子，将改变当前选中的对象中所有非连续线型的外观。

　　改变当前对象的线型比例因子有以下两种方法。

　　（1）利用"线型管理器"对话框　操作步骤同"设置全局线型的比例因子"的操作步

图 2-30　设置非连续线型的外观

骤，目标图层线型的比例因子修改后，图形所属该线型的线条全部发生变化。

（2）利用"对象特性管理器"对话框

1）在菜单栏单击"工具（T）"→"选项板"→"特性（P）"，或在特性功能区单击面板右下角的按钮 ，打开"对象特性管理器"对话框，如图 2-31a 所示。

2）选择需要改变线型比例的对象，此时"对象特性管理器"对话框将显示选中对象的特性设置，如图 2-31b 所示。

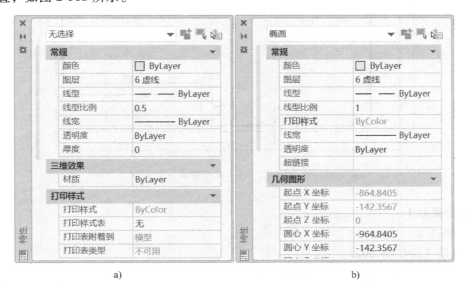

a)　　　　　　　　　　　　　　　b)

图 2-31　"对象特性管理器"对话框

3）在"常规"选项组中，单击"线型比例"选项将其激活，输入新的比例因子，按<Enter>键确认，即可改变其外观图形，此时其他非连续线型的外观将不会改变，如图 2-32 所示。

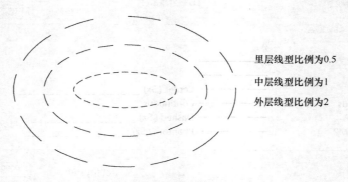

里层线型比例为0.5

中层线型比例为1

外层线型比例为2

图 2-32　不同比例因子的线型

6.简易图框（A4）
及标题栏

任务四　绘制简易图框及标题栏

绘制图 2-33 所示的简易图框（A4）及标题栏（免标尺寸）。

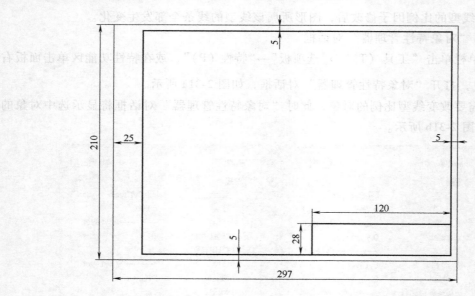

图 2-33　简易图框（A4）及标题栏（免标尺寸）

绘图步骤如下。

1. 设置图层

1）启动 AutoCAD 2023。

2）单击"图层"功能区的"图层特性"按钮，打开"图层特性管理器"对话框。

3）新建图层，各图层要求见表 2-1，建好后的图层如图 2-34 所示。

表 2-1　图层要求

序号	名称	颜色	线型	线宽/mm
1	粗实线	白	Continuous	0.30
2	细实线	白	Continuous	0.13
3	中心线	红	ACAD_ISO04W100	0.09
4	标注	青	Continuous	0.13
5	文字	绿	Continuous	0.13
6	虚线	黄	ACAD_ISO02W100	0.13
7	剖面线	青	Continuous	0.13
8	双点画线	洋红	ACAD_ISO05W100	0.13

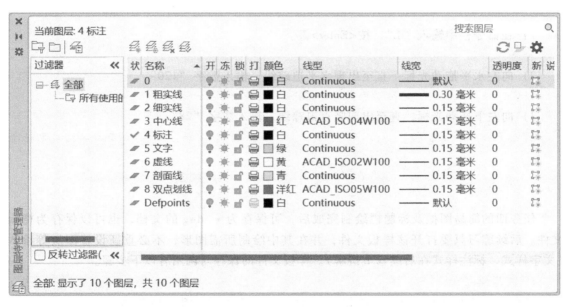

图 2-34　新建图层设置

2. 画外边框

1）单击"细实线"图层。

2）在命令栏中输入"L"，按<Enter>键。

命令:line 指定第一点:0,0　　　　　　　　//设置图框的左下角为(0,0)点

3）向右水平拖动光标，直至出现水平追踪线，输入数字"297"。

指定下一点或[放弃(U)]:297　　　　　　　//绘制 297 水平线

4）向右上拖动光标，直至出现竖直追踪线，输入数字"210"。

指定下一点或[放弃(U)]:210　　　　　　　//绘制 210 垂直线

5）向左水平拖动光标，直至出现水平追踪线，输入数字"297"。

指定下一点或[闭合(C)/放弃(U)]:297　　　//绘制 297 水平线

指定下一点或[闭合(C)/放弃(U)]:C　　　　//闭合图框

3. 画内边框（依据机械制图所提供的尺寸）

1）单击"粗实线"图层。

2）在命令栏中输入"L"，按<Enter>键。

命令:line 指定第一点:25,5　　　　　　　　//设置图框的左下角为(25,5)点

3）向右水平拖动光标，直至出现水平追踪线，输入数字"267"。

指定下一点或[放弃(U)]:267　　　　　　//绘制267水平线

4）向右上拖动光标，直至出现竖直追踪线，输入数字"200"。

指定下一点或[放弃(U)]:200　　　　　　//绘制200垂直线

5）向左水平拖动光标，直至出现水平追踪线，输入数字"267"。

指定下一点或[闭合(C)/放弃(U)]:267　　//绘制267水平线

指定下一点或[闭合(C)/放弃(U)]:C　　　//闭合图框

4. 画标题栏

1）在命令栏中输入"L"，按<Enter>键。

命令:line 指定第一点:292,33　　　　　　//设置标题栏的右上角为(292,33)点

2）向左水平拖动光标，直至出现水平追踪线，输入数字"120"。

指定下一点或[闭合(C)/放弃(U)]:120　　//绘制120水平线

3）向左下拖动光标，直至出现竖直追踪线，输入数字"28"。

指定下一点或[放弃(U)]:28　　　　　　//绘制28垂直线,按<Enter>键,结束绘图

任务五　保存和调入 AutoCAD 2023 样板图

任务四的简易图框及标题栏绘制完成后，可保存为＊.dwg的文档，也可以保存为样板文件。后续练习只要打开该样板文件，并在其中绘制所需图形，不必重新设置图层等参数（文字样式、标注样式在后续章节讲解）。样板文件的保存与调用有以下步骤。

1. 保存样板文件

另存为"图形样板.dwt"（注意保存路径），如图2-35、图2-36所示。

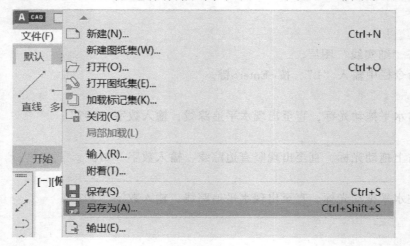

图 2-35　样板文件的保存步骤一

图 2-36 样板文件的保存步骤二

2. 调用样板文件

新建一个 AutoCAD 2023 文件，弹出"选择样板"对话框，选择先前做好的样板文件并打开即可，如图 2-37、图 2-38 所示。

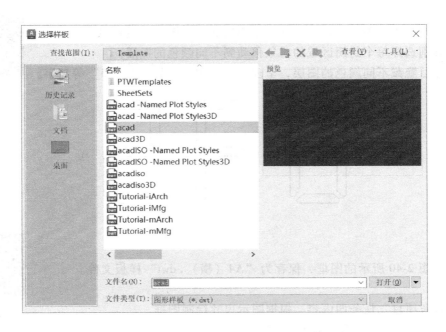

图 2-37 新建文件时弹出的"选择样板"对话框

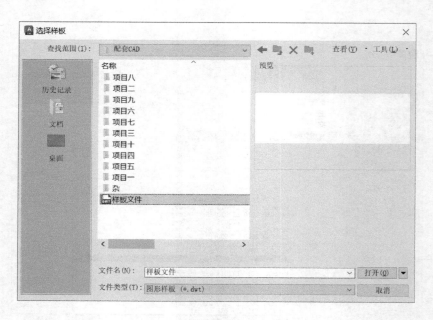

图 2-38　选择样板文件

同步练习二

1. 打开文档"2-1. dwg"，利用图层命令进行数码管显示，如显示"3""5"字样，如图 2-39 所示。

提示：

（1）打开文档"2-1. dwg"，创建 7 个不同颜色的图层（连续线图层）。

（2）分别选择每个封闭区域的对象移动到不同颜色的图层。

（3）先后隐藏不同颜色的图层，呈现不同的文字，如"3""5"等数字。

7. 数码管
显示实例

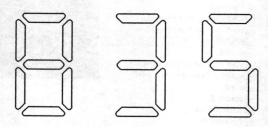

图 2-39　数码管显示

2. 绘制图 2-40 所示的图框，保存为"A4（横）. dwt"样板文件。

提示：

（1）参考项目二任务四内容，根据图示尺寸绘制图框。

（2）另存为"A4（横）. dwt"样板文件。

8. A4 图框
绘制实例

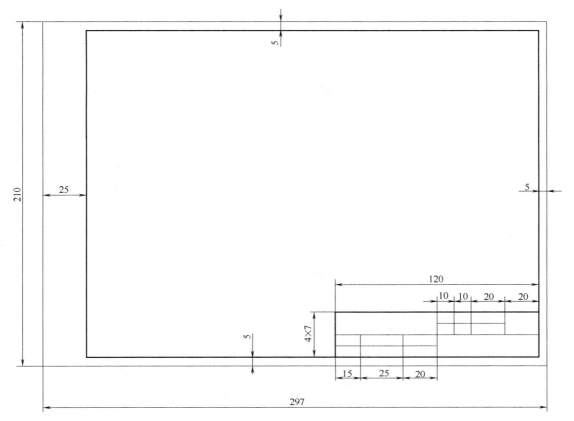

图 2-40 A4（横）图框绘制

项目三　绘制扳手简单图形

项目导入

绘制图 3-1 所示的扳手平面图形，免标注。

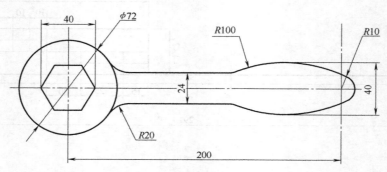

图 3-1　扳手平面图形

项目分析

扳手平面图形是一个典型的平面图形绘制案例。根据图 3-1 所示，此扳手左边是一个圆和一个正多边形，右边是一个手柄，中间是一个连接圆杆。可以先画左边，再画右边，最后连接中间、圆角部分。绘制过程中将用到直线、圆（圆弧）和多边形命令，以及删除、偏移、修剪、圆角等修改命令。

素养目标

1）具备勤学多练的学习意识。

2）具备使用行业软件解决专业问题的素养。

知识目标

1）掌握直线、圆（圆弧）和多边形等绘图命令的操作和运用。

2）掌握删除、偏移、修剪、圆角等修改命令的操作和运用。

3）熟悉 AutoCAD 2023 简单图形绘图思路和作图步骤。

1）具有应用直线、圆（圆弧）和多边形等命令绘图的能力。
2）能应用删除、偏移、修剪、圆角等命令编辑图形。

任务一　操作和运用直线、圆（圆弧）、矩形和多边形命令

一、直线的绘制

直线命令是绘图命令中最基本的命令，可以通过定义直线的第一点（起点）和下一点（终点）来精确绘制直线，在一串由多条直线段连接而成的简单图形中，每条线段都是一个单独的直线对象。

1. 命令的输入

❀ "默认"选项卡"绘图"面板： $\diagup$ 直线 ；

❀ "绘图"工具栏： $\diagup$ ；

❀ 菜单栏："绘图（D）"→"直线（L）"；

▦ 命令行：line 或 L。

2. 命令说明

指定第一点：　　　　　　　　　　　　//输入第一点（直线起点）
指定下一点或［放弃（U）］：　　　　　//输入下一点（直线终点）
指定下一点或［放弃（U）］：　　　　　//输入下一点（直线终点），输入"U"可以放
　　　　　　　　　　　　　　　　　　　弃刚才绘制的直线段

…

指定下一点或［闭合（C）/放弃（U）］：　//按<Enter>键退出命令

输入直线的起点坐标和终点坐标时，可以用绝对坐标、相对坐标、极坐标、相对极坐标等方式输入坐标数值，也可以直接用鼠标指针点取屏幕或捕捉特殊点，自动获得点所在位置的坐标。

3. 命令操作实例

使用直线命令绘制图 3-2 所示图形，不考虑尺寸标注和中心线的绘制。

9. 直线绘制实例

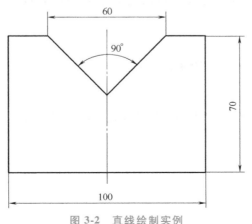

图 3-2　直线绘制实例

◇ 直线的端点坐标可以用鼠标指针点取，也可以用绝对坐标、相对坐标、相对极坐标、直接距离输入等方式确定，要根据实际情况灵活应用。

操作步骤如下。

1）输入直线命令，绘制图 3-2 所示图形右侧。

在命令栏中输入"L"，按<Enter>键。

在屏幕上任取一点，确定水平 100mm 线起点。

向右水平拖动光标，直至出现水平橡皮线，输入数字"100"，绘制 100mm 水平线。

在右侧向上拖动光标，直至出现竖直橡皮线，输入数字"70"，绘制右侧 70mm 竖直线。

向左水平拖动光标，直至出现水平橡皮线，输入数字"20"，绘制右侧 20mm 水平线。

输入"@60<225"，绘制 V 字形右侧斜线，距离 60mm 为随意确定值，只要能相交即可。

2）输入直线命令，绘制图 3-2 所示图形左侧。

在命令栏中输入"L"，按<Enter>键。

在屏幕上捕捉 100mm 水平线左端点，确定左侧竖直线起点。

向右上拖动光标，直至出现竖直橡皮线，输入数字"70"，绘制左侧 70mm 竖直线。

向右水平拖动光标，直至出现水平橡皮线，输入数字"20"，绘制左侧 20mm 水平线。

输入"@60<-45"，绘制 V 字形左侧斜线，距离超出中心线为宜。

3）输入修剪命令，修剪图形。

输入"tr"，按<Enter>键，选择所有线为剪切边。

拾取多余要剪除部分，剪去 V 字形下面多余的线条。

二、圆的绘制

圆命令与直线命令一样，也是绘图命令中最基本的命令。AutoCAD 2023 提供了 6 种绘制圆的方法，分别应用于不同的情况，可以根据给定的已知条件来选择一种适当的方法，如图 3-3 所示。

1. 命令的输入

🔲 "默认"选项卡"绘图"面板：⊙；

🔲 "绘图"工具栏：⊙；

🔲 菜单栏："绘图（D）"→"圆（C）"→"圆心、半径（R）"；

⌨ 命令行：circle 或 C。

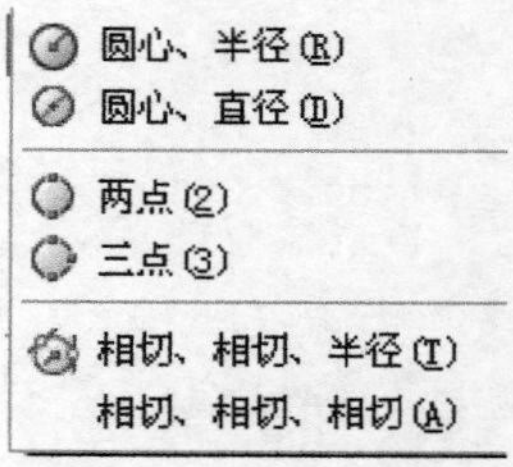

2. 命令说明

指定圆的圆心或［三点(3P)/两点(2P)/相切、相切、半径(T)］:指定点或输入选项。

圆的绘制命令说明见表 3-1。

⊙ 圆心、半径(R)
⊙ 圆心、直径(D)

○ 两点(2)
○ 三点(3)

⊙ 相切、相切、半径(T)
　 相切、相切、相切(A)

图 3-3　绘制圆的菜单

表 3-1　圆的绘制命令说明

方式	步骤	示例
圆心	基于圆心和直径(或半径)绘制圆 指定圆的半径或[直径(D)]:指定点、输入值、输入 d 或单击<Enter>键	
半径	定义圆的半径。输入半径值,或在屏幕中指定点"2",系统自动测量此点与圆心的距离,即半径	
直径	使用圆心和指定的直径长度绘制圆 指定圆的直径 <当前>:输入直径值或指定点"2",系统自动测量此点与圆心的距离,即直径	
三点(3P)	通过确定圆周上的三个点来绘制圆 指定圆上的第一个点:指定点"1" 指定圆上的第二个点:指定点"2" 指定圆上的第三个点:指定点"3"	
两点(2P)	通过位于圆直径上的两个端点绘制圆 指定圆的直径的第一个端点:指定点"1" 指定圆的直径的第二个端点:指定点"2"	
TTR(相切、相切、半径)	绘制指定半径并与两个对象相切的圆 捕捉圆与图形对象的第一个切点:选择圆、圆弧或直线(在估计的切点附近选) 捕捉圆与图形对象的第二个切点:选择圆、圆弧或直线(在估计的切点附近选) 指定圆的半径 <当前>:指定半径	
	有时会有多个圆符合指定的条件,程序将绘制具有指定半径的圆,其切点与选定点的距离最近,即要在估计的切点附近选	

3. 操作实例

使用"直线"和"圆"命令绘制图3-4所示图形，不考虑尺寸标注。

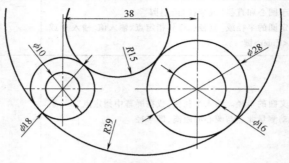

图3-4　绘制圆实例

10. 绘制圆实例

操作步骤如下。

（1）绘制中心线

选取中心线图层。

在命令行输入"L"，按<Enter>键，在屏幕中任选一点开始，绘制图3-4所示中心线。

（2）绘制 ϕ10mm 圆

选取"粗实线"图层。

在命令行输入"C"，按<Enter>键。

命令:circle 指定圆的圆心或［三点(3P)/两点(2P)/相切、相切、半径(T)］:

点取左中心线交点　　　　　　　　　//指定左中心线交点为圆心

指定圆的半径或［直径(D)］d　　　　//可直接输入半径"5"或输入"d"

指定圆的直径 <0.0000>:10　　　　　//输入直径"10"，完成 ϕ10mm 圆的绘制

（3）绘制 ϕ18mm 圆

在命令行输入"C"，按<Enter>键。

命令:circle 指定圆的圆心或［三点(3P)/两点(2P)/相切、相切、半径(T)］:

点取左中心线交点　　　　　　　　　//指定左中心线交点为圆心

指定圆的半径或［直径(D)］d　　　　//可直接输入半径"9"或输入"d"

指定圆的直径 <0.0000>:18　　　　　//输入直径"18"，完成 ϕ18mm 圆的绘制

（4）绘制 ϕ16mm 圆

在命令行输入"C"，按<Enter>键。

命令:circle 指定圆的圆心或［三点(3P)/两点(2P)/相切、相切、半径(T)］:

点取右中心线交点　　　　　　　　　//指定右中心线交点为圆心

指定圆的半径或［直径(D)］d　　　　//可直接输入半径"8"或输入"d"

指定圆的直径 <0.0000>:16　　　　　//输入直径"16"，完成 ϕ16mm 圆的绘制

（5）绘制 ϕ28mm 圆

在命令行输入"C"，按<Enter>键。

命令:circle 指定圆的圆心或［三点(3P)/两点(2P)/相切、相切、半径(T)］:

点取右中心线交点　　　　　　　　　//指定右中心线交点为圆心

指定圆的半径或［直径（D）］d　　　　　//可直接输入半径"14"或输入"d"

指定圆的直径 <0.0000>:28　　　　　//输入直径"28"，完成φ28mm 圆的绘制

（6）绘制 *R*15mm 圆

命令:circle 指定圆的圆心或［三点（3P）/两点（2P）/相切、相切、半径（T）］:

在命令行输入"T"，按<Enter>键　　　　//采用"相切、相切、半径"方式

指定对象与圆的第一个切点:　　　　　//点取φ18mm 圆（两中心线内侧位置）

指定对象与圆的第二个切点:　　　　　//点取φ28mm 圆（两中心线内侧位置）

指定圆的半径 <0.0000>:15　　　　　//完成 *R*15mm 圆的绘制（待修剪多余侧）

（7）绘制 *R*39mm 圆

命令:circle 指定圆的圆心或［三点（3P）/两点（2P）/相切、相切、半径（T）］:

在命令行输入"T"，按<Enter>键　　　　//采用"相切、相切、半径"方式

指定对象与圆的第一个切点:　　　　　//点取φ18mm 圆（两中心线外侧位置）

指定对象与圆的第二个切点:　　　　　//点取φ28mm 圆（两中心线外侧位置）

指定圆的半径 <0.0000>:39　　　　　//完成 *R*39mm 圆的绘制（待修剪多余侧）

◇ 执行前一命令，可直接按<Enter>键或<Space>键，以提高绘图速度。

三、圆弧的绘制

圆弧和圆一样有许多绘制方法，由于需要确定圆弧首尾位置，其绘制方法与圆有一些不同。AutoCAD 2023 分 5 组提供了 11 种绘制圆弧的方法，如图 3-5 所示。大多数情况下，还可以用绘制圆再修剪的方法来代替圆弧的绘制。

图 3-5　绘制圆弧菜单

1. 命令的输入

◈ "默认"选项卡"绘图"面板 ；

◈ "绘图"工具栏： ；

◈ 菜单栏："绘图（D）"→"圆弧（A）"→"三点（P）"；

⌨ 命令行：arc 或 A。

2. 命令说明

指定圆弧的起点或［中心（C）］：从起点和圆心开始，确定后续端点、角度、长度等选项，组合完成 11 种绘制圆弧的方法。

3. 操作实例

使用直线和圆弧命令绘制图 3-6 所示图形，不考虑尺寸标注。

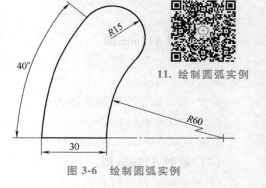

11. 绘制圆弧实例

图 3-6　绘制圆弧实例

操作步骤如下。

（1）绘制中心线

选取"中心线"图层。

在命令行输入"L"，按<Enter>键，在屏幕上任取一点开始，绘制如图 3-6 所示中心线。

//水平方向 90mm 长直线

（2）绘制 30mm 直线

选取"粗实线"图层。

在命令行输入"L"，按<Enter>键。

命令：line 指定第一点：　　　　　　　//确定水平方向 30mm 直线起点，选取中心线的左端点

🔹 向右水平拖动鼠标指针，直至出现水平橡皮线，输入数字"30"。

//绘制 30mm 水平方向直线

（3）绘制 R60mm 圆弧

在命令行输入"A"，按<Enter>键。

命令：arc 指定圆弧的起点或［圆心（C）］：	//选取 30mm 直线右端点
指定圆弧的第二个点或［圆心（C）/端点（E）］：C	//输入"C"
指定圆弧的圆心：	//选取中心线右端点作为圆心
指定圆弧的端点或［角度（A）/弦长（L）］：A	//输入"A"
指定包含角：-40	//输入"-40"，完成 40°、R60mm 圆弧的绘制

（4）绘制 R90mm 圆弧

在命令行输入"A"，按<Enter>键。

命令：arc 指定圆弧的起点或［圆心（C）］：	//选取 30mm 直线左端点
指定圆弧的第二个点或［圆心（C）/端点（E）］：C	//输入"C"
指定圆弧的圆心：	//选取中心线右端点作为圆心
指定圆弧的端点或［角度（A）/弦长（L）］：A	//输入"A"
指定包含角：-40	//输入"-40"，完成 40°、R90mm 圆弧的绘制

（5）绘制 R15mm 圆弧

在命令行输入"A"，按<Enter>键。

命令：arc 指定圆弧的起点或［圆心（C）］：	//选取 R60mm 圆弧上端点
指定圆弧的第二个点或［圆心（C）/端点（E）］：E	//输入"E"，选择端点命令
指定圆弧的端点：	//选取 R90mm 圆弧上端点

指定圆弧的圆心或［角度（A）/方向（D）/半径（R）］：R //输入"R"，选择半径命令

指定圆弧的半径：15　　　　　　　　　　　//输入"15"，完成 R15mm 圆弧的绘制

◇ AutoCAD 2023 默认以逆时针方向为正方向，角度输入负值则绘制顺时针方向圆弧。

◇ 当圆弧的半径为负值时，所绘制圆弧为优弧（大于半圆的弧），否则为劣弧（小于半圆的弧）。

四、矩形的绘制

矩形是工程图样中常见的元素之一，可通过定义两个对角点来绘制矩形，同时可以设定其宽度、圆角和倒角等。

1. 命令的输入

❂ "默认"选项卡"绘图"面板： 矩形；

❂ "绘图"工具栏： ；

❂ 菜单栏："绘图（D）"→"矩形（G）"。

⌨ 命令行：rectangle 或 REC；

2. 命令说明

指定第一个角点或［倒角（C）/标高（E）/圆角（F）/厚度（T）/宽度（W）］：

☆ "指定第一个角点" 定义矩形的一个顶点。

☆ "指定另一个角点" 定义矩形的另一个顶点。

☆ "倒角（C）" 绘制带倒角的矩形。

第一倒角距离——定义第一倒角距离。

第二倒角距离——定义第二倒角距离。

☆ "圆角（F）" 绘制带圆角的矩形。

矩形的圆角半径——定义圆角的半径。

☆ "宽度（W）" 定义矩形的线宽。

☆ "标高（E）" 定义矩形的高度

☆ "厚度（T）" 定义矩形的厚度。

12. 绘制矩形实例

3. 命令操作实例

绘制图 3-7 所示的 4 种矩形。

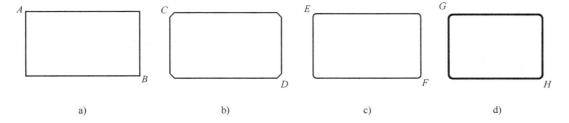

a)　　　　　　　　　　b)　　　　　　　　　　c)　　　　　　　　　　d)

图 3-7　绘制矩形实例

a）宽度为"0"　b）倒角为"C2"　c）圆角为"R2"　d）宽度为"1"，圆角为"R2"

命令：rectangle　　　　　　　　　　　　　　　　//单击"矩形"按钮⬚

指定第一个角点或[倒角(C)/标高(E)/圆角(F)/厚度(T)/宽度(W)]：

　　　　　　　　　　　　　　　　　　　　　　　//单击 A 点，按<Enter>键

指定另一个角点或[面积(A)/尺寸(D)/旋转(R)]：//单击 B 点，按<Enter>键

结果如图 3-7a 所示。

命令：rectangle　　　　　　　　　　　　　　　　//按<Enter>键，重复"矩形"命令

指定第一个角点或[倒角(C)/标高(E)/圆角(F)/厚度(T)/宽度(W)]：C

　　　　　　　　　　　　　　　　　　　　　　　//输入"C"，设置倒角

指定矩形的第一个倒角距离<0.0000>：2　　　　　//设置第一倒角距离为"2"

指定矩形的第二个倒角距离<2.0000>：　　　　　 //按<Enter>键，默认第二倒角距离

　　　　　　　　　　　　　　　　　　　　　　　　　　为"2"

指定第一个角点或[倒角(C)/标高(E)/圆角(F)/厚度(T)/宽度(W)]：

　　　　　　　　　　　　　　　　　　　　　　　//单击 C 点，按<Enter>键

指定另一个角点或[面积(A)/尺寸(D)/旋转(R)]：//单击 D 点，按<Enter>键

结果如图 3-7b 所示。

命令：rectangle　　　　　　　　　　　　　　　　//按<Enter>键，重复"矩形"命令

指定第一个角点或[倒角(C)/标高(E)/圆角(F)/厚度(T)/宽度(W)]：F

　　　　　　　　　　　　　　　　　　　　　　　//输入"F"，设置圆角

指定矩形的圆角半径<2.0000>：　　　　　　　　 //圆角半径设置为"2"

指定第一个角点或[倒角(C)/标高(E)/圆角(F)/厚度(T)/宽度(W)]：

　　　　　　　　　　　　　　　　　　　　　　　//单击 E 点，按<Enter>键

指定另一个角点或[面积(A)/尺寸(D)/旋转(R)]：//单击 F 点，按<Enter>键

结果如图 3-7c 所示。

命令：rectangle　　　　　　　　　　　　　　　　//按<Enter>，重复"矩形"命令

当前矩形模式：圆角=2.0000　　　　　　　　　　 //当前圆角半径为"2"

指定第一个角点或[倒角(C)/标高(E)/圆角(F)/厚度(T)/宽度(W)]：W

　　　　　　　　　　　　　　　　　　　　　　　//输入"W"，设置线的宽度

指定矩形的线宽 <0.0000>：1　　　　　　　　　　//线宽值为"1"

指定第一个角点或[倒角(C)/标高(E)/圆角(F)/厚度(T)/宽度(W)]：

　　　　　　　　　　　　　　　　　　　　　　　//单击 G 点，按<Enter>键

指定另一个角点或[面积(A)/尺寸(D)/旋转(R)]：//单击 H 点，按<Enter>键

结果如图 3-7d 所示。

◇ 绘制的矩形是一个整体，编辑时必须通过分解命令使之分解成单个的线段，同时矩形也失去线宽性质。

五、多边形的绘制

AutoCAD 2023 可以绘制 3~1024 条边的多边形，有两类绘制方法，一类是知道中心点且与圆相关，另一类是知道一条边的边长及位置（E 方式）。与圆相关的有圆内接多边形（I

方式）和圆外切多边形（C 方式）。I 方式指定外接圆的半径，正多边形的所有顶点都在此圆周上。C 方式指定从正多边形中心点到各边中点的距离，如图 3-8 所示。

a)

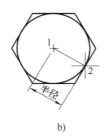
b)

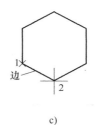
c)

图 3-8　正多边形绘图方式
a）I 方式　b）C 方式　c）E 方式

1. 命令的输入

▓　"默认"选项卡"绘图"面板：⬠ 多边形；

▓　"绘图"工具栏：⬠；

▓　菜单栏："绘图（D）"→"多边形（Y）"；

▦　命令行：polygon 或 POL。

输入侧面数(当前)：输入介于 3 和 1024 之间的值
指定正多边形的中心点或[边(E)]：指定点"1"或输入 e

2. 命令说明

正多边形绘制命令说明见表 3-2，绘制实例如图 3-9 所示。

表 3-2　正多边形绘制命令说明

方式		步骤	示例
正多边形中心点	—	定义正多边形中心点 输入选项[内接于圆(I)/外切于圆(C)]<当前>：输入 i 或 c，按<Enter>键	—
	内接于圆	指定外接圆的半径，正多边形的所有顶点都在此圆周上 指定圆的半径：指定点"2"或输入数值 用鼠标指针指定半径，将同时确定正多边形的旋转角度和大小 输入半径数值将水平放置正多边形	
	外切于圆	指定从正多边形中心点到各边中点的距离 指定圆的半径：指定点"2"或输入数值 用鼠标指针指定半径，将同时确定正多边形的旋转角度和大小 输入半径数值将水平放置正多边形	

（续）

方式	步骤	示例
边	通过确定多边形的一条边来定义正多边形；此边通过指定边的两个端点来确定边的位置和大小 指定边的第一个端点：指定点"1" 指定边的第二个端点：指定点"2"	

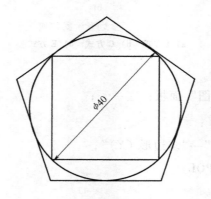

图 3-9　绘制正多边形实例

13. 绘制正多边形实例

3. 操作实例

操作步骤如下。

（1）绘制 $\phi40$mm 圆

选取"粗实线"图层。

在命令行输入"C"，按<Enter>键。

命令：circle 指定圆的圆心或[三点(3P)/两点(2P)/相切、相切、半径(T)]：

点取屏幕上任一点　　　　　　　　　　　　//指定圆心位置

指定圆的半径或[直径(D)] d　　　　　　　//可直接输入半径"20"或输入"d"

指定圆的直径 <0.0000>：40　　　　　　　//输入直径"40"，完成 $\phi40$mm 圆的绘制

（2）绘制正四边形

命令：polygon 输入边的数目 <4>：　　　　//默认为"4"，可按<Enter>键或按<Space>键

指定正多边形的中心点或[边(E)]：　　　　//选取 $\phi40$mm 圆的圆心

输入选项[内接于圆(I)/外切于圆(C)] <I>：I　//输入"I"，选择内接于圆命令

指定圆的半径：20　　　　　　　　　　　//输入圆半径"20"，完成正四边形的绘制

（3）绘制正五边形

命令：polygon 输入边的数目 <4>：5　　　　//输入"5"，绘制五边形

指定正多边形的中心点或[边(E)]：　　　　//选取 $\phi40$mm 圆的圆心

输入选项[内接于圆(I)/外切于圆(C)] <I>：C　//输入"C"，选择外切于圆命令

指定圆的半径：20　　　　　　　　　　　//输入圆半径"20"，完成正五边形的绘制

任务二　操作和运用删除、偏移、修剪、圆角等修改命令

一、删除

使用删除命令可将图形中的没有价值的图形对象删除，如图 3-10 所示。

1. 命令的输入

❀ "默认"选项卡"修改"面板： ；

❀ "修改"工具栏： ；

❀ 菜单栏："修改（M）"→"删除（E）"；

快捷菜单：右击要删除的对象，在弹出的快捷菜单中选择"删除"选项；

▦ 命令行：erase 或 E。

2. 命令说明

命令：erase

选择对象：　　　　　　　　　　//使用对象选择方法并在完成选择对象时按 <Enter> 键，选中的图形就被删除

3. 操作实例

按图 3-10 所示内容练习删除命令的操作。

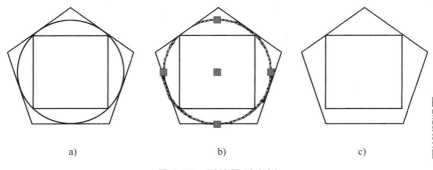

a)　　　　　　　　　　　b)　　　　　　　　　　c)

图 3-10　删除图形实例

a）删除前　b）选中对象　c）删除后

14. 删除
图形实例

命令：erase　　　　　　　　　　　　　　　//单击"删除"按钮

选择对象：找到 1 个　　　　　　　　　　　//单击圆

选择对象：　　　　　　　　　　　　　　　//按<Enter>键或<Space>键

二、偏移

绘图过程中，可以将单一对象偏移，从而产生复制的对象。偏移时根据偏移距离会重新计算对象的大小。偏移对象可以是直线、曲线、圆、封闭图形等。

1. 命令的输入

❀ "默认"选项卡"修改"面板： ；

📎 "修改"工具栏：▯；

📎 菜单栏："修改（M）"→"偏移（S）"。

▦ 命令行：offset 或 O。

2. 命令说明

命令：offset

指定偏移距离或［通过（T）/删除（E）/图层（L）］<通过>

选择要偏移的对象，或［退出（E）/放弃（U）］<退出>：

指定要偏移的那一侧上的点，或［退出（E）/多个（M）/放弃（U）］<退出>：

☆ "指定偏移距离或［通过（T）］<当前值>" 输入偏移距离，该距离可以通过键盘输入，也可以通过点取两点来确定。"通过（T）"指偏移的对象将通过随后点取的点。

☆ "选择要偏移的对象，或<退出>" 选择要偏移的对象，按<Enter>键则退出偏移命令。

☆ "指定要偏移的那一侧上的点" 指定点来确定往哪个方向偏移。

3. 命令操作实例

15. 偏移直线、圆实例

将图 3-11a 所示的直线、圆分别向右偏移 20mm。

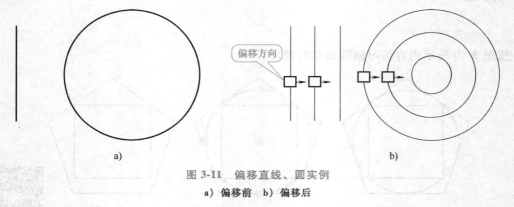

图 3-11 偏移直线、圆实例

a）偏移前 b）偏移后

命令：offset //单击"偏移"按钮 ▯

当前设置：删除源＝否 图层＝源 OFFSETGAPTYPE＝0 //按<Enter>键

指定偏移距离或［通过（T）/删除（E）/图层（L）］<30.0000>：20 //输入偏移距离

选择要偏移的对象，或［退出（E）/放弃（U）］<退出>： //选择直线

指定通过点，或［退出（E）/多个（M）/放弃（U）］<退出>： //在直线右侧单击

选择要偏移的对象，或［退出（E）/放弃（U）］<退出>： //选择第二条直线

指定通过点，或［退出（E）/多个（M）/放弃（U）］<退出>： //在第二条直线右侧单击

选择要偏移的对象，或［退出（E）/放弃（U）］<退出>： //选择圆

指定通过点，或［退出（E）/多个（M）/放弃（U）］<退出>： //向圆内单击

选择要偏移的对象，或［退出（E）/放弃（U）］<退出>： //选择第二个圆

指定通过点，或［退出（E）/多个（M）/放弃（U）］<退出>： //向第二个圆内单击

结果如图 3-11b 所示。

三、修剪

绘图过程中经常需要修剪图形，将超出的部分去掉，以使图形精确相交。修剪命令是比较常用的编辑工具，用户在绘图过程中通常是先粗略绘制一些线段，然后使用修剪命令将多余的线段修剪掉。

1. 命令的输入

"默认"选项卡"修改"面板：✂ 修剪；

"修改"工具栏：✂；

菜单栏："修改（M）"→"修剪（T）"；

命令行：trim 或 TR。

2. 命令说明

命令:trim

当前设置:投影=UCS,边=无,模式=快速

选择要修剪的对象,或按住<Shift>键选择要延伸的对象或［剪切边（T）/窗交（C）/模式（O）/投影（P）/删除（R）/放弃（U）］:

☆ "剪切边（T）" 提示选择剪切边,选择对象作为剪切边界。

☆ "窗交（C）" 指定第一个角点及对角点,窗选需要修剪的对象。

☆ "模式（O）" 输入修剪模式选项［快速（Q）/标准（S）］。

☆ "投影（P）" 输入投影选项［无（N）/UCS（U）/视图（V）］<UCS>。

☆ "删除（R）" 设置成删除模式,选中的整边被删除。

◇ 修剪命令的操作要点是要有两条相交的线（直线或圆弧等均可），假想一条线为剪刀，另一条线则为被修剪对象，也可互剪。

◇ "模式（O）"设置成"快速（Q）"时，修剪菜单为［剪切边（T）/窗交（C）/模式（O）/投影（P）/删除（R）］；设置为"标准（S）"时，修剪菜单为［剪切边（T）/栏选（F）/窗交（C）/模式（O）/投影（P）/边（E）/删除（R）］，AutoCAD 2023 系统默认为"快速（Q）"模式。

3. 命令操作实例

1）通过"修剪"命令，将图 3-12a 修剪成图 3-12b。

16. 修剪图形实例

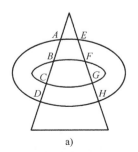

a)

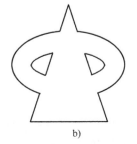

b)

图 3-12　修剪图形实例

a）修剪前　b）修剪后

命令：trim　　　　　　　　　　　　　　//选择"剪切"命令 ✂

当前设置：投影＝UCS，边＝无，模式＝快速

选择要修剪的对象，或按住<Shift>键选择要延伸的对象或［剪切边（T）/窗交（C）/模式（O）/投影（P）/删除（R）］：T

当前设置：投影＝UCS，边＝无，模式＝快速

选择剪切边……

选择对象或 <全部选择>：　找到 1 个　　　　//单击选择直线 AD 作为剪切边

选择对象：找到 1 个，总计 2 个　　　　　　//单击选择直线 EH 作为剪切边

选择对象：　　　　　　　　　　　　　　//按<Enter>键

选择要修剪的对象，或按住<Shift>键选择要延伸的对象，或［栏选（F）/窗交（C）/投影（P）/边（E）/删除（R）/放弃（U）］：　　　　//单击线段 AE

选择要修剪的对象，或按住<Shift>键选择要延伸的对象，或［栏选（F）/窗交（C）/投影（P）/边（E）/删除（R）/放弃（U）］：　　　　//单击线段 BF

选择要修剪的对象，或按住<Shift>键选择要延伸的对象，或［栏选（F）/窗交（C）/投影（P）/边（E）/删除（R）/放弃（U）］：　　　　//单击线段 CG

选择要修剪的对象，或按住<Shift>键选择要延伸的对象，或［栏选（F）/窗交（C）/投影（P）/边（E）/删除（R）/放弃（U）］：　　　　//单击线段 DH

命令：trim　　　　　　　　　　　　　　//选择"剪切"命令 ✂

当前设置：投影＝UCS，边＝无，模式＝快速

选择要修剪的对象，或按住<Shift>键选择要延伸的对象或［剪切边（T）/窗交（C）/模式（O）/投影（P）/删除（R）］：T

当前设置：投影＝UCS，边＝无，模式＝快速

选择剪切边……

选择对象或 <全部选择>：　找到 1 个　　　　//单击大椭圆作为剪切边

选择对象：找到 1 个，总计 2 个　　　　　　//单击小椭圆作为剪切边

选择对象：　　　　　　　　　　　　　　//按<Enter>键

选择要修剪的对象，或按住<Shift>键选择要延伸的对象，或［栏选（F）/窗交（C）/投影（P）/边（E）/删除（R）/放弃（U）］：　　　　//单击线段 AB

选择要修剪的对象，或按住<Shift>键选择要延伸的对象，或［栏选（F）/窗交（C）/投影（P）/边（E）/删除（R）/放弃（U）］：　　　　//单击线段 CD

选择要修剪的对象，或按住<Shift>键选择要延伸的对象，或［栏选（F）/窗交（C）/投影（P）/边（E）/删除（R）/放弃（U）］：　　　　//单击线段 EF

选择要修剪的对象，或按住<Shift>键选择要延伸的对象，或［栏选（F）/窗交（C）/投影（P）/边（E）/删除（R）/放弃（U）］：　　　　//单击线段 GH

结果如图 3-12b 所示。

◇ AutoCAD 2023 默认为"快速（Q）"模式。运行"修剪"命令后，不用输入"T"，即可直接单击需要删除的线段或者按下鼠标左键，直接拖拽光标，连续删除不需要的线段。

2) 如图 3-13 所示，采用"栏选"方式选择剪切边界，修剪图形。

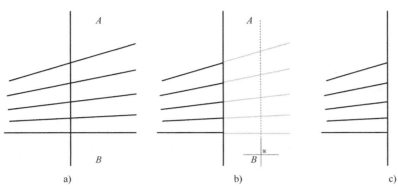

图 3-13　"栏选"方式剪切图形实例

a) 修剪前　b) 栏选过程　c) 修剪后

17. "栏选"
方式剪切
图形实例

命令:trim　　　　　　　　　　　　　　　　　　//选择"剪切"命令 ✂

当前设置:投影＝UCS,边＝无,模式＝标准

选择剪切边……

选择对象或[模式(O)]<全部选择>:　　　　　　//按<Enter>键

选择要修剪的对象,或按住<Shift>键选择要延伸的对象或[剪切边(T)/栏选(F)/窗交
(C)/模式(O)/投影(P)/边(E)/删除(R)]:F　　　　//输入"F",选择"栏选"方式

指定第一个栏选点:　　　　　　　　　　　　　　//单击 A 点

指定下一个栏选点或[放弃(U)]:　　　　　　　　//单击 B 点

选择要修剪的对象,或按住<Shift>键选择要延伸的对象或[剪切边(T)/栏选(F)/窗交
(C)/模式(O)/投影(P)/边(E)/删除(R)/放弃(U)]:*取消*　//按<Enter>键

结果如图 3-13c 所示。

3) 如图 3-14 所示，采用"窗交"方式选择剪切边界，修剪图形。

18. "窗交"
方式修剪
图形实例

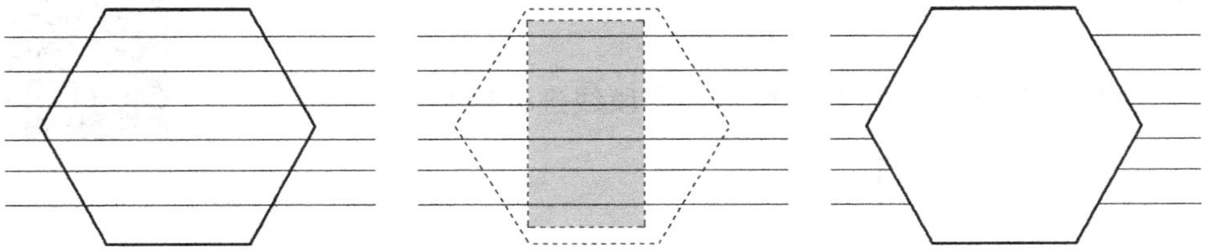

图 3-14　"窗交"方式修剪图形实例

a) 修剪前　b) 窗交过程　c) 修剪后

命令:trim　　　　　　　　　　　　　　　　　　//选择"剪切"命令 ✂

当前设置:投影＝UCS,边＝无,模式＝标准

选择剪切边……

选择对象或[模式(O)]<全部选择>:　　　　　　//按<Enter>键

选择要修剪的对象,或按住<Shift>键选择要延伸的对象或[剪切边(T)/栏选(F)/窗交

（C）/模式（O）/投影（P）/边（E）/删除（R）:C   //输入"C"，选择窗交方式

　　指定第一个角点：   //单击六边形内右上角点

　　指定对角点：   //单击六边形内左下角点

　　选择要修剪的对象,或按住<Shift>键选择要延伸的对象或［剪切边（T）/栏选（F）/窗交（C）/模式（O）/投影（P）/边（E）/删除（R）/放弃（U）］：   //按<Enter>键

结果如图 3-14c 所示。

四、圆角

通过圆角命令可将两个图形对象之间绘制成光滑的过渡圆弧线。

1. 命令的输入

　　❖ "默认"选项卡"修改"面板：⌐圆角；

　　❖ "修改"工具栏：⌐；

　　❖ 菜单栏："修改（M）"→"圆角（F）"；

　　▦ 命令行：fillet 或 F。

2. 命令说明

命令:fillet

当前设置:模式＝修剪,半径＝0.0000

选择第一个对象或［放弃（U）/多段线（P）/半径（R）/修剪（T）/多个（M）］：

☆ "放弃（U）" 用于恢复在命令中执行的上一个操作。

☆ "多段线（P）" 用于在多段线的每个顶点处进行倒圆，可以使整个多段线的圆角相同，如果多段线的距离小于圆角的距离，将不倒圆。

☆ "半径（R）" 用于设置圆角的半径。

☆ "修剪（T）" 用于控制倒圆操作是否修剪对象。

☆ "多个（M）" 用于为多个对象集进行倒圆操作，此时 AutoCAD 将重复显示提示命令，直到按<Enter>键结束为止。

3. 命令操作实例

1）启动"圆角"命令，对图 3-15 所示的多段线进行倒圆。

19. "多段线"
倒圆角实例

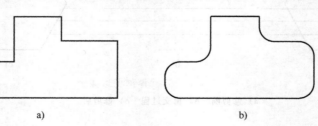

　　a)　　　　　　　　　　　　　　　b)

图 3-15 "多段线"倒圆角实例

a) 倒圆前　b) 倒圆后

命令:fillet   //单击"圆角"按钮⌐

当前设置:模式＝修剪,半径＝5.0000   //当前半径

选择第一个对象或［放弃（U）/多段线（P）/半径（R）/修剪（T）/多个（M）］:R

　　　　　　　　　　　　　　　//输入"R"选择半径选项,按<Enter>键

指定圆角半径 <5.0000>:10　　　//输入圆角半径值,按<Enter>键

选择第一个对象或[放弃(U)/多段线(P)/半径(R)/修剪(T)/多个(M)]:P

　　　　　　　　　　　　　　　//输入"P",选择多段线选项,按<Enter>键

选择二维多段线:　　　　　　　　//选择多段线

6 条直线已被倒圆

1 条太短　　　　　　　　　　　//显示被倒圆线段数量

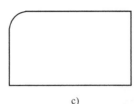

结果如图 3-15b 所示。

2）将图 3-16 所示图形进行圆角"不修剪"和"修剪"处理。

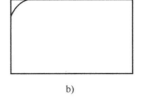

a)　　　　　　　　　　b)　　　　　　　　　　c)

图 3-16　设置圆角修剪实例

a）原图　b）不修剪　c）修剪

命令:fillet　　　　　　　　　　//单击"圆角"按钮

当前设置:模式＝不修剪,半径＝10.0000　　//当前半径

选择第一个对象或[放弃(U)/多段线(P)/半径(R)/修剪(T)/多个(M)]:

　　　　　　　　　　　　　//选择图 3-16a 所示四边形的左边竖线

选择第二个对象,或按住<Shift>键选择要应用角点的对象:

　　　　　　　　　　　　　//选择图 3-16a 所示四边形的上边线

结果如图 3-16b 所示。

命令:fillet　　　　　　　　　　//单击"圆角"按钮

选择第一个对象或[放弃(U)/多段线(P)/半径(R)/修剪(T)/多个(M)]:T

　　　　　　　　　　　　　//输入"T",选择修剪选项

输入修剪模式选项[修剪(T)/不修剪(N)]<修剪>:T

　　　　　　　　　　　　　//输入"T",选择修剪选项,按<Enter>键

选择第一个对象或[放弃(U)/多段线(P)/半径(R)/修剪(T)/多个(M)]:

　　　　　　　　　　　　　//选择图 3-16a 所示四边形的左边竖线

选择第二个对象,或按住<Shift>键选择要应用角点的对象:

　　　　　　　　　　　　　//选择图 3-16a 所示四边形的上边线

结果如图 3-16c 所示。

任务三　绘制扳手上机指导

绘制图 3-1 所示扳手平面图形,免标注。

1. 绘制中心线（用"偏移"方式）（图 3-17）

选取"中心线"图层。

在命令行输入"L"，按<Enter>键，在屏幕上任取一点，向右水平拖拽光标，直至出现水平追踪线，输入数字"300"，绘制 300mm 长水平直线。

在命令行输入"L"，按<Enter>键，绘制左侧垂直中心线，垂直方向 100mm 长（中点与水平中心线相交）。

⌨ 命令："O"　　　　　　　　　　　　　　　　　//单击"偏移"按钮 ⊂ 或输入"O"

当前设置:删除源＝否　　图层＝源 OFFSETGAPTYPE＝0　　//按<Enter>键

指定偏移距离或[通过(T)/删除(E)/图层(L)]<30.0000>:200

　　　　　　　　　　　　　　　　　　　　　　//输入偏移距离"200"

选择要偏移的对象,或[退出(E)/放弃(U)]<退出>:　　//选择左侧垂直中心线

指定要偏移的那一侧上的点,或[退出(E)/多个(M)/放弃(U)]<退出>:

　　　　　　　　　　　　　　　　　　　　　　//在右侧任一点单击

⌨ 命令："O"　　　　　　　　　　　　　　　　　//单击"偏移"按钮 ⊂ 或输入"O"

当前设置:删除源＝否　　图层＝源 OFFSETGAPTYPE＝0　　//按<Enter>键

指定偏移距离或[通过(T)/删除(E)/图层(L)]<30.0000>:20

　　　　　　　　　　　　　　　　　　　　　　//输入偏移距离"20"

　　　　//偏移水平中心线上、下各一条,作为绘制 R100mm 圆弧相切的参考边

选择要偏移的对象,或[退出(E)/放弃(U)]<退出>:　　//选择水平中心线

指定要偏移的那一侧上的点,或[退出(E)/多个(M)/放弃(U)]<退出>:

　　　　//向上侧单击,向下侧单击,绘制上、下两条 R100mm 圆弧相切参考线

图 3-17　绘制扳手中心线

2. 绘制正六边形（图 3-18）

选取"粗实线"图层。

在命令行输入"POL"，按<Enter>键，或单击"多边形"按钮 ⬠。

命令:polygon 输入边的数目 <4>:6　　　　　　//输入"6",绘制正六边形

指定正多边形的中心点或[边(E)]:　　　　　　//选取左侧中心线交点作为中心点

输入选项[内接于圆(I)/外切于圆(C)]<I>:C　　//输入"C",选择内接于圆命令

指定圆的半径:20　　　　　　　　　　　　　　//输入内接圆半径"20",完成正六边形的

　　　　　　　　　　　　　　　　　　　　　　　　绘制

图 3-18　绘制正六边形

3. 绘制 φ72mm 圆（图 3-19）

在命令行输入"C"，按<Enter>键，或单击"圆"按钮。

命令:circle 指定圆的圆心或[三点(3P)/两点(2P)/相切、相切、半径(T)]:

点取左中心线交点　　　　　　　　　　//指定左中心线交点为圆心

指定圆的半径或[直径(D)] d　　　　　//可直接输入半径"36"或输入"d"

指定圆的直径 <0.0000>:72　　　　　//输入直径"72"，完成 φ72mm 圆的绘制

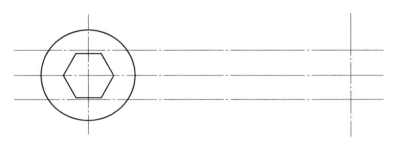

图 3-19　绘制 φ72mm 圆

4. 绘制 R10mm 圆弧（画圆后修剪）（图 3-20）

在命令行输入"C"，按<Enter>键，或单击"圆"按钮。

命令:circle 指定圆的圆心或[三点(3P)/两点(2P)/相切、相切、半径(T)]:

点取右中心线交点　　　　　　　　　　//指定右中心线交点为圆心

指定圆的半径或[直径(D)] D　　　　　//可直接输入半径"10"或输入"D"

指定圆的直径 <0.0000>:20　　　　　//输入直径"20"，完成 φ20mm 圆的绘制

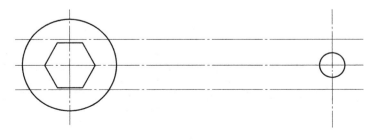

图 3-20　绘制 R10mm 圆弧

5. 绘制 *R*100mm 圆弧（以"相切、相切、半径"方式绘圆后修剪）（图 3-21）

在命令行输入"T"，按 <Enter>键，采用"相切、相切、半径"方式。

命令:circle 指定圆的圆心或[三点(3P)/两点(2P)/相切、相切、半径(T)]:

　指定对象与圆的第一个切点:　　　　　　　　//点取 *R*10mm 圆弧(两中心线内侧位置)

　指定对象与圆的第二个切点:　　　　　　　　//点取上侧中心线

　指定圆的半径 <0.0000>:100　　　　　　　　//输入"100"，*R*100mm 圆弧绘制完成(待修
　　　　　　　　　　　　　　　　　　　　　　　剪多余侧)

在命令行输入"T"，按 <Enter>键，采用"相切、相切、半径"方式。

命令:circle 指定圆的圆心或[三点(3P)/两点(2P)/相切、相切、半径(T)]:

　指定对象与圆的第一个切点:　　　　　　　　//点取 *R*10mm 圆弧(两中心线内侧位置)

　指定对象与圆的第二个切点:　　　　　　　　//点取下侧中心线

　指定圆的半径 <0.0000>:100　　　　　　　　//输入"100"，*R*100mm 圆弧绘制完成(待修
　　　　　　　　　　　　　　　　　　　　　　　剪多余侧)

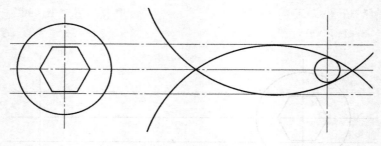

图 3-21　绘制 *R*100mm 圆弧

6. 绘制中间连接直线（中心线偏移）（图 3-22）

在命令行输入"O"，按<Enter>键，或单击偏移按钮 ▣。

命令:offset

当前设置:删除源=否　图层=源 OFFSETGAPTYPE=0　　　　　　//按<Enter>键

指定偏移距离或[通过(T)/删除(E)/图层(L)] <30.0000>:12　//输入偏移距离"12"

选择要偏移的对象，或[退出(E)/放弃(U)] <退出>:　　　　　//选择水平中心线

指定要偏移的那一侧上的点，或[退出(E)/多个(M)/放弃(U)] <退出>:

　　　　　　　　　　　　　　　　　　　　　　　　　　　　//向上侧单击,向下侧单击

单击偏移好的两条直线,选取"粗实线"图层,改变其线型　　　　//改变线型

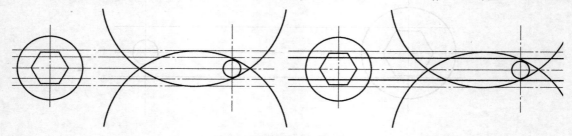

图 3-22　绘制中间连接直线

7. 绘制 *R*20mm 圆角（图 3-23）

在命令行输入"F"，按<Enter>键，或单击"圆角"按钮

命令:fillet

当前设置:模式=修剪,半径=5.0000 　　　　　　//默认半径为5,需修改

选择第一个对象或[放弃(U)/多段线(P)/半径(R)/修剪(T)/多个(M)]:R

　　　　　　　　　　　　　　　　　　　//输入"R",选择半径选项,按<Enter>键

指定圆角半径 <5.0000>:20 　　　　　　//输入圆角半径值"20",按<Enter>键

选择第一个对象或[放弃(U)/多段线(P)/半径(R)/修剪(T)/多个(M)]:

　　　　　　　　　　　　　　　　　　　　　　　//选择 12 的上偏移线

选择第二个对象,或按住<Shift>键选择要应用角点的对象

　　　　　　　　　　　　　　　　　　　　　　//选择 φ72mm 圆的上端

按同样的操作完成下端的倒圆角。

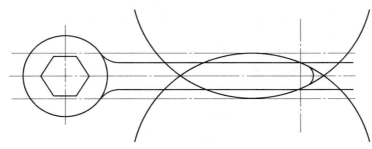

图 3-23　绘制 *R*20mm 圆角

8. 修剪、删除扳手的多余边（图 3-24）

在命令行输入"TR"，按<Enter>键，或单击"修剪"按钮 。

命令:trim

当前设置:投影=UCS,边=无,模式=标准

选择剪切边......

选择对象: 　　　　　　　　　　　　　//单击选择需要修剪的线

在命令行输入"E"，按<Enter>键，或单击"删除"按钮 。

命令:erase

选择对象: 　　　　　　　　　　　　　//单击选择需要删除的独立边

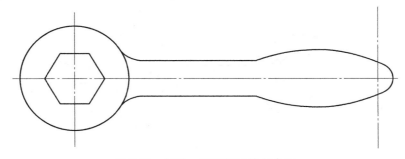

图 3-24　修剪、删除扳手的多余边

完成扳手平面图形的绘制。

同步练习三

1. 绘制图 3-25 所示图形，免标注。

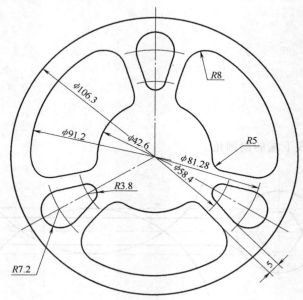

图 3-25　绘制图形（一）

22. 同步练习三
图形（一）绘
制实例

提示：

1）利用直线命令，以极坐标输入等方式绘制中心线。

2）利用圆、偏移、修剪、圆角等命令完成图 3-25 所示图样。

2. 绘制图 3-26 所示图形，免标注。

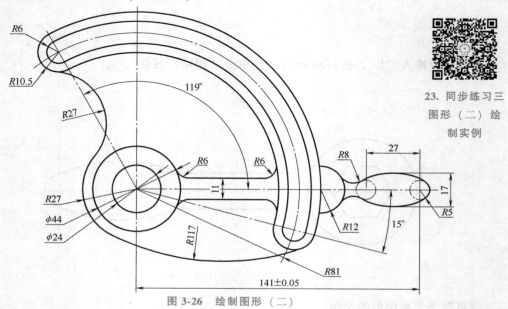

图 3-26　绘制图形（二）

23. 同步练习三
图形（二）绘
制实例

项目四　绘制异形件复杂图形

项目导入

绘制图 4-1 所示异形件平面图形，免标注。

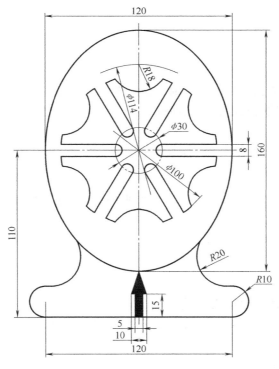

图 4-1　异形件平面图形

项目分析

此异形件平面图形可分为三个部分，一是椭圆外形，二是支承底座，三是中间规则图形。可先绘制椭圆，再绘制底座，最后绘制中间部分，而中间部分可以根据尺寸要求先绘制好上面的圆弧和水平槽，再进行阵列，并进行修剪修改成形。

素养目标

1）具备认真、细致的工作态度。
2）具备勤学多练的学习态度。

知识目标

1）掌握椭圆、多段线等绘图命令的操作和运用。
2）掌握复制、阵列、移动等修改命令的操作和运用。
3）熟悉 AutoCAD 2023 复杂图形的绘图思路和作图步骤。

能力目标

1）具有应用椭圆、多段线等命令绘图的能力。
2）能应用复制、阵列、移动等命令编辑图形。

任务一　操作和运用椭圆、椭圆弧、多段线等绘图命令

一、椭圆与椭圆弧的绘制

1. 绘制椭圆

椭圆的主要参数是椭圆的长轴和短轴，绘制椭圆的默认方法是通过指定椭圆的第一根轴线的两个端点及另一半轴的长度，连线即成。

（1）命令的输入

⊗ "默认"选项卡"绘图"面板：⊙；

⊗ "绘图"工具栏：⊙；

⊗ 菜单栏："绘图（D）"→"椭圆（E）"→"圆心（C）""轴、端点（E）""圆弧（A）"；

⌨ 命令行：ellipse 或 EL。

（2）命令说明

命令：ellipse

指定椭圆的轴端点或［圆弧（A）/中心点（C）］：

☆ "圆弧（A）"用于绘制椭圆弧。

☆ "中心点（C）"通过确定椭圆中心点位置，再指定长轴和短轴的长度来绘制椭圆。

（3）命令操作实例

绘制图 4-2 所示的椭圆。

命令：ellipse	//单击"椭圆"按钮 ⊙
指定椭圆的轴端点或［圆弧（A）/中心点（C）］：C	//输入"C"，选择"中心点"选项
指定椭圆的中心点：	//指定两中线的交点为中心点
指定轴的端点：	//动态状态点取 A 点
指定另一条半轴长度或［旋转（R）］：30	//动态状态下输入长度值为"30"，按
	<Enter>键

完成椭圆的绘制。

2. 绘制椭圆弧

绘制椭圆弧其实是绘制椭圆中的一个选项，其操作方法与绘制椭圆相似。首先确定椭圆的长轴和短轴，然后输入椭圆弧的起始角和终止角即完成绘制。

（1）命令的输入

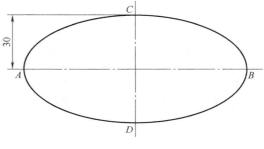

图 4-2　绘制椭圆

🖱️ "默认"选项卡"绘图"面板：⬭→

⟜ 椭圆弧；

🖱️ "绘图"工具栏：⬭；

🖱️ 菜单栏："绘图（D）"→"椭圆（E）"→"圆弧（A）"；

⌨️ 命令行：ellipse 或 EL。

（2）命令说明

命令:ellipse

指定椭圆的轴端点或［圆弧（A）/中心点（C）］:A

（3）命令操作实例

绘制图 4-3 所示的椭圆弧。

命令:ellipse　　　　　　　　　　　　　　//单击"椭圆"按钮 ⬭

指定椭圆的轴端点或［圆弧（A）/中心点（C）］:A　//输入"A"，选择"圆弧"选项

指定椭圆弧的轴端点或［中心点（C）］:C　　//单击中心线交点

指定椭圆弧的中心点：　　　　　　　　　//确定椭圆弧中心

指定轴的端点：　　　　　　　　　　　//单击 A 点，确定长轴的一个端点

指定另一条半轴长度或［旋转（R）］：　//单击 C 点，确定短半轴的端点

指定起始角度或［参数（P）］:0　　　　　//输入起始角度值，从 A 点开始

指定终止角度或［参数（P）/包含角度（I）］:-60　//输入终止角度值，按<Enter>键

完成椭圆弧的绘制。

24. 绘制椭圆实例

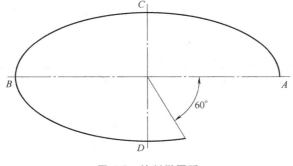

图 4-3　绘制椭圆弧

25. 绘制椭圆弧实例

二、多段线的绘制

多段线可以看作是由多条直线或圆弧组成的组合线，它是作为单个对象创建的相互连接

的组合线段。多段线提供单个直线组合不具备的一些功能，如多段线宽度（和图线的宽度属性不同）。

1. 命令输入

🔖 "默认"选项卡"绘图"面板：⟋；

🔖 "绘图"工具栏：⟋；

🔖 菜单栏："绘图（D）"→"多段线（P）"；

⌨ 命令行：pline 或 PL。

2. 命令说明

命令：pline

指定起点：

当前线宽为 0. 0000

指定下一个点或[圆弧（A）/半宽（H）/长度（L）/放弃（U）/宽度（W）]：

☆ "指定下一个点"　该选项为默认选项，指定多段线的下一点，生成一段直线，命令行提示：

指定下一点或[圆弧（A）/闭合（C）/半宽（H）/长度（L）/放弃（U）/宽度（W）]：可以继续输入下一点，连续不断地重复操作。直接按<Enter>键，结束命令。

☆ "圆弧（A）"　用于绘制圆弧并添加到多段线中。绘制的圆弧与上一线段相切。

☆ "半宽（H）"　用于指定从有宽度的多段线线段的中心到其一边的宽度，起点半宽将成为默认的端点半宽，端点半宽在再次修改半宽之前将作为所有后续线段的统一半宽，宽线线段的起点和端点位于宽线的中心。

☆ "长度（L）"　在与前一段相同的角度方向上绘制指定长度的直线段。如果前一线段为圆弧，AutoCAD 2023 将绘制与该弧线段相切的新线段。

☆ "宽度（W）"　用于指定下一条直线段或弧线段的宽度。与半宽的设置方法相同，可以分别设置起始点与终止点的宽度，可以绘制箭头图形或者其他变化宽度的多段线。

☆ "闭合（C）"　从当前位置到多段线的起始点绘制一条直线段，用以闭合多段线。

26. 多段线绘制
实例——长圆形

☆ "放弃（U）"　删除最近一次添加到多段线上的弧线段或直线段。

◇ 在操作时可以认为绘制多段线分为绘制直线和绘制圆弧两种状态，默认处于绘制直线状态，此状态只绘制直线；输入"A"，进入绘制圆弧状态，此状态只绘制圆弧，可以参照绘制圆弧命令的各项参数绘制圆弧，输入"L"，回到绘制直线状态。

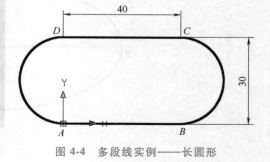

图4-4　多段线实例——长圆形

3. 命令操作实例

1）绘制图4-4所示多段线。

命令：PL　　　　　　　　　　　　//单击"多段线"按钮 ⟋ 或输入"PL"

pline

指定起点:0,0　　　　　　　　　　//绘制多段线,从 A 点(0,0)开始

当前线宽为 0.0000　　　　　　　//第一次使用多段线,默认线宽为 0mm,需设置,
　　　　　　　　　　　　　　　　　　否则默认该绘图图层线性宽度

指定下一个点或［圆弧(A)/半宽(H)/长度(L)/放弃(U)/宽度(W)］:W

指定起点宽度 <0.0000>:1　　　　//线条起点线宽设置为 1mm

指定端点宽度 <1.0000>:　　　　　//线条终点线宽设置为 1mm

指定下一个点或［圆弧(A)/半宽(H)/长度(L)/放弃(U)/宽度(W)］:@ 40,0
　　　　　　　　　　　　　　　　　　//相对坐标 B 点

指定下一点或［圆弧(A)/闭合(C)/半宽(H)/长度(L)/放弃(U)/宽度(W)］:A
　　　　　　　　　　　　　　　　　　//选择绘制圆弧模式

指定圆弧的端点或［角度(A)/圆心(CE)/闭合(CL)/方向(D)/半宽(H)/直线(L)/半径
(R)/第二个点(S)/放弃(U)/宽度(W)］:@ 0,30
　　　　　　　　　　　　　　　　　　//使用相对坐标,选择圆弧终点 C 点

指定圆弧的端点或［角度(A)/圆心(CE)/闭合(CL)/方向(D)/半宽(H)/直线(L)/半径
(R)/第二个点(S)/放弃(U)/宽度(W)］:L　　//选择绘制直线模式

指定下一点或［圆弧(A)/闭合(C)/半宽(H)/长度(L)/放弃(U)/宽度(W)］:@ -40,0
　　　　　　　　　　　　　　　　　　//D 点坐标

指定下一点或［圆弧(A)/闭合(C)/半宽(H)/长度(L)/放弃(U)/宽度(W)］:A
　　　　　　　　　　　　　　　　　　//选择绘制圆弧模式

指定圆弧的端点或［角度(A)/圆心(CE)/闭合(CL)/方向(D)/半宽(H)/直线(L)/半径
(R)/第二个点(S)/放弃(U)/宽度(W)］:CL //选择闭合模式,完成绘图

2）绘制图 4-5 所示多段线。

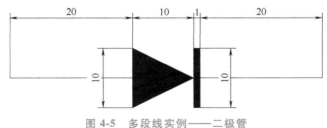

27. 多段线绘制
实例——二极管

图 4-5　多段线实例——二极管

命令:PL

pline

指定起点:0,0

当前线宽为 0.0000

指定下一个点或［圆弧(A)/半宽(H)/长度(L)/放弃(U)/宽度(W)］:20,0

指定下一点或［圆弧(A)/闭合(C)/半宽(H)/长度(L)/放弃(U)/宽度(W)］:W

指定起点宽度 <0.0000>:10

指定端点宽度 <10.0000>:0

指定下一点或［圆弧(A)/闭合(C)/半宽(H)/长度(L)/放弃(U)/宽度(W)］:30,0

指定下一点或［圆弧(A)/闭合(C)/半宽(H)/长度(L)/放弃(U)/宽度(W)］:W

指定起点宽度 <0.0000>:10

指定端点宽度 <10.0000>:10

指定下一点或［圆弧(A)/闭合(C)/半宽(H)/长度(L)/放弃(U)/宽度(W)］:31,0

指定下一点或［圆弧(A)/闭合(C)/半宽(H)/长度(L)/放弃(U)/宽度(W)］:W

指定起点宽度 <10.0000>:0

指定端点宽度 <0.0000>:0

指定下一点或［圆弧(A)/闭合(C)/半宽(H)/长度(L)/放弃(U)/宽度(W)］:51,0

指定下一点或［圆弧(A)/闭合(C)/半宽(H)/长度(L)/放弃(U)/宽度(W)］:(结束,按
<Enter>键)

任务二　操作和运用复制、阵列、移动命令

一、复制

对图形中相同的或相近的对象，不论其复杂程度如何，只要绘制完成一个后，便可以通过复制命令产生其他的若干个，并可在指定的方向上按指定距离多次复制对象。

1. 命令的输入

🐾 "默认"选项卡"修改"面板：⧉ 复制；

🐾 "修改"工具栏：⧉；

🐾 菜单栏："修改(M)"→"复制(Y)"；

⧉ 命令行：copy 或 CO；

快捷菜单：选择要复制的对象，在绘图窗口右击，在弹出的快捷菜单中选择"复制"选项。

2. 命令说明

命令:copy

选择对象:

选择对象:按<Enter>键

指定基点或［位移(D)/模式(O)］:

指定位移的第二点或［阵列(A)］<使用第一个点作为位移>:

☆ "选择对象"　选择要复制的对象

☆ "基点"　确定复制对象的参考点。

☆ "位移(D)"　在原对象和目标对象之间的位移。

☆ "模式(O)"　设定使用同一基点复制对象的重复个数，有单个对象和多个对象两种模式选择。

☆ "指定位移的第二点"　指定第二点来确定位移，以第一点为基点。

☆ "使用第一个点作为位移"　在提示输入第二点时按<Enter>键，则从第一点移动到第二点。

☆ "阵列(A)"　输入要进行阵列的项目数后，在提示输入第二点时按<Enter>键，则以两点间距作为阵列间距。

3. 命令操作实例

将图 4-6a 所示的单一图形，通过"复制"命令绘制成图 4-6b 所示的连续楼梯图形。

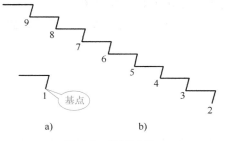

28. 复制图形实例

a)　　　　　　　　b)

图 4-6　复制图例

命令:copy　　　　　　　　　//单击"复制"按钮

选择对象:指定对角点:找到 2 个//窗选图 4-6a 所示图形

选择对象:　　　　　　　　　//按<Enter>键

指定基点或［位移(D)］<位移>:指定第二个点或［阵列(A)］<使用第一个点作为位移>:

指定第二个点或［阵列(A)/退出(E)/放弃(U)］<退出>:

//依次单击点 1、点 2、点 3、点 4、点 5、点 6、点 7、点 8、点 9,最后按<Enter>键结束

二、阵列

阵列主要用于复制规则分布的图形,有矩形阵列、路径阵列和环形阵列 3 种模式。矩形阵列用于行列均匀分布的图形,路径阵列用于沿路径均匀分布的图形,环形阵列用于绕一中心点均匀分布的图形。

1. 命令的输入

"默认"选项卡"修改"面板:　　　阵列 ▾　　（单击图标右侧下三角按钮,可选择　矩形阵列/　路径阵列/　环形阵列）;

"修改"工具栏:　　（单击图标右侧下三角按钮,可切换　　）;

菜单栏:"修改（M）"→"阵列"→"矩形阵列""路径阵列""环形阵列";

命令行:array 或 AR。

2. 命令说明

阵列分"矩形阵列""路径阵列"和"环形阵列"3 种。

（1）矩形阵列　"阵列"对话框——"矩形阵列"选项设置如图 4-7 所示。

图 4-7　"阵列"对话框——"矩形阵列"选项设置

☆"列数"文本框　用于输入阵列对象的列数。

☆"列数"下方的"介于"文本框　用于输入阵列对象的列间距。

☆"行数"文本框　用于输入阵列对象的行数。

☆"行数"下方的"介于"文本框　用于输入阵列对象的行间距。

☆"关联"选项　控制是否创建关联阵列对象。

（2）路径阵列　"阵列"对话框——"路径阵列"选项设置如图4-8所示。

图4-8　"阵列"对话框——"路径阵列"选项设置

☆"项目数"文本框　指定项目数。允许从路径曲线的长度和项目间距自动计算项目数。

☆"项目数"下方的"介于"文本框　指定项间距。

☆"行数"文本框　指定行数。

☆"行数"下方的"介于"文本框　指定行间距。

☆"关联"选项　控制是否创建关联阵列对象。

☆"切线方向"选项　指定相对于路径曲线的第一个项目的位置。允许指定与路径曲线的起始方向平行的两个点。

☆"定距等分"选项　编辑路径或者通过夹点或"特性"选项板编辑项目数时，保持当前项目间距。

☆"定数等分"选项　重新分布项目，以沿路径的长度平均定数等分。

☆"对齐项目"选项　指定是否对齐每个项目，以与路径方向相切。对齐相对于第一个项目的方向。

☆"Z方向"选项　控制是保持项目的原始Z方向还是沿三维路径倾斜项目。

（3）环形阵列　"阵列"对话框——"环形阵列"选项设置如图4-9所示。

图4-9　"阵列"对话框——"环形阵列"选项设置

☆"项目数"文本框　指定阵列的对象数目。

☆"项目数"下方的"介于"文本框　指定项目间的角度。

☆"填充"文本框　指定阵列中的第一项和最后一项之间的角度。

☆"行数"文本框　指定行数。

☆"行数"下方的"介于"文本框　指定行间距。

☆"关联"选项　控制是否创建关联阵列对象。

☆"旋转项目"选项　控制在阵列项目时是否旋转项目。

☆"方向"选项　控制是否创建逆时针或顺时针阵列。

其余设置略。

3. 命令操作实例

1）将图4-10a所示基本图形通过"矩形阵列"绘制成图4-10b所示图形。

10
8
a)
b)

29. 矩形阵列图形实例

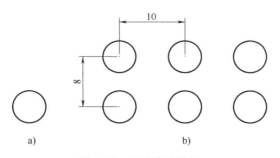

图 4-10　矩形阵列图例
a）基本图形　b）矩形阵列图形

命令：arrayrect　　　　　　　　　//单击"矩形阵列"按钮

选择对象：找到 1 个　　　　　　　//选择图 4-10a 所示小圆，按<Enter>键

选择对象：　　　　　　　　　　　//弹出图 4-11 所示对话框

类型 = 矩形　关联 = 否

选择夹点以编辑阵列或［关联(AS)/基点(B)/计数(COU)/间距(S)/列数(COL)/行数(R)/层数(L)/退出(X)］<退出>：　　//按图 4-11 所示设置好相应参数后，单击"关闭阵列"按钮，完成矩形阵列

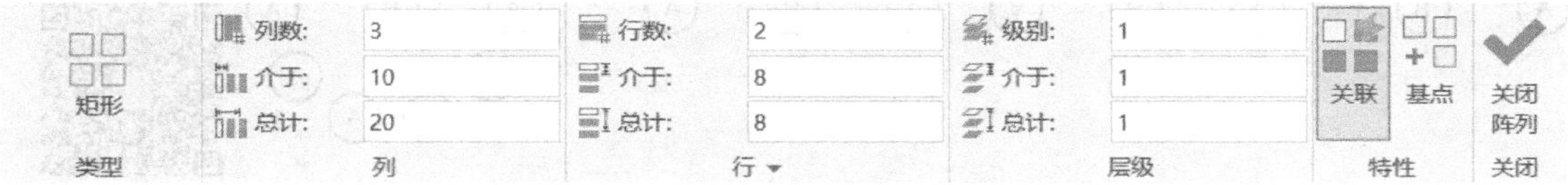

矩形
类型
列数: 3
介于: 10
总计: 20
列
行数: 2
介于: 8
总计: 8
行
级别: 1
介于: 1
总计: 1
层级
关联
基点
特性
关闭阵列
关闭

图 4-11　"矩形阵列"对话框参数设置

2）通过"路径阵列"将图 4-12a 所示基本图形 A 圆沿曲线路径阵列，绘制成图 4-12b 所示图形。

a)
b)
c)

30. 路径阵列图形实例

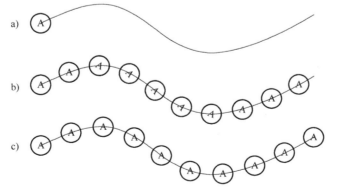

图 4-12　路径阵列图例
a）基本图形　b）"定距等分"路径阵列图形　c）"定数等分"路径阵列图形

命令：arraypath　　　　　　　　　//单击"路径阵列"按钮

选择对象：找到 2 个　　　　　　　//选择图 4-12a 所示 A 圆，按<Enter>键

选择对象：

　　　　　类型 = 路径　关联 = 否

　　选择路径曲线：　　　　　　　　　　　　//选择图 4-12a 所示曲线,按<Enter>键,弹出图 4-13 所
　　　　　　　　　　　　　　　　　　　　　　　　示对话框

　　选择夹点以编辑阵列或 [关联(AS)/方法(M)/基点(B)/切向(T)/项目(I)/行(R)/层
(L)/对齐项目(A)/Z 方向(Z)/退出(X)]:

　　//按图 4-13 所示设置好相应参数后,选择"定距等分"选项,生成图 4-12b 所示图形。

　　//按图 4-13 所示设置好相应参数后,选择"定数等分"选项,复选"对齐项目"选项(显示阴
影),生成图 4-12c 所示图形。

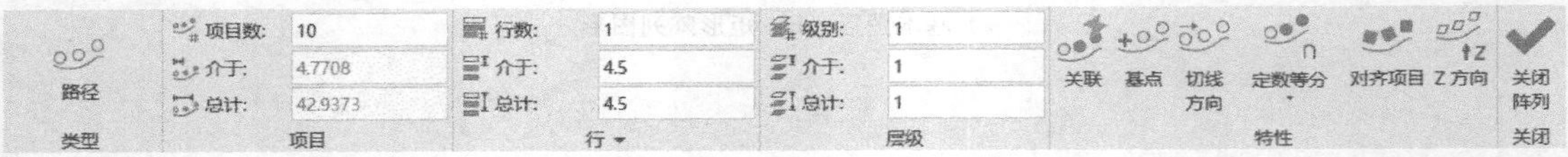

图 4-13　"路径阵列"对话框参数设置

　　**3）通过"环形阵列"将图 4-14a 所示基本图形 A 圆绕 B 圆进行阵列，绘制成图 4-14b
所示图形。**

图 4-14　环形阵列图例

a）基本图形　b）"控制项目旋转"环形阵列图形
c）"顺时针"环形阵列图形　d）"逆时针"环形阵列图形

31. 环形阵列
图形实例

　　命令:arraypolar　　　　　　　　　　　　//单击"环形阵列"按钮
　　选择对象:找到 2 个　　　　　　　　　　//选择图 4-14a 所示 A 圆,按<Enter>键
　　选择对象:
　　类型 = 极轴　关联 = 否
　　指定阵列的中心点或 [基点(B)/旋转轴(A)]://选择图 4-14a 所示 B 圆的圆心,按<En-
　　　　　　　　　　　　　　　　　　　　　　　　ter>键
　　　　　　　　　　　　　　　　　　　　//弹出图 4-15 所示对话框

　　选择夹点以编辑阵列或 [关联(AS)/基点(B)/项目(I)/项目间角度(A)/填充角度(F)/
行(ROW)/层(L)/旋转项目(ROT)/退出(X)] <退出>:

　　//设置相应参数后,单击"关闭阵列"按钮,完成阵列
　　//按图 4-15 所示设置好相应参数后,复选"旋转项目"(显示阴影),生成图 4-14b 所示图形
　　//按图 4-15 所示设置好相应参数后,不选"旋转项目"(无阴影),生成图 4-14c 所示图形。
　　//按图 4-15 所示设置好相应参数后,复选"旋转项目""方向"(显示阴影),生成图 4-14d
所示图形

图 4-15　"环形阵列"对话框参数设置

◇ AutoCAD 2023 输入"array"命令后，需要选择阵列对象，然后提示"矩形（R）/路径（PA）/极轴（PO）"，用户需要输入相应命令，以进行矩形阵列/路径阵列/环形阵列。命令提示如下：

命令：array

选择对象：指定对角点：找到 2 个

选择对象：

输入阵列类型［矩形（R）/路径（PA）/极轴（PO）］＜路径＞：

三、移动

移动命令可以将一组或一个对象从一个位置移动到另一个位置，移动操作和复制操作相同，只是不保留原对象。

1. 命令的输入

🐾"默认"选项卡"修改"面板：✛ 移动；

🐾"修改"工具栏：✛ ；

🐾菜单栏："修改（M）"→"移动（V）"；

▥ 命令行：move 或 M；

快捷菜单：选择要移动的对象，在绘图窗口右击，在弹出的快捷菜单中选择"移动"选项。

2. 命令说明

命令：move

选择对象：

指定基点或［位移（D）］＜位移＞：

指定第二个点或＜使用第一个点作为位移＞：

☆"选择对象"　选择要移动的对象。

☆"指定基点或［位移（D）］＜位移＞"　指定移动的基点或直接输入位移值。

☆"指定第二个点或＜使用第一个点作为位移＞"　如果点取了某点为移动基点，则指定移动的第二点。如果直接按＜Enter＞键，则用第一点数值作为位移值来移动对象。

3. 命令操作实例

将图 4-16 所示的小圆从直线的 A 端移动到 B 端。

图 4-16　移动图例

32. 移动图形实例

命令：move   //单击"移动"按钮

选择对象：找到 1 个   //选择小圆

选择对象：   //按<Enter>键

指定基点或［位移（D）］<位移>：   //单击小圆圆心

指定第二个点或<使用第一个点作为位移>： //单击直线右端点

   ❖ 为便于捕捉小圆圆心，可打开"对象捕捉"对话框，勾选"圆心"。

任务三　绘制异形件上机指导

绘制图 4-1 所示异形件平面图形，免标注。

1. 绘制中心线及圆（图 4-17）

启动 AutoCAD 2023，打开准备好的样板文件。

选取"中心线"图层。

在命令行输入"L"，在屏幕上任选一点开始，水平向右绘制 130mm 长水平中心线。

33. 绘制异形件实例

在命令行输入"L"，参考水平线中心，竖直向下绘制 200mm 竖直中心线。

在命令行输入"C"，选取中心线交点为圆心，分别绘制 ϕ30mm 圆和 ϕ114mm 圆。

2. 绘制中间规则图形

使用复制、阵列、修剪等命令，绘制异形件中间规则图形，步骤及参数设置如图 4-18 ~ 图 4-21 所示。

选择"粗实线"图层。

在命令行输入"C"，选取中心线交点为圆心，绘制 ϕ100mm 圆。

在命令行输入"C"，选取 ϕ114mm 圆上象限点为圆心，绘制 ϕ36mm 圆（标注尺寸 R18）。

在命令行输入"C"，选取 ϕ30mm 圆右象限点为圆心，绘制 ϕ8mm 圆。

在命令行输入"L"，捕捉 ϕ8mm 圆上象限点为起点，水平向右绘制 40mm 水平线。

在命令行输入"L"，捕捉 ϕ8mm 圆下象限点为起点，水平向右绘制 40mm 水平线。

完成后的图形如图 4-18 所示。

图 4-17　绘制中心线及圆

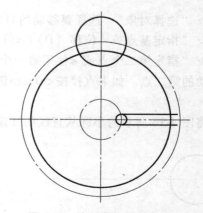

图 4-18　绘制中间规则图形

在命令行输入"AR",选择 φ36mm 圆、φ8mm 圆及其上、下象限点上的两条直线,按 <Enter>键,确认选择阵列对象。

选择"极轴(PO)"环形矩阵选项,捕捉 φ114mm 圆心为阵列中心点,按图 4-19 所示设置好相应参数后,复选"旋转项目""方向"(显示阴影),生成图 4-20 所示图形。

图 4-19 环形阵列参数

在命令行输入"TR",修剪图形多余线段,完成后的图形如图 4-21 所示。

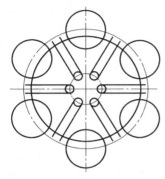

图 4-20 环形阵列后的图形

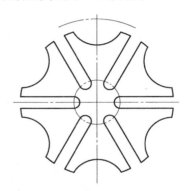

图 4-21 阵列中间规则图形

3. 绘制椭圆(图 4-22)

选择"粗实线"图层。

在命令行输入"EL",捕捉两中心线的交点为中心点,绘制长半轴为 80mm、短半轴为 60mm 的椭圆。

完成后的图形如图 4-22 所示。

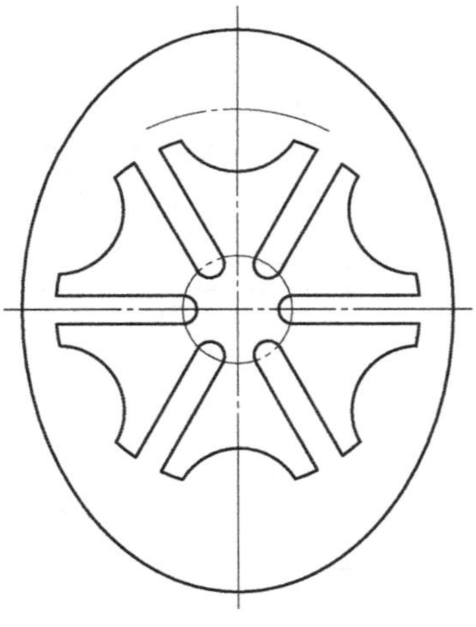

4. 绘制支承底座(图 4-23~图 4-26)

在命令行输入"O",选择竖直中心线,左、右各偏置 60mm。

在命令行输入"O",选择水平中心线,向下分别偏置 110mm 和 100mm。

完成后的图形如图 4-23 所示。

选择图形最下方的中心线,修改为"粗实线"图层,如图 4-24 所示。

在命令行输入"C",分别选取左、右竖直中心线与最下方中心线的交点为圆心,绘制 φ20mm 圆(标注尺寸为 R10)。

在命令行输入"F",分别点选椭圆和 φ20mm 圆,绘制左右两段圆角(标注尺寸为 R20)。

完成后的图形如图 4-25 所示。

图 4-22 绘制异形件椭圆外形

在命令行输入"E"，删除图形中的多余中心线。

在命令行输入"TR"，修剪图形多余线段。

完成后的图形如图 4-26 所示。

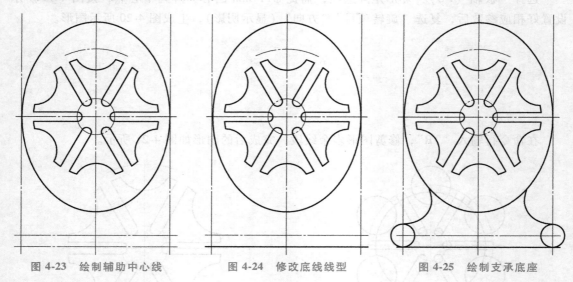

图 4-23　绘制辅助中心线　　　　图 4-24　修改底线线型　　　　图 4-25　绘制支承底座

5. 绘制方向指示标志

在命令行输入"PL"，绘制多段线，先选择"宽度（W）"选项，指定宽度为 5mm，起点到下一点长度为 15mm；重新指定起点宽度为 10mm，端点宽度为 0，端点选择椭圆的下象限点。

完成全部绘制后的图形如图 4-27 所示。

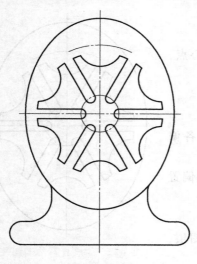

图 4-26　修剪小圆部分

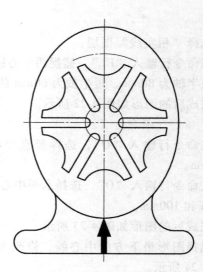

图 4-27　绘制方向指示标志

同步练习四

1. 绘制图 4-28 所示图样，免标注。

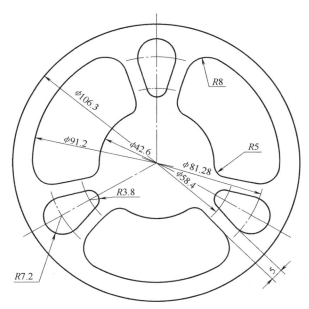

图 4-28 绘制图样（一）

提示：

1）利用直线命令绘制竖直中心线，以阵列方式复制其他中心线。

2）利用圆、偏移、修剪、圆角、阵列等命令完成图 4-28 所示图样的绘制。

2. 绘制图 4-29 所示图样，免标注。

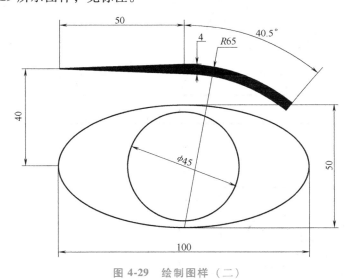

图 4-29 绘制图样（二）

提示：

1）绘制 ϕ45mm 圆。

2）绘制长轴为 100mm、短轴为 50mm 的椭圆。

3）绘制多段线，线宽设置为 0~4mm。

项目五　绘制轴承座三视图

项目导入

绘制图 5-1 所示轴承座三视图，免标注。

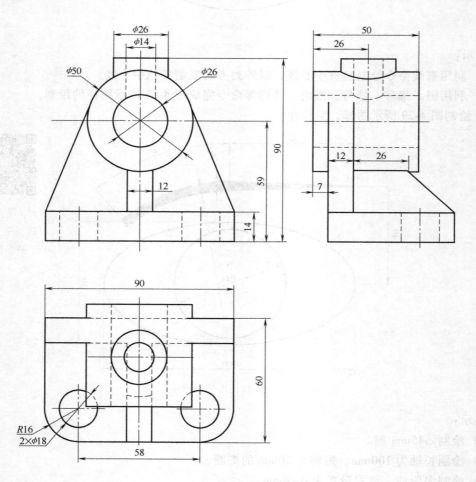

图 5-1　轴承座三视图

项目分析

图 5-1 所示轴承座是一个典型的组合体，其结构可分为底板、轴承圆筒、注油孔、支承板和加强肋 5 个部分，每个部分的结构在三个视图上都有所体现，可相互投影，配合绘制。例如，主视图，可以先画基准线，再按结构特征绘图；俯视图，可先在俯视图上绘制底板特征；在其他视图上，可根据对正关系延伸或直接复制，轴承圆筒等均可这样绘制。

素养目标

1）具备吃苦耐劳，勤学多练的精神。
2）养成规范、严谨的绘图习惯。

知识目标

1）掌握夹点命令的操作和运用。
2）掌握镜像、旋转、打断、合并等命令的操作方法。
3）熟悉组合体视图投影互配的绘图思路及作图步骤。

能力目标

能应用夹点、镜像、旋转、打断、合并等命令编辑图形。

任务一　操作和运用夹点命令

夹点即在图形对象上可以控制对象位置、大小的关键点。如直线有 3 个夹点，中心点可以控制其位置，两个端点可以控制其长度和位置。使用夹点编辑图形时，要先选择作为基点的夹点（激活），这个选定的夹点称为基夹点（热点）。选择夹点后，可以按<Enter>键轮换进行移动、拉伸、旋转、镜像、比例缩放等编辑操作。

当在命令行提示下选择了图形对象时，会在图形对象上显示小方框表示的夹点。不同对象的夹点分布也不同，如图 5-2 所示。

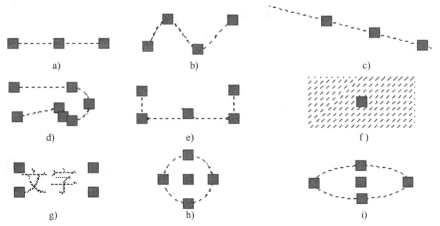

图 5-2　常见对象夹点
a)、c) 直线　b) 样条曲线　d) 多段线　e) 尺寸标注　f) 图案填充　g) 文字　h) 圆　i) 椭圆

1. 利用夹点移动或复制对象

利用夹点移动对象，只需要选中想要移动对象的夹点，则所选对象会与光标一起移动，在目标点单击即可。

操作实例

将图5-3a所示图形中的A圆利用夹点移动或复制的方法，移动或复制到B点和C点。

命令：　　　　　　　　　　　　//单击A圆

命令：　　　　　　　　　　　　//单击A点圆心夹点

＊＊拉伸＊＊

指定拉伸点或［基点(B)/复制(C)/放弃(U)/退出(X)］：
　　　　　　　　　　//按<Enter>键可以轮换进行夹点编辑，使其处于移动状态

＊＊移动＊＊

指定移动点或［基点(B)/复制(C)/放弃(U)/退出(X)］：
　　　　　　　　　　//输入"C"，选择复制选项，按<Enter>键

＊＊移动(多个)＊＊

指定移动点或［基点(B)/复制(C)/放弃(U)/退出(X)］：　//捕捉并单击B点

＊＊移动(多个)＊＊

指定移动点或［基点(B)/复制(C)/放弃(U)/退出(X)］：　//捕捉并单击C点

结果如图5-3c所示。

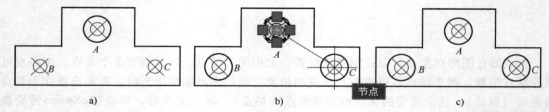

图5-3　移动或复制对象

a）移动或复制前　b）选择对象　c）移动或复制后

2. 利用夹点拉伸对象

当夹点编辑处于拉伸状态时，如激活的夹点是线或弧对象的端点，将激活的夹点移动到新位置时，线或弧对象的一个端点移动，另一个端点不动，即拉伸了此对象。

36. 利用夹点移动复制图形实例

操作实例

将图5-4a所示直线AB拉伸到直线C。

图5-4　利用夹点拉伸对象

a）拉伸过程　b）拉伸结果

37. 利用夹点拉伸图形实例

命令: //单击直线 AB

命令: //单击直线 AB 的夹点 B

** 拉伸 **

指定拉伸点或［基点（B）/复制（C）/放弃（U）/退出（X）］: //将 B 点拉伸到直线 C

结果如图 5-4b 所示。

3. 利用夹点旋转对象

利用夹点可将选定的对象进行旋转。在操作过程中，用户选中的夹点即为对象的旋转中心，用户也可以指定其他点作为旋转中心。

操作实例

利用夹点旋转图 5-5a 所示的图形，以 A 点为基点顺时针方向旋转 30°。

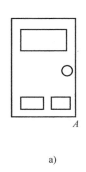

a)

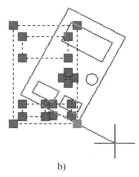

b)

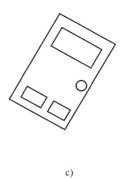

c)

38. 利用夹点旋转图形实例

图 5-5 夹点旋转对象

a）旋转前 b）旋转过程 c）旋转后

命令: //窗选全部图形

命令: //单击夹点 A

** 拉伸 **

指定拉伸点或［基点（B）/复制（C）/放弃（U）/退出（X）］:   //按<Enter>键

** 移动 **

指定移动点或［基点（B）/复制（C）/放弃（U）/退出（X）］:   //按<Enter>键

** 旋转 **

指定旋转角度或［基点（B）/复制（C）/放弃（U）/参照（R）/退出（X）］:<正交 关> B

//输入"B",选择基点选项,按<Enter>键

指定基点: //单击 A 点

** 旋转 **

指定旋转角度或［基点（B）/复制（C）/放弃（U）/参照（R）/退出（X）］:-30

//输入旋转的角度-30°,按<Enter>键

结果如图 5-5c 所示。

4. 利用夹点镜像对象

利用夹点可将选定的对象进行镜像。在操作过程中，用户选中的夹点是镜像线的第一点，在选取第二点后，即可形成一条镜像线。

操作实例

利用夹点镜像图 5-6a 所示的图形。

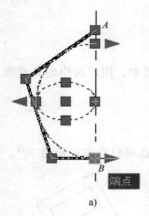
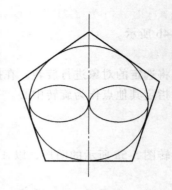

39. 利用夹点镜像图形实例

a)　　　　　　　b)

图 5-6　利用夹点镜像图形

a）镜像前　b）镜像后

命令：　　　　　　　　　　　　　　　　　　　　　　　　//窗选全部图形
命令：　　　　　　　　　　　　　　　　　　　　　　　　//单击夹点 A
　＊＊拉伸＊＊　　　　　　　　　　　　　　　　　　　　//进入拉伸模式
指定拉伸点或 ［基点（B）/复制（C）/放弃（U）/退出（X）］：　　//按<Enter>键
　＊＊移动＊＊
指定移动点或 ［基点（B）/复制（C）/放弃（U）/退出（X）］：　　//按<Enter>键
　＊＊旋转＊＊
指定旋转角度或 ［基点（B）/复制（C）/放弃（U）/参照（R）/退出（X）］：//按<Enter>键
　＊＊比例缩放＊＊
指定比例因子或 ［基点（B）/复制（C）/放弃（U）/参照（R）/退出（X）］：
　　　　　　　　　　　　　　　　　　　　　　//按<Enter>键,进入镜像模式
　＊＊镜像＊＊
指定第二点或 ［基点（B）/复制（C）/放弃（U）/退出（X）］：C
　　　　　　　　　　　　　　　　//输入"C"选择复制选项,按<Enter>键
　＊＊镜像（多重）＊＊
指定第二点或 ［基点（B）/复制（C）/放弃（U）/退出（X）］:<对象捕捉 开>　//单击 B 点
　＊＊镜像（多重）＊＊
指定第二点或 ［基点（B）/复制（C）/放弃（U）/退出（X）］：　　　　//按<Enter>键

结果如图 5-6b 所示。

5. 利用夹点缩放对象

利用夹点可将选定的对象进行比例缩放。在操作过程中，用户选中的夹点是缩放对象的基点。

操作实例

利用夹点缩放把图 5-7a 中的椭圆缩小一半。

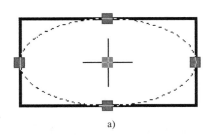

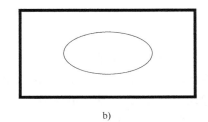

a)   b)

图 5-7 利用夹点缩放图形

a）缩放前 b）缩放后

命令：	//选中图形中的椭圆
命令：	//单击椭圆中心夹点
＊＊拉伸＊＊	//进入拉伸模式
指定拉伸点或［基点(B)/复制(C)/放弃(U)/退出(X)］：	//按<Enter>键
＊＊移动＊＊	
指定移动点或［基点(B)/复制(C)/放弃(U)/退出(X)］：	//按<Enter>键
＊＊旋转＊＊	
指定旋转角度或［基点(B)/复制(C)/放弃(U)/参照(R)/退出(X)］： //按<Enter>键	
＊＊比例缩放＊＊	
指定比例因子或［基点(B)/复制(C)/放弃(U)/参照(R)/退出(X)］:0.5	
//输入比例因子 0.5,按<Enter>键	

结果如图 5-7b 所示。

任务二 操作和运用镜像、旋转、打断、合并命令

一、镜像

镜像是指将已绘制图形对象通过指定轴进行对称复制的操作。对称对象使用镜像命令进行复制非常有效，只需要绘制一半图形或者更少，再使用镜像功能完成其他对称部分的绘制。

1. 命令的输入

⚙ "默认"选项卡 "修改" 面板：⚠ **镜像**；

⚙ "修改"工具栏：⚠；

⚙ 菜单栏："修改(M)"→"镜像(I)"；

⌨ 命令行：mirror 或 MI。

2. 命令说明

命令：mirror

选择对象：

指定镜像线的第一点：

指定镜像线的第二点：

要删除源对象吗？［是（Y）/否（N）］＜否＞：

☆ "选择对象" 选择要镜像的对象

☆ "指定镜像线的第一点" 确定镜像轴线上的第一点。

☆ "指定镜像线的第二点" 确定镜像轴线上的第二点。

☆ "要删除源对象吗？［是（Y）/否（N）］＜否＞" Y 表示删除源对象，N 表示不删除源对象。

3. 命令操作实例

通过镜像，将图 5-8a 所示的图形，变成图 5-8b 所示的图形。

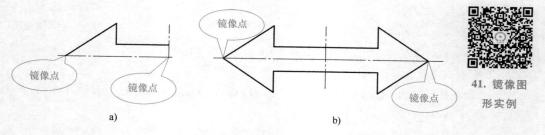

41. 镜像图形实例

图 5-8　镜像图例

a）镜像前　b）镜像后

命令：mirror　　　　　　　　　　　　　//单击"镜像"按钮 ◁▷

选择对象：指定对角点：找到 6 个　　　//利用窗口选择中心线以上的对象

选择对象：　　　　　　　　　　　　　//按＜Enter＞键

指定镜像线的第一点：　　　　　　　　//单击轴线上一点

指定镜像线的第二点：　　　　　　　　//单击轴线上另一点

要删除源对象吗？［是（Y）/否（N）］＜否＞：//按＜Enter＞键

命令：mirror　　　　　　　　　　　　　//单击"镜像"按钮 ◁▷

选择对象：指定对角点：找到 7 个　　　//利用窗口选择竖直中心线左侧图形对象

选择对象：　　　　　　　　　　　　　//按＜Enter＞键

指定镜像线的第一点：　　　　　　　　//单击轴线上一点

指定镜像线的第二点：　　　　　　　　//单击轴线上另一点

要删除源对象吗？［是（Y）/否（N）］＜否＞：//按＜Enter＞键，完成图 5-8b 所示图形

二、旋转

"旋转"命令可将图形对象绕一基点旋转一个角度。

1. 命令的输入

　　🔲 "默认"选项卡"修改"面板：↻ 旋转；

　　🔲 "修改"工具栏：↻；

　　🔲 菜单栏："修改（M）"→"旋转（R）"；

　　🔲 命令行：rotate 或 RO；

　　快捷菜单：选择要旋转的对象，在绘图窗口右击，在弹出的快捷菜单中选择"旋转"选项。

2. 命令说明

命令：rotate

UCS 当前的正角方向：ANGDIR = 逆时针　　ANGBASE = 0

选择对象：

指定基点：

指定旋转角度，或［复制（C）/参照（R）］<0>：

☆ "选择对象"　选择要旋转的对象。

☆ "选择对象"　按<Enter>键。

☆ "指定基点"　指定旋转的基点。

☆ "指定旋转角度，或［复制（C）/参照（R）］<0>"　输入旋转的角度或采用参照方式旋转对象。

3. 命令操作实例

将图 5-9a 所示的图形通过"旋转"命令编辑为图 5-9b 所示图形。

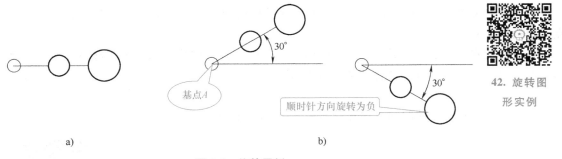

42. 旋转图
形实例

a)　　　　　　　　　　　　　　b)

图 5-9　旋转图例

a）旋转前　b）旋转后

命令：rotate　　　　　　　　　　　　　　　　//单击"旋转"按钮 ↻

UCS 当前的正角方向：ANGDIR = 逆时针　ANGBASE = 0　　//按<Enter>键

选择对象：指定对角点：找到 5 个　　　　　　　　//窗选整个图形

选择对象：　　　　　　　　　　　　　　　　//按<Enter>键

指定基点：<对象捕捉 开>　　　　　　　　　　//单击 A 点

指定旋转角度，或［复制（C）/参照（R）］<30>：30　　//输入旋转角度，按<Enter>键

用同样的方法顺时针方向旋转图 5-9a 所示图形，输入旋转角度为"-30"。

三、打断

"打断"命令可将某一对象一分为二或去掉其中一段，以减少其长度。AutoCAD 2023 提供了两种用于打断的命令："打断"和"打断于点"。可以进行打断操作的对象包括直线、圆、圆弧、多段线、椭圆、样条曲线等。

1. 命令的输入

🐾 "默认"选项卡"修改"面板： ；

🐾 "修改"工具栏： ；

🐾 菜单栏："修改（M）"→"打断（K）"；

⌨ 命令行：break 或 BR。

2. 命令说明

（1）"打断"命令　可将对象打断，并删除所选对象的一部分，从而将其分为两个部分。

（2）"打断于点"命令　用于打断所选的对象，使之成为两个对象，但不删除其中的部分，有效对象包括直线、开放的多段线和圆弧。不能在一点打断闭合对象如圆。启用"打断于点"命令的方法是直接单击"修改"面板或者"修改"工具栏中的"打断于点"按钮 。

启用"打断"命令后，命令行提示如下：

命令：break

选择对象：

指定第二个打断点或[第一点（F）]：

☆ "选择对象"　选择打断的对象。如果在后面的提示中不输入"F"来重新定义第一点，则拾取该对象的点为第一点。

☆ "指定第二个打断点或［第一点（F）]"　拾取打断的第二点。如果输入"@"，指第二点和第一点相同，即将选择对象分成两段。

3. 命令操作实例

1）将图 5-10 所示的圆和直线在指定位置 *A*、*B*、*C* 和 *D* 点打断。

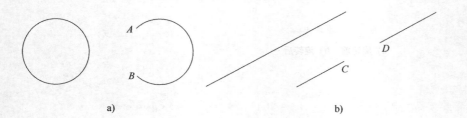

a)　　　　　　　　　　　　　　　　　b)

43. 打断图形实例

图 5-10　打断图例

a）打断圆　b）打断直线

命令：break　　　　　　　　　//单击"打断"按钮

选择对象：　　　　　　　　　//在圆和直线上分别选择 *A* 点和 *C* 点位置

指定第二个打断点或［第一点（F）］ //在 B 点和 D 点附近单击,完成图 5-10 所示图形

2）将图 5-11 所示的圆弧在 A 点打断成两部分。

命令:breakatpoint　　　　　　//单击"打断于点"按钮 ⊞

选择对象:　　　　　　　　　　//单击圆弧

指定打断点:　　　　　　　　　//在单击圆弧上 A 点,按<Enter>键

　　　　　　　　　　　　　　　//在图 5-11 所示的右端圆弧上单击,可以发现圆弧变成两部分

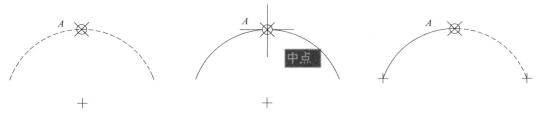

图 5-11　打断于点图例

四、合并

合并命令可以将直线、圆、椭圆和样条曲线等独立的线段合并为一个对象。

1. 命令的输入

　　"默认"选项卡"修改"面板: ▸▸◂ ;

　　"修改"工具栏: ▸▸◂ ;

　　菜单栏:"修改(M)"→"合并(J)";

　　命令行:join 或 J。

2. 命令说明

命令:join

选择源对象:

选择圆弧,以合并到源或进行［闭合（L）］:

☆ "选择源对象"　选择合并对象的其中一个作为源对象。

☆ "选择圆弧,以合并到源或进行［闭合（L）］"　选择其他的对象合并到源对象。如果输入"L",圆、椭圆这样的封闭图形就会形成闭合图形。

3. 命令操作实例

如图 5-12a、c 所示,将椭圆弧 A、椭圆弧 B 合并成椭圆,将圆弧 C、圆弧 D 进行合并。

命令:join　　　　　　　　　　　　　　//单击"合并"按钮 ▸▸◂

选择源对象或要一次合并的多个对象:找到 1 个 //单击椭圆弧 A

选择要合并的对象:　　　　　　　　　　//按<Enter>键

选择椭圆弧,以合并到源或进行［闭合（L）］:l //输入"L",已成功地闭合椭圆。

结果如图 5-12b 所示。

命令:join　　　　　　　　　　　　　　//单击"合并"按钮 ▸▸◂

选择源对象:　　　　　　　　　　　　　//单击圆弧

选择圆弧,以合并到源或进行［闭合(L)］:   //单击圆弧

选择要合并到源的圆弧:找到 1 个   //按<Enter>键

已将 1 个圆弧合并到源

结果如图 **5-12d** 所示。

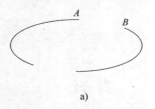 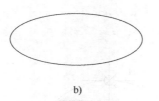 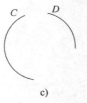

图 5-12 合并图例
a)、c) 合并前 b)、d) 合并后

任务三 绘制轴承座三视图上机指导

绘制图 5-1 所示轴承座三视图，免标注。

绘制图形前，首先对轴承座的三视图进行形体分析。该组合体由 5 个部分组成，即底板、轴承圆筒、注油孔、支承板和加强肋。画图时先画各部分，根据各部分之间的关系再组合整体。绘制三视图时必须保证视图之间的投影规律，即主、俯视图"长对正"，主、左视图"高平齐"，俯、左视图"宽相等"。为了能保证实现视图之间的投影关系，绘图过程中可采用作辅助线或画圆等方式。

1. 绘制三个方向的定位基准

启动 AutoCAD 2023，打开准备好的样板文件。

选取"中心线"图层，绘制图 5-13 所示的定位基准（本项目以后，操作步骤从简）。

先绘制主视图。以轴承圆筒为基准，绘制水平中心线，长为 90mm，竖直中心线长 100mm。俯视图中心线以注油孔为基准，左视图中心线以轴承圆筒及注油孔中心为基准，在俯视图与左视图基准相交处绘制 45°斜线。

2. 绘制主视图

先后用"圆"、"直线"、"偏移"、"修剪"、"镜像"等命令绘制图 5-14 所

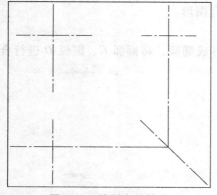

图 5-13 绘制定位基准

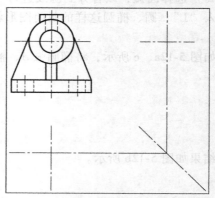

图 5-14 绘制主视图

示主视图。

3. 绘制俯视图、左视图的轴承圆筒及注油孔

先后用"圆" 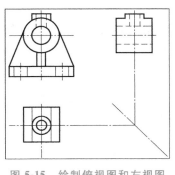、"直线" ✏、"偏移" ⊑、"修剪" ✂ 等命令绘制图5-15所示俯视图和左视图。其中，在绘制轴承圆筒及注油孔相交处的相贯线时，可绘制图5-16所示的辅助线，然后应用"圆弧"命令绘制图5-17所示左视图中的相贯线。

图5-15 绘制俯视图和左视图

4. 绘制俯视图、左视图中的底板

先后用"直线" ✏、"偏移" ⊑、"圆" ◉、"圆角" ⌐、"修剪" ✂ 等命令绘制图5-18所示底座图形。

5. 绘制俯视图、左视图中的支承板

先后用"直线" ✏、"偏移" ⊑ 等命令以及辅助线绘制图5-19所示支承板图形；先后运用"打断" ⊏、"修剪" ✂ 命令完成5-20所示支承板图形。

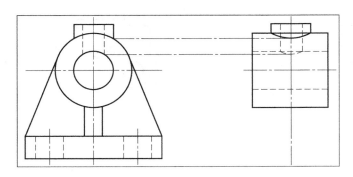

图5-16 绘制注油孔辅助线

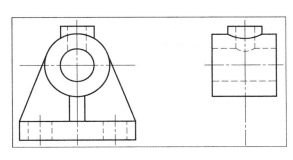

图5-17 绘制左视图中的相贯线

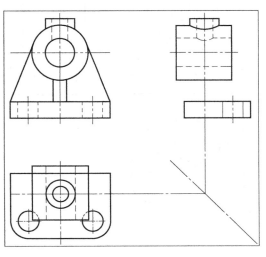

图5-18 绘制底座图形

93

6. 绘制俯视图、左视图的中间加强肋

用"直线" 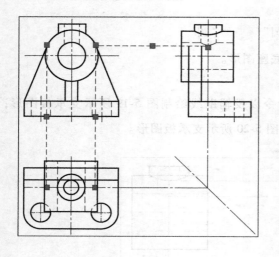等命令绘制图5-21所示加强肋辅助线；先后运用"直线" ⁄ 、"圆弧" ⌒ 、"延伸" →|、"修剪" ✂ 命令完成图5-22所示加强肋图形。

7. 整理图形

先后用夹点操作、"修剪" ✂ 、"移动" ✛ 等命令完成轴承座三视图的绘制，如图5-23所示。

图 5-19　绘制支承板

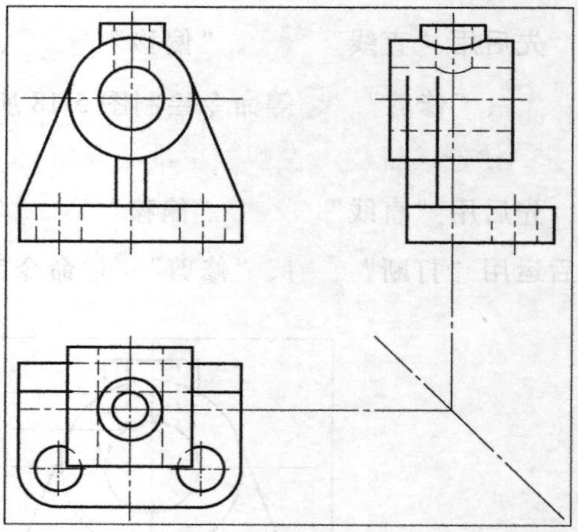

图 5-20　打断、修剪完成支承板图形

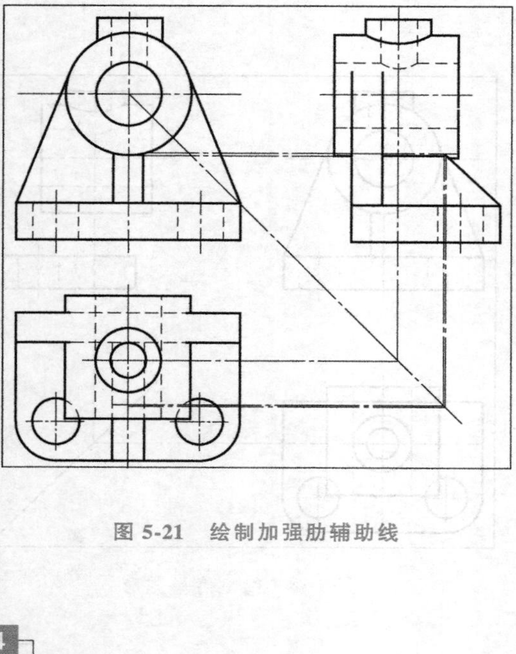

图 5-21　绘制加强肋辅助线

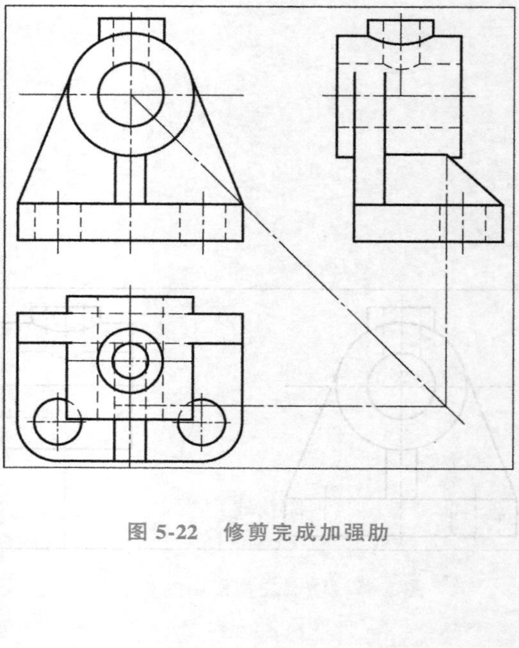

图 5-22　修剪完成加强肋

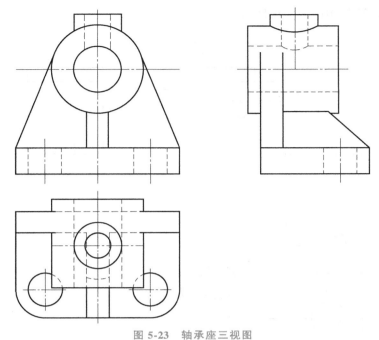

图 5-23　轴承座三视图

同步练习五

1. 绘制图 5-24 所示图形，免标注。

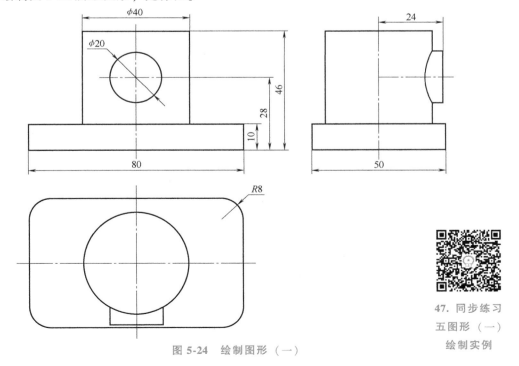

图 5-24　绘制图形（一）

47. 同步练习
五图形（一）
绘制实例

95

2. 绘制图 5-25 所示图形，免标注。

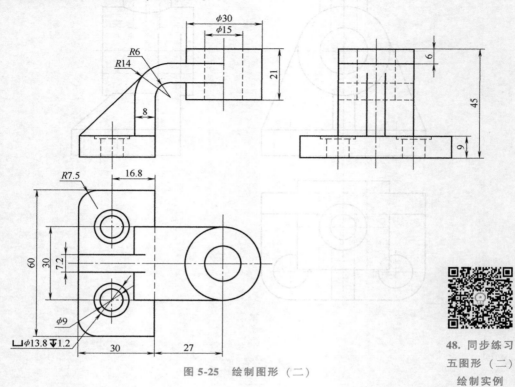

图 5-25　绘制图形（二）

48. 同步练习
五图形（二）
绘制实例

项目六 绘制阶梯轴零件图

项目导入

绘制图 6-1 所示阶梯轴零件图，免标注。

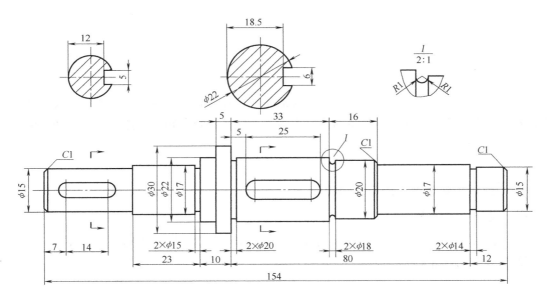

图 6-1 阶梯轴零件图

项目分析

　　阶梯轴是一个典型的轴套类零件，其特征是由一系列不同轴径的圆柱体组成，其上分布有退刀槽、倒角、键槽等结构。绘图时一般先绘制主体结构，把细小结构如倒角、退刀槽等放到后面绘制。阶梯轴是典型的对称结构，可以只绘制一半后镜像完成，也可以将其看作是一个个的矩形拼装而成。根据尺寸标注情况，阶梯轴主体一般可以有两种画法，矩形堆积法和轮廓线法，键槽的剖面线等一般是最后绘制。本项目采用矩形堆积法绘制阶梯轴，学习后可自行采用轮廓线法绘制，以便体会不同绘图方式的特点。

素养目标

1）具备创新思维和创新设计意识。
2）具备学以致用的工程思维。

知识目标

1）掌握样条曲线、图案填充等绘图命令的操作和运用。
2）掌握拉伸、缩放、分解、倒角等命令编辑图形的方法。
3）熟悉零件图的绘图思路及作图步骤。

能力目标

1）具有应用样条曲线、图案填充等命令绘图的能力。
2）能应用拉伸、缩放、分解、倒角等命令编辑图形。

任务一　操作和运用样条曲线、图案填充等命令

一、样条曲线的绘制

样条曲线是由多条线段光滑过渡而形成的曲线，其形状是由数据点、拟合点及控制点来控制的。其中，数据点在绘制样条曲线时由用户确定；拟合点和控制点由系统自动产生，用来编辑样条曲线。

1. 命令的输入

📎 "默认"选项卡"绘图"面板：～/～；

📎 "绘图"工具栏：～；

📎 菜单栏："绘图（D）"→"样条曲线（S）"→"拟合点（F）"→"控制点（C）"；

⌨ 命令行：spline 或 SPL。

2. 命令说明

命令：spline
当前设置：方式＝拟合　节点＝弦
指定第一个点或 [方式（M）/节点（K）/对象（O）]：
输入下一个点或 [端点相切（T）/公差（L）/放弃（U）]：　　　　//按<Enter>键退出命令

◇ 样条曲线一般用在断裂线、局部剖切线等不需要精确定位的地方，操作时要注意的是当按<Enter>键结束点的输入后，要指定起点相切方向和端点相切方向，这与其他绘图命令的操作方法有一定区别。

3. 命令操作实例

绘制图 6-2 所示的样条曲线。

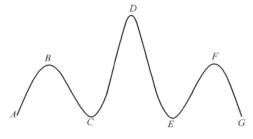

49. 样条曲线
绘制实例

图 6-2　样条曲线的绘制

命令：spline　　　　　　　　　　　　　　//单击"样条曲线"按钮 ⌒

当前设置：方式=拟合　节点=弦

指定第一个点或［方式（M）/节点（K）/对象（O）］：　　　//单击确定 A 点的位置

输入下一个点或［起点切向（T）/公差（L）］：　　　　　//单击确定 B 点的位置

输入下一个点或［端点相切（T）/公差（L）/放弃（U）］：　//单击确定 C 点的位置

输入下一个点或［端点相切（T）/公差（L）/放弃（U）/闭合（C）］://单击确定 D 点的位置

输入下一个点或［端点相切（T）/公差（L）/放弃（U）/闭合（C）］://单击确定 E 点的位置

输入下一个点或［端点相切（T）/公差（L）/放弃（U）/闭合（C）］://单击确定 F 点的位置

输入下一个点或［端点相切（T）/公差（L）/放弃（U）/闭合（C）］://单击确定 G 点的位置

输入下一个点或［端点相切（T）/公差（L）/放弃（U）/闭合（C）］://按<Enter>键

完成样条曲线的绘制。

二、图案填充

图案填充是用某种图案充满图形中指定的封闭区域。一般需要在剖视图、断面图上绘制填充图案作为剖面线。AutoCAD 2023 有图案填充、渐变色填充和边界填充 3 种模式，以对话框的方式确定填充图案、图案填充范围来完成剖面线的绘制。

1. 命令的输入

🐾 "默认"选项卡"绘图"面板：▨ / ▤ / ▢；

🐾 "绘图"工具栏：▨ / ▤ / ▢；

🐾 菜单栏："绘图（D）"→"填充图案（H）""渐变色（G）""边界（B）"；

▦ 命令行：hatch 或 H（图案填充）；

▦ 命令行：gradient（渐变色填充）；

▦ 命令行：boundary（边界填充）。

启用"图案填充"命令后，系统将弹出图 6-3 所示"图案填充创建"面板。

2. 命令说明

在图 6-3 所示的"图案填充创建"面板中，有"边界""图案""特性""原点""选项""关闭" 6 组选项组，各选项组都排列了相应的菜单，方便用户选择。单击"选项"选

图 6-3 "图案填充创建"面板

项组中的右下三角形按钮，弹出图 6-4 所示的"图案填充和渐变色"对话框。该对话框中各选项与"图案填充创建"面板中的菜单功能相同，本任务重点介绍"图案填充创建"面板中各选项组的含义。

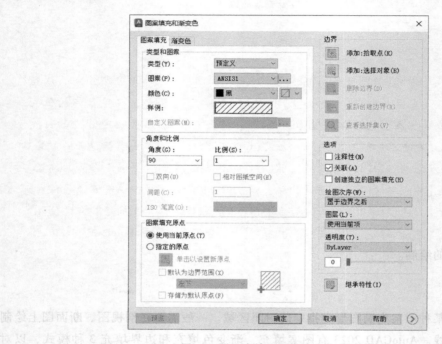

图 6-4 "图案填充和渐变色"对话框

（1）"边界"选项组 在该选项组中可以选择"图案填充"的区域方式，各个选项的含义如下。

1）按钮。根据图中现有对象自动确定填充区域的边界，该方式要求图形对象必须构成一个闭合的区域。应用时系统提示用户拾取闭合区域内部的一个点，系统自动以"阴影边+预览填充"的形式显示封闭区域的图形，如图 6-5 所示。填充完毕，按<Enter>键结束。

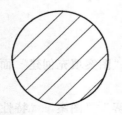
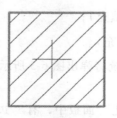
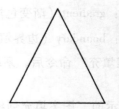

50. 图案填充实例

图 6-5 添加拾取点

2）按钮。用于选择图案填充的边界对象，该方式需要用户逐一选择图案填充的边界对象，选中的边界对象将变为阴影边及预览填充图案，如图6-6所示，系统不会自动检测内部对象。最后填充效果如图6-7所示。

 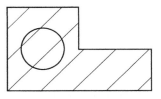

图6-6　选中边界　　　　　　　　　　　　图6-7　填充效果

3）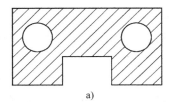按钮。用于从边界定义中删除以前添加的任何对象，如图6-8所示，操作步骤如下：

 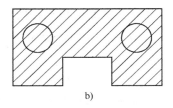

a）　　　　　　　　　　　　　　　　　　b）

图6-8　删除图案填充边界

a）删除前　b）删除后

命令:hatch　　　　　　　　　　　　　　//单击"填充图案"按钮,弹出"图案填充创建"

　　　　　　　　　　　　　　　　　　　　面板

拾取内部点或［选择对象(S)/放弃(U)/设置(T)］:正在选择所有对象...

　　　　　　　　　　　　　　　　　//单击"边界"选项组中的添加:拾取点按钮,单

　　　　　　　　　　　　　　　　　击A点附近区域,如图6-9a所示

正在选择所有可见对象...

正在分析所选数据...

正在分析内部孤岛...

拾取内部点或［选择对象(S)/放弃(U)/设置(T)］:_B

　　　　　　　　　　　　　　　　　//单击"边界"选项组中的"删除边界"按钮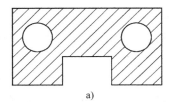

选择要删除的边界:　　　　　　　//单击B圆,如图6-9b所示

选择要删除的边界或［放弃(U)］:　//单击选择C圆,如图6-9b所示

选择要删除的边界或［放弃(U)］:　//按<Enter>键结束

结果如图6-9c所示。

4）按钮。围绕选定的图形边界或填充对象创建多段线或面域，并使其与图案填充对象相关联（可选）。如果未定义图案填充，则此选项不可选用。

（2）"选项"选项组　　"选项"选项组用于控制几个常用的图案填充或填充选项。

1）按钮。用于创建关联图案填充。关联图案是指图案与边界相链接，当用户修改边

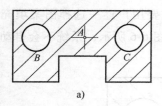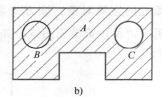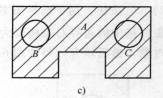

图 6-9　删除边界的操作过程

a）拾取点 *A* 填充图形　　b）选择删除边界 *B* 圆　　c）删除边界 *B* 圆和 *C* 圆后

界时，填充图案将自动更新。

2） 创建独立的图案填充按钮。用于控制当指定了几个独立的闭合边界时，是创建单个图案填充对象还是创建多个图案填充对象。

3）按钮。指定根据视口比例自动调整填充图案比例

4）按钮。用指定图案的填充特性填充到指定的边界。

5）用源图案填充原点按钮。使用选定图案填充对象的特性设置图案填充特性，包括图案填充原点。

（3）"特性"选项组　　在"特性"选项组中，定义了填充图案样例、填充图案图层、背景色、图案填充透明度、填充图案角度、填充图案比例。不同填充图案样例、角度和比例的填充效果如图 6-10～图 6-12 所示。

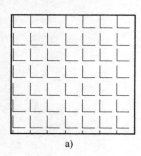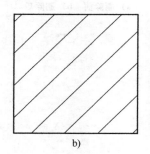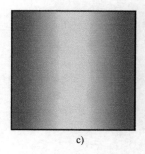

图 6-10　填充图案样例类型

a）ANGLE 图案　　b）ANSI31 图案　　c）GR_CYLIN 渐变色

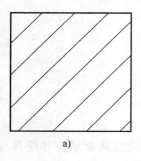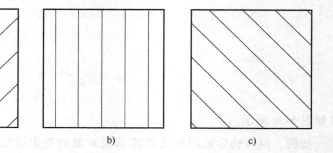

图 6-11　填充图案角度

a）角度为 0°　　b）角度为 45°　　c）角度为 90°

（4）"图案"选项组　　当用户单击"特性"选项组中的"填充图案类型"选项时，可

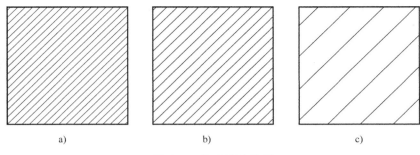

a)   b)   c)

图 6-12 填充图案比例

a）比例为 0.7 b）比例为 1 c）比例为 3

以选择"实体""渐变色""图案""用户定义"4 种类型的"填充图案"，在"图案"选项组中相应显示各类图案的样式。AutoCAD 2023 定义的填充图案的样式分为"ANSI""ISO"两类标准图案和"其他预定义""自定义"两类其他图案。

在"渐变色"图案填充中，可以定义单色、双色、透明度、角度、填充区域中心点设置等选项，填充效果如图 6-13 所示。

图 6-13 "渐变色"填充效果

任务二 操作和运用拉伸、缩放、分解、倒角等命令

一、拉伸

使用"拉伸"命令可以在一个方向上按用户所指定的尺寸拉伸、缩短对象。拉伸命令是通过改变端点位置来拉伸或缩短图形对象的，编辑过程中除被伸长、缩短的对象外，其他图形对象间的几何关系将保持不变。可进行拉伸的对象有圆弧、椭圆弧、直线、多段线、二维实体、射线和样条曲线等。

1. 命令的输入

❈ "默认"选项卡"修改"面板：⬓ 拉伸；

❈ "修改"工具栏：⬓；

❈ 菜单栏："修改（M）"→"拉伸（H）"；

▦ **命令行：stretch 或 S。**

2. 命令说明

命令：stretch

以交叉窗口或交叉多边形选择要拉伸的对象…

选择对象：

指定基点或［位移（D）］＜位移＞：

指定第二个点或 ＜使用第一个点作为位移＞：

51. 拉伸图形
实例

3. 命令操作实例

将图 6-14a 所示图形通过"拉伸"命令，绘制成图 6-14b 所示图形，操作步骤如下：

命令：stretch   //单击"拉伸"按钮

以交叉窗口或交叉多边形选择要拉伸的对象…   //以交叉窗口选择被拉伸图形，如
　　　　　　　　　　　　　　　　　　　　　　　　　　　图 6-14c 所示

选择对象：   //按＜Enter＞键

指定基点或［位移（D）］＜位移＞：   //打开正交模式，单击 A 点

指定第二个点或 ＜使用第一个点作为位移＞：   //选择目标点，如图 6-14d 所示，按
　　　　　　　　　　　　　　　　　　　　　　　　　　　＜Enter＞键

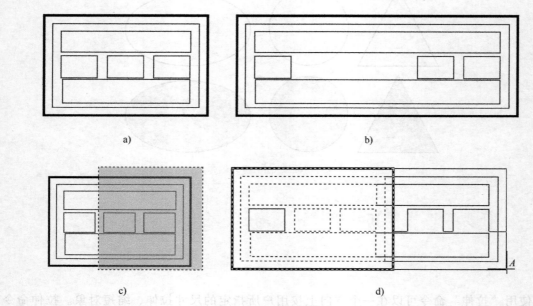

图 6-14　拉伸图例

a）原图　b）拉伸后的图形　c）窗口选择　d）拉伸到指定点

二、缩放

"缩放"命令可以根据用户的需要将对象按指定比例因子相对于基点放大或缩小。

1. 命令的输入

❖ "默认"选项卡"修改"面板：□ 缩放；

"修改"工具栏：；

菜单栏："修改(M)"→"缩放"；

命令行：scale 或 SC。

2. 命令说明

命令：scale　　　　　　　　　　　　　//单击"缩放"按钮

选择对象：指定对角点：　　　　　　　//以交叉窗口选择缩放对象

选择对象：　　　　　　　　　　　　　//按<Enter>键

指定基点：　　　　　　　　　　　　　//选择缩放基点

指定比例因子或[复制(C)/参照(R)]：　//输入比例因子

3. 命令操作实例

如图 6-15 所示，通过"缩放"命令，把原图形 50mm 直径缩放为 80mm 直径。

a)

b)

52. 缩放图形
实例

图 6-15　缩放图例

a）缩放前　b）缩放后

操作步骤如下：

命令：scale　　　　　　　　　　　　　　　　//单击"缩放"按钮

选择对象：指定对角点：找到 6 个　　　　　　//以交叉窗口选择整个图形

选择对象：　　　　　　　　　　　　　　　　//按<Enter>键

指定基点：　　　　　　　　　　　　　　　　//单击圆的中心

指定比例因子或[复制(C)/参照(R)]：R　　　//输入参照命令"R"

指定参照长度<1.0000>：指定第二点：　　　　//单击 A 点和 B 点

指定新的长度或[点(P)]<1.0000>：80　　　//输入新的长度 80mm，按<Enter>键

结果如图 6-15b 所示。

三、分解

使用"分解"命令可以把复杂的图形对象或用户定义的块分解成简单的基本图形对象，以便于编辑图形。

1. 命令的输入

"默认"选项卡"修改"面板：；

"修改"工具栏：；

菜单栏："修改（M）"→"分解（X）"；

命令行：explode 或 X。

2. 命令说明

命令：explode　　　　　　　　　　　　//单击"分解"按钮

选择对象：指定对角点：找到 1 个　　　//以交叉窗口选择整个图形

选择对象：　　　　　　　　　　　　　//按<Enter>键

3. 命令操作实例

将图 6-16a 所示的四边形进行分解。

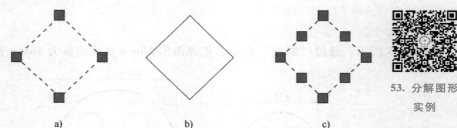

53. 分解图形
实例

图 6-16　分解图例

a）分解前　b）原图　c）分解后

命令：explode　　　　　　　　　　　　//单击"分解"按钮

选择对象：找到 1 个　　　　　　　　　//选择四边形

选择对象：　　　　　　　　　　　　　//按<Enter>键

结果如图 6-16c 所示。

四、倒角

倒角是机械图样中常见的结构，它可以通过"倒角"命令直接创建。

1. 命令的输入

"默认"选项卡"修改"面板：　倒角；

"修改"工具栏：　；

菜单栏："修改（M）"→"倒角（C）"；

命令行：chamfer 或 CHA。

2. 命令说明

命令：chamfer　　　　　　　　　　　　//单击"倒角"按钮

（"修剪"模式）当前倒角距离 1 = 0.0000,距离 2 = 0.0000

选择第一条直线或［放弃（U）/多段线（P）/距离（D）/角度（A）/修剪（T）/方式（E）/多个
（M）］:

3. 命令操作实例

将图 6-17a 所示六边形进行倒角，倒角距离为 10mm，角度为 65°。

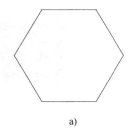 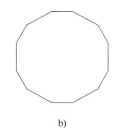 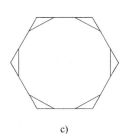

　　a)　　　　　　　　　　b)　　　　　　　　　　c)

图 6-17　设置倒角修剪图例

a）原图　b）修剪　c）不修剪

命令：chamfer　　　　　　　　　　　　　　//单击"倒角"按钮

（"修剪"模式）当前倒角距离 1 = 0.0000,距离 2 = 0.0000　　//默认"修剪"模式

选择第一条直线或［放弃（U）/多段线（P）/距离（D）/角度（A）/修剪（T）/方式（E）/多个（M）］:D　　　　　　　　　　　　　//输入"D",按<Enter>键

指定第一个倒角距离 <0.0000>:10　　//输入第一个倒角距离

指定第二个倒角距离 <10.0000>:　　//按<Enter>键

选择第一条直线或［放弃（U）/多段线（P）/距离（D）/角度（A）/修剪（T）/方式（E）/多个（M）］:M　　　　　　　　　　　//输入"M",选择"多个",按<Enter>键

选择第一条直线或［放弃（U）/多段线（P）/距离（D）/角度（A）/修剪（T）/方式（E）/多个（M）］:　　　　　　　　　//依次单击各边即可

修剪结果如图 6-17b 所示。

命令：chamfer　　　　　　　　　　　　　　//单击"倒角"按钮

（"修剪"模式）当前倒角距离 1 = 0.0000,距离 2 = 0.0000

选择第一条直线或［放弃（U）/多段线（P）/距离（D）/角度（A）/修剪（T）/方式（E）/多个（M）］:D　　　　　　　　　　　//输入"D",按<Enter>键

指定第一个倒角距离<0.0000>:10　　//输入第一个倒角距离

指定第二个倒角距离<10.0000>:　　//按<Enter>键

选择第一条直线或［放弃（U）/多段线（P）/距离（D）/角度（A）/修剪（T）/方式（E）/多个（M）］:T　　　　　　　　　　//输入"T",选择"修剪"选项,按<Enter>键

输入修剪模式选项［修剪（T）/不修剪（N）］<不修剪>:

　　　　　　　　　　　　　　//默认"不修剪"选项,按<Enter>键

选择第一条直线或［放弃（U）/多段线（P）/距离（D）/角度（A）/修剪（T）/方式（E）/多个（M）］:M　　　　　　　　　　//输入"M",选择"多个",按<Enter>键

选择第一条直线或［放弃（U）/多段线（P）/距离（D）/角度（A）/修剪（T）/方式（E）/多个（M）］:　　　　　　　　　//依次单击各边即可

不修剪结果如图 6-17c 所示。

54. 设置倒角
修剪图形实例

任务三　绘制阶梯轴零件图上机指导

绘制图 6-1 所示阶梯轴零件图，免标注。

1. 绘制中心线

启动 AutoCAD 2023，打开准备好的样板文件。

55. 绘制阶梯轴
零件图实例

选取"中心线"图层，选择"直线"命令／，在绘图窗口绘制 200mm
长水平中心线，如图 6-18 所示。

图 6-18　绘制中心线

2. 绘制矩形

选取"粗实线"图层，选择"矩形"命令▭，绘制长度为 12mm、宽度为 15mm 的矩
形一；选择"移动"命令✛，把矩形移动到水平中心线右端（矩形右竖边中点为指定基
点，中心线右端点为指定第二点），如图 6-19 所示。

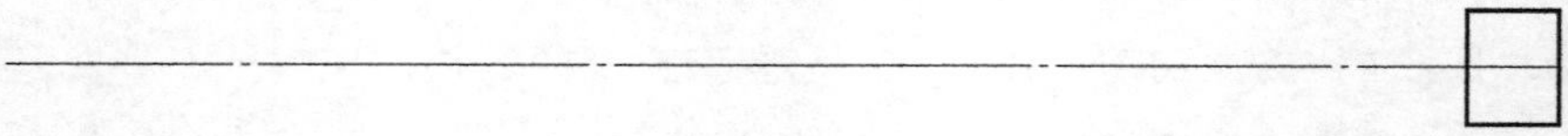

图 6-19　绘制矩形一

选择"矩形"命令▭，绘制长度为 2mm、宽度为 14mm 的矩形二；选择"移动"命令
✛，把矩形二移动到矩形一左端（矩形二左竖边中点为指定基点，矩形二右竖边中点为指
定第二点），如图 6-20 所示。

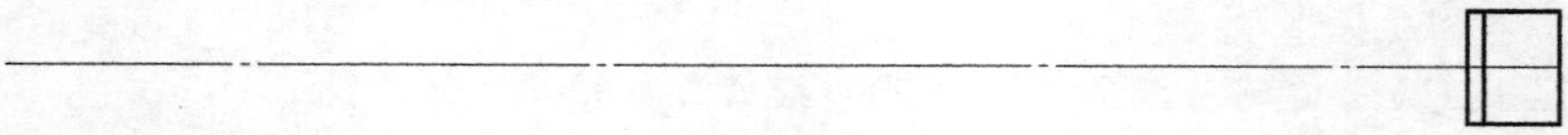

图 6-20　绘制矩形二

选择"矩形"命令▭，绘制长度为 31mm、宽度为 17mm 的矩形三；选择"移动"命
令✛，把矩形三移动到矩形二左端（矩形三右竖边中点为指定基点，矩形二左竖边中点为
指定第二点），如图 6-21 所示。

图 6-21　绘制矩形三

选择"矩形"命令▭，绘制长度为 16mm、宽度为 20mm 的矩形四；选择"移动"命
令✛，把矩形四移动到矩形三左端（矩形四右竖边中点为指定基点，矩形三左竖边中点为
指定第二点），如图 6-22 所示。

依照上述方法绘制图 6-23 所示图形。

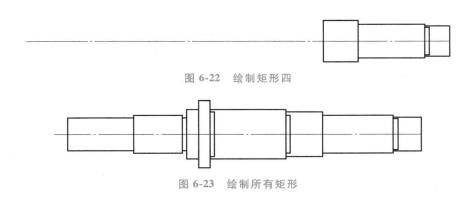

图 6-22　绘制矩形四

图 6-23　绘制所有矩形

3. 对图形进行倒角

选择"倒角"命令 ⌐，对图形中的 6 处进行倒角操作，距离 1、距离 2 均为 1mm。倒角后的图形如图 6-24 所示。

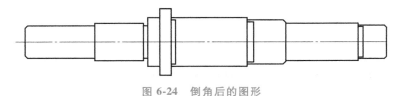

图 6-24　倒角后的图形

4. 倒角补直线

选择"直线"命令 ⟋，在倒角特征处补全直线边，如图 6-25 所示。

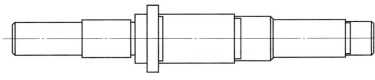

图 6-25　倒角处补直线边

5. 对图形进行分解

选择"分解"命令 ⬙，选择所有矩形进行分解操作。

6. 对退刀槽竖直线进行延伸

选择"延伸"命令 →| 或者夹点操作，依次将各个退刀槽竖直线延伸至相对应的轴外轮廓垂足点，如图 6-26 所示。

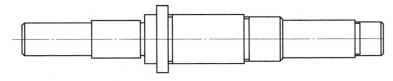

图 6-26　延伸"退刀槽"线段后的图形

7. 对图形进行修剪

选择"修剪"命令 ✂，修剪退刀槽处多余的线段，修剪后如图 6-27 所示。

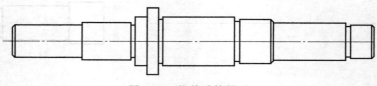

图 6-27　修剪后的图形

8. 绘制键槽辅助线

选择"偏移"命令 ，以轴竖直外轮廓边为参考，根据图纸尺寸偏移 4 条键槽辅助线，并改变其为"中心线"图层属性，如图 6-28 所示。

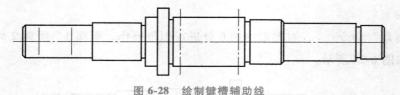

图 6-28　绘制键槽辅助线

9. 绘制键槽一

选择"圆"命令 ，绘制两个 ϕ5mm 的圆，如图 6-29 所示。

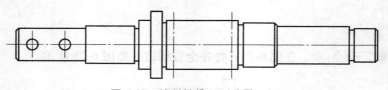

图 6-29　绘制键槽一（步骤一）

选择"直线"命令 ，捕捉 ϕ5mm 圆上、下象限点，绘制键槽一上、下轮廓线，如图 6-30 所示。

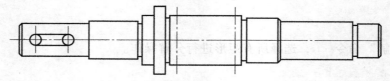

图 6-30　绘制键槽一（步骤二）

10. 绘制键槽二

分别选择"圆" 、"移动"命令 ，绘制两个 ϕ6mm 的圆（辅助线与圆相切），如图 6-31 所示。

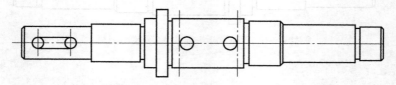

图 6-31　绘制键槽二（步骤一）

选择"直线"命令 ∕，捕捉 φ6mm 圆上、下象限点，绘制键槽二上、下轮廓线，如图 6-32 所示。

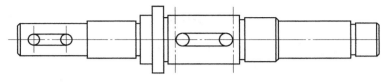

图 6-32　绘制键槽二（步骤二）

11. 对键槽进行修剪

选择"修剪"命令 ✂，修剪键槽处多余的线段，修剪后如图 6-33 所示。

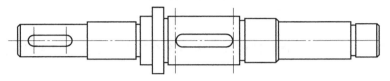

图 6-33　修剪键槽后的图形

12. 绘制键槽的剖视图

选取"中心线"图层，选择"直线"命令 ∕，在键槽正上方绘制中心线，如图 6-34 所示。

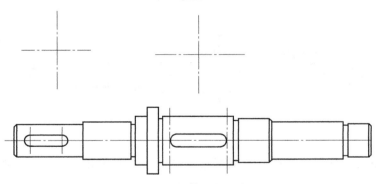

图 6-34　绘制键槽剖视图中心线

选择"圆"命令 ⊙，分别以两中心线交点为圆心，完成 φ15mm 圆和 φ22mm 圆的绘制，如图 6-35 所示。

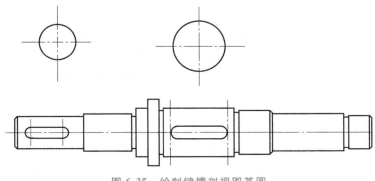

图 6-35　绘制键槽剖视图基圆

选择"偏移"命令 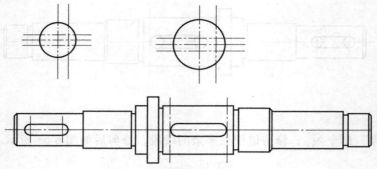 ，依据图纸尺寸，以中心线为参考，偏移绘制键槽缺口辅助线，如图 6-36 所示。

图 6-36　绘制键槽缺口辅助线

选择"修剪"命令 ，修剪键槽剖视图中多余线段，变更为"粗实线"图层后如图 6-37 所示。

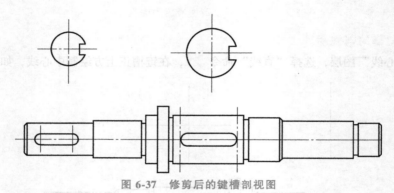

图 6-37　修剪后的键槽剖视图

13. 填充图案

选取"剖面线"图层，选择"图案填充"命令 ，填充键槽剖视图，如图 6-38 所示。

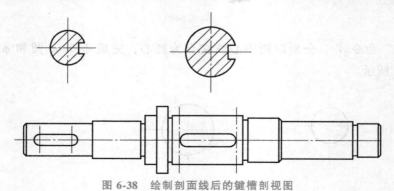

图 6-38　绘制剖面线后的键槽剖视图

14. 绘制局部放大图

选择"圆"命令 ，在退刀槽处绘制圆（大小自定），如图 6-39 所示，从右向左选择圆圈部分图形，选择"复制"命令 ，在阶梯轴上方复制出要放大的图形。

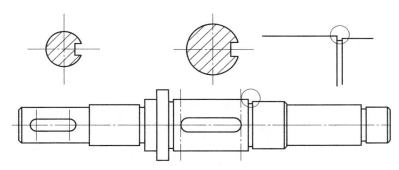

图 6-39　局部放大图绘制步骤一

分别选择"样条曲线" 、"修剪"命令 ，画出局部放大图的边界，并对其进行修剪，如图 6-40 所示。

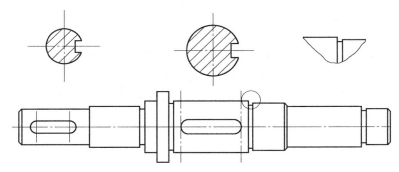

图 6-40　局部放大图绘制步骤二

选择"缩放"命令 ，对局部放大图进行 2 倍比例放大，如图 6-41 所示。

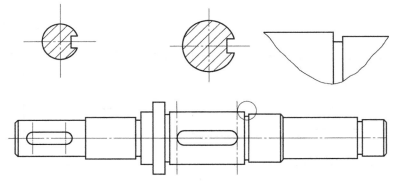

图 6-41　局部放大图绘制步骤三

选择"圆角"命令 ，对局部放大图进行倒圆角操作（原图圆角标注为 $R1$，局部放大图实际圆角为 $R2$），如图 6-42 所示。

15. 整理图形

分别选择"删除" 、修剪 、"夹点拉伸""直线" 、"移动" 等命令，删除或修剪多余线段，调整中心线长短，调整移动视图位置等，整理完毕后的图形如图 6-43 所示。

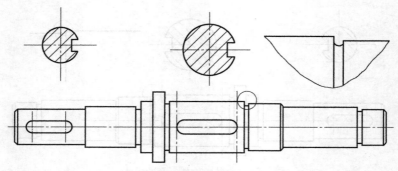

图 6-42　局部放大图绘制步骤四

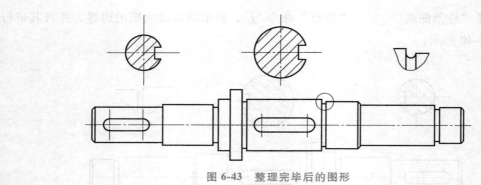

图 6-43　整理完毕后的图形

同步练习六

1. 绘制图 6-44 所示图形，免标注。

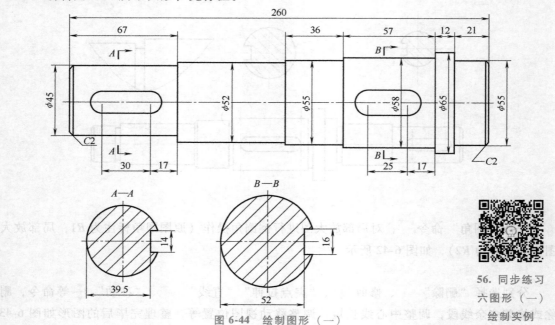

图 6-44　绘制图形（一）

56. 同步练习
六图形（一）
绘制实例

2. 绘制图 6-45 所示图形，免标注。

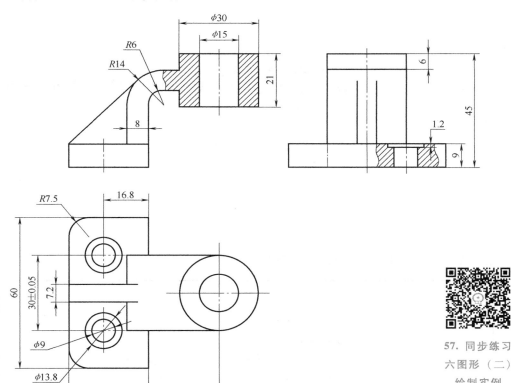

图 6-45 绘制图形（二）

57. 同步练习
六图形（二）
绘制实例

项目七 标注定位块零件技术要求

项目导入

绘制图 7-1 所示图形，并标注技术要求。

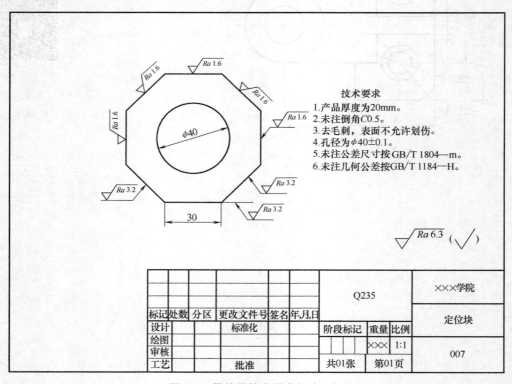

技术要求
1. 产品厚度为20mm。
2. 未注倒角C0.5。
3. 去毛刺，表面不允许划伤。
4. 孔径为ϕ40±0.1。
5. 未注公差尺寸按GB/T 1804—m。
6. 未注几何公差按GB/T 1184—H。

图 7-1 零件图技术要求标注实例

项目分析

　　工程图中除了要绘制图形外，还有一些注释信息，如技术要求、表面粗糙度、尺寸等需要标注。本项目主要练习 AutoCAD 2023 与文字相关的标注方法：一是技术要求的注写；二是图框和标题栏的创建；三是表面粗糙度的创建。

素养目标

1）具备质量意识和安全意识。
2）具备贯彻制图国家标准的意识。

知识目标

1）熟悉文字样式、表格样式的创建及修改操作。
2）掌握文字、表格的创建及修改应用。
3）掌握块的定义、插入块及块属性的应用。

能力目标

能应用文字、表格、块等命令进行绘图。

任务一 注 写 文 字

文字样式的设置包括字体、高宽比例、倾斜比例、倾斜角度、反向、颠倒、垂直以及对齐等内容。

一、创建文字样式

1. 命令的输入

❀ "默认"选项卡"注释"面板：**A**；

❀ "样式"工具栏：**A**；

❀ 菜单栏："格式(O)"→"文字样式(S)"。

启用"文字样式"命令后，系统弹出"文字样式"对话框，如图7-2所示。

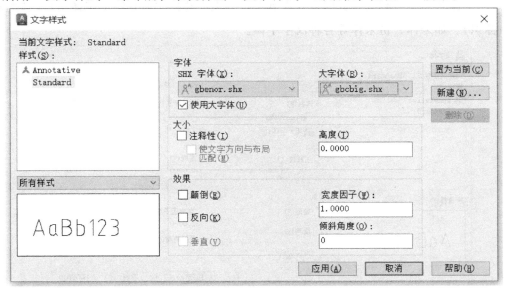

图7-2 "文字样式"对话框

2. 命令说明

在"文字样式"对话框中，各选项组的含义如下。

（1）按钮区　在"文字样式"对话框的右侧和下方有若干按钮，它们用于对文字样式进行最基本的管理操作。

☆置为当前（C）　将在"样式"列表中选择的文字样式设置为当前文字样式。

☆新建（N）...　用来创建新字体样式。单击该按钮，弹出"新建文字样式"对话框，如图7-3所示。在"新建文字样式"对话框的文本框中输入用户所需要的样式名，单击"确定"按钮，返回到"文字样式"对话框，可在"文字样式"对话框中对新命名的文字进行设置。

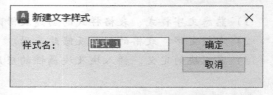

图7-3　"新建文字样式"对话框

☆删除（D）　用来删除在"样式"列表区选择的文字样式，但不能删除当前文字样式以及已经用于图形中的文字样式。

☆应用（A）　在修改了文字样式的某些参数后，该按钮变为有效。单击该按钮，可使设置生效，并将所选文字样式设置为当前文字样式。

（2）"字体"选项组　该选项组用来设置文字样式的字体类型及大小。

☆"SHX字体（X）"下拉列表　通过该下拉列表可以选择文字样式的字体类型。默认情况下，"使用大字体（U）"复选框被勾选，此时只能选择扩展名为".shx"的字体文件（字体名称前有 𝐀 标识）。

☆"大字体（B）"下拉列表　选择为亚洲语言设计的大字体文件，例如，"gbcbig.shx"代表简体中文字体（图7-4），"chineseset.shx"代表繁体中文字体等。

☆"使用大字体（U）"复选框　如果取消勾选该复选框，"SHX字体（X）"下拉列表将变为"字体名"下拉列表，此时可以在其下拉列表中选择"TrueType字体"（字体名称前有 ᵀ𝐓 标识），如宋体、仿宋体等各种汉字字体。

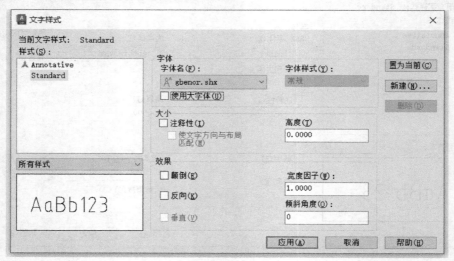

图7-4　选择 gbenor.shx 字体

◇一旦在"字体名"下拉列表中选择"TrueType 字体","使用大字体（U）"复选框将变为无效，而"字体样式"下拉列表将变为有效，利用该下拉列表可设置字体的样式（常规、粗体、斜体等，该设置只对英文字体有效，并且字体不同，对应字体样式下拉列表的内容也不同）。

（3）"大小"选项组

☆"高度（T）"文本框　在此文本框中可设置文字样式的默认高度，其默认值为 0。如果该数值为 0，则在创建单行文字时，必须设置文字高度；而在创建多行文字或作为标注文本样式时，文字的默认高度均被设置为 2.5，用户可以根据情况进行修改。如果该数值不为 0，无论是创建单行、多行文字，还是作为标注文本样式，该数值均将被作为文字的默认高度。

☆"注释性（I）"复选框　勾选该复选框，表示使用此文字样式创建的文字支持使用注释比例，此时"高度（T）"文本框将变为"图纸文字高度（T）"文本框，如图 7-5 所示。

图 7-5　"注释性（I）"复选框

（4）"效果"选项组　"效果"选项组用来设置文字样式的外观效果，如图 7-6 所示。

☆"□颠倒（E）"　颠倒显示字符，也就是通常所说的"大头向下"，如图 7-6b 所示。

☆"□反向（K）"　反向显示字符，如图 7-6c 所示。

☆"□垂直（V）"　字体垂直书写。该选项只有在选择".shx"字体时才可使用。

☆"宽度因子（W）"　在不改变字符高度的情况下，控制字符的宽度。宽度因子小于 1，字的宽度被压缩，此时可制作瘦高字，如图 7-6e 所示；宽度因子大于 1，字的宽度被扩展，此时可制作扁平字，如图 7-6g 所示。

☆"倾斜角度（O）"　控制文字的倾斜角度，用来制作斜体字，如图 7-6d 所示。

◇文字倾斜角度 α 的取值范围为：$-85° \leqslant \alpha \leqslant 85°$。

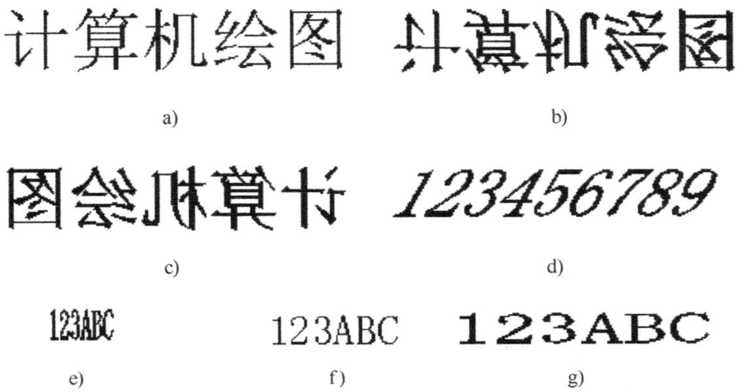

计算机绘图　　图绘机算计

a)　　　　　　　　　　　　b)

图绘机算计　　123456789

c)　　　　　　　　　　　　d)

123ABC　　　123ABC　　　**123ABC**

e)　　　　　　f)　　　　　　g)

图 7-6　各种文字的外观效果

a）正常效果　b）颠倒效果　c）反向效果　d）倾斜效果　e）宽度因子为 0.5　f）宽度因子为 1　g）宽度因子为 2

（5）"样式"显示区　在"样式"显示区，随着字体的改变和效果的修改，动态显示文字样式，如图 7-7 所示。

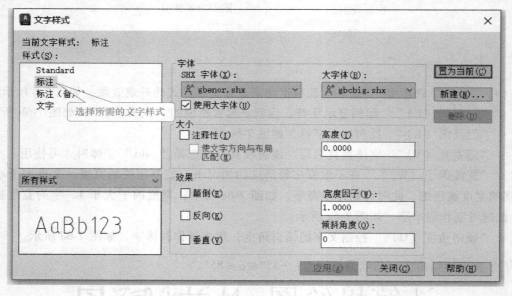

图 7-7　"样式"显示

二、选择文字样式

在图形文件中，输入文字的样式是根据当前使用的文字样式决定的。将某一个文字样式设置为当前文字样式有以下 3 种方法。

（1）使用"文字样式"对话框　打开"文字样式"对话框，在"样式（S）"下拉列表中选择要使用的文字样式，单击"应用"按钮，如图 7-8 所示。

（2）使用"注释"面板　在"默认"选项卡中单击"注释"右侧的三角形按钮，弹出展开菜单，在"文字样式管理器"下拉列表中选择需要的文字样式即可，如图 7-9 所示。

（3）使用"样式"工具栏　在"样式"工具栏中的"文字样式管理器"下拉列表中选择需要的文字样式即可，如图 7-10 所示。

图 7-8　使用"文字样式"对话框选择文字样式

图 7-9　在"默认"选项卡"注释"面板中选择需要的文字样式

图 7-10　在"样式"工具栏选择需要的文字样式

三、单行文字

添加到图形中的文字表达内容简短，不需要使用多种字体时，可使用"text"或"dt-ext"命令创建单行文字。单行文字标注方式可以为图形标注一行或几行文字，而每行文字都是一个独立的对象，读者可以对其重定位、调整格式或进行其他修改。

1. 创建单行文字

（1）命令的输入

🔷 "默认"选项卡"注释"面板：**A**；

🔷 菜单栏："绘图（D）"→"文字（X）"→"单行文字（S）"；

⌨ 命令行：text 或 DT。

（2）命令说明

命令：text

当前文字样式："标注"文字高度：　2.5000　注释性：　否　对正：　左

指定文字的起点 或 ［对正（J）/样式（S）］：

1）"指定文字的起点"。该选项为默认选项，用于输入或拾取注写文字的起点位置。

2）"对正（J）"。该选项用于确定文本的对齐方式。在 AutoCAD 2023 中，确定文本位置采用 4 条线，即顶线、中线、基线和底线，如图 7-11 所示。

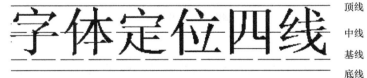

图 7-11　文本排列位置的基准线

输入 J 后，命令行提示：

输入选项［左（L）/居中（C）/右（R）/对齐（A）/中间（M）/布满（F）/左上（TL）/中上（TC）/右上（TR）/左中（ML）/正中（MC）/右中（MR）/左下（BL）/中下（BC）/右下（BR）］：

常用定位方式的含义如下。

☆对齐（A）　该选项通过输入两点（◇表示定位点）来确定字符串底线的长度，如图 7-12 所示。这种定位方式根据输入文字的多少确定字高，字高与字宽比例不变。也就是说在两对齐点位置不变的情况下，输入的字数越多，字就越小。

☆布满（F）　该选项通过输入两点来确定字符串底线的长度，通过原设定好的字高确定字的定位，即字高始终不变。当两定位点确定之后，输入的字多，字就变窄；反之，字就变宽，如图 7-13 所示。

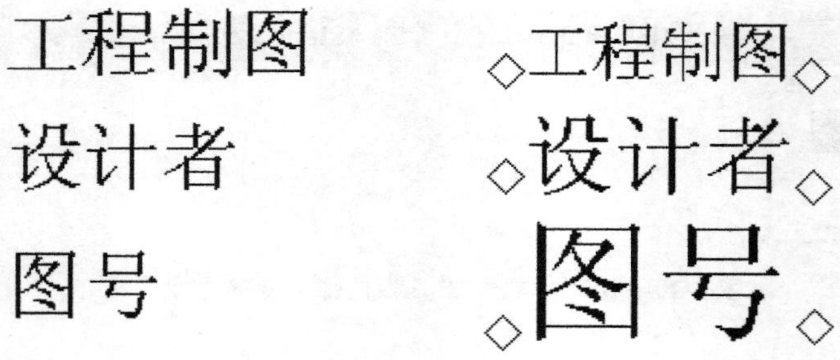
工程制图
设计者
图号
工程制图
设计者
图号

图 7-12　对齐方式定位文字

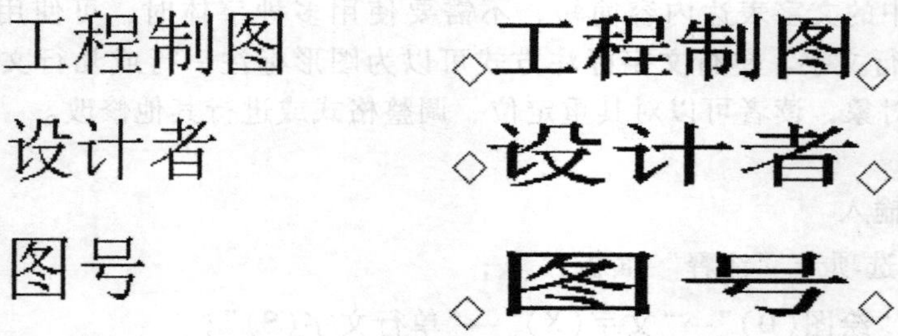
工程制图
设计者
图号
工程制图
设计者
图号

图 7-13　布满方式定位文字

☆左（L）/居中（C）/右（R）/中间（M）/左上（TL）/中上（TC）/右上（TR）/左中（ML）/正中（MC）/右中（MR）/左下（BL）/中下（BC）/右下（BR）　选项分别将定位点设定在字符串基线的对应点，如图 7-14 所示。

中上
中间
正中
左上
右上
右中
左中
左
左下
各基点文字对齐位置
右
右下
居中
中下

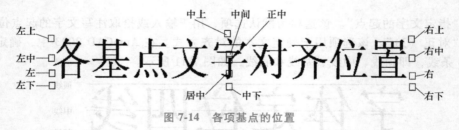

图 7-14　各项基点的位置

3）“样式（S）”。该选项用于改变当前文字样式。输入 S，命令行提示：

输入样式名或[?]<Standard>:

☆“输入样式名”　必须是已经设置好的文字样式。系统默认的样式名为“Standard”，其字体为“txt. shx”。

2. 输入特殊字符

创建单行文字时，用户还可以在文字中输入特殊字符，其代码由“%%”与一个字符组成。表 7-1 为用户提供了特殊字符的代码。

表 7-1　特殊字符的代码

输入代码	对应字符	输入效果
%%O	上划线	文字说明
%%U	下划线	文字说明

（续）

输入代码	对应字符	输入效果
％％D	度数符号"°"	90°
％％P	公差符号"±"	±100
％％C	圆直径标注符号"ϕ"	$\phi 80$
\U+2220	角度符号"∠"	$\angle A$
\U+2248	几乎相等"≈"	$X \approx A$
\U+2260	不相等"≠"	$A \neq B$
\U+00B2	上标2	X^2
\U+2082	下标2	X_2

四、多行文字

当需要标注的文字内容较长、较复杂时，可以使用"mtext"命令进行多行文字标注。多行文字又称为段落文字，是由任意数目的文字行或段落所组成的。与单行文字不同的是，在一个多行文字编辑任务中创建的所有文字行或段落将被视作同一个多行文字对象，用户可以对其进行整体选择、移动、旋转、删除、复制、镜像、拉伸或缩放等操作。另外，与单行文字相比较，多行文字还具有更多的编辑选项，如对文字加粗、增加下划线、改变字体颜色等。

1. 创建多行文字

（1）命令的输入

◇ "默认"选项卡"注释"面板：**A**；

◇ 菜单栏："绘图（D）"→"文字（X）"→"多行文字（M）"；

⌨ 命令行：mtext 或 T。

（2）命令说明

启动"多行文字"命令后，鼠标指针变为图7-15所示的形状，在绘图窗口中，单击指定一点并向下方拖动鼠标指针，会绘制一个矩形框，如图7-16所示。绘图窗口内出现的矩形框用于指定多行文字的输入位置与大小，其箭头指示文字书写的方向。

图7-15　鼠标指针形状　　　　　　　　图7-16　矩形框

拖动鼠标指针到适当位置后单击，切换到"文字编辑器"选项卡，它包括一个顶部带标尺的"文字编辑区"文本框和"文字格式"工具栏，如图7-17所示。

在"文字编辑区"文本框中输入需要的文字，当文字达到定义边框的边界时会自动换行排列，如图7-18所示。输入完成后，单击"关闭文字编辑器"按钮，文字显示在用户指定的位置。

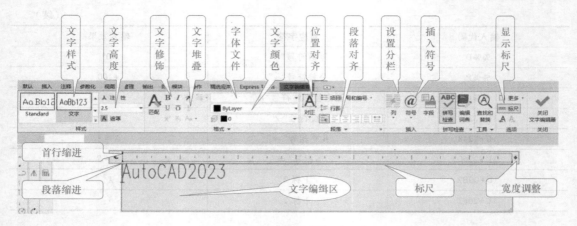

图 7-17 "文字编辑器"选项卡

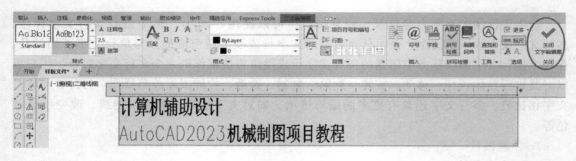

图 7-18 文字输入

2. 使用文字编辑器

"文字编辑器"选项卡控制多行文字对象的文字样式和选定文字的字符格式。选项卡中各参数的含义如下。

☆ "样式"面板 单击"样式"下拉列表框右侧的 ▼按钮，展开文字样式列表，从中即可选择多行文字对象的文字样式。另外，还可以修改文字高度的值以及选择文字"注释性"和"遮罩"。

☆ "格式"面板 单击"格式"右侧的 ▼按钮，展开下拉列表，可以设置新建文字或选定文字的倾斜角度、字符间距、宽度比例，如图 7-19 所示。

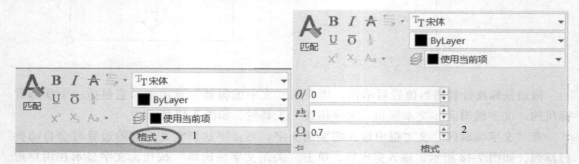

图 7-19 展开文字的倾斜角度、字符间距、宽度比例下拉列表

"倾斜角度"列表框 $0/$ 0 用于确定文字是右倾斜还是左倾斜。倾斜角度表示的是相对于 90° 角方向的偏移角度。输入一个 -85° ~ 85° 的数值，可使文字倾斜。倾斜角度值为正时文字向右倾斜，倾斜角度为负值时文字向左倾斜，如图 7-20 所示。

倾斜角度　　倾斜角度

a)　　　　　　　　　　　b)

图 7-20　不同倾斜角度显示文字

a）角度值为 30°　b）角度值为 -30°

"字符间距"列表框 1 用于增大或减小选定字符的间距。默认值 1 是常规间距，设置值大于 1 可以增大宽度，反之减小宽度，如图 7-21 所示。

工程制图　工 程 制 图

a)　　　　　　　　　　　b)

图 7-21　不同字符间距值的显示效果

a）字符间距值为 1　b）字符间距值为 2

"宽度比例"列表框 1 用于加宽或缩窄选定字符。默认值 1 代表此字体中字母的常规宽度，设置大于 1 可以增大宽度，反之减小宽度，如图 7-22 所示。

abcde　abcde

a)　　　　　　　　　　　b)

图 7-22　不同宽度比例的显示效果

a）宽度比例为 1　b）宽度比例为 2

"匹配文字格式"按钮 A 将选定文字的格式应用到相同多行文字对象中的其他字符。

"粗体"按钮 B 。若用户所选的字体支持粗体，则单击此按钮，为新建文字或选定文字打开和关闭粗体格式。

"斜体"按钮 I 。若用户所选的字体支持斜体，则单击此按钮，为新建文字或选定文字打开和关闭斜体格式。

"下划线"按钮 U 为新建文字或选定文字打开和关闭下划线。

"上划线"按钮 O 为新建文字或选定文字的上方放置直线。

"堆叠"按钮 用于创建堆叠文字。选定文字中包含堆叠字符 [插入符（^）、正向斜杠（/）和磅符号（#）] 时，堆叠字符左侧的文字将堆叠在字符右侧的文字之上。如果选定堆叠文字，单击"堆叠"按钮 ，则取消堆叠。

"大写"按钮 A 用于将选定字母更改为大写。

"小写"按钮 A 用于将选定字母更改为小写。

"字体"下拉列表框用于指定新文字的字体或更改选定文字的字体。

"颜色"下拉列表框用于指定新文字的颜色或更改选定文字的颜色。

"文字图层替代"下拉列表框用于以文字对象指定的图层替代当前图层。

☆"段落"面板　用于文本段落样式的设置。

"对正"按钮 A 及下拉菜单用于调整文字在文字图框内的位置，在下拉菜单中提供了 9 种方式（左上、中上、右上、左中、正中、右中、左下、中下、右下）供选择。

"项目符号和编号"按钮 ☰ 项目符号和编号 · 及下拉菜单用于为整行文字开头赋予符号或者编号，在下拉菜单中可以选择"以数字标记""以字母标记""以项目符号标记"，可设置为允许自动项目符号和编号或者允许项目符号和列表。

"行距"按钮 ☰ 行距 · 及下拉菜单用于设置指定文字的行间距，在下拉菜单中可以选择 1.0×、1.5×、2.0×、2.5×及更多的行间距设置，也可以清空行间距，清空后默认为 1.0×。

"默认"按钮 ☰ 用于设置文字边界默认对齐。

"左对齐"按钮 ☰ 用于设置文字边界左对齐。

"居中对齐"按钮 ☰ 用于设置文字边界居中对齐。

"右对齐"按钮 ☰ 用于设置文字边界右对齐。

"对正"按钮 ☰ 用于设置文字对正。

"分散对齐"按钮 ☰ 用于设置文字均匀分布。

"合并段落"按钮 合并段落 用于将两段以上文字合并成一段文字。

☆"插入"面板　用于文本行分列、插入符号及编译好的字段。

"列"按钮 ☰ 用于对文本行进行分栏布置，单击"列"按钮，在下拉菜单中可以选择不分栏、动态栏、静态栏及分栏设置。

"符号"按钮 @ 用于在光标所在位置插入符号或不间断空格，单击"符号"按钮，弹出图 7-23 所示下拉列表。选择最下端的"其他..."选项，弹出图 7-24 所示"字符映射表"对话框，可选择所需要的符号。

"字段"按钮。单击"字段"按钮，弹出"字段"对话框，可根据字段名称选择需要的字段进行插入操作。

度数	%%d
正/负	%%p
直径	%%c
几乎相等	\U+2248
角度	\U+2220
边界线	\U+E100
中心线	\U+2104
差值	\U+0394
电相角	\U+0278
流线	\U+E101
恒等于	\U+2261
初始长度	\U+E200
界碑线	\U+E102
不相等	\U+2260
欧姆	\U+2126
欧米加	\U+03A9
地界线	\U+214A
下标 2	\U+2082
平方	\U+00B2
立方	\U+00B3
不间断空格	Ctrl+Shift+Space
其他...	

图 7-23　"符号"下拉列表

3. 操作实例

（1）文字的堆叠　应用"文字编辑器"选项卡"格式"面板中的"堆叠文字"按钮，设置有分数、上下角标、公差等形式的文字。通常使用"/""^""#"等符号设置文字的堆叠。文字的堆叠形式如下。

58. 文字的
堆叠实例

1）分数形式。使用："/"或"#"连接分子与分母。选择分数文字，单击"堆叠文字"按钮，即可显示为分数的表示形式，效果如图 7-25 所示。

图 7-24　"字符映射表"对话框

2）上角标形式。使用"^"字符标识文字，将"^"放在文字之后，然后将其与文字都选中并单击"堆叠文字"按钮，即可设置所选文字为上角标形式，效果如图 7-26 所示。

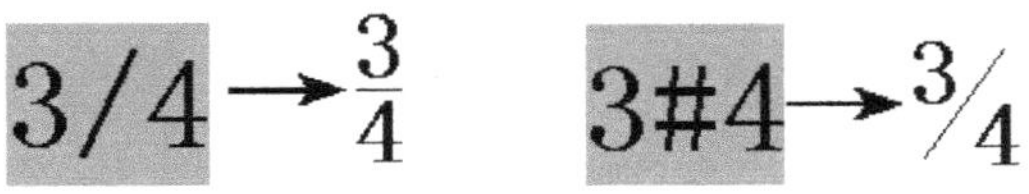

$$3/4 \rightarrow \frac{3}{4} \qquad 3\#4 \rightarrow \frac{3}{4} \qquad 1002\text{^} \rightarrow 100^2$$

图 7-25　分数形式 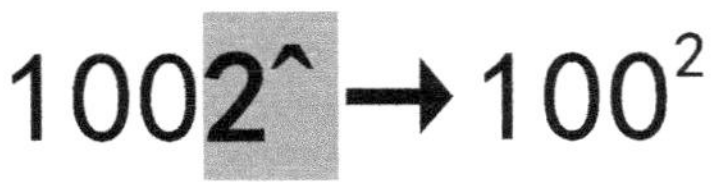　　　　　　　　　　图 7-26　上角标形式

3）下角标形式。将"^"放在文字之前，然后将其与文字都选中并单击"堆叠文字"按钮，即可设置所选文字为下角标形式，效果如图 7-27 所示。

4）公差形式。将字符"^"放在文字之间，然后将其与文字都选中，并单击"堆叠文字"按钮，即可将所选文字设置为公差形式，效果如图 7-28 所示。

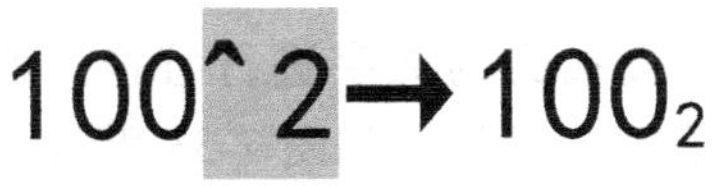

$$100\text{^}2 \rightarrow 100_2 \qquad 100+0.21\text{^}-0.01 \rightarrow 100^{+0.21}_{-0.01}$$

图 7-27　下角标形式 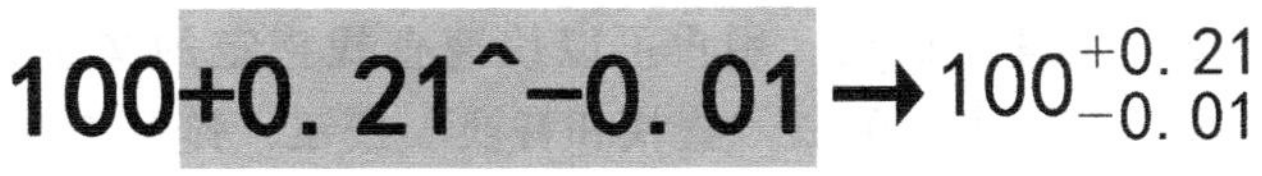　　　　　　　　　图 7-28　公差形式

（2）特殊字符的输入　输入图 7-29 所示的 4 个特殊字符。

1）打开图 7-24 所示"字符映射表"对话框，在"字体"下拉列表中选择"AIGDT"符号文件，如图 7-30 所示，系统弹出图 7-31 所示的特殊符号表。

2）在图 7-31 中选择"⌴"符号，单击"复制"按钮，将选中的符号复制到剪贴板中，然后关闭"字符映射表"对话框。

59. 特殊字符
的输入

图 7-29　4 个特殊字符

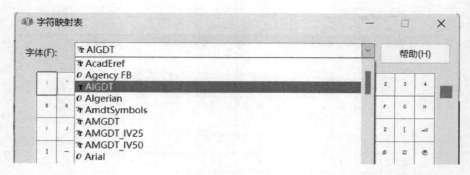

图 7-30 选择"AIGDT"符号文件

3）按<Ctrl+V>组合键，将保存在剪贴板中的符号粘贴到文字编辑区，如图 7-32 所示。

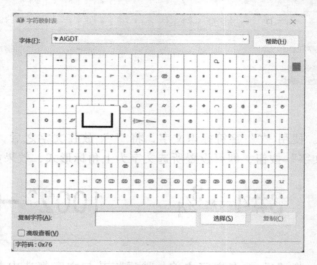

图 7-31 选择所需要的特殊符号

4）采用同样的方法，对其余 3 个字符进行选择与粘贴。

☆"拼写检查"面板 "拼写检查"处于打开状态时，系统使用自定义词典在 AutoCAD 图形中检查拼写错误的文字选项。

☆"工具"面板 用户可以快速查找指定的文字，并可对查找到的文字进行替换、修改、选择等操作。单击"查找和替换"按钮，弹出"查找和替换"对话框，如图 7-33 所示。

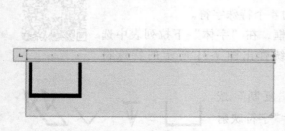

图 7-32 粘贴在文字编辑区

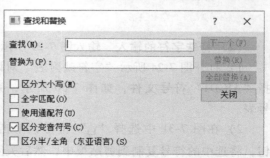

图 7-33 "查找和替换"对话框

在该对话框中，用户可以进行文字的查找、替换、修改、选择以及缩放等操作。

☆ "选项" 面板　用于在编辑器顶部显示或隐藏标尺，拖动标尺末尾的箭头可更改多行文字对象的宽度，还可以设置不同的字符集。

五、文字修改

1. 编辑文字

无论是单行文字还是多行文字，均可直接通过双击来编辑，此时实际上是执行了 ddedit 命令，该命令的特点如下。

1）编辑单行文字时，若文字全部被选中，如果此时直接输入文字，则被选中的文本原内容均被替换，如图 7-34 所示。如果希望修改部分文本内容，可在文本框中单击要修改的内容进行替换。如果希望退出单行文字编辑状态，可在其他位置单击或按<Enter>键。

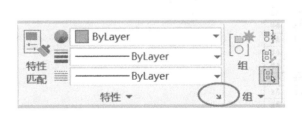

图 7-34　编辑单行文字

2）编辑多行文字时，将打开 "文字编辑器" 选项卡和文字编辑区，与在文字编辑区中输入多行文字时完全相同。

3）退出当前文字编辑状态后，可编辑其他单行或多行文字。

4）如果希望结束编辑命令，可在退出文字编辑状态后按<Enter>键。

2. 修改文字特性

要修改文字特性，可以选中文件后单击 "特性" 面板右下角的箭头按钮，如图 7-35 所示，弹出 "特性" 面板，如图 7-36 所示。利用该面板可修改文字的图层、线型、内容、样式、对正、高度、旋转等。

图 7-35　启动文字 "特性" 面板按钮　　　　图 7-36　选中文字 "特性" 面板

任务二　绘制表格

利用 AutoCAD 2023 的表格功能，可以方便、快速地绘制图样所需的表格，如明细表、标题栏等。在本任务中，通过创建图 7-37 所示表格来介绍使用 AutoCAD 2023 创建表格的方法。

项目	自我评价（10%）	小组评价（30%）	教师评价（60%）	小计
图层应用（20分）	20	16	16	16.4
视图表达（30分）	28	25	25	25.3
尺寸标注（30分）	25	25	22	23.2
标题栏（10分）	10	8	8	8.2
协作精神（10分）	10	6	6	6.4
总计	93	80	77	79.5

60. 表格绘制实例

图 7-37　表格示例

一、创建和修改表格样式

在绘制表格之前，用户需要启用"表格样式"命令来设置表格的样式。表格样式用于控制表格单元的填充颜色、内容对齐方式、数据格式，表格文本的文字样式、高度、颜色以及表格边框等。

1. 命令的输入

➋ "注释"选项卡"表格"面板：~~Standard~~ ▼ →"管理表格样式…"；

➋ 菜单栏："格式（O）"→"表格样式（B）"；

▤ 命令行：tablestyle。

2. 命令说明

1）启用"表格样式"命令后，系统弹出"表格样式"对话框，如图 7-38 所示。

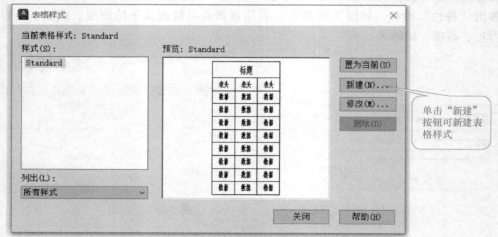

图 7-38　"表格样式"对话框

2）单击按钮 修改(M)... ，打开图 7-39 所示"修改表格样式"对话框。打开对话框右侧"常规"选项卡中的"对齐"下拉列表，选择"正中"，如图 7-40 所示。

3）打开对话框右侧的"文字"选项卡，设置"文字高度"为"3.5"，如图 7-41所示。

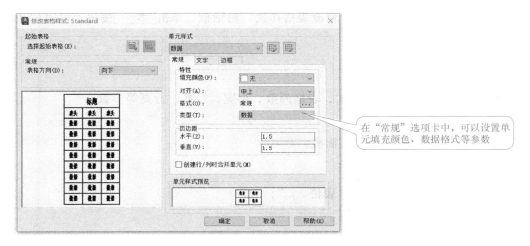

图 7-39 "修改表格样式"对话框

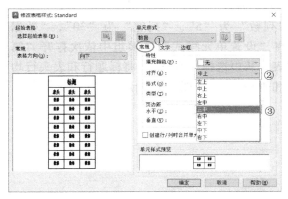

图 7-40 设置单元格内容的对齐方式

图 7-41 设置"文字高度"

4）单击"文字样式"下拉列表右侧的 ... 按钮，打开"文字样式"对话框，取消勾选"使用大字体"复选框，将"字体名"设置为"仿宋"，"宽度因子"设置为"0.7"，如图 7-42 所示。依次单击 应用（A） → 关闭（C） 按钮，关闭"文字样式"对话框。

图 7-42 修改文字样式

5）单击 确定 按钮，关闭"修改表格样式"对话框。单击 关闭 按钮，关闭"表格样式"对话框。

二、创建表格

创建表格时，可设置表格样式，表格列数、列宽、行数、行高等参数。

1. 命令的输入

🐾 "注释"选项卡"表格"面板：▦；

🐾 "绘图"工具栏：▦；

🐾 菜单栏："绘图（D）"→"表格..."；

⌨ 命令行：table。

2. 操作实例

创建图 7-37 所示表格，操作步骤如下。

1）单击"表格"菜单，打开"插入表格"对话框。

2）在"列和行设置"选项组中设置表格"列数"为"5"，"列宽"为"30"，"数据行数"为"5"（默认"行高"为"1"行）；在"设置单元样式"选项组中依次打开"第一行单元样式"和"第二行单元样式"下拉列表，从中选择"数据"，将标题行和表头行均设置为"数据"类型（表示表格中不含标题行和表头行），如图 7-43 所示。

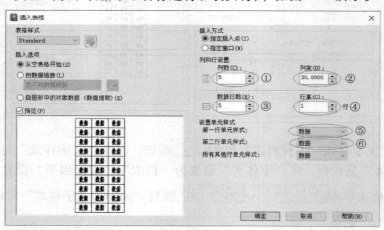

图 7-43 设置表格参数

3）单击 确定 按钮，关闭"插入表格"对话框。在绘图窗口单击，确定表格放置位置，此时系统自动切换到"文字编辑器"选项卡，并进入表格内容编辑状态，如图 7-44 所示。如果表格尺寸较小，无法看清编辑效果，可首先在表格外空白区单击，暂时退出表格内容编辑状态，然后放大表格显示即可。

4）在表格左上角的单元中双击，重新进入表格内容编辑状态，然后输入"项目"等文本内容，通过按<Tab>键切换到同行的下一个单元，按<Enter>键切换同一列的下一个单元，或按<↑><↓><←><→>键在各单元之间切换，为表格的其他单元输入内容，如图 7-45 所示。编辑结束后，在表格外单击或者按<Esc>键，退出表格编辑状态。

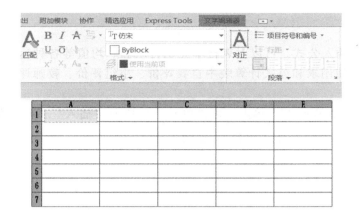

图 7-44　在绘图窗口单击放置表格

图 7-45　为表格单元输入内容

5）在表格任意单元中单击，此时系统自动切换到"表格单元"选项卡，并进入表格设置状态，如图 7-46 所示。

图 7-46　选择表格单元

三、在表格中使用公式

通过在表格中插入公式，可以对表格单元执行求和、均值等各种运算。例如，要在图7-46所示表格中，使用求和公式计算表中自我评价、小组评价、教师评价之和，具体操作步骤如下。

1）单击选中表格单元B7，单击“表格单元”选项卡“插入”面板中的“公式”按钮 f(x)，在弹出的公式列表中选择“求和”，如图7-47所示。

	A	B	C	D	E
1	项目	自我评价（10%）	小组评价（30%）	（60%）	小计
2	图层应用（20分）	20	16	16	
3	视图表达（30分）	28	25	25	
4	尺寸标注（30分）	25	25	22	
5	标题栏（10分）	10	8	8	
6	协作精神（10分）	10	6	6	
7	总计				

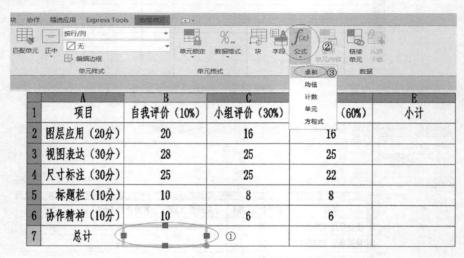

图7-47　执行求和操作

2）分别在B2和B6表格单元中单击，确定选取表格单元范围的第一个角点和第二个角点，显示并进入公式编辑状态，如图7-48和图7-49所示。

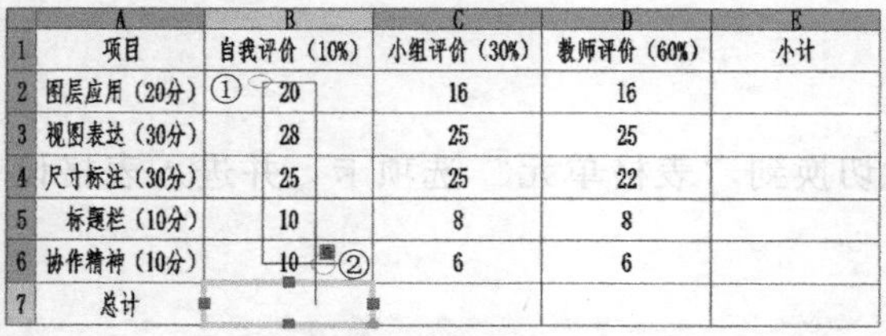

	A	B	C	D	E
1	项目	自我评价（10%）	小组评价（30%）	教师评价（60%）	小计
2	图层应用（20分）	20	16	16	
3	视图表达（30分）	28	25	25	
4	尺寸标注（30分）	25	25	22	
5	标题栏（10分）	10	8	8	
6	协作精神（10分）	10	6	6	
7	总计				

图7-48　选择要求和的表格单元

	A	B	C	D	E
1	项目	自我评价（10%）	小组评价（30%）	教师评价（60%）	小计
2	图层应用（20分）	20	16	16	
3	视图表达（30分）	28	25	25	
4	尺寸标注（30分）	25	25	22	
5	标题栏（10分）	10	8	8	
6	协作精神（10分）	10	6	6	
7	总计	=Sum(B2:B6)			

图7-49　进入公式编辑状态

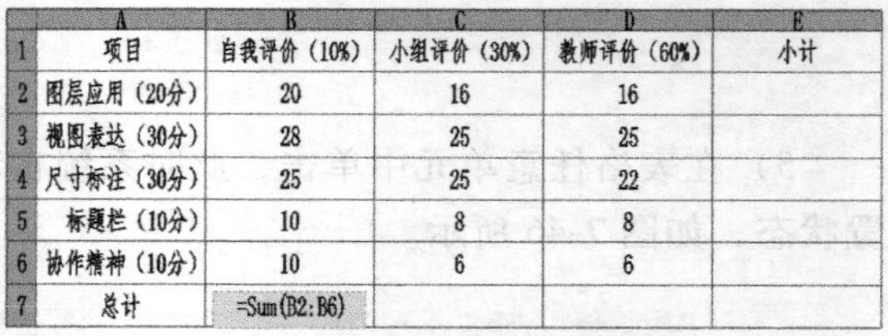

3）单击“文字编辑器”选项卡“关闭”面板中的“关闭文字编辑器”按钮 ✔，或者单击表格外空白处，求和结果如图7-50所示。依据类似方法，对其他表格单元进行求和。

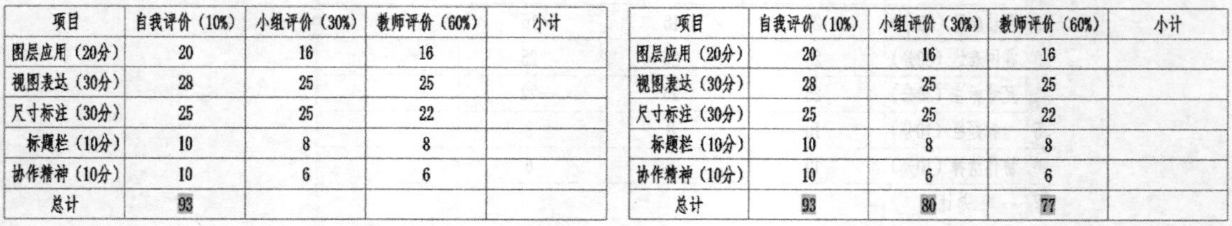

项目	自我评价（10%）	小组评价（30%）	教师评价（60%）	小计
图层应用（20分）	20	16	16	
视图表达（30分）	28	25	25	
尺寸标注（30分）	25	25	22	
标题栏（10分）	10	8	8	
协作精神（10分）	10	6	6	
总计	93			

项目	自我评价（10%）	小组评价（30%）	教师评价（60%）	小计
图层应用（20分）	20	16	16	
视图表达（30分）	28	25	25	
尺寸标注（30分）	25	25	22	
标题栏（10分）	10	8	8	
协作精神（10分）	10	6	6	
总计	93	80	77	

图7-50　显示求和结果

4）单击选中表格单元 E2，单击"表格单元"选项卡"插入"面板中的"公式"按钮 $f(x)$，在弹出的公式列表中选择"方程式"，如图 7-51 所示。

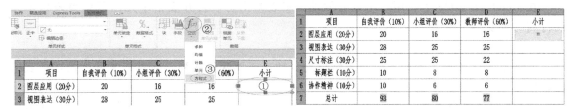

图 7-51　执行方程式操作

5）在"="后输入"B2 * 0.1+C2 * 0.3+D2 * 0.6"，按<Enter>键后显示方程式运算结果。依据类似方法，对其他表格单元进行方程式运算，如图 7-52 所示。

项目	自我评价（10%）	小组评价（30%）	教师评价（60%）	小计
图层应用（20分）	20	16	16	16.400
视图表达（30分）	28	25	25	
尺寸标注（30分）	25	25	22	
标题栏（10分）	10	8	8	
协作精神（10分）	10	6	6	
总计	93	80	77	

项目	自我评价（10%）	小组评价（30%）	教师评价（60%）	小计
图层应用（20分）	20	16	16	16.4000
视图表达（30分）	28	25	25	25.3000
尺寸标注（30分）	25	25	22	23.2000
标题栏（10分）	10	8	8	8.2000
协作精神（10分）	10	6	6	6.4000
总计	93	80	77	79.5000

图 7-52　执行方程式计算结果

6）单击选中表格单元 E2，单击"表格单元"选项卡"单元格式"面板中的"数字格式"按钮，在弹出的下拉菜单中选择"自定义表格单元格式"选项，弹出"表格单元模式"对话框，如图 7-53 所示，选择小数精度为"0.0"。依据类似方法，对其他"小计"表格单元进行数值精度设计。

图 7-53　设置表格数值精度

☆ AutoCAD 2023 表格操作功能与 Excel 软件相同，表格运算、格式匹配等操作都可以通过拖动鼠标指针快捷操作。

四、编辑表格

在 AutoCAD 2023 中，用户可以方便地编辑表格内容、合并表格单元以及调整表格单元的行高与列宽等。

1. 选择表格与表格单元

要调整表格外观，例如，合并表格单元、插入或删除行或列，应首先掌握如何选择表格或表格单元，具体方法如下。

1）要选择整个表格，可直接单击表线，或利用选择窗口选择整个表格。表格被选中后，表格框线将显示为深色，并显示一组夹点以及行号和列号，如图 7-54 所示。

	A	B	C	D	E
1	项目	自我评价（10%）	小组评价（30%）	教师评价（60%）	小计
2	图层应用（20分）	20	16	16	16.4
3	视图表达（30分）	28	25	25	25.3
4	尺寸标注（30分）	25	25	22	23.2
5	标题栏（10分）	10	8	8	8.2
6	协作精神（10分）	10	6	6	6.4
7	总计	93	80	77	79.5

图 7-54 选择表格

2）要选择一个表格单元，可直接在该表格单元中单击，此时将在所选表格单元四周显示夹点，如图 7-55 所示。

	A	B	C	D	E
1	项目	自我评价（10%）	小组评价（30%）	教师评价（60%）	小计
2	图层应用（20分）	20	16	16	16.4
3	视图表达（30分）	28	25	25	25.3
4	尺寸标注（30分）	25	25	22	23.2
5	标题栏（10分）	10	8	8	8.2
6	协作精神（10分）	10	6	6	6.4
7	总计	93	80	77	79.5

图 7-55 选择表格单元

3）要选择表格单元区域，可首先在表格单元区域的左上角表格单元中单击，然后向表格单元区域的右下角表格单元中拖动鼠标指针，则释放鼠标左键后，选择框所包含或与选择框相交的表格单元均被选中，如图 7-56 所示。此外，在单击选中表格单元区域中某个角点的表格单元后，按住<Shift>键，在所选表格单元区域的对角表格单元中单击，也可选中表格单元区域。

4）要取消表格单元的选择状态，可以按<Esc>键，或者直接在表格外的空白处单击。

2. 编辑表格内容

要编辑表格内容，只需双击表格单元进入文字编辑状态即可。要删除表格单元中的内容，可选中欲删除内容的表格单元，然后按<Delete>键。

	A	B	C	D	E
1	项目	自我评价（10%）	小组评价（30%）	教师评价（60%）	小计
2	图层应用（20分）	20	16	16	16.4
3	视图表达（30分）	28	25	25	25.3
4	尺寸标注（30分）	25	25	22	23.2
5	标题栏（10分）	10	8	8	8.2
6	协作精神（10分）	10	6	6	6.4
7	总计	93	80	77	79.5

图 7-56　选择表格单元区域

3. 调整表格的行高与列宽

选中表格、表格单元或表格单元区域后，通过拖动不同夹点，可移动表格的位置，或者调整表格的行高与列宽，各夹点的功能如图 7-57 所示。

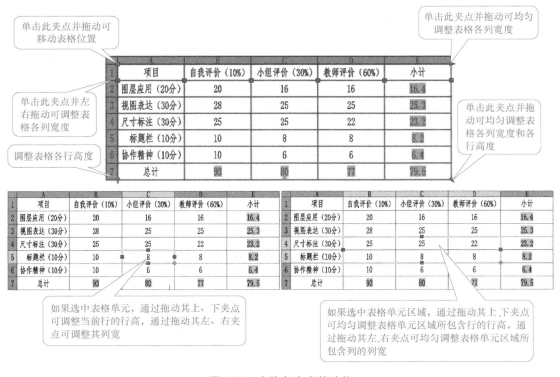

图 7-57　表格各夹点的功能

4. 表格边框的编辑

1）单击选择表格中的左上角表格单元，然后按住<Shift>键，在表格右下角的表格单元中单击，可选中所有表格单元，如图 7-58 所示。

2）单击"表格单元"选项卡"单元样式"面板中的"编辑边框"按钮，打开图 7-59 所示"单元边框特性"对话框。

3）在"边框特性"选项组中打开"线宽"下拉列表，设置"线宽"为"0.3mm"，然后单击"外边框"按钮，如图 7-60 所示。

项目	自我评价（10%）	小组评价（30%）	教师评价（60%）	小计
图层应用（20分）	20	16	16	16.4
视图表达（30分）	28	25	25	25.3
尺寸标注（30分）	25	25	22	23.2
标题栏（10分）	10	8	8	8.2
协作精神（10分）	10	6	6	6.4
总计	93	80	77	79.5

图 7-58　选中所有表格单元

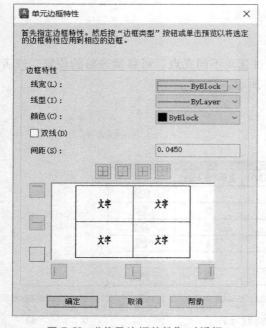

图 7-59　"单元边框特性"对话框

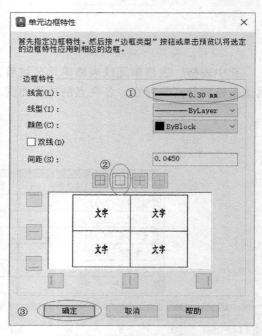

图 7-60　设置线宽和应用范围

4）单击"确定"按钮，按<Esc>键退出表格编辑状态。单击状态栏中的"线宽"按钮以显示线宽，结果如图 7-61 所示。

项目	自我评价（10%）	小组评价（30%）	教师评价（60%）	小计
图层应用（20分）	20	16	16	16.4
视图表达（30分）	28	25	25	25.3
尺寸标注（30分）	25	25	22	23.2
标题栏（10分）	10	8	8	8.2
协作精神（10分）	10	6	6	6.4
总计	93	80	77	79.5

图 7-61　调整表格外边框线宽

5. 合并表格

1）框选 A1、A2、B1、B2 区域，如图 7-62 所示。

2）单击"表格单元"选项卡"合并"面板中的"合并单元"按钮，在下拉菜单中选择"合并全部"选项，表格合并完成，如图 7-63 所示。

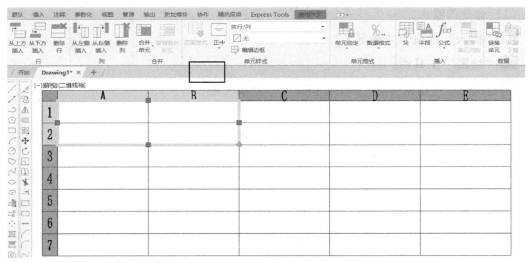

图 7-62　选定要合并的单元格

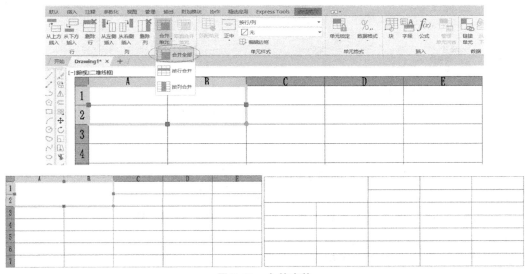

图 7-63　合并表格

> AutoCAD2023 去掉表格字段背影操作：在菜单栏中单击"工具"→"选项"按钮，选择"用户系统配置"选项，取消勾选字段选项中的"显示字段的背景（B）"。

任务三　创建及应用块

一、创建块

1. 定义块

定义块就是将图形中选定的一个或多个对象组合成一个整体，为其命名、保存，并在以后使用过程中将它视为一个独立、完整的对象进行调用和编辑。

（1）命令的输入

"插入"选项卡"块定义"面板：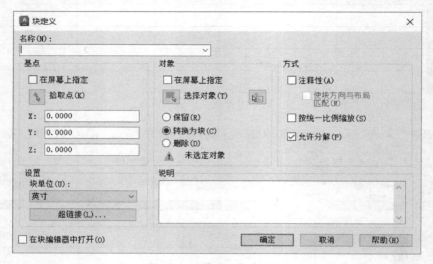；

"绘图"工具栏：；

菜单栏："绘图（D）"→"块（K）"→"创建（M）"；

命令行：block 或者 B。

（2）命令说明　启用"块"命令后，系统弹出"块定义"对话框，如图 7-64 所示。在该对话框中可对图形进行块的定义，然后单击"确定"按钮，完成块的创建。

图 7-64　"块定义"对话框

"块定义"对话框中各个选项的含义如下。

1）"名称（N）"列表框用于输入或选择块的名称。

2）"基点"选项组用于确定块插入基点的位置。用户可以输入块插入基点的 X、Y、Z 坐标，也可以单击"拾取点"按钮，在绘图窗口中选取插入基点的位置。

3）"对象"选项组用于选择构成块的图形对象。

☆"选择对象"按钮　单击"选择对象"按钮，即可在绘图窗口中选择构成块的图形对象。

☆"快速选择"按钮　单击"快速选择"按钮，打开"快速选择"对话框，如图 7-65 所示。可以通过该对话框进行快速过

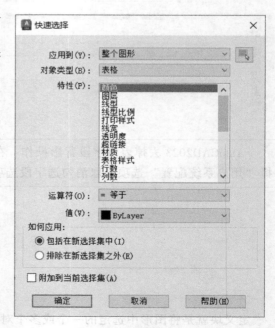

图 7-65　"快速选择"对话框

滤来选择满足条件的实体目标。

☆ ○保留（R）单选项 选中此选项，则在创建块后，仍保留所选图形对象并且属性不变。

☆ ○转换为块（C）单选项 选中此选项，则在创建块后，所选图形对象转换为块。

☆ ○删除（D）单选项 选中此选项，则在创建块后，所选图形对象被删除。

4）"方式"选项组用于设置块的方式。

☆ □注释性（A）复选框 用于指定块为注释性。勾选此项后，再勾复选项 □使块方向与布局匹配（M），指定在绘图窗口中的块参照的方向与布局的方向匹配。如果未勾选"注释性"选项，则该复选项不可用。

☆ □按统一比例缩放（S）复选框 用于指定块参照是否按统一比例缩放。

☆ □允许分解（P）复选框 用于指定块参照是否可以被分解。

5）"说明"文本框用于输入图块的说明文字。

6）"设置"选项组用于指定块的设置。

☆ 块单位(U)下拉列表 用于指定块参照的插入单位。

☆ 超链接（L）...按钮 用于将某个超链接与块定义相关联，单击该按钮，弹出"插入超链接"对话框，如图 7-66 所示。从列表或指定的路径，可以将超链接与块定义相关联。

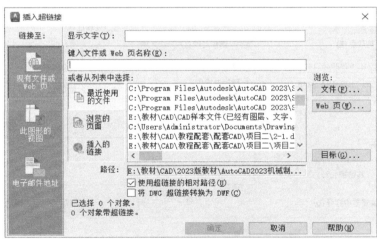

61. 创建"孔位"块实例

图 7-66 "插入超链接"对话框

☆ □在块编辑器中打开(O)复选框 用于在块编辑器中打开当前的块定义，主要用于创建动态块。

（3）命令操作实例 通过"创建块"命令将图 7-67 所示的图形创建成块，命名为"孔位"。

操作步骤如下。

1）单击"创建块"按钮，弹出"块定义"对话框。

2）在"块定义"对话框的"名称"列表中输入块的名称

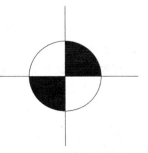

图 7-67 "孔位"块

"孔位"。

3）在"块定义"对话框中，单击"对象"选项组中的"选择对象"按钮 ![btn]，在绘图窗口中选择图形，此时图形加深显示，如图 7-68 所示。按<Enter>键确认。

4）在"块定义"对话框中，单击"基点"选项组中的"拾取点"按钮 ![btn]，在绘图窗口中选择圆心作为块的插入基点，如图 7-69 所示。

图 7-68　选择块对象图形

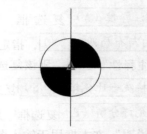

图 7-69　拾取块的插入基点

5）单击"确定"按钮，即可创建"孔位"块。创建完成后的"块定义"对话框如图7-70 所示。

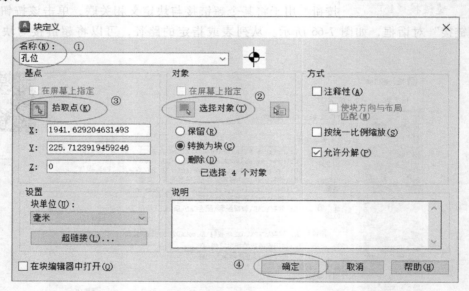

图 7-70　创建完成后的"块定义"对话框

2. 写块

前面定义的块，只能在当前图形文件中使用，如果需要在其他图形中使用已经定义的块，如标题栏、图框以及一些通用的图形对象等，可以将块以图形文件的形式保存下来。这时，它就和一般图形文件没有什么区别，可以被打开、编辑，也可以以块的形式方便地插入到其他图形文件中。

（1）命令的输入

![icon] "插入"选项卡"块定义"面板：![icon]；

![icon] 命令行：wblock 或 W。

（2）命令说明 启用命令后，系统弹出图 7-71 所示的"写块"对话框。

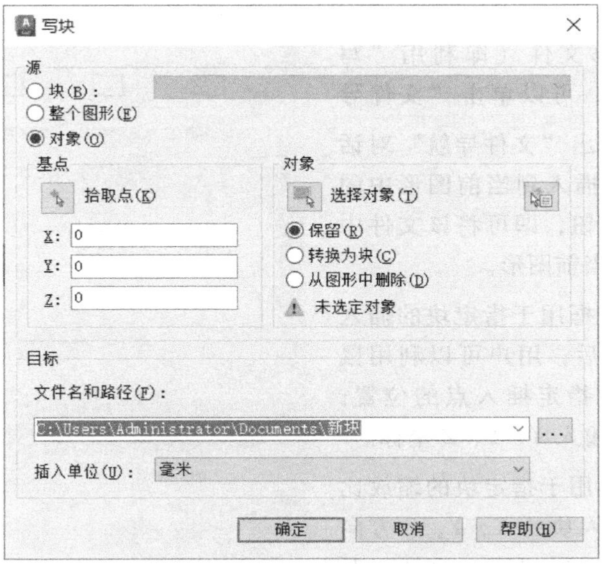

图 7-71 "写块"对话框

"写块"对话框中各主要选项的含义如下。

1）"源"选项组。用于选择块和图形对象，将其保存为文件并为其指定插入点。

☆ ○块（B）单选项 用于从列表中选择要保存为图形文件的现有块。

☆ ○整个图形（E）单选项 用于将当前图形作为一个块，并作为一个图形文件保存。

☆ ○对象（O）单选项 用于从绘图窗口中选择构成块的图形对象。

2）"目标"选项组。用于指定块文件的名称、位置和插入块时使用的测量单位。

☆ 文件名和路径（F）列表框 用于输入或选择块文件的名称、保存位置。单击右侧的 ... 按钮，弹出"浏览图形文件"对话框，即可指定块的保存位置，并指定块的名称。设置完成后，单击"确定"按钮，将块存储到指定的位置，在绘图过程中需要时即可调用。

3. 插入块

在绘图过程中，当需要应用块时，可以利用"插入块"命令将已创建的块插入到当前图形中。在插入块时，用户需要指定块的名称、插入点、缩放比例和旋转角度等。

（1）命令的输入

　"插入"选项卡"块"面板：　；

　"绘图"工具栏：　；

　命令行：insert 或 I。

（2）命令说明 启用"插入块"命令，系统将弹出图 7-72 所示的"图形库"对话框，可在"当前图形"等选项卡中指定要插入的块名称与位置。

"图形库"对话框中各个选项的含义如下。

1）过滤器... 下拉列表用于输入或选择需要插入的块名称。

若需要使用外部文件（即利用"写块"命令创建的块），可以单击"文件导航"按钮 ，系统弹出"文件导航"对话框，从中可以指定要插入到当前图形中的块。单击"打开"按钮，即可将该文件中的图形作为块插入到当前图形。

2）□插入点复选框用于指定块的插入点的位置。勾选此项后，用户可以利用鼠标指针在绘图窗口中指定插入点的位置；取消勾选此项，可以输入 X、Y、Z 坐标。

3）□比例列表框用于指定块的缩放比例。用户可以直接输入块的 X、Y、Z 方向的比例因子，也可以选择"统一比例"对指定块进行比例缩放。

4）□旋转复选框用于指定块的旋转角度。在插入块时，用户可以按照设置的角度旋转块。

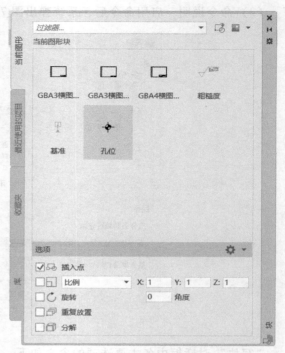

图 7-72 "图形库"对话框

5）□分解复选框。若勾选该选项，则插入的块不是一个整体，而是被分解为各个单独的图形对象。

4. 分解块

在图形中使用块时，只能对整个块进行编辑。AutoCAD 2023 将块作为单个的对象处理。如果用户需要编辑组成块的某个元素，需要将块的组成元素分解为单一个体。

将块分解有以下两种方法。

1）插入块时，在"图形库"对话框中勾选"分解"复选框，插入的图形仍保持原来的形式，但可以对其中某个对象进行修改。

2）插入块对象后，使用"分解"命令，单击"修改"工具栏中的 按钮，将块分解为多个对象。分解后的对象将还原为原始的图层属性设置状态。如果分解带有属性的块，属性值将丢失，并重新显示其属性定义。

二、创建带属性的块

块属性是附加在块上的文字信息，在 AutoCAD 2023 中利用块属性来预定义文字的位置、内容或默认值等。在插入块时，输入不同的文字信息，可以使相同的块表达不同的信息，如表面粗糙度就是利用块属性设置的。

1. 创建与应用块属性

定义带有属性的块时，需要具有作为块的图形与标记块属性的信息，将这两个部分进行属性定义后，再定义为块即可。

（1）命令的输入

🔖 "插入"选项卡中的"块定义"面板：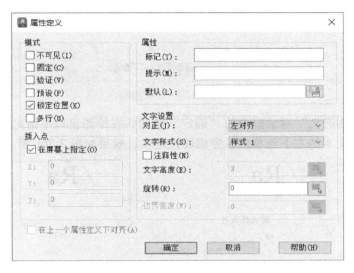；

🔖 菜单栏："绘图（D）"→"块（K）"→"定义属性（D）"；

🖳 命令行：attdef 或 ATT。

（2）命令说明　启用"定义属性"命令，系统弹出"属性定义"对话框，如图 7-73 所示。在该对话框中可以定义块的模式、属性、属性值、属性提示、插入点以及属性的文字设置选项等。

图 7-73　"属性定义"对话框（一）

（3）命令操作实例　创建带有属性的表面粗糙度（CCD）块，并把它应用到图 7-74a 所示的图形中。

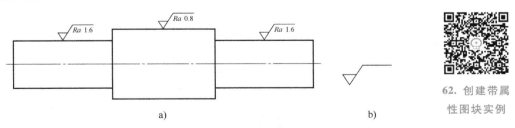

a)　　　　　　　　　　　　　　　　　　b)

62. 创建带属性图块实例

图 7-74　带属性块示例

操作步骤如下。

1）根据所绘制图形的大小，首先绘制一个表面粗糙度符号，如图 7-74b 所示。

2）启动"定义属性"命令，弹出"属性定义"对话框。

3）在"属性"选项组的"标记"文本框中输入表面粗糙度参数值的标记"Ra"，在"提示"文本框中输入提示文字"表面粗糙度"，在"默认"文本框中输入表面粗糙度参数值"0.8"，如图 7-75 所示（注意是否修改文字设置）。

145

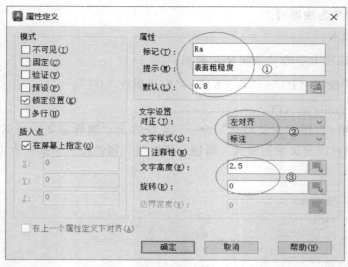

图 7-75 "属性定义"对话框（二）

4）单击"属性定义"对话框中的"确定"按钮，在绘图窗口中指定属性的插入点，如图 7-76a 所示。在文本的左下角单击，完成属性定义，效果如图 7-76b 所示。

图 7-76 完成属性定义

5）启动"创建块"命令，弹出"块定义"对话框。在"名称"文框中输入块的名称"CCD"；单击"选择对象"按钮，在绘图窗口中选择图 7-76b 所示的图形，按<Enter>键确认并返回"块定义"对话框；单击"拾取点"按钮，如图 7-77 所示，在绘图窗口中选择

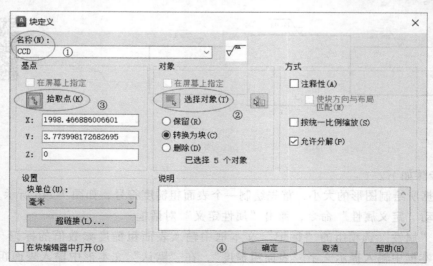

图 7-77 完成"带属性块"的创建

7-76b 所示图形的下端点作为块的基点，单击"确定"按钮，系统弹出"编辑属性"对话框，表面粗糙度值改写为"Ra0.8"，如图 7-78 所示，单击此对话框中的"确定"按钮，完成带属性块的创建，完成后的图形效果如图 7-79 所示。

图 7-78 "编辑属性"对话框   图 7-79 完成后的图形效果

6）启动"插入块"命令，弹出图 7-80 所示的"图形库"对话框，在"当前图形"选项卡中单击选择"CCD"图块，并在绘图窗口相应的位置单击放置。

7）在绘图窗口放置"CCD"块后，系统弹出"编辑属性"对话框，如图 7-81 所示。输入表面粗糙度参数值"Ra1.6"，单击"确定"按钮，完成此表面粗糙度标注。用同样的

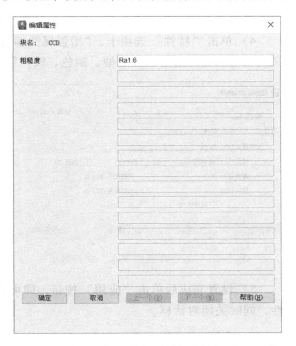

图 7-80 插入"CCD"图块   图 7-81 在"编辑属性"对话框中输入"Ra1.6"

操作方法，将相应的表面粗糙度块插入到图 7-74 中的合适位置，完成全部表面粗糙度块的插入操作。

2. 编辑块属性

创建带有属性的块以后，用户可以对其属性进行编辑，如编辑属性标记、提示等，其操作步骤如下。

1）直接双击带有属性的块，弹出"增强属性编辑器"对话框，如图 7-82 所示。

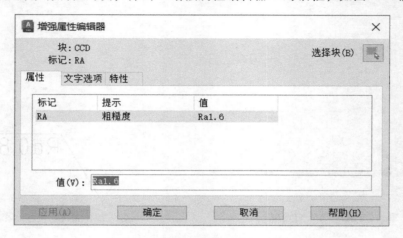

图 7-82 "增强属性编辑器"对话框

2）在"属性"选项卡中显示块的属性，如标记、提示以及默认值，此时用户可以在"值"文本框中修改块属性的默认值。

3）单击"文字选项"选项卡，"增强属性编辑器"对话框显示如图 7-83 所示，从中可以设置属性文字在图形中的显示方式，如文字样式、对正方式、文字高度、旋转角度等。

4）单击"特性"选项卡，"增强属性编辑器"对话框显示如图 7-84 所示，从中可以定义块属性所在的图层以及线型、颜色、线宽等。

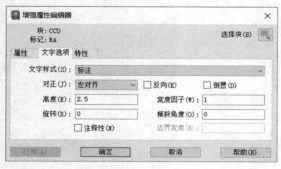

图 7-83 "增强属性编辑器"文字选项

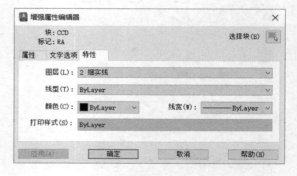

图 7-84 "增强属性编辑器"特性

5）设置完成后单击"应用"按钮，即可修改块属性。单击"确定"按钮也可修改块属性，同时关闭对话框。

3. 块属性管理器

图形中存在多种块时，可以通过"块属性管理器"来管理图形中所有块的属性。单击

"插入"选项卡"块定义"面板中的"管理属性"按钮，启用"块属性管理器"命令，弹出"块属性管理器"对话框，如图 7-85 所示。在对话框中，可以对选择的块进行属性编辑。

☆"选择块"按钮 用于暂时隐藏对话框，可在绘图窗口的图形中选中要进行编辑的块，返回到"块属性管理器"对话框中进行编辑。

☆"块"下拉列表 指定要编辑的块，在列表中将显示块所具有的属性定义。单击 设置（S）... 按钮，弹出"块属性设置"对话框，可以设置"块属性管理器"中属性信息的列出方式，如图 7-86 所示。设置完成后，单击"确定"按钮即可。

图 7-85 "块属性管理器"对话框

图 7-86 "块属性设置"对话框

当修改块的某一属性定义后，单击 同步（Y） 按钮，更新所有选定的具有当前定义属性的块。

☆单击 上移（U） 按钮 在提示序列中，向上一行移动选定的属性标签。

☆单击 下移（D） 按钮 在提示序列中，向下一行移动选定的属性标签。选定固定属性时， 上移（U） 和 下移（D） 按钮为不可用状态。

☆单击 编辑（E）... 按钮 弹出"编辑属性"对话框，可在"属性""文字选项"和"特性"选项卡中对块的各项属性进行修改。

任务四 标注定位块零件技术要求上机指导

绘制图 7-1 所示图形，并标注技术要求，操作步骤如下。

1）启动 AutoCAD 2023 中文版。

2）打开数字资源文件"样板文件.dwt"，在指定路径中保存为"＊.dwg"文件。

3）单击"插入"选项卡"块"面板中的"插入"按钮（命令：insert）。

4）在弹出的"插入"对话框中单击"GBA4 横图框"块，如图 7-87 所示。

5）设置完成后（比例为 1∶1，单位为 mm）单击"确定"按钮。

6）任意在绘图窗口单击，弹出"编辑属性"对话框，如图 7-88 所示。用户可以设置

63. 标注定位块零件技术要求实例

"输入图样名称""输入材料标记""输入单位名称""输入图样编号""输入重量""输入
比例""输入总页数""输入本页页码"等信息，设置完成后如图 7-89 所示。

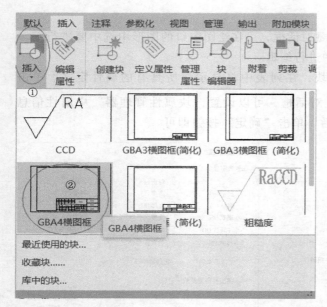

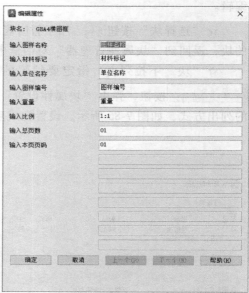

图 7-87 插入"GBA4 横图框"块   图 7-88 编辑"GBA4 横图框"块信息

图 7-89 A4 图框

7）选择"粗实线"图层。

8）绘制正六边形。在合适位置绘制正六边形。

9）绘制 $\phi40mm$ 的圆。以正六边形中心为圆心绘制 $\phi40mm$ 的圆，如图 7-90 所示。

10）选择"标注"图层。

11）插入表面粗糙度块，如图 7-91 所示。修改表面粗糙度值，如图 7-92 所示，完成后的图形如图 7-91 所示（引线标注请参考"尺寸标注"部分内容）。

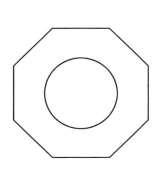

图 7-90　绘制正六边形和圆

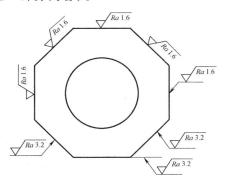

图 7-91　插入表面粗糙度块

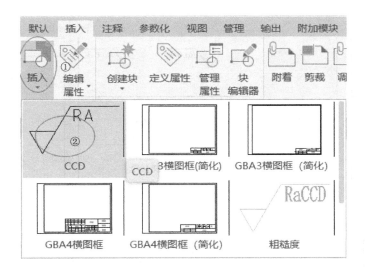

图 7-92　修改表面粗糙度值

12）选择"文字"图层。

13）注写技术要求。选择"注释"选项卡，单击"文字"面板中的多行"文字"按钮，在绘图窗口适当位置框选注写文字的区域。选择"文字编辑器"选项卡，在"样式"面板中的"文字样式"列表中选择"文字"样式，在块的适当位置标注技术要求，如图 7-93 所示。

14）注写未注表面粗糙度信息。

① 插入"CCD"块，设置 1.4 倍比例（字高 3.5/2.5 = 1.4）。在弹出的"编辑属性"对话框中输入"6.3"属性值，完成后的图形如图 7-94 所示。

② 复制 Ra6.3 符号，向右移动一小段距离，如图 7-95 所示。

③ 分解右侧 Ra6.3 表面粗糙度符号，并删除多余文字及线段，如图 7-96 所示。

④ 启动"多行文字"命令，在标题栏右上方插入"（ ）"，可用"移动"命令调整表面粗糙度符号与括弧的位置，调整后如图 7-97 所示。

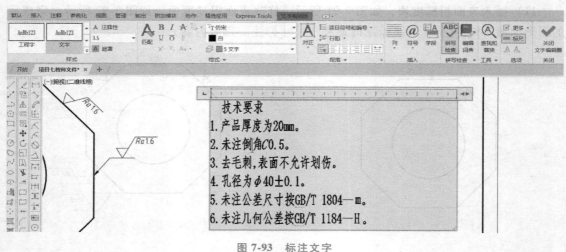

图 7-93　标注文字

技术要求
1. 产品厚度为20mm。
2. 未注倒角C0.5。
3. 去毛刺，表面不允许划伤。
4. 孔径为ϕ40±0.1。
5. 未注公差尺寸按GB/T 1804—m。
6. 未注几何公差按GB/T 1184—H。

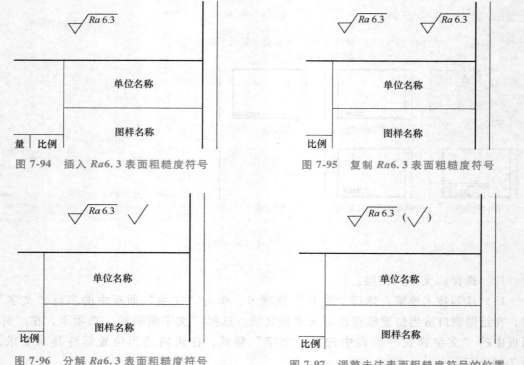

图 7-94　插入 $Ra6.3$ 表面粗糙度符号　　　　图 7-95　复制 $Ra6.3$ 表面粗糙度符号

图 7-96　分解 $Ra6.3$ 表面粗糙度符号　　　　图 7-97　调整未注表面粗糙度符号的位置

15）修改标题栏信息。双击标题栏，系统弹出"增强属性编辑器"，如图 7-98 所示。在"属性"选项卡中修改"图样名称"对应"值"为"定位块"；修改"材料标记"对应"值"为"Q235"；修改"单位名称"对应"值"为"×××学院"；修改"图样编号"对应"值"为"007"；修改"重量"对应"值"为×××；其余项目数值为默认，单击"应用"按钮完成数值修改，单击"确定"按钮保存数值信息并关闭"增强属性编辑器"对话框。

16）适当调整视图和文字在图框中的位置，完成所有绘图操作。

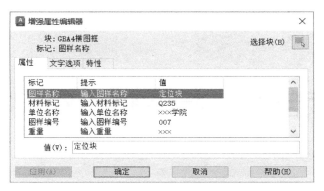

图 7-98　修改标题栏项目值

同步练习七

64. 同步练习七绘制标题栏实例

1. 打开"7-1. dwg"文件，绘制图 7-99 所示标题栏（标注文字）。

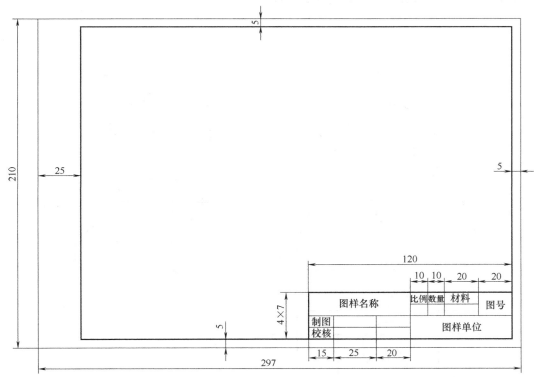

图 7-99　绘制标题栏

65. 同步练习七创建带属性的标题栏实例

提示：文字高 3.5mm，仿宋体，宽度因子为 0.7。"图样名称"及"图样单位"文字高度可设置为 5mm，其他相同。

2. 在练习题 1 的基础上创建"A4（简化横向）"块，并将标题栏设置成带属性的块。

项目八　标注轴承座尺寸

项目导入

打开"8-1.dwg"图形文件，按图 8-1 所示图样尺寸进行标注，并通过标注过程学习尺寸标注的方法以及尺寸样式和几何公差的修改方法。

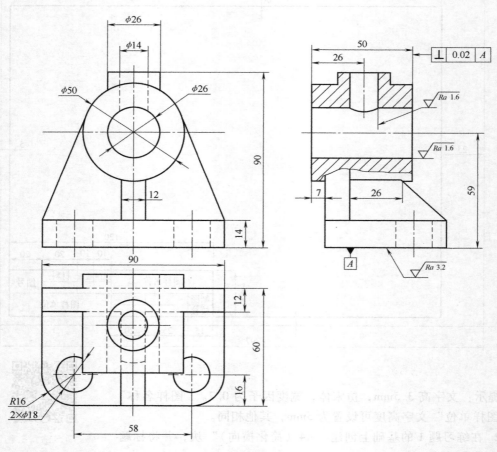

图 8-1　轴承座零件图

　　零件的尺寸标注分两种情况，一种情况是根据图形自行标注尺寸，只要尺寸完备即可；另一种情况是要按照图样标注，涉及尺寸标注样式的调整。本项目要求按图样要求标注。标注时，可以先将尺寸分类，设立1~2种标注样式，其他个别尺寸可用替代的尺寸样式进行临时标注。

素养目标

　　1）具备执行国家标准和规范意识。
　　2）具备质量意识和安全意识。

知识目标

　　1）熟悉标注样式的设置方法及应用。
　　2）掌握各类标注的创建方法及应用。
　　3）掌握引线标注、几何公差的创建方法及应用。

能力目标

　　1）具有设置标注样式的能力，能运用各类标注进行绘图。
　　2）具有设置引线样式的能力，能运用引线进行标注及创建几何公差。

任务一　认识各类尺寸

一、尺寸标注的组成

　　尽管尺寸标注在类型和外观上多种多样，但一个完整的尺寸标注都是由尺寸线、尺寸界线、尺寸箭头和尺寸数字4部分组成的，如图8-2所示。

　　在AutoCAD 2023中，通常将尺寸的各个组成部分作为块处理，因此在绘图过程中，一个尺寸标注就是一个对象。

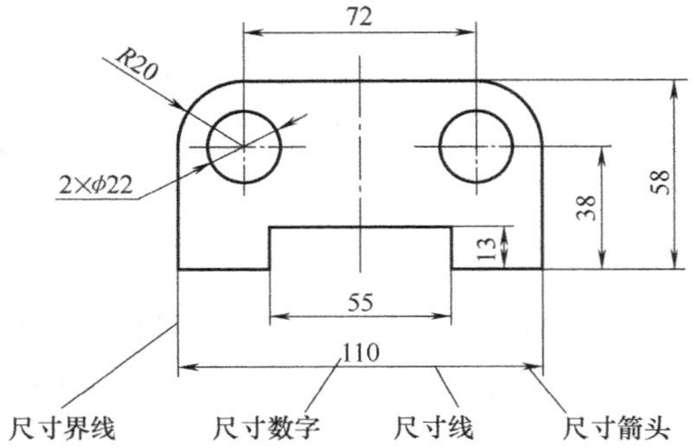

二、尺寸标注规则

1. 尺寸标注的基本规则

　　一般情况下，采用mm为单位时不需要注写单位，否则，应该明确注写尺寸单位。尺寸标注所用字符的大小和格式必须符合国家标准。在同一图形中，同一类终端应该相同，尺寸数字大小应该相同，尺寸线间隔应该相同。

2. AutoCAD 2023尺寸标注的其他规则

　　1）为尺寸标注建立专用的图层。建立专用的图层，可以控制尺寸的显示和隐藏，可以

图8-2　尺寸标注的组成

和其他的图线迅速分开，便于修改、浏览。

2）为尺寸文本建立专门的文字样式。应按照现行国家标准设定好字符的高度、宽度系数、倾斜角度等。

3）设定好尺寸标注样式。按照现行国家标准创建系列尺寸标注样式，内容包括直线和终端、文字样式、调整对齐特性、单位、尺寸精度、公差格式和比例因子等。

4）保存尺寸格式及其格式簇，必要时使用替代标注样式。

5）采用1∶1的比例绘图。由于标注尺寸时可以让 AutoCAD 2023 自动测量尺寸大小，所以采用1∶1的比例绘图，绘图时无须换算，在标注尺寸时也无须再输入尺寸大小。如果最后统一修改了绘图比例，则要相应修改尺寸标注的全局比例因子。

6）标注尺寸时应该充分利用对象捕捉功能准确标注尺寸，以获得正确的尺寸数值，同时为了便于修改尺寸标注，应该设定成关联的。

7）在标注尺寸时，为了减少其他图线的干扰，应该将不必要的图层关闭，如"剖面线"图层等。

三、尺寸标注图标位置

在 AutoCAD 2023 中，与标注相关的命令按钮放置在"注释"选项卡的"标注""中心线""引线"等面板中，如图8-3所示。

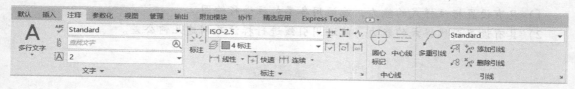

图8-3　尺寸标注相关面板

在已经打开的工具栏的任意位置右击，在弹出的快捷菜单中选择"标注"选项，系统弹出尺寸"标注"工具栏，工具栏中各命令按钮如图8-4所示。

图8-4　尺寸标注命令按钮

AutoCAD 2023 中的尺寸标注可以分为以下类型：直线标注、角度标注、径向标注、坐标标注、引线标注、公差标注、中心标注和快速标注等。

1. 直线标注

直线标注包括线性标注、对齐标注、基线标注和连续标注。

（1）线性标注　线性标注是测量两点间的直线距离。按尺寸线的放置可分为水平标注、垂直标注和旋转标注3个基本类型。

（2）对齐标注　对齐标注是创建尺寸线平行于尺寸界线起点的线性标注。

（3）基线标注　基线标注是创建一系列的线性、角度或者坐标标注，每个标注都从相同原点开始测量。

（4）连续标注　连续标注是创建一系列连续的线性、对齐、角度或者坐标标注，每个标注都是从前一个或者最后一个选定标注的第二尺寸界线处创建，共享公共的尺寸界线。

2. 角度标注

角度标注用于测量角度。

3. 径向标注

径向标注包括半径标注、直径标注和弧长标注。

（1）半径标注　半径标注用于测量圆和圆弧的半径。

（2）直径标注　直径标注用于测量圆和圆弧的直径。

（3）弧长标注　弧长标注用于测量圆弧的长度。

4. 坐标标注

使用坐标系中相互垂直的 X 和 Y 坐标轴作为参考线，依据参考线标注给定位置的 X 或者 Y 坐标值。

5. 引线标注

引线标注用于创建注释和引线，将文字和对象在视觉上链接在一起。

6. 公差标注

公差标注用于创建几何公差标注。

7. 中心标注

中心标注包括圆心标记和中心线。

（1）圆心标记　圆心标记用于在选定圆、圆弧或多边形圆弧的中心处创建关联的十字形标记。

（2）中心线　中心线用于创建与选定直线和多段线关联的指定线型的中心线几何图形。

8. 快速标注

快速标注是通过一次选择多个对象，创建标注排列，如基线、连续和坐标标注。

任务二　解释、操作和运用尺寸样式

一、创建尺寸样式

AutoCAD 2023 提供的"标注样式"命令即可用来创建尺寸标注样式。启用"标注样式"命令后，系统将弹出"标注样式管理器"对话框，从中可以创建或调用已有的尺寸标注样式。在创建新的尺寸标注样式时，用户需要设置尺寸标注样式的名称，并选择相应的属性。

1. 命令的输入

✖ "注释"选项卡"标注"面板右下角：↘；

✖ "标注"工具栏：⊣；

✖ 菜单栏："格式（O）"→标注样式"（D）"；

⌨ 命令行：dimstyle。

2. 命令说明

启用"标注样式"命令后，系统弹出图 8-5 所示的"标注样式管理器"对话框。对话框中各选项功能如下。

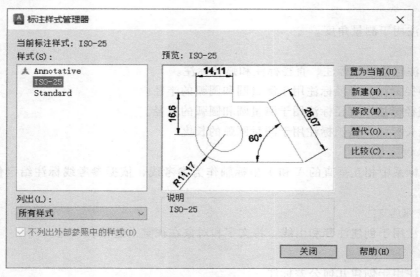

图 8-5 "标注样式管理器"对话框

☆ "样式"列表框　用于显示当前图形文件中已定义的所有尺寸标注样式。

☆ "预览"列表框　用于显示当前尺寸标注样式设置的各种特征参数的最终效果图。

☆ "列出"下拉列表　用于控制在当前图形文件中是否全部显示所有的尺寸标注样式。

☆ 置为当前（U）按钮　用于设置当前标注样式。对每一种新建立的标注样式或对原式样进行修改后，均要置为当前设置才有效。

☆ 新建（N）...按钮　用于创建新的标注样式。

☆ 修改（M）...按钮　用于修改已有标注样式中的某些尺寸变量。

☆ 替代（O）...按钮　用于创建临时标注样式。当采用临时标注样式标注某一尺寸后，再继续采用原来的标注样式标注其他尺寸时，其标注效果不受临时标注样式的影响。

☆ 比较（C）...按钮　用于比较不同标注样式中不相同的尺寸变量，并用列表的形式显示出来。

◇ 选择"acad.dwt"样板文件新建的 AutoCAD 2023 文件，系统标注样式中只有"Standard"标注样式。

◇ 选择"acadiso.dwt"样板文件新建的 AutoCAD 2023 文件，系统标注样式中添加了"ISO-25"及"Standard"两种标注样式，ISO-25 标注样式已经设置了标注文字高度为2.5mm 及常规尺寸数值。

创建尺寸样式的操作步骤如下。

1）启动"标注样式"命令，弹出"标注样式管理器"对话框，在"样式"列表框下显示了当前图形中已存在的标注样式，如图 8-5 所示。

2）单击 新建（N）... 按钮，弹出"创建新标注样式"对话框。在"新样式名"文本框中输入新的样式名称；在"基础样式"下拉列表中选择新标注样式是基于哪一种标注样式创建的；在"用于"下拉列表中选择标注的应用范围，如应用于"所有标注""半径标注""对齐标注"等，如图8-6所示。

3）单击"继续"按钮，弹出"新建标注样式：ISO-35"对话框，此时用户即可应用对话框中的7个选项卡进行设置，如图8-7所示。

4）单击"确定"按钮，即可建立新的标注样式，其名称显示在"标注样式管理器"对话框的"样式"列表框下，如图8-8所示。

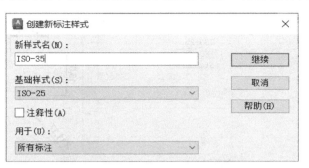

图8-6　"创建新标注样式"对话框

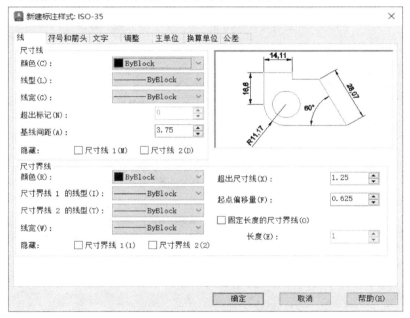

图8-7　"新建标注样式：ISO-35"对话框

5）在"样式"列表框内选中刚创建的标注样式，单击 置为当前（U） 按钮，即可将该样式设置为当前使用的标注样式。

6）单击"关闭"按钮，即关闭对话框。

二、控制尺寸线和尺寸界线

在创建标注样式时，在图8-7所示的"新建标注样式：ISO-35"对话框中有7个选项卡用于设置标注的样式，在"线"选项卡中，可以对尺寸线、尺寸界线进行设置，如图8-9所示。

1. 调整尺寸线

在"尺寸线"选项组中可以设置影响尺寸线的一些变量。

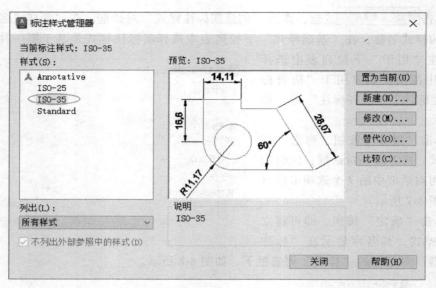

图 8-8　新建标注样式后的"标注样式管理器"对话框

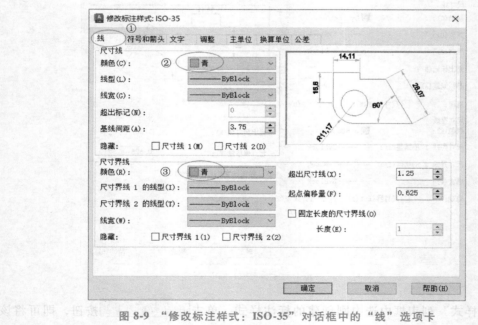

图 8-9　"修改标注样式：ISO-35"对话框中的"线"选项卡

☆ "颜色"下拉列表　用于选择尺寸线的颜色，建议选择"青色"。

☆ "线型"下拉列表　用于选择尺寸线的线型，一般选择"连续直线"。

☆ "线宽"下拉列表　用于指定尺寸线的宽度，线宽建议选择"0.13"。

☆ "超出标记"选项　用于指定当箭头使用"倾斜""建筑标记""积分"和"无标记"时，尺寸线超过尺寸界线的距离，如图 8-10 所示。

☆ "基线间距"选项　用于指定平行尺寸线间的距离。例如，创建基线型尺寸标注时，相邻尺寸线间的距离由此选项控制，如图 8-11 所示。

☆"隐藏"选项　有"尺寸线1"和"尺寸线2"两个复选框，用于控制尺寸线两端的可见性，如图8-12所示。同时选中两个复选框，将不显示尺寸线。

2. 控制尺寸界线

在"尺寸界线"选项组中可以设置尺寸界线的外观。

☆"颜色"下拉列表　用于选择尺寸界线的颜色。

☆"尺寸界线1的线型"下拉列表　用于指定第一条尺寸界线的线型，一般设置为"连续线"。

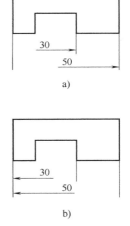

图 8-10　"超出标记"图例

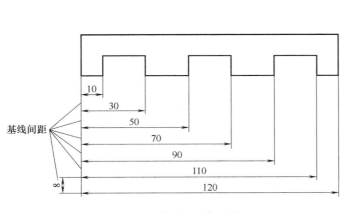

图 8-11　"基线间距"图例

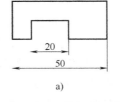
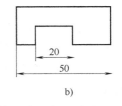

图 8-12　"隐藏尺寸线"图例
a）隐藏尺寸线1　b）隐藏尺寸线2

☆"尺寸界线2的线型"下拉列表　用于指定第二条尺寸界线的线型，一般设置为"连续线"。

☆"线宽"下拉列表　用于指定尺寸界线的宽度，建议设置为"0.13"。

☆"隐藏"选项　有"尺寸界线1"和"尺寸界线2"两个复选框，用于控制两条尺寸界线的可见性，如图8-13所示。当尺寸界线与图形轮廓线重合或与其他对象发生干涉时，可选择隐藏尺寸界线。

☆"超出尺寸线"选项　用于控制尺寸界线超出尺寸线的距离，如图8-14所示。通常规定尺寸界线的超出尺寸为2～3mm，使用1∶1的比例绘制图形时，设置此选项为"2"或"3"。

☆"起点偏移量"选项　用于设置自图形中定义标注的点到尺寸界线的偏移距离，如

图 8-13　"隐藏尺寸界线"图例
a）隐藏尺寸界线1　b）隐藏尺寸界线2

图 8-14 所示。通常尺寸界线与标注对象间有一定的距离，能够较容易地区分尺寸标注和被标注对象。

☆ "固定长度的尺寸界线"复选框用于指定尺寸界线从尺寸线开始到标注原点的总长度。

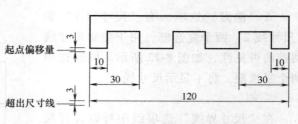

图 8-14 "超出尺寸线"和"起点偏移量"图例

三、控制符号和箭头

在"符号和箭头"选项卡中，可以对箭头、圆心标记、弧长符号、半径折弯标注的格式和位置进行设置，如图 8-15 所示。下面分别对箭头、圆心标记、弧长符号和半径折弯标注进行详细的介绍。

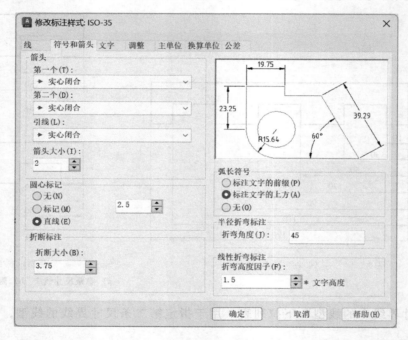

图 8-15 "修改标注样式：ISO-35"对话框中的"符号和箭头"选项卡

1. 箭头的使用

"箭头"选项组中提供了对尺寸线箭头的控制选项。

☆ "第一个"下拉列表　用于设置第一条尺寸线的箭头样式。

☆ "第二个"下拉列表　用于设置第二条尺寸线的箭头样式。当改变"第一个"箭头的类型时，"第二个"箭头将自动改变，以与"第一个"箭头相匹配。

AutoCAD 2023 提供了 19 种标准的箭头类型，如图 8-16 所示。可以通过滚动条来进行选取。要指定用户定义的箭头块，可以选择"用户箭头"命令，弹出"选择自定义箭头块"对话框，选择用户定义的箭头块的名称，如图 8-17 所示，单击"确定"按钮即可。

☆ "引线"下拉列表　用于设置引线标注时的箭头样式。

☆ "箭头大小"选项　用于设置箭头的大小。

图 8-16 19 种标准的箭头类型

图 8-17 "选择自定义箭头块"对话框

2. 设置圆心标记及圆的中心线

"圆心标记"选项组中提供了对圆心标记的控制选项。

"圆心标记"选项组提供了"无""标记"和"直线"3 个单选项,设置效果如图 8-18 所示。

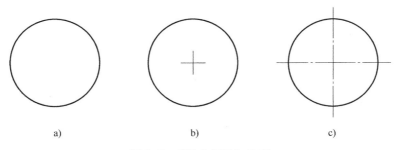

图 8-18 "圆心标记"选项

a) 无 b) 标记 c) 直线

☆ "无"单选项 可以设置圆心无标记。

☆ "标记"单选项 可以设置圆心标记,此选项右侧的文本框用于设置圆心标记的大小。

☆ "直线"单选项 可以创建圆的中心线。

3. 设置弧长符号

在"弧长符号"选项组中提供了弧长标注中圆弧符号显示的控制选项。

☆ "标注文字的前缀"单选项 用于将弧长符号放在标注文字的前面。

☆ "标注文字的上方"单选项 用于将弧长符号放在标注文字的上方。

☆ "无"单选项 用于不显示弧长符号。3 种方式的显示如图 8-19 所示。

4. 设置半径折弯标注

在"半径折弯标注"选项组中提供了半径折弯(Z 字形)标注的控制选项。

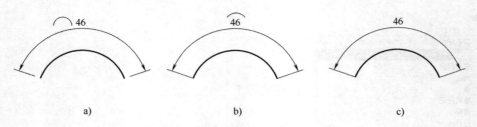

图 8-19 "弧长符号" 选项的显示效果

a）标注文字的前缀 b）标注文字的上方 c）无

☆ "折弯角度" 文本框 用于确定连接半径的尺寸界线和尺寸线的横向直线间的角度，图 8-20 所示折弯角度为 45°。

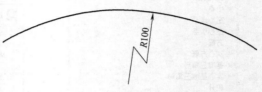

图 8-20 "折弯角度" 数值

四、控制标注文字的外观和位置

在 "新建标注样式：ISO-35" 对话框的 "文字" 选项卡中，可以对标注文字的外观和文字的位置进行设置，如图 8-21 所示。下面对文字外观和位置的设置进行详细的介绍。

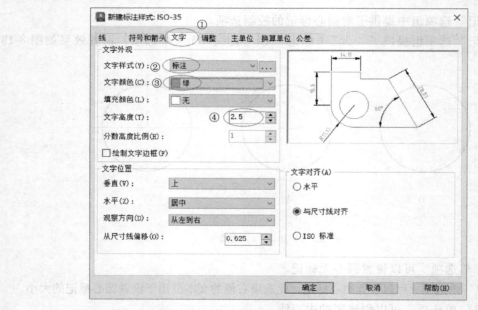

图 8-21 "新建标注样式：ISO-35" 对话框中的 "文字" 选项卡

1. 文字外观

在 "文字外观" 选项组中可以设置标注文字的格式和大小。

☆ "文字样式" 下拉列表 用于选择标注文字所用的文字样式。如果需要重新创建文字样式，可以其单击右侧的按钮 ... ，弹出 "文字样式" 对话框，创建新的文字样式即可。文字样式建议选择 "标注" 字体。

☆ "文字颜色" 下拉列表 用于设置标注文字的颜色，建议选择 "绿色"。

☆ "填充颜色"下拉列表 用于设置标注中文字背景的颜色。

☆ "文字高度"文本框 用于指定当前标注文字样式的高度。若在当前使用的文字样式中设置了文字的高度，此项输入的数值无效。

☆ "分数高度比例"文本框 用于指定分数形式的字符与其他字符的比例。只有在选择支持分数的标注格式时，才可进行此项设置。

☆ "绘制文字边框"复选框 用于给标注文字添加一个矩形边框，如图8-22所示。

2. 文字位置

在"文字位置"选项组中，可以设置标注文字的位置。

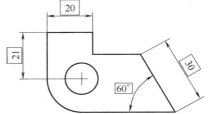

图 8-22 "绘制文字边框"图例

1）"垂直"下拉列表中包含"居中""上方""外部""JIS"和"下方"5个选项，用于控制标注文字相对于尺寸线的垂直位置。选择任一选项时，在对话框的预览框中可以观察标注文字的变化，如图8-23所示（"JIS""下方"方式略）。

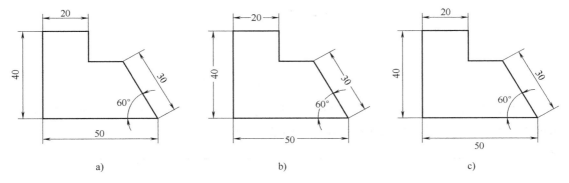

图 8-23 "垂直"下拉列表中3种选项对应效果
a）上方 b）居中 c）外部

☆ "上方"选项 将标注文字放在尺寸线上方。

☆ "居中"选项 将标注文字放在尺寸线中间。

☆ "外部"选项 将标注文字放在尺寸线上离标注对象较远的一边。

☆ "JIS"选项 按照日本工业标准"JIS"放置标注文字。

☆ "下方"选项 将标注文字放在尺寸线下方。

2）"水平"下拉列表中包含"居中""第一条尺寸界线""第二条尺寸界线""第一条尺寸界线上方"和"第二条尺寸界线上方"5个选项，用于控制标注文字相对于尺寸线和尺寸界线的水平位置。

☆ "居中"选项 将标注文字沿尺寸线放在两条尺寸界线的中间。

☆ "第一条尺寸界线"选项 将标注文字沿尺寸线与第一条尺寸界线左对正。

☆ "第二条尺寸界线"选项 将标注文字沿尺寸线与第二条尺寸界线右对正。尺寸界线与标注文字的距离是箭头大小加上文字间距之和的两倍，如图8-24所示。

☆ "第一条尺寸界线上方"选项 将标注文字沿着第一条尺寸界线放置或把标注文字放在第一条尺寸界线之上，如图8-25a所示。

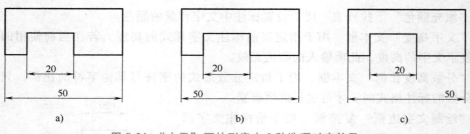

图 8-24 "水平"下拉列表中 3 种选项对应效果

a）居中　b）第一条尺寸界线　c）第二条尺寸界线

☆ "第二条尺寸界线上方"选项　将标注文字沿着第二条尺寸界线放置或把标注文字放在第二条尺寸界线之上，如图 8-25b 所示。

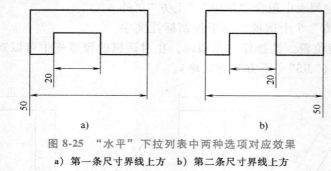

图 8-25 "水平"下拉列表中两种选项对应效果

a）第一条尺寸界线上方　b）第二条尺寸界线上方

3）"从尺寸线偏移"文本框用于设置当前文字与尺寸线之间的间距，如图 8-26 所示。AutoCAD 2023 也将该值用作尺寸线线段所需的最小长度。

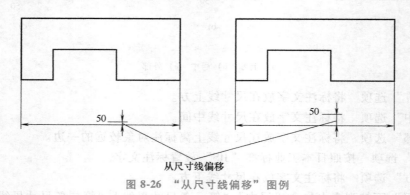

图 8-26 "从尺寸线偏移"图例

◇ 仅当生成的线段至少与文字间距同样长时，AutoCAD 2023 才会在尺寸界线内侧放置文字。

◇ 仅当箭头、标注文字以及页边距有足够的空间容纳文字间距时，才将尺寸上方或下方的文字置于内侧。

3. 文字对齐

"文字对齐"选项组用于控制标注文字放在尺寸界线外或内时的方向，是保持水平还是与尺寸界线对齐。

☆ "水平" 单选项　用于水平放置标注文本，如图 8-27 所示。

☆ "与尺寸线对齐" 单选项　用于设置标注文字与尺寸线对齐，如图 8-28 所示。

☆ "ISO 标准" 单选项　当文字在尺寸界线内时，用于将文字与尺寸线对齐；当文字在尺寸界线外时，用于将文字水平排列，如图 8-29 所示。

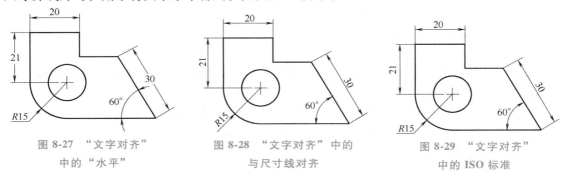

图 8-27 "文字对齐"　　　　图 8-28 "文字对齐" 中的　　　　图 8-29 "文字对齐"
中的 "水平"　　　　　　　与尺寸线对齐　　　　　　　中的 ISO 标准

五、调整箭头、标注文字及尺寸线间的位置关系

在 "修改标注样式：ISO-35" 对话框的 "调整" 选项卡中，可以对标注文字、箭头、尺寸界线之间的位置关系进行设置，如图 8-30 所示。

图 8-30 "修改标注样式：ISO-35" 对话框中的 "调整" 选项卡

1. 调整选项

"调整选项" 选项组主要用于控制基于尺寸界线之间可用空间内的文字和箭头的位置，各选项含义如下。

☆ "文字或箭头（最佳效果）" 单选项　为当尺寸间的距离足够放置文字和箭头时，文字和箭头都放在尺寸界线内；否则，AutoCAD 2023 对文字及箭头进行综合考虑，自动选择最佳效果移动文字或箭头进行显示。放置文字和箭头大致可分为以下几种形式，如图

8-31 所示。

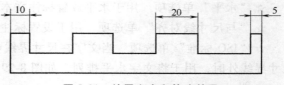

图 8-31　放置文字和箭头效果

　　☆ "箭头" 单选项　用于将箭头尽量放在尺寸界线内。否则，将文字和箭头都放在尺寸界线外。

　　☆ "文字" 单选项　用于将文字尽量放在尺寸界线内。否则，将文字和箭头都放在尺寸界线外。

　　☆ "文字和箭头" 单选项　用于当尺寸界线间距离不足以放下文字和箭头时，将文字和箭头都放在尺寸界线外。

　　☆ "文字始终保持在尺寸界线之间" 单选项　用于始终将文字放在尺寸界线之间。

　　☆ "若箭头不能放在尺寸界线内，则将其消除" 复选框　用于在尺寸界线内没有足够的空间时，隐藏箭头。

　　2. 调整文字在尺寸线上的位置

　　"文字位置" 选项组用于将标注文字从默认位置移动到调整位置，各选项含义如下。

　　☆ "尺寸线旁边" 单选项　用于将标注文字放在尺寸线旁边。

　　☆ "尺寸线上方，带引线" 单选项　用于在将文字移动到远离尺寸线处时，创建一条从文字到尺寸线的引线；但当文字靠近尺寸线时，将省略引线。

　　☆ "尺寸线上方，不带引线" 单选项　用于在移动文字时保持尺寸线的位置。远离尺寸线的文字不与引线的尺寸线相连。

　　以上 3 种选项对应的效果如图 8-32 所示。

　　3. 调整标注特征的比例

　　"标注特征比例" 选项组用于设置全局标注比例值或图纸空间比例。

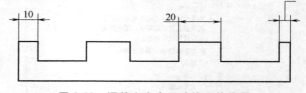

图 8-32　调整文字在尺寸线上的位置

　　☆ "将标注缩放到布局" 单选项　可以根据当前模型空间视口与图纸空间之间的比例确定比例因子。

　　☆ "使用全局比例" 单选项　可以为所有标注样式设置一个比例，指定大小、距离或间距，包括文字和箭头大小，但并不更改标注的测量值，如图 8-33 所示（建议 ISO-35 标注样式的 "使用全局比例" 设置为 "1.4"，是依据文字高度 3.5mm 是 "基础标注样式 ISO-25" 的字高 2.5mm 的 1.4 倍）。

　　4. 调整优化

　　"优化" 选项组用于放置标注文字的其他选项。

　　☆ "手动放置文字" 复选框　用于忽略所有水平对正设置，并把文字放在 "尺寸线位置" 提示下的指定位置。

　　☆ "在尺寸界线之间绘制尺寸线" 复选框　用于始终在测量点之间绘制尺寸线，即使 AutoCAD 2023 将箭头放在测量点之外，如图 8-34 所示。

　　六、设置文字的主单位

　　在 "修改标注样式：ISO-35" 对话框的 "主单位" 选项卡中，可以设置主标注单位的

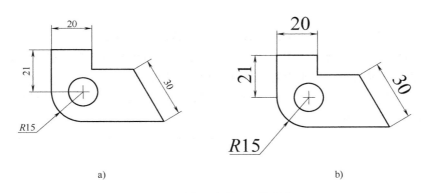

图 8-33　"使用全局比例"图例

a）比例为 1　　b）比例为 2

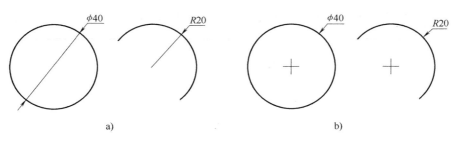

图 8-34　"在尺寸界线之间绘制尺寸线"标注图例

a）勾选复选框　　b）取消勾选复选框

格式和精度，并设置标注文字的前缀和后缀，如图 8-35 所示。

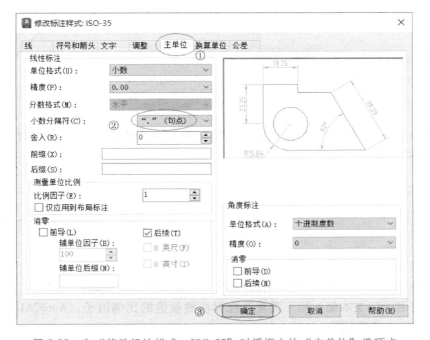

图 8-35　在"修改标注样式：ISO-35"对话框中的"主单位"选项卡

1. 设置线性标注

在"线性标注"选项组中，可以设置线性标注的格式和精度。

☆"单位格式"下拉列表　用于设置除角度之外的标注类型的当前单位格式。

☆"精度"下拉列表　用于设置标注文字中的小数位数。

☆"分数格式"下拉列表　用于设置分数格式，可以选择"水平""对角""非堆叠"3种方式，如图8-36所示。

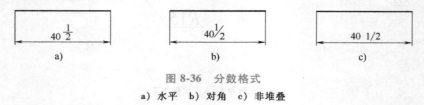

图 8-36　分数格式

a）水平　b）对角　c）非堆叠

☆"小数分隔符"下拉列表　用于设置十进制格式的分隔符，如图8-37所示。

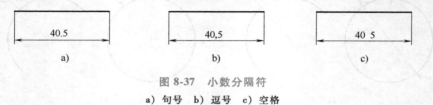

图 8-37　小数分隔符

a）句号　b）逗号　c）空格

☆"舍入"文本框　用于设置除角度之外的所有标注类型标注测量值的舍入规则。

☆"前缀"文本框　用于为标注文字指示前缀，可以输入文字或用控制代码显示特殊符号，如图8-37所示。

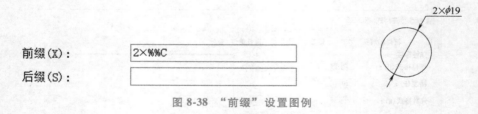

图 8-38　"前缀"设置图例

☆"后缀"文本框　用于为标注文字指示后缀，可以输入文字或用控制代码显示特殊符号，如图8-39所示。

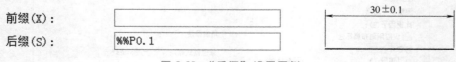

图 8-39　"后缀"设置图例

2. 设置测量单位比例

在"测量单位比例"选项组中，可以定义如下测量单位比例选项。

☆"比例因子"文本框　用于设置线性标注测量值的比例因子。AutoCAD 2023将标注测量值与此处输入的值相乘。

☆"仅应用到布局标注"复选框　仅用于在布局中创建的标注应用线性比例值。长度比例因子可以反映模型空间视口中对象的缩放比例因子。

3. 消零

在"消零"选项组中，可以控制不输出前导零和后续零以及零英尺和零英寸部分。

☆ "前导"复选框　勾选此选项，不输出所有十进制标注的前导零，例如：0.500 变成 .500。

☆ "后续"复选框　勾选此选项，不输出所有十进制标注的后续零，例如：3.50000 变成 3.5。

☆ "0 英尺"复选框　勾选此选项，当距离小于一英尺时，不输出"英尺-英寸型"标注中的英尺部分。

☆ "0 英寸"复选框　勾选此选项，当距离是整数英尺时，不输出"英尺-英寸型"标注中的英寸部分。

☆ "辅单位因子"文本框　用于当勾选"前导"复选框时，前导以启用小于一个单位的标注距离的显示（以辅单位为单位）。辅单位因子将辅单位的数量设定为一个单位。

☆ "辅单位后缀"文本框　用于以辅单位显示标注距离，适用于小于一个单位的距离。例如，如果后缀为 m（米）而辅单位后缀以 cm（厘米）显示，则在"辅单位因子"文本框中输入"100"。

4. 设置角度标注

在"角度标注"选项组中，可以设置当前角度标注的格式。

☆ "单位格式"下拉列表　用于设置角度的单位格式。

☆ "精度"下拉列表　用于设置角度标注的小数位数。

"消零"选项组中的"前导"和"后续"复选框与"线性标注""消零"选项组中的含义相同。

七、设置换算单位格式及精度

在"修改标注样式：ISO-35"对话框的"换算单位"选项卡中，勾选"显示换算单位"复选框，当前对话框变为可设置状态。此选项卡中的选项可用于设置文件的标注测量值中换算单位的显示并设置其格式和精度，如图 8-40 所示。

在"换算单位"选项组中，可以设置除"角度标注"之外，所有当前标注类型的换算单位格式。

☆ "单位格式"下拉列表　用于设置换算单位的格式。

☆ "精度"下拉列表　用于设置换算单位中的小数位数。

☆ "换算单位倍数"文本框　用于指定一个乘数作为主单位和换算单位之间的换算因子，长度缩放比例将改变默认的测量值。此选项的设置对角度标注没有影响，也不用于舍入或者加减公差值。

☆ "舍入精度"文本框　用于设置除角度之外的所有标注类型的换算单位的舍入规则。

☆ "前缀"文本框　用于为换算标注文字指示前缀。

☆ "后缀"文本框　用于为换算标注文字指示后缀。

在"消零"选项组中勾选"前导"或"后续"复选项，可设置不输出前导零和后续零以及零英尺和零英寸部分。

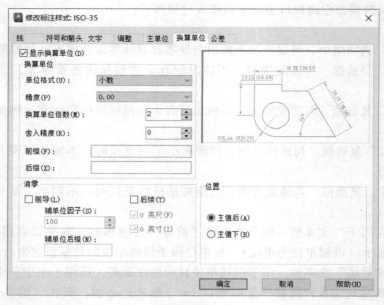

图 8-40 "修改标注样式：ISO-35" 对话框中的 "换算单位" 选项卡

在 "位置" 选项组中，可以设置换算单位标注上的显示位置，选中 "主值后" 单选项时，换算单位将显示在主单位之后；选中 "主值下" 单选项时，换算单位将显示在主单位下面。

八、设置尺寸公差

在 "修改标注样式：ISO-35" 对话框的 "公差" 选项卡中，可以设置标注文字中公差的格式及显示，如图 8-41 所示。

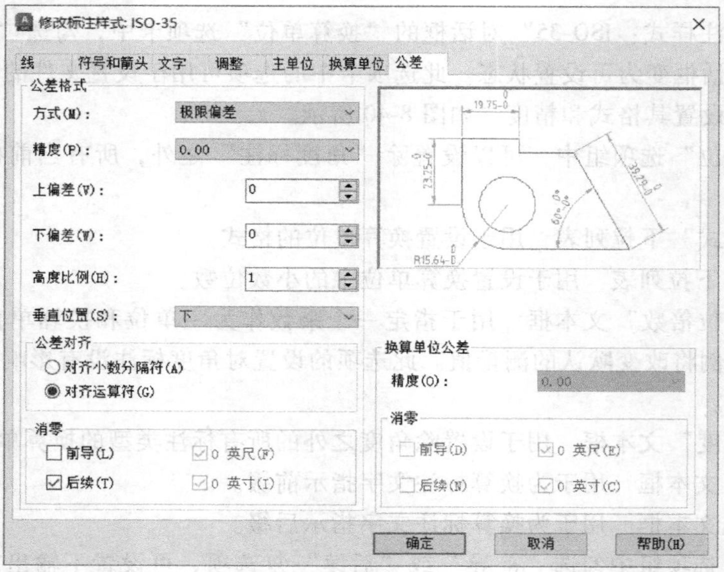

图 8-41 "修改标注样式：ISO-35" 对话框中的 "公差" 选项卡

在"公差"选项组中，可以设置公差格式。

☆"方式"下拉列表 包括"无""对称""极限偏差""极限尺寸"和"基本尺寸"5个选项，用于设置公差的计算方法和表现方式，如图8-42所示。

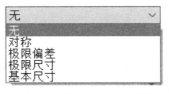

图8-42 "方式"下拉列表

"无"选项表示不添加公差，如果选择了该选项，则整个"公差"选项卡全部为灰色，表示不能进行设置。

"对称"选项用于添加公差的正负表达式"±"，AutoCAD 2023将单个变量值应用到标注的测量值。可在"上偏差"文本框中输入公差值，表达式将以"±"号连接数值。

"极限偏差"选项用于添加正负公差的表达式，可以将不同的正负变量值应用到标注测量值。"+"表示在"上偏差"文本框中输入的公差值；"－"表示在"下偏差"文本框中输入的公差值。

"极限尺寸"选项用于创建最大值和最小值的极限标注，上面是最大值，等于标注值加上在"上偏差"文本框中输入的值；下面是最小值，等于标注值减去在"下偏差"文本框中输入的值。

"基本尺寸"选项用于在整个标注范围周围绘制一个框。

以上5种选项对应的显示效果如图8-43所示。

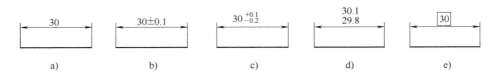

图8-43 公差的5种选项

a）无 b）对称 c）极限偏差 d）极限尺寸 e）基本尺寸

☆"精度"下拉列表 用于设置小数位数。

☆"上偏差"文本框 用于设置最大公差或上偏差。当在"方式"选项中选择"对称"时，AutoCAD 2023将该值用作公差。

☆"下偏差"文本框 用于设置最小公差或下偏差。

☆"高度比例"文本框 用于设置公差文字的高度比例，如图8-44所示。

☆"垂直位置"下拉列表 包括"上""中"和"下"3种选项，用于控制对称公差和极限公差的文字对正，如图8-45所示。

图8-44 公差文字高度比例

a）高度比例为"1" b）高度比例为"0.5"

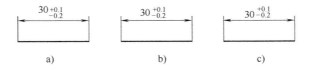

图8-45 垂直位置的3种选项

a）上 b）中 c）下

任务三　创建和修改尺寸

在设定好"尺寸样式"后，即可以采用设定好的"尺寸样式"进行尺寸标注。按照标注尺寸的类型，可以将尺寸分为长度尺寸、半径、直径、坐标、指引线、圆心标记等；按照标注的方式，可以将尺寸分为水平、垂直、对齐、连续、基线等。下面按照不同的标注方法进行介绍。

一、线性尺寸的标注

线性尺寸标注指两点之间的水平或垂直距离尺寸，也可以是旋转一定角度的直线尺寸。定义尺寸可以通过指定两点、选择直线或圆弧等能够识别两个端点的对象来确定。

1. 命令的输入

🔊 "默认"选项卡"注释"面板：├─┤；

🔊 "注释"选项卡"标注"面板：├─┤；

🔊 "标注"工具栏：├─┤；

🔊 菜单栏："标注（N）"→"线性（L）"；

⌨ 命令行：dimlinear。

2. 命令说明

命令：dimlinear

指定第一条尺寸界线原点或 <选择对象>：

指定第二条尺寸界线原点：

指定尺寸线位置或[多行文字(M)/文字(T)/角度(A)/水平(H)/垂直(V)/旋转(R)]：

☆ "指定第一条尺寸界线原点"选项　用于定义第一条尺寸界线的位置，如果直接按<Enter>键，则出现选择对象的提示。

☆ "指定第二条尺寸界线原点"选项　用于在定义了第一条尺寸界线起点后，定义第二条尺寸界线的位置。

☆ "选择对象"选项　用于选择对象来定义线性尺寸的大小。

☆ "多行文字（M）"选项　用于打开"文字编辑器"选项卡与"文字输入"框，如图 8-46 所示，标注的文字是自动测量得到的数值。

图 8-46　"文字编辑器"选项卡与"文字输入"框

☆ "文字（T）"选项　用于设置尺寸标注中的文本值。

☆ "角度（A）"选项 用于设置尺寸标注中的文本数字的倾斜角度。

☆ "水平（H）"选项 用于创建水平线性标注。

☆ "垂直（V）"选项 用于创建垂直线性标注。

☆ "旋转（R）"选项 用于创建旋转一定角度的尺寸标注。

66. 线性标注实例

3. 命令操作实例

选择"线性标注"方式标注图8-47a所示图例的边长。

选择"线性标注"命令 ，分别单击 *A* 点和 *B* 点，然后在 *AB* 上方合适位置单击，放置"551"尺寸。按<Enter>键，重复线性标注命令，分别单击 *B* 点和 *C* 点，然后在 *BC* 右侧合适位置单击，放置"252"尺寸。结果如图8-47b所示。

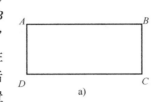
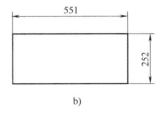

图8-47 "线性标注"图例

二、对齐标注

对倾斜的对象进行标注时，可以使用"对齐"命令。对齐尺寸的特点是尺寸线平行于倾斜的标注对象。

1. 命令的输入

▧ "默认"选项卡"注释"面板：⟍⟋；

▧ "注释"选项卡"标注"面板：⟍⟋；

▧ "标注"工具栏：⟍⟋；

▧ 菜单栏："标注（N）"→"对齐（G）"；

▦ 命令行：dimaligned。

2. 命令说明

命令：dimaligned

指定第一条尺寸界线原点或<选择对象>：

指定第二条尺寸界线原点：

指定尺寸线位置或［多行文字（M）/文字（T）/角度（A）］：

☆ "指定第一条尺寸界线原点" 用于定义第一条尺寸界线的起点。如果直接按<Enter>键，则出现"选择对象"的提示，不出现"指定第二条尺寸界线原点"的提示。如果定义了第一条尺寸界线的起点，则要求定义第二条尺寸界线的起点。

☆ "指定第二条尺寸界线原点" 用于在定义了第一条尺寸界线起点后，定义第二条尺寸界线的位置。

☆ "选择对象" 如果不定义第一条尺寸界线的起点，则选择标注的对象来确定两条尺寸界线。

☆ "指定尺寸线位置" 用于定义尺寸线的位置。

☆ "多行文字（M）" 用于通过文字编辑器输入文字。

☆ "文字（T）" 用于输入单行文字。

☆ "角度（A）" 用于定义文字的旋转角度。

3. 命令操作实例

选择 "对齐标注" 方式标注图 8-48a 所示图例的边长。

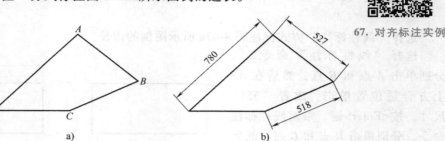

67. 对齐标注实例

图 8-48 "对齐标注" 图例

选择 "对齐标注" 命令 ，分别单击 A 点和 B 点，然后在 AB 外侧合适位置单击，放置 "527" 尺寸；按<Enter>键，重复 "对齐标注" 命令，分别单击 B 点和 C 点，然后在 BC 外侧合适位置单击，放置 "518" 尺寸；按<Enter>键，重复 "对齐标注" 命令，分别单击 D 点和 A 点，然后在 DA 外侧合适位置单击，放置 "780" 尺寸。结果如图 8-48b 所示。

三、坐标标注

坐标标注用于标注图形对象的某点相对于坐标原点的 X 坐标值或 Y 坐标值。

1. 命令的输入

📖 "默认" 选项卡 "注释" 面板：

📖 "注释" 选项卡 "标注" 面板：

📖 "标注" 工具栏：

📖 菜单栏："标注（N）"→"坐标（O）"；

📖 命令行：dimordinate。

2. 命令说明

68. 坐标标注实例

指定点坐标：

指定引线端点或［X基准(X)/Y基准(Y)/多行文字(M)/文字(T)/角度(A)］：

在正交模式下，进行坐标标注前应先设置坐标原点，其他说明略。

3. 命令操作实例

选择 "坐标标注" 方式标注图 8-49 所示图例的尺寸。

设置坐标原点，设置正交模式；选择 "坐标标注" 命令 ，单击原点，水平向左拉出尺寸放置到合适位置；按<Enter>键，重复 "坐标标注" 命令，

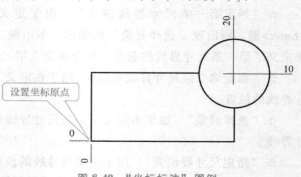

图 8-49 "坐标标注" 图例

单击原点，竖直向下拉出尺寸放置到合适位置；按<Enter>键，重复"坐标标注"命令，单击圆心，水平向右拉出尺寸放置到合适位置；按<Enter>键，重复"坐标标注"命令，单击圆心，竖直向上拉出尺寸放置到合适位置。结果如图 8-49 所示。

◇ 设置坐标原点的操作：在菜单栏单击"绘图（D）"→"新建 UCS（W）"→"原点（N）"按钮，然后单击需要设置原点的位置。

四、弧长标注

弧长标注用于测量圆弧或多段线弧线段上的距离。

1. 命令输入

 "默认"选项卡"注释"面板： ；

"注释"选项卡"标注"面板： ；

"标注"工具栏： ；

菜单栏："标注（N）"→"弧长（H）"；

命令行：dimarc。

2. 命令说明

选择弧线段或多段线圆弧段：

指定弧长标注位置或［多行文字(M)/文字(T)/角度(A)/部分(P)/引线(L)］：

启动"弧长标注"命令后，鼠标指针变为拾取框，选择圆弧对象后，系统自动生成弧长标注，只需移动鼠标指针确定尺寸线的位置即可。

3. 命令操作实例

选择"弧长标注"方式标注图 8-50 所示图例的尺寸。

选择"弧长标注"命令 ，单击任一圆弧，移动鼠标指针放置尺寸到合适位置；重复以上操作，完成其余圆弧弧长标注。

结果如图 8-50 所示。

69.弧长标注实例

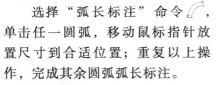

图 8-50 "弧长标注"图例

五、角度标注

角度标注用于标注圆或圆弧的角度、两条非平行直线间的角度、三点之间的角度。

1. 命令的输入

"默认"选项卡"注释"面板： ；

"注释"选项卡"标注"面板： ；

"标注"工具栏： ；

菜单栏："标注（N）"→"角度（A）"；

命令行：dimangular。

2. 命令说明

（1）圆上两点角度的标注　单击"角度标注"按钮，在圆上单击，在选中圆的同时确定角度的顶点位置；再单击确定角度的第二端点，在圆上两点间测量出角度的大小。

（2）圆弧角度的标注　单击"角度标注"按钮，选择圆弧对象后，系统自动生成角度标注，只需移动鼠标指针确定尺寸线的位置即可。

（3）两条非平行直线间的角度标注　单击"角度标注"按钮，测量非平行直线间夹角的角度时，AutoCAD 2023将两条直线作为角的边，以直线之间的交点作为角度顶点来确定角度。如果尺寸线不与被标注的直线相交，AutoCAD 2023将根据需要通过延长一条或两条直线来添加尺寸界线；该尺寸线的张角始终小于180°，角度标注的位置由鼠标指针的位置来确定。

（4）三点之间的角度标注　单击"角度标注"按钮，测量自定义顶点及两个端点组成的角度时，角度顶点可以同时为一个角度端点；如果需要尺寸界线，角度端点可用作尺寸界线的起点，尺寸界线从角度端点绘制到尺寸线交点；尺寸界线之间绘制的圆弧为尺寸线。

3. 命令操作实例

1）标注图 8-51a 所示圆上 *AB* 圆弧段的角度值。

选择"角度标注"命令，先单击圆上的 *B* 点位置，再单击圆上的 *A* 点位置，移动鼠标指针，单击确定尺寸放置位置。结果如图 8-51b 所示。

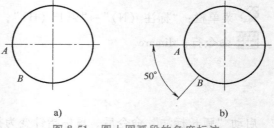

图 8-51　圆上圆弧段的角度标注

2）标注图 8-52 所示圆弧段的角度值。

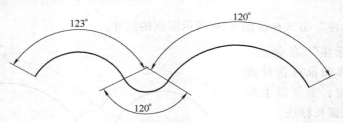

图 8-52　圆弧角度标注图例

70. 圆上圆弧段的角度标注实例

71. 圆弧角度标注实例

选择"角度标注"命令，单击任一圆弧，移动鼠标指针放置尺寸到合适位置；重复以上操作，完成其余圆弧角度的标注。结果如图 8-52 所示。

3）标注图 8-53 所示各直线间角度的不同方向尺寸。

选择"角度标注"命令，先单击锐角（钝角）的一个边，再单击锐角（钝角）的另一个边，移动鼠标指针放置尺寸到夹角上方，在合适位置单击确定；重复以上操作，完成所有角度标注。结果如图 8-53 所示。

4）标注图 8-54a 所示 ∠*AOB* 的值。

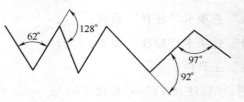

图 8-53　直线间角度的标注

72. 直线间角度标注实例

73. 三点法
标注角度实例

图 8-54　三点法标注角度

命令:dimangular　　　　　　　　　　//单击"角度标注"按钮

选择圆弧、圆、直线或<指定顶点>:　　　//按<Enter>键,选择三点法

指定角的顶点:　　　　　　　　　　//单击 *O* 点,确定顶点

指定角的第一个端点:　　　　　　　//单击 *A* 点,确定第一个端点

指定角的第二个端点:　　　　　　　//单击 *B* 点,确定第二个端点

指定标注弧线位置或 [多行文字(M)/文字(T)/角度(A)象限点(Q)]:

　　　　　　　　　　　　　　　//移动鼠标指针,确定尺寸线位置

标注文字 = 120

结果如图 8-54b 所示。

六、半径标注

半径标注由一条具有箭头的指向圆或圆弧的半径尺寸线组成。测量圆或圆弧半径时,自动生成的标注文字前将显示一个表示半径长度的字母"R"。

1. 命令的输入

"默认"选项卡"注释"面板: ;

"注释"选项卡"标注"面板: ;

"标注"工具栏: ;

菜单栏:"标注(N)"→"半径(R)"。

命令行:dimradius。

2. 命令说明

命令:dimradius

选择圆弧或圆:

标注文字 = XX

指定尺寸线位置或 [多行文字(M)/文字(T)/角度(A)]:

☆ "选择圆弧或圆"　选择标注半径的对象。

☆ "指定尺寸线位置"　定义尺寸线的位置,尺寸线通过圆心。确定尺寸线的位置的拾取点对文字的位置有影响,与"尺寸样式"对话框中"文字""直线""箭头"选项的设置有关。

☆ "多行文字(M)"　通过多行文字编辑器输入标注文字。

☆ "文字(T)"　输入单行文字。

☆ "角度(A)"　定义文字旋转角度。

3. 命令操作实例

标注图 8-55 所示圆弧和圆的半径尺寸。

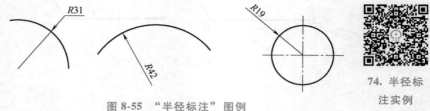

图 8-55 "半径标注"图例

74. 半径标注实例

选择"半径标注"命令 ，单击任一圆弧，移动鼠标指针，确定尺寸数字位置；重复以上操作，完成其余圆弧和圆的半径标注。结果如图 8-55 所示。

七、直径标注

标注直径的方法与圆或圆弧半径的标注方法相似。

1. 命令的输入

"默认"选项卡"注释"面板：;

"注释"选项卡"标注"面板：;

"标注"工具栏：;

菜单栏："标注（N）"→"直径（D）"；

命令行：dimdiameter。

2. 命令说明

命令：dimdiameter

选择圆弧或圆：

标注文字=XX

指定尺寸线位置或［多行文字(M)/文字(T)/角度(A)］：

☆"选择圆弧或圆" 选择标注直径的对象。

☆"指定尺寸线位置" 定义尺寸线的位置，尺寸线通过圆心。确定尺寸线的位置的拾取点对文字的位置有影响，与"尺寸样式"对话框中"文字""直线""箭头"选项的设置有关。

☆"多行文字（M）" 通过文字编辑器输入标注文字。

☆"文字（T）" 输入单行文字。

☆"角度（A）" 定义文字旋转角度。

3. 命令操作实例

标注图 8-56 所示圆和圆弧的直径。

选择"直径标注"命令 ，单击圆，移动鼠标指针，确定尺寸数字位置；重复以上操作，完成圆弧的直径标注。结果如图 8-56 所示。

八、圆心标记

一般情况下是先确定圆和圆弧的圆心位置再绘制圆或圆弧，但有时却是先有圆或圆弧再标记其圆心。AutoCAD 2023 可以在选择了圆或圆弧后，自动找到圆心并进行指定的标记。

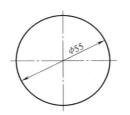

图 8-56　"直径标注"图例

75. 直径标注实例

1. 命令的输入

❀ "标注"工具栏：⊕；

❀ 菜单栏："标注（N）"→"圆心标记（M）"；

⌨ 命令行：dimcenter。

2. 命令说明

命令：dimcenter

选择圆弧或圆：

☆ "选择圆弧或圆"　选择要加圆心标记的圆或圆弧。

76. 圆心标注实例

3. 命令操作实例

在图 8-57a 所示的圆及圆弧中增加圆心标记，分别为"标记"和"直线"。

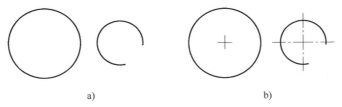

a)　　　　　　　　　　　　　　　　　　b)

图 8-57　"圆心标记"图例

在"尺寸样式"中设置圆心标记为"+"◉标记(M)。

命令：dimcenter　　　　　　　　　　　　　　　//单击"圆心标记"按钮

选择圆弧或圆：　　　　　　　　　　　　　　　//单击圆

在"尺寸样式"中设置圆心标记为"直线"◉直线(E)。

命令：dimcenter　　　　　　　　　　　　　　　//单击"圆心标记"按钮

选择圆弧或圆：　　　　　　　　　　　　　　　//单击圆弧

结果如图 8-57b 所示。

九、折弯标注

折弯标注在当圆弧或圆的中心位于布局外并且无法在其实际位置显示时使用。使用"折弯标注"命令可以创建折弯半径标注，可以在更方便的位置指定标注的原点。

1. 命令的输入

❀ "默认"选项卡"注释"面板：〰；

❀ "注释"选项卡"标注"面板：〰；

❀ "标注"工具栏：〰；

❀ 菜单栏："标注（N）"→"折弯（J）"；

⌨ 命令行：dimjogged。

2. 命令说明

启用"折弯标注"命令后，单击圆弧边上的某一点，系统测量选定对象的半径，并显示前面带有一个半径符号的标注文字；接着指定新中心点的位置，用于替代实际中心点；然后确定尺寸线的位置；最后指定折弯标注的中点位置。

3. 命令操作实例

选择"折弯标注"方式标注图8-58所示图例的尺寸。

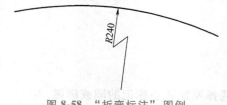

77. 折弯标注
实例

图8-58 "折弯标注"图例

命令：dimjogged   //单击"折弯标注"按钮
选择圆弧或圆：   //单击选择圆弧
指定中心位置替代：   //单击指定折弯半径标注新中心点
标注文字 = 240
指定尺寸线位置或 [多行文字(M)/文字(T)/角度(A)]：
                                  //移动鼠标指针，单击确定尺寸线位置
指定折弯位置：   //移动鼠标指针，单击指定折弯的位置
结果如图8-58所示。

十、连续标注

连续标注是工程制图中常用的一种标注方式，指一系列首尾相连的尺寸标注。其中，相邻的两个尺寸标注间的尺寸界线作为公用尺寸界线。

1. 命令的输入

❖ "注释"选项卡"标注"面板：┼┼┼；

❖ "标注"工具栏：┼┼┼；

❖ 菜单栏："标注(N)"→"连续(C)"；

⌨ 命令行：dimcontinue。

2. 命令说明

命令：dimcontinue
选择连续标注：
指定第二条尺寸界线原点或[选择(S)/放弃(U)]<选择>：

☆ "选择连续标注" 选择以线性标注为连续标注的基准标注。

☆ "指定第二条尺寸界线原点" 定义连续标注中的第二条尺寸界线，第一条尺寸界线由标注基准确定。

☆ "选择（S）" 重新选择一个线性尺寸为连续标注的基准。

☆"放弃（U）"　放弃上一个连续标注。

3. 命令操作实例

选择"连续标注"方式标注图 8-59 所示图例的尺寸。

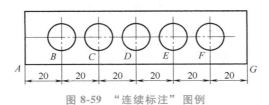

78. 连续标注
实例

图 8-59　"连续标注"图例

命令：dimlinear　　　　　　　　　　　//单击"线性标注"按钮,作为连续标注的
　　　　　　　　　　　　　　　　　　　　基准
指定第一条尺寸界线原点或<选择对象>：　//单击 *A* 点
指定第二条尺寸界线原点：　　　　　　//单击 *B* 点
指定尺寸线位置或［多行文字（M）/文字（T）/角度（A）/水平（H）/垂直（V）/旋转（R）］：
　　　　　　　　　　　　　　　　　　　//移动鼠标指针,确定尺寸线位置
标注文字＝20
命令：dimcontinue　　　　　　　　　　//单击"连续标注"按钮
指定第二条尺寸界线原点或［选择（S）/放弃（U）］<选择>：
　　　　　　　　　　　　　　　　　　　//单击 *C* 点
标注文字＝20　　　　　　　　　　　　//依次单击 *D* 点、*E* 点、*F* 点、*G* 点,最后按
　　　　　　　　　　　　　　　　　　　<Enter>键,结束标注

结果如图 8-59 所示。

十一、基线标注

对于从一条尺寸界线出发的基线,可以快速进行标注,无须手动设置两条尺寸线之间的间隔。

1. 命令的输入

❀"注释"选项卡"标注"面板：⊢⊣;

❀"标注"工具栏：⊢⊣;

❀菜单栏："标注（N）"→"基线（B）";

▦命令行：dimbaseline。

2. 命令说明

命令：dimbaseline
选择基准标注：
指定第二条尺寸界线原点或［选择（S）/放弃（U）］<选择>：

☆"选择基准标注"　选择基线标注的基准标注,后面的尺寸以此为基准进行标注。如果上一个命令进行了线性尺寸标注,则不出现该提示。

☆"指定第二条尺寸界线原点"　定义第二条尺寸界线的位置,第一条尺寸界线由基准确定。

☆ "选择（S）" 选择基线标注基准。

☆ "放弃（U）" 放弃上一个基线尺寸标注。

3. 命令操作实例

选择 "基线标注" 方式标注图 8-60 所示图例的尺寸。

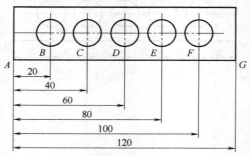

79. 基线标注实例

图 8-60　基线标注图例

命令：dimlinear　　　　　　　　　　　　//单击"线性标注"按钮,作为连续标注的

　　　　　　　　　　　　　　　　　　　　　基准

指定第一条尺寸界线原点或<选择对象>：　　//单击 A 点

指定第二条尺寸界线原点：　　　　　　　//单击 B 点

指定尺寸线位置或［多行文字（M）/文字（T）/角度（A）/水平（H）/垂直（V）/旋转（R）］：

　　　　　　　　　　　　　　　　　　　　//移动鼠标指针,确定尺寸线位置

标注文字 = 20

命令：dimbaseline　　　　　　　　　　//单击"基线标注"按钮

指定第二条尺寸界线原点或［选择（S）/放弃（U）］<选择>：

　　　　　　　　　　　　　　　　　　　　//单击 C 点

标注文字 = 40　　　　　　　　　　　　//依次单击 D 点、E 点、F 点、G 点,最后按

　　　　　　　　　　　　　　　　　<Enter>键,结束标注

结果如图 8-60 所示。

◇ 在使用 "连续标注" 和 "基线标注" 命令时，首先第一个尺寸要用线性标注，然后才可以用连续和基线标注，否则无法使用这两种标注方法。

十二、快速标注

启用 "快速标注" 命令后，可以快速创建或编辑基线标注、连续标注或为圆、圆弧创建标注；可以一次选择多个对象。

1. 命令的输入

▧ "注释" 选项卡 "标注" 面板：⌅ ；

▧ "标注" 工具栏：⌅ ；

▧ 菜单栏："标注（N）"→"快速标注（Q）"；

▦ 命令行：qdim。

2. 命令说明

命令:qdim

关联标注优先级＝端点

选择要标注的几何图形:

指定尺寸线位置或[连续(C)/并列(S)/基线(B)/坐标(O)/半径(R)/直径(D)/基准点(P)/编辑(E)/设置(T)]＜连续＞:

☆ "选择要标注的几何图形"　选择用于快速标注的对象。如果选择的对象不单一，在标注某种尺寸时，将忽略不可标注的对象。例如，同时选择了直线和圆，标注圆的直径时将忽略直线对象。

☆ "指定尺寸线位置"　定义尺寸线的位置。

☆ "连续（C）"　采用连续方式标注所选图形。

☆ "并列（S）"　采用并列方式标注所选图形。

☆ "基线（B）"　采用基线方式标注所选图形。

☆ "坐标（O）"　采用坐标方式标注所选图形。

☆ "半径（R）"　对所选圆或圆弧标注半径。

☆ "直径（D）"　对所选圆或圆弧标注直径。

☆ "基准点（P）"　设定坐标标注或基线标注的基准点。

☆ "编辑（E）"　对标注点进行编辑，用于显示所有的标注节点，可以在现有标注中添加或删除点。

☆ "设置（T）"　为指定尺寸界线原点设置默认对象捕捉方式。

3. 命令操作实例

选择 "快速标注" 方式标注图 8-61 所示图例的尺寸。

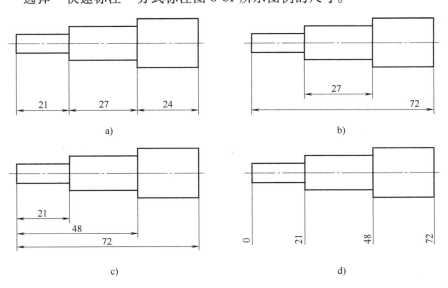

80. 快速标注
实例

图 8-61　"快速标注" 图例

a）连续　b）并列　c）基线　d）坐标

命令:qdim　　　　　　　　　　　　　　//单击"快速标注"按钮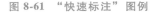

关联标注优先级＝端点

选择要标注的几何图形:指定对角点:找到 9 个　　//窗选中心线下方的水平线

选择要标注的几何图形:　　　　　　　　　　　//按<Enter>键

指定尺寸线位置或［连续（C）/并列（S）/基线（B）/坐标（O）/半径（R）/直径（D）/基准点（P）/编辑（E）/设置（T）］<连续>:C　　　　　//输入字母"C"，按<Enter>键，移动鼠标指针，确定尺寸线的位置

结果如图 8-61a 所示。

命令:qdim　　　　　　　　　　　　　　　　//单击"快速标注"按钮

关联标注优先级＝端点

选择要标注的几何图形:指定对角点:找到 9 个　　//窗选中心线下方的水平线

选择要标注的几何图形:　　　　　　　　　　　//按<Enter>键

指定尺寸线位置或［连续（C）/并列（S）/基线（B）/坐标（O）/半径（R）/直径（D）/基准点（P）/编辑（E）/设置（T）］<连续>:S　　　　　//输入字母"S"，按<Enter>键，移动鼠标指针，确定尺寸线的位置

结果如图 8-61b 所示。

命令:qdim　　　　　　　　　　　　　　　　//单击"快速标注"按钮

关联标注优先级＝端点

选择要标注的几何图形:指定对角点:找到 9 个　　//窗选中心线下方的水平线

选择要标注的几何图形:　　　　　　　　　　　//按<Enter>键

指定尺寸线位置或［连续（C）/并列（S）/基线（B）/坐标（O）/半径（R）/直径（D）/基准点（P）/编辑（E）/设置（T）］<连续>:B　　　　　//输入字母"B"，按<Enter>键，移动鼠标指针，确定尺寸线的位置

结果如图 8-61c 所示。

命令:ucs　　　　　　　　　　　　　//单击"原点"按钮，设置坐标原点

当前 UCS 名称:＊没有名称＊

指定 UCS 的原点或［面（F）/命名（NA）/对象（OB）/上一个（P）/视图（V）/世界（W）/X/Y/Z/Z 轴（ZA）］<世界>:_o　　　　//选择轴左端点为坐标原点

指定新原点 <0,0,0>:

命令:qdim　　　　　　　　　　　　　　　　//单击"快速标注"按钮

关联标注优先级＝端点

选择要标注的几何图形:指定对角点:找到 9 个　　//窗选中心线下方的水平线

选择要标注的几何图形:　　　　　　　　　　　//按<Enter>键

指定尺寸线位置或［连续（C）/并列（S）/基线（B）/坐标（O）/半径（R）/直径（D）/基准点（P）/编辑（E）/设置（T）］<连续>:O　　　　　//输入字母"O"，按<Enter>键，移动鼠标指针，确定尺寸线的位置

结果如图 8-61d 所示。

十三、标注间距

标注间距可以自动调整平行的线性标注和角度标注之间的间距，或根据指定的间距

值对标注进行调整。除了调整尺寸线间距，还可以通过输入间距值为"0"，使尺寸线相互对齐。

1. 命令的输入

💠 "注释"选项卡"标注"面板： ；

💠 "标注"工具栏： ；

💠 菜单栏："标注（N）"→"标注间距（P）"；

⌨ 命令行：dimspace。

81. 自动调整平行的线性标注实例

2. 命令操作实例

调整图 8-62a 所示线性标注的间距，调整后如图 8-62b 所示。

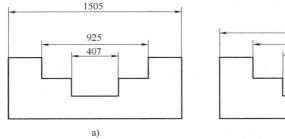
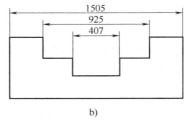

a)　　　　　　　　　　　　b)

图 8-62　自动调整平行的线性标注间距

a）调整前　b）调整后

1）单击"标注间距"按钮。

2）选择线性标注尺寸"407"作为基准标注。

3）选择要调整间距的标注，单击线性标注尺寸"925"和"1505"，按<Enter>键，结束对象选取。

4）选择"自动"（该选项为默认选项）选项，结果如图 8-62b 所示。

十四、折断标注

折断标注可以在尺寸线或尺寸界线与几何对象或其他标注相交的位置将其折断。

1. 命令的输入

💠 "注释"选项卡"标注"面板： ；

💠 "标注"工具栏： ；

💠 菜单栏："标注（N）"→"折断标注（K）"；

⌨ 命令行：dimbreak。

2. 命令操作实例

将图 8-63a 所示的尺寸标注，通过"折断标注"命令编辑成图 8-63b 所示尺寸标注。

1）单击"折断标注"按钮。

2）选择尺寸标注"1431"，输入"A"进行自动打断。

3）完成折断标注，如图8-63b所示。

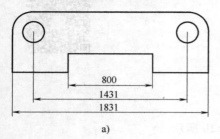 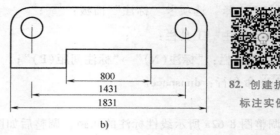

图8-63　创建折断标注

a）调整前　b）调整后

十五、折弯线性

折弯线性可以向线性标注添加折弯线，以表示实际测量值与尺寸界线之间的长度不同。如果显示的标注对象小于被标注对象的实际长度，则通常使用折弯尺寸线表示。

1. 命令的输入

"注释"选项卡"标注"面板：～∿；

"标注"工具栏：～∿；

菜单栏："标注（N）"→"折弯线性（J）"；

命令行：dimjogline。

2. 命令操作实例

在图8-64a所示线性尺寸中添加图8-64b所示折弯线。

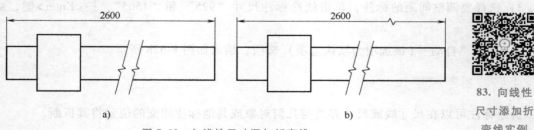

图8-64　向线性尺寸添加折弯线

a）调整前　b）调整后

1）单击"折弯线性"按钮。

2）选择要添加折弯的尺寸标注，即图8-64a中的"2600"尺寸标注。

3）在尺寸线上指定折弯位置，结果如图8-64b所示。

任务四　标注和修改引线

在机械制图中，引线标注通常用于标注倒角、零件编号、几何公差等，在AutoCAD

2023 中，可使用"多重引线"命令（mleader）创建引线标注。多重引线标注由带箭头或不带箭头的直线或样条曲线（引线）、一条短水平线（基线）以及处于引线末端的文字或图块组成，如图 8-65 所示。

图 8-65　引线标注示例

一、创建多重引线

1. 命令的输入

🔲 "默认"选项卡"注释"面板：／○；

🔲 "注释"选项卡"引线"面板：／○；

🔲 菜单栏："标注(N)"→"多重引线(E)"；

⌨ 命令行：mleader。

2. 命令说明

命令：mleader

指定引线箭头的位置或"预输入文字(T)/引线基线优先(L)/内容优先(C)/选项(O)"：

☆ "指定引线箭头的位置"　首先指定多重引线对象箭头的位置，然后设置多重引线对象的引线基线的位置，最后输入相关联的文字。

☆ "预输入文字（T）"　绘制引线前预先输入文字。

☆ "引线基线优先（L）"　首先指定多重引线对象基线的位置，然后设置多重引线对象箭头的位置，最后输入相关联的文字。

☆ "内容优先（C）"　首先指定与多重引线对象相关联的文字或图块的位置，然后输入文字，最后指定引线箭头的位置。

☆ "选项（O）"　指定用于放置多重引线对象的选项。

◇ 如果先前绘制的多重引线对象是箭头优先、引线基线优先或内容优先，则后面创建的多重引线对象将继承该特性，除非重新进行设置。

3. 命令操作实例

选择"多重引线"方式标注图 8-66 所示图例的尺寸。

1）单击"多重引线"按钮，依次单击 C 点和 D 点处，分别指定引线箭头和引线基线的位置。

2）在打开的多行文字编辑器中输入"42×30%%d"，单击"文字编辑器"选项卡中的"√"按钮，结束标注。

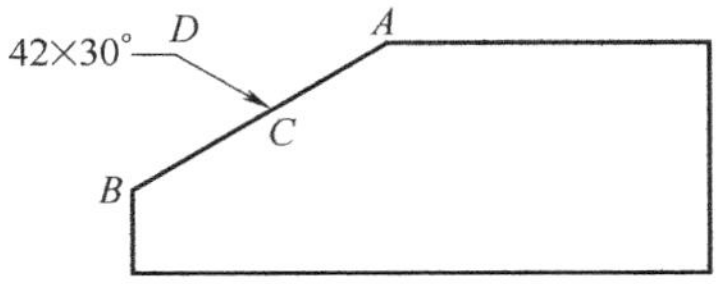

图 8-66　引线标注

二、创建和修改多重引线样式

多重引线样式可以控制引线的外观，即可以指定基线、引线、箭头和内容的格式。用户可以使用默认的多重引线样式"Standard"，也可以创建个性化的多重引线样式。

创建多重引线样式的方法如下。

1）选择"格式"→"多重引线样式"菜单命令，打开"多重引线样式管理器"对话框，如图8-67所示。

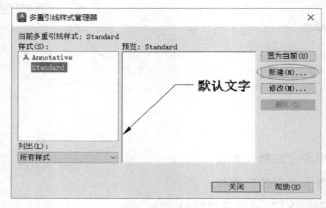

图8-67 "多重引线样式管理器"对话框

2）单击"新建"按钮，在打开的"创建新多重引线样式"对话框中设置新样式的名称，然后单击"继续"按钮，如图8-68所示。

3）打开"修改多重引线样式：引线标注"对话框，在"引线格式"选项卡中可设置引线的类型、颜色、线型、线宽、引线前端箭头符号和箭头大小，如图8-69所示。

图8-68 "创建新多重引线样式"对话框

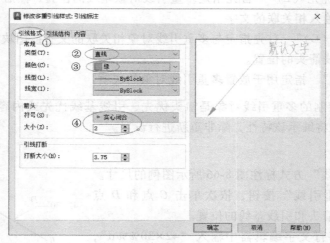

图8-69 "引线格式"选项卡

4）打开"引线结构"选项卡，在此可设置"最大引线点数"、是否包含基线以及基线距离，如图8-70所示。

5）打开"内容"选项卡，在此可设置"多重引线类型"（多行文字或块）。如果多重引线类型为多行文字，还可设置文字的样式、角度、颜色、高度等，如图8-71所示。

图 8-70　"引线结构"选项卡

图 8-71　"内容"选项卡

6)"内容"选项卡中的"引线连接"选项组用于设置当文字位于引线左侧或右侧时，文字与基线的相对位置，以及文字与基线的距离，如图 8-72 所示。

7)如果将"多重引线类型"设置为"块"，此时系统将显示"块选项"选项组，利用该选项组可设置图块类型、图块附着到引线的方式以及图块颜色等，如图 8-73 所示。

三、快速引线标注

启动"快速引线"命令后，依次指定引线上的点。通常情况下，标注引线之前首先要

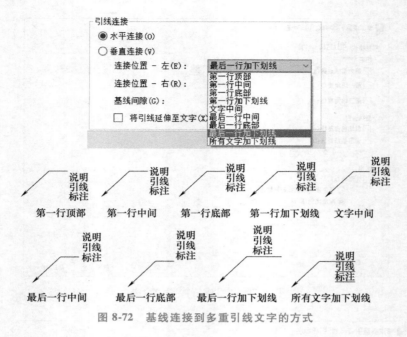

图 8-72　基线连接到多重引线文字的方式

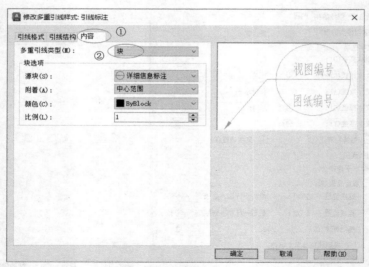

图 8-73　设置"多重引线类型"为"块"

对引线标注进行设置。

1. 设置引线注释的类型

（1）命令的输入

  "标注"工具栏：

  命令行：qleader 或 LE。

（2）命令说明

命令：qleader

指定第一个引线点或［设置(S)］<设置>：

在命令行的提示下，直接按<Enter>键，系统弹出图 8-74a 所示的"引线设置"对话框。

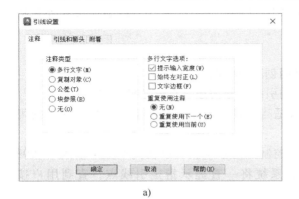

a)

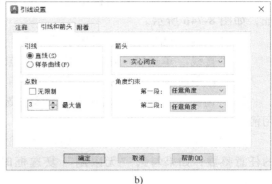

b)

c)

图 8-74　"引线设置"对话框

a)"注释"选项卡　b)"引线及箭头"选项卡　c)"附着"选项卡

1）"注释类型"选项组。

☆ "多行文字"单选项　用于提示创建多行文字注释。

☆ "复制对象"单选项　用于提示复制多行文字、单行文字、公差或块参照对象。

☆ "公差"单选项　用于显示"公差"对话框，可以创建将要附着到引线上的特征控制框。

☆ "块参照"单选项　用于插入图块参照。

☆ "无"单选项　用于创建无注释的引线标注。

2）"多行文字选项"选项组。

☆ "提示输入宽度"复选框　用于指定多行文字注释的宽度。

☆ "始终左对正"复选框　用于设置引线位置无论在何处，多行文字注释都将靠左对正。

☆ "文字边框"复选框　用于在多行文字注释周围放置边框。

3）"重复使用注释"选项组。

☆ "无"单选项　用于设置为不重复使用引线注释。

☆ "重复使用下一个"单选项　用于设置为重复使用后续引线创建的下一个注释。

☆ "重复使用当前"单选项　用于设置为重复使用当前注释。选中"重复使用下一个"单选项之后重复使用注释，AutoCAD 2023 将自动选择此项。

2. 设置引线及箭头的外观特征

单击"引线设置"对话框中的"引线和箭头"选项卡，可以设置引线和箭头的外观特征，如图 8-74b 所示。

1）"引线"选项组可以设置引线格式。

☆ "直线"单选项　用于设置在指定点之间创建直线段。

☆ "样条曲线"单选项　用于设置以指定的引线点作为控制点创建样条曲线对象。

2）"箭头"选项组可以在下拉列表中选择适当的箭头类型，这些箭头与尺寸线中的可用箭头一样。

3）"点数"选项组可以设置确定引线形状控制点的数量，可以在文本框中输入 2~999 的任意整数；如果勾选"无限制"复选框时，系统将一直提示指定引线点，直到用户按 <Enter> 键确定。

4）"角度约束"选项组可以在第一条与第二条引线间设置角度，以固定的角度进行约束。

☆ "第一段"下拉列表　用于选择设置第一段引线的角度。

☆ "第二段"下拉列表　用于选择设置第二段引线的角度。

3. 设置引线注释的对齐方式

单击"引线设置"对话框中的"附着"选项卡，在弹出的界面中可以设置引线和多行注释文字的附着位置。只有在"注释"选项卡上选定"多行文字"单选项时，"附着"选项卡才为可用状态，如图 8-74c 所示。

在"多行文字附着"选项组中，有"文字在左边"和"文字在右边"两种方式可供选择，用于设置文字与引线末端的相对位置，如图 8-75 所示。

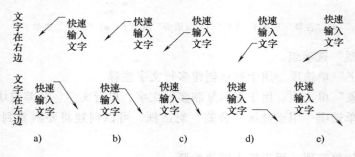

图 8-75　多行文字与引线末端的相对位置

a）第一行顶部　b）第一行中间　c）多行文字中间　d）最后一行中间　e）最后一行底部

☆ "第一行顶部"单选项　用于将引线附着到多行文字的第一行顶部。

☆ "第一行中间"单选项　用于将引线附着到多行文字的第一行中间。

☆ "多行文字中间"单选项　用于将引线附着到多行文字的中间。

☆ "最后一行中间"单选项　用于将引线附着到多行文字最后一行的中间。

☆ "最后一行底部"单选项　用于将引线附着到多行文字最后一行的底部。

☆ "最后一行加下划线"复选框　用于给多行文字的最后一行加下划线，如图 8-76 所示。

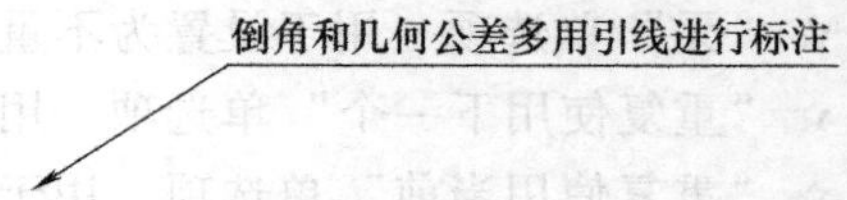

倒角和几何公差多用引线进行标注

图 8-76　给多行文字的最后一行加下划线

◇ 在大多数情况下，建议使用 mleader（多重引线）命令创建引线对象。使用 qleader（快速引线）命令时，更适合几何公差的引线标注。AutoCAD 2023 的标注工具栏在默认情况下没有附着其菜单图标，需要用户自行调出。调出方法：选择"工具"→"自定义"→"界面"菜单命令，弹出"自定义用户界面"对话框，在"命令列表"框中输入"快速引线"字样，单击"查找"按钮。查找后，单击按钮，把此按钮拖至"标注"工具栏适当的位置即可。

任务五　标注和修改几何公差

标注几何公差，可以通过"公差"命令来进行，也可以通过快速引线标注中的公差参数进行。

一、使用"公差"命令标注

使用"公差"命令可以创建各种几何公差。

1. 命令的输入

❧　"标注"工具栏：⊞1；

❧　菜单栏："标注（N）"→"公差（T）"；

▦　命令行：tolerance。

2. 命令说明

启动"公差"命令后，系统弹出图 8-77 所示对话框。

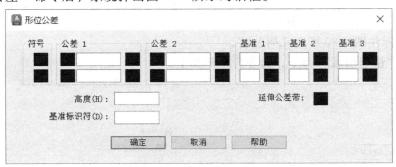

图 8-77　"形位公差"对话框

（1）"符号"选项组　用于设置几何公差的几何特征符号。单击下面的小黑框，将弹出图 8-78 所示的"特征符号"对话框。

（2）"公差 1"选项组　用于在特征控制框中创建第一个公差值。该公差值指明了几何特征相对于精确形状的允许偏差量。另外，用户可在公差值前插入直径符号，在其后插入包容条件符号，单击"公差 1"中的小黑方框，将弹出图 8-79 所示的"附加符号"对话框。

（3）"公差 2"选项组　用于在特征控制框中创建第二个公差值。

（4）"基准 1"选项组　用于在特征控制框中创建第一级基准参照。基准参照由值和修饰符号组成。基准是理论上精确的几何参照，用于建立特征的公差带。

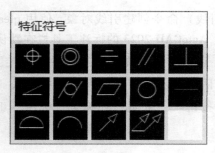

图 8-78 "特征符号"对话框

图 8-79 "附加符号"对话框

（5）"基准 2"选项组 用于在特征控制框中创建第二级基准参照。

（6）"基准 3"选项组 用于在特征控制框中创建第三级基准参照。

（7）"高度"选项 用于在特征控制框中创建投影公差带的值。投影公差带控制固定垂直部分延伸区的高度变化，并以位置公差控制公差精度。

（8）"延伸公差带"选项 用于在延伸公差带值的后面插入延伸公差带符号（P）。

（9）"基准标识符"选项 用于创建由参照字母组成的基准标识符号。基准是理论上精确的几何参照，用于建立其他特征的位置和公差带。点、直线、平面、圆柱或者其他几何图形都能作为基准。

设置完各项参数后，单击"确定"按钮，根据命令行提示，拾取点作为几何公差的标注位置。

二、使用快速引线标注公差

使用快速引线可以一次性标注出几何公差，而且不用再画引线，应用起来比较方便。下面以几何公差标注的操作实例来进行说明。

85. 几何公差标注实例

使用引线标注图 8-80 所示几何公差。

1）启用"快速引线"命令，命令行显示如下。

命令：qleader //输入"qleader"，按<Enter>键

指定第一个引线点或［设置（S）］<设置>：//按<Enter>键，弹出图 8-81 所示对话框。

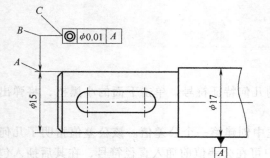

图 8-80 几何公差标注应用图例

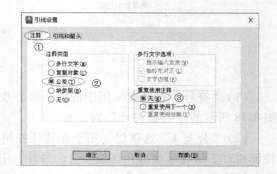

图 8-81 在"引线设置"对话框中设置"公差"选项

2）在"引线设置"对话框中选择"公差"选项；切换到"引线和箭头"选项卡，在"点数"选项组中设置"最大值"为"3"，如图 8-82 所示。单击"确定"按钮，返回到绘

图 8-82　设置"引线设置"对话框"引线和箭头"选项卡

图区域，鼠标指针变为"+"字形。

3）在尺寸线上端点 *A* 处单击，在点 *B* 单击，最后在点 *C* 单击，系统弹出"形位公差"对话框。单击对话框中"符号"选项组下方小黑框，系统弹出"特征符号"对话框，从中选择"同轴度"符号◎。单击"公差 1"选项组下方小黑框，自动弹出"直径"符号∅，在文本框内输入数值"0.01"。单击"基准 1"选项组下方文本框并输入"*A*"，如图 8-83 所示。

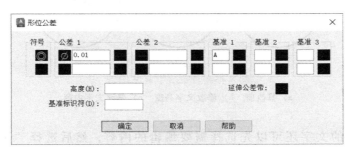

图 8-83　几何公差设置实例

4）单击"确定"按钮，完成标注，如图 8-80 所示。

三、尺寸编辑

在 AutoCAD 2023 中，修改标注的尺寸样式后，所有应用此样式的标注都将发生变化。当要单独改变某一处标注尺寸的外观和文字时，可以通过多种方法进行编辑。

1."编辑"命令

在尺寸标注中，如果仅想对标注文字进行编辑，操作方法如下。

（1）命令的输入

菜单栏："修改（M）"→"对象（O）"→"文字（T）"→"编辑（E）"；

命令行：textedit 或 ED。

（2）命令说明

启动"编辑"命令后，系统将切换到"文字编辑器"选项面板，泛蓝色文本表示当前的标注文字，可以修改或添加其他字符，如图 8-84 所示，单击"关闭文字编辑器"按钮，修改效果如图 8-85 所示。

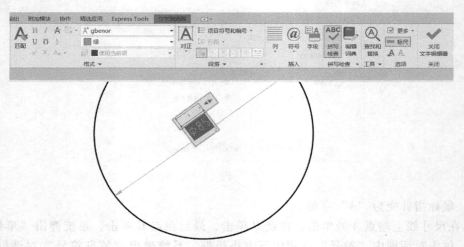

图 8-84　使用"文字编辑器"选项面板进行编辑

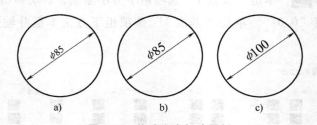

86. 修改文字
标注实例

图 8-85　修改文字标注图例

a）修改前　b）修改文字高度　c）修改文字内容

◇ 编辑标注的文字还可以先选择需要编辑的内容，然后选择"工具"→"选项板"→"特性"命令，打开"特性"对话框，在"文字替代"文本框中输入需要替代的文字。此方法复杂，建议初学者慎用。

◇ 若想将标注文字的样式还原为实际测量值，可直接将"文字替代"文本框中输入的文字删除。

2. "编辑标注"命令

此命令用于改变已标注文本的内容、转角、位置，同时还可以改变尺寸界线与尺寸线的相对倾斜角。

（1）命令的输入

"标注"工具栏：

命令行：dimedit 或 DED。

（2）命令说明

命令：dimedit

输入标注编辑类型［默认（H）/新建（N）/旋转（R）/倾斜（O）］<默认>：

选择对象：

☆ "默认（H）" 用于修改指定的尺寸文字到默认位置，即回到原始点。

☆ "新建（N）" 用于通过"文字编辑器"输入新的文字。

☆ "旋转（R）" 用于按指定的角度旋转文字。

☆ "倾斜（O）" 用于将尺寸界线倾斜指定的角度。

☆ "选择对象" 用于选择要修改的尺寸对象。

（3）命令操作实例

将图 8-86a 所示的尺寸标注样式修改成图 8-86b 所示的尺寸标注样式。

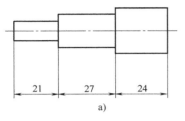
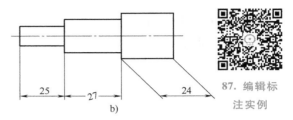

87. 编辑标注实例

图 8-86 编辑标注图例

a）原图　b）修改后

1）修改尺寸"21"的数值。单击"编辑标注"按钮，输入"N"，选择"新建"选项，切换到图 8-87 所示的"文字编辑器"选项面板。在"文字编辑器"的泛蓝色文本框中输入新值"25"，单击"关闭文字编辑器"按钮，此时鼠标指针变为拾取"小方框"，选择尺寸"21"，按<Enter>键，完成尺寸的修改。

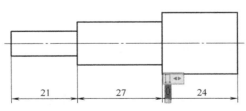

图 8-87 修改尺寸数值

2）修改尺寸"27"的角度。单击"编辑标注"按钮，输入"R"，选择"旋转"选项，输入旋转角度"30"，按<Enter>键，完成尺寸旋转角度的修改。

3）修改尺寸"24"的倾斜角度。单击"编辑标注"按钮，输入"O"，选择"倾斜"选项，输入旋转角度"-45"，按<Enter>键，完成尺寸倾斜角度的修改。

4）完成尺寸标注样式修改的结果如图 8-86b 所示。

3. "编辑标注文字"命令

有时会根据图形的具体情况对尺寸文本位置做适当调整，如尺寸文本覆盖了图线或尺寸文本相互重叠时。对尺寸文本位置的修改，不仅可以通过夹点直观地修改，而且可以使用"编辑标注文字"命令进行精确修改。

（1）命令的输入

📎"注释"选项卡"标注"面板：

📎"标注"工具栏：

📎菜单栏："标注（N）"→"文字对齐（X）"→"默认（H）/角度（A）/左（L）/居中（C）/右（R）"

⌨命令行：dimtedit。

（2）命令说明

命令：dimtedit

选择标注：

为标注文字指定新位置或 [左对齐（L）/右对齐（R）/居中（C）/默认（H）/角度（A）]：

☆"选择标注" 用于选择进行修改的标注尺寸。

☆"为标注文字指定新位置" 用于在屏幕上指定文字的新位置。

☆"左对齐（L）" 用于沿尺寸线左对齐文本（对线性尺寸、半径、直径尺寸适用）。

☆"右对齐（R）" 用于沿尺寸线右对齐文本（对线性尺寸、半径、直径尺寸适用）。

☆"居中（C）" 用于将尺寸文本放置在尺寸线的中间。

☆"默认（H）" 用于放置尺寸文本在默认位置。

☆"角度（A）" 用于将尺寸文本旋转指定的角度。

（3）命令操作实例 调整文字的各种位置，如图8-88所示。

操作说明略。

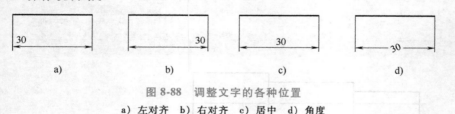

图8-88 调整文字的各种位置

a）左对齐 b）右对齐 c）居中 d）角度

88. 调整文字
位置实例

4."替代"命令

"替代"命令可以在不影响当前尺寸类型的前提下，覆盖某一尺寸变量。

（1）命令的输入

📎"注释"选项卡"标注"面板：

📎菜单栏："标注（N）"→"替代（V）"；

⌨命令行：dimoverride。

（2）命令说明

命令：dimoverride

输入要替代的标注变量名或[清除替代（C）]：

输入标注变量的新值<XXI>：XX2

输入要替代的标注变量名：

输入要替代的标注变量名或［清除替代（C）］：C

选择对象：

☆ "输入要替代的标注变量名" 用于输入要替代的尺寸变量名。

☆ "清除替代（C）" 用于清除替代，恢复原来的变量值。

☆ "选择对象" 用于选择修改的尺寸对象。

（3）命令操作实例　采用尺寸变量替代方式将图 8-89 中 "78" 的字高由 "3" 改为 "5"。

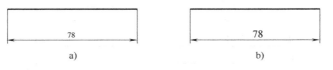

图 8-89　尺寸变量替代图例

a）替代前　b）替代后

单击 "替代" 按钮，输入要替代的标注变量名 " dimtxt"，输入新的变量 "5"，按 <Enter> 键，单击原图尺寸 "78"，按 <Enter> 键，结果如图 8-89b 所示。

5. 更新标注

在使用替代标注样式时，图形中已经存在的标注不会自动更新为替代样式，需要使用 "更新" 命令来更新所选标注，使它按当前替代的标注样式显示。

（1）命令的输入

  "注释" 选项卡 "标注" 面板：；

  "标注" 工具栏：；

  菜单栏："标注（N）"→"更新（U）"；

  命令行：dimstyle。

（2）命令说明　启动 "更新" 命令后，鼠标指针变为拾取框，选择需要应用替代标注样式的尺寸标注，按 <Enter> 键确认选择，即可更新所选尺寸标注。

（3）命令操作实例　将图 8-90a 所示的原尺寸样式 "ISO-25" 更新为图 8-90b 所示的 "样式 1" 形式。

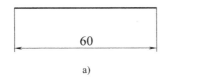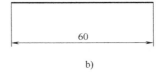

图 8-90　更新标注图例

a）原图　b）修改后

单击 "更新" 按钮（当前标注样式：ISO-25），选择要更新的尺寸标注，按 <Enter> 键，结果如图 8-90b 所示。

任务六　标注轴承座尺寸上机指导

打开"8-1.dwg"图形文件，对图 8-1 所示零件图进行尺寸及公差的标注。

1）打开数据资源文件"8-1.dwg"，如图 8-91 所示。

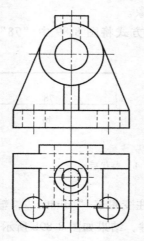
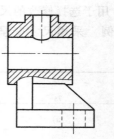

91. 轴承座尺寸
标注实例

图 8-91　"8-1.dwg"图形文件中的零件图

2）创建"文字样式"，如图 8-92 所示。

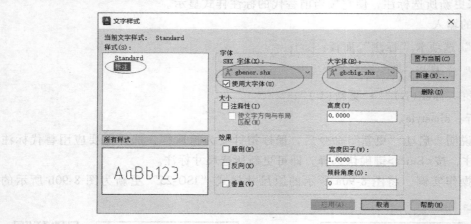

图 8-92　创建样式名为"标注"的文字样式

3）创建"标注样式"，如图 8-93 所示。

提示：文字高度为"5"。

4）完成图例尺寸标注，如图 8-94 所示。

提示：标注前选择"标注"图层。

5）插入"基准符号"图块，如图 8-95 所示。

提示：创建"基准符号"图块请参考项目七。

6）标注几何公差，如图 8-95 所示。

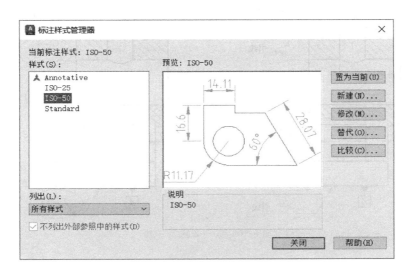

图 8-93 创建"ISO-50"标注样式

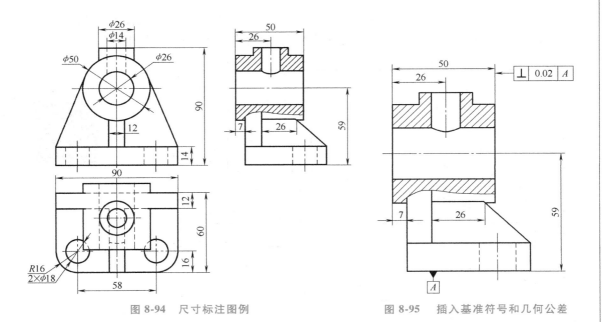

图 8-94 尺寸标注图例 　　　　图 8-95 插入基准符号和几何公差

7）插入"粗糙度"图块，完成表面粗糙度的标注。

提示：创建"粗糙度"图块请参考项目七。

① 选择"标注"图层，绘制表面粗糙度标注引线和标注参考线。

② 启动"多重引线"命令，绘制表面粗糙度引线标注。

③ 插入表面粗糙度值为 $Ra1.6$ 和 $Ra3.2$ 的表面粗糙度图块到适当位置，绘图示例如图 8-96 所示。

8）完成图例标注，规整图形文档。

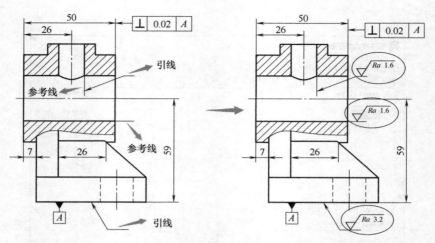

图 8-96　标注表面粗糙度

同步练习八

1. 把图 8-1 所示图形绘制好后，插入带属性标题栏的 A4 图框，根据图 8-97 所示，完成其余表面粗糙度和技术要求的标注，填写标题栏并合理布置图例在 A4 图框的位置。

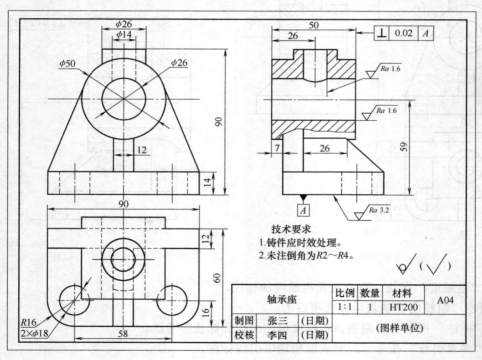

92. 同步练习八题 1 绘制实例

图 8-97　题 1 图

93. 同步练习八题 2 绘制实例

2. 打开"题 8-2. dwg"文件，插入带属性标题栏的 A4 图框，适当放大倍率，根据图 8-98 所示，完成完整图样的创建。

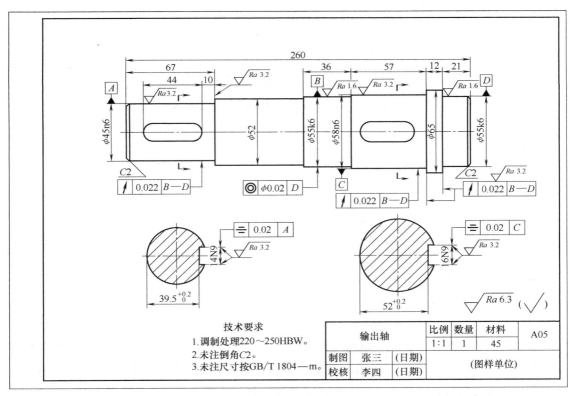

图 8-98　题 2 图

技术要求

1.调制处理220～250HBW。

2.未注倒角C2。

3.未注尺寸按GB/T 1804—m。

输出轴	比例	数量	材料	A05
	1:1	1	45	
制图	张三	(日期)	(图样单位)	
校核	李四	(日期)		

项目九　绘制千斤顶装配图

绘制图 9-1 所示千斤顶装配图。

项目分析

一张完整的装配图通常由一组视图、装配相关尺寸、技术要求、零件序号、标题栏和明细栏等组成。在 AutoCAD 2023 中绘制装配图常用直接绘制法或者拼装法。当装配图简单时，通常采用直接绘制法；当装配图复杂时，可利用绘制好的零件逐个拼装出装配图；必要时，绘制装配图也可以两种方法混合使用。

素养目标

1）具备规范、严谨的绘图习惯。

2）具备执行制图国家标准和规范的意识。

知识目标

1）掌握装配图的直接绘制思路及作图步骤。

2）掌握装配图的拼装绘制思路及作图步骤。

能力目标

1）能够运用直接法绘制装配图。

2）能够运用拼装法绘制装配图。

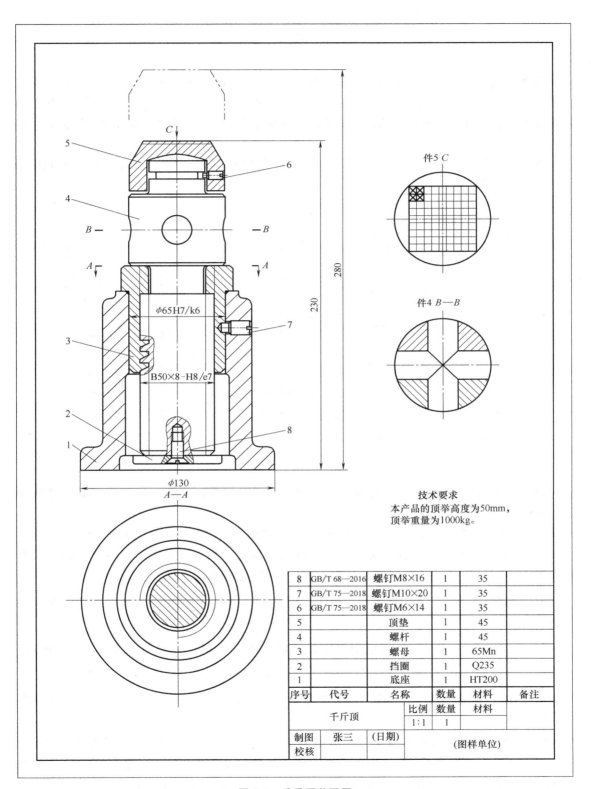

8	GB/T 68—2016	螺钉M8×16	1	35	
7	GB/T 75—2018	螺钉M10×20	1	35	
6	GB/T 75—2018	螺钉M6×14	1	35	
5		顶垫	1	45	
4		螺杆	1	45	
3		螺母	1	65Mn	
2		挡圈	1	Q235	
1		底座	1	HT200	
序号	代号	名称	数量	材料	备注

千斤顶		比例	数量	材料
		1:1	1	
制图	张三	(日期)		(图样单位)
校核				

技术要求
本产品的顶举高度为50mm，
顶举重量为1000kg。

图 9-1 千斤顶装配图

任务一　绘制螺栓连接装配图上机指导

　　直接绘制装配图是将所有零件的图形直接绘制到合适的位置而形成装配图的过程。本任务主要介绍用直接绘制法绘制螺栓连接装配图。此装配图由上顶板、下底板、螺栓、垫圈和螺母5个零件组成，简单表达部件的图样，反映螺栓连接的装配关系。螺栓连接通常采用比例画法，比例尺寸如图9-2所示。

　　螺栓的公称长度为：$1 \geqslant H_1 + H_2 + h + m + a$（$a$一般取$0.3d$），计算后查表按标准选取最接近的标准长度值。

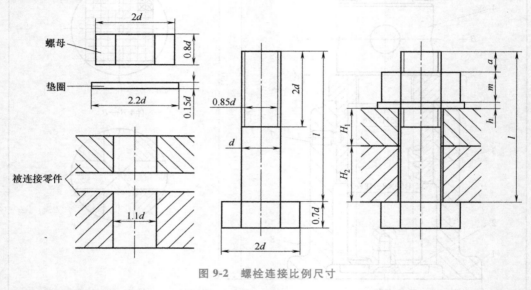

图 9-2　螺栓连接比例尺寸

　　绘制螺栓连接装配图，具体绘制时，取值为$d = 20\text{mm}$，$H_1 = 20\text{mm}$，$H_2 = 30\text{mm}$。绘图详细步骤如下。

　　1）准备绘图环境。打开"样本文件.dwg"，并另存为"螺栓连接装配图.dwg"

　　2）绘制下底板、上顶板连接剖面图。分别应用粗实线、细实线、中心线图层和"直线"命令 、"剖面线"命令 等绘制上顶板、下底板，结果如图9-3所示。

　　3）绘制螺栓。分别应用粗实线、细实线图层和"直线"命令 等绘制螺栓，结果如图9-4所示。

　　4）绘制垫圈、螺母。分别应用粗实线、细实线图层和"直线"命令 、"移动"命令 、"复制"命令 、"拉伸"命令 等绘制垫圈、螺母，结果如图9-5所示。

　　5）检查、删除遮挡线。应用"修剪"命令 、"删除"命令 删除遮挡线，结果如图9-6所示。

　　6）绘制俯视图，标注尺寸。分别应用粗实线、细实线、中心线、标注图层和"直线"命令 、"多边形"命令 、"圆"命令 、"样条曲线"命令 、"修剪"命令 等绘制螺栓组件俯视图，并应用线性标注命令标注装配尺寸，结果如图9-7所示。

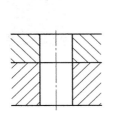

图 9-3 绘制上顶板、下底板

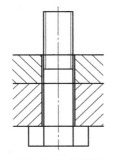

图 9-4 绘制螺栓

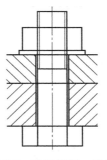

图 9-5 绘制垫圈、螺母

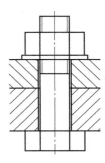

图 9-6 删除遮挡线

7) 插入标准图框。应用"插入块"命令 📑，插入"A4（带明细栏横向）"图块，填写标题栏；应用"移动"命令，移动螺栓连接装配图到图框适宜位置，结果如图 9-8 所示。

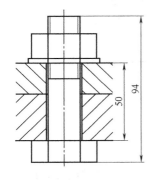

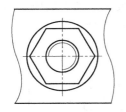

图 9-7 绘制螺栓俯视图

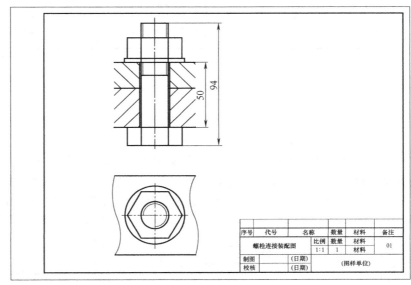

图 9-8 插入图框

8) 标注零件序号并填写明细栏。应用粗实线、细实线、标注图层和"多重引线"命令 ✏️、"直线"命令 ✏️、"多行文字"命令 **A** 等标注零件序号，绘制并填写明细栏，结果如图 9-9 所示。

绘制装配图一般按照 1:1 的比例绘制。绘制螺纹连接装配图时，图样表达应注意以下几点。

◇ 两个零件的接触面只画一条粗实线。

◇ 在剖视图中，相邻两个零件的剖面线方向应相反或者间隔不同。

◇ 当剖切平面通过实心零件或者标准件（螺栓、螺母及垫圈等）时，均按不剖绘制。

◇ 螺栓连接主要表达零部件之间的装配关系，紧固件的工艺结构，如倒角、退刀槽、凸肩等可省略不画。

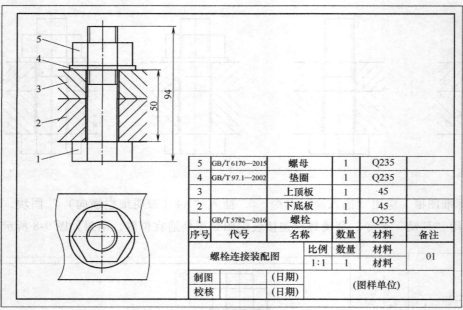

5	GB/T 6170—2015	螺母	1	Q235	
4	GB/T 97.1—2002	垫圈	1	Q235	
3		上顶板	1	45	
2		下底板	1	45	
1	GB/T 5782—2016	螺栓	1	Q235	
序号	代号	名称	数量	材料	备注

螺栓连接装配图	比例	数量	材料	01
	1:1	1	材料	
制图	（日期）		（图样单位）	
校核	（日期）			

图 9-9　螺栓连接装配图

任务二　绘制千斤顶装配图上机指导

拼装法绘制装配图是根据预先绘制好的零件图，选择需要的零件图形，用拼装的方法将各个零件图拼成装配图。本任务主要介绍用拼装法绘制千斤顶装配图，此装配图由底座、挡圈、螺母、螺杆、顶垫和若干螺钉标准件组成，其零件图如图 9-10~图 9-15 所示。

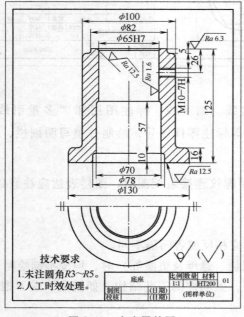

图 9-10　底座零件图

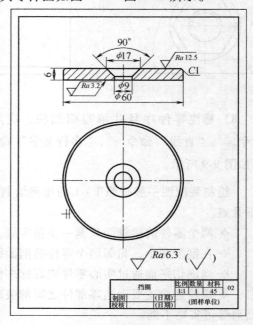

图 9-11　挡圈零件图

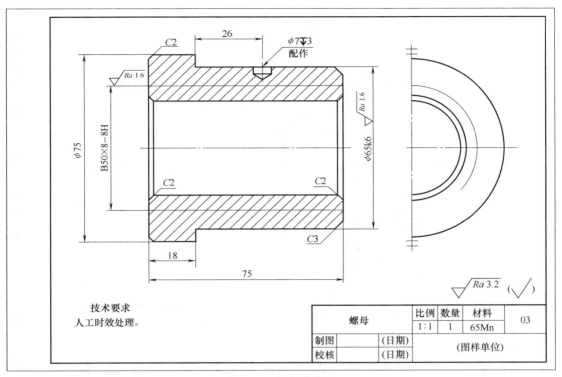

图 9-12　螺母零件图

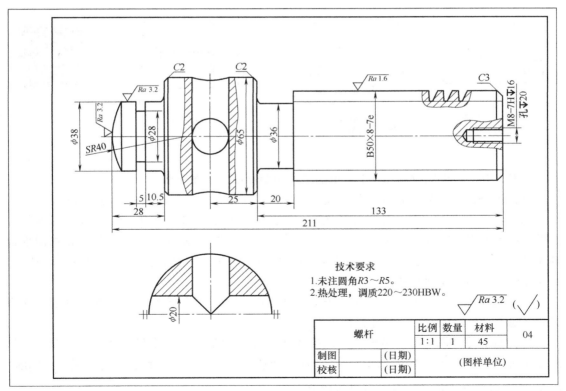

图 9-13　螺杆零件图

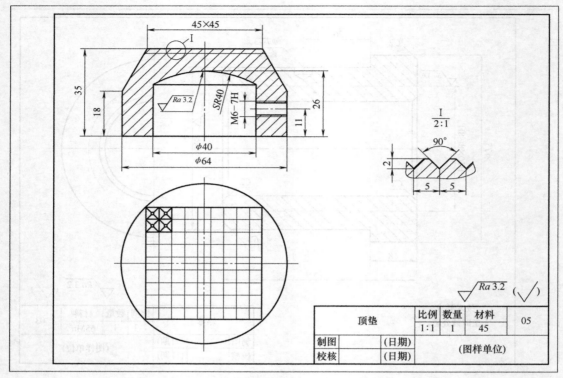

图 9-14　顶垫零件图

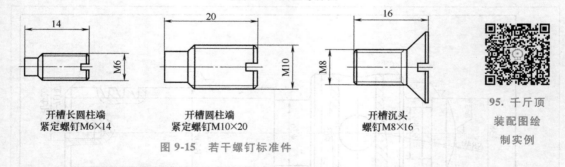

开槽长圆柱端　　　　　　开槽圆柱端　　　　　　开槽沉头
紧定螺钉M6×14　　　紧定螺钉M10×20　　　螺钉M8×16

图 9-15　若干螺钉标准件

95. 千斤顶
装配图绘
制实例

根据已有的零件图拼画图 9-1 所示的千斤顶装配图，绘图步骤如下。

（1）准备绘图环境　打开"样本文件.dwg"，并另存为"千斤顶装配图.dwg"。

（2）集齐所有零件图　分别打开底座、挡圈、螺母、螺杆、顶垫、若干螺钉标准件零件图，将各个零件图选中，切换窗口，复制到"千斤顶装配图.dwg"空白处，依据图框边整齐排列好，并关闭复制后的各零件图窗口，如图 9-16 所示（建议使用<Ctrl+C>、<Ctrl+V>组合键进行图形的复制与粘贴）。

（3）关闭标注层、文字层　在"千斤顶装配图.dwg"绘图窗口中，关闭标注层、文字层等，隐藏零件图的文字、尺寸标注等。

（4）拼装零件图　分析装配图，选择底座零件作为基准装配零件，确定拼装顺序。依据零件间的装配关系，应用"移动"命令✛、"旋转"命令↻、"修剪"命令✂、"删除"命令✐等编辑修改各零件图，如图 9-17 所示。

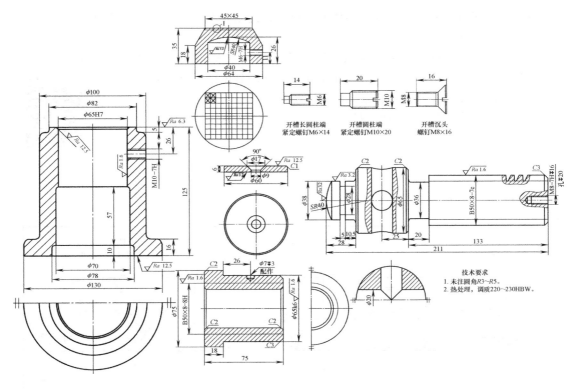

图 9-16 集齐零件图

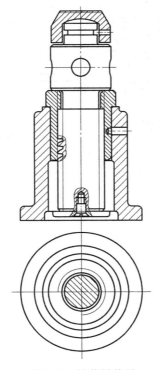

图 9-17 拼装零件图

技术要求
1. 未注圆角R3~R5。
2. 热处理，调质220~230HBW。

开槽长圆柱端
紧定螺钉M6×14

开槽圆柱端
紧定螺钉M10×20

开槽沉头
螺钉M8×16

（5）添加螺钉标准件　查询标准件型号尺寸，绘制相关标准件，编辑其剖视图。

（6）检查、修正图形。

（7）插入标准图框　应用"插入块"命令，插入"A3竖框（带简化明细栏）"图块，填写标题栏；应用"移动"命令，移动千斤顶装配图到图框适宜位置。

（8）标注装配尺寸和技术要求。

（9）标注零件序号、填写明细栏。

96. 同步练
习九绘制装
配图实例

同步练习九

绘制图 9-18 所示的装配图。

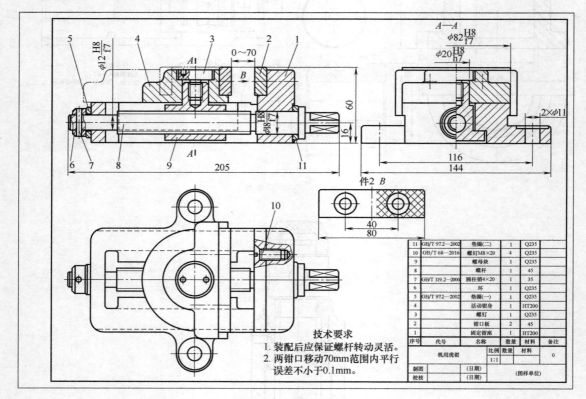

图 9-18　绘制装配图

项目十　打印轴承座图样

项目导入

绘图完成后，最后的工作就是将图样打印出来。在 AutoCAD 2023 中，打印输出功能更加直观、快捷。

项目分析

本项目的主要任务就是掌握打印设备的配置、图样的页面设置、图形的打印输出等内容。

素养目标

1）具备绿色制造、数字强国意识。
2）具备理论联系实际、实事求是的科学态度。

知识目标

1）熟悉打印设备的连接与设置方法。
2）掌握 AutoCAD 2023 图样的页面设置和打印样式设置方法。
3）掌握图样文本打印及 PDF 格式图形文件打印输出的操作方法。

能力目标

具有安装打印机或虚拟打印机的能力，能够设置好图层、线型、比例等要素，打印出高质量的图样或 PDF 格式图形文件。

任务一　打印设置及输出图形

一、有关打印的术语和概念

打印图样就是应用系统打印设备来输出图形。打印图样前，了解与打印有关的术语和概念有助于用户进行打印。

☆ "页面设置管理器" 创建布局时，需要指定绘图仪和进行参数设置（如图纸尺寸和打印方向）。这些参数设置保存在页面设置中。使用 "页面设置管理器" 可以控制布局和 "模型" 选项卡中的参数设置；可以命名并保存页面设置，以便在其他布局中使用。

☆ "绘图仪管理器" "绘图仪管理器" 是一个窗口，其中列出了用户安装的所有非系统打印机的绘图仪配置（PC3）文件。绘图仪配置文件可以设定端口信息、光栅图形和矢量图形的质量、图纸尺寸以及取决于绘图仪类型的自定义特性。

☆ "布局" "布局" 代表要打印的页面。用户可以根据需要创建任意多个布局。每个布局都保存在自己的 "布局" 选项卡中，可以与不同的页面设置相关联。图形中的对象是在 "模型" 选项卡的模型空间中创建的。要在布局中查看这些对象，请在绘图窗口左下方的 "布局" 选项卡中创建布局视口。

☆ "打印样式管理器" 打印样式通过确定打印特性（例如线宽、颜色和填充样式）来控制对象或布局的打印方式。打印样式表中收集了多组打印样式。"打印样式管理器" 是一个窗口，其中显示了所有可用的打印样式表。打印样式有两种类型：颜色相关和命名。一个图形只能使用一种类型的打印样式表。用户可以在两种打印样式表之间转换，也可以在设置了图形的打印样式表类型之后，修改所设置的类型，这些打印样式表文件的扩展名为 "∗.ctb"，使用这些打印样式表可以使图形中的每个对象以不同颜色打印，与对象本身的颜色无关。

☆ "打印戳记" 打印戳记是添加到打印的一行文字。可以在 "打印戳记" 对话框中指定打印中该行文字的位置。打开此选项可以将指定的打印戳记信息（包括图形名称、布局名称、日期和时间等）添加到打印的图形中。可以选择将打印戳记信息记录到日志文件中而不打印它，或既记录又打印。

二、设置打印机

1. 在 Windows 系统中设置打印机

本任务以 Windows10 系统为例安装打印机，用户可以在 Windows10 桌面的左下角单击 "开始"→"设置"→"设备"→"打印机和扫描仪"→"添加打印机或扫描仪" 按钮，如图 10-1 所示。弹出 "添加打印机向导" 对话框，按提示即可开始设置打印机（前提是需要打印机通过 USB 接口连接计算机，并安装打印机驱动程序）。

2. 设置打印样式

AutoCAD 2023 提供的打印样式可对线条颜色、线型、线宽、线条终点类型和交点类型、图形填充模式、灰度比例、打印颜色深浅等进行控制，对打印样式的编辑和管理提供了方便，同时也可创建新的打印样式。

（1）命令的输入

✎ 菜单栏："文件（F）"→"打印样式管理器（Y）"；

▦ 命令行：stylesmanager。

（2）命令说明 选择上述方式输入命令，系统弹出图 10-2 所示 "Plot Styles" 文件夹，列出了当前正在使用的所有打印样式文件。

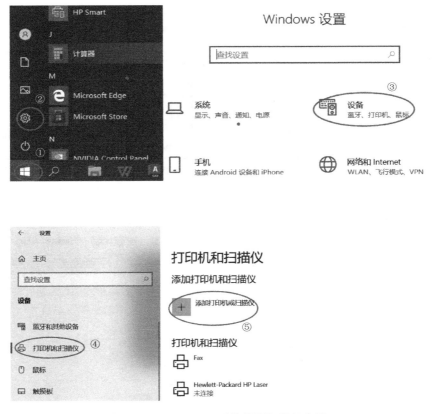

图 10-1　Windows10 系统设置打印机步骤

图 10-2　"Plot Styles" 文件夹

在"Plot Styles"文件夹内双击任一种打印样式文件，弹出"打印样式表编辑器"对话框。该对话框中包含"常规""表视图""表格视图"3 个选项卡，分别如图 10-3～图 10-5 所示。在各选项卡中可对打印样式进行重新设置。

图 10-3 "打印样式表编辑器"
对话框中的"常规"选项卡

图 10-4 "打印样式表编辑器"对话框中的
"表视图"选项卡

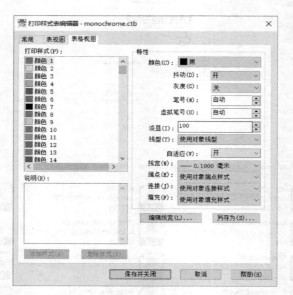

图 10-5 "打印样式表编辑器"对话框中的"表格视图"选项卡

3 个选项卡中各选项的说明如下。

1）"常规"选项卡，该选项卡中列出了打印样式表文件名、说明、版本、位置和表类型，也可在此确定比例因子。

2）"表视图"选项卡，在该项选项卡中，可对打印样式中的说明、颜色、线宽等进行设置。单击"编辑线宽"按钮，系统弹出图 10-6 所示"编辑线宽"对话框。在此对话框中列出了 28 种线宽，如果表中不包含所需线宽，可以单击"编辑线宽"按钮，对现有线宽进行编辑，但不能在表中添加或删除线宽。

3）"表格视图"选项卡，该选项卡与"表视图"选项卡内容相同，只是表现的形式不一样。在此可以对所选样式的特性进行修改。

3. 图形输出参数设置

（1）命令的输入

🐾 菜单栏："文件(F)"→"打印(P)"；

🐾 快速访问工具栏："打印"按钮🖶；

▦ 命令行：plot 或按<Ctrl+P>组合键。

（2）命令说明　选择以上方式输入打印命令，系统弹出"打印-模型"对话框，如图 10-7 所示。

图 10-6　"编辑线宽"对话框

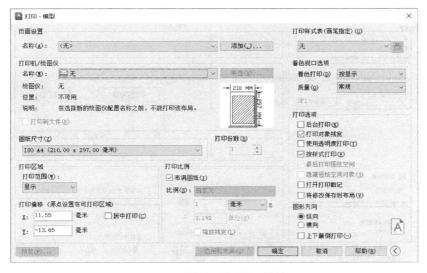

图 10-7　"打印-模型"对话框

"打印-模型"对话框中包含"页面设置""打印机/绘图仪""图纸尺寸""打印区域""打印比例""打印偏移"选项组。其中，"页面设置"选项组是打印设备和其他影响最终输出的外观和格式设置的集合，可以修改这些设置并将其应用到其他布局中。

在"模型"选项卡中完成图形创建之后，可以应用"布局"选项卡创建要打印的布局。首次单击"布局"选项卡时，页面上将显示单一视口，虚线表示图纸中当前配置的图纸尺寸和绘图仪的打印区域。

设置布局后，可以为布局的页面设置指定各种参数，其中包含打印设备设置和其他影响输出的外观和格式的设置。页面设置中指定的各种设置和布局一起存储在图形文件中，可以随时修改。

默认情况下，每个初始化的布局都有一个与其关联的页面设置。通过在页面设置中将图纸尺寸定义为非标准的任何尺寸，可以对布局进行初始化。可以将某个布局中保存的已命名页面设置应用到另一个布局中。此操作将创建与第一个页面设置相同的新的页面设置。

如果希望每次创建新的图形布局时都显示"页面设置管理器"，可以在"页面设置管理器"对话框左下端勾选"创建新布局时显示"复选框。如果不需要为每个新布局都自动创建视口，可以取消勾选"创建新布局时显示"。启用"页面设置"命令的方法是选择"文件"→"页面设置管理器"菜单命令，系统将弹出图10-8所示的"页面设置管理器"对话框。在此对话框中单击 新建(N)... 按钮，系统将弹出图10-9所示"新建页面设置"对话框。在此对话框的"新页面设置名"文本框中输入要设置的名称，单击"确定"按钮，系统将弹出图10-10所示的"页面设置-模型"对话框。

图 10-8 "页面设置管理器"对话框

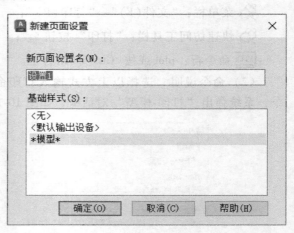

图 10-9 "新建页面设置"对话框

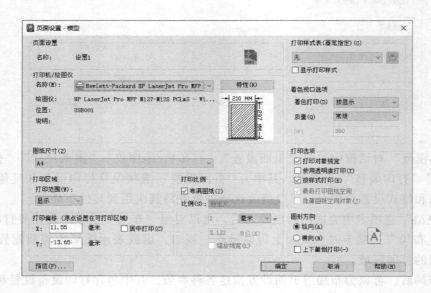

图 10-10 "页面设置-模型"对话框

"页面设置-模型"对话框中各选项的功能如下。

1）"打印机/绘图仪"选项组，在"打印机/绘图仪"选项组中可以选择输出设备、显示输出设备的名称及一些相关信息。单击"特性"按钮，系统弹出图10-11所示的"绘图仪配置编辑器"对话框。当用户需要修改图纸边缘空白区域的尺寸时，选择"修改标准图纸尺寸（可打印区域）"选项，在图纸列表中指定某种图纸规格，单击"修改"按钮，系统弹出图 10-12 所示的"自定义图纸尺寸-可打印区域"对话框。在此对话框中输入上、下、左、右空白区域值，可在预览中看到空白区域的位置，单击"下一步"按钮，直至返回"页面设置-模型"对话框。

图 10-11 "绘图仪配置编辑器"对话框

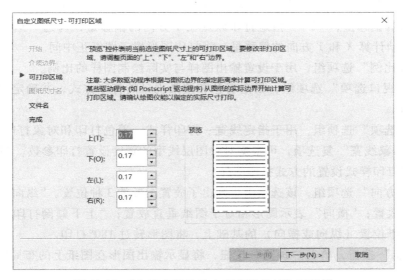

图 10-12 "自定义图纸尺寸-可打印区域"对话框

2）"打印样式表"选项组，用于选择打印样式或新建打印文件的名称及类型，如图 10-13 所示。

3）"图纸尺寸"下拉列表，在"图纸尺寸"下拉列表中，用户可以选择图纸的大小，如图 10-14 所示。图纸的大小是由打印机的型号所决定的。

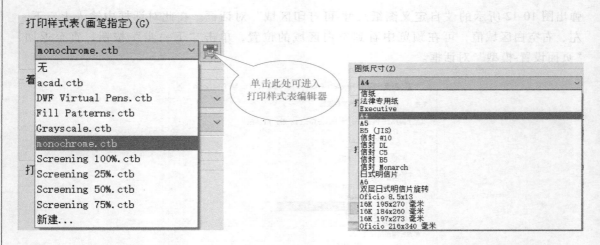

图 10-13　选择打印样式表　　　　　图 10-14　"图纸尺寸"下拉列表

4)"打印区域"选项组，"打印区域"选项组可按4种方式设置打印范围，即在"打印范围"下拉列表中有"窗口""范围""图形界限""显示"4个选项。"窗口"选项通过指定图形的两个对角点，输出这两个对角点所框定的矩形窗口中的图形；"范围"选项表示输出的绘图窗口内的全部图形（包括不在当前屏幕范围内显示的图形）；"图形界限"选项表示输出图形界限内的图形，不打印超出图形界限的图形；"显示"表示输出当前屏幕显示的图形。

5)"打印偏移"选项组，指定打印区域相对于图纸左下角的偏移量。"X:"指定打印原点在 X 方向的偏移量；"Y:"指定打印原点在 Y 方向的偏移量；勾选"居中打印"复选框，系统会自动计算 X 和 Y 方向的偏移量，将打印图形置于图纸正中间。

6)"打印比例"选项组，用于设置输出图样与实际绘制图样的比例。

7)"着色视口选项"选项组，指定着色和渲染视口的打印方式，并确定它们的分辨率大小和 DPI 值。

8)"打印选项"选项组，用于指定线宽、打印样式、着色打印和对象打印次序等选项。其中，"打印对象线宽"复选项，可根据对象图层线型的宽度设置打印参数。"按样式打印"复选项可根据打印样式设置的方式打印图样。

9)"图形方向"选项组，该选项组中列出了放置图形的3种位置。"纵向"表示图形相对于图纸水平放置；"横向"表示图形相对于图纸垂直放置；"上下颠倒打印"表示在确定图形相对于图纸位置（纵向或横向）的基础上，将图形转过180°打印。

10)"预览"按钮，单击"预览"按钮，将显示输出图形在图纸上的布局情况。

4. 图形输出

当"页面设置-模型"设置完成之后，在"打印-模型"对话框中的其他选项，如"打印机/绘图仪""图纸尺寸""打印区域""打印比例""打印偏移"也已经同时设置完成，可以进行图样输出。

图样输出的操作步骤如下。

1)配置系统打印机。

2）选择"文件"→"页面设置管理器"菜单命令，进行页面设置。

3）输入打印命令或单击"打印"按钮 🖶，并在弹出的"打印-模型"对话框中进行检查。

4）单击"打印-模型"对话框中的"预览"按钮进行预览。

5）在预览过程中查看图形在图纸中的相对位置，线型粗细程度，并进行进一步调整。

6）调整后，再次预览，直至图形合适，单击"确定"按钮，输出图样。

注意：如果打印机配置已经设置（安装）好，可以忽略前面两步。

三、打印时常见的问题

在用 AutoCAD 2023 绘制工程图样时，一般都是按照常规的步骤绘制，较少考虑最终的打印出图问题。如能先了解图样打印出图的过程及特点，绘图之初在进行一系列设置时即给予考虑并实施，可少走弯路，加快绘图速度，又能统一打印设置，提高工作效率，打印出正确、精美的图样。

1. 图样打印与颜色设置

AutoCAD 2023 具有支持颜色设置来确定图形的线宽、线型等特性。打印输出图样时，用户可以根据需要为某一种颜色的实体（图线、文字、图块及标注等）设置打印输出时的线宽。如果在绘图开始进行一系列设置（图层、线型、颜色等）时就考虑这一点，打印输出时就可以做到准确、快速。

用 AutoCAD 2023 绘图时，一般采用不同颜色的图层绘制图元。如图 10-13 所示，根据用户的需要打印输出为彩色图元（彩白版面）时，打印样式选择"acad. ctb"；打印输出为灰度图元（黑灰白版面）时，打印样式选择"Grayscale. ctb"；打印输出为黑色图元（黑白版面）时，打印样式选择"monochrome. ctb"。打印样式文件可以编辑，可根据不同颜色图层设置不同的线型宽度，从而打印出粗细分明的不同图元。

　◇ 相同线宽的实体（各种类型）应设置成同一颜色，而且最好都放在同一图层中，以便于修改。

　◇ 绘图时要尽量选用 AutoCAD 2023 提供的 16 种标准色，尽量不要在 256 种颜色中随便选一种赋予某一图层或实体，以免造成不理想的打印效果。

2. 图层设置

AutoCAD 2023 绘图图层的设置如图 10-15 所示，此设置仅供参考。在 AutoCAD 2023 中通过修改某一属性，便可使这一图层上全部图素的属性得到相应修改，前提是所有图素的线型、颜色、线宽等要设置成"bylayer"（随层）。绘图时如能合理地使用图层，将会达到事半功倍的效果。

3. 不可打印层

有时会遇到这种情况：在 AutoCAD 2023 中绘制且显示的图元，在打印时却打印不出来。其原因在于用 AutoCAD 2023 绘图时，使用了"Defpoints"层，称为定义点层，也称为不可打印层，是不可删除的。它主要是为定义一些辅助绘图的虚点（参考点）而设置的。就像 AutoCAD 2023 中的栅格，只起参考作用，将此层的图元移动至其他图层，即可打印显示出来。

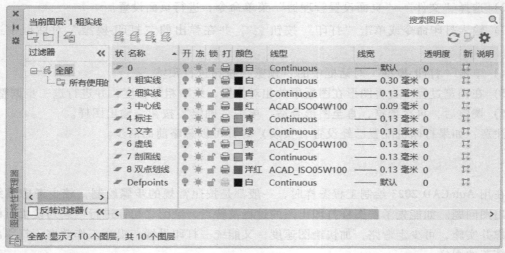

图 10-15　AutoCAD 2023 绘图图层的设置

任务二　打印图样实例

97. 轴承座
打印实例

一、输出 A4 规格打印图纸

打开数据资源"10.dwg"文件，显示轴承座图样，如图 10-16 所示。完成图样输出。

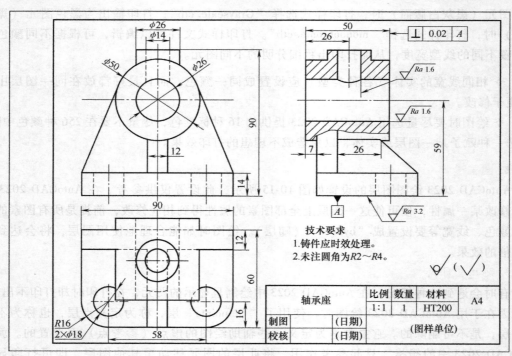

技术要求
1.铸件应时效处理。
2.未注圆角为R2～R4。

轴承座		比例	数量	材料	A4
		1:1	1	HT200	
制图	（日期）				
校核	（日期）		（图样单位）		

图 10-16　轴承座

具体操作步骤如下。

1）打开"10. dwg"文件，检查图样是否完整。

2）在快速访问工具栏单击"打印"按钮 🖶。

3）弹出"打印-模型"对话框，在"打印机/绘图仪"选项组中的"名称"下拉列表中选择连接好的打印机，进行参数设置，如图 10-17 所示。

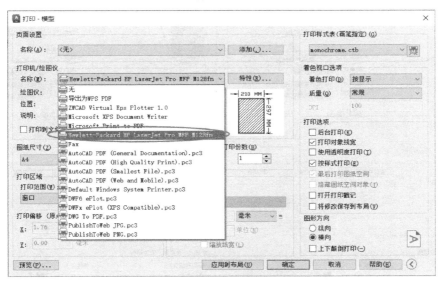

图 10-17　选择打印机

4）选择打印样式为"monochrome. ctb"，如图 10-18 所示。编辑打印样式，如图 10-19 所示，对图样中不同颜色的线型设置线宽。需要注意的是，黑色线型（黑底时为白色）设置线宽为 0.3mm，其余颜色线型的线宽为 0.25mm，其操作步骤如图 10-20～图 10-22 所示。

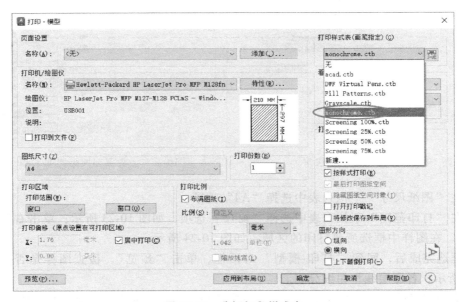

图 10-18　选择打印样式表

图 10-19　选择颜色—设置线宽

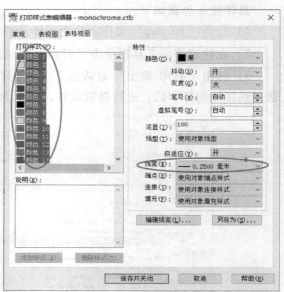

图 10-20　设置所有颜色线型为 0.25mm 线宽

图 10-21　单击选择黑色线型

图 10-22　设置黑色线型为 0.3mm 线宽

5）在"图纸尺寸"下拉列表中选择"A4"选项。

6）在"打印范围"下拉列表中选择"窗口"选项，如图 10-23 所示；单击右侧的"窗口"按钮，在图样中框选所要打印的区域，如图 10-24 所示。

7）框选完成后，回到"打印-模型"对话框，单击"预览"，检查图样是否合适，如图 10-25 所示，各图层线型粗细分明。

8）检查完毕后右击，在弹出的快捷菜单中选择"打印"命令，如图 10-26 所示。

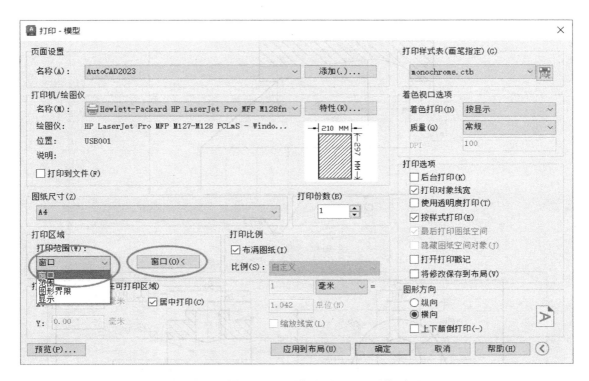

图 10-23 设置"打印区域"和"图纸尺寸"选项组

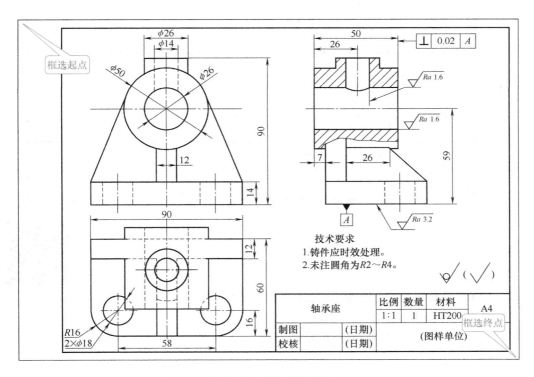

图 10-24 框选打印区域

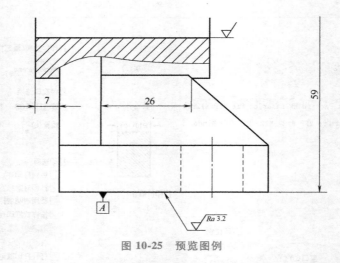

图 10-25　预览图例

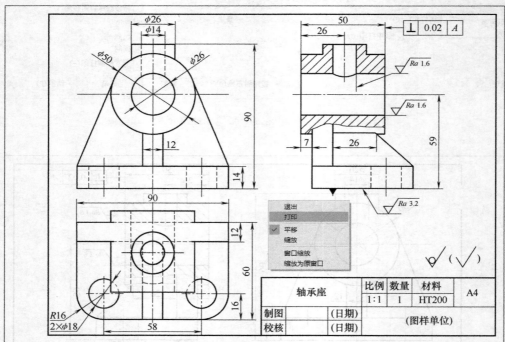

图 10-26　"预览—打印"图例

二、输出 A4 规格的 PDF 格式打印文件

以"轴承座"图样为例，设置打印边距值为 0，输出 PDF 格式打印文件。
具体操作步骤如下。

1）打开"10.dwg 文件"，检查图样是否完整。

2）在快速访问工具栏单击"打印"按钮 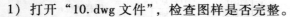。

3）弹出"打印-模型"对话框，在"打印机/绘图仪"选项组"名称"下拉列表中选择

98. 输出底
座零件图 PDF
打印文件实例

"Microsoft Print to PDF"虚拟打印机，如图 10-27 所示。

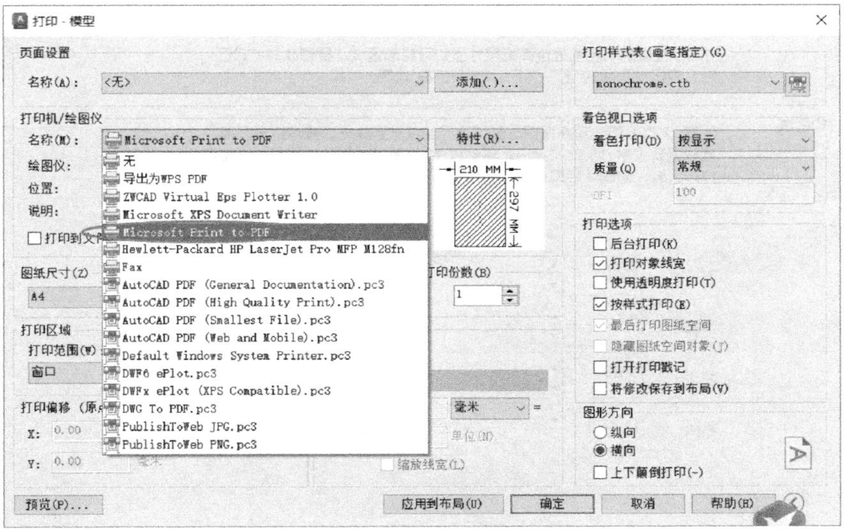

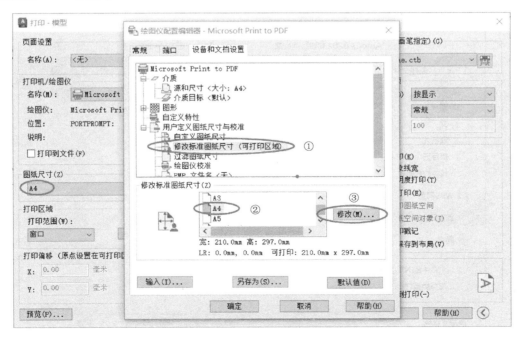

图 10-27　选择 PDF 打印机

4）选择 PDF 打印机后，单击下拉列表右边的"特性"按钮，弹出"绘图仪配置编辑器"对话框，如图 10-28 所示，在"设备和文档设置"选项卡中选择"修改标准图纸尺寸（可打印区域）"，在"修改标准图纸尺寸"选项卡中选择与"打印-模型"对话框中图纸尺寸相同的 A4 图纸规格，单击"修改"按钮，弹出"自定义图纸尺寸-可打印区域"对话框，设置如图 10-29 所示。

图 10-28　选择修改标准图纸尺寸

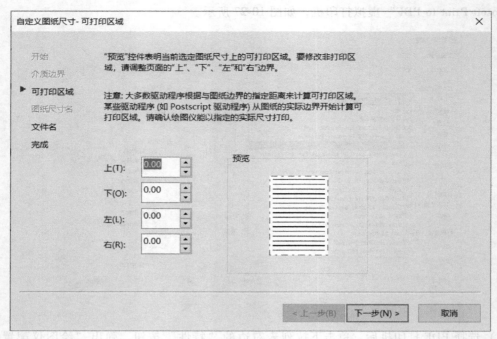

图 10-29　设置打印区域边距值为 "0"

5）后续步骤与普通打印机的操作步骤相同，此处省略介绍。

6）打印后，弹出"将打印输出另存为"对话框，如图 10-30 所示，用户输入文件名并选择保存路径，即可生成 PDF 文件。

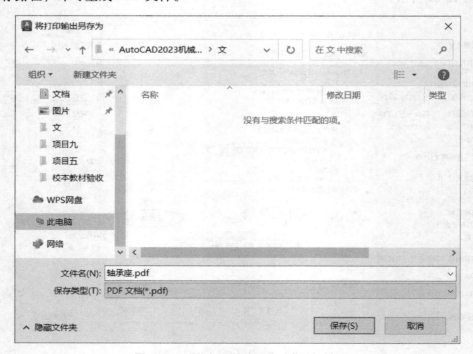

图 10-30　"将打印输出另存为" 对话框

同步练习十

1. 打开绘制完成的底座零件图，如图 9-10 所示，检查图纸是否完整，设置合适的打印参数，打印保存为"底座零件图 . pdf"。

2. 打开绘制完成的千斤顶装配图，如图 9-1 所示，检查图纸是否完整，设置合适的打印参数，打印保存为"千斤顶装配图 . pdf"。

99. 输出底座
零件图 PDF
打印文件实例

100. 输出千斤顶
装配图 PDF
打印文件实例

附　录

附录 A　AutoCAD 2023 快捷键命令列表

1. 绘图命令

PO，* POINT（点）　　　　　L，* LINE（直线）　　　　XL，* XLINE（射线）

PL，* PLINE（多段线）　　　ML ，* MLINE（多线）　　　SPL，* SPLINE（样条曲线）

POL，* POLYGON（正多边形）　REC，* RECTANGLE（矩形）

C，* CIRCLE（圆）　　　　　A，* ARC（圆弧）　　　　DO，* DONUT（圆环）

EL，* ELLIPSE（椭圆）　　　REG，* REGION（面域）　　MT，* MTEXT（多行文本）

DT，* TEXT（单行文本）　　　B，* BLOCK（块定义）　　　I，* INSERT（插入块）

W，* WBLOCK（定义块文件）　DIV，* DIVIDE（等分）　　H，* BHATCH（填充）

2. 编辑命令

CO，* COPY（复制）　　　　MI，* MIRROR（镜像）　　　AR，* ARRAY（阵列）

O，* OFFSET（偏移）　　　　RO，* ROTATE（旋转）　　　M，* MOVE（移动）

E，* ERASE（删除，<Delete 键>）X，* EXPLODE（分解）

TR，* TRIM（修剪）　　　　EX，* EXTEND（延伸）

S，* STRETCH（拉伸）　　　LEN，* LENGTHEN（直线拉长）

SC，* SCALE（比例缩放）　　BR，* BREAK（打断）

CHA，* CHAMFER（倒角）　　F，* FILLET（倒圆角）

PE，* PEDIT（多段线编辑）　ED，* DDEDIT（修改文本）

3. 对象特性

ADC，* ADCENTER（设计中心，<Ctrl+2>键）

CH，MO * PROPERTIES（修改特性，<Ctrl+1>键）

MA，* MATCHPROP（属性匹配）　　　　　　　　ST，* STYLE（文字样式）

COL，* COLOR（设置颜色）　　　　　　　　　　LA，* LAYER（图层操作）

LT，* LINETYPE（线型）　　　　　　　　　　　LTS，* LTSCALE（线型比例）

LW，* LWEIGHT（线宽）　　　　　　　　　　　UN，* UNITS（图形单位）

ATT,＊ATTDEF(属性定义)   ATE,＊ATTEDIT(编辑属性)

BO,＊BOUNDARY(边界创建,包括创建闭合多段线和面域)

AL,＊ALIGN(对齐)   EXIT,＊QUIT(退出)

EXP,＊EXPORT(输出其他格式文件)   IMP,＊IMPORT(输入文件)

OP,PR＊OPTIONS(自定义 CAD 设置)   PRINT,＊PLOT(打印)

PU,＊PURGE(清除垃圾)   R,＊REDRAW(重新生成)

REN,＊RENAME(重命名)   SN,＊SNAP(捕捉栅格)

DS,＊DSETTINGS(设置极轴追踪)   OS,＊OSNAP(设置捕捉模式)

PRE,＊PREVIEW(打印预览)   TO,＊TOOLBAR(工具栏)

V,＊VIEW(命名视图)   AA,＊AREA(面积)

DI,＊DIST(距离)   LI,＊LIST(显示图形数据信息)

4. 视窗缩放

P,＊PAN(平移)   <Z+空格+空格>键,＊实时缩放

Z,＊局部放大   <Z+P>键,＊返回上一视图

    <Z+E>键,＊显示全图

5. 尺寸标注

DLI,＊DIMLINEAR(直线标注)   DAL,＊DIMALIGNED(对齐标注)

DRA,＊DIMRADIUS(半径标注)   DDI,＊DIMDIAMETER(直径标注)

DAN,＊DIMANGULAR(角度标注)   DCE,＊DIMCENTER(中心标注)

DOR,＊DIMORDINATE(点标注)   TOL,＊TOLERANCE(标注几何公差)

LE,＊QLEADER(快速引出标注)   DBA,＊DIMBASELINE(基线标注)

DCO,＊DIMCONTINUE(连续标注)   D,＊DIMSTYLE(标注样式)

DED,＊DIMEDIT(编辑标注)   DOV,＊DIMOVERRIDE(替换标注系统变量)

6. 常用 Ctrl 快捷键

<Ctrl+1>,＊PROPERTIES(修改特性)   <Ctrl+2>,＊ADCENTER(设计中心)

<Ctrl+O>,＊OPEN(打开文件)   <Ctrl+N、M>,＊NEW(新建文件)

<Ctrl+P>,＊PRINT(打印文件)   <Ctrl+S>,＊SAVE(保存文件)

<Ctrl+Z>,＊UNDO(放弃)   <Ctrl+X>,＊CUTCLIP(剪切)

<Ctrl+C>,＊COPYCLIP(复制)   <Ctrl+V>,＊PASTECLIP(粘贴)

<Ctrl+B>,＊SNAP(栅格捕捉)   <Ctrl+F>,＊OSNAP(对象捕捉)

<Ctrl+G>,＊GRID(栅格)   <Ctrl+L>,＊ORTHO(正交)

<Ctrl+W>,＊(对象追踪)   <Ctrl+U>,＊(极轴)

7. 常用功能键

<F1>＊HELP(帮助)   <F2>＊(文本窗口)   <F3>＊OSNAP(对象捕捉)

<F4>＊(数字化仪)   <F5>＊(切换等轴测平面) <F6>＊(控制状态行上坐标的显示)

<F7>＊GRIP(栅格)   <F8>＊ORTHO(正交)   <F9>＊(栅格捕捉模式)

<F10>＊(极轴模式)   <F11>＊(对象追踪模式)

附录 B　CAD 工程制图规则

　　机械工程 CAD 制图现行标准在原机械制图标准的基础上增加了一些针对计算机环境下的标准内容，原机械制图标准大部分内容均可应用。依据《CAD 通用技术规范》（GB/T 17304—2009）、CAD 技术制图标准采用《CAD 工程制图规则》（GB/T 18229—2000）。

　　本附录只摘取与 CAD 图形绘制相关的标准简单进行介绍。

一、字体

　　CAD 工程图中的字体应按《技术制图　字体》（GB/T 14691—1993），图样中书写的字体必须做到字体工整、笔画清楚、间隔均匀、排列整齐。

1. 字高

　　字体高度（用 h 表示）的公称尺寸系列为 1.8mm，2.5mm，3.5mm，5mm，7mm，10mm，14mm，20mm。如需要书写更大的字时，其字体高度应按 $\sqrt{2}$ 的比率递增。

　　字体高度代表字体的号数，如 10 号字即表示字高为 10mm。

　　CAD 工程图中的字体与图纸幅面的关系见附表 B-1

附表 B-1　CAD 工程图中字体与图纸幅面的关系

字体	图纸幅面				
	A0	A1	A2	A3	A4
字母数字			3.5		
汉字			5		

2. 汉字

　　汉字应写成长仿宋体字，并应采用中华人民共和国国务院正式公布推行的《汉字简化方案》中规定的简化字。

　　汉字的高度 h 不应小于 3.5mm，其字宽一般为 $h/\sqrt{2}$。

　　书写长仿宋体汉字的要领是：横平竖直，起落分明，结构均匀，粗细一致，呈长方形。示例如附图 B-1 所示。

5号字

技术制图机械电子汽车航空船舶土木建筑矿山井坑港口纺织服装

附图 B-1　汉字

3. 字母和数字

　　字母和数字分 A 型和 B 型两类，其中 A 型字体的笔画宽度（d）为字高（h）的 1/14，B 型字体的笔画宽度为字高的 1/10。在同一张图样上，只允许选用一种类型的字体。

　　字母和数字可写成斜体或直体，一般采用斜体。斜体字的字头向右倾斜，与水平基准线成 75°角。

　　技术图样中常用的字母有拉丁字母和希腊字母两种，常用的数字有阿拉伯数字和罗马数字两种。数字示例如附图 B-2 所示。

　　用作指数、分数、极限偏差、注脚等的数字和字母，一般应采用小一号的字体，示例如
附图 B-3 所示。

斜体

0123456789

直体

附图 B-2　数字

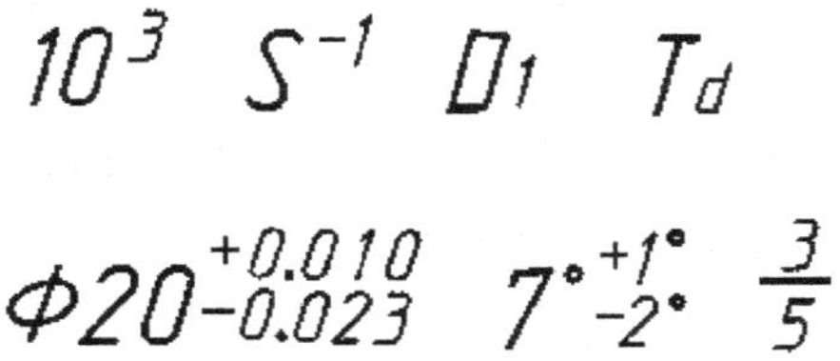

$$10^3 \quad S^{-1} \quad D_1 \quad T_d$$

$$\phi 20^{+0.010}_{-0.023} \quad 7°^{+1°}_{-2°} \quad \frac{3}{5}$$

附图 B-3　用作指数、分数、极限偏差、注脚等的数字和字母

二、图线

　　CAD 工程图中的图线应按《技术制图　图线》（GB/T 17450—1998）中的有关规定
绘制。

1. 线型

　　《技术制图　图线》（GB/T 17450—1998）中规定了 CAD 工程图中应用的 15 种基本线
型的代号、形式及其名称，附表 B-2 中列出了 CAD 工程图样常用的图线名称、图线型式、
代号、图线宽度及其主要用途。

附表 B-2　CAD 工程图样常用的图线名称、图线型式、代号、图线宽度及其主要用途

图线名称	图线型式	代号	图线宽度	主要用途
粗实线	——————	A	粗线	可见轮廓线
细实线	——————	B	细线	尺寸线、尺寸界线、剖面线、辅助线、重合断面的轮廓线、引出线、螺纹的牙底线及齿轮的齿根线
波浪线	∿∿∿	C	细线	断裂处的边界线、视图和剖视的分界线
双折线	─⌁─⌁─	D	细线	断裂处的边界线
虚线	- - - 2~6 ≈1	F	细线	不可见的轮廓线、不可见的过渡线

（续）

图线名称	图线型式	代号	图线宽度	主要用途
细点画线	≈20　≈3	G	细线	轴线、对称中心线、轨迹线、齿轮的分度圆及分度线
粗点画线	≈15　≈3	J	粗线	有特殊要求的线或表面的表示线
细双点画线	≈20　≈5	K	细线	相邻辅助零件的轮廓线、中断线、极限位置的轮廓线、假想投影轮廓线

2. 线宽

所有线型的图线宽度应按图样的类型和尺寸大小在下列数系中选择，该数系的公比为 $1:\sqrt{2}$（$\approx 1:1.4$）：0.13mm，0.18mm，0.25mm，0.35mm，0.5mm，0.7mm，1mm，1.4mm，2mm。

机械图样中的图线分粗线和细线两种。粗线宽度应根据图形大小和复杂程度在 0.5~2mm 范围内选取，粗、细线的宽度为 2:1。

3. 图线的颜色

基本图线的颜色应按附表 B-3 中的颜色选择，相同类型的图线采用相同的颜色。

附表 B-3　图线类型及屏幕上的颜色

图线类型		屏幕上的颜色
粗实线	——————	白色
细实线	——————	绿色
波浪线	∿∿∿	
双折线	⌇⌇	
虚线	- - - - - -	黄色
细点画线	—·—·—	红色
粗点画线	—·—·—	棕色
细双点画线	—··—··—	粉红色

三、图层

CAD 工程图中的图层管理见附表 B-4。

附表 B-4　CAD 工程图中的图层管理

层号	描　述	图　例
01	粗实线 剖切面的粗剖切线	——————

（续）

层号	描 述	图 例
02	细实线 细波浪线 细折断线	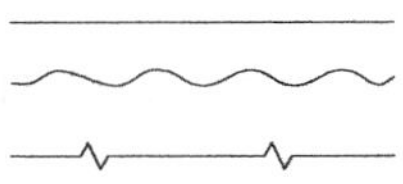
03	粗虚线	
04	细虚线	
05	细点画线	
06	粗点画线	
07	细双点画线	
08	尺寸线,投影连线,尺寸终端与符号细实线	
09	参考圆,包括引出线和终端(如箭头)	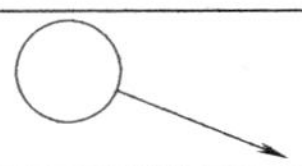
10	剖面符号	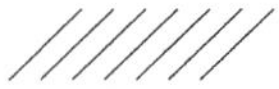
11	文本,细实线	A B C D
12	尺寸值和公差	4.32±1
13	文本,粗实线	KIMN
14,15,16	用户选用	

附录 C　AutoCAD 2023 图形制作 Word 插图方法

一、准备工作

1. 设置背景色

选择"工具"→"选项"→"显示"→"颜色"命令，将已绘制图形的 AutoCAD 2023 窗口的背景设置为白色（同 Word 文件背景色）。

2. 设置线条颜色

打开"图层特性管理器"，将 AutoCAD 2023 文件中的所有图层线条设置为"黑色"。

3. 设置图层线宽

在 AutoCAD 2023 绘图之前将各图层线型、线宽设置好。

4. 确定显示精度

选择"工具"→"选项"→"显示"→"显示精度"命令，一般应将显示精度设置为 1000 及以上。

5. 窗口缩放

尽量地缩放、移动所需插入 Word 的图形，使其完全最大化显示在绘图窗口中。

二、插图方法

1. 运用 AutoCAD 2023 中的"复制链接"与 Word 的"选择性粘贴"功能

1）打开 AutoCAD 2023 图形文件，选择"编辑"→"复制链接"命令。

2）打开 Word 文档，将光标移到图形插入处，选择"编辑"→"选择性粘贴"命令，选择"粘贴链接（L）"选项，并单击"AutoCAD Drawing 对象"粘贴链接，单击"确定"按钮，即可插入 AutoCAD 2023 图形。

按此方法插入的图形能保持原状，清晰度好；图形四周的空白区域大，更新方便。

2. 运用 Office 剪贴板功能

1）打开 AutoCAD 2023 图形文件，单击选中所需插图，按<Ctrl＋C>组合键，复制所选图元。

2）打开 Word 文档，将光标移到图形插入处，按<Ctrl+V>组合键，粘贴图形。

按此方法粘贴的图形在 Word 中显示不好调整，必要时，需双击该图形，重新进入 Auto-CAD 2023，使图形在显示窗口最大化，然后保存、关闭。这样处理后图形清晰度好，更换、更新方便。

3. 利用 Word 的插入对象功能

1）打开 Word 文档，将鼠标指针移到插图处，选择"插入"→"对象"命令，在"对象"对话框中，单击"由文件创建"选项卡。

2）输入文件名，或单击"浏览"按钮，在"查找范围"下拉列表中选择已存在的 ＊.dwg 格式文件。

3）选择"链接到文件"复选项，单击"确定"按钮，整个图形文件将链接到 Word 文件中。

此方法保存的 Word 文件较大，插入的 AutoCAD 2023 文件需调好窗口后保存，故应慎用。

4. AutoCAD 2023 的图形输出与插入图片

1）利用 QQ、HyperSnap 等抓图软件，抓图保存为 .jpg、.bmp 等文件。采用常规方法插入 Word 文件中。此法操作简单方便，但所抓取图片清晰度差，图片文件不能修改。

2）在 AutoCAD 2023 中选中所插图形，选择"文件"→"输出"命令，弹出"输出数据"对话框，在"保存于"下拉列表中选择文件的保存位置、文件名，文件类型选择"图元文件（＊.WMF)"，单击"保存"按钮；打开 Word 文档，将鼠标指针移到插图处，选择"插入"→"图片"→"来自文件"命令，选择保存为 .WMF 格式文件插入。

采用此方法将图形文件（＊.WMF）插入到 Word 文档中，缩放和打印时不会失真，但不能修改。

5. 使用 BetterWMF 软件

BetterWMF 软件是 Autodesk 公司推出的将 AutoCAD 图形复制到 Word 文件中的专用软件，网络上有免费安装文件及教程，本附录就不详述了。

参 考 文 献

[1] 陈卫红. AutoCAD 2020 项目教程 ［M］. 北京：机械工业出版社，2020.

[2] 钱可强，丁一. 机械制图 ［M］. 6 版. 北京：高等教育出版社，2022.

[3] 谭桂华，刘怡然. AutoCAD（2020 版）综合项目化教程 ［M］. 北京：机械工业出版社，2020.